JN232369

第四紀学

町田　洋　大場忠道　小野　昭
山崎晴雄　河村善也　百原　新
編著

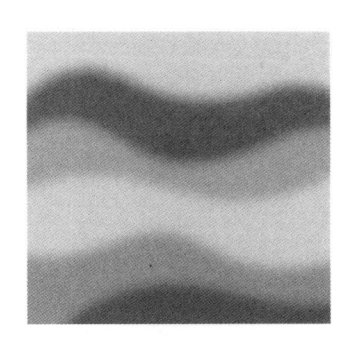

朝倉書店

1　海洋地球研究船"みらい".（海洋科学技術センター提供）
なお，2006年には地球掘削船"ちきゅう"が活動を始める．（1.3.2項参照）

3　南極氷床と割れて氷山になっていく海岸部．
ルンドボーグ氷河．（国立極地研究所提供）
（4.3節参照）

2　南極氷床ドームふじの掘削．床下に氷の断面がみえる．
観測拠点：南緯77°19′，東経39°42′，海抜3810m．
1996年に2503.52mまで掘削した．（藤井理行氏提供）
（4.3節参照）

4 中国陝西省洛川の黄土高原．崖面にはレス-古土壌の互層がみえる．ここは中国黄土の模式地の一つ．（河村）（5.5.4項参照）

5 地層の年輪にあたる氷縞粘土．カナダ・カスケード山脈カムループス．（町田）（2.2.5項，4.5.1項参照）

6 隆起し多段化したパプアニューギニア・ヒューオン半島カンザルアのサンゴ礁段丘．個々の段丘は年代と高度が測定され，高海面期に形成されたことがわかっている．（太田陽子氏提供）（5.2節参照）

7　周氷河作用で平滑にされた山頂部．ニュージーランド南島オールドマン山脈（海抜約2000m）．背景に氷食を受けたサザンアルプスがみえる．（町田）
（コラム5.1-1参照）

8　牧草地のため網状流路が認められる氷期の河成段丘．森林が段丘崖．ニュージーランド南島カンタベリー平野．（町田）
（5.3.1項参照）

9　日本の第四紀哺乳類を代表するナウマンゾウ．大阪市立自然史博物館の復元像．
（樽野博幸氏提供）（6.3.2項，6.3.5項参照）

10　ナウマンゾウの模式標本．京都大学所蔵の左右の下顎骨で，それぞれに第3大臼歯がみられる．静岡県浜松市佐浜の中期更新世の地層から産出．（河村）

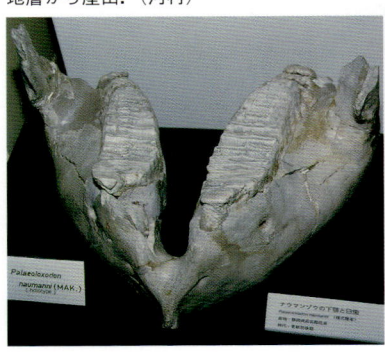

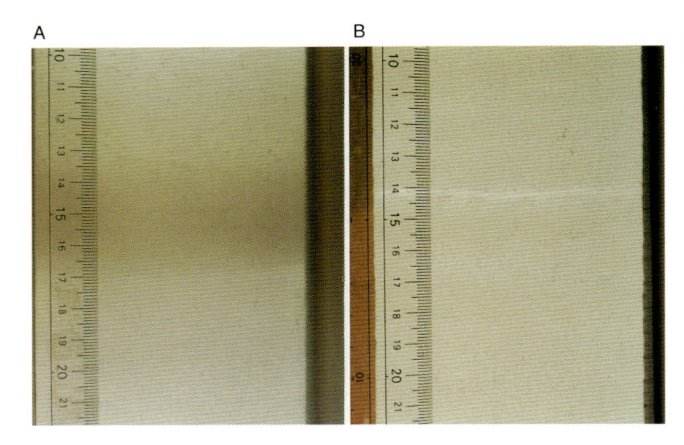

11 カムチャツカのウシュコフスキー山（標高3903m）の氷床コア断面．（白岩孝行氏提供）
A：塵状物質は火山灰（深度73.35〜73.38m）．
B：中部の白帯は夏に融けて再凍結して生じた透明な氷（深度74.94m付近）．
（1.3.2項，4.3節参照）

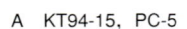

12 海底コアの断面と顕微鏡写真．（大場）（4.4.1項，4.4.2項参照）
秋田沖日本海の水深2885mの海底で淡青丸1994年15次航海時に採取．
A：最上部が左上，最下部が右下，全長8.4m．明色層と暗色層との互層．最も厚い暗色層はMIS2に，それ以前の暗色層はいわゆるD-Oイベントの温暖期の堆積物（Tada et al., 1999）．
B：明色層．当時の海底は酸化的だったため有孔虫の殻には破片が多い．
C：暗色層．当時の海底は還元的だったために有孔虫の殻がよく保存されている．丸い殻の他に，細長い透明な底生有孔虫の殻もある．
D：明色層（約1万年前）と暗色層（約1.75万年前）の偏光顕微鏡写真．左側は開放ニコル，右側は十字ニコル．炭酸塩の保存が非常に良い最終氷期最盛期には，黄砂起源の炭酸塩と思われる方解石の微粒子（十字ニコルで白く光る）が多い．炭酸塩粒子は，氷期の大気CO_2濃度を低く保つのに重要であったと考えられる（Oba and Pedersen, 1999）．

D L-3, 115cm, 9880 y BP (Holocene)

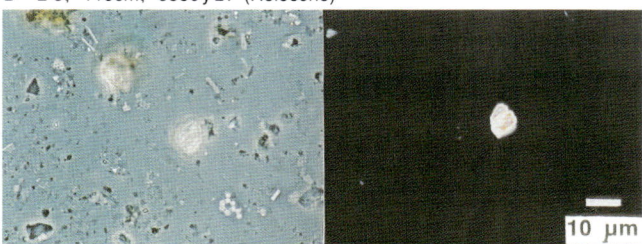

L-3, 180cm, 17450 y BP (LGM)

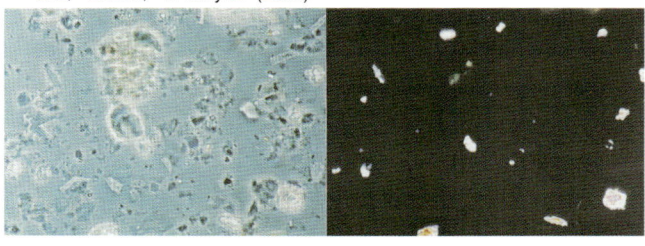

まえがき

　最近の地球規模での人類活動の激化は，地球環境を著しく変化させるようになり，人類と地球の未来に暗い影を投げかけている．このため，地球環境に関わる自然科学の諸分野では，環境変化のメカニズム，予測，対策に加えて，その基礎として過去の地球環境変化の詳細な復元とそのメカニズムの研究が強い関心事となってきた．地球の現代史研究ということができる第四紀学が，既成の諸科学，すなわち地質学，地形学，土壌学，古生物学，気候学，地球化学，人類学，考古学などの複合的な研究あるいは新領域を開く学際研究として成立したのは，20世紀前半であった．その当時から，第四紀学はこの現代的な課題である地球環境の変遷史に取り組み，現在の地球環境は地球史の現代（第四紀）の変遷史研究を通じて解明されるという考えで進められてきた．最近，地球環境問題が人類の生存に関わる重大な課題であることが実感されるに及んで，関連諸分野の研究が活発化し，第四紀研究はそれらを取り込み，新たな発展段階を迎えた．すなわち第四紀の環境変遷史研究は海から陸，極地までを含む地球規模に拡がり，定量的に深められ，かつ加速しつつある．いまや第四紀研究は時代の要請を受けて大きく飛躍するときにある．

　本書は，従来の第四紀学の解説書の枠を超えて，こうした最近の研究の進歩と現状を体系化することを意図した．第四紀学を構成する諸分野の研究は個々に専門的に深められているので，他分野からは理解しがたい面をもつ．したがって，総合的に理解するには相互の密接な交流が必須である．本書は大学の学部および大学院レベルの教科書として，また技術者や文化財発掘担当者，さらに自然と環境に関心をもつ一般の方々のための，基礎的な手引き書として活用されることを願って，本巻と続巻（通史編）からなることを予定している．

　本巻は，主として第四紀学の諸分野における基礎的な概念の由来，研究の原理と方法を簡明に解説する．ここで重点を置いた点は次のようである．1）第四紀研究の背景となる基礎的な事項をやや詳しく解説すること，2）新しい地質時代だけに高分解能の編年をめざすこと，3）地球環境変化の指標をできるだけグローバルにしかも詳しく追究できる方法を開発すること，4）環境変化の原因を追究するには，無機的ならびに有機的な複雑システム系を理解するようにつとめること，5）現在の生物群の由来と変遷を環境変化との関係で理解すること，6）人類は地球にとってどんな存在であるかという問題への手掛かりを得ようとすること，などである．

　また続巻では，世界各地の第四紀の通史をめざし，地球諸地域の第四紀の各時代について，その環境変遷を詳しく解説する予定である．これら2巻に共通するキーワードを挙げれば，「グローバルな視野」，「高分解能の年代決定と古環境解析」，「将来予測の基礎」，「分野や時間に継ぎ目のない捉え方」などである．

専門用語はなるべく最低必要なものに限定したが，読者の便宜のために，必要に応じて用語に注記した．

　本書の出版が企画され執筆を始めたのは7年も前のことである．執筆者は構成の整合性を高めるため比較的少数に限った．しかし第四紀学の研究分野はきわめて多岐にわたるので，分野によってはさらに数人の専門家に協力を要請した．すでに2年前には初校が出たが，補うべき章節や事項が若干あったためその後の進展が大幅に遅れた．しかし努めて最新の資料・情報に基づいて稿を改め，さらに各執筆者の原稿は互いに読み合い，討論して調整することに努めた．この間，次のような方々から貴重なデータとご意見を頂いた．記して感謝の意を表する次第である．新井房夫・貝塚爽平（故人）・紀藤典夫・齋藤　毅・庄子　仁・樽野博幸・冨田幸光・馬場悠男・松浦秀治・松下まり子・三浦英樹の諸氏（五十音順）．あわせて編集に当たって払われた朝倉書店編集部の多大なご苦労に謝意を表する次第である．

　　2003年6月

編著者代表　　町田　洋

第四紀研究にしばしば使われる略記号
Acronyms and Abbrevations

◉ 術　語

AMS	accerelator mass spectrometry 加速器質量分析	MIS	Marine Isotope Stage 海洋同位体ステージ
AO	atmosphere-ocean	MOI(S)	Marine Oxygen Isotope (Stage) 海洋同位体ステージ
B/A	Bölling-Alleröd		
BP	years before present	OI	Oxygen Isotope 酸素同位体
D-O	Dangaard-Oeshgar (cycle, event)		
ENSO	El Niño/Southern Oscillation	PB	Preboreal
EPD	European Pollen Database	ROM	read-on-memory
ESR	Electron Spin Resonance (dating method)	SMOW	Standard Mean Ocean Water
FT	Fission track (dating method) フィッション・トラック法	SPECMAP	Mapping Spectral Variability in Global Climate Project
GCM	general circulation model 大気大循環モデル	SST	sea surface temperature 海洋表面水温
IS	Interstadial 亜間氷期	TIMS	Thermal Ionization Mass Spectrometry
		TL	Thermoluninescence (dating method) 熱ルミネッセンス法
ka	kilo année (thousands of years) 千年 (単位)	YD	Younger Dryas 新ドリアス期
LGM	Last Glacial Maximum 最終氷期最盛期 (最寒冷期)		
Ma	mega année (millions of years) 百万年 (単位)		

◉ 国際的研究計画・組織

ARRCC	Analysis of Rapid and Recent Climatic Change Project	GRIP	Greenland Ice Core Project (European)
CLIMAP	Climate/Long Range Investigation Mappings and Predictions Project	HDP	Human Dimension of Global Environment Change Programme
CLIVAR	Climate Variability and Predictability Programme	IDEAL	International Decade for the East African Lakes Project
COHMAP	Cooperative Holocene Mapping Project	IGAC	International Global Atmospheric Chemistry Project (IGBP)
CPO	IGBP Core Project Office	IGBP-DIS	Data and Information System Activity of the IGBP
DSDP	Deep Sea Drilling Project		
EPOCH	European Programme on Climate and Hazards	IGBP	International Geosphere-Biosphere Programme 国際地圏生物圏共同研究計画
FAO	Food and Agricultural Organization of the United Nations	IGCP	International Geological Correlation Programme (IUGS, UNESCO)
GAIM	Global Analysis, Interpretation and Modelling Activity (IGBP)	INQUA	International Union for Quaternary Research (ICSU) 国際第四紀学連合
GCTE	Global Change and Terrestrial Ecosystems Project (IGBP)		
GISP 2	Second Greenland Ice Sheet Project (US)	ICSU	International Council for Scientific Unions

ISOMAP	Reconstructing the Isotopic Composition of Past Precipitation from continental Archives Project	ODP	Ocean Drilling Program
		PAGES	Past Global Changes Project of the IGBP
		PANASH	Paleoclimates of the Northern and Southern hemispheres proposed pilot project of PAGES
ISRIC	International Soil Reference and Information Centre		
ITRDB	International Tree-Ring Data Bank	PEP	Pole-Equator-Pole Palaeoclimates Initiative for the Western Hemisphere
IUGS	International Union of Geological Sciences		
JGOPS	Joint Global Ocean Flux Study (IGBP)	PMIP	NATO Palaeoclimate Modelling Intercomparison Project
JOIDES	Joint Oceanographic Institutions for Deep Earth Sampling		
		SAC	IGBP Scientific Advisory Council
LIGA	Last Interglacial in the Arctic Poject	SCOR	Scientific Committee on Oceanic Research
NASA	U.S. National Aeronautics and Space Administration	UNEP	United Nations Environment Programme
		UNESCO	United Nations Educational, Scientific and Cultural Organization
NATO	North Atlantic Treaty Organization 北大西洋条約機構		
		USDA	United States Department of Agriculture
NEREIS	European deep-sea drilling program (drilling ship, named after genus *Nereis* of marine worms)	WCRP	World Climate Research Programme
		WRB	World Reference Base for Soil Resources
NOAA	U.S. National Oceanic and Atmospheric Administration		

目　　次

1. 第四紀学の基礎的概念　　1
1.1　第四紀学のめざすもの　　1
1.2　第四紀とは　　3
　1.2.1　第三紀から区別される第四紀　　3
　1.2.2　第三紀と第四紀の境界　　4
　1.2.3　更新世と完新世　　4
　1.2.4　更新世の区分　　5
　1.2.5　第四紀と人類　　6
1.3　研究の発展とその背景　　6
　1.3.1　いくつかの基本的研究　　6
　1.3.2　20世紀後半の第四紀研究　　12
　　　　コラム●第三紀・第四紀境界　4

2. 第四紀地史の枠組み　　15
2.1　層序研究の基礎　　15
　2.1.1　伝統的な各種層位学　　16
　2.1.2　気候層序編年に多用される氷期・間氷期などの術語　　19
2.2　対比，編年と年代決定　　19
　2.2.1　古地磁気：グローバルな対比基準・編年法　　21
　2.2.2　海洋酸素同位体層序編年　　23
　2.2.3　種々の示準層（面）による層序編年　　26
　2.2.4　放射年代測定法　　29
　2.2.5　その他の年代決定法　　33
2.3　総合的な編年研究　　37
　　　　コラム●年代に関する術語とその表記　18　／期待される年代精度と分解能　21　／最近80万年間の地磁気強度の変化史　22　／日本付近の第四紀後期の地磁気永年変化　23　／海洋酸素同位体ステージ（MIS, marine isotope stage）　25　／^{14}C年代から暦年への換算　34　／異なる方法で求めた年代測定値のクロスチェックの例　38

3. 地殻の変動──第四紀地殻変動の特質と由来──　　40
3.1　概　説　　40
3.2　第四紀地殻変動の背景となるプレートテクトニクスの進歩　　41
　3.2.1　プレートテクトニクス以前　　41
　3.2.2　プレートテクトニクス　　43

3.2.3　プルームテクトニクス　44
　3.3　変動帯と安定帯の地殻変動の特色　45
　　　3.3.1　プレート境界の地殻変動　45
　　　3.3.2　プレートテクトニクスと火成活動　54
　　　3.3.3　地震性地殻変動　57
　　　3.3.4　非地震性地殻変動（non-seismic crustal movement）　65
　　　3.3.5　アイソスタシーによる変動　66
　3.4　第四紀環境変動の要因としての大地形の成立とテクトニクス　71
　　　3.4.1　ヒマラヤの隆起と第四紀気候変化　72
　　　3.4.2　海峡・地峡の形成と気候変化　74
　　　　　　コラム●陸上に現れたトランスフォーム断層　53　／各種の測地測量法　58　／スロー・アースクウェイク（slow earthquake）とサイレント・アースクウェイク（silent earthquake）　65　／アイソスタシー（isostasy）　67

4.　気 候 変 化　　　　　　　　　　　　　　　　　　　　　　　　　　　　76

　4.1　現在の地球の大気と海洋　76
　　　4.1.1　大気・水圏の概観　76
　　　4.1.2　大気のエネルギー収支と鉛直構造　76
　　　4.1.3　放射収支の緯度・季節分布　77
　　　4.1.4　大気の大循環と気候帯　78
　　　4.1.5　海洋の大循環　80
　　　4.1.6　気候に及ぼす海陸分布と山岳の効果　81
　　　4.1.7　雪氷圏　82
　4.2　気候変化の要因　83
　　　4.2.1　気候システムの外因と内因　83
　　　4.2.2　放射収支を軸とした要因の整理　83
　　　4.2.3　太陽光度の変化　84
　　　4.2.4　地球の軌道要素変化に伴う日射量変化（ミランコビッチ・フォーシング）　85
　　　4.2.5　地表面の太陽放射反射率（アルベド）の変化　86
　　　4.2.6　温室効果気体濃度の変化　86
　　　4.2.7　雲とエアロゾルの変化　87
　　　4.2.8　氷期サイクルの要因論　87
　4.3　氷床コア　88
　　　4.3.1　降水の酸素同位体比　88
　　　4.3.2　雪から氷へ　89
　　　4.3.3　氷床コアの年代　89
　　　4.3.4　氷床コアの同位体　90
　　　4.3.5　氷床コアの含有物　95
　　　4.3.6　グリーンランドと南極氷床コアの比較　102
　4.4　海底コア　103
　　　4.4.1　砕屑物　104
　　　4.4.2　微化石　109
　　　4.4.3　無機元素　112

　　　　4.4.4　同位体　117
　　　　4.4.5　有機物　120
　4.5　湖沼コア　126
　　　　4.5.1　湖沼年縞堆積物とその研究　126
　　　　4.5.2　湖沼年縞の種類・成因および形成条件　130
　　　　4.5.3　湖沼年縞の記載方法および年代決定　131
　　　　4.5.4　湖沼年縞堆積物による古環境変動解析　134
　4.6　その他の気候変化の指標―サンゴ骨格―　137
　　　　　　コラム●^{11}B による過去の pH 推定　120

5. 地表諸環境の変遷　140

　5.1　大陸氷床の消長史　140
　　　　5.1.1　氷河堆積物，氷河地形からみた氷床・氷河の変遷　140
　　　　5.1.2　アルプス東北麓の谷氷河・山麓氷河の消長　141
　　　　5.1.3　大陸氷床　143
　　　　5.1.4　各地の氷期の対比と酸素同位体編年　146
　　　　5.1.5　最終氷期以降の大陸氷床の融解と海面の上昇　146
　5.2　海面変化史　147
　　　　5.2.1　研究のあゆみ　147
　　　　5.2.2　海面変化に関与する諸因子　149
　　　　5.2.3　中・後期更新世各時期の海面高度　150
　5.3　第四紀の河川と湖沼　152
　　　　5.3.1　河川の変遷　152
　　　　5.3.2　湖沼の変遷－とくに内陸盆地の多雨湖－　155
　5.4　第四紀の沙漠　156
　　　　5.4.1　沙漠の分布　156
　　　　5.4.2　気候変化に伴う沙漠環境の変化　157
　5.5　レス　159
　　　　5.5.1　初期のレス研究　160
　　　　5.5.2　レスの成因　160
　　　　5.5.3　レスの性状　161
　　　　5.5.4　レス-古土壌と第四紀編年　162
　5.6　第四紀のテフラと火山活動史　166
　　　　5.6.1　研究のあゆみ　166
　　　　5.6.2　テフラと火山活動　168
　　　　5.6.3　テフラの特性記載と同定　169
　　　　5.6.4　テフラの噴出年代　170
　　　　5.6.5　火山の噴火史研究　171
　　　　5.6.6　テフラ噴火と気候変化との関係　172
　5.7　第四紀の土壌　173
　　　　5.7.1　土壌とその研究　173
　　　　5.7.2　世界の土壌分布　173
　　　　5.7.3　第四紀の環境変動と古土壌　174

5.8 洞窟とその堆積物　178
　5.8.1 洞窟の種類　178
　5.8.2 カルスト地形と鍾乳洞の形成　180
　5.8.3 洞窟生成物と洞窟堆積物　181
　5.8.4 洞窟に脊椎動物化石がたまる理由　181
　　　　コラム●周氷河地域　142　／帯磁率（初磁化率）　164　／世界の洞窟遺跡　182

6. 生物群の変遷　186

6.1 概　説　186
　6.1.1 第四紀の生物についての研究史　186
　6.1.2 生物の分類　187
　6.1.3 第四紀の研究試料としての生物　188
　6.1.4 植物と動物の違い　188
6.2 植物群と植生　191
　6.2.1 陸上植物の分布と環境　191
　6.2.2 陸上植物の器官とその化石　196
　6.2.3 古植生の復元　200
　6.2.4 植物化石からの古環境復元　204
　6.2.5 環境変化と植物群の変化　206
　6.2.6 植物の進化・絶滅と植物化石層序　210
　6.2.7 植物群と人間の関わり　214
6.3 動物群　219
　6.3.1 哺乳類の分布と動物地理区　219
　6.3.2 哺乳類の化石　223
　6.3.3 哺乳類と環境　227
　6.3.4 動物群の変遷と進化・絶滅　232
　6.3.5 哺乳類化石層序　245
　6.3.6 哺乳類と人類の関わり　248
6.4 第四紀の生態系　256
　6.4.1 植生変化による動物群集の変化　258
　6.4.2 植生変化の要因としての動物相，菌類相の変化　260
　6.4.3 植物と動物の相互関係　261
　　　　コラム●分類群の階級（rank）と学名（scientific name ; Latin name）の表記法　190　／花粉ダイアグラム　198　／埋没林の研究　203　／湿性遷移と泥炭の発達　208　／メタセコイア　212　／貝化石と古環境　230　／昆虫化石による環境復元　233　／哺乳類の大きさの変化と古環境の推定　235　／マンモス　238　／電撃戦モデル　243　／遺跡出土の哺乳類遺体の分析　254　／ウッドラットの巣の化石を用いた乾燥地域の古環境復元　262　／C_3植物とC_4植物　264

7. 人類史　266

7.1 人類紀としての第四紀　266
　7.1.1 時間示標としての道具　266
　7.1.2 標準石器の方法と意義　267

7.1.3　化石人類の分類　269
　　　7.1.4　遺物分類の基準とその研究史　271
　　　7.1.5　形態・型式分類と機能分類の関係　275
　　　7.1.6　遺物の出土状況　275
　7.2　人類史復元へのアプローチ　277
　　　7.2.1　人類の起源と道具　277
　　　7.2.2　考古資料と民族誌　278
　　　　　　コラム●型式の系列と外挿法　274

8.　第四紀研究の問題と展望　281

　8.1　地球環境の将来予測をめざす─氷期-間氷期サイクルの気候変化─　281
　8.2　人為作用と気候変化　285
　8.3　人為作用による自然生態系の改変　286
　8.4　地球温暖化と生物多様性の危機　287
　8.5　地殻変動・火山活動と人間活動　288
　8.6　環境の危機と第四紀研究　288

主要参考図書　290
引用文献　292
索　引　315
　日本語索引　315
　欧文術語索引　323
執筆者紹介　326

1. 第四紀学の基礎的概念

1.1 第四紀学のめざすもの

第四紀という地質時代は，地球史の第4の時代（quaternary）として，第3の時代つまり**第三紀**（tertiary）から区別されて設定された[1]．これは地球の長い歴史のうちで，最も最近の，また最も短い地質時代（約180万年または260万年間；全地球史の中でわずかに3000分の1，図1.1-1）である．しかしこの時代は，Gilbert（1890）が指摘したとおり，地球史の中で最も詳しく，したがって最も長く記述されるべき時代である．これは図1.1-1の第四紀の欄に書き込まれる事項がきわめて多いことにもあらわれている．第四紀は現在の地球環境が形成されてきた時代であり，近未来に続く地球史の現代だからである．

この時代で特筆すべきことは，第1に，地球史に大きな影響を与える**人類**が登場し，繁栄することである．地球上で現在みられる現象や活動の由来を解明し，地球史に人類の果たす役割を考え，近未来の自然と人間の姿を予測し，両者のあるべき関係を模索するには，この時代における歴史的過程とその要因を解明することが重要である．また第2は，第四紀が地球史に例の少ない**氷河時代**であり（図1.1-2），地表の諸現象と**気候変化**とが深く関わっていることである．

ハットンやライエルの「現在は過去の鍵」という考え方，また「故きを温ね新しきを知る（温故知新）」は**第四紀学の基本原理**である．前者は，過去の地質時代に起こったことは現在でも起こっている現象であって，地形・地質に残されている記録を現在起こっている現象と同様のプロセスで解釈し説明すべきであるという．このことは近代地質学の主導的原理でもある．後者は，過去に起こった現象の発生機構，過程などを詳しく研究しておくことが，現在を理解し未来に起こる現象を予測するのに役立つという考え方である．

ところで，地球科学の歴史の中で近代の扉をあけたのは，キリスト教の教義に基づく**激変説**（catastrophism）に対する**斉一説**（uniformitarianism）であった．ハットンやライエルの唱えた斉一説は，いつの時代にも地球での諸作用は現在みられるのと同様，同じ向きに等速的に起こってきたという考えであったが，氷河の進出・後退という事象をとっても，単純な斉一説は現実的ではない．最近の多くの研究は，気候・海面・地殻変動・特定生物種の出現，絶滅などのどれをとっても，ある安定なシステムから次の安定なシステムへの移行が，あるとき突然，しかも急激に発生することを示唆している．とくに，第四紀は気候を始めとする地球環境の変動が著しいドラマチックな時代であることがわかってきた．したがって，新しい意味での激変説は第四紀を支配する概念だといえよう．そこで第四紀の研究者に対して向けられる質問は，どうして激変するのか，いまわれわれはどんな変動期にいるのか，これからどうなるのかである．それに答えるために，第四紀の研究者は過去に埋没することなく，現在の環境の由来を理解し，未来予測を可能にするような高分解能での変遷過程の解明を行い，変動のメカニズムを追究することが要求される．

地球上で第四紀に起こった現象はまことに多様で

---

[1] 北イタリアとパリ盆地では，1760年以後次の3つの地質系統が分けられていた．すなわち，primary（山地をつくるもとの岩），secondary（二次岩），およびtertiary（丘陵や低山をつくる化石に富む堆積層）である．その後Desnoyers（1829）はTertiaryの上位にある地層をQuaternary（第四系）とした．これが第四紀（系）の語の始まりである．しかしその後，この語の定義・内容は研究の進展で改訂された．またPleistocene（最新の時代という意味）はライエルにより，貝化石の70％以上が現生種である地層に用いられた．またこれは1840年代に氷河時代と同義に用いられた．

2　　1. 第四紀学の基礎的概念

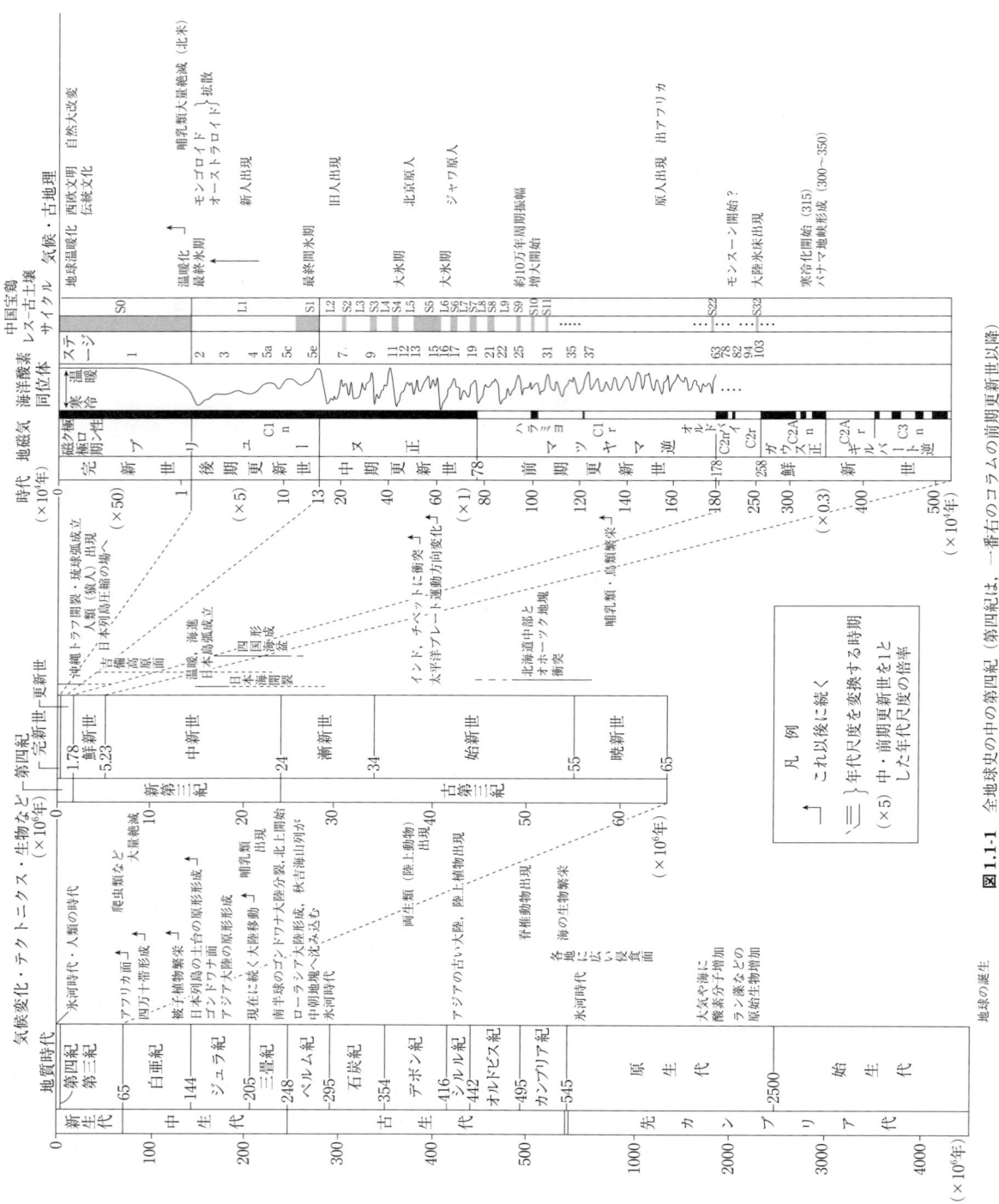

図 1.1-1　全地球史の中の第四紀（第四紀は，一番右のコラムの前期更新世以降）

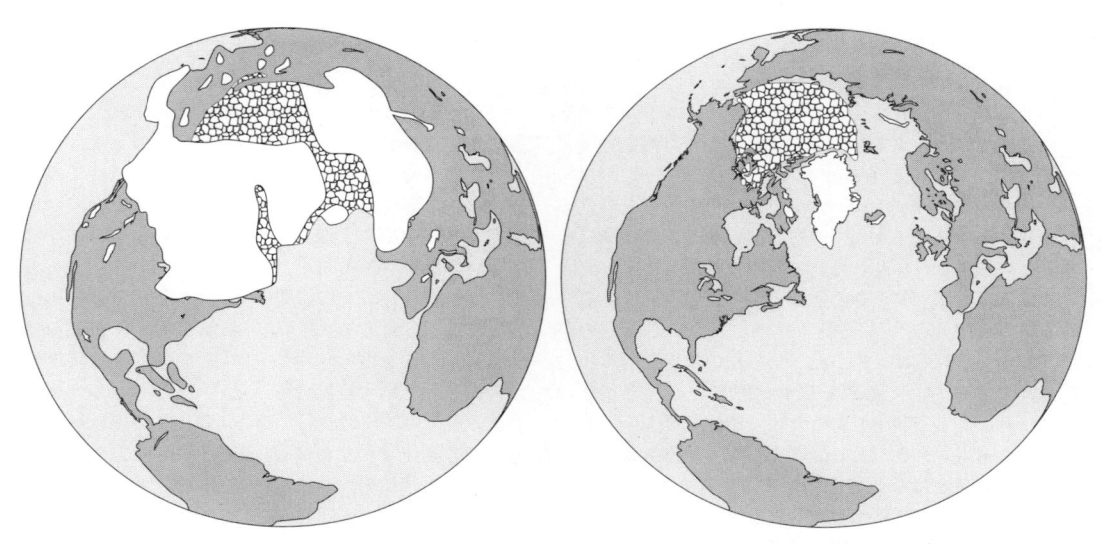

図1.1-2 北半球における最終氷期最盛期（左）と後氷期（右）の大陸氷床の変遷（Imbrie & Imbrie, 1979などにより作成）白の地域は大陸氷床，▨は海氷域．

ある．それらは多くの場合互いに関連しあって発生する．その現象発生に関与する要素は優れて多元的であり，単一の領域研究では必ずしも正解を得ることができない．したがって，従来の学問体系では違った分野におかれていた諸科学の総合的知識が，第四紀の理解には必須である．多元的で学際的な研究は第四紀研究の本質である．

第四紀に起こったさまざまな出来事の記述や相互の因果関係を，時間に沿って解明することは第四紀学の主要な課題である．出来事の詳しい解明はもとより，その発生年（年代）を高分解能で明らかにすることは，第四紀学に課せられた課題である．従来先史時代とか原始時代として莫然と扱われていた時代の内容をより明確にすることはもとより，文献史学の時代についても第四紀学という視点から見直すことによって，新しい解釈が生まれてくることが期待される．

いま，過去から現在と未来の地球像を読みとろうとする国際研究プロジェクトIGBP **PAGES**（past global changes）が活動しているが，そこでは，過去2000年間（歴史時代を含む）については，年単位，できれば季節単位で地球上の出来事の発生を解明することをめざし，それより古い過去（最近の数十万〜百万年間）については，できる限り10年単位での高分解能の年代決定をめざしている（コラム2.2-2）．これを可能にしつつあるのは，海底コアや氷床コア，地域的には湖成層などの研究である．こ

れらについては2, 4章で詳しく述べよう．

1.2　第四紀とは

1.2.1　第三紀から区別される第四紀

第三紀およびそれ以前と違う第四紀の特色としてしばしば挙げられるのは，次の3点である．

①　現生生物の化石を多く含む地層が形成された時代であること．

②　寒冷気候が卓越し，中高緯度地域や山地に氷河が発達した時代であること．

③　人類が繁栄する時代であること．

周知のように，第三紀以前の地史は生物の進化・変遷に基づく**生層序**（biostratigraphy）で研究されてきたが，この方法は第四紀という短い間では一般に必ずしも有効だとはいえず，第四紀地史は種々の方法を重ね合わせて研究を進めることが必要である．とくに重要視されるのは，詳しい**年代層序**（chronostratigraphy）と**気候変化史**（**気候層序**，climatostratigraphy）である．それは第四紀が，現在を含む新しい時代であることと，長い地球史の中でも古生代末以後3億年もたって訪れた氷河時代であるという認識の発展と深く関わってきたからである．とくに地球規模での気候変化は，地形，地層，古地理，土壌，動植物，人類などさまざまな地表要素の形成と，重大な関わりをもつ要因であることがわかってきた．

● 第三紀・第四紀境界　　　　　　　　　　　　　　　　　　　　　コラム 1.2-1 ●

　1948 年の万国地質学会議やその後のイタリア地質学会の勧告では，イタリア南部の Vrica の古典的な地層について，初めて寒冷な水域に生息する貝形虫 ostracoda の *Cytheropteron testudo* が出現する海成のカラブリア層の基底をもって第四紀層と第三紀層の境にするという提案がなされた．これの古地磁気層序における位置は，マツヤマ逆磁極期の中の正磁極期であるオルドバイイベントの上限に近いことがわかったので，多くの研究者は，第三紀・第四紀の境界をここにおく．これに対して第四紀以前の地球史の区分基準は，化石による生層序であるため，第四紀についても生層序を適用すべきだとし，こうした古地磁気層序による境界の設定はなじまないとする意見も多かった．しかし，古地磁気層序は地球上各地で共通し，同一時間面を判別するのが比較的容易であるため，第四紀に関してはもっとも基本的な対比・編年の基準となっている．一方，この境界の放射年代も盛んに測定されてきたが，放射年代は一般に測定の方法と対象試料によって誤差や幅が生じるため，研究の進展につれこの境界の年代も若干動いてきた（図1.2-1）．ちなみにオルドバイイベントの上限は，かつて K-Ar 法で 164 万年前とされたが（Aguirre & Pasini, 1985 ; Harland *et al.*, 1990），海洋コアの研究に基づく酸素同位体年代尺度（2.2.2 項参照）では約 180 万年前とされる（Hilgen, 1991）．一方，高緯度地域の氷床を成立させた寒冷気候の始まりを示す証拠はもっと古く，ガウス/マツヤマ境界近くの時代だとし，ここに第四紀の開始をおく研究者も多い（たとえば De Jong, 1988）．この境界の放射年代は従来 240 万～250 万年前と考えられていたが，最近の酸素同位体年代尺度では約 260 万年前と，より古い年代に訂正された（Shackleton *et al.*, 1990）．

1.2.2　第三紀と第四紀の境界

　気候の寒冷化や新しい生物の出現が，あるときに急に起こった場合には，第三紀と第四紀の区分に役立つ．しかし実際には，気候の寒冷化や高緯度地域における大陸氷河の形成は，すでに第三紀**鮮新世**から始まっていた．現在みられる地殻変動の開始期も第三紀またはそれ以前に遡ることが多い．また人類の出現も鮮新世に遡ることがわかってきた．このため第四紀の開始（鮮新世との境界）をいつにするかという問題は，長く論議されてきた．寒冷化の証拠と年代は地域によってかなり異なるし，年代測定値も技術の進歩に伴い変動するので，境界問題に合意を得ることはなかなか難しいのである．

　現在，第四紀をやや短く考える見方とやや長くするものとの，2 種類の第四紀/第三紀境界が提案されている．

　①　およそ 180 万年前（1.8Ma）[2]．すなわち古地磁気層序の**オルドバイイベント（Olduvai event）**の終わり．

　②　およそ 260 万年前（2.6Ma）．古地磁気層序の**ガウス（Gauss）/マツヤマ（Matuyama）境界**．

　これらの時代境界にはいずれも気候や生物相が変化（寒冷化）したとする証拠が多いが，その近くの時代に世界各地で認定できる古地磁気逆転の境界があるために，これらで境界が設定されている．これは便宜的な区分と受け取られやすいが，各地共通の年代層序を厳密に設定できることが優先された（コラム 1.2-1）．

　いずれを採用しても長い地球史の中で第四紀の占める時間はきわめて短い（新生代の中でも 0.3％程度の長さ，図 1.1-1）．また新しい時代ほど気候変化の振幅は大きくなるし，多種多様な出来事を記述する必要性が大きいので，境界問題は地質層序上の定義の問題と割り切り，本書では一応①に基づいて記述する（図 1.2-1）．しかし現在の地表における諸現象の由来を尋ねるには，上記のような「第四紀」より古い時代からの変遷を扱わねばならない場合が多い．したがって本書では，必要に応じて鮮新世あるいはそれ以前の現象も扱う．

1.2.3　更新世と完新世

　第四紀は通常の ^{14}C 法による約 1 万 ^{14}C 年前（暦年補正せず，Libby の半減期を用いて計算した年代）を境に，更新世（Pleistocene）と完新世（Holocene）[3]

---

[2]　Ma（百万年前）や ka（千年前）などの年代単位と表記・法についてはコラム 2.2-1 参照.

[3]　これらは 20 世紀なかばまで，それぞれ洪積世，沖積世と呼ばれた．洪積世（層）はキリスト教の教義（洪水激変説）と深く関係したので，斉一説や氷河時代の概念が普及するにつれ，使われなくなった．ただし沖積層（面）は河成堆積物（地形面）を示す用語として使われている．

に区分される（1969年国際第四紀学連合INQUAの勧告）．この境界は最終氷期の寒冷期から温暖な後氷期への境であるが，気候の温暖化も急激とはいえ，ある時間幅で続いたので，そのどこに設定するかを約束する必要がある．後述のように，氷河後退期のこの温暖化期間には，北半球で新ドリアス（Younger Dryas）期と呼ばれる，顕著な寒の戻り現象が認められるために，それが終わって再び温暖な時代に入るときを更新世・完新世の境界とする．それは氷床コア研究で暦年に換算すると11,100～11,600年前である（コラム2.2-6参照）．これは，気候に関連する諸現象や人類文化史の重要な境界期でもある．

1.2.4 更新世の区分

更新世は，**後期更新世**（Late Pleistocene），**中期更新世**（Middle Pleistocene），**前期更新世**（Early Pleistocene）に三分されることが多い．それらの境界は必ずしも気候層序に従うわけではなく，世界各地で容易に対比・同定できる時期におかれる．図1.1-1，1.2-1のように，後期と中期の境は**最終間氷期**（酸素同位体ステージ5e）開始期におかれることが多い．その年代は，地球公転軌道要素の変動から求められた年代尺度では約13万年前である[4]．なお後期更新世と完新世を併せて後期第四紀として一括して呼ぶ場合がある．一方，更新世の前期と中期の境界は気候層序に必ずしもこだわらず，ブリューヌ／マツヤマ地磁気境界に設定されることが多い（Butzer, 1974；町田ほか，1980）．その年代は従来のK-Ar年代では720～730kaとされたが，最近の海洋同位体編年ではステージ19の初期にあたり，780kaと訂正された（Shackleton *et al.*, 1990；Funnell, 1995）．なお中期更新世は，大規模な間氷期と氷期で識別しやすいので，ステージ11/12（約42～45万年前）を境にしてさらに前葉と後葉に区分すると便利である．本書では最近の研究の進歩を受けて，このような地質時代名を用いると同時に，酸素同位体ステージや数値年代を多用する．詳しくは2, 4章で解説する．

---

4) これについてはほぼ合意が得られたかにみえるが，鍾乳洞の洞窟生成物（5.8.3項参照）（speleothem）についてのウラン系列年代と酸素同位体の測定から14万年前とされ，議論を呼んだ（Winograd *et al.*, 1992）．

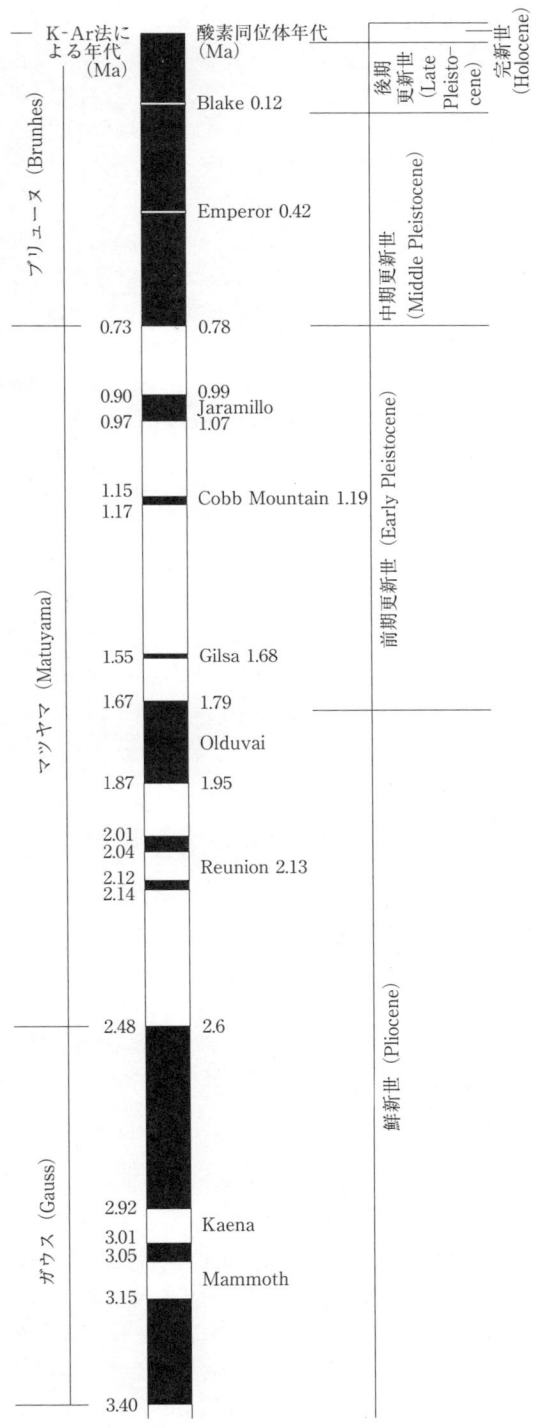

図1.2-1 過去約340万年間の古地磁気境界の年代と第四紀の区分

数値年代は，コラムの左側がK-Ar法によるもの（Mankinen & Dalrymple, 1979）（Ma：百万年の単位），右側が酸素同位体変動に基づく（SPECMAP）年代（Shackleton *et al.*, 1990；Funnell, 1995）．現在は右側の値が用いられている．

1.2.5　第四紀と人類

　第四紀が古い地質時代と異なるのは，現在を含み，未来に向かって継続・長くなっていく時代であることである．第四紀の終わりはまだ決められていない．しかし第四紀はすでに終わったのではないかという議論も最近よく聞かれる．

　第四紀の中で，完新世は気候・海面が珍しく安定した時期である．この安定した環境を背景として，人類は繁栄し，文化・文明を構築した．その結果，気候・生物・土壌・地形など，地球環境は人類の手によって著しく変えられるようになった．とくに産業革命を契機にして，主に自然の作用によって地球環境が形成されてきた時代は終わって，人類が自然を支配する時代に突入したかのようにみえる．人類はどれほど自然を改変したか，またその評価はどう与えられ，どのように未来に生かさねばならないか．その答えは人類活動を含めた第四紀の研究から与えられるに違いない．第五紀はどんな時代でいつから始まるのか．それは今後の人類活動のあり方に大きく関わっている（日本第四紀学会，1987；8章参照）．

1.3　研究の発展とその背景

　第四紀学の研究史は，18世紀や19世紀前半の萌芽的研究にまで遡る必要があるが，それらはすでに多くの教科書に記載されているので，本節ではまず第四紀の自然環境研究の基本的な事項について，その流れと背景を記し，次いで最近の研究の傾向を概観する．表1.3-1は第四紀学の発展を示す主要な研究の年表である．

1.3.1　いくつかの基本的研究

（1）　氷河時代の認識と区分

　第四紀が高緯度地域や高山で氷河が発達した時代であるという認識は，周囲に氷河の痕跡が多く残るヨーロッパで始まったが，合意を得るには意外に時間がかかった．それは，中世の神学のもとでの激変説とその反動である斉一説の影響であったとみられる．スイスや北欧における地形地質に残された氷河の痕跡を正しく認定し，その結果，過去には広大な地域が氷河に覆われ，現在と違った営力のもとにおかれたという考えが生まれたが，それは斉一説を唱えるライエルの受け入れるところではなかった．過去に大氷河時代があり，世界的な気候変化があったことを提唱したAgassiz（1837に講演；1847）の考えは，スイスを中心としたヨーロッパのみでなく，アメリカにおける観察に基づいている．19世紀後半には氷河堆積物に挟まれた非氷河性の堆積物が認識され，氷期と間氷期という時期が区別されて，気候に寒暖の変化があったことが認識された（Geikie, 1874；1894）．

　こうした研究をもとにして，19世紀末までには，Wisconsinan/[Sangamon]/Illinoian/[Yarmouthian]/Kansan/[Aftonian]/Nebraskan（[　]内は間氷期）という，北アメリカの古典的な氷期・間氷期の層序が確立した．

　これはヨーロッパにも強く影響し，Penck & Brückner（1909）のアルプス北麓の氷期（Würm/Riss/Mindel/Günz）とそれぞれの間の間氷期の層序が，融氷水によって形成された河成段丘の研究から導かれた．このように古典的研究では，4回の大規模な氷期・間氷期が繰り返されたことが知られたが，その数は後の研究で次第に増えてきた（5.1節参照）．

　20世紀後半になると，氷期・間氷期の層序編年研究の対象は北半球高緯度地域や高山を離れ，格段に詳しい記録を残している海底堆積物や大陸氷河のコアなどを対象にするようになり，新しい局面を迎えた．

（2）　気候変化の影響の大きさ

　氷期に海面が低下することを指摘したのは，Maclaren（1841）であった．彼は**氷河性海面変化**（glacio-eustatic theory of sea level change）を唱え，かつ氷期の海面低下量は110〜130 mと予想した．この値が最近の研究成果とほぼ一致するのは，驚くべきことである．このような海面変化に伴い，氷期に氷河で覆われなかった地域では，こうした氷河性海面変化の影響を受けたことがはっきりしてきた．熱帯・亜熱帯のサンゴ礁形成が気候−海面変化によって説明されたのはその好例である（Daly, 1934）．さらに世界各地の大陸棚の古地理を大きく変動させ，生物や人類の拡散・隔離を促し，それらの分布を規定したことは，多くの論者によって指摘されてきた．

　内陸地域における湖盆の変遷が気候変化と深い関

係にあるとしたのは，Gilbert (1890) の Lake Bonneville（現在の Great Salt Lake の前身）の研究であった．これは氷期と間氷期にそれぞれ対応して多雨期と乾燥期があったことを論じたものである．さらに気候変化の植生・水文環境などへの影響が明らかになるにつれ，気候変化が流量と運搬土砂量の変化を通じて河川の性質を大きく規定してきたことが論じられるようになった（Dury, 1959；貝塚, 1977）．また陸地の1/5を占める広大な寒冷地域でみられる周氷河現象の変遷も，地形・地質のみならず生物分布と深い関係をもつことが認識された（Washburn, 1979）．

このように気候が，種々の地形，地層，古地理，生物相などきわめて多くの地表環境の変化と人類活動に関わる一大要因であることが論じられるようになった背景には，気候変化の地球規模での同時性と大きさが各地の研究を通じて明らかとなってきた事実がある．日本では，1960年代までは氷河性海面変化は仮説とされ，地形形成の要因として伝統的に地殻変動の比重が大きいと考えられたのは，地震・地殻変動に比べて，中緯度の温帯にあって気候変化を示唆する直接的資料があまり多く得られていなかったためと考えられる．

(3) 気候変化の要因

第四紀を特色づける大きな気候変化がどうして起こったかは，地球科学における難問の1つに挙げられていた（たとえば Flint, 1971）．気候変化の規模や周期の長さにはさまざまなレベルがあること，その原因も多様で，重なり合う場合が多いと考えられること，大気にはある刺激があると自己振動する性質があることなど，個々の気候変化を説明するには難しい問題があるからである．それはともかく，これまで提出された原因論には，①地球内部または表層部に原因を求める考え（たとえば大陸の移動，山脈の隆起，火山活動，海洋の循環の変動など），②地球の公転軌道・自転軸の変化といった天文学的原因論（astronomical theory；orbital theory），③大気，海洋および氷床，陸地からなる地球システムにある**フィードバック機構**，といった考えに大別される．これらのうち②による日射量の変化は，最近海底堆積物などから得られたより詳細な気候変化の編年ときわめて整合的であるので，周期が長く大規模で，かつグローバルな気候変化のひき金となる要因

論として，受け入れられるようになった．これは**ミランコビッチ説**あるいは**天文学的気候変化説**としてよく知られているもので，4.2.4項で詳しく記述されるが，ここではその発展過程をみておく．

これは地球表面が受ける日射量が，次の3つの地球の公転軌道と地軸の周期的運動で変わることに求める考えで，そもそも19世紀後半から Croll (1864, 1867, 1875) らによって唱えられたものが，20世紀に入って Milankovitch (1920；1938；1941；1957) によって体系化された．

① 地球の公転軌道の変化
② 地軸の傾き（赤道面と黄道面との傾き）の変化
③ 自転に伴う歳差運動

これらのうち地球が受ける総日射量に大きく影響するのは①であり，ほかの変化は緯度によって異なる．低・中緯度では①と③が，また高緯度では②の変化が日射量を大きく規定する．ミランコビッチは天文学的データを基にして緯度別に日射量変化曲線を描いた．このうち大陸度が大きく，氷期の氷床が広い65°Nのデータが重要である．

この曲線が氷期・間氷期の気候変化を説明するとした学説は，当初欧米の地質学者の中では賛否相なかばしていたが，次第に，陸上で得られる氷期–間氷期のサイクルと合わないらしいことや，日射量変化が実際の気候変化を引き起こすほど大きくはないとの理由で，1950年代にはほとんど顧みられなくなった．しかしこれが復活したのは深海底に残された気候変化の記録が次々と明らかになってきた1960年代後半から1970年代初めであった（Imbrie & Imbrie, 1979）．深海底の酸素同位体記録がいかにミランコビッチサイクルに合うかは，Hays et al. (1976) のスペクトル分析によって一躍脚光を浴びた（図1.3-1）．すなわち深海底コアから得られた過去70万年間の同位体変動は，10万年，4.3万年，2.4万年，1.9万年という天文学から導かれるものと一致する周期の合成であるという．10万年の離心率変化周期は間氷期–氷期サイクルを，それより短いものは亜間氷期–亜氷期のものと一致する．このため，地球の公転軌道/地軸変動は，大きな気候変化のペースメーカーとなると考えられたのである．

深海底の記録だけでなく，大陸氷床コアから得られた多くの気候変化に関するデータが，このミラン

表1.3-1 第四紀学を発展させた諸研究

(年)	出版・学会など	国際的層序・編年	年代	気候変化・海洋・氷床	海面変化など	レス・テフラ・土壌	生物・人類	地殻変動
1800				15-18 スイスアルプスの登山家が過去に氷河が拡大したことを認定				
				37 氷河の進出が世界的規模(欧米)で発生したことを認定(Agassiz)			36 石器,青銅器,鉄器の3時代法提唱(Thomsen)	
		42 氷期の天文学的原因論提唱(ミランコビッチ説の基礎)(Crollほか)			41 氷期の海面低下量推定(Maclaren)		36,38 花粉化石の発見(Göppert, Ehrenberg)	
1850		↕64					56 ネアンデルタール人発見 59『種の起源』(Darwin)	65 スカンジナビアで氷河性アイソスタシー認識(Jamieson)
	75 深海探査船 Challenger号			74 氷期・間氷期の反覆を認識(Geikie) 84		77 レス風成説(Richthofen)	69 石器時代〜中世までの体系的編年(Mortillet)	
		94 北米氷床古典的層序確立(Geikie) 96 放射能の発見(Becquerel)	94		90 北米で氷期の多雨湖報告(Gilbert)	? 土壌生成論(Dokuchaev)	99 ヨーロッパ大型植物化石研究(Reid)	
1900		•01					02 花粉組成の量的表示(Lagerheim) 03 型式編年学(Montelius)	
		06 古地磁気極性変動認定(Brunhes) 09 アルプスの氷期・間氷期層序確立(Penck & Brückner)						10 地震時の断層運動から弾性反発説提唱(Reid)
1910				12	氷縞粘土による退氷史研究(De Geer)			12 大陸移動説(Wegener)
				18 植生による気候区分(Köppen)		16 花粉による泥炭層の対比(von Post) 19 レスと氷期の関係研究開始(Soergel)		
1920		20 ミランコビッチ説(地球公転軌道変化による日射量変化が気候変化に関係)(Milankovich)						
	25 Meteor海底探査	24 ミランコビッチ説体系化					29 北京原人第1号頭骨発見(Pei)	24 古典的地向斜造山論(Stille) 28 日本で「活断層」の提唱(多田) 28・29 マントル対流による大陸移動説(Holmes)
	28 INQUA創立	29 古地磁気極性変動(Matuyama)				30 代レス世界各地に広く認識(Scheidig)	30 紋様から縄文土器層序(山内)	
1930				34 サンゴ礁の発達史を氷期性海面変化で説明(Daly)				
			37 K-Ar法による年代測定の可能性(von Weizsäcker)					
1940		ミランコビッチ説最終版出版					40 タフォノミー提唱(Efremov)	
	44 "Principles of Physical Geology"(Holmes, 初版)					44 アイスランドでテフロクロノロジー提唱(Thorarrinsson)		
	47-48 ピストンコアリング(Kullenberg)	47 酸素同位体法の原理(Urey)	46 ^{14}C 年代測定の基礎確立(Libby) 48 K-Ar法による鉱物の年代測定(Aldrich & Nier)				44 花粉化石による古気候復元(Iversen) 48 大型植物化石層序(三木)	
1950			51 ^{14}C年代量産開始(Libbyなど)	51 古水温計算				
			53 TL法提案(Daniels et al.)					
	54-65 "Das Eiszeitalter"(Woldstedt)			55 ウラン系列法開発(Cherdyntsev; Potraz et al.)	56 有孔虫組成と気候変化(Ericson & Wollin)	56 後期海面変化モデル(Shepard & Suess)		
	56 日本第四紀学会設立			有孔虫酸素同位体変動から7期認定(Emiliani)			57 更新世花粉化石層序(Zagwijn)	
	57 "Glacial and Pleistocene Geology"(Flint) "Quaternary Era"(Charlesworth)				59 気候が河川に与える影響報告(Dury)		59 東アフリカオルドバイ谷から化石人骨,そのK-Ar年代1.7Ma(Leakey, 1961)	
1960					61 後期海面変化まとめ(Fairbridge) 62 南極の氷床史(Hollin)	61 中欧レス-古土壌層序と気候変化との関連提唱(Kukla) 61 古典的石器形式学(Bordes)	61	61 中央海嶺斜面帯状の地磁気異常(Raff & Mason)
			62 Ar-Ar法提案(Sigurgeirsson) 63 FT法でのエッチングの開発(Fleischer & Price)			62		62 古地磁気研究から大陸移動説復活(Runcorn) 61-63 海洋底拡大説(Dietz,Hess Vine & Mathews; Wilson)
			64 古地磁気年代(K-Ar法)提案(Cox et al.)			64 中国のレス-古土壌層序確立(劉ほか)	65 64 縄文土器型式層序(山内)	
1965	65 "The Quaternary of the U.S."(Wright & Frey)	65 ミランコビッチ説復活(Broecker)				65 関東ロームの研究(関東ローム研究グループ)		
	66 グリーンランドCamp Century氷床コア採取	66 海洋酸素同位体ステージ(17まで)提案(Emiliani)			66 バルバドス海成段丘とミランコビッチ説(Mesolella et al.)			67 ハイドロアイソスタシー(Bloom)
	67『ベーリング陸橋』(Hopkins編)	67 海洋酸素同位体と陸水量との関係改訂(Shackleton)	67 ESR法提案(Zeller et al.)		67-69 大洋島で風成塵認識(Delany, Rex et al.)		67 更新世末期哺乳類大量絶滅(Martin & Wright)	60年代後半 プレートテクトニクス確立
	60年代後半〜70年代前半 日本高度経済成長(自然破壊進む)				熱帯の離水サンゴ石灰岩のウラン系列年代増加(Veehなど)	68 氷河性と沙漠性のレス認識(Smalley & Vita-Finzi)の提唱	68 ヨーロッパの第四紀哺乳類化石まとめる(Kurtén)	68 地震性地殻変動の提唱(吉川) 68 海底地磁気縞模様から地磁気変化史(Heirtzler et al.)
1970				69 深海堆積物での氷期-間氷期サイクル(Hays et al.)	69 グリーンランド氷床コア(Camp Century)からの資料(Dansgaard & Tauber)	69 大平洋海底のテフラ分布(Horn et al.)		

1.3 研究の発展とその背景

(年)	出版・学会など	国際的層序・編年	年代	気候変化・海洋・氷床	海面変化など	レス・テフラ・土壌	生物・人類	地殻変動
1970				70 火山噴火の気候への影響の評価(Lamb)				
	71 "Quaternary Research" 発刊			70 大阪層群の総合的研究(市原・亀井・石田)				
	71 "Glacial and Pleistocene Geology" 第2版 (Flint)			71 カリブ海コアから新しい古気候像(Imbrie & Kipp)				
	72 国連,環境汚染の国際的提起「人間環境会議」			72 北大西洋極前線の移動と将来予測 (McIntyre & Ruddiman)	72 完新世海面変化とハイドロアイソスタシー(Walcott)		73 大阪港ボーリングコアの花粉記録(Tai) 73 古モンゴロイドの南北アメリカへの進出と哺乳類絶滅モデル(Martin)	
		73 熱帯太平洋コアV28-238標準層序 (Shackleton & Opdyke)			74 ニューギニアヒューオン半島の隆起サンゴ礁段丘 喜界島の隆起サンゴ礁段丘(Konishi et al.) (Bloom et al.)			
1975					75 テフロクロノロジーによる海面変化史(Machida) 75 レスと気候変化研究本格化(Kukla)			
		76 SPECMAP 年代尺度(Hays et al.)	76 AMS¹⁴C法開発 (Purser)	76 最終氷期気候モデル (CLIMAP)		76 広域テフラとcoignimbrite ash認識 (町田・新井; Sparks & Walker)	76 ウッドラットの巣の化石を用いた乾燥地域の古環境復元(Wells)	
	77 日本の第四紀研究 (日本第四紀学会)		77 更新世層の陸-海対比(Kukla)			70年代後半 深海底テフラ研究盛ん(Ninkovitchほか)		
				78 軌道要素変化による日射量変化再計算(Berger)				
	79 "Ice Ages" (Imbrie & Imbrie)			79 周氷河現象の重要性(Washburn)				
1980						80 氷床コアからみた後氷期火山活動(Hammer et al.)	80 北米第四紀哺乳類化石まとめ (Kurtén & Anderson)	
	81 "Das Eiszeitalter" (Kahlke) 81 "The Last Great Ice Sheets" (Denton & Hughes)					81 テフラを生む噴火の研究(Walkerなど)		
	82 『第四紀』(成瀬) 82 国連環境計画ナイロビ会議 82 "Quaternary Science Reviews" 発刊			82 D-Oイベント認識(Dansgaard et al.) 82 D-Oイベント認識(Dansgaard et al.)		82 中国洛川レス2.4Ma以降の層序(Heller & Liu)	82 ベーリンジアの古生態復元(Hopkins et al.)	
	83 "The Pleistocene" (Nilsson)						83 最古の石器認定(エチオピア)2.5Ma(Harris)	
	84 "Late Quaternary Environments of the Soviet Union" (Velichkos)			84 最終間氷期(MIS5e)の気候像(CLIMAP)				
1985	南極 Vostok 氷床コア			85 氷期の気候像シミュレーション(Manabe & Broccoli) 85 ペルーアンデス氷河コア分析による熱帯の降水変化(Thompson et al.)				
	87 日本第四紀地図 (日本第四紀学会)			87 酸素同位体変動から標準的海面変化曲線(Shackleton)			87 ミトコンドリア・イヴ仮説(Cann et al.) 〔遺伝情報から新人のアフリカ起源を主張〕 87 気孔密度による大気CO₂濃度の復元(Woodward)	
				88 完新世古環境モデル(COHMAP) 88 北東大西洋氷筏進出(ハインリッヒ事件)(Heinrich)				
					89 ウラン系列年代法によるLGM以後の海面変化・MIS2.2の海水準(Fairbanksなど)			89 気候システムに与える大山脈の影響 (Ruddiman; Molnar & Englandなど)
1990								
	91 IGBP-PAGES 活動開始			91 大洋水の熱塩大循環モデル (Broecker)		中国宝鶏レス2.5Ma以後の層序確立 (Rutterなど)		91 新編日本の活断層
	92 グリーンランド(GRIP)氷床コア基盤まで掘削		92 大規模氷期サイクルの構造と起源 (Imbrie et al.)			92 日本テフラカタログ(町田・新井)	92 エチオピアから最古の人類(ラミダス猿人,4.4Ma)発見	
	93 グリーンランド(GISP)氷床コア基盤まで掘削 93 "Global Climates since the LGM" (Wright et al.) 93 "Quaternary Geology and Geomorphology of S. America" (Clapperton)		93	93 COHMAPモデルから気候変化のシミュレーション(Kutzbach et al.) 94 バハマの海岸石灰洞生成物による後期更新世の海面変化(Richards et al.)				94 プルームテクトニクス提唱(Maruyama)
1995				95 北大西洋氷山の変動史(Bond & Lotti)				
	97 "Neotectonic uplift and climatic change" (Ruddiman)							97
	97 "Reconstructing Quaternary Environments" 第2版 (Lowe & Walker)		98 ¹⁴C年の暦年換算 (Stuiver et al.など)	98 21ka以後の気候と生物量のシミュレーション(Kutzbach et al.)				
2000	00 GISP2コア詳細なδ¹⁸O変化(Stuiver & Grootes)							

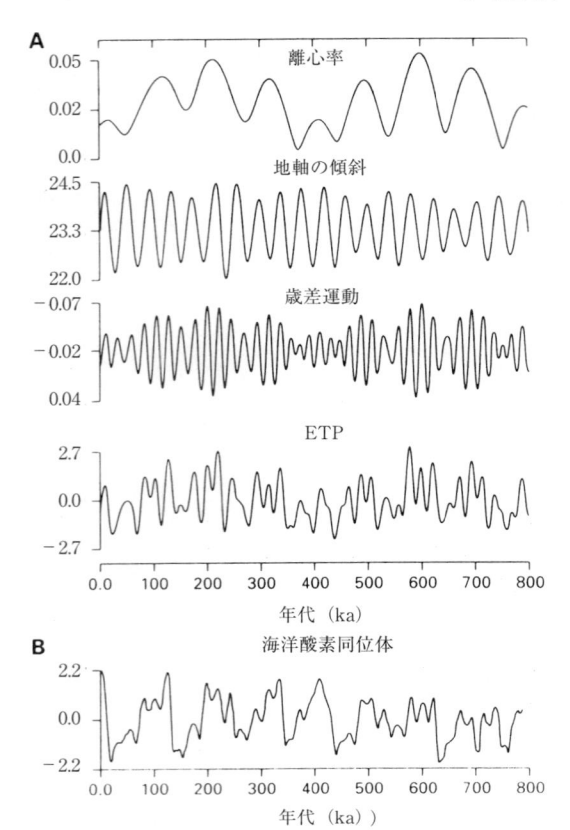

図1.3-1 中期更新世以降（過去80万年間）の地球公転軌道の離心率，地軸の傾斜，歳差運動の変化とこれらを総合し，正規化した変動（ETP），および一般的な海洋酸素同位体比変動（Imbrie *et al.*, 1984）ETPと海洋酸素同位体変動とは似る．

コビッチサイクルと合致することが論じられた．それらはミランコビッチ説をさらに補填する気候変化原因論とともに4章で詳述する．

ミランコビッチ説は第四紀の周期的気候変動を説明したが，次の諸点，すなわち，①第三紀の後半から地球の気候が寒冷化したこと，②およそ70～80万年前以後気候変化の振幅が増大したこと，③とくに後期更新世に短周期で気候が大きく変動したこと，これらの原因については，別な答えを捜さなければならない．

長期間のゆっくりした寒冷化については，大陸の極方向への移動（Williams *et al.*, 1993），パナマ地峡の成立（278万年前；Keigwin, 1978）による北大西洋の気候変化の激化，チベット・ヒマラヤなど大気循環に影響を及ぼす山脈の隆起などが考えられている．これらテクトニックな要因は，ミランコビッチサイクルを助長するように働いたに違いない（Raymo & Ruddiman, 1992；3章参照）．また，Ruddiman *et al.*（1986）は，およそ70～80万年前を境に離心率の周期が長い間4.1万年であったものが10万年に変わったために，気候変化のみかけの振幅が大きくなり，氷期に北米氷床を拡大させたという説を唱えた．

さらに，最近の氷床や海底コアの研究で明らかとなった，短周期で大きな振幅，かつ急速な気候変化は，大気，地表面，海洋，氷床間のフィードバック機構が重要な原因と考えられている．これについて詳しくは4.2節で述べる．

(4) 人類の出現：その進化と自然環境との対応

フランス人ブッシュ・ド・ペルト（Boucher de Pertes）がアブヴィーユの近くの河川の礫層中から打製石器と哺乳類化石を発見し，絶滅した動物と同じ時代に人類が住んでいたことを明らかにしたのは，1841年頃に遡る（Kühn, 1976；Bordes, 1968）．

遺物・遺構を中心とした考古資料と古人類との関係，第四紀の古環境の変遷と人類進化の関係，そしてそれらすべてに横断的に作用する共通する年代観の相互関係，これらの研究は複雑な様相を呈して変遷してきた．

19世紀の中葉前後は，ヨーロッパにおける近代科学の基礎が広範に据えられた時期である．考古学における相対編年の基礎を与えた「三時代法」（"the Three-Age System"）がデンマークの考古学者トムセン（C. J. Thomsen）によって公にされたのが1836年である（Thomsen, 1836）．これによって，石器時代・青銅器時代・鉄器時代の順に従って，つまり，道具の素材の違いの順序が時系列上の変遷に対応することが明らかにされた．

その後，石器時代が非常に長い時期にわたることが理解され，イギリスのラボック（Lubbock）（後にLord Avebury）によって，石器時代を旧石器時代（Palaeolithic）と新石器時代（Neolithic）に区分することが提唱された（Lubbock, 1865）．旧石器時代は洪積世（更新世）の時代で，人類がマンモスゾウ，ホラアナグマ，ケサイなどの絶滅動物とともにヨーロッパに住んでいた時代と定義された．新石器時代はそれよりも後の磨製石器の時代とされた．

こうして考古学の基本的な枠組みが形成されていったのと並んで，1856年には，ドイツのネアンデ

ル渓谷の小フェルトホーファー洞穴で，石灰岩の採掘中に人骨化石が発見された（Tackenberg, 1956；Bosinski, 1985）．ネアンデルタールの人骨が病気にかかったものか否かの長い論争を経て，古人骨の特徴であることが真に認められたのは1880年代になってからである．その間の1859年には，ダーウィンの「種の起源」が公刊されている（Darwin, 1859）．

旧石器時代の研究がいち早く開始されたフランスでは，1869年に，旧石器時代全般にわたる最初の体系的な石器の編年が，ド・モルチエ（G. de Mortillet）によってたてられた（Mortillet, 1869）．オーリナシアンの位置づけに失敗しこれを除いたが，古い順に，シェレアン→アシュレアン→ムステリアン→ソリュートレアン→マグダレニアンの変遷を示し，それぞれに石器の特徴の記載を行い，石器の発展の様相を明らかにした．モルチエの編年は旧石器時代だけに留まらず，新石器時代，青銅器時代，さらに鉄器時代のローマ時代を経て，中世のメロヴィング朝期までをカバーする体系的な文化編年であった．

20世紀の初頭から1910年代における考古学上の文化編年と，古環境とくに氷河期との対応関係は，年代観においてどのような特徴をもっていたのか．氷河時代全体の継続年代は諸説あるものの，およそ40万～84万年くらいと考えられていた．ヨーロッパアルプス北麓の4氷期説をうち立てたペンクとブリュックナーは，氷期の継続年代を約52万～84万年間とみていた（Penck & Brückner, 1909）．

この頃，最古の人類の証拠は「下部旧石器時代」に遡ると考えられていた．しかしそれは，地質学的な編年では第3間氷期（リス／ヴュルム間氷期）までで，それ以前には人類の文化は遡らないと考えられていた点が特徴的である（Osborn, 1915）．

この傾向は基本的に1940年代に入っても続き，旧石器時代の最古の様相は20万年ないし25万年くらい前まで遡ると思われていた．氷期の始まりもおよそ50数万年前という枠組みであった（Childe, 1942；1944）．

こうした枠組みを突き崩す始まりは，第二次大戦後の放射年代の新たな展開を待たなければならなかった．人類学・考古学に関わる年代観で，その与えたインパクトの大きさでは，放射性炭素年代測定法の右に出るものはまずないであろう（Libby, 1952）．約3万年前以降，文献などの暦年史料が出現するまでの時代には，この方法によって膨大な測定データが蓄積した．後期旧石器時代の初頭から旧石器時代の終末を経て農耕が開始される新石器時代の編年は，更新世～完新世移行期の環境変遷との関係において，考古資料，植物相，動物相の関係を分析する共通の年代的枠組みを提供した．

最古の石器と人類の起源を結びつける契機となったのも1950年代である．1930年代からオルドバイ渓谷に注目して調査を進めたルイス・リーキーが1959年に発見したOlduvai hominid 5（*Zinjanthropus boisei*）と同層準の第I層からは，原始的な拳大のチョッパーや小形の剥片石器のスクレイパーなどが出土し，きわめて古い様相の石器が注目された．この層準の年代がK-Ar法で約170万年前と測定された（Leakey *et al.*, 1961）．

1950年代には，最古の旧石器が50万～60万年前に遡ると考えられていたが，K-Ar年代測定の結果は，旧石器時代の始まりを3倍以上に古い方に延長することとなった．今日われわれが共有する，旧石器時代の始まりと終わりの年代観は，こうして，1960年代の初頭に形成されたといえる．

今日，人類の起源とその後の展開は，自然環境の変化とそれへの適応的進化と深く関係すると考えられている．東アフリカの大地溝帯において，その東側が乾燥し森林が草原に変わり，直立二足歩行の運動様式を獲得した人類の祖先のラミダス猿人（*Ardipithecus ramidus*）だけが草原的な世界に適応して生き残った．これが約500万年前とされている．反対に地溝帯の西側で適応的に生き残ったのが，ノボボ，チンパンジー，ゴリラである．フランス人の人類学者コパンの仮説「イーストサイドストーリー」もその一つである．

また，最終氷期の最寒冷期には，後期旧石器時代の人類集団のうちアジアのパレオモンゴロイドは，酷寒のシベリアに通年で居住できる，寒冷地適応を果たした（木村　英，1997）．一方，同じ頃に北西ヨーロッパでは，ピレネー，フランコカンタブリアからイベリア半島に，あるいはまたカルパチア山脈を越えてウクライナ地方に集団的に移動して避寒適応を果たしたとする仮説も近年提出されている（Housley *et al.*, 1997）．自然環境変化が大局的には

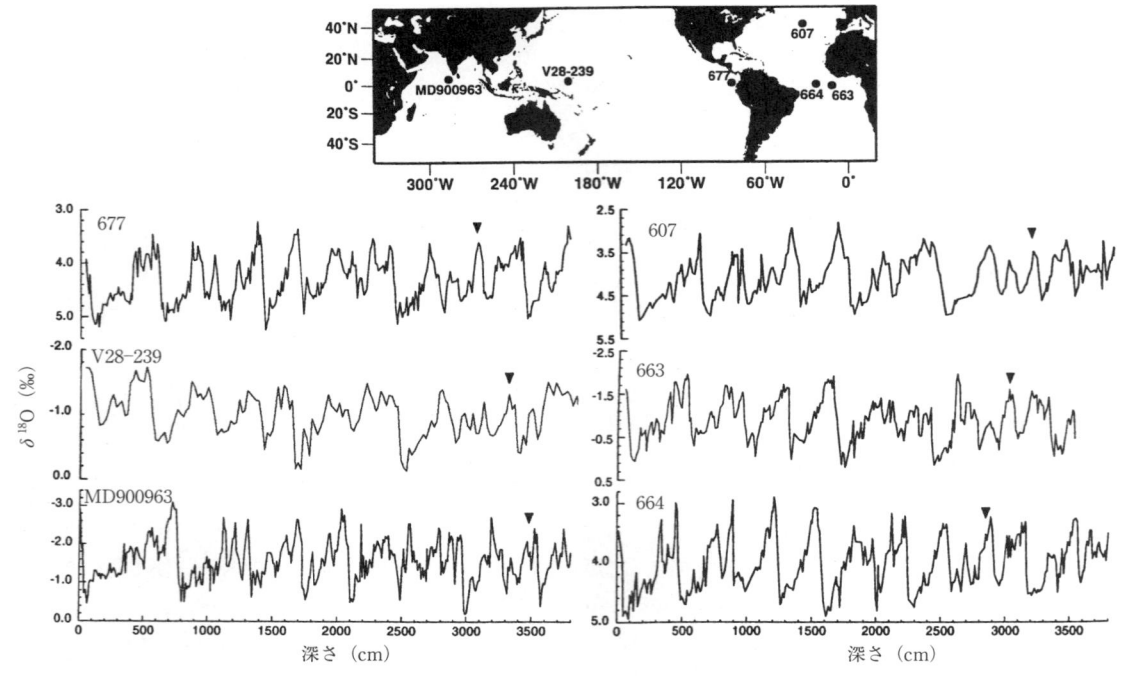

図1.3-2 3大洋の深海底コアから得られた有孔虫殻の酸素同位体比カーブ（Raymo (1997) の図を一部変更）．図中の三角印は約78万年前のブリューヌ/マツヤマ地磁気境界．このように多くのコアの酸素同位体比変動を比べると，全体のパターンはよく合うが，ピークの高さや細かい変動は必ずしも一致しない．その原因には，海域による水温，水の$\delta^{18}O$の違い，測定試料の採取密度（堆積速度と関係），堆積物の欠損や生物による擾乱などが考えられる．グローバルな標準としては熱帯海域の記録が選ばれている．

同じでも，適応の方向が正反対であるのは何ゆえか．環境条件の解析だけでは解釈できない人類集団の振る舞い方を究明する新しい課題が浮かび上がってくる．

こうして，人類の進化と自然環境との相互作用の解明は，放射年代（数値年代）を基本として，人類の活動の痕跡や遺物（石器）を考える際の最も基礎的な第四紀学のモチーフをなしている．

1.3.2　20世紀後半の第四紀研究

すでに述べたこと，また第2章以下で述べる内容と重複するので，ここではごく短く，われわれの認識を広げた20世紀後半の研究の傾向を例示する．それは研究方法・技術の革新がもたらしたものといえる．海洋堆積物・極地氷河氷の採取技術や分析法，古環境に関する諸指標の発見とその分析法，高分解能・高精度の年代決定，信頼性の高いデータのめざましい増加とコンピュータ処理によるデータベース化とモデル研究，リモートセンシングなど地球観測技術の進歩などが挙げられる．これらに関するいくつかの傾向を紹介しよう．

（1）研究対象は陸地から海底・氷床コアへ
海底堆積物

従来から第四紀研究の対象としてきた陸上の地層，地形は，多くの場合陸上で風化・侵食作用を受け，古いものほど環境変化の記録が失われ，いわばボロボロになり断片的になった「古文書」のようなものである．これに対して海や湖の堆積物は，一般にはほぼ連続的な記録を保持する「古文書」である．とくに深海底堆積物は海水を通してグローバルな気候変化の記録を残していて，汎用性が高い．海洋底は長く「暗黒世界」であったが，20世紀初頭から進歩した探査の技術は，暗黒のベールをはぎとり，そこから素晴らしい成果を世に送ることになった．

深海底堆積物の研究は，1872年の英国探査船HMS Challenger号の調査に始まるが，初めはごく短いコアしか得られなかった．詳しい堆積物の古生物学的研究は1930年代から始まる（Deacon, 1973）．その後，ピストンコアラーがKullenberg

(1955)によって開発され，長さ10mもの海底に堆積していて乱れていない柱状試料（コア）が得られるようになって，本格的研究が始まった．さらに1960年代後半になると，本格的な海洋調査船が建造され（口絵1），海洋底掘削も深海底堆積物全層に及び，第四紀はもちろん，長い地球史の解読が可能となった．

当然，柱状試料から古環境を解読する方法も進歩した．研究史上重要なのは，Urey（1947）の指導によって，同位体化学の手法を気候変化に基づく水温変化や同位体変化の研究に導入したEmiliani（1955；1978）の業績である．彼によってもたらされた有孔虫殻の酸素同位体比の記録は，世界各地の第四紀の層序確立と古環境史復元の基礎となる，もっとも有能な指標の1つである．これは当初水温変化の指標という面が強調されたが，その後Shackleton（1967）によって海水の同位体比変化（陸上の氷量変化，海面変化）の指標であると改められ，意義がさらに増した．図1.3-2は世界各地の海洋底から得られた酸素同位体変化パターンは互いにきわめてよく類似することを示す．その最近の発展は2，4章で記述する．

氷床

氷河氷が過去の地球大気の化石であることは従来から知られていたが，本格的に研究対象となるのは，柱状試料を採取する技術が進歩した1950年代後半以後である．最初の長い柱状試料はグリーンランドのキャンプセンチュリー（図4.3-1）で得られた（Dansgaard et al., 1969）．この成果に刺激されてグリーンランドのほかの地域や南極，中緯度の山岳氷河などで柱状試料が次々と得られ，めざましい成果が発表されてきた（4章参照）．氷床コアから得られる記録は，酸素同位体，微量ガス成分，微粒子成分などの分析を通じて，①第四紀の大気の記録が高分解能で得られること，②第四紀の気候変化のみならず，最近の人間活動に伴う大気の汚染なども解読されることに特色がある（口絵11）．

(2) 古環境復元のための技術の進歩

上に述べた海洋/氷河氷の分析方法の進歩以外にも第四紀学に進歩をもたらした技術は数多い．まず種々のリモートセンシング技術の発展である．すなわち空中や陸上または海上からの各種センサーによって陸上・海底の地形，地形変化，重力，海底堆積物の構造などを知ることができるようになった．またリモートセンシング技術と併用した掘削技術の進歩は，地震予知に関わる断層運動史の解析から古環境研究，さらに人類遺跡調査にまで拡がっている．

種々の環境要素の指標を見出し，高精度で定量化する分析技術の進歩もさまざまな知見をもたらした．海成・陸成の微化石（花粉，珪藻，ナンノ化石など）の同定や群集組成，鍾乳洞生成物の同位体組成，古地磁気，テフラの諸特性などをいずれも迅速かつ高精度で求める方法が進歩したことなどがその例である．

(3) 高分解能・高精度の年代決定

上記した環境変化がいつ，またなぜ起こったかは，詳しい年代決定と深い関係がある．同時性がチェックされることによって，複数の環境変化の因果関係が解き明かされる場合があるからである．このために高分解能・高精度の年代決定は大いに進歩しつつあるが，問題もまだ多く，現在でも一層の進歩が待望されている．

最初の数値年代は，スウェーデンの氷河成湖沼堆積物について，樹木年輪と同様に1年でできた地層を数える氷縞粘土編年（varve chronology）で求められた（De Geer, 1912）．この方法はその後さらに改良されてバルト海における1.35万年前以後の氷河後退史研究の主流となっている．そしてより長期のまた普遍性の高い年代決定が可能になるのは，Libbyによる放射性炭素（^{14}C）法の開発を待たなければならなかった（Libby, 1955）．この方法はその後今日に至るまで，改良を加えられて，約5万年前までの年代測定の主要な方法という地位を保っている．これと並行して，1950年代から1960年代にかけて次々に現れた年代測定法には，放射性元素の崩壊という時計を用いた方法として，K–Ar法，ウラン系列法があり，直接年代を数える方法に年輪年代法がある．さらに直接年代は与えないが，重要な同時面を与え，かつほかの手法と併用して年代を求める方法として，古地磁気やテフロクロノロジー，生層序などの編年法が登場した．これらはさまざまな技術を導入して改良を重ね，分解能と精度を高めてきた．とくに日本のような火山地域では，陸・海の地層に同時面を提供し，地層・地形の対比に役立つテフラを同定するため個々のテフラの特徴づけが進み，年代決定に大きな役割を果たしてきた．

その後の年代決定法について，現在までの発展の大要を記すと，次のようになる．

① 放射年代については，放射性元素を定量するのに加速器や質量分析器が用いられるなど技術の改良によって精密化が進んだ（^{14}C法のAMS法やウラン系列法のTIMS法とAMS法，K-Ar法，Ar-Ar法の高精度質量分析など）．

② ほかの手法として，フィッション・トラック（FT）法，熱ルミネッセンス（TL）法，電子スピン共鳴（ESR）法などが開発された．これらも改良と標準化が進められている．

③ 前述のように海洋酸素同位体の変動がいくつかの周期をもつ地球の公転軌道要素の変動に一致することがわかったため，地球の天文学的運動を時計としたいわゆるSPECMAP年代尺度が重要視されてきた（Martinson *et al.*, 1987など）．これは海成堆積物を始めとする多くの地層や地形の編年に適用され大きな成果を挙げている．

このように第四紀の年代決定法は高分解能・高精度かつ多様になったが，各方法とも測定試料の種類，年代決定範囲に制約があることなどに問題を残している．環境変化の相互の関係や時間差，地域差とその原因の追求のために，モデルとの適合性を検討し，将来予測に役立てるといった高精度・高分解能資料が求められている．さらに現代の環境問題のニーズに応えるように，これらの方法は改良されつつある．

（4）モデル研究

第四紀のさまざまな古環境研究のデータを用いたシミュレーションによるモデル研究は，20世紀後半のコンピュータのめざましい発達と海洋堆積物や氷河氷などから得られた数値情報の増大に伴うものである．そのような研究は，モデルと現実の観測事実とのつき合わせ，モデルの改良，一般化という形で進んできた．

その代表例は，コンピュータの進歩に伴って，1960年代から始まった**大気大循環モデル**（general circulation models, GCM）の研究で，最終氷期以降の世界の大気と陸・海の古環境復元と気候変化の詳しい過程とその原因の解明をめざすものである．

大気大循環に関連して，氷床，海洋熱塩大循環，植生の変化などが次々に取り上げられ，最終氷期以降の地球環境の動きと相互の関連性がダイナミックに，また総合的に検討されるようになった．それはさまざまな分野の研究者がデータをもちよって古気候・環境変遷と由来という研究目的を達成しようとする営みで，**CLIMAP**（climate/long range investigation mappings and predictions project）の最終氷期の環境を復元する研究（1976；1981）や**COHMAP**（cooperative Holocene mapping project）による完新世の古環境研究（1988），さらに最終間氷期（同位体ステージ5e）の環境復元に関する研究（CLIMAP project members, 1984）などに代表される．いずれも将来予測を可能にする気候を中心にした環境変化のメカニズムの追求に特色がある．

（5）人工衛星を用いた地表の観測

気温・降水量などの気象観測記録は，すでに過去100年余，また地殻変動を知る上の測地資料も100年近く蓄積されてきた．しかし最近20年ほどの間に，主として人工衛星を用いた観測技術の進歩はめざましく，高精度の資料が面的に高密度で得られるようになってきた．アメダス気象観測システム（AMEDAS），全地球測位システム（GPS），あるいはランドサット画像などがそれらの例である．これらの資料はいうまでもなく，現在の気候や大地の動きを詳細に知る上で欠かせないし，あらゆる面で増大してきた人間活動の自然環境への影響をモニターし，考察する上で，きわめて重要な役割を担っている．現在の動向と過去からの変動傾向とをつき合わせ，調和的か否かを明らかにし，その原因をつきとめることは，近い将来の地球像を描く上で必要である．ときにはその資料は自然環境を破壊する人間の行動や文明のあり方に，深くかつ本質的な問いかけを促すきっかけになるであろう．これは現在科学の研究者だけの課題ではない．第四紀学の研究者も過去に埋没することなく，人類と自然の未来を見据える必要がある．人工衛星を用いた新しい方法や成果の一端は3章で記す．

2. 第四紀地史の枠組み

2.1 層序研究の基礎

　第四紀の研究では，いつ，どこで，どんな変化が，なぜ起こったかを，地球表面を覆う第四紀層中に保存された諸情報，あるいは第四紀につくられた地形などから解読する．この章では現在基本的に用いられる研究の方法と原理を述べる．

　ある地点（またはある地域）で解読された諸記録を時間に沿って正しく順序づける研究は**層序研究**（stratigraphy）[1]と呼ばれる．またその情報の空間的広がりを，離れた地点や地域の層序記録の間で関係づけることを，**対比**（correlation）と呼ぶ．この両者の研究が，第四紀はもとより長大な地球史研究の基礎となる．

　過去から現在までの諸記録が，第四紀という短い地質時代について良好に保存されているところは，陸上では湖底，鍾乳洞，厚いテフラやレスの分布地域など，また海底や大陸氷床などであるが，これらも記録の長さや分解能はまちまちである．一般に陸上の記録は侵食され欠けていることが多いので，各地に残る記録の残存物をつぎはぎして，広い地域に共通する長期間の層序記録をまとめ上げる．この作業は時間と労力を要するが，解読や評価の方法の進歩を促し，謎解きの興味をそそる作業である．

　各地で得られた諸記録の年代を明らかにし，地史を編むことを**編年**（chronology）という．**年代決定**（dating）は，決定方法と年代測定試料に種々の制約があるため一般には容易でない．すなわち第四紀すべての時代に共通する有用な方法はなく，また方法ごとに年代を決定できる試料は限られている．第四紀編年法が多岐にわたるのはこうした理由による．なお層序記録に年代目盛が入ると層序・編年研究は終わったかに思われがちだが，そうでないことは研究史が教えるところである．研究が進展すると層序・編年自体が改められることがあるし，改訂がない場合でも，年代値は方法の進歩によってしだいに改良されてきた．

　一般の層序研究は，条件が最もよく，信頼性の高い結果が得られる地域または地点の地層断面や地形面を**模式（地）**（type locality; stratotype）とし，普通そこの地名などを地層・地形面・遺物型式などに冠して命名される．これは第四紀学の種々の分野に共通する．模式断面はいつでも追試できる条件を備えていることが望まれる．また研究が進むと模式地は変更される場合がある．一般に，第四紀研究の対象には地域性が強いものが多いので，たとえ対比されるものでも，初めは多数の地域で異なった名称で記載されることが多い．これは地域と時間に個別性がある現象を対象にするこの種の科学の宿命のひとつであるが，あまり煩雑だとしばしば一般の興味をそぐことになる．そこで，なるべく共通の物指しを用い，整理・単純化する努力が必要である．その物指しとは何か，これは後述する各章の中心的課題である．

　第四紀以前の長期にわたる地史の研究で用いられてきた各種の層序研究の方法は時間単位が粗すぎるため，第四紀の研究ではより詳細な地史を解読できるように改良される（図 1.1-1, 2.2-1 参照）．第四紀の層序研究の対象は実に多様で，地層・地形・土壌・テフラ・考古遺物などのほか，化石・地磁気・海底・湖底コア・氷床のコア・放射年代など，実験室での分析を主とするものも含まれる．これらはそれぞれ独立に研究されてきたが，明らかとなる古環境の指標，その結果が適用される地域の広さ，およ

---

[1]　stratigraphyの日本語訳として，ニュアンスが微妙に違う層位学（層位），および層序学（層序）がある．ここでは，現象としては層序を，科学の分野を表す用語としては層位学（または層序研究）を採用する．

び時間の長さと分解能には，対象と方法によりかなりの違いがある．このため各研究が対象とする層序は単独では総合的な古環境情報を提供するとはいいがたく，相互にチェックし補い合うことによって，情報の質を高め，より総合的な環境復元を可能にする．気候層序と年代層序はそれらを解釈して推論した結果設定される．

以下の記述では，まずいくつかの伝統的な層序研究の原理，特色，限界などについて記す．その後で，グローバルまたは広域に共通する層序研究法として，古地磁気層序，気候層序，海洋酸素同位体層序，生層序，その他地域的な古環境復元に有効な層序の研究法を記す．なお氷床コアの層序は4.3節で，また考古学層序は7.1節で述べる．

2.1.1 伝統的な各種層位学
(1) 岩相層位学（lithostratigraphy）

地層・岩石は第四紀の記録者として基本的なものであり，各地におけるその形成順序と形成環境は古くから研究されてきた．地層の層序区分は伝統的に色，粒度，組成，分級度などの地域的岩相に基づいて行われ，命名される．その形成時代や成因については，地層の堆積構造，化石，テフラあるいは地層を形成したときの地形などの情報を加えて解釈される．ただし現在地表でできつつある地層を考えれば明らかなように，同時期に形成された地層は堆積環境によって地域的に岩相が移り変わるし，連続的でもない．このように岩相で区分・命名された地層は同時期に形成されたとは限らない．

地層の区分単位としては，**単層**（bed），部層（member），累層または層（formation），層群（group）が第四紀層にも適用されるが，第三紀以前の地層に比べると時間刻みを細かくする必要があるので，これらの表す時間の長さは一定ではない．また水底堆積物と火山噴出物とでは各区分単位の時間が異なることがある．上記の諸単位は地層を形成した現象の連続性，意義，および層序を明らかにするために設定される．

こうした岩相で区分された地層について等時間面を明らかにし，年代層序を設定するためには，地層中にイベントで形成した**鍵層**（key bed）や指標となる層準を捜す必要がある．これらには瞬時に形成されしかも個性的なテフラの類から，変化がかな

り短いと考えられる地磁気極性変化や特定生物種の出現・絶滅，形成時間がやや長い特定の土壌，海進堆積物，氷河性堆積物なども含まれる．これらの**示準面**（datum plane；datum level）は対比・編年にとくに重要である．

(2) シークエンス層位学（sequence stratigraphy）

上記のように岩相層序によって分けた地層は等時間面を必ずしも表さないし，また成因や形成過程を直接示すものでもない．そこで地層の形成過程や成因を明らかにするとともに，地層の層序区分を岩相区分から離れて同一の成因をもつ地層の境界面（不連続面）を識別し，それに挟まれる堆積単位を対比していく解析法が1980年代後半から用いられた．これは石油地質学で特定の地層を追跡するために行われた地震探査，音響探査に関わる層序研究から体系化されたものである（Posamentier et al., 1988）．

このシークエンス層位学で主対象になる地層は，深海堆積物を除く陸棚〜浅海性の海成層が主体である．シークエンス境界として重要視される不連続面は，一般に種々の時間・規模の海水準変化と関わって形成されるが，第四紀層の場合には主として氷河性海面変化に起源する．そして低海面期，海進期，高海面期，海退期それぞれの地層を識別するので，海面変化史の中で特定の地層の形成過程を特定するのに役立つ．また大規模な露頭の調査のほか，試錐コアの解析からも，海面変化と地層との関係を明らかにすることが可能である．

(3) 地形層位学（morphostratigraphy）

大陸，海洋底，弧状列島，大山脈などの大地形は，3章に記すように第四紀よりもはるかに長期にわたる地殻変動の所産であるが，山地・盆地・段丘・氷河地形・サンゴ礁段丘など規模が小さい地形の大部分は鮮新世と第四紀における地殻変動，火山活動，海面変化などに，侵食・堆積作用が加わって形成されてきた．たとえば**河成段丘**とその堆積物は，流域における過去のある時期の斜面からの土砂の供給量（気候・植生，火山があればその活動と深く関係），流水量（気候と関係），海面変化，地殻変動などの変化によって形成されたものである．しばしば地形層序の指標として用いられるのは，最終間氷期や最終氷期の段丘地形面である．なおここでいう地形層序の研究とは，単に地形の形成順序に止ま

らず，地形形成に関係する地層などの層序を加えて地形形成環境の変化過程を明らかにすることである．それを通じて気候変化，海面変化，地殻変動，火山活動など第四紀の諸記録を理解することができる．

地形層序の研究での単位は特定の時代・環境に形成された**地形面**とそれを構成する地層である．これらの対比には地形自体の性質（地形面の高度，配置，開析度など）に加えて，地形面構成層や被覆層中に鍵層を見出す必要がある．また他の第四紀層でも同様であるが，形成後時間がたったものほど，侵食や風化作用のために原地形の保存程度が悪くなる．日本列島の場合，台地や丘陵などの小地形では，気候や海からの距離によっても異なるが，前期更新世やそれ以前に遡って層序・対比・編年研究ができる地形面はきわめて少ない．なお，日本列島のような変動帯・多降水地域とは異なって，安定大陸で，とりわけ乾燥地域では，中生代に形成された古い侵食平坦面（ゴンドワナ面やアフリカ面）が残されている（図1.1-1）．

(4) 土壌層位学（soil stratigraphy）

過去の特定環境条件のもとで形成された**古土壌**（paleosol）は，多くの第四紀の地形・地層中に普遍的に見出され，かつ広域に追跡できることが多いので，気候・植生変化の指標となり，層序を組み立てる上で重要である．土壌から環境変遷史を解明するには，ある土層の前後につくられた地層や地形との層序関係を参考にしつつ，土壌の化学的性質，磁気的性質，微細構造などを明らかにする．土壌の成因は一般に複雑で，またその形成時間には長短がある．特定の気候環境（間氷期や氷期）のもとで生じた古土壌は対比の指標として有用である．また海岸砂丘地域では海退に伴う砂丘砂の植生被覆や，火山地域では噴火休止期など，かなり短い期間に土壌が生じ，埋没保存されることが多い．

より広域の環境変化の指標となるのは，世界各地に分布する風成塵（**レス**，黄土，黄砂）とその間の古土壌である．レスは広い地域が寒冷・乾燥化した氷期に無植生地から供給され，レス層の間の古土壌は植生に覆われるようになった間氷期の土壌生成作用で形成されたものである．これは寒冷地を除く世界各地で共通してみられ，海洋底堆積物層序の適用しがたい，陸地からの情報源として重要視される．詳しくは5.5，5.7節で述べる．

(5) 生層位学（biostratigraphy）

生層序研究上で基礎になる**生層序帯**（biozone）は，第四紀より古いジュラ紀の地層の生層序研究で，化石種の産出期間と種の組み合わせで定義され（Oppel，1856〜58），その後Whittaker *et al.*（1991）により，生存期間帯，アクメ帯，群集帯などが詳しく区別された．

第四紀以前の地層の場合，生層序は生物の進化に基づいて組み立てられるため，主に上記の生存期間帯やアクメ帯に基づいて，反覆することのない層序区分が可能である．これに対して短期間の第四紀では生物の進化は顕著ではなく，下記のような例を除けば，生存期間帯やアクメ帯は一般的な層序区分に利用できない．そのため第四紀の生層序は多くの場合**群集帯**（花粉帯，珪藻帯など）を設定して組み立てられる．これは主に気候や海洋などの環境変化に対する生態系の反応によるものなので，逆転や反覆が起こりうる．また群集帯の境界は同一時間を示すとは限らず，場合によっては別な群集帯と交差することも起こる．さらに高分解能が必要な第四紀研究の場合に問題となるのは，群集帯の変化に要する時間が必ずしも短くない場合があることである．

一方，有孔虫，放散虫，珪藻，石灰質ナンノプランクトンなどの海洋微生物や陸上の哺乳類には，第四紀においても種々の分類群（taxon）が出現・絶滅する層準が認められる．この種の層準は示準面をなし，海成層や陸成層の層序・対比・編年にきわめて有効である．詳しくは2.2.3項(1)で述べる．

(6) 気候層位学（climatostratigraphy）

大規模な気候変化は地表の諸現象に大きな影響を与え，大陸と海洋との間の水（氷河氷と海水）の大移動が発生し，海面の上下運動（海面変化）を起こす．気候変化は地層，地形，土壌，化石，酸素同位体比などから読み取れるので，それらの層序から設定される基本的区分単位が地質的気候層序である（American Commissions on Stratigraphic Nomenclature，1970）．その層序区分単位は時間ではなく，あくまでも上記気候変化の指標となる地層や化石帯であるが，実用的には気候層序区分と時代区分とが同一に扱われることが多い．この違いに留意する理由は，各種の層序区分の境界面が各地で同一時間面を示す場合は少ないからで，気候層序区分は総合的，または特定の層序や指標によって行われ

気候層序・編年区分では氷期・間氷期の術語が多用される（2.1.2項）．これは本来氷食を受けた地域において氷河の進出・後退を示す証拠に基づいた概念である．このため氷河に覆われなかった地域では，寒冷期・温暖期・多雨期・乾燥期といった各時期の気候の特徴に基づく用語を使うべきかもしれない．しかし氷期・間氷期の語が地球上どの地域でも共通する気候変化史の時代名として用いられている理由は，氷河の形成・融解が中・低緯度地域にも影響したこと，またそれがある時期にほぼ同時に発現したとみなされるためである．ただしこれら氷期・間氷期の開始，終了時期の地域によるずれや，いかに共通するものを設定するかについての問題は，なお残っている（コラム2.2-5）．

第四紀に多数回の氷期・間氷期が反覆したことが明らかとなった現在，酸素同位体層序は第一級の基準となる（2.2.2項参照）．

(7) 年代層位学（chronostratigraphy）**と年代単位**

年代層序区分とは，時系列に則して層序記録を区分することである．各種の層序は時系列順に区分・記載されるが，既述のように種々の指標に基づく層序区分の境界は同一時間面であるとは限らない．それは層序区分に際して採用される指標がさまざまなこと，地域によって現象にずれが起こりうることや，連続的に変化する自然現象の場合，区分に任意性が入るのが避けられないことなどのためである．そこで，標準地域の層序や示準面などに基づいて正規化した層序が必要である．その年代区分単位をgeochronological unitという．伝統的な地質学の用語法では，地層区分と年代区分の術語は区別されてきた．すなわち，systemとperiod（例：第四系と第四紀），seriesとepoch（例：更新統と更新世），さらにそれより短い単位（第四紀では普通数万～数十万年間）ではstageとage（例：最終氷期），あるいはchronozoneとchron（例：新ドリアス期）といった区別である．しかし編年研究が進んでくると，最近では，こうした約束にとらわれずに年代単位を優先させて，○○期層などと呼ばれることが多くなった．

●**年代に関する術語とその表記** コラム2.2-1●

1) かつて年代値は「絶対年代」と呼ばれたことがあったが，絶対的な年代測定法がないのでこれは使用せず，単に年代値あるいは年代推定値と呼ぶ．英語ではnumerical age（Colman et al., 1987）あるいはgeochronologic age．

2) 年（date）と年代（age）とは違う（Colman et al., 1987）．年は特定の現象・事件が起こった年をいい，年代はある幅をもつ期間である．年は特定の時点で，たとえば歴史文書などから特定される地震や火山噴火といった瞬間的な事件の発生年などに使う．

3) 年代表記については，研究者によってまちまちで混乱をきたすことが多いため，North American Commission on Stratigraphic Nomenclature (1983) は次のように提案した．

 ka：kilo année 千年（前）
 Ma：mega année 百万年（前）
 （いずれも簡略化のためbefore presentの意味を含む）

また非公式的な単位では，yr（年），k.y.（千年），m.y.（百万年）も使われるが，これらは時間の長さの単位の略号で，一般にbefore presentという意味はもたない．この際AD1950年を現在とすることが多い．

本書では混乱を避けかつ簡略化するため，2章以後，多くの場合年代はkaやMaと表記し，時間の長さはkyやMyと記す．

4) 放射年代のうちもっとも多用される^{14}C年代（暦年換算しない値）の表記については，yBPを用い，AD1950年から何年前かを示す．計算に用いた半減期は5570年（Libby's half year）とする．

最近，^{14}C年代値から，暦年代で1950年から何年前かに換算することができるようになった．その場合は，普通cal.yBPと表記される（コラム2.2-6）．これに対して，年輪・年層などの測定から得られた暦年代（古さ）はcal.yとし，いつから何年前かを注釈する．歴史文書などで得られた年代は西暦年にAD（年の前），BC（年の後）をつける．

5) 年代測定法で得られる年代の精度（precision）と確実性（accuracy）とは異なる．前者は測定方法，測定試料，古さなどに関わり，後者は測定したい第四紀の現象と測定試料との層位関係の確実度に関わる．これらに基づいて測定値の信頼度が決まる．また測定に使用した機器や測定条件も注記する必要がある．

2.1.2 気候層序編年に多用される氷期・間氷期などの術語

(1) 氷期（glacial；glacial stage）

伝統的な用語法に基づき，高緯度の大陸・高山地域に氷床，氷河が拡大した寒冷気候の時期をいう．一方，海面変化史でいえば，氷期は低海面期にあたるが，海面変化が氷河性海面変化によらない場合には，とくに注意する必要がある．一般に，気候寒冷化の程度や海面低下の程度（あるいは大陸氷河の量）はさまざまであるので，とくに氷河が大きく拡大した時期を亜氷期（stadial）と呼ぶことがある．しかしこの種の定性的な表現は分解能に劣り誤解を招きやすいので，最近は定量的な内容を含み細分された海洋酸素同位体ステージ（氷期は偶数番号）を用いることが多くなった（図2.2-1，2.2節）．本書でもこれを多用する．

(2) 間氷期（interglacial；interglacial stage）

グローバルに温暖化が進行し，現在のように大陸氷床が南極大陸とグリーンランドのみに縮小した時期をいう．これについてもその程度が時期によってかなり異なるため，研究者によってやや違った用語法がとられる．大別すると次の2つの用語法がある．①第四紀を通じて相対的に陸氷が減少したとみなされる時期を広く間氷期と呼ぶ（例：同位体ステージ5）．②現間氷期（完新世）を基準に，現在と同じかそれを越す程度に温暖で氷河量が減った時期を間氷期と限定する（例：同位体ステージ5.5（5e）；Suggate, 1974）．また温暖化の程度がやや低いとみなされる時期は，亜間氷期（interstadial）と呼ばれる．最近では基準がより明瞭な②の用語法に従う研究者が多い．しかしこの場合でも判別はややあいまいであるため，氷期と同様酸素同位体（サブ）ステージ（奇数番号）が多用される（図2.2-1）．なお陸上の地域的研究で地層や地形面などの形成期にしばしば用いられる同位体ステージは，それらと海洋同位体層序とを対比した結果で，その信頼性は対比方法や証拠の重要性に依存する．

2.2 対比，編年と年代決定

前述のように，第四紀の編年はそれ以前の時代に比べて格段に高い分解能と精度が要求されるため（コラム2.2-2参照），種々の難しさが生じる．難しさのひとつは既述のように種々の層序区分境界が地域によって必ずしも一致しないことと，第四紀の気候に代表される環境変化がかなり周期的に反覆したことなどに由来する．対象とする地層や地形面の形成時期がどの氷期または間氷期にあたるかを特定するには，一般に現在から過去に向かってサイクルを数えていったり，変化のパターン認識をする方式をとる．層序記録が不完全だったり欠落がある場合には，しばしば対比の誤り（ボタンのかけ違い）が起こる．また気候変化の程度は時代・地域により多様なので，定性的な資料のみでは判断しにくい場合がある．しかしこうした難しさを克服し，対比や編年をするために使われる方法は確実に増加し，対比・編年は陸と海との間からグローバルなものに拡大してきた．それらは次のような指標に基準をおくとともに，年代決定とくに放射年代測定を併用している．

グローバルないし特定地域で突然起こり，層序記録に明確に残る指標（地磁気変動，特定の生物種の出現と絶滅，テフラの噴出，同位体変動，種々の地域的イベントなど）を利用する．これらの指標は**示準面**（datum plane/level）と呼ばれる．

これらの指標のうちグローバルな地層に同時面を与えるのは，a) **地磁気極性境界**と，b) **酸素同位体比の急変境界（ターミネーション）やピーク時**，および，c) **特定生物種の出現と絶滅層準**である．そのほか，d) 短い周期の**地磁気変化**や，e) **指標テフラ**, f) **レス-古土壌**層序もかなり広域的な編年に重要な示準面となる．

これらはいずれも第四紀編年に基本的な枠組みを提供する（図2.2-1）．このうちeのテフラは最も短い同時面（数時間～数日）を，ほかの場合はある程度の時間幅（数百年以上）をもつと考えられる．またcとeは地史上固有の示準面を与えるのに対して，それ以外はある時代範囲に関して変化パターンが明らかにならないと特定しにくい示準面である．また酸素同位体変化以外はいずれもそれ自身年代を指示はしないが，種々の年代資料を重ね合わせることでかなり高い分解能と精度の年代を求めることができる．酸素同位体変化は高分解能の年代を与える．第四紀の編年研究は第一にこれらの示準面を基礎として展開すべきだと考えられるので，以下それぞれの特色や対比・編年法についてやや詳しく記述する．

20   2. 第四紀地史の枠組み

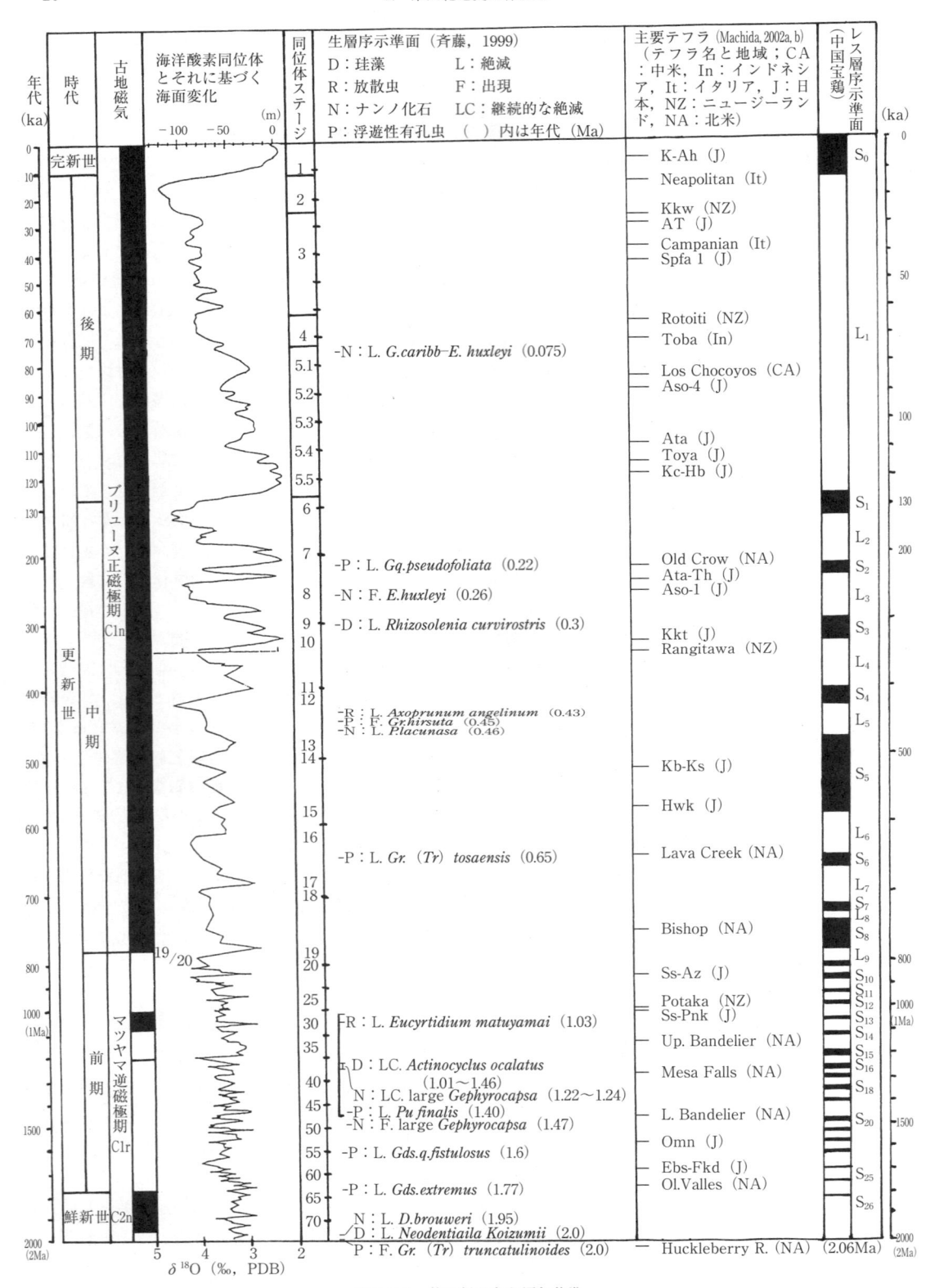

図 2.2-1 第四紀の主な編年基準

2.2.1 古地磁気：グローバルな対比基準・編年法
(1) 地磁気の変動と残留磁気

地磁気（強度，偏角と俯角）が時間とともに変動していることは古くから知られてきた．その変動周期は秒単位から10^7年までに及ぶ．およそ10^3年以下の短期間の変動は太陽など地球外からの影響，また長期間の地磁気が逆転するような変動は地球内部（核）からの影響と考えられている．

地磁気変動の観測記録はヨーロッパでは過去400年間も蓄積した．それ以前については，キュリー温度以上に加熱した土器，焼土，陶磁器などから知ることができる．さらに過去の火山噴出物や水底の細粒堆積物も自然残留磁気を獲得している．これらから地磁気の歴史が明らかになる．地磁気は長期にわたる大きな変動と短期間の細かい変動が複合している（コラム2.2-3参照）．その中でグローバルに明瞭に認められる変動は広い地域の岩石・地層の対比に役立つ．さらに地磁気変動史は年代が決定されると，グローバルな編年の基準となる．このように岩石・地層・考古遺物のもつ残留磁気特性を測定する編年法は，第四紀学の種々の分野に適用される．ここではまずグローバルな編年の基礎の1つとなる地磁気極性の逆転の歴史に焦点をあてる．

火山岩の**熱残留磁気**（**TRM**, thermoremanent magnetism）は，強磁性鉱物がキュリー温度以下に冷えたときに当時の地磁気の方向に格子状に配列して獲得する．一方水底堆積物のもつ**堆積残留磁気**（**DRM**, detrital remanent magnetism）は，水中または水に飽和されている状態で外部の磁場に支配されて強磁性鉱物が配列することにより獲得する．ただしこれより遅れて堆積後まだ軟泥状態にあり，その後圧密を受けるとき，磁性粒子が非磁性粒子の間で当時の地球磁場の方向に配列して，獲得することも多いようである（**PDRM**, post depositional detrital remanent magnetism；Irving & Major, 1964）．この場合PDRMは脱水・固化した時期の磁場を示すことになる．このほか岩石・地層がこうした自然残留磁気を獲得してから，その後の磁場の変動や強磁性鉱物の結晶化などの際に，二次的につけ加わった磁気特性がある．これは初生的なものに比べ不安定なので，残留磁気測定にあたっては消磁する必要がある．

●期待される年代精度と分解能　　コラム2.2-2●

過去の古環境を詳しく復元し，その由来や相互の関係を論じ，さらには将来予測に役立てるためには，年代推定の精度・分解能がともに高いことが要求される．最近研究の進歩に伴い，種々の古環境復元の指標が用いられるようになった．これらの含む内容・能力からみて，将来めざすべき時間分解能と年代範囲，および解読される古環境情報を表示すると下の表のようである．

表　各種の古環境情報指標とめざすべき年代の分解能（Eddy, 1992に加筆）

指標の種類	期待される分解能	年代範囲	古環境情報
歴史文書	日/時間	2ka	バイオマス，降水量，海面，地磁気，太陽活動，気温，火山活動，人間活動，地殻変動
年輪	年/季節	14ka	バイオマス，降水量，海面，地磁気，太陽活動，気温，火山活動，大気の組成，人間活動
湖成堆積物	年	1Ma	バイオマス，降水量，地磁気，気温，火山活動，土壌の組成，水の組成，人間活動，地殻変動
極地氷河コア	年	100ka	大気-海洋の関連，バイオマス，降水量，地磁気，太陽活動，気温，火山活動，大気の組成，人間活動
中緯度氷河コア	年	10ka	大気-海洋の関連，バイオマス，降水量，地磁気，太陽活動，気温，火山活動，人間活動
サンゴ	年	100ka	大気-海洋の関連，海面，気温，水の組成，人間活動
レス	10年	3Ma	バイオマス，降水量，地磁気，気温，火山活動，土壌の組成
花粉	10年	10Ma	バイオマス，気温，降水量，人間活動
海底堆積物コア	100年	10Ma	大気-海洋の関連，バイオマス，海面，地磁気，気温，火山活動，水の組成
古土壌	100年	10Ma	大気-海洋の関連，降水量，地磁気，気温，火山活動，土壌の組成
段丘地形・堆積物	10年	1Ma	海面，降水量，気温，バイオマス，地表被覆，人間活動，火山活動，地殻変動

●最近80万年間の地磁気強度の変化史
コラム2.2-3●

下図は，世界各地の海洋底堆積物の33本のコアについて，測定された自然残留磁化強度と年代をまとめて作られた，最近80万年間の地磁気強度の変動曲線である（Guyodo & Valet, 1999）．年代軸は海洋酸素同位体編年に従い，磁場強度は火山岩の資料を用いたVADM (virtual axial dipole moments) に換算してある．これによると，このブリューヌ正帯磁クロンでも地球磁場はきわめて変動的で，振幅も大きいこと，そして強度が極小になる時期が複数あり，従来認められ命名されてきた地磁気エクスカーションに相当することが示された．これは各地の地層に高分解能の地磁気年代尺度を入れるのに役立つに違いない．

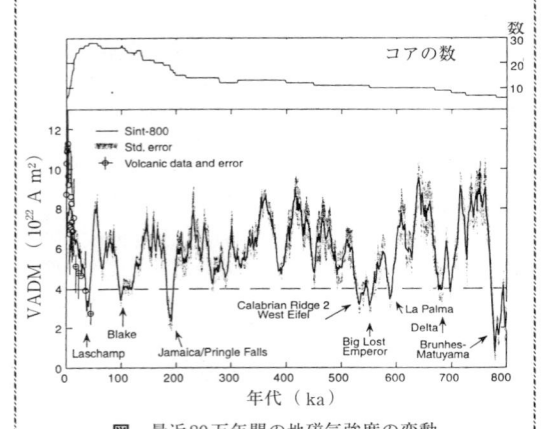

図 最近80万年間の地磁気強度の変動
33本の海洋底コアの資料を得て編集（Guyodo & Valet, 1999）．横軸はSPECMAP年代尺度，地磁気強度はvirtual axial dipole momentsに換算したもの．強度極小期に相当する従来命名されていたエクスカーション名が示されている．図の上段は編集に使用したコアの数．

(2) 古地磁気層序と年代尺度

Brunhes (1906) やMatuyama (1929) は現在とは反対の方向に帯磁した火山岩を発見し，かつて地球磁場が逆転していたことを主張した．その後，1950年代以降世界各地の火山岩についてTRMが，また1960年代以降K-Ar年代が測定され，同一年代の火山岩は同一方向に帯磁していることが明瞭となって古地磁気層序が確立してきた（Cox, 1969; Dalrymple & Doell, 1964）．同時に中央海嶺斜面に地磁気異常が帯状に分布することが見出されたのが（Raff & Mason, 1961），海洋底拡大説そしてプレートテクトニクス発展の契機となった．これは地球科学史上の輝かしい1頁として知られている．この海底地磁気縞模様からは，地磁気変化の年代尺度がHeirtzler *et al.* (1968) によって提唱された．また連続的な層序をもつ海底コアのDRM測定も，TRMと同様の古地磁気の変化パターンが海底堆積物コアにあることを明らかにした．これらの結果，100〜1000kyの長期にわたりほぼ安定して同一極性を保つ時代を磁極期（polarity epoch）と呼び，それより短い10〜100kyに完全に逆転した帯磁方向をもつ時代を地磁気イベント（polarity event），さらにそれと重なる1〜100kyの間に磁極の方向が平均より45°以上偏った時代を地磁気エクスカーション[2]（polarity excursion）と呼ぶようになった（Merrill & McElhinny, 1983）．ところが，最近では，International Subcommission on Stratigraphic Classification of IUGS Commission on Stratigraphy (1994) の用語法に関する勧告に従い，これらは他の地史年代尺度区分と重複したり，時間間隔を必ずしも示さない用語を含むので廃止し，年代単位としてはまとめて**クロン**（chron），層序単位としては**クロノゾーン**（chronozone）が用いられるようになった．なお必要に応じて，スーパークロンやサブクロンも使用される．

現在と同じ向きの地磁気極性は**正帯磁**（normal polarity），逆は**逆帯磁**（reversed polarity）と呼ばれ，柱状断面などに黒と白の縞模様のパターンで示される（図1.2-1, 2.2-1）．これまでに過去165Maという長期間の地磁気極性変動が知られるようになり，年代尺度として役立っている．なお約5.3Ma以降（第四紀と鮮新世）のクロンの名称は地磁気学に貢献した研究者名（Brunhes, Matuyama, Gauss, Gilbert），サブクロンの名称は最初に測定した岩石・地層のある地域名がつけられている．一方，より長期間までを覆う極性変動区分単位には，新しい方からC1n, C1r, C2n, …と番号がつけられている（CはChron, nは正帯磁期, rは逆帯磁期）．

図1.2-1, 2.2-1には，第四紀の地磁気極性変動のパターン，各クロンと主要サブクロンの名称と地磁気境界の年代値が示されている．図1.2-1の柱状図にみるように，酸素同位体による時間尺度はK-Ar

---

[2] 地磁気ベクトルは周期10^1〜10^3年で20〜30°の範囲で変化すること（永年変化，geomagnetic secular variation）が知られているが，ときにこの範囲を大きく逸脱する現象がある．これがエクスカーションまたはサブクロンと呼ばれる．

2.2 対比，編年と年代決定

●日本付近の第四紀後期の地磁気永年変化　　　　　　　　　　　　　　　　　　　　　　コラム2.2-4●

図Aは琵琶湖の200 mコアの上部60 mから得られた伏角の変動を示す（兵頭・峯本，1996）．この図から，a〜dの4つのエクスカーションが認められた．これらが広い地域に共通して認められるか否かは，年代記録としての意義に関わることである．いまのところa, b, cに対比されるものは四国沖海底コアでもみつかっているが（Ohno et al., 1993），dはほかでは見出されていない．これはこのエクスカーションが局地的ないしごく短時間の現象で欠けているのか，地層が欠如しているのか，あるいは試料採取密度の粗さによるものなのかなどについて検討が続けられている．

完新世の地磁気永年変化については，世界各地の湖底堆積物の研究から広域に共通する特徴が明らかとなってきた．その結果，完新世にはエクスカーションはなかったことがわかっている．図Bは日本における11.6 ka（^{14}C）以降の偏角と伏角の永年変化を総合したものである（兵頭・峯本，1996）．この結果は，考古遺物や湖底堆積物などの編年に役立つ．

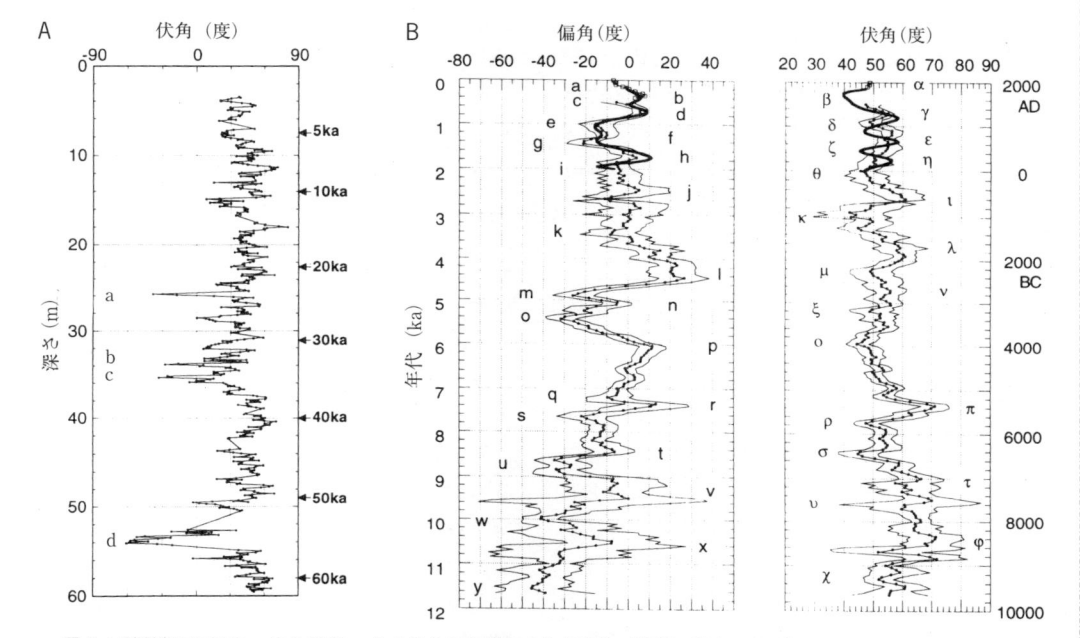

図A：琵琶湖コア200 mの上部60 mから得られた伏角の永年変化（兵頭・峯本，1996）．
　　　伏角の数値はKawai et al. (1975) に，また年代尺度はテフロクロノロジー（町田ほか，1991）に基づく．
　　B：過去11.6 ka（^{14}C）の日本における偏角・伏角の永年変化（兵頭・峯本，1996）．
　　　黒丸は大径コアの資料（50年おき），細線は95％の信頼限界，太線は考古磁気学的に求められた曲線（Hirooka, 1971；1983），点は観測資料．

年代より系統的に古い値が得られている．当時のK-Ar年代は誤差がやや大きいのに対し，SPECMAP年代は多数の資料が重ね合わされているため誤差が小さいので，現在主要な地磁気境界の年代には後者が使われる．前述のように生層序から論議されてきた第三紀/第四紀境界は，約1.8 Maとされるオルドバイクロンの終末期におかれる．

さらに細かな地磁気極性変動層序に年代尺度を入れるには，^{14}C法やテフロクロノロジーなど，年代と地域に応じてもっとも適当な方法を採用し，さらにクロスチェックして真に近い年代が追究される．このクロスチェックは生層序など他の層序・編年法でも同様である．

2.2.2　海洋酸素同位体層序編年

上述のように古地磁気による編年はグローバルに適用され，第四紀編年の大きな枠組みを与えるのに役立つが，いまのところ数千年や数万年オーダーの対比・編年に充分には適用できない．これに対して1950年代後半以降に登場したのが，地球古環境の有力な指標となる海洋酸素同位体層序である．この方法の原理を紹介する．

自然界に存在する元素の多くは，同位体（同一元素でありながら，原子核内の中性子の数が異なるために質量数の異なる原子）をもっている．たとえば酸素原子には質量数16のもの（^{16}O）と，きわめて少ないが質量数18のもの（^{18}O）がある．^{18}Oからなる水（$H_2^{18}O$：質量数20）は^{16}Oからなる水（$H_2^{16}O$：質量数18）より重いために蒸発しにくく，海水と陸水を比べると海水の方に^{18}Oが多く含まれる．このように自然界における同位体の存在比は，同位体を含む物質の状態（気体・液体・固体などの相や化合物）によってわずかに異なる．そこで一般に同位体の存在比は，ある標準物質の同位体比に対して試料の同位体比がどの程度の差をもつかの指標として，次のように‰単位で表される．たとえば炭酸塩の酸素同位体比（$^{18}O/^{16}O$）の場合，PDB（Pee Dee belemnite shell, Pee Dee層産のベレムナイト化石）を標準とし，その酸素同位体比（‰）からの偏差（δ値）として示す．

$$\delta^{18}O(‰) = \left\{ \frac{(^{18}O/^{16}O)_{sample}}{(^{18}O/^{16}O)_{PDB}} - 1 \right\} \times 1000$$

一般に，深海底ではマリンスノーが静かに積もるので，海底にパイプを突き刺して得られる海底コアは連続的な堆積物の記録である．その中には径1 mmにも満たない炭酸カルシウムの殻をもつ有孔虫の化石が豊富に含まれる（4.4.2項参照）．有孔虫が殻を形成するとき，その$CaCO_3$の$\delta^{18}O$は周囲の海水のそれと水温で決定される．すなわち海水の$\delta^{18}O$が大きければ殻の$\delta^{18}O$は大きく，水温が低ければ^{18}Oが殻により多く（約0.23‰/℃の割合で）入る．

有孔虫には，海洋表層部に生息している**浮遊性有孔虫**と海底に生息する**底生有孔虫**の2グループがいる．Emiliani（1955）は，深海底コア中の主に浮遊性有孔虫の殻の$\delta^{18}O$を測定し，その周期的変化が過去の氷期・間氷期に対応する海洋表面の水温変化であるとして，深海底堆積物に気候変化が記録されていることを初めて明らかにした．そしてコアの最上部から，$\delta^{18}O$の濃い部分を氷期として偶数番号を，また薄い部分が間氷期にあたるとして奇数番号をつけて気候変化のステージ区分を行った（コラム2.2-5）．

その後，水温変化がほとんどないらしい深海底に生息する底生有孔虫の殻の$\delta^{18}O$にも，浮遊性のものと同様の周期変化が報告されて，その原因は次のように説明されることになった（Ninkovich & Shackleton, 1975；Shackleton, 1977）．氷期には海水が蒸発する際，軽い^{16}Oが^{18}Oより多く蒸発して雪として降り，大陸に氷床として固定されるため，海水全体の$\delta^{18}O$と，そこで形成された底生有孔虫の殻の$\delta^{18}O$が大きくなる．したがって，有孔虫殻の$\delta^{18}O$が大きい時代が氷期で，小さい時代が間氷期に相当する．このような変化は，気候が寒冷になって大陸氷床が発達し，海水面が低下するほど大きくなるので，底生有孔虫の殻の$\delta^{18}O$は，過去の気候変化および海水準変化の相対的変化をモニタしていることになる．換言すると，底生有孔虫の殻の$\delta^{18}O$には，過去の気候変化に伴う大陸氷床量の変化が記録されていることになる．

一方，水温変化の大きい海洋表層に生息している浮遊性有孔虫の殻にも，この大陸氷床量の変化は含まれている．しかし，氷期における海洋表面の水温は間氷期よりも低い場合が多いと考えられるので，その水温低下の影響は浮遊性有孔虫の殻の$\delta^{18}O$を大きくする方向に働く．したがって，浮遊性有孔虫の殻の$\delta^{18}O$は，大陸氷床量の変化と水温変化の相乗効果によって，氷期に大きく，間氷期に小さくなるので，やはり気候変化の指標として用いることができる．

図2.2-2には，東赤道大西洋，北大西洋と東赤道太平洋の**ODP**（ocean drilling program）で得られた海底ボーリングコア（それぞれsite 659, 607と677）について，2.5～3 Ma以後の$\delta^{18}O$カーブが示されている．図2.2-2中の数字（2～116）は酸素同位体比ステージで，**MIS**（marine isotope stage）あるいは**OI**（oxygen isotope stage）と呼ばれている（ここでは簡略のためにMISを用いる）．今日では，さらに細かい亜氷期や亜間氷期の$\delta^{18}O$ピークに対して，これらの番号にさらにアルファベットや小数点以下の数字をつけてsubstage区分が行われている（たとえば5e, 5.5, コラム2.2-5参照）．

3つの$\delta^{18}O$カーブは酷似しており，2 Ma以後74までのMISが認められる．また，それらの$\delta^{18}O$カーブは，2 Maから0.95 Maまで比較的振幅が小さく周期も短い（約40 ka）のに対して，0.95 Ma以降は振幅が大きく周期も長く（約100 ka），ノコギリの刃のように非対称で，ゆっくりとした氷床の発達と

●海洋酸素同位体ステージ（MIS, marine isotope stage） コラム 2.2-5●

海底コア中の有孔虫の殻の酸素同位体比カーブは，過去の気候変化を表しているが，その変化がいつの時代であるか即座にわかると便利である．そこで，Emiliani (1955) が間氷期に奇数番号*を，氷期に偶数番号をつけたのが踏襲されて，図2.2-2でみるように，現在から鮮新世まで番号がつけられている．そして各ステージ境界は，氷期から間氷期へあるいは間氷期から氷期へ，酸素同位体比が急に変化する中間点が選ばれている．下図の過去29万年前までの酸素同位体比カーブにおいて，2.0, 3.0, 4.0などがステージ1と2, 2と3, 3と4の境界である．さらに各ステージの中で特徴的な酸素同位体比のピークにも1.1, 2.2, 3.1などの番号がつけられているが**，それらの小数点以下1桁の数字が奇数ならば温暖なピーク，偶数ならば寒冷なピークを意味する．さらにそれらの間にみられるピークにも，同様にして小数点以下2桁の番号が与えられている．そして，これらのすべてのステージ境界やピークに対して，酸素同位体編年に基づく年代が与えられている (Imbrie *et al.*, 1984；Martinson *et al.*, 1987).

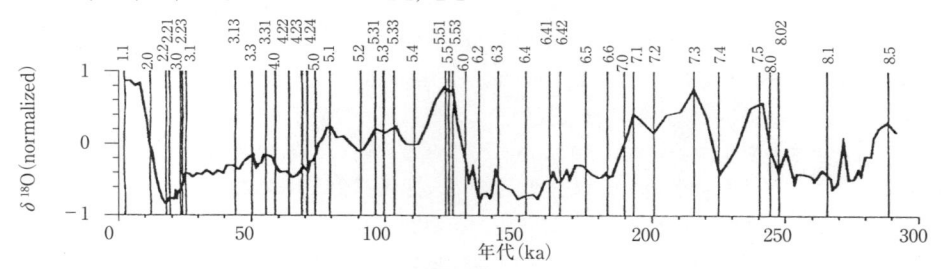

図 過去29万年前までの酸素同位体比カーブ (Martinson *et al.*, 1987)
ステージ境界と特徴的な酸素同位体比ピークに番号がつけられている．

---

* ステージ3：これは当初最後の間氷期–氷期–後氷期サイクルで温暖期と考えられたが，その後の研究では，長い最終氷期の中の亜間氷期レベルのを含む気候変化の激しい時期と考えられている．
** ステージ5eなどの表記：ステージ5が5期に細分され，新しい方から5a, 5b, …, 5eとされた (Shackleton, 1977)．同様にステージ7にもアルファベットがつけられ細分された．上図では小数点表記を用いたが，この表記法はまだ広く使われている．

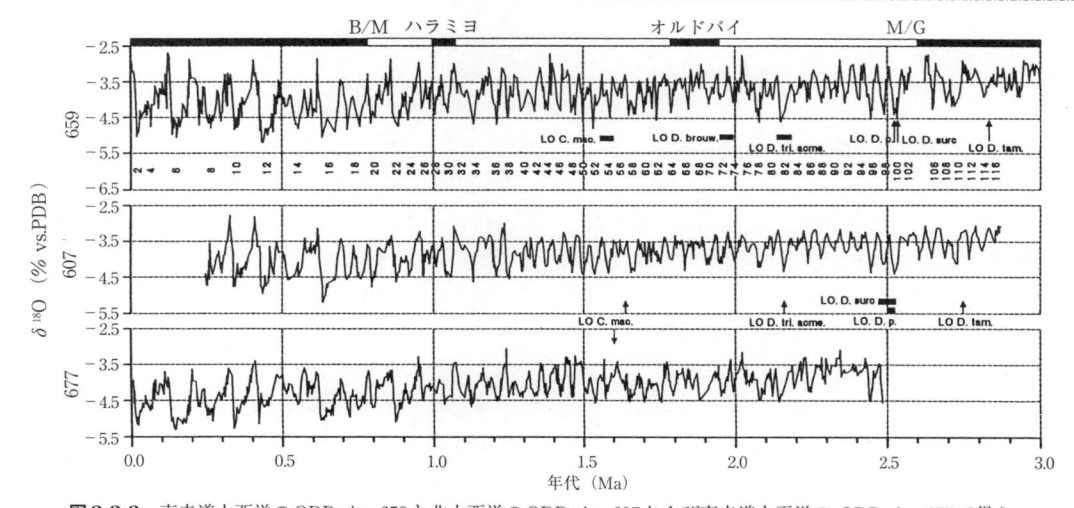

図 2.2-2 東赤道大西洋のODP site 659と北大西洋のODP site 607および東赤道太平洋のODP site 677で得られた第四紀の底生有孔虫殻の酸素同位体比カーブ (Tiedemann *et al.*, 1994)
古地磁気層序と微化石層序．*Calcidiscus macintyrei* と *Discoaster brouweri* の last occurrence なども示されている．

急激な温暖化・融氷を示唆している．

図2.2-2の横軸に刻まれている古地磁気層序と年代尺度とは，もともとHays *et al.* (1976) によって次のようにして結びつけられたものである．1970年代前半には古地磁気のブリューヌ/マツヤマ (B/M) 古地磁気境界までの δ^{18}O カーブが得られ

ており，その年代は次のように決定された．①コア最上部付近の^{14}C年代，②δ^{18}Oステージ5（後述）のピーク（MIS 5.5）をBarbados Ⅲ期（バルバドス島のサンゴ礁段丘Ⅲなど）に対比し，そのサンゴ化石のウラン系列年代125 ka，③当時70万年前とされたブリューヌ／マツヤマ境界．そしてそれらの間の堆積速度を一定と仮定した上で，δ^{18}Oカーブに内在する周期をパワースペクトル解析によって求めたところ，2.3万年，4.3万年，10万年の周期が得られた．これらの3つの周期は，ミランコビッチが主張してきた地球が太陽から受け取る輻射量変動の天文力学的周期（歳差運動に伴う2.3万年，地軸傾斜角変動に伴う4.3万年，離心率変動に伴う10万年）と一致したことから，Haysらは第四紀の気候変化はこれらの地球軌道要素の変化によって引き起こされたと結論した．そこで，これら3つの地球軌道要素の周期を過去2 Maまで計算し，地球が受ける太陽輻射量のカーブに合わせるようにδ^{18}Oカーブの各ピークを少しずつ動かすことによって，図2.2-2の横軸の年代が決められた．このようにして天文力学的周期から求められた年代を，Orbitally tuned chronology，天文学的年代，SPECMAP尺度あるいは酸素同位体時計という．現在ではこの年代尺度に基づいて古地磁気や生層序年代の見直しが行われており，ブリューヌ／マツヤマ境界の年代も776 kaと改訂されている（Shackleton *et al.*, 1990）．

2.2.3 種々の示準層（面）による層序編年
（1）生層序

生物は時代とともに非可逆的に進化しており，どの生物種もそれぞれの先祖から種分化したはっきりした出現の時期があり，現存しない種なら絶滅した時期がある．したがって，1つの生物種についてはそれが現れる前の時期，その生物が栄えていた時期，その生物が絶滅してしまった後の時期というように，3つの時期を区分することができる．このような出現，絶滅の時間面を示準面と呼び，遠隔の地域間の地層の対比や新旧関係を調べるのに利用する．しかもできるだけ多くの生物種の示準面を組み合わすことができれば，より詳しい地層の区分（**生層序区分**；biostrati-graphic zonation）を行うことができる．その最小単位として帯（zone）がある．帯は，それを特徴づけるもっともふさわしい種名を

冠して，たとえば*Globorotalia tosaensis*帯などと名づけられるが，化石内容の相違によって次の4種類に分けられる．

・生存期間帯（range-zone）：生存期間がよくわかっている種の全生存期間によって区切られる地層の部分．
・アクメ帯（acme-zone）：ある特定の種が繁栄の頂点（アクメ）に達したために，豊富に化石として出現する地層の部分．
・群集帯（assemblage-zone）：ある特徴的な化石群集の集まりで区分される地層の部分．
・間隔帯（interval-zone）：いくつかの種の進化・絶滅に相応する時間面で区切られた地層の部分．

これらの帯のうち，アクメ帯や群集帯は地層に含まれる化石の種類や個体数によって定義されるので，生物進化より環境の変化の影響を受けやすい．そこで，地質時代の編年や地層の対比にもっともよく使われるのは，生存期間帯と間隔帯であり，地理的分布の広い種がとくに有効である．生存期間帯は，さらに1つの種の生存期間を基にした場合の種生存期間帯（taxon-range-zone），いくつかの種の生存期間を組み合わせた場合の共存期間帯（concurrent-range-zone），いくつかの種が必ず出現することによるオッペル帯（Oppel-zone），進化系列による系列帯（lineage-zone）に細分される．

一般に，深海底堆積物は連続的に堆積しており，かつ1 mmに満たないような微小なプランクトン（SiO_2の殻をもつ珪藻・放散虫，$CaCO_3$の殻をもつ有孔虫・石灰質ナンノ化石（別名コッコリスなど）の化石を豊富に含むので，生層序学の格好の研究材料として用いられてきた（図2.2-3，図2.2-4）．そして，これらの**微化石**の生層序学は，国際深海掘削計画によって得られた長大な深海コアが集積されるにつれて，より精緻なものとなってきた．第四紀におけるこれらの微化石層序は，今日では図2.2-3に示すように4つの微化石帯および微化石示準面が使われている．それらの数値年代は古地磁気層序や放射年代，あるいは酸素同位体層序によって決められるので，それらについて新知見が得られるたびに改訂される．

（2）テフラ層序（tephrostratigraphy）

火山噴出物のうち地域的な層序研究にもっともよく用いられるのはテフラ（火口からバラバラの固体

2.2 対比，編年と年代決定

CK95, BKSA95編年 (Cande & Kent, 1955; Berggren et al., 1995)			珪藻		放散虫		石灰質ナンノ化石		浮遊性有孔虫		
			化石帯	示準面	化石帯	示準面	化石帯	示準面	PF帯	示準面	
年代 (Ma)	時代	地磁気	Maruyama (1984) Koizumi (1985, 1992) Barron & Gladenkov (1995)	Koizumi & Tanimura (1985) Koizumi (1992), Barron (1992) Barron & Gladenkov (1995)	Riedel & Sanfilippo (1978) Funayama (1988) Motoyama (1996)	Hays (1970) Motoyama (1996) Morley & Nigrini (1995) Sanfilippo & Nigrini (1998)	Martini (1971)	Okada & Bukry (1980)	Berggren et al. (1995) Schneider et al. (1997)	Blow (1969)	Berggren et al. (1995)	年代 (Ma)
0	更新世 後期	n	N. seminae 12	L R. curvirostris (0.30)	B. aquilonaris	L A. angelinum (0.43)	NN21	CN15	L G. caribb.-E. huxleyi (0.075) F E. huxleyi (0.26) L P. lacunosa (0.46)	N23	L Gq. pseudofoliata (0.22) F Gr. hirsuta (0.45) L Gr. (Tr.) tosaensis (0.65)	0
1	中期 前期	C1 r	Rhizosolenia curvirostris 11 Actinocyclus oculatus 10	LC A. oculatus (1.01-1.46)	Axoprunum angelinum Eucyrtidium matuyamai	L E. matuyamai (1.03)	NN20 NN19	CN14 a b CN13 a	LC large Gephyrocapsa (1.22-1.24) F large Gephyrocapsa spp. (1.47)	N22	L Pu. finalis (1.40) L Gds. q. fistulosus (1.6) L Gds. extremus (1.77) F Gr. (Tr.) truncatulinoides (2.0)	1 2
2	鮮新世 後期	n C2 r	Neodenticula koizumii 9	L N. koizumii (2.0) LC N. kamtschatica (2.61-2.68)	Cycladophora sakaii	L E. matuyamai (1.98) L T. akitaensis	NN18 NN17	b c d CN12	L D. brouweri (1.95) L D. pentaradialus (2.46-2.56) L D. surculus (2.55-2.59) L D. tamalis (2.78)	N21	L Gr. multicamerata L De. altispira (3.09)	3
3		n	N. koizumii 8									

図 2.2-3 第四紀の標準微化石層序
珪藻，放散虫，石灰質ナンノ化石，浮遊性有孔虫の各化石帯とそれぞれの示準面．Fは最初の出現，Lは絶滅層準，LCは継続的な絶滅層準，後ろのカッコ内の数字は年代（Ma）．詳細は本山・丸山（1998）を参照されたい．

として噴出し堆積した地層）である．それは瞬時に広域を覆って堆積する性質，および高分解能・高精度の年代測定が可能なものが多いこと，それぞれ個性をもつ（同定しやすい）などの特徴から，火山とその周辺地域では火山の活動史，地形発達史，海面変化史，気候変化史などの研究に多用されてきた．それは5.6節に詳しく述べるように，数千年〜数万年おきに反覆した大規模噴火の産物で，陸から海にわたる広域に分布し，特徴的なものは対比・編年上きわめて有用な鍵層をなすからである．図5.6-1にはこれまでの研究で記載された世界の主要な広域テフラの分布が示されている．これから明らかなように，同定されたテフラは陸上と海底を問わず，第四紀層の広域対比を可能にする信頼できる指標層である．

噴出年代の決定には古さに応じて種々の放射年代測定法が適用されるばかりでなく，海成層中のテフラについては酸素同位体層序における層位が役に立つ．このためテフラは種々の年代測定値のクロスチェックや測定法の問題点を明らかにしてくれる（たとえばPillans et al., 1996；コラム2.2-7参照）．テフラの分布は広いといっても，大陸間あるいは大洋間にまたがって分布することが知られたテフラはまだ少ない．その広域にわたる同定は今後の主要な課題である．

	SiO_2の殻	$CaCO_3$の殻
植物プランクトン	珪藻	コッコリス
動物プランクトン	放散虫	有孔虫

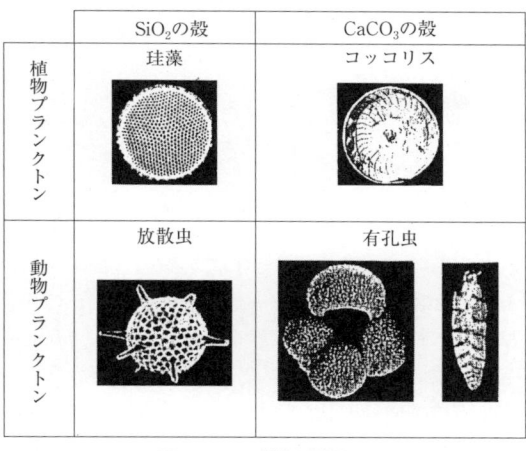

図 2.2-4 4種類の微化石
各微化石の平均的な殻の大きさは次のようである．コッコリス：$2〜10\mu m$；珪藻：$10〜100\mu m$；放散虫：$50〜400\mu m$；浮遊性有孔虫：$50〜700\mu m$）．有孔虫には底生の種類も多い．

(3) 古土壌

すでに2.1.1項(4)で述べたように，間氷期に植生に覆われた陸地では，気候と植生に応じて土壌が広く形成される．間氷期はグローバルに共通するので，こうした土壌は特定間氷期の示準層として広域にわたって役立つことが知られている．たとえば北アメリカにおける酸素同位体ステージ5.5のSangamon土壌，あるいは日本での下末吉古土壌などがそれである．ただし広域で指標となる古土壌の生成には長期間（10 ky以上）を要することが知ら

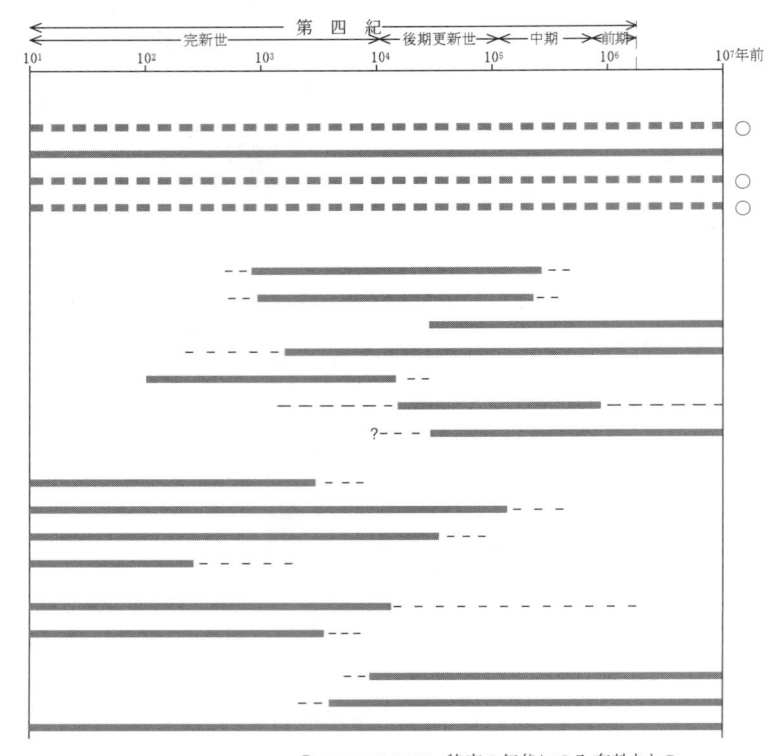

図2.2-5 各種年代測定法の適用される年代範囲

れているので，時間指標としての瞬時性は上記テフラなどとは大きく異なる．また一般に土壌化の程度は母材の性質，気候，生態系，地形，そして何よりも埋没までの時間の長さによって支配されるので，古土壌の特徴は変化に富む．他の条件が一定な比較的せまい地域では示準層として役立つが，広域示準層としては問題がある．別の間氷期あるいは亜間氷期の土壌との区別や，同一年代の古土壌の認定法も確立していないので，層序編年にあたって古土壌を利用する場合には，他の年代や示準層の資料を併用する必要がある．

(4) その他の示準面

海面が安定している場合につくられた汀線の地形と堆積物は，広域対比基準の1つになる．また低海面期，海水準上昇期，高海面期，海面低下期などにつくられた地層はそれぞれ特色をもつために，どのサイクルのものであるかが明らかになれば，示準層として対比・編年に利用される．また旧汀線の年代と高度が解明されると，それは地域的な地殻変動史の解明に役立つ．一方，そうした局地的な地殻変動は旧汀線や海成層の年代決定を難しくする要因なので，その時代決定にあたっては他の示準面や放射年代，あるいは開析度や地殻変動速度などの資料を総合して考える必要がある．

上に記した地磁気の変化，海洋酸素同位体変化，特定生物種の出現と絶滅，あるいは火山噴火によるテフラの堆積などは，いずれも地球上で生じた突発的'事件（イベント）'である．これらが地層中に保存され，それらを識別・特定する方法が開発されて，初めて層序の対比・編年に同時面として役立つ (event stratigraphy)．したがって今後の研究では，地球上における各種の事件が地層から認定され，かつその瞬時性の程度や広域性が検討される可能性がある．

津波堆積物，氷山堆積物（**Heinrich events**：icerafting events；Bond *et al.*, 1992），種々の安定同位体の変化，大気上面における ^{14}C 生産率の特定の変化などは，古環境の指標であると同時に，地層中に保存されていると，広域にわたる示準面となる．

表 2.2-1 第四紀試料の放射年代測定の特性（福岡, 1995）

測定法	測定可能年代	試料	時計のスタート	測定原理に基づく誤差の原因	機器の導入
放射性炭素^{14}C	数百～6万年	生物遺骸	生物の死	時計のスタート 閉鎖系の維持 同位体効果	加速器質量分析計 低バックグラウンドシンチレーション計数器
カリウム-アルゴン (K-Ar) (^{40}Ar/^{39}Ar)	1万年以上	火成岩	岩石の冷却	時計のスタート 閉鎖系の維持 同位体効果	高性能の質量分析計 レーザー発生装置
ウラン系列 ^{230}Th/^{234}U ^{231}Pa/^{235}U	数百～50万年	炭酸塩・リン酸塩 海底堆積物	生物の死 沈澱堆積	閉鎖系の維持	高性能の質量分析計 (TIMS)
^{230}Th/^{238}U ^{226}Ra/^{230}Th	数百～50万年	火山岩	マグマ中での鉱物の晶出	時計のスタート 閉鎖系の維持	
フィッション・トラック (FT)	数千年以上	火成岩	鉱物の冷却	閉鎖系の維持	
熱ルミネッセンス (TL)	数千～数十万年	火成岩 沙漠の砂 土器	鉱物の冷却	時計のスタート 閉鎖系の維持 年間線量の見積もり 含水率の見積もり	
電子スピン共鳴 (ESR)	数千～100万年	火成岩 炭酸塩 リン酸塩	鉱物の冷却	時計のスタート 閉鎖系の維持 年間線量の見積もり 含水率の見積もり	

2.2.4 放射年代測定法
(1) 数値年代決定

第四紀の年代を数値（コラム 2.2-1）で求めるには種々の方法がある．図 2.2-5 と表 2.2-1 には，第四紀に用いられる各種年代測定法とそれらが適用される時間範囲および測定試料を示す．ある地層，地形面，区分境界などについて特定の方法で推定した年代数値は，ともすれば一人歩きしやすい．しかし年代値とそれを求めた方法とは不即不離の関係にあるので，数値にはそれを求めた方法・測定物質とその信頼性という条件があることを念頭におく必要がある．以下に述べる各種年代測定法には，それぞれの原理，前提条件，用いる試料，測定方法と精度，問題点，有効な時代範囲などが異なる．したがって得られた年代値には方法も付記することが必要である．各種年代測定法の詳細については他書（日本第四紀学会, 1995, 高精度年代測定と第四紀研究特集号；兼岡, 1999 など）に譲り，ここでは各方法の基本原理や前提条件などの概説と，利用者の立場から留意すべき問題点のみを解説する．

一般に，年代測定法をその原理から分類すると次のようになる．

a 放射年代測定法
b 樹木年輪や年層など，季節的に変化する現象による年代測定法（年層編年）
c 歴史文書による年代決定法
d 地球軌道要素の変化に基づく年代（SPECMAP 年代）決定法

このうち，よく用いられる a の放射年代は，次の 4 つの基本的条件を満たしていることが求められる．

① 元素の放射壊変は，試料が保存中に受ける温度・圧力の変化などに影響されず，壊変の割合が常に一定である．

② 宇宙線照射により生じた生成核種や放射線損傷量などの生成率が一定である．

③ 試料は閉鎖系が保たれていて，外部との出入りがないこと．

④ 試料は年代の起点となる現象が明確であること．たとえば，変成作用のように数十万年以上の時間経過のどの時点が年代の起点なのか，不明瞭な場合は適当ではない．

(2) 放射年代測定

現在では，放射壊変を利用した方法がもっとも信

頼性のある数値年代を与えるとみなされている．それらには多くの種類があるが，原理に基づくと次のように4大別される．

　[A] **放射性核種の親核種と娘核種の比を利用する方法**（たとえばK-Ar法，^{40}Ar-^{39}Ar法）
　[B] **宇宙線により生成した核種を利用する方法**（^{14}C法）
　[C] **放射壊変系列の放射平衡からのずれを利用する方法**（ウラン系列法）
　[D] **放射線損傷を利用する方法**（FT法，TL法，ESR法）

以下，第四紀の研究に用いられている主な方法について，原理と特徴，問題点を述べる．

[A] 放射性核種の比を利用

親核種（P）から一定の壊変定数（λ）で娘核種（D）が生成していく場合，両者の存在比から年代（t）を求める．元々の試料に娘核種が生成していなければ，測定される親核種（P）と娘核種（D）の値を次式のD/Pに代入し，既知の壊変定数（λ）から年代を求める．

$$t = \frac{1}{\lambda}\ln\left(1+\frac{D}{P}\right)$$

しかし，最初から娘核種がある程度含まれている場合には，その初生値（D_0）を知るために，横軸にP縦軸にDをとって，2種類以上の試料（たとえば同一岩石中の異なる鉱物）について等時線（アイソクロン）を求め，その勾配から年代（t）を，縦軸の切片からD_0を求める．その際，親核種（P）や娘核種（D）の絶対量の測定よりも同位体比の測定の方が精度がよいので，放射壊変に関与しない娘核種の同位体（D_s）を使って，次式のように同位体比の測定を質量分析計で行う．

$$\frac{D}{D_s} = \frac{D_0}{D_s} + \frac{P}{D_s}\left\{\exp(\lambda t)-1\right\}$$

^{40}K-^{40}Ar法

原理：自然界のK（カリウム）は，^{39}K，^{40}K，^{41}Kの3同位体からなる．このうち^{40}Kの約10.5％は電子を捕獲して，約12.5億年という長い半減期で^{40}Ar（アルゴン）に壊変し，格子の中に貯えられる．この年代測定法はこれを利用する方法で，従来から古い地質時代の火成岩・変成岩の年代決定に適用されてきた．これを第四紀という新しい時代の年代測定に適用するには，微量な放射起源Arの高精度・高分解能の定量が必要で，種々工夫されている．希ガス用質量分析計を用い，^{38}Arをトレーサーとした同位体希釈法で測定する．また^{40}Kの定量はKの量を炎光分光分析や原子吸光分析により測定し，これに^{40}Kの存在比を乗じて求める．分析精度は著しく向上し，およそ100kaより古い試料には信頼度の高い値が得られている．さらに最近，^{38}Arスパイクを使わない感度法によるK-Ar法が行われ，数万年オーダーの年代が小さい誤差（$1\sigma 5\sim25\%$程度）で求められるようになった（Matsumoto et al., 1989；Matsumoto & Kobayashi, 1995）．

特徴：Kは火成岩や変成岩中に普遍的に存在する（Kが重量で0.1％以上含まれていれば分析試料になる）ので，この方法が適用できる試料の種類（鉱物や岩石）は多い．第四紀の研究には，熱残留磁気が測定された火山岩のK-Ar年代が測られて，地磁気変動史に年代尺度がつけられたこと，テフラや溶岩と層位関係をもった生層序にも年代尺度を入れるのに大いに寄与した．また層位的に関連する火山噴出物のK-Ar年代測定を通して，東アフリカの猿人，原人の化石や遺物の年代決定にも貢献した．そのほか，火山活動史やテフロクロノロジーの研究を通じて前期・中期更新世の氷河編年などにも活用されている．

問題点：前提としては，初期（岩石・鉱物の冷却時）に放射起源の^{40}Arが0であり，その後，系は外部に対して閉じていることが必要である．したがって，気体のArは，試料が熱的擾乱を受けると逃散や濃集あるいは大気からの混入などが起こる可能性があり，若い試料では大気Arの混入率が年代測定の精度に大きく影響する．またAr損失は岩石の変質や風化によって起こることが多いため，新鮮な試料が不可欠である．さらに重要な問題は，Ar同位体比算出にあたって初期Ar同位体比（現実には^{40}Arは0ではない）を大気のそれと平衡にあるとする仮定である．しかし若い火山岩ではこれが成立しない場合があることがわかってきた．これについて，新しく噴出した火山岩の斑晶・石基のArの特徴と挙動が詳しく研究されつつある（板谷・岡田, 1995）．

^{40}Ar-^{39}Ar法

原理：K-Ar法とよく似ているが，^{40}Kを定量する代わりに，試料に原子炉内で速中性子照射を行って放射化し，^{39}Arを生み出す．この^{39}Arの量は，^{39}Kしたがって^{40}Kの存在比に比例することを利用する．

特徴：この方法は，KとArを別々の操作と機器で分析するK-Ar法と違って，Arの同位体比を単一の質量分析計で測定するので，少量の試料（たとえばテフラ10g以下）で^{40}Ar/^{40}Kの高い分析精度が得られる．また，温度を変えて試料中の異なった場所から脱ガスさせる方法（段階加熱法）を採用することによってArの損失や濃集の判定ができ，より信頼性の高い年代が得られる．これまで古い火山噴出物の年代決定に用いられたが，30kaより若い試料にも適用可能で，今後大いに活用されるに違いない．また最近単一またはごく少量の結晶粒

でも，レーザーで溶解してArを精密定量することが可能となった（Single crystal laser fusion Ar-Ar method；Walter et al., 1991）．

問題点：原子炉内での速中性子照射はごく限られた研究機関でしか行われていない．標準試料の^{40}Ar/^{39}Arと比較して年代が求められるため，標準試料のK-Ar年代が正確に求められていなければならない．原子炉内の速中性子照射でできるAr同位体の補正などが複雑である．

[B] 宇宙線で生成した核種を利用

地球圏外から来る宇宙線は大気中の元素と衝突して各種の放射性核種を生成するが，その生成量と壊変量が釣り合った状態で，大気中の放射性核種は一定量（N_0）となる．その後，その放射性核種をもつ物質が宇宙線の影響を受けない状態におかれると，それ以降はその物質の放射性核種は時間とともに一定の割合（壊変定数λ）で壊変する．これを利用し親核種の残存量（N）から，次式によって年代測定ができる．

$$t = \frac{1}{\lambda} \ln \frac{N_0}{N}$$

^{14}C法

原理：生物が生存しているときは，大気中のCO_2と生物組織の炭素を交換しているが，生物が死亡したり炭酸同化作用を止めると，外界の炭素との交換がなくなるので，生物体内の^{14}Cは5730年という一定の半減期で壊変する．そこで，生物体内に残された^{14}C濃度を測定することによって年代測定ができる．

特徴：炭素は生物体の主要な元素なので，この方法を適用できる試料がきわめて多い．このためLibby（1955）による提唱以来，世界の後期更新世から完新世にかけての環境変遷史研究，考古学・歴史学などに多大な貢献を果たし，多くの話題を提供してきた．最近発達した**加速器質量分析計（AMS）**を使えば，炭素1～2mgでも測定可能で，過去約50～60kaまでの年代を，他の方法に比べて高い精度（±0.5％程度，たとえば1万年前で±50年の誤差で）求めることができる．また年輪や古文書との比較から，その年代値の確度や暦年を検証できる（コラム2.2-6）．

問題点：高分解能で高精度の^{14}C年代および暦年を求めるためには，いくつかの重要な問題がある．それらについてはコラム2.2-6を参照されたい．

[C] 放射平衡からのずれを利用
ウラン系列法

^{238}U，^{235}U（Ac），^{232}Thは，α線やβ線などを放出して次々に娘元素を形成，壊変し，最終的に^{206}Pb，^{207}Pb，^{208}Pbになる．この過程で，次のような数万年から数十万年の半減期をもつ壊変を利用する年代測定法がある．

^{234}U → ^{230}Th 〈248 ky〉
^{230}Th → ^{226}Ra 〈75.2 ky〉
^{231}Pa → ^{227}Ac 〈34.2 ky〉
〈 〉内は半減期，kyは10^3年

これらのU系列の元素の中で，Uは高溶解性であるのに対して，ほかの中間核種とくに^{230}Thや^{231}Paはすぐに生物に吸収されたり沈殿する性質をもつため，生物の骨格をなす炭酸塩と水底の沈殿物あるいはマグマと晶出鉱物との間で，これらの元素の分離，分別が起こり，放射平衡からのずれが生じる．したがって，たとえば炭酸塩の化石はUに富み，^{230}Thや^{231}Paが欠乏するため，時間とともにそれらの中間核種が増加する．また水底の沈殿物は逆に^{230}Thや^{231}Paに富むため，時間とともにそれらの核種は壊変して平衡をとり戻そうとする．これを利用して化石，堆積物，斑晶鉱物などについて各核種の存在比を測定し，平衡のずれが生じた時点からの年代を測定する方法が，まとめてウラン系列（非平衡）年代測定法と呼ばれる．

これらの中で第四紀の研究に適した方法は多数あるが，分類すると次のようである．上記の半減期に基づき次の3つのタイプがあり，それぞれ試料も異なる．

① **成長法**（^{230}Th/^{234}U法，^{231}Pa/^{235}U法）：それぞれ5～350kaと200kaまで．洞窟生成物，貝・サンゴ化石，骨化石などに適用できる．

② **減衰法**（^{231}Pa/^{230}Th法，^{234}U/^{238}U法など）：^{231}Pa/^{230}Th法は250kaまで，広く海底堆積物に適用できる．海水中では^{234}Uは^{238}Uに対して約14％過剰に存在しているが，それがサンゴ骨格などに取り入れられた後^{234}U/^{238}Uが永続平衡（比が1）に向けて減衰する．この過程で^{234}U/^{238}U法が使われる．約1Maを越える古い試料の年代測定も可能である．

③ **上の①と②の両方を取り入れた方法**（^{230}Th/^{232}Th法，^{238}U/^{232}Th法）：マグマ中で鉱物が晶出してからどの程度時間が経過したか，同一岩石に含まれる鉱物中の^{230}Th/^{232}Thと^{238}U/^{232}Thを測定し，それぞれ縦軸と横軸にプロットし，アイソクロンの勾配から年代が，縦軸の切片から^{230}Th/^{232}Thの初生比が求められる．半減期75.2kyの^{230}Thを利用することから，500kaまでの年代測定に有効である．その場合，もとのマグマ中の^{234}U/^{238}Uの比が1で，^{230}Th/^{232}Thの比が一様であったこと，短期間に3種類以上の鉱物が晶出し，その後は閉鎖系が保たれていることなどが条件である．

^{230}Th成長法の測定法と長所：この測定には，従来から用いられてきた**αスペクトル法**と，最近開発された**TIMS法**（thermal ionization mass spectrometry）の2つがある．前者は放出されるα粒子が^{234}U，^{230}Thそれぞれ固有のエネルギーを出すα線スペクトル分析によるもので，測定時間中に壊変する同位体を計数する．これに対して後者は，異なる質量をもつ同位体数比を，壊変せずに残る同位体原子の数を直接測って求める（Edwards et al., 1987）．したがって，後者は手早く測定でき，測定

時間内に壊変する同位体に関係しないので精度を高められる．また加速器質量分析器 AMS を用いてより高精度で若い年代も求められ，少量の試料で済むなどの利点がある．このため完新世から後期更新世までの試料も対象にできるので，同じ試料をウラン系列法と ^{14}C 法という異なった方法間でクロスチェックして年代の信頼性を調べることができ，^{14}C 年の暦年への換算や海面変化などの問題に注目すべき成果を上げてきた（たとえば Bard *et al*., 1990；Beck *et al*., 2001）．

問題点：この方法が成り立つための要件は次の諸点である．①壊変率が正しく求められており，さらに娘核種と親核種の存在比が正確に求められること，②堆積後，核種の出入りがないこと（閉鎖系が成り立つこと），③最初に ^{230}Th の量が0であること．

②については，変質や再結晶のチェックが必要である．このため再結晶などを起こす試料（軟体動物殻など）は不適格で，石サンゴ類に限定される．ただしサンゴ化石でも，アラレ石や高マグネシウム方解石は変質されやすいために，X線回折などによる結晶形の確認が必要である．③については，最初の結晶化のときに ^{230}Th など（を含む物質）の混入した試料を避けねばならない．その検定には，長命の核種である ^{232}Th が検出されれば，混入 ^{230}Th があることがわかるし，$^{232}Th/^{230}Th$ 比によって補正もできる．

このような諸点から，信頼性のもっとも高い年代値を得ることのできる試料は次のようである．また（ ）内には利用されている第四紀学上の諸課題を記す．

　　アラゴナイトからなる石サンゴ（海面変化，地殻変
　　動），清澄な鍾乳石（気候変化，海面変化，洞窟考
　　古学など），火山岩（火山活動史）など

このほかの炭酸塩堆積物，貝，骨，泥炭などについてもこの方法は試みられたが，いずれも上記の②と③の問題がクリアできないために，信頼される値が得られていない．

[D] 放射線損傷を利用

^{238}U の自発核分裂やウラン系列，トリウム系列，^{40}K などによる自然界の放射線損傷は，時間とともに蓄積されていくので，それらの密度を測定することによって年代を算出する方法がある．これにはフィッション・トラック（FT）法，熱ルミネッセンス（TL）法，電子スピン共鳴（ESR）法などがある．

フィッション・トラック（FT）法

原理：^{238}U を多く含む鉱物や火山ガラスの形成年代を知る一方法である．^{238}U が自発核分裂を起こすと，結晶格子中に幅 $0.01\,\mu m$，長さ $10\,\mu m$ 程度の損傷である核分裂飛跡（フィッション・トラック）ができる．そのフィッション・トラックは長期間残存し，その密度（ρs）は次式のように年代（t）と ^{238}U 濃度に比例する．

$$\rho s = f \frac{\lambda_f}{\lambda_{238}} {}^{238}U \left\{\exp(\lambda_{238} t) - 1\right\} \qquad (2.1)$$

ここで，f はエッチングにより拡大したフィッション・トラック数の表面面積あたりの密度，λ_f と λ_{238} はそれぞれ自発核分裂壊変定数と全壊変定数である．試料の ^{238}U 濃度は，原子炉で熱中性子を照射して ^{235}U の誘発核分裂を起こし，そのトラック密度を測定し，熱中性子線束密度，$^{238}U/^{235}U$ の同位体比から求める．

特徴：フィッション・トラックの測定は，原子炉で照射する必要があるほか，そのほか数百倍の光学顕微鏡と試料処理のための実験設備を必要とする．ただし測定には忍耐と経験を要する．また鉱物粒子ごとの年代測定が可能で，フィッション・トラックの長さの分布から二次的な影響の識別も可能である．また，フィッション・トラックの消失は温度と深く関係するので，岩石や鉱物の熱史を調べるのにも適している．

問題点と最近の進歩：この方法では，ウランが試料中に均一に分布し，計数に適したフィッション・トラックが安定して残されていることが前提条件である．そこで生じる問題は，①加熱やイオンの自発的散逸などにより，トラックが消失すること，②計数に適した量の ^{238}U 自発核分裂によるフィッション・トラックがあることは当然だが，若い試料ほどトラック密度が小さいため誤差が大きくなること，③自発核分裂壊変定数と熱中性子照射量が不確実なことなどがある．

このような問題に対処するために，測定試料としてジルコン，火山ガラス，アパタイト，スフェーンなどが用いられている．また λ_f の ^{238}U 自発核分裂壊変定数の不確実さのために，K-Ar 法や $^{40}Ar-^{39}Ar$ 法で求められた標準試料（ジルコンについて $27.8 \pm 0.2 Ma$ の Fish Canyon tuff など；火山ガラスには $0.60 \pm 0.08 Ma$ の Moldavite など）のフィッション・トラック数を基にして年代が算出されており（ゼータ較正），フィッション・トラック法単独で年代が求められている訳ではない．

最近火山ガラスのフィッション・トラック法で信頼性の高い年代値を求めるために，水和などでトラックが消失するので若返る値を補正する方法として，**ITPFT**（isothermal plateau fission track）**法**が提唱され，実用化されている（Westgate, 1989）．これは，試料を自発トラック測定用と自発＋誘導トラック測定用に二分し，同時に30日間，150℃で熱処理を加えることで測定・補正する．火山ガラスについてのこの方法は，$^{40}Ar-^{39}Ar$ 法で年代測定した標準試料を同時に測定し，確度を高めており，テフロクロノロジーに大いに貢献してきた．

熱ルミネッセンス（TL）法

原理：結晶内の電子は，放射線（α，β，γ 線や宇宙線）の照射を受けて励起され，親原子から引き離されて結晶格子中に捕獲され，蓄積される．この電子は加熱されると蓄積されたエネルギーを放出して発光する．これ

が熱ルミネッセンス（Thermoluminescence）である．発光は捕獲された電子の数（受けた放射線量）に比例するので，加熱して発光量を測定し，既知線量の人工照射の発光量と対応させて，試料が受けた総被爆線量（PD，paleodose）を求める．一方，試料が岩石中からの放射線や宇宙線から受ける１年あたりの放射線量（AD，annualdose）がわかれば，次式から年代 t が測定できる．ADは計算または実測で求める．なお，試料が強く加熱されると，捕獲電子の存在しない状態になる．すなわち年代がリセットされる．

$$t = \frac{PD}{AD}$$

なお，最近慣用的な測定と異なり，赤外線や可視光による**光励起発光年代測定法**（Optically Stimulated Luminescence, OSL）が提唱され，火山ガラスなどの試料に適用範囲を広げつつある（Aitken, 1994 ; Berger & Huntley, 1994）．

特徴：多くの鉱物を試料とすることができるが，発光が強く安定し放射線量との対応がよく，しかも内部に放射性元素を含まないなどの条件がある鉱物では誤差が少なくなるので，石英を対象とすることが多い．高島（1995）はこれについて総合的に報告した．若い年代の測定は発光の検出感度に，古い方は試料の飽和に限定されるため，最適な測定年代範囲は20〜500 kaといわれているが，好条件の場合は数百年から3 Maまで可能とされる．したがって，これまで火山噴出物，土器，隕石，断層破砕物など第四紀試料の年代測定に用いられてきた．

問題点：この方法は次の４つの仮定の上に成り立つので，それらの妥当性によって，得られる年代の信頼度が異なる．①時計のスタート時点で以前の蓄積放射線量が消去されていること，②熱発光量が試料にあたった放射線量に比例すること，③鉱物中の捕獲電子が安定に保存されてきたこと，④試料が受けてきた放射線の強さが現在まで一定であること．これらに加えてPDやADの正しい算定が必要であり，それによっては算出年代に20％以上の誤差を生じる．たとえば，再堆積や地下水の影響を受けやすい場所の試料などは避けるべきである．また，以前の蓄積放射線量が消える現象に，熱以外に太陽光や摩擦などがあり，それらの現象でそれまでの蓄積放射線量が完全に消えたかどうかの評価も難しい場合がある．

電子スピン共鳴（ESR）法

原理：熱ルミネッセンス（TL）法とよく似た方法である．岩石中の放射性物質の壊変の際に発せられる放射線や宇宙線によって，通常は対電子として存在している試料中の電子の一方がはじき出されて不対電子が形成され，結晶中の格子欠陥や不純物に捕獲され，蓄積される．その量は放射線総被爆量と比例するので，静磁場のもとでマイクロ波吸収により不対電子の量を検出し，1

表 2.2-2　その他若干の第四紀放射年代測定法（宇宙線により生成した核種を利用）

名称	原理	半減期	試料	適用される問題
^{10}Be 法	大気や岩石で宇宙線照射により生成した^{10}Be が，堆積物に取り込まれて，壊変していくことを利用．ある堆積物の現在と元の^{10}Beないし^{10}Be/^{9}Be をAMSで測定．	1.5 Ma	石英，氷床など	地表の侵食速度，地表の形成史，氷床コアの対比，太陽放射と地磁気変動との関係，レス編年，隕石落下年代
^{36}Cl 法	地表に露出するようになった岩石鉱物のある元素に，宇宙線照射により生成した^{36}Cl が時間とともに蓄積していくことを利用．AMSで測定．	300 ky	鉱物	氷河消長史，湖成堆積史，古い地下水の年代など
^{41}Ca 法	地表の安定な^{40}Caに宇宙線照射でできた^{41}Ca が，生物の体内に入り，死滅・埋没してから放射壊変が起こることを利用．	100 ky	化石骨など	埋没史

年あたり生成される不対電子の量がわかれば，年代が算出できる．

特徴：TL法では測定できない化石骨，貝，サンゴ，有孔虫なども対象にでき，そのほか石英，長石，火山ガラス，チャート，フリント，石膏，リン酸塩，洞窟堆積物など多くの試料を非破壊で年代測定ができる．その年代測定範囲は炭酸塩では20 ka〜2 Ma，フリントではさらに古い時代まで可能とされる．

問題点：上に記したTL法と同じ４つの仮定が成り立つことが前提で，同様の問題を抱える．しかし最近，総被爆線量や外部放射線量を推定する方法が改良され，標準化も試みられつつある（塚本，1995）．

上記以外に第四紀年代測定に使われ始めた放射年代測定法を表示しておく（表2.2-2）．

2.2.5　その他の年代決定法
(1)　年層年代測定
年輪編年法（dendrochronology）

これは特定の樹種[3]の年輪が，一定の地域では年々の季節変化に応じて，共通した傾向をもって形成されることを利用した年代決定法である．まず年輪について年輪幅を測定して変動グラフを作成し，新旧多数の試料についてクロスデイティングを行い，長年にわたる標準パターンを得る．そしてそれが適用される地域の広さを検討して，年代不明の

---
3)　広葉樹は環境変化に対して種ごとの細胞の構造の変異が著しいことが多いので，より安定的な針葉樹を対象にする場合が多い．

● ^{14}C 年代から暦年への換算　　　　　　　　　　　　　　　　　　　　　　　コラム2.2-6 ●

1) ^{14}C 年代測定の問題点

Libby (1955) によって開発された ^{14}C 年代測定は，最終氷期以後の編年研究に大きな進歩をもたらしてきた．この方法は複数の前提条件のもとで大気や海水からの炭素の吸収が閉鎖した有機物中に残った ^{14}C の量を測って，年代値を計算する．それは暦年ではないので，ほかの年代決定法とクロスチェックして暦年に換算する必要がある．それに関連するいくつかの基礎的事項を述べる．

^{14}C 濃度測定の2方法と各特徴

β線計測法　^{14}C の放射壊変で放出されるβ線を検出するには，ガス計測法と液体シンチレーションカウンターが主に用いられる．必要な試料は一般に多量で，測定時間を長くすると測定誤差*は小さくなり，高精度の値が得られる．

加速器質量分析（AMS, accelerator mass spectrometry）　直接試料に含まれる ^{14}C 原子の数を加速器質量分析計で測定．試料は微量で可能．短い測定時間．誤差はやや大きい．従来の方法の測定限界（約40 ka）を越す古い試料でも高信頼度の測定が可能（バックグラウンドの自然放射能計数がないため）．

試料の汚染　年代値の誤差*と分解能は異なる．分解能に影響する最大の要因は試料の汚染である．年代を求めたい炭素に外来の新旧の炭素が汚染する機会は普通にある．新しい炭素は根の侵入，生物による搬入，泥炭や土壌からのしみ込みなどで混入し，古い炭素は石炭，石墨，チョークなどからの流れ込みで混入する．したがって，前もって試料から綿密に異物を除去し，実験室で高温の酸やアルカリ処理を行って炭酸塩や付着している腐植酸を除去する．場合によっては構成物それぞれの年代を求め，重みづけ平均値を求めることもある．化石貝や骨の ^{14}C 年代測定の場合にも，炭酸塩構造の隙間で炭素の交換や再結晶化が起こり，汚染されやすい．これを避けるには本質的な微小部分のみを AMS 測定の試料とする．

^{14}C 年と暦年との相違は次の要因でも生じる．

① ^{14}C 生産率の変動：^{14}C 年代測定は，地球大気上層で宇宙線 ^{14}N との衝突による ^{14}C 生産率が一定という仮定のもとで成り立つ．しかし後述のようにこの生産率は一定ではない．その原因は地磁気，太陽活動の変動にあると考えられている．

② 同位体分別：自然界での炭素同位体の存在比 $^{12}C : ^{13}C : ^{14}C$ は 0.989 : 0.011 : 1.2×10^{-12} である．しかし大気中を下降し陸上植物，石灰岩，海の種々の生物，海水などに取り入れられると，種類により $^{13}C/^{12}C$ はかなり異なるようになる．この同位体組成分別は，光合成などの物質合成で起こる反応過程と，大気や海水での CO_2 循環過程で起こると考えられている．たとえば大半の陸上植物とくに C_3 植物は，光合成の際 ^{12}C を多く取り込むが（コラム6.4-2），海水は ^{14}C を多く吸収する．この影響は高精度で年代を求める場合には大きいので，年代測定試料の $^{13}C/^{12}C$ を質量分析器で測り，標準試料（PDB）との濃度差の比 $\delta^{13}C$ ‰を求め，補正する．陸上 C_3 植物の $\delta^{13}C$ を平均 -25‰とすると，これとの差は $\delta^{13}C$ 1‰違うと 16年，試料の種類によっては最大 400年に達する．

③ 海洋における炭素の循環に伴う影響（リザーバー効果）：海水中の ^{14}C は，大気さらに表面水から深層水へ緩慢に拡散・循環するために，表面海水は大気より約 400〜580年，深層水では 2000年も古い年代を示す（Ostlund & Stuiver, 1980）．このため浮遊性・底生有孔虫などの ^{14}C 年はそれぞれ異なった補正をする必要がある．10 ka までのリザーバー効果の補正は Stuiver & Braziunas (1993) が，またそれより古い時代については Bard *et al.* (1993) が提案している．

半減期　放射壊変によって ^{14}C が元の量の半分に減少する時間（半減期）は，Libby (1952) では 5568 ± 30 年とされたが，その後 5730 ± 40 年と精密測定された（Godwin, 1962）．しかし前者の半減期で計算・公表された年代値がすでに多数あるので，混乱回避のため，国際的には前者を用いて計算することが合意されている（Mook, 1986）．また年代値は AD1950 から数え，BP をつける．後述の暦年への換算にはこれを用いる．なお，この Libby の半減期から新しい半減期を用いた ^{14}C 年への換算には 1.03 を乗じる．

2) 暦年への換算

樹木の年輪と化石サンゴについて年輪年代とウラン系列年代を測り，かつ ^{14}C 年代（上記種々の補正を施した値）を測って相互に比較（クロスチェック）すると，不規則なずれが認められる．このうち年輪年代は欧米では古くから研究され，過去 11 ka 余の年輪年代が明らかになってきた．また，サンゴのウラン系列法も TIMS 法により，信頼の高い暦年を与えると考えられて，ともに ^{14}C 年代を暦年（cal. yBP と表記）に換算する場合の基準とされる．Suess (1970) は，年輪年代と ^{14}C 年代について過去 7千年間の換算曲線を初めて提示し，それは上記①の大気上層で生み出される ^{14}C 濃度が変化することによるとした．この種の研究はその後より詳しく吟味され，最近の 24 ky については高精度の換算曲線が描かれて，好条件の場合は誤差 20年

---

* 誤差：この誤差は，^{14}C 濃度測定に関連するもので，測定時間内での放射壊変の統計的変動や分析計の不安定性，計測中の試料重量の減少，β線測定の場合，バックグラウンド放射の影響などに由来する．これらに基づく誤差は，標準偏差として平均値に±をつけて表示する．たとえば 2000 ± 50BP の場合，^{14}C 年代は 1σ（68%）の確率で 1950BP から 2050BP の間の 100年間に入ることを示す．

以内で高精度暦年が求められるようになった（Stuiver et al., 1998；図Bはその例）．また，湖沼堆積物の^{14}C年と年縞年代やサンゴ化石のウラン系列年代とのクロスチェックにより45kaまで示して，換算と問題点が示された研究もある（図C；Kitagawa & van. der Plicht, 1998；Beck et al., 2001）．

^{14}C濃度変化には，100年以内の短周期変動（ウイグル）がみられる．その場合年代未知の樹木試料からある年代間隔で採取した数点の年輪試料について^{14}C年代を測り，それらを換算曲線上の変動とパターン合わせを行い，もっとも一致する点を捜して試料の暦年を推定する方法（ウイグルマッチング法）がある（古城，1995など）．

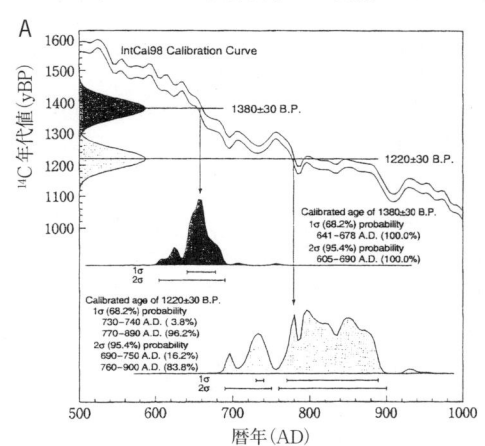

こうした研究の結果，とくに，晩氷期と後氷期の境（完新世／更新世境界：新ドリアスYD期終末）は，従来の10kaBPではなく11.1〜11.6ka cal. BPが採用されるようになった．こうした暦年換算は，最終氷期最盛期から晩氷期にかけての諸問題（たとえば日本の縄文時代；谷口，2001）の年代決定と深く関わる．

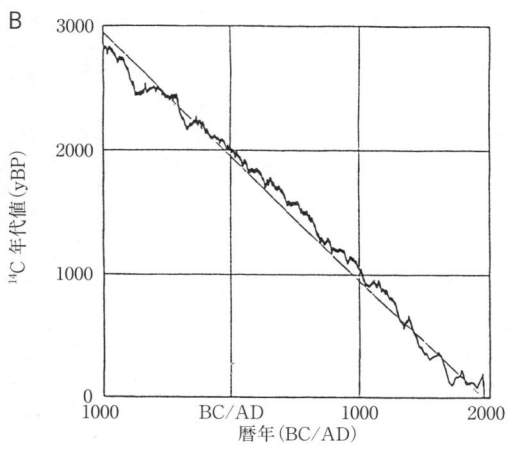

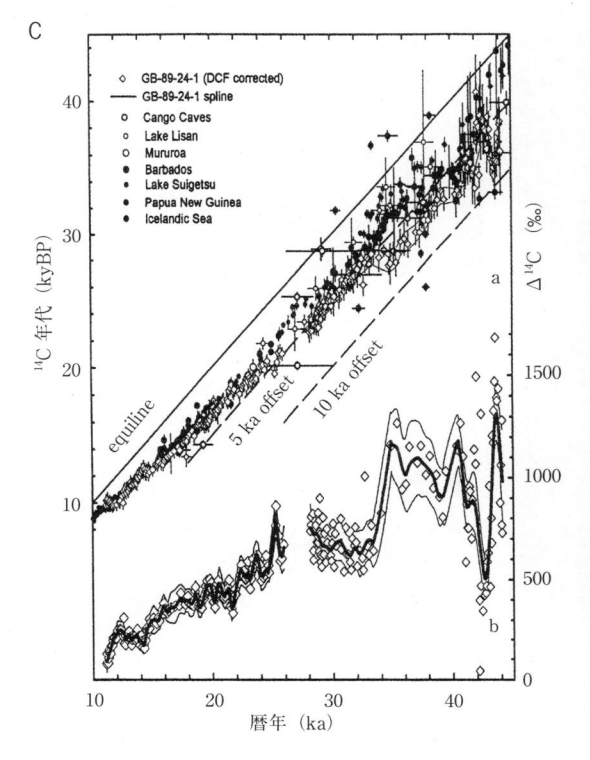

図A：暦年換算の概念と精度（Oxcal Version 3.5（Ramsey, 2000）において，INTCAL98データセット（Stuiver et al., 1998）をもとに補正した結果を奥村晃史が編集）

^{14}C年代測定から暦年代を求める場合に生ずる問題を，2つの架空の年代を用いて模式的に示した．9世紀に発生した事件の年代を^{14}C年代測定によって1220±30y BPと求めたとする．この^{14}C年代に対応する暦年（横軸）は，補正曲線が平坦なため68.2％信頼区間でも160年の幅をもち，歴史記録との対応を検討することはできない．一方，1380±30y BPの場合は補正曲線の傾きが急なため，ほぼ確実に7世紀に対応させることができる．

B：過去3000年間の^{14}C年代（縦軸）と暦年（横軸）の関係を示す曲線（INTCAL98データセット（Stuiver et al., 1998）の一部をOxcal Version 3.5（Ramsey, 2000）のデータセットから取り出して奥村晃史が作図）

曲線が水平な場合，^{14}C年代の時計は停止し，右上がりの場合は逆行する．このような時期にあたる紀元前8〜5世紀，紀元前3世紀，紀元11〜12世紀，17世紀から現代などの時期には，^{14}C年代から暦年代を高分解能で特定することが不可能なことがわかる．

C：放射性炭素年代と暦年との関係（Beck et al., 2001）GB-89-24-1はGreat Behamaの石灰洞石筍のウラン系列年代とクロスチェックした資料．このほかに世界各地からのデータもある（各点は原著では色で区別）．放射性炭素年代は補正値．誤差範囲（バー）は2σ．

種々の材化石(古文化財も含む)のパターンからその暦年を求める。年輪幅変動パターンは,年輪幅に影響する前年の夏期末の気候と関係する点も特色的である。この研究が開始されたアメリカではおよそ12ka以後の年代研究に適用されているし,ヨーロッパでもほぼ同様である。日本では年輪幅変動パターンが適用される時間範囲は1995年の段階でおよそ2.7kaにすぎないが,次第に古く遡りつつある。完新世の諸現象の年代決定に,この方法は地域,特定の樹種,試料条件など制約する条件がかなりあるが,考古遺物,気候変化,火山噴火などを対象にして,成果が上がってきた(奈良国立文化財研究所,1990など)。また年輪そのものはその試料についての^{14}C年代測定値を暦年に換算したり,大気上面の^{14}C濃度変化を知る上で利用されてきた(コラム2.2-6)。

年縞編年法(varve chronology)

湖成堆積物には,単層の粒度や組成がリズムをもって季節変化し,縞模様をなすものがある。これはvarves(スウェーデン語)という。1セットが年縞(年層)と判断される場合には,年輪と同様年代決定に用いられる。これには,①氷河湖の年縞(口絵5,図2.2-6),②温帯の湖で生じる年縞とがある。これらは過去13ky以上もの期間に起こった種々のできごとに暦年を導入できる。前者は後氷期の氷河の後退の歴史を知る上できわめて有用であったことはよく知られている(De Geer, 1940)。また後者も種々のイベントの年代検出に成功している(福沢,1995;4.5節)。

地衣類編年法(lichenometry)

地衣類は藻類と菌類が共生して地衣体と呼ばれる特殊な体を形成する,寒冷や乾燥の厳しい環境に耐えて分布する植物である。裸地で生じた特定の地衣類は年代に比例して成長することを利用した年代決定法がこれである。前提としては,特定地衣類の成長過程が既知であることと,氷河後退などで裸地になってすぐに地衣類が定着・成長し始めることである。いくつかの^{14}C測定や歴史記録で特定の地衣類の大きさと年代関係が明らかになっている必要がある。好条件下では4.5 ka,普通0.5 ka以後の時間範囲で,氷河の後退史などの編年に利用されてきた。しかし上記の条件の充足度,試料採取や測定の再現性など種々問題がある(Innes, 1985など)。

(2) **歴史文書による年代決定**

歴史時代の火山噴火,地震,津波,洪水,気候変化などのイベントは歴史文書に書かれていることがあるが,その場合文書記録の信ぴょう性を確かめることはもとより,地学的記録との対応関係を詳しく検討する必要がある。両者が総合されて初めてイベントの復元・評価が行われる。時代が古くなるほど自然現象の文書記録は断片的になる傾向があるので,後者の重要性は増す。

(3) **その他**

深海底など静水域では一定速度で地層が堆積するとみられるので,年代目盛のある複数の層を基準にしてある層の年代を厚さの比例配分から内挿したり外挿して割り出すことがある。陸上堆積物についても同様の年代推定が行われることがある。また化学変化が特定条件下で一定速度で進行すると仮定して,変化量から経過年代を求める諸方法がある(アミノ酸ラセミ化,ガラスの水和など)。これらは広義の年代推定法といえようが,数値の信頼性は根拠

図2.2-6 氷河湖の年縞とテフラ
カナダ・カスケード山脈トンプソン川カムループスの谷にみられる年縞(石下)をもつ氷河湖の堆積物と,その間にはさまるテフラ(約3.4 kaのMt. St. Helens-Y;スコップをさしている層)。

や前提条件とその妥当性に依存する．

以上に述べたように，年代決定法は多岐にわたり，かつその信頼性（精度と確実性）は方法，材料，層位，また研究の進捗度によって異なる．このため利用者は表示された数値の由来を尋ね，クロスチェックをし，さらにほかのデータと比較し，信頼性を確かめることが肝要である．

2.3　総合的な編年研究

上記のように，第四紀編年研究の最近の進歩は，古地磁気，海洋酸素同位体，生層序，数値年代測定などの精密化とクロスディティングを通じて，グローバルな標準年代尺度の確立を促した（図1.1-1, 2.2-1）．この標準編年の時間分解能・精度は，いまのところもっとも高いところで千年のオーダーに達したといえる．しかし過去の環境を解明するのに必要な時間の精度と分解能は，環境の種類や対象時間の古さ，長さによってかなり異なる．いまのところ前・中期更新世編年では10～1kyの精度が必要であるが，後期第四紀編年の枠組みづくりのためには，0.1 ky（百年）オーダーの時間分解能・精度をめざすことが望まれる．酸素同位体ステージ2.2以降については0.01 ky（10年）まで区別したいものである（コラム2.2-2）．この問題については，グリーンランドや南極の氷床コアの細密な分析が重要な資料を次々に提供しつつある（4.2節参照）．

図2.2-1では，古地磁気，酸素同位体（気候・海面），生層序示準面，レス層序示準面，さらに世界各地の広域テフラを同一時間軸にプロットしてある．これらはどのようにして対比し，位置づけられたのであろうか．また世界の各地域で得られるさまざまな古環境指標から環境変遷史を確立するためには，その層序をいかにグローバルな標準年代層序に対比するかという問題がある．ここではこれらに関する知見と問題点を述べる．

(1)　グローバルな標準年代尺度
古地磁気と酸素同位体層序の対比

グローバルに古地磁気と酸素同位体変動の対比・編年を可能にしたのは，いうまでもなく深海底堆積物コアである．各地から得られたコアについて詳細に古地磁気特性と酸素同位体比が測られた結果，図2.2-1に示すような地磁気極性境界とMISとの対応がわかってきた．しかし細部にわたると，ブリューヌ/マツヤマ境界はMIS19または20とする二様の意見があるように，まだ問題はある．ここでは，この境界はMIS19の初期におく．$\delta^{18}O$の振幅が大きい780ka以降については，大サイクルの各ステージ認定には問題は少ないが，それより古くなると振幅も周期も細かくなり，完全に連続したコア（生物によるかく乱の少ないコア）でないとステージの判定が困難になる場合がある．また，サブサイクルの変動（小数点またはアルファベットをつけるオーダー．例：5.5, 5e）も，古くなると判定し難い場合がある．現在のところ，ハラミヨサブクロンはMIS31から27，オルドバイサブクロンはMIS72から63にあたるとされている（Shackleton, 1995）．なお，すでに述べたように，各ステージは酸素同位体変動の極値の層準（年代）につけられたもので，MISの境界は変動の急変期（ターミネーション）に引かれている（コラム2.2-5）．

MISと数値年代との対応については，研究の初期には放射年代のつけられたMIS5.5 (5e) とブリューヌ/マツヤマ境界を基準とし，堆積速度一定と仮定して地層の厚さを比例配分して求められたが（Emiliani, 1978），最近ではすでに述べたように多数のMIS変動曲線を合成し，日射量変動をもたらす公転軌道，地軸，歳差運動について天文学的に得られた変動曲線と調律して求められている（SPECMAP年代尺度，2.2.2項参照）．

生層序とMIS

海洋微化石の出現や絶滅時期を示す示準面の層位は，世界各地の深海底堆積物コアから直接求められる．図2.2-1の生層序示準面のコラムは，斎藤（1999）の20 Ma以降の浮遊性微化石年代の図から2Ma以降を取り出したものである．示準面があまり多くないのは，第四紀という短い時代のためである．また，生物の出現と絶滅がそれぞれ広域的に同時に行われたものかどうかは，高分解能の編年が必要な第四紀では，詳しく検討すべき課題である．

陸上生物についても指標として利用されているものを示したが，地域による差や発見例の数などからみると，これら示準面の時間幅はかなり大きい（数ky程度）とみなせよう．

●異なる方法で求めた年代測定値のクロスチェックの例　　　　コラム2.2-7●

　同一試料について異なる方法で年代を測定して，その間の異同を論じることは，各方法の問題を浮き彫りにすると同時に，測定年代の信頼性を高めるのには欠かせない仕事である．こうしたクロスチェックの事例は次第に多くなってきた．それらの中で興味深い例を挙げる．

1) ^{14}C，ウラン系列，年輪，年縞年代のクロスチェック

　樹木年輪や氷縞粘土について，^{14}C年代と年輪・年縞年代のクロスチェックが，^{14}C年代の暦年較正に有意義であることはコラム2.2-6に述べた．またサンゴ礁の発達する地域で，同じ化石サンゴ試料について^{14}Cとウラン系列年代測定が並行して行われ，それらを比較した研究は，^{14}C年の暦年較正のみならず，更新世末以後の海面変化研究に重要な知見をもたらした（Bard *et al.*，1990；5章参照）．

2) 特定指標テフラの各種放射年代と酸素同位体年代との比較

　厳密に同定された特定の広域テフラは，測定年代値のクロスチェックにはもっともよい堆積物である．これまで多数の方法が適用され，信頼性の高い数値年代を求める努力が続けられてきた．

　ニュージーランド・タウポ火山帯における中期更新世最大の広域テフラの1つランギタワ（Rangitawa）テフラを例として，Pillans *et al.*（1996）は，異なる6種の放射年代測定法（FT, ITPFT, TL, IRSL*, K-Ar, SCLF^{40}Ar–^{39}Ar**法）と海洋酸素同位体層序編年法によって得られた数値年代を互いに比較し，問題点を探り，信頼性の高い年代を求めた（右図）．51個の測定値は173 kaから456 kaという広い年代範囲にまたがっている．これらのうちかなり信頼できるのは15点（10点のうち5点のジルコンFT，4点すべての火山ガラスITPFT，5点中4点のSCLF^{40}Ar–^{39}Ar，それに3点のうち2点の海洋酸素同位体年代）に過ぎないという．その結果，9つのFT年代の重みづけ平均345 ± 12 kaは，2つの海洋酸素同位体年代の重みづけ平均340 ± 7 ka（ステージ10の後期）にほぼ一致する．これからはずれる測定値個々についてずれの原因を考察し，各方法の問題がどこにあるか，また将来なすべき研究を提言している．それらは本文で示した各方法の問題点を含むので，ここでは次の点のみ紹介する．^{40}Ar–^{39}Ar年代（平均302 ± 8 ka）が全体に若く求まる傾向があるのは，試料とした鉱物がKのやや低いものだったこと，TLやIRSL法の年代は200 kaを越す年代に対しては試験的な段階だと判定され，試料としたレスと砂丘砂では違いがあることや分析手段に原因すること，酸素同位体層序で異なった年代が報告されたのは古地磁気境界など示準面が確定していなかったこと，などである．

　日本でも姶良Tnテフラ（AT）や鬼界アカホヤテフラ（K-Ah）などでは，数多くの^{14}C年代測定値が得られており，クロスチェックが可能である．また阿蘇4テフラ（Aso-4）なども種々の方法から推定された多数の噴出年代が得られている（町田・新井，1992）．しかし年代値の違いをもたらした原因について，つっこんだ議論は少ない．たとえばATの場合，^{14}C測定値がβ線計数法とAMS法とでかなり違う．その原因について詳しくは論じられていない．高信頼度の年代値を得るためには，クロスチェックと違いの原因を究明することが，今後なすべき研究の1つである．

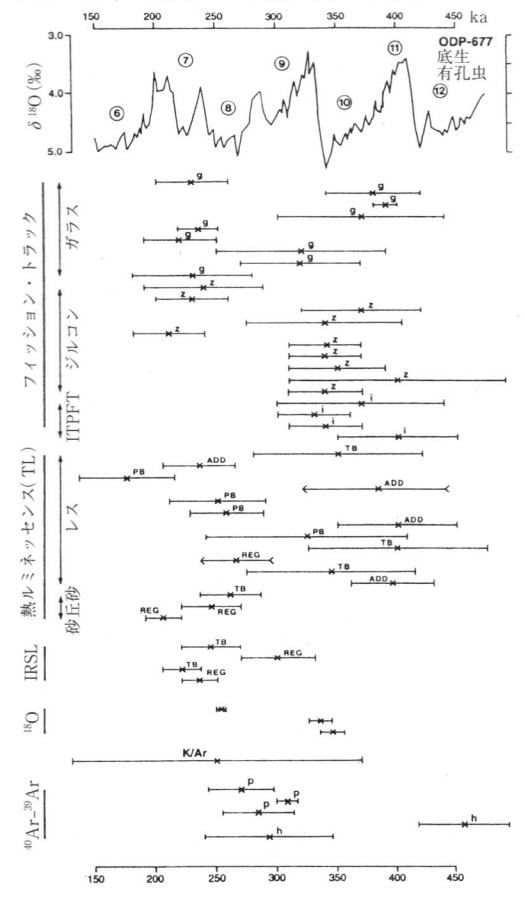

図 ニュージーランドRangitawaテフラの年代
多数の年代測定法でクロスチェック．横線は±1σの範囲．[δ^{18}O，^{18}O] Shackleton *et al.*（1990）およびShackleton（1991，私信）に基づく．

[フィッション・トラック] g：ガラス，i：isothermal plateau，z：ジルコン，[熱ルミネッセンス（TL）] ADD：付加線量，TB：total bleach，PB：partial bleach，REG：再現法．

* IRSL：infrared stimulated luminescence，赤外線励起発光年代測定法．
** SCLF^{40}Ar–^{39}Ar：single crystal laser fusion ^{40}Ar–^{39}Ar．

(2) 陸上における地域的層序編年とグローバル編年との対比

以上のように，海成堆積物から得られる情報をグローバルな基準年代尺度に対比することは，比較的容易でかつ基準尺度をチェックする機能ももつ．これに対して，陸上で形成された堆積物や地形は古いものほど欠落することが多いし，地域によっては年代判定に適した試料が少ないので，基準年代尺度に対比する場合，種々の問題が生じ，慎重さが要求される．

陸上地域ではレス－古土壌に覆われているところが広いので，その層序・編年は重要である．この層序とMISとの対比には，いくつかの古地磁気示準面を基準にして，レスと氷期，古土壌と間氷期という対応関係に加えて，帯磁率（magnetic susceptibility）の変動パターンとMISのそれとの対応，およびいくつかの放射年代などから研究されている（5.5節参照）．

火山の分布する地域では，テフラが陸－海に共通する有力な示準層として利用される．図2.2-1に示した世界各地の広域テフラの層位は，テフラが同定された海底コアについて，酸素同位体層序が明らかになった場合は直接求められる．また，陸上に隆起した海成層についてテフロクロノロジーと酸素同位体層序が研究されて，層準が決定できた例もある（Okada & Niitsuma, 1989；Pickering *et al.*, 1999など）．しかし，主として陸上に分布するテフラの層位は，それが介在する地層や他の示準テフラとの層位関係，MISが推定されている地形面・地層との関係，気候・海面変動とテフラとの層序関係，また放射年代などから総合的に判定されるので，研究の進展によって多少動く可能性のあるものが少なくない．すでに述べたように，テフラは示準層としては厳密な同時面を広域に提供する，ほかに例のない地層であるから，MISや数値年代に関する高分解能・高精度の情報が得られることが望まれる（コラム2.2-7）．

そのほか，旧汀線や海成段丘，海成層，氷成堆積物とその地形なども，海面や気候変化と直接関係するだけに，種々の対比基準を手掛かりにして，それぞれどのMISの時代に形成されたかが調査される．日本のようにテフラが豊富な地域では，MISとの関係がついたテフラを用いてこれらは対比されることが多いが，一般には，層位関係が明らかな地域・地点は限られている．このため対比の精度や根拠は常に問題となり，複数の指標でクロスチェックしたいものである．詳しくは5章で述べる．

3. 地殻の変動—第四紀地殻変動の特質と由来—

3.1 概　説

　地球表層に認められる地殻変動には，核・マントルの相互作用に起因し，大陸の集合・離散や大規模な火成活動などを伴うプルームテクトニクス，そして，リソスフェアと上部マントルを舞台とするプレートテクトニクス，さらに，プレート運動による一定の地殻応力場のもとで形成される大陸縁の大山脈や島弧・縁海など，規模によるヒエラルキーが認められる．これは，時間スケールとも対応しており，超大陸の形成など大規模なプルーム運動が関係するものは4億年程度，海洋プレートの生成から海溝での沈み込みまで長くても2億年，造山帯や島弧の形成には数千万年，地震性地殻変動による段丘や岬の形成には数十万年の時間がかかっている．しかし，一方で断層運動のように，われわれの目の前で瞬間的に発生する地殻変動も存在する．

　第四紀地殻変動とは，このように地球表層においてさまざまな規模および時間スケールで営まれる地殻変動の中で，最も新しい地質時代である第四紀に発生した変動の総称であり，われわれが生活の中で経験する地震性地殻変動などは，地球の変動を微分的に細かくみていったときの最小単位に近いものである．これに対し，地球表面に存在する断層変位地形や山地・山脈，あるいはそれがまとまった造山帯などは，上記の断層運動や地震性地殻変動などが，第四紀において何度も繰り返されて形成されたものであり，第四紀地殻変動は微小な地殻変動が累積した，いわば積分結果ともいえよう．

　地殻変動の結果形成されてきた海洋や大陸の地理的な配置，山脈の起伏などは，大気および海洋の大循環を大きく変化させることがある．これらは地球の低緯度地方が受け取った太陽放射エネルギーを高緯度地方に運んでその均衡をはかろうとする，熱の移送・再配分システムの一環を担っているもので，それらの変化は，気候を始めさまざまな環境変化を引き起こすものと考えられる．実際，第三紀以降続く地殻変動の中で形成された山脈の隆起や海峡の閉鎖が，第四紀の気候変化に大きな役割を果たしていることが指摘されている（Raymo & Ruddiman, 1992；Keigwin, 1982など）．

　第四紀には過去の変動の証拠が豊富に残されているので，この時期の地殻変動のプロセスを詳細に解明することができる．このような情報は，変動の繰り返しの癖や特性を明らかにすることができるので，将来の変動を予測するための重要な手がかりとなる．しかし，これは地殻変動研究に限ったことではない．第四紀研究が注目される理由は，過去の詳細な情報の取得が将来予測の重要な手がかりになるという，まさにこの点である．そのため，地震予知・防災や高レベル放射性廃棄物処分に関連した地質環境の長期安定性評価の中で，第四紀研究の重要性が認識されるようになってきた．

　固体地球の表層に大規模な変動をもたらす内的営力は**プレート運動**である．1960年代に現れたこの概念（プレートテクトニクス）は，造山帯の形成から地震の発生まで，さまざまな地殻変動の成因や活動様式について，それまで蓄積されてきた地球科学の知識に新しい解釈を与える革命的な理論に発展していった．第四紀地殻変動では，プレート運動による地球表層のダイナミックな動きを原動力として，ローカルなスケールでさまざまな変動が生じ，スケールに応じた地層や地形の変形を形成していると考えられる．したがって，第四紀地殻変動の特質と由来を理解するためには，**プレートテクトニクス**の概要から，それによって直接あるいは間接的に引き起こされるローカルな変動まで，幅広く特徴を捉える必要がある．

そこで，本章では，①背景となるプレートテクトニクスを中心とした概念の成立と進歩，②プレートテクトニクスと第四紀地殻変動の関わり合い，それに，③プレートテクトニクスが第四紀の諸環境変動に具体的にどのような影響を与えたかの3つのテーマに分けて述べることにする．①ではプレートテクトニクスの研究史を概観し，②では地球上をプレート境界にあたる変動帯とその内側の安定大陸域に分け，それぞれの地域の第四紀地殻変動の様式とその特色について概説する．そして最後に③で，地殻変動が世界の大地形の形成に関与し，それが第四紀の地球環境変化に果たした大きな役割についていくつかの事例を述べる．

3.2 第四紀地殻変動の背景となるプレートテクトニクスの進歩

3.2.1 プレートテクトニクス以前

プレートテクトニクスの発展には，戦後，海洋底や地球内部についての物理学的な情報が得られるようになったことが，最大の貢献をしている．しかしプレートテクトニクスは決してそれだけで組み立てられたのではない．19世紀以来，海洋と大陸や大山脈の形成に関するいくつものアイデアが提示され，それらがさらに洗練されながら，現在のプレートテクトニクスが成立してきたのである．

地向斜造山論

プレートテクトニクスの発展以前，地質学で広く受け入れられていたのは地向斜造山論である．これは，世界各地の野外地質調査を通じて蓄積された地質データに基づき考察された，造山運動並びに大陸の成長に関する概念である．図3.2-1にその基本概念を示す．大陸を構成する硬く安定した地塊（安定陸塊；クラトン）の周縁に帯状の沈降域（地向斜）が形成され，沈降運動の進展につれ厚い地層が堆積し，やがて火成活動が出現する．次にその沈降域は激しい隆起運動の場に急転換し，深成岩の貫入や変成作用も発生し，それらの結果として山脈が形成される．これが狭義の造山運動である．その後，山脈は長期にわたり侵食・平坦化され，かつての造山帯は大陸地殻を構成する硬く安定した地塊の一部に組み入れられるというものである．

このような運動は地球史の中で何度も繰り返さ

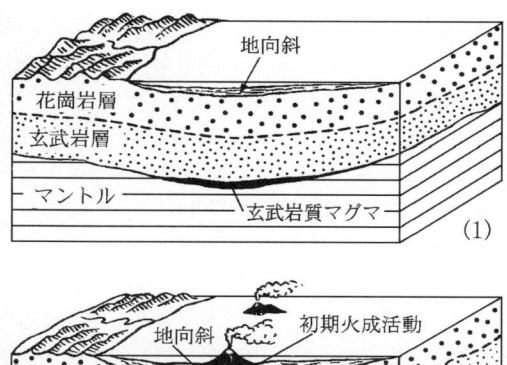

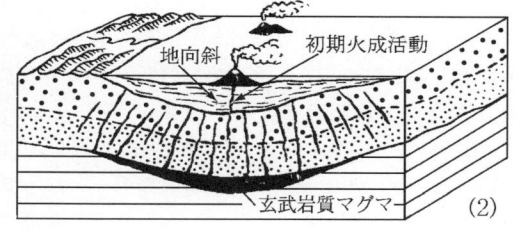

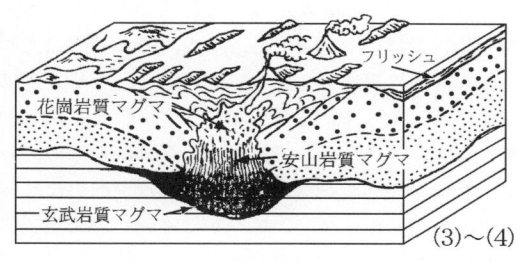

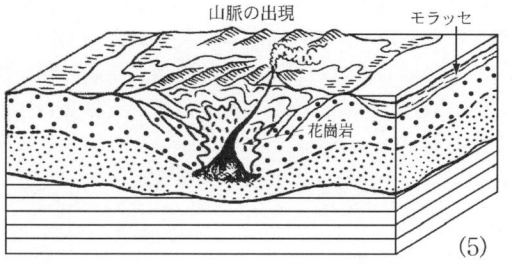

図3.2-1 地向斜造山論の概要（井尻・湊，1965；木村，1997を改変）
(1) 地向斜発生の段階，(2) 初期火成活動の段階；玄武岩マグマの噴出，(3) 広域変成作用，分化により安山岩・花崗岩マグマの形成，(4) 隆起開始，フリッシュ堆積盆地形成の段階．(5) 山脈の形成とモラッセ堆積盆地の発達段階．

れ，しかも時間的にほぼ同時に世界中で起きていることがわかってきた．とくにStille（1924）は，地向斜が形成されるような比較的安定した時期（造陸運動期）と，比較的短期間だが激しい隆起や火成活動が発生する時期（造山運動期）が存在するという造山時階論を示した．

地向斜造山運動の原動力は，地球冷却による収縮

で地表にしわがより，地殻に水平方向の短縮力が働くためと考えられた．水平方向の変動はプレートテクトニクス以降に発達した概念と思われがちだが，実はスイスアルプスの40 kmにも及ぶナップ構造[1]の存在などから，19世紀の初めから大規模な水平方向の短縮変動の存在が考えられていたのである．

大陸移動説

20世紀になると，ナップ構造をもたらす地殻の短縮は，地球収縮のメカニズムでは熱力学的に説明不可能なことがわかり，水平短縮の原因をほかに求める人々が現れた．ドイツの気象学者Wegener (1912) は，アイソスタシー理論と大陸の地質，古生物，古気候，氷床分布などの膨大なデータに基づき，大陸（Sial）はマントル（Sima）の上に舟のように浮かび，それをかき分けて進んでいるという大陸移動（漂移）説を唱えた．この説ではとくに大西洋両岸の海岸線地形が類似していることをヒントにしている．そして，古生代には1つの**超大陸パンゲア**が存在していたが，古生代末から分裂を始め，いくつかに分かれて移動し，今日の大陸の配置になったことを示した．また，地向斜は移動する大陸の前縁に生じた地層の褶曲と考え，水平圧縮の原因を説明した．しかし，大陸が移動する原動力が説明できず，また地向斜の成因についても地質学者の強い反対があった．結局，大陸移動説は広い支持を得られずに，1930年，Wegenerがグリーンランドで遭難死すると，一部の人を除き人々の関心から消えていってしまった．

マントル対流説

大陸移動の原動力を説明するために多くの仮説が提唱されたが，その中で今日のプレートテクトニクスの根幹をなすマントル対流の考えがイギリスのHolmes (1928；1929) によって示された．彼は大陸がマントル上を進むのではなく，マントルと地殻はつながっていて，マントルは硬い岩石だが地質学的な長い時間でみれば地球内部の熱に暖められて流体のように対流を起こす．大陸は筏のようにその流れにのって移動していると考えたのである．岩石が長期的には流体のように振る舞う，という考えは，今日ではレオロジーという学問から基礎理論を与えられて発展しているが，当時の常識とはかけ離れたものであった．そのため，卓越した発想も仮説の1つとして扱われ，大陸移動説が下火になるにつれ注目を失ってしまった．

しかし，Holmesは偉大な教育者でもあり，彼の教科書 "Principles of Physical Geology"（『一般地質学（Ⅰ,Ⅱ,Ⅲ）』東京大学出版会）はその後もイギリスで長い間使われていた．その中には大陸移動説やマントル対流説が語り続けられ，それが戦後の地球科学の大転換へとつながったのであった．

海洋底拡大説

1950年代には，海洋や地球の内部に関する新しい測定技術が次々開発され，全地球規模での効率的なデータ収集が行われるようになった．

古地磁気に関しては超高感度磁力計が開発され，岩石の自然残留磁気測定から過去の磁極位置が推定できるようになり，種々の地質時代の岩石からその生成当時の磁極位置とその移動経路が復元された．ところがこの経路はヨーロッパで得られたものと北アメリカ大陸で得られたものが，時代を遡るにつれて大きくずれることがわかった．その原因として，北アメリカ大陸がヨーロッパに対して西へ38°移動したことが想定され（Runcorn, 1962；Bullard et al., 1965），ここで忘れられていた大陸移動説が復活してきたのである．

一方，プロトン磁力計の開発により洋上や航空機による地磁気観測が可能になった．大洋底の地形については音響測深技術の発展により高分解能（5千分の1スケール程度）で海底地形が探査され，また，地震探査法の開発により海底地殻構造が明らかになり，さらには海底での地殻熱流量の測定法が開発された．これらの結果，中央海嶺は地球を取り巻くように分布する海底の大山脈で，地震の集中帯でもあり，また，海嶺頂部の谷の地殻熱流量がはなはだ大きいことなども明らかになった．海上磁気測定では，海底には正逆の地磁気異常が縞状に連続し，しかも所々でその模様が数十〜数百km食い違っているのが認められた（Raff & Mason, 1961）．

1960年代初期には，上述の観測データを基に海洋底拡大説（ocean floor spreading theory）が主張された（Dietz, 1961；Hess, 1962）．これは，マントル上昇流により中央海嶺で下からわき上がったマグマが新しい海洋底（地殻）をつくり，それがマ

---

[1] ナップ構造：衝上断層や押し被せ褶曲による変形で，シート状のブロックが異地性岩体として原地性基盤の上に乗り上げている構造．

ントル対流にのって海嶺から離れる方向に移動する．大陸縁ではマントルの流れは下降流をつくり，海底は再びマントル深部に沈み込む．大陸の下でマントルのわき上がりが起こると大陸は分裂して移動し，分裂の裂け目には新しい海洋底が生じるというものである．これは，観測事実に裏打ちされたWegenerやHolmesの考えの復活であった．

1960年代にはさまざまな観測事実を海洋底拡大説に基づいて説明するようになった．海底の地磁気異常の縞模様が中央海嶺を軸として対称であることから，海嶺でのマグマ固結による新しい海底の形成と数十万年ごとに起きる地磁気極性の逆転で説明する**テープレコーダモデル**が提唱された（Vine & Matthews, 1963）．Wilsonは，大洋中の火山島をつくる岩石の絶対年代測定を利用して，生成年代が中央海嶺から遠ざかるにつれて古くなることを示し，さらに地磁気の逆転史と組み合わせて，海洋底拡大速度が長期にわたって一定であることを検証した．

これとは別に，世界各地の火山岩の古地磁気測定と年代測定によって，400万年前までの古地磁気逆転の歴史が復元され，数十万年を単位として正逆の磁極の逆転が繰り返されていることがわかった（Cox *et al.*, 1964）．また，深海底堆積物コアからも陸上火山岩と同様の古地磁気の逆転史が読みとられた（Opdyke *et al.*, 1966）．また，海嶺の食い違い部にあるトランスフォーム断層のように，断層が変位しても両端の海嶺はずれないという新しいタイプの断層も認識され，そのメカニズムも明らかにされた（Wilson, 1965 a, b）．

3.2.2 プレートテクトニクス

1960年代後半，海洋底拡大の情報や理論を追求していた研究者たちは，地球表面は厚さ100kmほどのいくつかの堅い岩盤ブロック（プレート）に分かれ移動していることや，プレート自体は剛体で変形しにくいが，それらの相互作用で縁辺部に沈み込みや衝突といった地殻変動が生じるという，プレートテクトニクスと呼ばれる概念に到達した（McKenzie & Parker, 1967；Le Pichon, 1968など）．その根拠は主に地震のデータから求められた．すなわち，世界の地震の震源分布は海溝，造山帯，中央海嶺付近にのみ集中し，大陸や海洋底の大部分はきわめて安定していること，また，地球内部の地震波速度構造からみると地殻と上部マントルの間（**モホ面**）には大きな不連続はなく，むしろ地下100km以下の上部マントル内で地震波速度が著しく低下する部分（上部マントル低速度層；LVZ）があることがわかってきた．LVZはマントルが高温で部分溶融して柔らかくなっているものと思われる．つまり，地殻と上部マントルの最上部はともに**リソスフェア**（lithosphere）と呼ばれる固い岩盤をつくり，これがプレートを構成している．そしてプレートは**アセノスフェア**（asthenosphere）と呼ばれるマントルの部分溶融部の上を移動しているのである．

プレートが本当に剛体として挙動しているのか，という点に関しては，60年代末から70年代初めに検証が行われた．プレートが卵の殻のように球殻ならば，あるプレートのほかのプレートに対する運動は，オイラー極と呼ばれる仮想の軸を中心とする相対的な回転運動となる（図3.2-2(a)）．すると，プレートの運動方向は，その座標をオイラー極を北極としたメルカトール図に展開した場合，どこでも緯線と平行になる．トランスフォーム断層の走向はプレートの進行方向を示すので，その方向はプレート移動方向と一致している（図3.2-2(b)）．実際にプレート境界で起きる大地震の発震機構（震源断層の走向とずれの向きがわかる）から，このことが確かめられた（McKenzie & Parker, 1967）．

海嶺での拡大速度の違いも，プレートテクトニクスと海洋底拡大説の大きな相違点である．海洋底拡大説では海嶺でマントルのわき出しにより新しい海底がつくられ両側に押し出されるので，海嶺沿いの拡大速度には地理的な規則性はない．これに対し，プレートテクトニクスでは海嶺での拡大速度はオイラー極に対する位置によって決まり，極の赤道では最大を示し，両極に向かって小さくなるのである．

また，プレート運動の原動力も，プレートテクトニクスでは海溝からマントル内に沈み込むスラブ自体の重さがプレートを引っ張って動かしている（slab-pull force）と考えている．これは，大きくずれたテーブルクロスが卓から滑り落ちるときのイメージで説明され，**テーブルクロスモデル**ともいわれている．両側から引っ張られて引き裂かれたところ（海嶺）にマントルが下からわき上がってくる．したがって，プレートテクトニクスでは，海嶺は海洋

動を包含した，さらに新しい概念が生まれた．この考えの根幹は，地球内部の外核とマントルとの接触面付近から上昇してくるマントル内の**湧昇流**（**プルーム**，plume）の存在である．ハワイのようなホットスポットの存在から，プレートを突き抜けてくるマントル起源のプルームがあることは70年代から知られていたが，地球規模での地震波トモグラフィー[3]によって，マントル内を上昇する巨大なプルーム（**スーパーホットプルーム**）と，反対に冷えて下降する**スーパーコールドプルーム**の姿が実際に捉えられるようになった．90年代はこのように巨大プルームの存在および位置が明らかになり，そのマントルおよび核を含むテクトニクス並びに地球形成史上の意味が明確になってきた．

プルームテクトニクスの全体像は図3.2-3に示される．丸山（1997）によれば，通常期においては，大陸縁辺の沈み込み帯からマントル内に入った海洋プレートは，海洋地殻を構成する玄武岩質岩石が高圧下で高密度のエクロジャイトに変化し上部マントル内をそのまま潜っていくが，下部マントルには入れず深度670 km付近に滞留する．これをメガリスという．メガリスが増大するとやがてその重みで下部マントルの中に落ちていく．このメガリスの集積→落下の周期はおよそ1億年である．

これによりマントルに下降流が引き起こされる．冷えたメガリスは周囲より温度が低く，この下降流はコールドプルームと呼ばれる．下部マントル底まで落下したプレート起源物質は，外核との接触により化学反応が起き，重金属は核へ移動し，代わりに核から熱を付与される．こうして熱せられ，かつ軽くなった物質は，今度はコールドプルームの反流として下部マントルの中を上昇し始める．この現象をマントルオーバーターンといい，湧昇流がホットプルームである．このような時期をパルス期という．

プレートの沈み込みによって大陸の下に形成されたコールドプルームがいくつかまとまると，巨大なスーパーコールドプルームが生じる．その上ではマントルが下へ沈み込むため，複数の大陸がそこに吸い寄せられるように集中して合体し，超大陸が形成

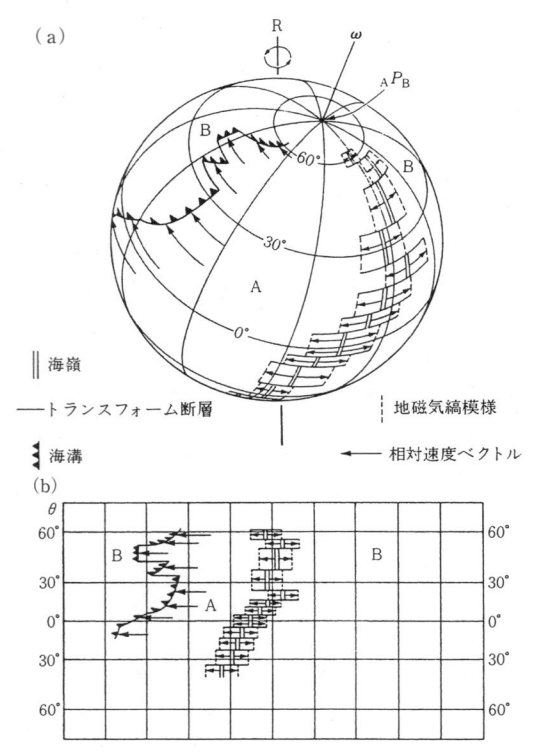

図3.2-2 オイラー極による回転運動（杉村ほか，1988）(a) プレートの回転．ωは回転中心（Euler極），Rは地球自転軸，矢印は相対速度ベクトル，(b) (a)の状況を $_AP_B$ を極とするメルカトル図法で示したもの．

底の拡大に関して受動的な働きしかしていないようにみえる．しかし，プレートが沈み込んでいなければプレートを引っ張る力（slab-pull force）は働かないので，沈み込むスラブ[2]をもたない若いプレートでは，海嶺でわき上がるマントルが海底を押し広げる力（ridge-push force）が原動力である．モデル計算ではこのような力はプレート運動全体からみるとおよそ5%程で，プレートを動かす力の95%は古いプレートの沈み込みによると考えられている（Lithgoe-Bertelloin & Richards，1995）．

3.2.3 プルームテクトニクス

1990年代に入ると，プルームテクトニクス（plume tectonics；Maruyama，1994）という，プレートテクトニクスだけでなく，マントルと核の運

---

2) スラブ：海溝から地球内部（アセノスフェア）に沈み込んだ海洋プレート岩体のこと．周囲より低温であるため，地震波速度の速い部分，あるいは低減衰域として認められる．

3) 地震波トモグラフィー（tomography）：地球上に広範に展開された地震観測ネットワークを利用して，地球内部を通過する地震波の局地的な速度の違いから，マントルなどの地震波速度構造を明らかにして，地球内部構造を推定する方法．

(1) 通常期

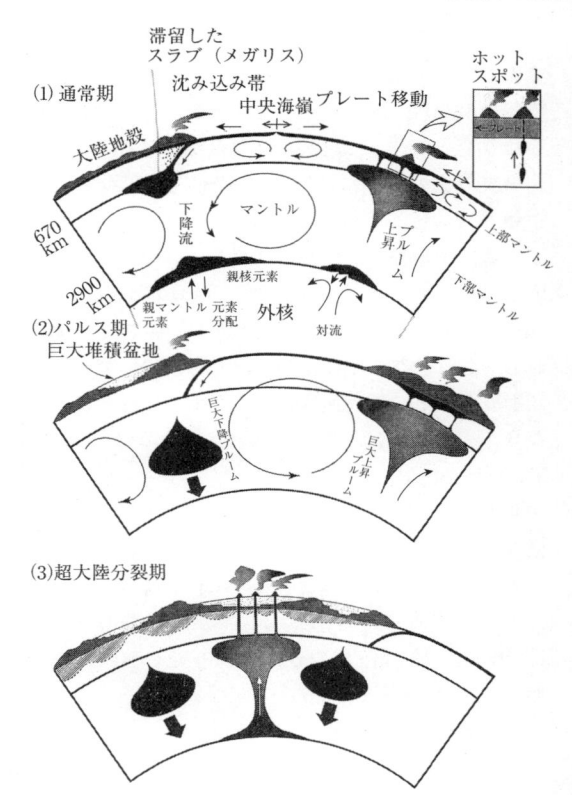

図3.2-3 プルームテクトニクスの全体像（丸山・磯崎, 1998）

される.

　現在，ユーラシア大陸はインドの衝突にみられるように，大陸が合体を始めているところである．その中央部の下には地震波トモグラフィーによってスーパーコールドプルームの存在が認められる．このようなところでは，質量不足によりコールドプルーム上の大陸に陥没が生じることがある．中央アジアのタリム盆地には海水準以下の低地が広がっているが，これは上記の陥没に相当するものと考えられている．逆に超大陸の下でスーパーホットプルームの上昇が起きると，大陸はこの湧昇流のために分裂・離散を始める．これが大陸分裂期である．分散した大陸ではそれぞれの縁にプレート沈み込みが生じ，やがてコールドプルームが生じて大陸は再び1カ所に集合する．これがWilson (1968) が指摘した大陸の集合離散であり，そのサイクル (Wilson cycle ; Dewey & Spall, 1975) はおよそ4億年である．

　超大陸形成時には広大な海底もつくられるため，海洋プレートは古く重くなり，そのため海底が低下して海水準も低下する．巨大な大陸氷河ができ気温

も低下，海水の循環が失われるため，海底では酸欠が生じて生物の大量絶滅が起きる．一方，スーパーホットプルームの活動が生じると，大陸は分裂し，マントルから大量のマグマが供給されるため，各地にデカン高原のような玄武岩洪水が生じる．多量のCO_2ガスも供給されるので，温室効果で気温は上昇する．若い海洋プレートが多くなるので海底の高度は高まり，超大陸形成期とは逆に海水準は上昇する．地磁気の逆転頻度も小さくなるといわれている（磯崎, 1997；丸山・磯崎, 1998）．

　プルームテクトニクスはこのようにウイルソンサイクルの原因を説明するだけでなく，地史上間欠的に繰り返される生物の大量絶滅，あるいは氷河性変動では説明できない長周期で大規模な海水準変化や気候変化などの原因を説明することができる．これらの現象は第四紀よりもはるかに長い，数億年〜数千万年という時間スケールで生じているものだが，第四紀の諸現象を解明するときにもその背景としてこの新しいテクトニクスの理解は重要であろう．

3.3　変動帯と安定帯の地殻変動の特色

3.3.1　プレート境界の地殻変動

　地震・火山活動や隆起運動などの地殻変動が集中している地帯を変動帯という．世界の変動帯は，プレートどうしが接する境界部分に集中している．そして，これはプレート間の相対的な動きの向きにより，①広がる境界，②せばまる境界，③すれ違う境界，の3タイプが存在する（図3.3-1）．

(1) 広がる境界（発散境界，divergent margin）

　マントルのわき出しによってプレートが裂け，新しい地殻やリソスフェアが形成される場所である．海洋底を走る中央海嶺と大陸地殻が展張・分裂するリフト（rift）帯に分けられる．

中央海嶺（mid-oceanic ridge）

　深海底に存在する大山脈で，地球全周の2倍弱にあたる7万kmの長さにわたって海底を巡っている．海嶺軸は後述する多数のトランスフォーム断層によって横にずれ，食い違っていることも特徴である．深海平坦面からの比高は約2000〜2500mに及ぶが，これは幅数千kmの間に形成されているので，その斜面の傾斜は緩く，山脈というよりはなだらかな高まりという方がイメージにあっている．

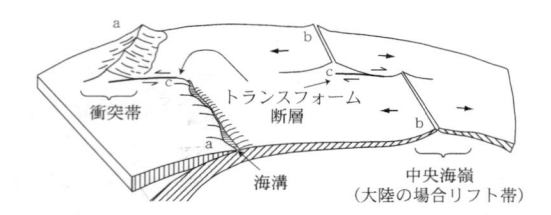

図3.3-1 3つのタイプのプレート境界（杉村ほか，1988）
a：収束境界，b：発散境界，c：すれ違う境界．
トランスフォーム断層は，収束境界や発散境界をつなぐ．

中央海嶺は新しい海底が形成される場所で，構造的に不安定で，火山活動と地震活動が活発である．形成された海底地殻は，プレート運動の進行につれ海嶺から遠ざかる．海洋底拡大速度は，各プレートのオイラー極でゼロ，その赤道で最大を示す．実際には南東太平洋の東太平洋海嶺の拡大速度が世界最大で20 cm/年程である（図3.3-2；Condie, 1997）．

海洋底リソスフェアは時間とともに冷却し，厚く重くなって海洋底を下に押し下げる．リソスフェアの厚さ T (km) は，

$$T = 7.5\sqrt{t}$$

（t は海底の年代：Ma単位） (3.1)

の関係で古くなるほど厚くなる（Yoshii, 1973）．海底沈下量 D (m) は，

$$D = 270\sqrt{t}$$ （tは海底の年代：Ma） (3.2)

で表され（上田，1989），80 Maで深海平坦面となる．このため，拡大速度の速い海嶺ほどその幅が広くなり，したがって起伏はなだらかになる．

中央海嶺の頂部には拡大に伴って正断層が生じ，中軸谷（axial valley）と呼ばれる地溝が形成されている．中軸谷の形や深さはプレートの拡大速度に応じて違いがある．拡大速度が遅い場合（およそ5 cm/年以下）には，深さ1 km以上の明瞭な中軸谷が形成され，谷の中にはわき出し口に沿って火山群が形成される．拡大速度が速くなると中軸谷は浅くなり，火山の形は不明瞭な楯状火山となる（図3.3-3；Macdonald, 1982）．

北大西洋上のアイスランドは，中央海嶺の頂部に位置する世界で唯一の火山島である．ここは，海嶺上であると同時に，ハワイと並ぶ世界有数のホットスポットであるため，マントルから大量のマグマ（湧出量4〜6 km³/年）が地表にもたらされ，島が形成された（町田，1997）．

リフト帯（continental rift zone）

広がる境界が大陸内に現れたものをリフト帯と呼ぶ．その代表は，北アメリカ西部の**ベーズン・アンド・レーンジ**（Basin and range）と東アフリカの

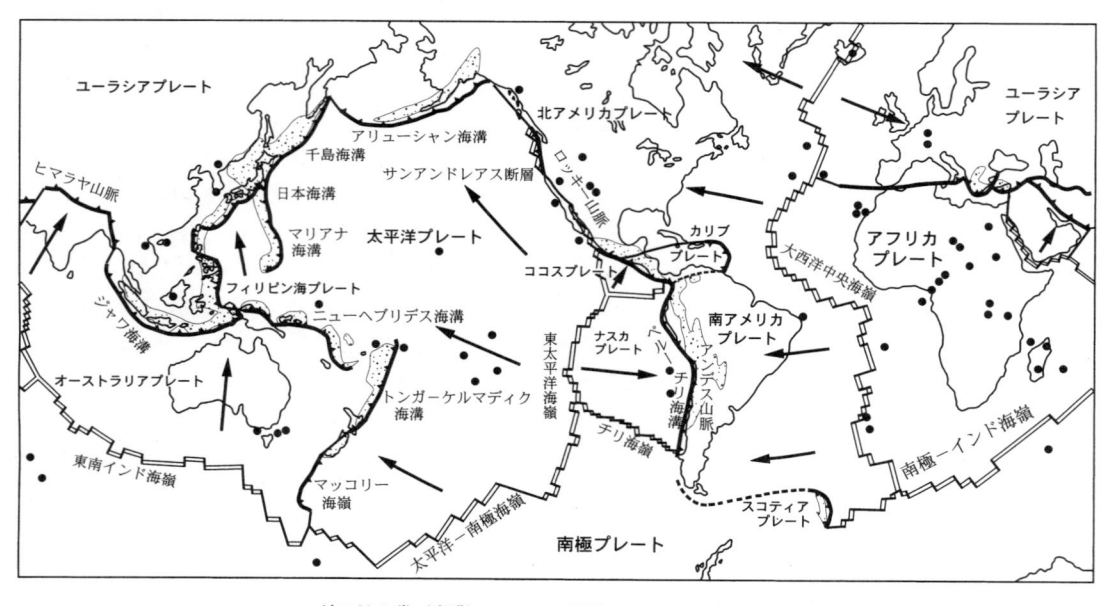

図3.3-2 プレート境界と移動速度（Moores & Twiss, 1995；杉村ほか, 1988；上田, 1989に加筆）

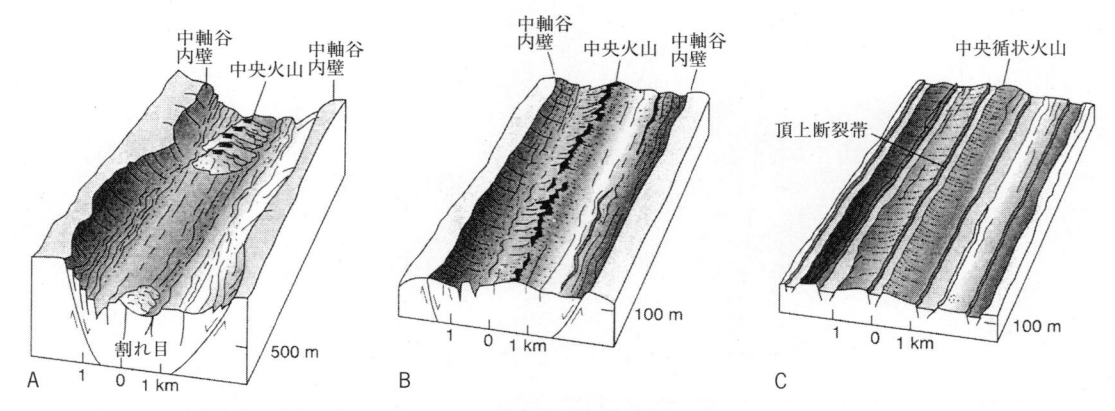

図3.3-3 中央海嶺中軸谷の火山地形とプレート拡大速度の関係（Moores & Twiss 1995；Macdonald, 1982）
A：ゆっくり拡大する海底（1〜5cm/年），B：中間的な拡大速度をもつ海底（5〜9cm/年），C：拡大速度の速い海底（9〜18cm/年）．

東アフリカ地溝帯（East African rift）があげられる．

　ベーズン・アンド・レーンジ地域は，北アメリカ大陸の西部，メキシコ北部からカナダまで，長さ3000km，幅1000kmにわたって地殻の伸張テクトニクスが発達する地域である．その名は南北方向に延びる地塁山地と地溝状の盆地が多数発達することに由来する．標高は1000〜2000mで大陸の平均標高よりも高く，地域全体が隆起している．重力，地殻熱流量，地震波速度などの探査結果から，この地域は地殻とその下のマントルリソスフェアが薄く，さらに，断層は図3.3-4Bのようにいずれも正断層で，**リストリック断層**[4]（listic fault）と呼ばれる，浅部では高角だが深部では水平に近くなる構造を示している．これは，図3.3-4Cのように下部地殻やマントルリソスフェアを切る大規模な正断層（**デタッチメント断層**[5]）が生じて，リソスフェアが東西に引き延ばされており，延びて薄くなったところに深部からアセノスフェアが上昇していることを示すと考えられる（Lister et al., 1986）．地表近くでは地殻の伸張によりリストリック断層が形成され，傾動地塊の高まりが山地（レーンジ）となり，低下部が堆積物に埋められて山間盆地（ベーズン）となっている．このような活動は10〜6 Ma（中新世中・後期）に始まったと考えられ，伸張の総量は60〜300km，伸張速度は1〜5 cm/年と見積もられる（Moores & Twiss, 1995）．

　東アフリカ地溝帯は，紅海南部のアファール低地から南に延びる拡大軸が，アフリカ大陸の東部を分裂させているところである．地溝帯はエチオピアの南で2条に分かれるが，モザンビークまで全体として長さ3000kmにわたって連続している．アフリカの主要な湖はこの地溝帯に集中している．

　東アフリカ地溝帯地域は海抜1000m以上で，ドーム状の隆起を受けたところに南北方向に連続している．地溝は細長い帯状の分布を示すが，テクトニクス構造はベーズン・アンド・レーンジ地域とよく似ている（図3.3-5）．地溝帯の内部は弓形に湾曲したリストリック断層による変形を受けて，地塁やドームが存在する．地下構造は地溝帯を含む幅1000kmの地域でマントルリソスフェアを欠き，アセノスフェアが浅くなっている．これらのことは，デタッチメント断層によりリソスフェアが引き延ばされ，アセノスフェアが上昇していることを示す．運動の開始はベーズン・アンド・レーンジと同じく中新世のなかば頃と推定され，総伸張量は50 km以下，伸張速度は5 mm/年以下と見積もられる（Rosendahle et al., 1986）．リフト帯は将来大陸を完全に分断し，海洋性リソスフェアを生産する海嶺に成長していくと考えられる．東アフリカ地溝帯では図3.3-5のようにデタッチメント断層の向きがとき

---

[4] リストリック断層：断層面が下に凸で，下部にいくほど低角になる断層．最後にはデタッチメント断層に収束する．
[5] デタッチメント断層：断層変位が上部層にだけ限られ，基盤が変形していないときの両者の境界をなす低角度の断層をさす．大陸の伸張場では上部層が脆性的に破壊して，基盤との間にこの断層が生じる．上部層内の断層はデタッチメント断層に収束して覆瓦構造をつくる．逆断層の場合をとくにデコルマという．

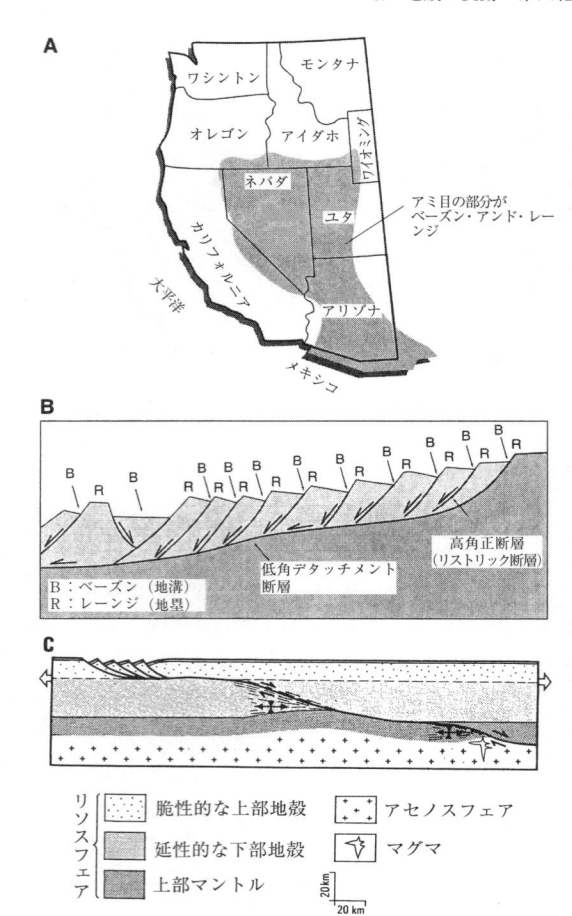

図3.3-4 ベーズン・アンド・レーンジ地域の構造モデル
（Keller & Pinter, 1996；Lister *et al.*, 1986）
A：ベーズン・アンド・レーンジの位置，B：ベーズン・アンド・レーンジを生み出す高角正断層，および低角デタッチメント断層．C：ベーズン・アンド・レーンジの地下構造モデル．

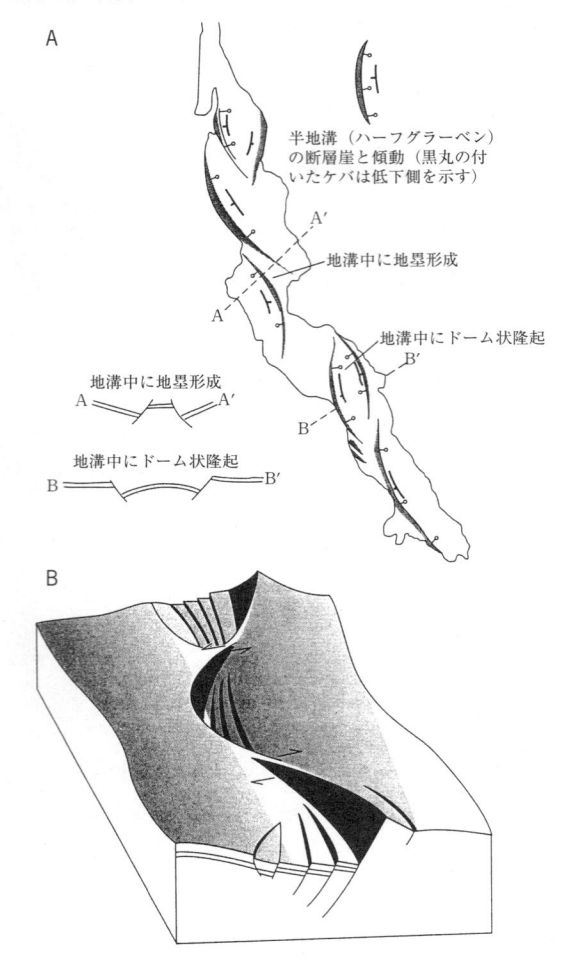

図3.3-5 東アフリカ地溝帯の詳細（Moores & Twiss, 1995）
半地溝[6)]が，左右交互に繰り返し生じる非対称リフトを形成している．BはAの3次元的なスケッチ図．

どき変わって非対称地溝の向きが逆転する．このような構造の移り変わる場所には，向きの異なる正断層をつなぐ横ずれ断層が生じているはずで，それは将来，トランスフォーム断層に発達すると考えられている（Lister *et al.*, 1986）．

このような東アフリカ地溝帯は，初期人類の進化の舞台となったところでもある（7章参照）．

(2) せばまる境界（収斂境界，convergent margin）

中央海嶺で生産された海洋プレートはやがて，ほかのプレートの下に沈み込み，マントル内に戻っていく．このような境界を**収斂（収束）境界**と呼ぶ．

収斂境界の様式として，①海洋プレートの下に海洋プレートが沈み込む場合，②大陸プレートの下に海洋プレートが沈み込む場合，③大陸プレートの下に大陸プレートが沈み込む場合の3つが考えられる．海洋プレートの比重は大陸プレートより高いので，海洋プレートの下に大陸プレートが潜り込むことはない．上記の①と②は**沈み込み**（subduction），③は**衝突**（collision）と呼ばれている．

収斂境界では，リソスフェアが圧縮されて激しい地殻変動がみられる．また，沈み込みでマグマが形

---
6) 半地溝：凹地の片側にのみ断層が存在する一種の地溝．凹地内では断層側に向かって厚くなるクサビ状の地層が堆積する．半地溝で形成された盆地（低地）を断層角盆地という．

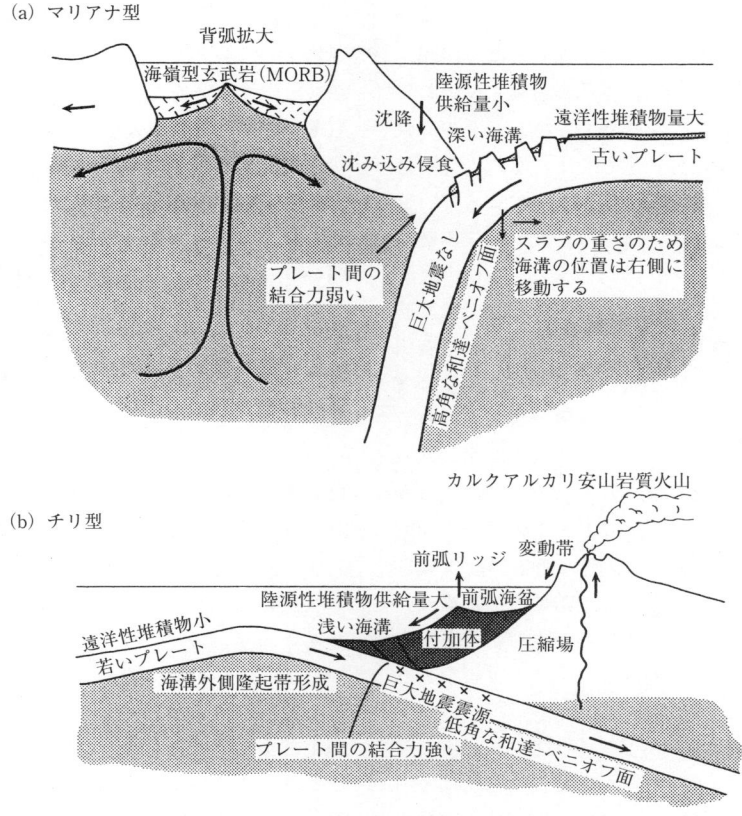

3.3 変動帯と安定帯の地殻変動の特色　　49

(a) マリアナ型

背弧拡大
海嶺型玄武岩(MORB)
陸源性堆積物供給量小
沈降
深い海溝
沈み込み侵食
遠洋性堆積物量大
古いプレート
プレート間の結合力弱い
巨大地震なし
高角な和達–ベニオフ面
スラブの重さのため海溝の位置は右側に移動する

(b) チリ型

カルクアルカリ安山岩質火山
前弧リッジ
変動帯
陸源性堆積物供給量大
前弧海盆
遠洋性堆積物小
若いプレート
浅い海溝
付加体
圧縮場
海溝外側隆起帯形成
巨大地震震源
低角な和達–ベニオフ面
プレート間の結合力強い

図 3.3-6　マリアナ型とチリ型沈み込み（上田，1989）

成され火成活動も活発である．そして，これらの運動の結果として上盤側プレートの縁辺部に造山帯が形成される．このような上下方向の変化は大気や海洋の大循環に影響を与え，第四紀の環境変化に大きな役割を果たしてきた．以下ではこの収斂帯の特徴をみてみよう．

沈み込み帯

地殻を含む海洋性リソスフェアは，初生的には固化したマントル部分が薄いため，アセノスフェアより低密度で，マントル内に沈み込むのは難しい．しかし，形成後時間の経過した海洋性リソスフェアでは，冷却とともに厚化が起き，熱いアセノスフェアとの間で密度の逆転が起こる．これはおよそ 10 Ma より古いプレートに認められる（Cloos, 1993）．このため，強制的に海洋プレートが別のプレートの下へもぐる収斂境界では，比較的容易にアセノスフェアの内部に沈み込むことができる．沈み込み帯とは，このようにして海洋プレートがアセノスフェアの内に沈み込みを行っている場所のことである．

海洋プレートはマントル内でエクロジャイト化[7]によりさらに密度を増し，マントル深部まで沈み込んでいく．このとき，沈み込み面に沿って深部まで連続する地震分布の集中帯が形成される．これは**深発地震面**あるいは**和達–ベニオフゾーン**と呼ばれ，深度 600 km 以深でも地震が観測されている．深発地震面の存在は収斂境界の重要な特徴である．深発地震帯をもつ沈み込み帯は太平洋の周縁に集中している（図 3.3-2）．これは太平洋プレートの起源が古く，沈み込みが長く続いていることを示唆する．

沈み込みの 2 つのタイプ（マリアナ型とチリ型）

沈み込み帯は地震活動，火山活動，海溝の存在などの共通特徴をもつが，地形的には大山脈から列島までその形態はさまざまであり，また，沈み込み帯の背後に縁海をもつものともたないものがある．

---

[7] エクロジャイト化：玄武岩が，マントル内の高温（650℃以上），高圧（1 Gp 以上）条件下で変成作用を受けて，高密度の変成岩（エクロジャイト）が形成される作用．エクロジャイトはガーネット（ザクロ石）＋単斜輝石という組成を示す．

このような違いは，沈み込むプレート間の結合力（coupling）の強弱に起因し（上田・金森，1978），結合力の強弱はプレートの沈み込み角度に関連していると考えられている．すなわち，プレートの年代が古いとプレートは自分の重さで下に垂れ，沈み込み角は高角になる．さらに垂れ下がりによって，プレート湾曲部（すなわち海溝）はしだいに沈み込むプレート側へ移動する．そのためプレート間の結合力は弱まり，海溝側に引っ張られて背弧側では展張場が生じ，下からのマントルのわき出しにより背弧海盆（縁海）の形成・拡大が行われる（図3.3-6(a)）．このようなところでは，海溝は背弧と離れる方向に進むので陸からの堆積物はほとんど供給されず，その結果付加体は形成されず，上盤側に顕著な隆起は認められない．また，プレートの結合力が弱いので沈み込み面での巨大地震の発生頻度は低いが，プレートは沈み込み続けているので，地震を伴わない大きなゆっくりしたすべりが生じることがある．これは海底の地盤を変位させ，津波災害を引き起こすことがある．

一方，沈み込みの角度が小さいと，プレートどうしの結合度が高いのでプレート上盤側は強圧縮応力場となり，プレート沈み込み面では巨大地震が発生する．沈み込むプレート側でも，強圧縮のため海溝の大洋側に比高500mにも及ぶ隆起帯が形成される．海溝には陸からの堆積物が多量に供給されるが，海洋プレートが沈み込む際，海溝充填堆積物はマントル内に一緒に沈み込めず，上盤側プレートに押しつけられて大規模な**付加体**（accretionary prism）を構成する．付加体は沈み込みの進行に伴って成長し，隆起して海溝陸側に**前弧リッジ**（forearc ridge）を形成する．その背後には，リッジにせき止められた**前弧海盆**（forearc basin）が形成される（図3.3-6(b)）．

さらに沈み込みが進むと，このような堆積物は陸側に移動して隆起する．このとき，沈み込んだ海洋プレートでは，海洋性地殻の一部が引きはがされて上盤側プレートの下に底付けされ，大陸地殻の成長に寄与する．こうして，付加体で構成される造山帯が大陸縁に形成されていく．

かつて，山脈に海洋性堆積物が分布することから，造山帯の形成を説明するために地向斜造山論（3.2.1項）が展開されたが，現在ではそれは，上記のようなプレート収斂境界での付加体の成長で説明されている（木村，1997）．また，沈み込み角が小さいと，沈み込んだスラブの上に存在するマントルも薄いので，背弧側にマントル対流が生じず，したがって背弧拡大・縁海形成は起こらない．

上田・金森（1978）はプレート間結合力の強さの違いによって，太平洋周辺の沈み込み帯は結合力の弱いマリアナ弧におけるプレート収斂様式（**マリアナ型**）と，結合力の強いアンデス山脈前縁のチリ弧の収斂様式（**チリ型**）を両極として区分されることを示した（図3.3-6）．日本列島を構成する東北日本弧や西南日本弧の沈み込み様式は両者の中間にあたり，現在背弧は拡大していない．しかし，中新世には背弧にあたる日本海の拡大が起きており，沈み込み様式は時間とともに変化したと考えられる．

沈み込み角が小さい理由は，プレートがまだマントル内に深く潜り込んでいないためと考えられる．したがって，若いプレートほど沈み込み角は小さい．沈み込みが長く続いていても，スラブが折れて海洋性プレートを引っ張る力を失うと，沈み込み角が小さくなる場合があると考えられる．このようなことは，沈み込みの上盤側における地殻変動の変化から推定されている．

このように，沈み込み帯における多様性の本質は，沈み込むスラブの年代とそれに伴う沈み込み角度の違いにあると考えられる．

衝突帯

大陸リソスフェアが，沈み込みを続ける海洋リソスフェアと連続している場合には，抵抗は大きくなるが，そのままマントル内に沈み込むことができる．このようにして沈み込んだ大陸リソスフェアは，上部に大陸地殻をもっているが，これは低密度のためマントルリソスフェアと一緒にはマントル内に潜っていくことができない．そのため，沈み込まれる側のリソスフェア（上盤側プレート）との衝突により圧縮が強まり，沈み込み側のリソスフェアが厚くなって**デラミネーション**（delamination）と呼ばれるプレートの上下方向への剥離が起きる（Bird，1979）．はがれて下に落ちていくのは，厚くなってより重くなったマントルリソスフェアである．軽い大陸地殻は上盤側プレートの下に**底付け**（underplating）される．これが**浮揚性沈み込み**（buoyant subduction）である．浮揚性沈み込みによって，上

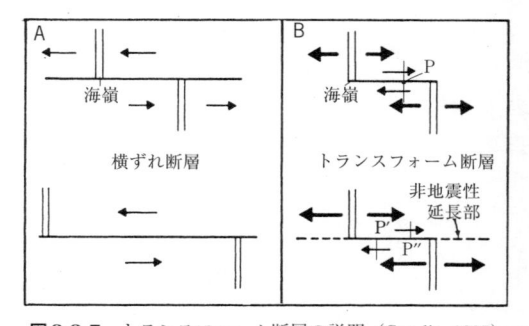

図3.3-7 トランスフォーム断層の説明（Condie, 1997）
トランスフォーム断層のずれは海嶺軸の間のみ（本文参照）．

盤側のリソスフェアと地殻は厚化し，アイソスタシーによって隆起する．また，沈み込みにくいため圧縮力も増大し，短縮・隆起することになる．

衝突帯とはこのようにして，浮揚性沈み込みによる隆起運動が起きている地域のことである．沈み込むのが海洋性リソスフェアであっても，形成年代が若くまだ熱かったり，あるいは火山弧のため地殻が低密度物質で構成されているときには，浮揚性沈み込みが生じて衝突が起きる．

大陸どうしの浮揚性沈み込み・衝突の例は，インド・オーストラリアプレートとユーラシアプレートとの間に生じた，インドの衝突とヒマラヤ山脈およびチベット高原隆起である．中生代には南側のインド亜大陸と北側のユーラシア大陸の間にテーチス海という海洋性プレートが存在し，ユーラシア大陸の下に沈み込んでいた．55～50Maにはテーチス海はユーラシアの下に消え，これに続いてインド亜大陸がユーラシアの下に沈み込み始めたために，浮揚性沈み込み・衝突が起き，地殻の短縮とチベットおよびヒマラヤの隆起とを引き起こした（酒井・本多，1988；本多・酒井，1988）．

これとよく似た現象は，ユーラシアプレートの下に沈み込むフィリピン海プレートの東端部，伊豆小笠原弧について認められる．伊豆半島を含む伊豆小笠原弧は火山弧であるため，他の部分より熱くまた軽く厚い地殻が存在する．そのため本州の下への沈み込み様式は浮揚性沈み込みとなっている．第四紀に生じた丹沢山地の激しい隆起とその周辺の短縮地殻変動はこの浮揚性沈み込み・衝突が原因である．

(3) すれ違う境界（トランスフォーム断層，transform fault）

図3.3-2では，海嶺や海溝が数多くの**断裂帯**（fracture zone）によって，横ずれしているのがみて取れる．海洋底の様子が明らかになり始めた60年代の前半には，これは横ずれ断層による変位と思われていたが，実はそうではないことがWilson (1965b) によって示された．通常の**横ずれ断層** (transcurrent fault) では図3.3-7Aのように断裂帯の全域でずれは一様で，海嶺軸（あるいは海溝軸）は互いに遠ざかっていく．ところがプレート境界では海嶺（海溝）はそれ自体が拡大（あるいは収束）しているため，そのずれによって相対的な変位が認められるのは，図3.3-7Bのように海嶺軸（あるいは海溝軸）間だけで，その左右の延長部には断裂帯はあるが相対的なずれは突然認められなくなるのである．海嶺を横切る断裂帯の場合，断層変位がいくら進行しても海嶺間の隔たりは拡大しない．しかし，海嶺間の距離は変化しないのに，海嶺軸は断裂帯によって食い違っている．

では，このような食い違いはいつどうして生じたのだろうか．現在の考えでは，このような断裂と海嶺軸の食い違いは海洋底の拡大が始まった時に形成されたもので，原因はプレートの拡大 (rifting) が始まるとき，プレートを切る伸張性のデタッチメント断層が生じる（図3.3-4, 3.3-5参照），その傾斜方向はいつも一定ではなく，場所により断層の傾きが反対になることがある．その場合，向きの異なる断層の間にリフト帯と直交する横ずれ断層が生じる．そして，riftingが成長するとこの断層が**トランスフォーム断層**に転化すると考えられている (Lister et al., 1986)．

トランスフォーム断層の重要な役割は，ほかの2つのプレート境界どうしをつなぐことである．そのため，海嶺と海嶺をつなぐもの (R-R型)，海嶺と島弧-海溝系をつなぐもの (R-Au型とR-Ad型) などの6つのタイプが認められる（図3.3-8；Wilson, 1965b）．トランスフォーム断層の長さは基本的に変化しないが，海溝の位置は相対的に不安定で移動することがある．その場合，断層の長さは，R-Au型とAu-Au型では時間経過とともに長くなり，R-Ad型とAd-Ad型では短くなる．

トランスフォーム断層沿いでは，地殻浅部（>50km）にのみ地震が集中する．発震機構は横ずれ型 (strike-slip type) で，断層の変位センスと一致している．地震の規模は北アメリカ西岸のサンアンドレアス断層（コラム3.3-1参照）の場合，最大M8

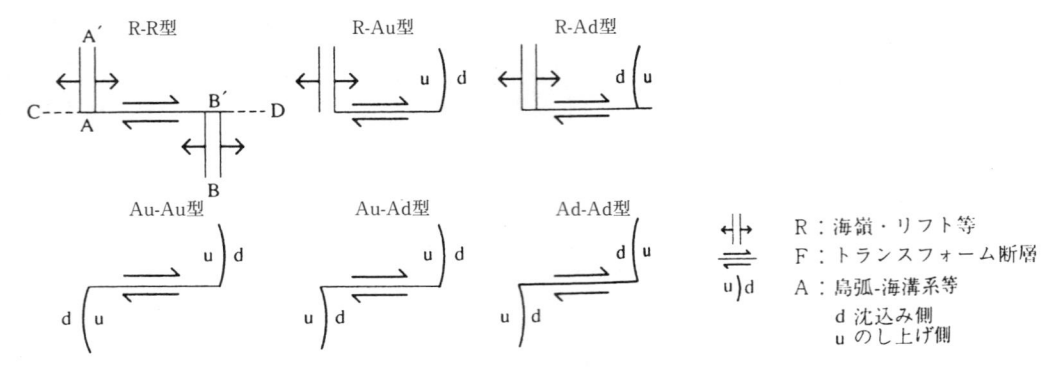

図3.3-8 トランスフォーム断層の6つの基本型（垣見, 1996）

級が発生している．断層の両端の延長部には破砕帯が存在するがそこには断層活動はなく，地震も発生しない．また，トランスフォーム断層では，火成活動もごく一部の例外を除いて，認められない．

断層地形はトランスフォーム断層沿いの狭い範囲（幅数km）に集中していることが多く，とくにR-R型では顕著な崖地形が生じている．断層地形の明瞭さと広がりの幅はトランスフォーム断層の変位速度，すなわちプレートの進行速度に依存しており，変位速度が遅い（5cm/年以下）断層では，幅1km以下の顕著な谷地形が発達する．これは，プレートの移動速度が遅いため，断層の両側では生成年代および物性の差の大きな地殻どうしが接する，すなわち，厚く冷たい地殻と薄く熱い地殻が接するので明瞭な断層地形が残りやすいためと考えられている．変位速度が大きくなると断層両側での地殻に物性差がなくなり，地形は不明瞭になる．谷は形成されず，断層帯の幅は最大100km以上となることもある（Fox & Gallo, 1984）．

(4) プレート運動の安定性

第四紀における地殻変動は，気候変化やそれにより引き起こされる氷床の発達などの環境変化とは異なり，地球規模での大きな変化があったとは考えられておらず，また，その可能性があることも指摘されてはいない．それは，第四紀地殻変動の背景（原因）がプレート運動であり，プレート運動は長期的に安定していて，第四紀という2Myに満たない地質時代に大きくあるいは劇的に変動したとは考えられないからである．このことは，プレート運動の軌跡を示す，天皇海山列などのホットスポットに由来する海山列の方向から知ることができる．天皇海山列は，ミッドウェイ島北西1000kmの東経172度，北緯32度付近を軸に"く"の字型に折れ曲がっており，カムチャツカ-屈曲点間はNNW方向，屈曲点-ハワイ間はWNW方向を示す（図3.3-9）．この屈曲は太平洋プレートの運動方向が変化したことを示し，その時期は海山を構成する火山岩の年代測定値や海底の地磁気縞模様から，約40Maと推定される．それ以外の時期は海山列の方向は直線的で，プレート運動の方向や速度に大きな変化がなかったことがわかる．しかし太平洋プレートの沈み込みを受ける日本列島の地殻変動史をみると，鮮新世（6Ma）以降，東北日本弧で主圧縮応力場が強まったり，西南日本弧では主圧縮応力場の方向が第四紀前半にN-SからE-Wに変わったなどの広域的な変化が認められる（粟田, 1988；寒川, 1986など）．これらの変化は一体何に起因しているのだろうか．

1つの原因として考えられるのが，プレートの移動方向の変化である．安定とみられるプレートの移動方向も実は少しずつ変化しているらしい．ハワイには2列の平行する火山列が存在するが，詳しくみるとこの2列は平行のまま弧状を示す．しかも弧の向きが交互に変化して，火山列は左右に揺らぎながら全体として西北西に延びている（図3.3-9）．Jackson et al. (1975)はこのことから，太平洋プレートの運動方向は決して一定ではなく，N30W～E-W方向間で揺らぎながら進行していることを示した．増田（1993）はこれをジャクソンエピソードと呼び，太平洋プレートの進行方向が西向きの時期に，N-S方向の東北日本弧はプレートの進行方向と直交するので，圧縮応力が強まることを指摘した．6Ma以降の東北日本での強圧縮化の原因はそのた

●陸上に現れたトランスフォーム断層

コラム 3.3-1●

トランスフォーム断層が陸上（大陸）に現れている顕著な例としては，北アメリカ大陸西岸，カリフォルニア州を北西-南東方向に横切る**サンアンドレアス断層**（San Andreas fault）と，ニュージーランドの南島を北東-南西方向に貫く**アルパイン断層**（Alpine fault）が挙げられる．

サンアンドレアス断層は，オレゴン沖のゴルダ海嶺とカリフォルニア湾南方の東太平洋海嶺をつなぐR-R型，長さ3000 kmのトランスフォーム断層で，北アメリカプレートと太平洋プレートの境界をなし，右横ずれを示す（下図）．陸上部の延長はおよそ1600 kmで，顕著な断層地形が連続する．陸上部はおよそ4つの区間（セグメント）に分かれ断層活動を繰り返している．歴史時代においても北部セグメントでは1906年サンフランシスコ地震（Mw=7.8），中南部セグメントでは1857年フォート・テホン地震（Mw=7.8）を引き起こしている．断層の活動間隔は300年以下で（Sieh *et al.*, 1989），最大横ずれ変位量は10 m程度である．なお，ロサンゼルスに近い南部セグメントは歴史時代に活動していない．また，2つの歴史地震セグメントの間にはクリープ活動の起きている中部セグメントがある．ここではクリープとともに断層が数十cmの小変位を起こし，M5.5〜6の地震が頻繁に発生している．測地測量により求めた両側ブロックの変位速度は3.1〜3.8 cm/年である（Lisowski *et al.*, 1991）．地質学的データから求めた断層沿いの平均変位速度もほぼ同じ値を示し，プレートの相対変位はサンアンドレアス断層の運動によってまかなわれていることがわかる．

アルパイン断層は，北側のオーストラリア・インドプレートと，南側の太平洋プレートがすれ違う境界で，トンガ-ケルマディック海溝とマッカリー海溝をつなぐAu-Au型，右横ずれのトランスフォーム断層である．総変位量は800〜1000 kmに及ぶと推定されている．この断層の東側地域は西からのオーストラリア・インドプレートの沈み込みと，東の太平洋プレートの西進運動を受けた強圧縮地域となっており，サザンアルプスが形成されている．氷成湖の旧汀線の傾動などから，サザンアルプスの隆起速度は17 mm/年と推定されている（太田，1989）．

なお，トルコの**北アナトリア断層**も横ずれ変位速度20 mm/年以上を示し，300年ほどの間隔で断層活動期を迎えて，連鎖的に断層活動を繰り返す世界有数の活断層である．この断層は南北方向に収斂する北のユーラシアプレートと南のアラビアプレートに挟まれた小プレート，アナトリアブロックの北縁を限る断層である．確かに小プレートの境界を形成しているが，末端部で海嶺，あるいは島弧-海溝系との接続関係は不明瞭である．そのため，トランスフォーム断層とする解釈と，大陸内の横ずれ断層の1つとする解釈がある（Moores & Twiss, 1995）．

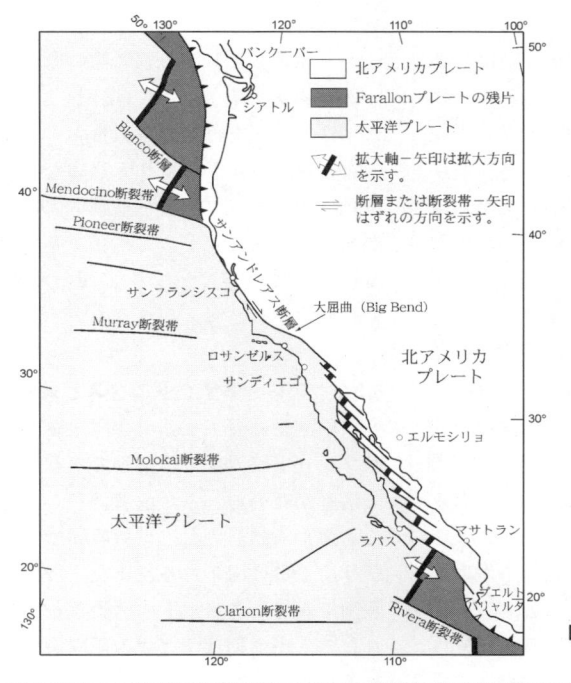

図 サンアンドレアス断層
(Irwin, 1990)

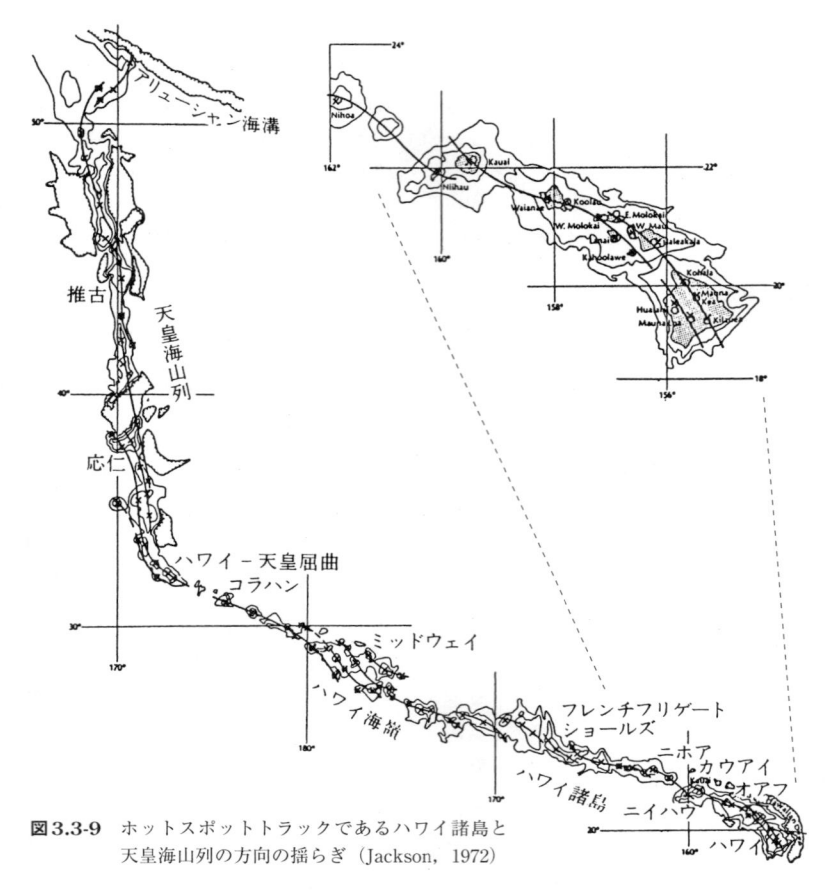

図 3.3-9 ホットスポットトラックであるハワイ諸島と天皇海山列の方向の揺らぎ（Jackson, 1972）

めと考えられる．

　もう1つの原因はプレート収斂側での変化である．火山性地塊の衝突などによって沈み込みが困難になると，プレート境界のジャンプやマイクロプレート化が起きる可能性がある．フィリピン海プレート北端部を占める伊豆半島は，第四紀前期末から本州と衝突状態に入っており，だんだん沈み込みが困難になり，プレート境界である丹沢山地南縁での圧縮が強まっている（新妻，1991；Sou et al., 1998）．将来はこの沈み込み境界はより沈み込みやすいところを求めて，伊豆半島をなす火山性地塊の南縁部，すなわち，伊豆半島南方沖の銭州リッジの北縁に移動すると予想される．このようなことが起きると，本州側に応力場の大きな変化が起きるだろう．あるいは，デラミネーションや沈み込んだスラブの切断・落下などによって，プレート間の結合力が変化し，応力場を変化させることも考えられる．

　プレート運動の原動力は海嶺でのマントル湧昇による押し出しではなく，沈み込んだスラブ自体の重さであるとすると，実は上述したジャクソンエピソードの原因もプレート収斂側に原因があるのではないかと考えられている（増田，1993）．たとえば，太平洋プレート縁辺の収斂帯のどこかで，大きな海山などが引っかかって沈み込めなくなると，それが抵抗になって，プレート移動方向が少し変わることがありうる．したがって，プレートの移動方向や速度は決して一定ではなく，収斂境界の条件によって，変化すると考えられる．

3.3.2 プレートテクトニクスと火成活動

　火山活動は発生する場が限定されており，大部分はプレート境界部での活動であり，一部プレート内で活動が認められる．前者はさらに，収斂境界である島弧や陸弧沿いと，拡散境界である中央海嶺およびリフト帯に限られる．また，後者は太洋および大陸内でホットスポットの活動として認められる．これらの火山活動はマグマの形成過程の違いによりそれぞれ異なる特徴をもつ．

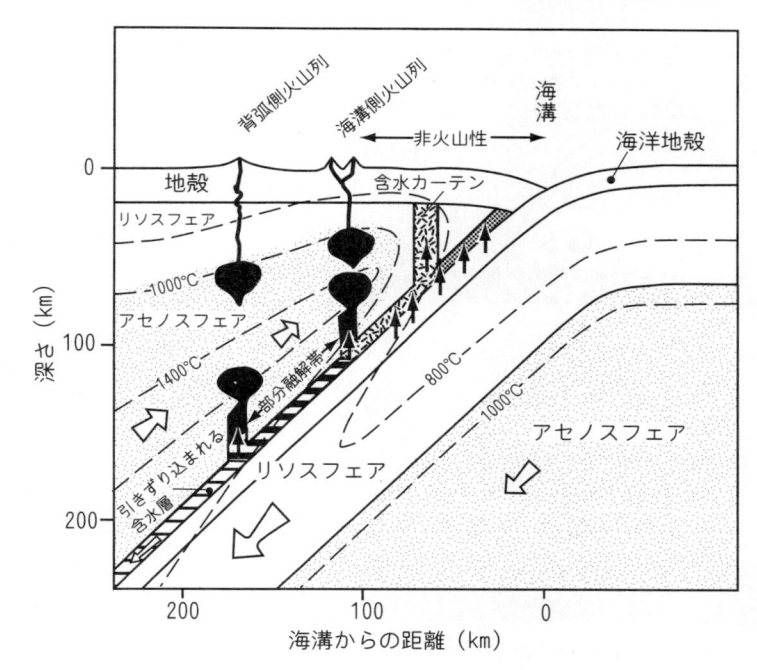

図 3.3-10 沈み込み帯でのマグマ形成モデル（巽，1995）
上向きの黒矢印は水，白矢印は岩盤の移動方向を示す．

（1）沈み込み帯での火山活動

マグマの生成と上昇

沈み込み帯では，海洋性スラブが島弧あるいは陸弧の下に沈み込むときに，およそ深さ 100 km 以深でマントル物質の部分溶融が生じてマグマが形成される．マグマの形成は，単にスラブの沈み込みに伴う摩擦熱など，局所的な温度上昇でマントルが溶融したものではない．沈み込むスラブ内の地殻を構成する含水鉱物から脱水された水が，上盤側マントルに供給され，その結果，マントルを構成するカンラン岩（ペリドタイト）のソリダス（温度上昇により溶融の始まる温度）の温度・圧力条件を変化させ，通常よりも低い温度でマントルの溶融が始まると考えられる．また，スラブの下方への沈み込みによって上盤側マントルに反流が生じ，浅部に高温マントルがもたらされることも大きな要因と考えられる（巽，1995）．

このようにして生じた最初のマグマは，K，Na に富み SiO_2 の少ないアルカリ玄武岩質，あるいはアルカリの乏しいソレアイト玄武岩質マグマである．マントル内ではマグマは周囲よりも低密度・低粘性なので浮力が生じ，ダイアピル[8]状に上昇していく（図 3.3-10）．マグマがマントルと地殻下部との境界付近に達すると，周囲の密度と等しくなるので，停滞してマグマ溜まりをつくる．マグマ溜まりでは結晶分化作用が進行し，あるいは周辺の地殻物質を溶かし込むことによって，マグマの SiO_2 の割合が増し，安山岩質マグマ，さらにはデイサイト質マグマ，流紋岩質マグマが形成される．SiO_2 が増えると粘性が増大するが密度は低下するので，マグマは地殻内を上昇し始め，地下 10 km 以浅に再び停滞してマグマ溜まりを形成する．この間も結晶分化作用や地殻物質の溶融が続き，マグマの SiO_2 はさらに増していく（巽，1995）．

このように，プレート沈み込み帯ではマグマの生成深度（上限）が限定され，マグマは浮力によって真直ぐ上方へ移動していくので，地表での噴出位置（火山）もプレート沈み込み口である海溝から一定距離離れたところに並ぶことになる．その結果，火山分布の海溝側の縁，すなわち，火山地域と非火山地域の境界は線状になり，火山前線（フロント）（Sugimura，1960；杉村，1978）と呼ばれている．

噴火様式とマグマ

マグマは地殻が薄く，水平圧縮応力の大きくないところでは上昇しやすいので，分化度の低い玄武岩質となる．逆に地殻が厚く，あるいは水平圧縮応力

---

8) ダイアピル：地球内部からの相対的低比重物質の注入によって形成された地質構造．低比重の物質が岩石の割れ目などに沿って上昇し，さらに周囲の岩石を押し上げてつくるドーム状の構造のこと．

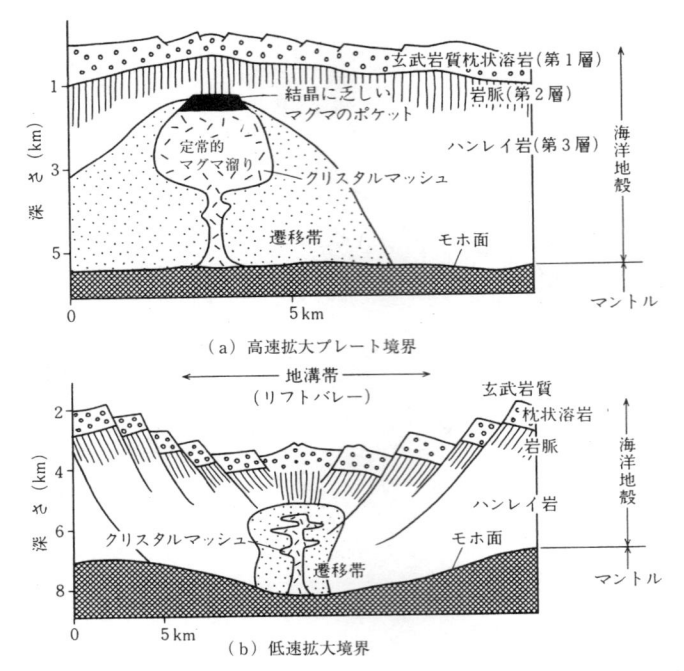

図 3.3-11 海洋プレートにおける地殻形成システム（高橋，1997）

の高いところでは，上昇に時間がかかるので分化作用の進んだ安山岩質になる．伊豆小笠原弧では玄武岩質の火山が多く，東北日本弧や西南日本弧で安山岩質の火山が多いのはこのためである．

火山噴火は，地殻の圧縮によって地下浅部のマグマ溜まりからマグマがしぼり出されたり，マグマ中のH_2OやCO_2などの揮発成分によってマグマが膨張することで発生する．

噴火様式はマグマの性質と深く関係し，粘性の低い玄武岩質マグマはガス圧が高まらないのでハワイ式の溶岩流出やストロンボリ式の小規模な噴火となることが多い．一方，粘性の高い安山岩質あるいは流紋岩質マグマは大きな爆発的噴火となることもある．さらに，噴煙柱を高くあげ，軽石を降下させるプリニー式やカルデラをつくる巨大火砕流噴火となることもある．

巨大噴火とエアロゾル

大規模なプリニー式噴火や巨大火砕流噴火では噴出物の一部は成層圏にまでもち上げられ，細粒噴出物やSO_2はエアロゾルとして，ジェット気流にのって数年間地球を循環することがある．大規模噴火でエアロゾルが増大すると太陽放射（地球に入ってくる太陽光線）を妨げ，気候の寒冷化の1つの要因と考えられている（Bray，1977）．

（2） 拡散境界の火山活動

中央海嶺の火山活動

中央海嶺は大半が水深2500 m以深の深海底に位置するため，その火山活動の実態はあまり明らかになっていなかったが，海底地殻構造探査や潜水船調査によって，現在の地球ではマグマ噴出量がもっとも多い活発な活動地域であることがわかってきた．

中央海嶺に噴出する玄武岩質マグマはMORB（mid-oceanic ridge basalt）と呼ばれ，マントル物質に近いカンラン石ソレアイト玄武岩質マグマである．どの海嶺もよく似た組成を示す．これは，中央海嶺の地殻の厚さが約7 kmとほぼ一定で，また，プレート運動によって強制的に引き離され，そこを埋めるために下からマントル物質が上昇し，深さ50 km以浅で部分溶融してマグマが形成されているためである．マグマの形成深度が浅いので結晶分化はあまり進まず，周辺の地殻と混合することもないのでマグマはマントルに近い組成を保つと考えられる．地下3 km程のところにマグマ溜りが形成され，結晶分化作用が進むと最上部の結晶の乏しい玄武岩質マグマが海底に噴出し，枕状溶岩となる．その下位には岩脈複合体，さらにその下にはマグマ溜りの残留物が固化したハンレイ岩が生じ，海洋地殻を構成する（図3.3-11；高橋，1997）．

ただし，このような構造は東太平洋海嶺のように拡大速度が大きい（＞5 cm/年）場合であり，拡大速度とマグマ供給率の低い大西洋中央海嶺などでは，冷却が進み結晶に富んだマグマが生じ，噴出も間欠的になる（高橋，1997）．地形的には明瞭な地溝（中軸谷）がつくられ，その中に，結晶質の玄武岩からなる火山が生じる（3.3.1項参照）．

(3) ホットスポット

ホットスポットはプレート運動に関係なくマントル内から上昇してきたマグマがプレートを突き抜けて地表に噴出する場所である（Wilson, 1963）．拡散境界とプレート内に認められ，世界に40ないし150カ所存在しているといわれている（図3.3-2；Condie, 1997）．また，ホットスポットの分布密度が高いところは世界で2カ所ある高ジオイドの地域（アフリカと南太平洋）と一致している（Stefanick & Jurdy, 1984）．ホットスポットは絶対的な位置をほとんど変えずにマグマの供給が長期的に継続している．そのため，プレート内に噴出した火山はベルトコンベアのようなプレートにのって移動し，長大な海底火山列（海山列）をつくる（図3.3-9）．これはホットスポットトラック（hotspot track）と呼ばれ，プレート運動の軌跡を示すものである．

ホットスポットで噴出するマグマは，上部マントル，あるいは下部マントルからプルームとして上昇してきたマントル物質が，浅部で部分溶融して形成されたアルカリ玄武岩質マグマ（海洋島玄武岩（OIB；ocean island baslt）マグマ）である（Duncan & Richards, 1991）．ハワイはプレート内に存在するホットスポットの中では最も活動的なもので，その下には直径約1000 kmのマントルプルームが存在し，年間0.1〜0.2 km³のマグマが供給されている（BVSP, 1980）．

洪水玄武岩とホットスポット

インドのデカン高原や北アメリカのコロンビア川地域には，洪水玄武岩と呼ばれる玄武岩の大量噴出物が存在する．これらは通常の火山噴出物ではなく，上昇してきたマントルプルームが地表に達したとき，最初に割れ目からマグマが一気に大量に噴出したものである．マントルプルームは浮力が大きいので，上昇するプルームの先端に大量のマグマが集中して，大きな球状のマグマ塊（プルームヘッド）をつくるからである．洪水玄武岩噴出の継続時間は1 My程度と考えられている．大量の溶岩を噴出した後は，プルームはホットスポットとして定常的な噴火を継続すると考えられている（Duncan & Richards, 1991）．

プレートの移動に伴い，洪水玄武岩の分布地はホットスポットから徐々に離れていく．デカン高原の玄武岩噴出に関連したプルームは，インド洋のレユニオン火山のホットスポットと考えられており，コロンビア川玄武岩を噴出したプルームはイエローストーンのホットスポットを形成している．ハワイのホットスポットが形成される際にも洪水玄武岩が噴出したはずだが，これはすでにカムチャッカ半島付近で，北アメリカプレートの下に沈み込んでしまったらしい．

3.3.3 地震性地殻変動

これまでみてきた地殻変動は，大スケールの地球表層の動きを長い時間経過の中でフィルムを早送りするようにしてみているものである．これに対して，実際にわれわれが目にする地形や地質構造などは，日々，感じられない速度でゆっくり進行している地殻変動から，間欠的に活動して，一時に数mから数十mに及ぶ急激な変位を生じるものなど，さまざまなタイプの地殻変動の累積によって形成されている．したがって，第四紀の諸現象と関連する地殻変動を理解するにあたっては，長期的・累積的地殻変動の一コマを構成する地震や火山活動など，より短い時間スケールの変動についての検討が必要である．

地殻変動を定量的に観測・測定するためには基準が必要である．自然の中でこのような基準となるのは，地球のジオイド[9]を示す海水面である．沿岸部の地震性地殻変動を知るには，潮間帯に成育する生物の痕跡や，波食作用などで特定の潮位に形成されたベンチなどの海岸微地形が有効な手がかりになる．やや長期的な地殻変動を知るには，海面の安定期に形成され，現在も残っている旧汀線，海成段丘面などが手がかりになるが，これらは形成された当時の海水準が現在と同じとは限らないので，高度を検討する際には，それぞれの形成時期に応じた補正

---

9) ジオイド：地球重力の等ポテンシャル面のこと．海域では平均海水面と一致する．陸域では堰のない運河を掘ったときの水位面に一致する．

●各種の測地測量法　　　　　　　　　　　　　　　　　　　　　　　　　　　コラム3.3-2●

> われわれの生活という短い時間スケールの中で現在進行中の地殻変動を捉えるために，さまざまな努力が積み重ねられてきた．地殻変動を定量的に認識するための方法の1つは，三角測量，水準測量，ドライティルトなどの測地測量の繰り返しである．これらは三角点からなる三角測量網，水準点からなる水準路線，水準点からなるドライティルトネットをあらかじめ構築しておき，その後，これを繰り返し測量して観測時期間の地殻変動を定量的に知ろうとするものである．
>
> 従来の測地測量は技術として成熟しており，高精度の観測も可能であるが，測量の繰り返しと広域のカバーに時間と労力を要し，また，連続的に観測するのが困難である．一方，人工衛星や宇宙からの電波を利用した測地技術が開発され，在来の測地測量の欠点を補う観測が行われ，目覚ましい成果が得られている．また，技術の進歩は，これらの精度と適用限界を日々更新している．以下，それらのいくつかを紹介する．
>
> 三角測量網では，三角点の水平方向の移動（方向と量）が捉えられ，地殻の延び縮み量，歪み速度などを計算することができる．三角網内に計測開始以降地震を起こした断層などが存在する場合には，その運動に伴う水平方向の地殻変動を定量的に捉えられる．1948年福井地震では地表に明瞭な地震断層は出現しなかったが，地震後の三角網の改測結果で福井平野東部の南北方向のあるゾーンを境に，三角点の水平変位の方向がまったく逆になることがわかり，平野下に伏在する活断層が約2m，左横ずれ変位したことが明らかになった．1906年サンフランシスコ地震では，地震前後に行われた三角測量の比較で，サンアンドレアス断層沿いの地殻変形が明らかになり，Raidの弾性反発説が導きだされた（本文参照）．
>
> 水準路線では，路線上における上下方向の地盤変位を知ることができ，隆起・沈降に伴う傾動を知ることができる．しかし，定量的にその値を知るには路線が環状あるいはそれに近い形で配置されていることが必要である．また，水準路線は道路沿いに敷設されることが多いので，隆起している急峻な山地を横切る路線はほとんどなく，真の隆起速度などが捉えられないという弱点がある．また，路線が地震断層を横断している場合には，断層の上下変位量を捉えることができる．1891年濃尾地震では，地震前に濃尾平野を横切る水準路線網が構築されていたので，地震後の改測によって断層末端部の大規模な地殻変動が捉えられた．また，1923年関東地震では東海道沿いに一等水準路線がつくられており，地震後の改測の結果，この路線と交差する国府津・松田断層は地震時に変位していないことが明らかになった．
>
> ドライティルト（dry-tilt net）は3つの水準点を正三角形に配置して，水準測量を行うもので，各点の微小な変位量から地盤の傾動を知ることができる．小規模な傾動の把握に用いられることが多く，噴火活動時に火山体周辺での変形の把握などに効果を発揮する．

が必要である．

現在起きている地殻変動をより詳細に知るには，特定の基準を設定して，繰り返し観測することにより時間的な変位を知ることができる（コラム3.3-2参照）．

（1）　地震と断層運動

大地震が発生すると，地表に地震断層が出現したり，土地の急激な隆起や沈降，あるいは水平的な移動が認められることがある．このような変動を**地震性地殻変動**（吉川，1968）といい，地下での断層活動の結果，地表に現れる変動である．注意すべきことは，この変動は強い地震を引き起こした構造運動が原因であり，地震による震動が原因で生じたものではないことである．したがって，大地震に伴って発生しても，地表での強い震動や重力作用による地割れ，崩落，地すべりや液状化による変動，軟弱地盤の圧密沈降や側方流動などは地殻変動とは呼ばない．しかし，大きな地すべりなど，現象のスケールが大きくなると，地殻変動との区別が困難になることが多い．

地震性地殻変動は，地震前につくられていた自然あるいは人工の基準が，地震前後でどのように食い違ったかで計測することができる．海水準は明確な高度基準なので，地震による海岸の昇降は古代から気づかれ記録されていた．旧汀線は過去の高海水準時の上下方向の海岸線の位置を示しており，その高度を把握することによって，その旧汀線形成以降の地震性地殻変動の累積量を知ることができる．また，測量のために人工的に設置された水準点や三角点はもっとも正確な基準であり，地震前後の測量データを比較することで，正確な地殻変動を捉えることができる（コラム3.3-2参照）．

断層運動（fault movement）

断層運動は，岩盤の弱い面に応力集中が起きると，固着していた岩石に破断が生じ，それに引き続いて断層面を境に両側の岩石がずれる現象である．

超長基線電波干渉法（VLBI, very long baseline interferometry）は，地球上の2点でクエーサー（電波星）からの電波を同時観測し，原子時計を使って，電波の到着時刻の差を正確に求め，これから数千〜数万km離れた2点間の距離（超長基線）を数cm以内の誤差で求めようとするものである．この精度は衛星などを使う技術の中ではもっとも高いものである．大陸間に基線を設けてプレート運動量の実測などに用いられる．日本では国土地理院がVLBIの研究・運用を行っており，水沢・鹿島・野辺山・鹿児島の電波望遠鏡を用いて基線長の変位を観測している．

GPS測量は，複数の衛星から発信される電波を地上で受信しその位置と高度を求めるシステム（GPS, global positioning system）を利用して，連続的な測地観測を行うものである．GPSは米国の軍事技術として開発され，後に民需にも解放されたもので，カーナビゲーションに利用され爆発的に普及している．

現在24のGPS衛星が地上20000 mの高度で軌道を回り，各衛星は4つの原子時計と送受信機を備え，太陽電池でそれらを動かしている．衛星はハワイなど4地点で常時観測され，軌道データはコロラドのGPS中央制御所に集められて，衛星から発信されている．衛星はL1（1575.4 MHz），L2（1227.6 MHz）の電波に，衛星と地上との距離を計算するためのナビゲーションデータをのせて発信している．地上の1台のGPS受信機が同時に3つの衛星からの電波を受信すれば，地図上の位置が求まり，4つ以上の衛星からの電波が受けられれば，高度の計算も可能である．1台で受信する場合の水平方向の精度は10 m程度である．これでは測量に耐えうるような精度は期待できないので，複数のGPS受信機を設置し，しかも1台は位置情報が正確に求められている点に置くという方法で1 cm以下の精度での観測が可能である．

日本では郵政省通信総合研究所が稚内，小笠原，南大東島に衛星軌道観測施設を設け，独自に軌道解析を行って，GPS信号を補正できるようにしている．この情報は国土地理院の全国GPS測量網に利用されている．

GPS測量は受信機が小型でもち運びが容易であり，設置するだけで自動的，連続的に位置情報が得られるので，地震，火山などの突発事象の緊急観測に効果を発揮する．1999年台湾集集地震の際には正確かつ広域的な地盤変動の把握に役立った．

合成開口レーダー（SAR, satellite aperture rader）は，人工衛星から地表にマイクロ波を発射し，その反射波を捉えて画像化する手法である．夜間でも雲があっても大丈夫なことが利点である．また，異なる時期に同じ地域のSAR画像を得て，2枚の画像の差（高度変化など）を干渉像として捉えるのがレーダー干渉法（rader interferometry）である．干渉像は変化量の等値線として縞模様で示される．1992年ランダース地震や1995年兵庫県南部地震，1998年雫石付近の地震で地震活動に伴う地表の高度変化がレーダー干渉像として捉えられている．

弱い面は最初は岩盤中の亀裂であったり古い断層であったりするが，応力集中とずれが繰り返されることで，破砕帯をもった断層に成長していく．

最大圧縮応力軸と破断面（断層）の方向により，岩盤のずれ方にいくつかのタイプが生じる．それは図3.3-12のように，重力性で上下の動きを伴う**正断層**（normal fault），圧縮を受けて片方が他方にのし上がる**逆断層**（reverse fault）と，水平方向にずれる**横ずれ断層**（strike-slip fault）の3つのタイプである．横ずれ断層はさらに，**右横ずれ断層**（right-lateral strike-slip fault）と**左横ずれ断層**（left-lateral strike-slip fault）に細分される．実際の断層では，上下の動きと水平方向の動きが複合していることが多く，図3.3-12(c)(g)のように**斜め横ずれ**（oblique-slip）もある．

断層の走向と動きのタイプ，方向から，図3.3-12の黒矢印のように過去の応力場を復元することができる．なお，正断層は地域の最大圧縮応力軸方向と平行な走向の断層が活動する．このとき，火成活動のある地域では，マグマがこの正断層の割れ目に沿って貫入し，板状の岩脈や火口列の並びをつくることがある．したがって，岩脈や火口列の方向からも，過去の応力場を復元することが可能である．

震源断層（earthquake source fault）

地震は断層運動によって発生する．このような，地震の発生原因となった地下の断層を震源断層と呼ぶ．震源断層は地殻歪みを蓄えることのできる硬い岩盤のところしか存在しない．地殻は硬い岩石でできているが，島弧では地殻の下部は高温で柔らかくなっている（延性帯，ductile zoneという）ので，断層が活動し地震が発生しうるのは上部地殻の深さ15 km程度まで（脆性帯，brittle zone）である（島崎，1991）．このような部分を**地震発生帯**という．しかし，海洋プレートがマントルの中に潜り込んでいる海溝沿いのプレート収斂帯では，プレートが冷たく硬いため，地下100 km以上のマントル深部で

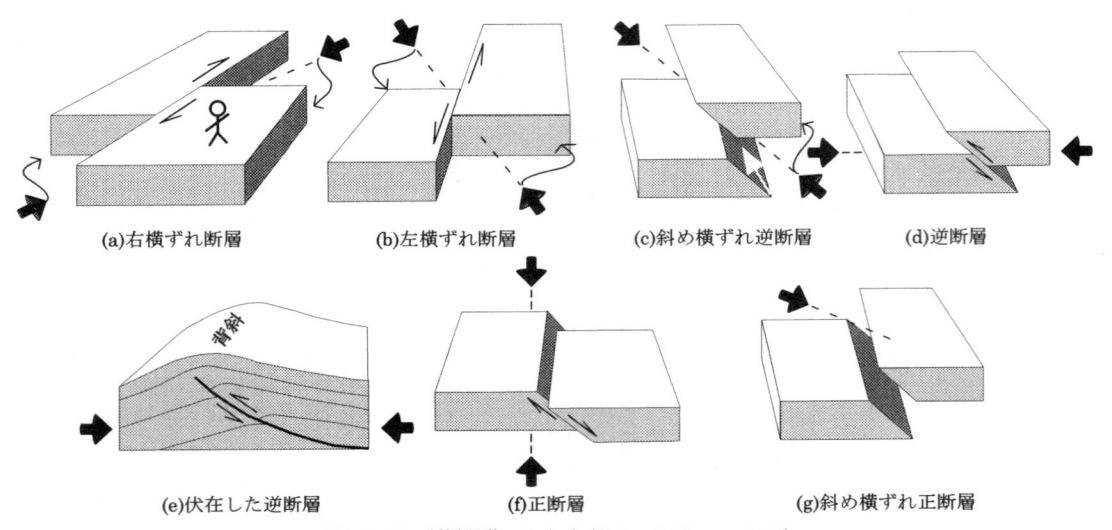

(a)右横ずれ断層 **(b)左横ずれ断層** **(c)斜め横ずれ逆断層** **(d)逆断層**

(e)伏在した逆断層 **(f)正断層** **(g)斜め横ずれ正断層**

図3.3-12 断層運動のタイプ（Keller & Pinter, 1996）
　最大圧縮応力軸の方向（黒矢印）と変位の関係を示す．右横ずれと左横ずれは，断層によって分けられた2つの地盤の片方に観察者が立ったとき，断層の向こう側の地盤が右に動けば右横ずれ，左に動けば左横ずれと呼ぶ．

もスラブに沿って断層運動が起き地震が発生する．

　震源断層の位置や動きは，地震波や断層運動による地殻変形の観測データ（測地データ）の解析から詳しく推定できる．地震の発生位置は，震源で点として示されるが，これは断層面上で破断が最初に生じた点である．最初に射出されたP, S波が各地の地震計で捉えられ，P-S時間から逆に射出点が求められる．地震波は活動した震源断層面のどこからでも発生するが，震源が点として表現されるのはこのためである．

　断層が動くと断層面の周辺に不安定な応力状態が生じるので，それを解消するために新たなずれが生じ余震が発生する．したがって，余震の分布域はおよその震源断層面を示すことになる．

　震源での断層の動き（発震機構）は，P波初動の押し引き分布から推定することができる．しかし，押し引き分布で示されるのは震源断層の可能性のある2つの節面なので，これに余震分布を組み合わせて，震源断層面の方向と傾き，動きの方向などが推定される．

　震源断層の大きさ（長さ×幅）やずれの量は，1970年代には断層モデルのパラメータ（断層長，断層幅，断層面の傾き，断層の変位量，変位速度，変位の向き，断層面の破断伝播速度など）を変化させながら，断層のずれによって生じる地殻変形や地震波形（長周期波）をシミュレーションし，実際の観測データともっともよく一致するものを探すことによって求められた（Kanamori, 1971；金森・安藤，1972など）．

　その後，やや長周期の実体波の解析技術が開発され，分解能のよい地震発生メカニズムが明らかになってきた．その結果，多くの大地震について震源断層は単一の大きな断層面のずれではなく，独立した複数の断層が連鎖的に変位して震源断層を構成しているという多重震源モデルが示された．また，震源断層面は不均一で，ずれの大きいところ（アスペリティ）が局部的に存在することなどがわかってきた．さらにコンピュータの進歩により，測地や地震の観測データを逆解析（インバージョン）して，震源断層面上でのずれの大きさの分布などが詳細に示されるようになった（図3.3-13）（吉田ほか；1995, Wald & Somervuille, 1995など）．

　日本列島で生じる震源断層の場合，破断が震源から割れ始めて四方に広がっていく速度（破壊伝播速度，rupture velocity）はおよそ3.5〜2km/秒，また，断層で両側の岩石が破断面に沿って食い違う速度（すべり速度）は1m/秒以下と推定されている．

　現在，ハーバード大，米国地質調査所（USGS），東大地震研究所などでは，大地震が発生すると，それぞれの地震観測ネットワークで得られた地震波データをただちに逆解析し，押し引き分布や節面の方向と傾き，マグニチュード，断層変位の向きと量な

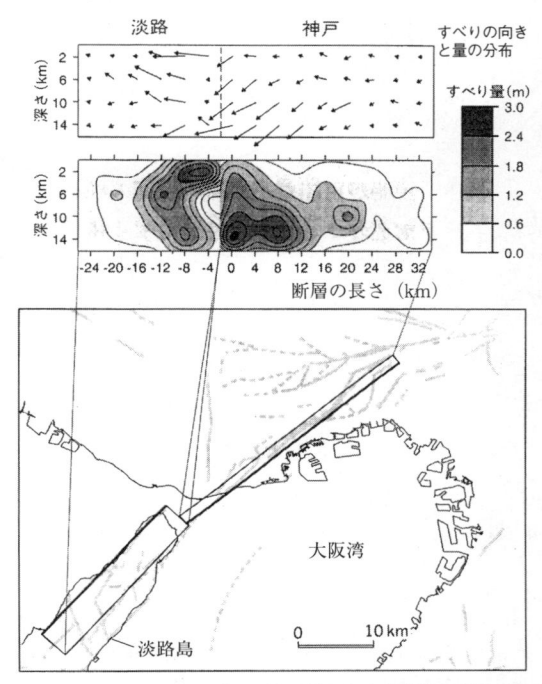

図3.3-13 インバージョン法で得られた兵庫県南部地震の断層面の変位（吉田ほか，1995）
下図のアミ線は断層線．□は傾いた断層面の平面への投影．

どのデータをインターネットで公開している．

地震断層（earthquake fault；surface rupture）

内陸で震源の浅い大地震が発生すると，地表に断層変位が現れることがある．これを地震断層といい，地下の震源断層の破断面が地表にまで達したものと考えられる．したがって，地震断層は断層の変位量や変位センスなどの震源断層の情報を地表に伝えてくれる重要な情報提供者である．しかし，地表で観察される地震断層の長さに比べ，地震学的な解析で求められる震源断層長の方がずっと長いことが多く，震源断層の全長が地震断層として出現することはあまりない．1995年の兵庫県南部地震では，逆解析で求められた震源断層の総延長は約60kmであるのに，地表に地震断層が出現したのは淡路島だけで，その長さもわずかに10km強であった．神戸の地下においても震源断層が活動したことは，余震分布や測地変形から明らかだが，震源断層は地表に到達せず地震断層は出現しなかった．

一方，観察される断層のずれの量は逆解析の結果とほぼ一致していることが多い．

大地震発生時，地表に出現する断層は震源断層の地表延長（主断層）だけではない．地震学的に推定された震源断層とは明らかに異なる断層変位が出現することもある．これは副断層と呼ばれるもので，主断層から分岐したり，主断層の変位によって局地的に応力変化が生じ，新たな断層運動が誘発されたものと考えられる．また，海溝沿いの巨大地震発生時，あるいは内陸の逆断層活動時には，主断層の上盤側に別の逆断層が生じることがある．これらは上記の原因のほかに，低角の主断層面から上盤側に分岐した覆瓦スラストや，上盤の短縮により生じた共役断層もあると考えられる．また，従来，地震断層と報告されてきたものの中には，大規模な地すべりや液状化によって生じた側方流動などの重力性の地表現象が含まれている可能性があり，再吟味が必要である．

地震断層の破壊伝播速度や断層面のずれの速度は，当然ながら震源断層のそれと同じである．破壊伝播速度は実体波の地殻内伝播速度よりずっと遅いので，長大な断層が変位した場合，断層沿いであっても震源から遠く離れた地点では，断層がずれ始めるのは強い震動を受けた後になる場合がある．1896年の陸羽地震では，断層から500m程離れた地点にいた人が，強い震動で家の外に飛び出したところさらに強い震動で転んでしまったが，そのとき，山がむくむくと盛り上がってきたのを見たという証言がある（松田ほか，1980）．

断層末端部の観察から，断層は破断の進行方向に向かってY字型に分岐する場合が多いという考えもある（中田ほか，1998）．

地震断層はほとんどの場合，既存断層が再活動したもので，明瞭な破砕帯をもっていることが多い．また，上下方向のずれが卓越する地震断層の場合，その出現位置は急崖地形の麓や平野と丘陵との境界，あるいは山地と平野の境界など，地形的な境界部に一致していることが多い．これは断層のずれが過去においても同様に繰り返され，上下の食い違いが累積されて，明瞭な地形的な差異が生じるためである．このような性質を変位の累積性と呼び，その結果つくられた，直線的で大規模な崖を断層崖（fault scarp）という．また，地形面が若く断層変位や侵食をあまり受けていない場合は，最新の活動を反映した明瞭だが低い崖が認められ，低断層崖（scarplet）と呼ばれている．

横ずれの卓越する地震断層の場合には，断層が線

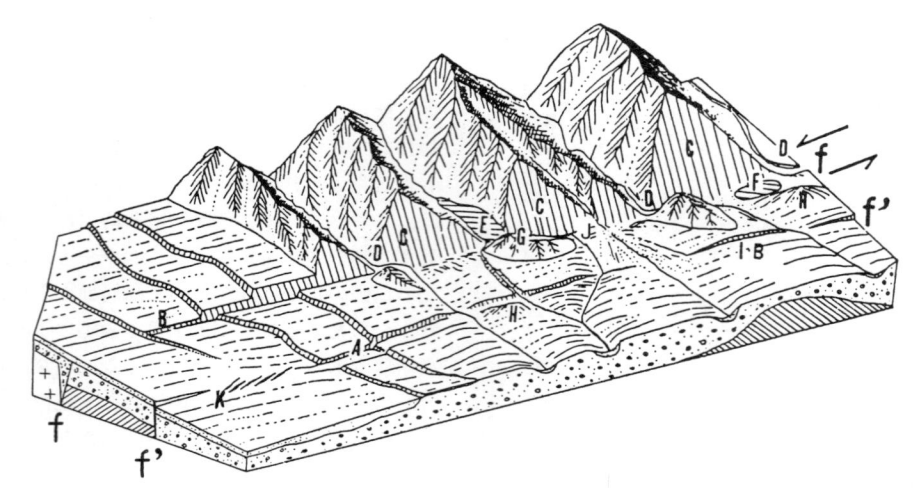

図3.3-14 断層変位地形の模式図（松田・岡田，1968）
A：断層溝，B：低断層崖，C：三角末端面，D：河川屈曲（横ずれ河川），E：断層池（せき止め池），F：断層池（サグポンド），G：閉塞丘（シャッターリッジ），H：ふくらみ（マウンド），I：盾状断層崖，J：戴頭谷，K：雁行地割れ（エシェロンクラック），f-f, f'-f'：断層.

的な地形，たとえば尾根線や谷筋，段丘崖などと交差するところでは，断層運動の繰り返しの結果，それらに累積的な屈曲が認められる場合が多い．

(2) 活断層（active fault）とその運動

昭和の初め，地震断層の詳しい追跡調査によって，断層は断層崖などの累積変位を示す地形に沿って現れていることがわかった．これは過去にも断層は同様の運動を繰り返していたことを示すものである．したがって，累積変位地形を伴うこのような断層は将来再び活動して，大地震を引き起こす可能性があると考えられた．そこで，これを活きている断層「活断層」と呼び，ほかの断層と区別することにしたのである（多田，1928）．したがって，活断層とは過去に繰り返し活動し，将来も活動する可能性のある断層のことである．活断層の定義として，第四紀層の変位などが挙げられることがあるが，これは定義ではなく，地震の長期予測など特定の目的のために多数の断層の中から活断層を抽出する際の選定基準であることに留意する必要があろう．

活断層は前述のように地震断層の変位が過去に何回も繰り返されたもので，活発な断層ほど明確な地形境界などがつくられている．山地・平野といった島弧の中地形は基本的に断層運動でつくられた凹凸に起因している．断層運動は山地の多い日本列島に貴重な平坦地をつくり，農工業の生産の場をつくり出している．このような場所には人口が集中し都市が形成される．したがって，主要な活断層の多くが都市の近くに存在している（山崎，1997）．

活断層の認定では，過去の運動の繰り返しを示す断層地形（図3.3-14）をみつけることがもっとも有効な方法である．広域にわたる活断層調査では空中写真判読による断層地形の識別が行われる．『日本の活断層』（活断層研究会，1980）やその改訂版の『新編日本の活断層』（活断層研究会，1991）は，空中写真判読によって日本全国の断層地形を識別し，その根拠を示す関連データとともに示したもので，現在もっとも信用できるインベントリーである．空中写真判読は間接的な調査方法なので不確実な場合もあるが，そのときは確実度という基準を設けて確実さの程度を示している．

活断層の確実度は，地形面などの明瞭な変位基準を食い違わせていることが確認できるかどうかにかかっている．ほぼ同時に離水した地形面が断層崖の上と下に存在する場合などは，断層露頭は認められなくても確実な活断層といえる．しかし，直線崖の存在や河谷・尾根の屈曲だけでは，地質構造など断層以外の要因もあり，活断層の確実度はやや低下する．断層の存在についての確実性を高めるためには，空中写真判読だけでなく，変位基準面およびその構成物に対する詳細な地質調査が必要である．

固有地震（characteristic earthquake）

活断層の運動様式に関しては，1960年代の研究

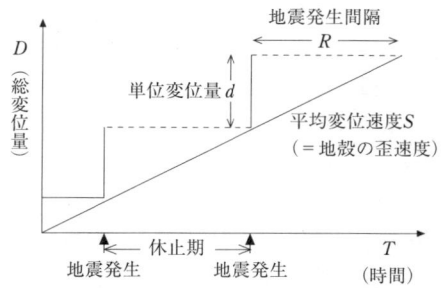

図3.3-15　固有地震に基づく断層の活動様式
瞬間的な活動と長期間の休止期の繰り返しによって変位が累積していく．この図ではクリープ性の活動は考慮されていない．

から，一定の間隔で活動し，毎回同じ規模の活動を繰り返すという，Wallace (1970) に始まる固有地震の考え方が踏襲されている．これは，大部分の地域で地殻応力の向きと強さはほぼ一定であること，また，歪みが断層固有の破壊強度の限界を超えたとき，断層は破断を起こして一気に活動する，そしてそれが繰り返されると考えられることなどが根拠である．西南日本沖の巨大地震が特定の区間でみると一定間隔で繰り返し発生していることなどもこの考え方を支持している．

図3.3-15はこの考えにたった断層の運動様式を示す階段モデルである．断層活動時に単位変位量（d）のずれを起こし，地震発生間隔（R）を経て同じ動きを繰り返しながら，変位を累積させていくものである．このとき，平均変位速度（S）との間には

$$R = \frac{d}{S} \qquad (3.3)$$

の関係が成り立つ（Wallace, 1970）．これは断層に一定の割合（S）で歪みが蓄積され，時間（R）を経て限界量（d）に達すると断層がずれるということを示しており，これから，平均変位速度は地殻の歪み速度を示し，単位変位量は断層の破壊強度に対応することがわかる．

しかし，活断層からは同じ規模の大地震が繰り返し起きるという固有地震の考えは，グーテンベルクとリヒターによって示された，

$$\log N = a - bM \qquad (a, b \text{は地域定数})$$

というある地域の地震数NとそれらのマグニチュードMとの関係とは矛盾している．これを検討する実証データは多くないが，活動頻度の高いサンアンドレアス断層や丹那断層で行われたトレンチ発掘調査によって解明された古地震データからは，大規模な断層運動（＝大地震の発生）は断層ごとにそれぞれ独自の間隔で活動を繰り返していることが示されている（Schwartz & Coppersmith, 1984；丹那断層発掘調査研究グループ, 1983）．これから，活断層から発生する大規模地震は固有地震として挙動し，これにはグーテンベルグ-リヒター式は適用できないと考えられている．

活断層の活動度（fault activity）

活断層の活発さは活動度という指標で示され，定量的には平均変位速度が用いられている．平均変位速度（S）とは，長期的な累積変位の総量（D）をその間の経過時間（T）で割ったものである．

$$S = \frac{D}{T} \qquad (3.4)$$

単位はmm/年で示すこともあるが，クリープしていると誤解されることを避けるため，m/千年で表すのが一般的である．

断層運動は長期的にみれば時間とともに変化するので，変位量にいつの時期のものをとるかによって，同一地点でも値が大きく変化する．古い時代の地層から求めた平均変位速度が大きく，逆に若い地層から得た変位速度が小さな値を示す場合などは，断層活動が徐々に終焉に向かっている可能性もある．

活動度を直感的に区分するのに，A級，B級，C級のランク分けがある．A級活断層はもっとも活発な断層で，平均変位速度が1m/千年以上のものである．B級活断層はA級よりも1オーダー低い活動度（0.1～1m/千年）を示し，C級はそれよりさらに低い活動度（0.1m/千年以下）をもつ．

日本列島の既知の活断層はA，B級断層が主体で，C級断層の数は少ない．地質調査所の推定ではA級断層100本，B級760本，C級450本とされている．しかし，本当にC級は少ないのだろうか．明治以降に地震断層を出現させた日本の活断層をみると，A，B，C級がそれぞれ3～4回活動している．断層のずれがいずれも同じ程度とすると，活動度が一桁低いC級断層は数がB級の10倍ないとB級と同じ頻度では活動できない．また，日本列島の山地の平均的な侵食速度は，B級断層に匹敵する0.1～1m/千年であり，C級断層はこれより活動度が低いので，よほど保存条件のよいところでないと，断層

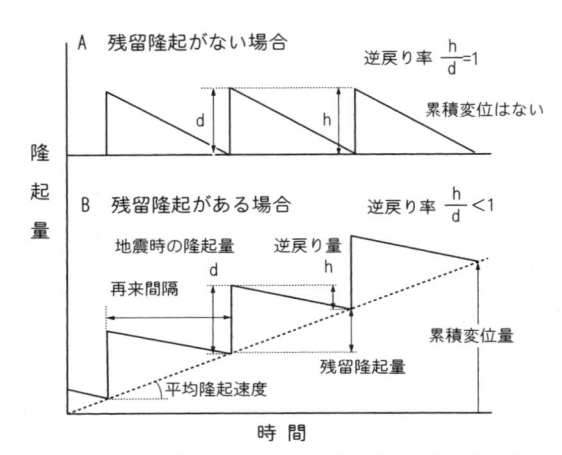

図3.3-16 海溝型地震による地震性地殻変動で引き起こされる海岸の隆起と逆戻り，累積変異量（隆起量）の関係

地形は残らないだろう．C級断層の数がB級より少ないのはこれが原因であろう．すると，未知のC級断層はまだたくさんあると思われる．

活断層のトレンチ発掘調査

これは断層を横切る調査溝（トレンチ）を掘削し，その壁面に現れる断層で変形した地層や変形を受けていない地層の年代情報などを得て，地質学的に断層の活動履歴を解明しようとする方法である．詳細な調査によって，最近の断層活動を1回ごとに識別でき，地震の中・長期予測にも役立つので，米国で70年代後半に開発されたあと，世界中に広まった．

断層活動史を知るには，年代測定可能な新しい地層（主に沖積層）が分布する地域が望ましいが，そのようなところは現在も堆積・侵食作用が続いているので，断層通過地点を特定することは困難である．断層位置を狭い範囲に絞り込むため，掘削前にボーリングや物探調査を実施することが多い．また，掘削方式は地盤条件によって大きく異なる．乾燥地域では地下水位が低く壁面が崩壊する恐れが低いので，下水工事のような垂直の壁面をもった狭い調査溝を掘り，油圧式のつっかい棒（shoring）で壁面を支えるという方法が採られる．湿潤地域ではこのような方法は危険であり，オープンカット方式で45〜60°の壁面勾配をもつトレンチが掘られる．このため調査用地として広い空き地が必要であり，土地利用の進んだ地域では，断層上でそのような空き地を探すのはきわめて困難である．

また，トレンチ発掘調査の最大の問題点は，この方法が自然破壊行為であり，調査によって断層のずれの一部は確実に破壊されてしまうことである．そのため，必要性を含めて十分な調査計画の吟味を行うとともに，観察期間を充分とって，正確なデータが得られるようにしなければならない．

このため，自然環境の破壊を最小限に留め，狭い土地でも調査可能な群列ボーリング調査（短い間隔で多数のボーリングを行って，正確な地質断面を得る調査法）や，ジオスライサー（鉄板を地表から押し込み，幅広い地層断面を抜き取る装置）などの新しい調査法が開発されている．

(3) 断層運動に伴う地殻の変形—海岸域の昇降

断層運動に伴ってその周辺の地殻は広範囲に変形する．海溝沿いの巨大地震の際には，海水準が高度の不変指標になるため，海岸の昇降が明瞭に認められ，日本では古代からその様子が記録されている．

大地震前後の詳細な地殻変形の様子は，三角および水準の測地測量が繰り返し実施されるようになった18世紀後半から知られるようになった．1891年濃尾地震や1906年サンフランシスコ地震の際，断層運動に伴う地殻変形が明らかにされ，Reidの弾性反発説（Reid, 1910）を導いた．

このような地震性広域地殻変動は，地殻の弾性変形によって生じるものである．断層による弾性体の変形モデルによれば，逆断層では上盤側が大きく隆起し，下盤側は少し沈降する．隆起・沈降量は断層の変位量と断層面の傾斜に依存する．横ずれ断層の場合はブロックの移動方向に隆起が生じ，反対側では沈降する（Maruyama, 1963）．しかし，断層から離れたところでは，上記の地震時の広域変形は，地震後のゆっくりした逆向きの地盤昇降運動によって打ち消されていく．このような動きを地震間の逆戻り運動という．逆戻りは次の断層運動が起きるまで続く．地震時の地盤昇降量（d）に対して，その逆戻り量（h）の割合を逆戻り率（i）という．

$$i = \frac{h}{d} \tag{3.5}$$

で表される．

地殻が完全弾性体で歪みが断層運動ですべて解放されると，逆戻り率は1となるが，実際には図3.3-16のように残留変位が生じる．これは，その地域に質量の増加があったことを示している．内陸地震

> ●スロー・アースクウェイク（slow earthquake）とサイレント・アースクェイク（silent earthquake）
> コラム 3.3-3●
>
> 　日本海溝や千島海溝沿いでは，1セグメント（断層区間）あたり100年程度の間隔で巨大地震が発生しており，島弧下への太平洋プレートの沈み込みが活発に行われていることを示している．しかし，太平洋プレートの沈み込み速度は9cm/年なのに，巨大地震時の沈み込み量は3～4mで，100年周期としても歪みの解放速度は3～4cm/年であり，プレートの沈み込み速度に対して地震による歪み解放が追いついていない．川崎ほか（1993）は，この地震では未解放の歪みは，体に感じる短周期の地震波をほとんど放出しないゆっくりした断層変位で解放されているのではないかと考えた．このような地震はslow earthquakeと呼ばれ，通常の地震の1/10程度の断層面の変位速度（0.1 m/sec）と破断の伝播速度（0.4 m/sec）であるため，周期が数～10分という超長周期の波しか発生しないのである．
>
> 　海域でこのようなずれが起こると，海底に上下の高度変化が起き，その結果津波が発生する．このような津波は地震動をほとんど伴わないので，何の警報もなく沿岸地域が大津波に襲われることがある．この事例として1896年の明治三陸地震が挙げられる．この地震はM 6.8で，三陸沿岸地域の震度は2～3と小さかったが，最大波高が30 mに及ぶ巨大津波が発生し（津波マグニチュード8.6），2万人以上の犠牲者を生じたのであった．このように地震が小さいのに巨大な津波を発生させるような地震を津波地震という．
>
> 　また，silent earthquakeと呼ばれるさらにゆっくりした変動もある．このようなずれによって，プレートの沈み込みの半分程度の歪みが解放されているらしい．
>
> 　一般に，測地測量で求められる地殻の変形・歪み速度は，断層・褶曲による短縮量によって求められる長期的な地殻変形・歪み速度よりずっと大きい．東北日本ではその違いは一桁以上といわれている（池田，1996）．
>
> 　日本海溝沿いで巨大地震が頻発していれば，このような違いは地震間のみかけの現象として説明できるが，ここ数百年間のプレート間巨大地震は三陸を除いて知られていない．したがって，それ以外のところでは，将来日本海溝沿いに超巨大地震が起きるかもしれないという考えもあるが，長期的には津波地震やsilent earthquakeによって歪みが解放されている可能性もある．

の断層近傍なら永久変位の存在は充分考えられるが，海溝沿いの巨大地震の場合はプレート間の摩擦が歪みを生じているので，断層がずれて歪みが解放されれば質量の増加はないはずである（島崎，1980）．しかし，実際には海岸沿いでは巨大地震による地殻変形と逆戻りによって残留隆起（累積隆起）が残り，それが累積して室戸岬のような高く隆起した段丘地形をつくっていると考えられてきた（吉川ほか，1964）．

　最近の考えでは，沿岸部の残留隆起は，沈み込みの際に深海底堆積物が陸側に付加されて，上盤側に質量増加が起きる，あるいは，それに関連して沿岸近くに付加体内の覆瓦スラストが生じるためと考えられている．室戸岬や潮岬では地震隆起によって形成された完新世海成段丘が存在するが，その形成時期（間隔）は100～200年ごとに発生する巨大地震よりずっと長い．これは，巨大地震の何回かに1回の割合で段丘を形成する大きな隆起運動があることを示しており，それは付加体内の覆瓦スラストの活動によるものと思われる．（前杢，1988）．

3.3.4　非地震性地殻変動 (non-seismic crustal movement)

　地殻変動には地震を伴わず絶えずゆっくり動いていて，何か基準を用いないとその活動を捉えられないものがいくつかある．これらが第四紀の環境変化に与える影響の意義はあまり明らかではないが，地殻変動の累積や地震性地殻変動を検討する上で，非地震性地殻変動の定量的な把握が必要である．

（1）　地震間の逆戻り運動

　地震性地殻変動を受けた地域では，地震後，地震時の変動とは逆の地殻運動（逆戻り運動）がゆっくりした速度で生じることが多い．この運動はプレート境界での歪みの集中とその結果生じる断層運動を弾性体の挙動とみなし，弾性反発説を援用して説明されてきた．すなわち，地震間にはプレート運動の進行によって上盤側の海溝沿いでは下への引きずりが生じ，沿岸部の地殻はゆっくり沈降する．そして，歪みが限界に達すると断層が破断して変位し，地殻は沈降していた分，反発して隆起するというものである．しかし，実際には測地測量で明らかにな

った日本の太平洋沿岸部での地震間の沈降量は地震性隆起を完全にはカバーできず，残存隆起が生じるのが普通である．海岸段丘の形成はこの残存隆起の累積と考えられる．

この運動は，地震間に蓄積した歪みを地震時に解放しただけなので，弾性体の運動なら残存隆起は生じないはずである．弾性反発だけでなく，断層上盤側（陸側地殻）に質量の付加などが起きたためと考えられる．このような質量付加は付加体の形成，付加体内での覆瓦スラストの活動などによって生じると考えられ，逆戻り運動を通して，地震性地殻変動の隆起には海溝陸側に付加した付加体内断層活動が大きな意味をもつことが明らかになった．

(2) クリープ性変動（tectonic creep movement）

活断層の中には，常時少しずつ動いている断層がある．これをクリープ断層という．サンアンドレアス断層は多数の断層区間で構成されるが，それらは，①通常断層面は固着していて，数百年に一度断層運動を生じて大きく変位する区間，②主に断層活動が中心だが，わずかにクリープ性の運動を伴う区間，③クリープ運動が主だが時折断層運動を行い小地震を発生させる区間，④クリープ運動のみの区間，の4つに区分される（Wallace，1970）．

クリープ性の活動区間では，測地測量のほか，断層と交差する道路の白線，フェンス，住家の壁などが継続的にゆっくりと変位することからクリープ運動が認識された（Keller & Pinter, 1996；Yeats, 2001）．観測される変位速度は10～20 mm/年で，地殻歪みが常時解放されるので大地震は発生しないと考えられている．最近のGPS観測によれば，サンアンドレアス断層の周辺地域の地殻は，断層を挟んで相対的に30～40 mm/年の速度で変位している．これは長期的な断層変位速度と一致しており，プレート間の相対変位を示すものと考えられる．このように大きな歪みを常時受けながら，さまざまな断層区間が生じているのは，各断層区間の断層面の固着強度が各区間で異なるからである．クリープ区間では地下十数kmまでの断層の固着強度が小さいのでプレート運動に反応して常時活動しており，一方，大地震を発生させる区間では断層面の固着強度が強いため長期にわたって歪みを貯め，間欠的に大規模な断層変位を起こし，大地震を発生させるものと考えられる．

(3) 断層の余効的変動（after slip movement）

地震断層沿いで断層変位発生後しばらくの間続く微小なクリープ運動である．日本では1974年伊豆半島沖地震の後，石廊崎断層で精密な測量によって観測された（衣笠，1976）．この変動は徐々に変位速度を下げながら数年間継続したが，1978年伊豆大島近海地震の後完全に停止した．

また，台湾東部の台東縦谷に沿う池上断層では，1951年にM 7.3およびM 7.1の地震が発生し，断層変位が生じたが，この断層はその後クリープ運動を続けている．その運動は現在もなお続いており，地震後つくられた家屋や水路などの構築物に数十cmの累積変位が認められる．

(4) 安定大陸の新期地殻変動

プレート境界から離れ，また後述の氷河性の変動も受けていない安定大陸地域においても，旧汀線に顕著な隆起運動が認められる場合がある．これはLambeck（1988）によってネオテクトニックデフォーメーション（neotectonic deformation）と呼ばれたもので，その事例として，オーストラリアでは最終間氷期の海成段丘の旧汀線高度が6～32 mに分布しており，地域的に異なる隆起運動を受けていることがわかる．このような隆起の原因は，マントルのホットスポットの活動や，それに関連した地殻変動によるものと考えられる（Murray-Wallace & Belperio, 1991）．

また，同じくオーストラリアでは，1968～79年の間に南西部の大陸地殻内で3つの地震が連鎖的に発生し，それぞれ地震断層（メッケリング，カリンギリ，カドゥーの各地震断層）が出現した．これらは活動を繰り返していた活断層ではなく，少なくとも第四紀における活動の証拠はまったく認められないものであった（松田，1982）．活動の原因は不明だが，何らかの理由で蓄積された局地的な歪みが，地殻の古傷を利用して連鎖的に解放されたものと考えられる．

このように，変動帯から遠く離れた安定大陸の中といえども，第四紀における地殻変動や地震活動がまったく認められないわけではない．

3.3.5 アイソスタシーによる変動

第四紀の気候・環境変動サイクルの中で，地球表面では氷期における大規模な氷床の発達・拡大と間

●アイソスタシー（isostasy） コラム 3.3-4●

アイソスタシーとは地殻が荷重の変化に対して，力学的に平衡な状態をとろうとする現象である．図Aのエアリーモデルのように地下深部に補償面（compensation surface）を仮定し，上部の荷重変化に対して，補償面の荷重が一定になるようにその上の密度 ρ_m の部分が調整されるのである．これは，水にそれよりも密度の小さい木のブロックを浮かべた場合を考えると理解しやすいであろう．

いま，図Aの H_5 ブロックの上に新たな荷重がつけ加えられた場合，補償面での荷重を前と同じようにするために下部の水は，加えられた質量に対応する部分が移動してしまう．その結果，荷重の加わった H_5 ブロックは沈降することになる．

実際の地球で，もし，密度1の海水が100mの厚さで地殻ブロックの上にのると，密度3.3のマントルは加えられた質量に応じて30mの厚さ分が移動するので，地殻ブロックは30m沈降することになる．

図Aでは補償面をマントルが流動しやすいものとしてその内に考えているが，マントルが地殻よりも流動的であるかどうかには疑問があり，より流動的と思われるアセノスフェアとの間に補償面をおくモデルも考えられる（図B）．

アイソスタシーによる変化は，地下深部の岩石の粘性的な挙動によって進行すると考えられる．岩石は粘性が高いので大きな荷重が加わった後，それが平衡になるためゆっくりとした変形が起こる．これを緩和現象（relaxation）といい，それにかかる時間を緩和時間（relaxation time）と呼んでいる．緩和時間は岩石の粘性率と変形の空間スケールの二乗に比例して長くなるので，ローレンタイドのような大きな氷床はフェノスカンジナビア氷床に比べ長い緩和時間が必要と考えられている．

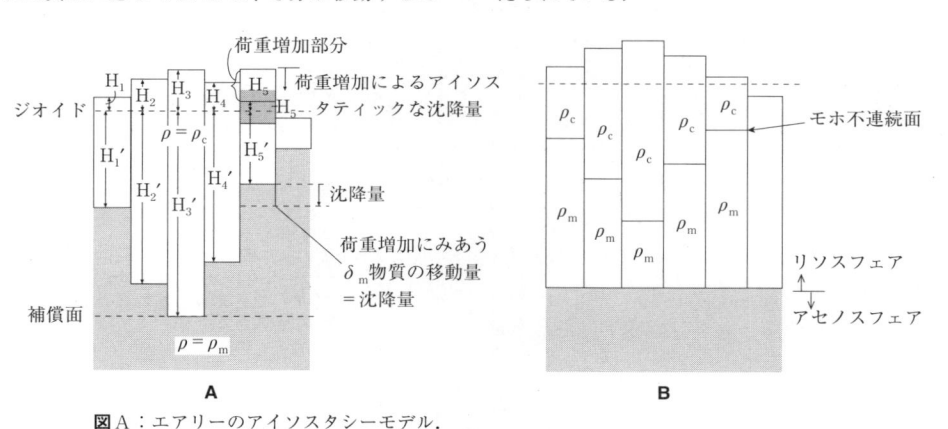

図A：エアリーのアイソスタシーモデル．
B：補償面をリソスフェアとアセノスフェアの境界に置いたモデル（杉村ほか，1988）．

氷期におけるそれらの消失，融氷水の海洋への移動という物質の移動が行われた．その結果，上記の荷重を受ける地殻がアイソスタシー（isostasy）によって変形し，プレート運動とは異なる広域地殻変動が生じている．とくに，2万年前の最終氷期極盛期に北半球の大陸北部を覆って大規模に発達した氷床が，わずか1万数千年ほどの間に融解して消失したため，後氷期以降，大陸におけるその急激な荷重の除去と，海底での荷重の増加の影響が各地で顕著に現れている．

最終氷期には，大規模な大陸氷床が南極，北米（ローレンタイド），北欧（フェノスカンジア，スカンジナビア），グリーンランド地域に発達した．とくにローレンタイド氷床は巨大でその厚さは最大で2.2kmに達したと推定され，氷量は当時の南極大陸の氷床をしのいでいた．また，フェノスカンジア氷床はローレンタイド氷床の約1/2弱の氷量であったが厚さは2kmに達していた．現在，南極とグリーンランドの氷床はまだその大半が残っているが，上記の2氷床は15ka頃以降から急速に融解・縮小が始まり，スカンジナビアでは8ka頃，北米でも5kaにはほとんど消失してしまった．

（1） 氷床の消長とアイソスタシーによる地殻変動
アイソスタシーによる地殻変動

大陸氷床の大規模な発達は，巨大な荷重が大陸地殻の上にかかるため，大陸地殻はアイソスタシーに

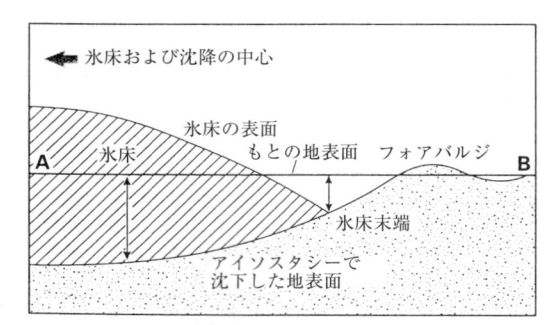

図 3.3-17 氷床周辺の地殻変動・フォアバルジの形成
（Lowe & Walker, 1997）

よって大きく凹んでしまう．沈降量は氷床の中心部で大きく縁辺部に向かって小さくなる．そして，氷床縁の外側には氷床を取り囲んでフォアバルジ（forebuldge）と呼ばれる帯状の膨らみが形成される（図3.3-17）．フォアバルジの成因は，氷床荷重増大による地殻のアイソスタシー変形によって，質量過剰で周辺に押し出されたマントル物質の流れ込みと考えられる．氷床の拡大につれて，このフォアバルジの位置もさらに外側に移動していく．

氷床が縮小に転じると，氷床の重みから解放された地域からアイソスタシーの回復運動（rebound）が始まり，押し下げられていた地殻は逆に隆起を始める．フォアバルジも氷床の縮小とともに後退し，それまで隆起域であったところが逆に地殻下での質量不足が生じて沈降するという，氷床下にあった地域とは逆の変動もみられる．

スカンジナビア半島では古くから土地の隆起が認識されていたが，それがこのようなアイソスタシーによる地殻の回復運動であることを初めて説明したのはJamieson（1865）であった．

その後，各地で旧汀線などもともと水平であった基準が現在変位・変形していることを利用して，氷床の後退と旧汀線の変形の関係が明らかにされてきた．図3.3-18は氷床の縮小・後退によってそれぞれの時期に形成された旧汀線が変形を受けていく様子を示したモデルである（Lowe & Walker, 1997）．これによれば，①古い時期の旧汀線ほど氷床の中心部より遠方にあり，また，②その変形（傾動）量も古いものほど大きいこと，さらに，③傾動の方向は氷床の中心部から末端部に向かって傾き下がっていくことなどがわかる．ただし，この図ではフォアバルジの影響は無視されている．また，図3.3-19はスコットランド東部における，時代の異なる後氷期の

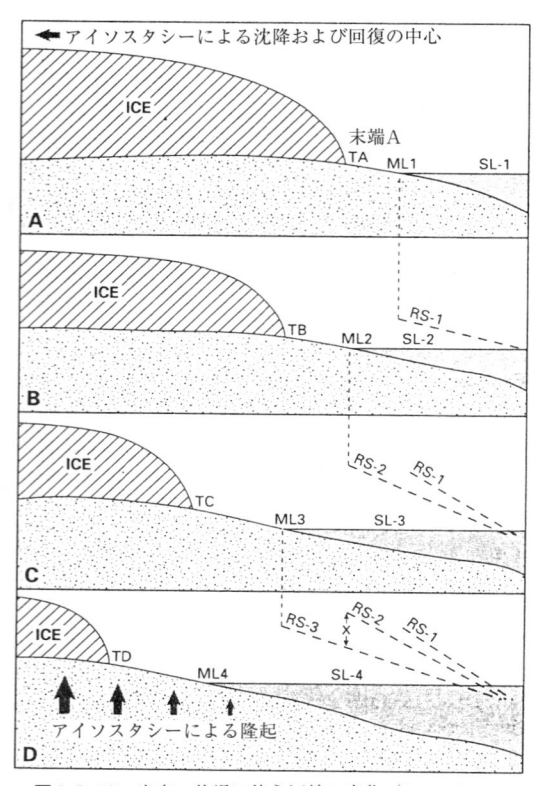

図 3.3-18 氷床の後退に伴う汀線の変化（Lowe & Walker, 1997）
ML：各時期の旧汀線，SL：海水準，RS：隆起汀線．氷床後退とアイソスタシーによる隆起が継続すると，旧汀線は古いものほど氷床から離れたところに位置し，かつ変動（傾動）が大きくなる．

旧汀線およびそれに連続するアウトウォッシュ段丘面の変形を示した実例である．

アイソスタシーによる回復量

氷床の消失により押されていた地殻は，回復運動によって隆起に転じるが，粘性の高い岩石が変形するため，かなりの緩和時間を要することになる．図3.3-20ABは，ローレンタイドおよびフェノスカンジア氷床の消失により回復した地殻の変位量（隆起量）をそれぞれ示したものである．どちらも現在まだ隆起運動は続いており，回復が完了したわけではない．しかし，比較する時間はやや異なるが，スカンジナビアでは氷床の中心であったボスニア湾西岸付近で回復量は800mを超えているが，北アメリカ大陸ではハドソン湾東岸のラブラドル半島付近で280mほどの隆起量であり，ローレンタイド氷床の回復量は明らかに小さい．これは氷床の消失時期がスカンジナビアよりもかなり遅れたためだろう．

図3.3-19 氷床の後退に伴う汀線とアウトウォッシュ段丘の高度変化（Lowe & Walker, 1997）

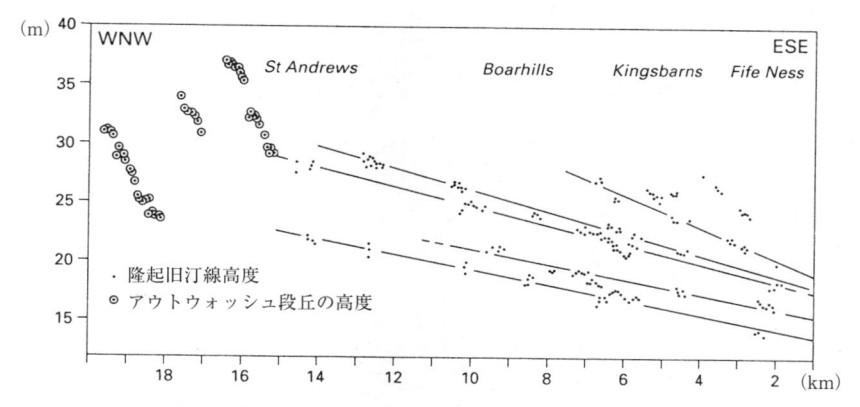

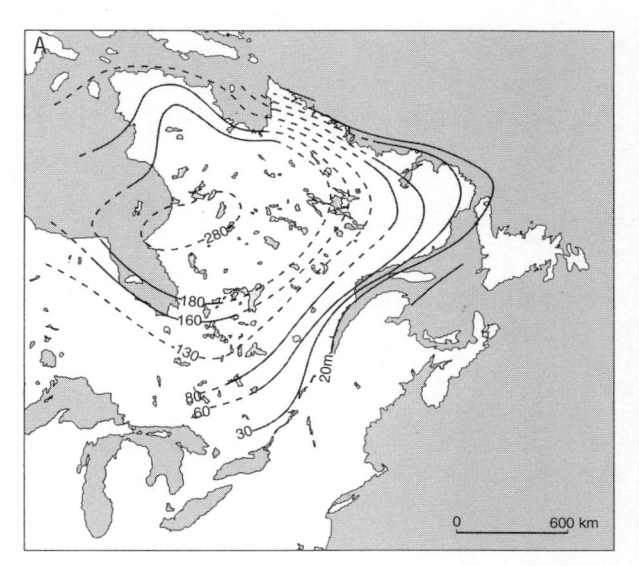

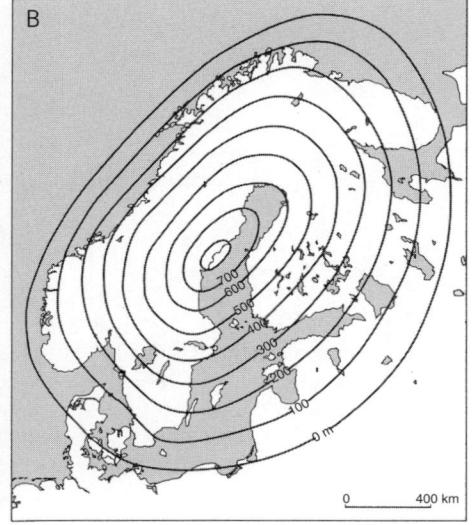

図3.3-20 アイソスタシーによる隆起量（Lowe & Walker, 1997）
A：ローレンタイド氷床の消失によるハドソン湾地域の7.5 ka以降のアイソスタシーによる隆起量.
B：フェノスカンジア氷床の消失に伴う完新世のアイソスタシーによる隆起量.

氷床後退期の地震・断層活動

スカンジナビア半島地域では氷床後退期に形成された液状化跡や低断層崖が多数認められ、その時期、特徴的に大地震が発生したことが報告されている（Mörner, 1980）。とくに、スウェーデン北部では延長150 km、落差10 mの断層が認められている。しかし、これは累積的に変動を繰り返す大きな活断層があるわけではない。アイソスタシーによる急速な隆起運動で生じた局地的な地殻歪みを解消するため、既存の基盤の割れ目を利用した断層活動が生じたものとみられる（Dawson, 1992）。

最近はこのような断層についてもトレンチ発掘調査が行われ、その活動履歴が調べられている。スウェーデン北部の断層では約9000年前の氷床後退の直後に断層活動があったことが、若い周氷河堆積物の変形や地すべりなどから確認されている。また、断層の活動時期は氷床後退期の限られた時期に集中しており、寿命の短い活断層であることが明らかになった（Lagerbäck, 1994）。

（2） ハイドロアイソスタシー

大陸氷床の消長に伴って、その水の供給源である海洋水の量も大きく変化する。これが氷河性海水準変動となるのだが、それは同時に、海洋底が受ける水の加重を大きく変化させることになる。大陸を押

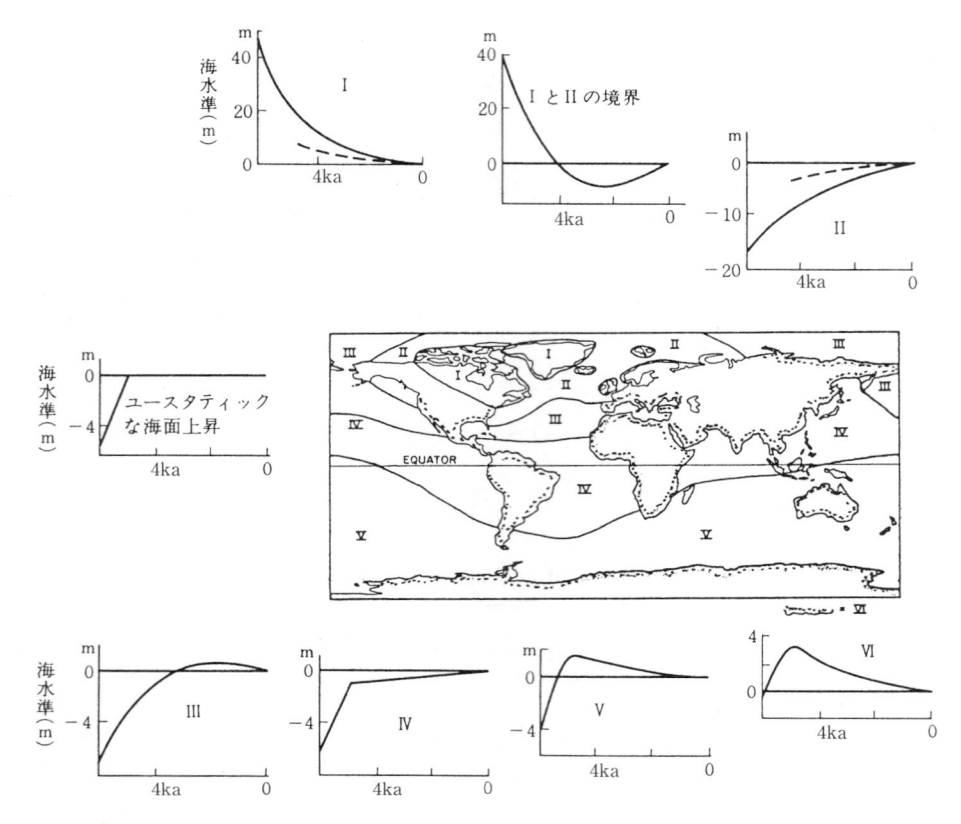

図 3.3-21 ハイドロアイソスタシーによる 6 ka 以降の海水準変化の計算値（Clark *et al.*, 1978）
海水の増減と対応するユースタティックな海水準は，5000 年前から一定に保たれていると仮定する．マントルは，一様な粘性率 10^{21} Pa·s をもつマクスウェル流体と仮定されている．全世界の海面変化曲線は，Ⅰ〜Ⅵの 6 つの様式に区分される．Ⅵはハイドロアイソスタシーの影響を受けた陸近くの変動である．氷床近傍の領域Ⅰ〜Ⅱでは，観測値（破線）は，定量的には計算結果と食い違う．グラフの横軸の単位は 1000 年前．

し下げていた大陸氷床が融解すると，その水は海洋に戻り，今度は海洋底や大陸棚を押し下げることになる．海洋性リソスフェアの下のマントルの密度を 3.3 g/cm^3，水の密度を 1.0 g/cm^3 とすると，海底は水の増加量に対してその 1/3.3 沈降することになる．すなわち，水位を 100 m 上昇させる量の水が海洋に供給されると，その重みで海底は 30 m 沈降する．つまり実際には海水準は 70 m しか上昇しないことになる．しかし，マントルは海水（1.5×10^{-3} Pa·s）に比べてずっと高粘性（10^{21} Pa·s）なので，このような沈下は海水の増加後，長い緩和時間をかけて進行する．そのため，沿岸部では急速な海進の後にゆっくりした海退が認められることになる．また，水の荷重増による海洋底の沈下はマントル物質の周囲への流動をもたらし，氷河性アイソスタシーで氷床の周辺に高まりが生じるのと同様に，海域の周辺に

あたる大陸の縁辺部地域に緩慢な隆起が生じる．これも，海進の後に海退を引き起こすことになる．このような，大陸氷床の消長に伴う海水の加重変化によって生じる海洋地殻のアイソスタシー運動を，ハイドロアイソスタシー（hydro-isostasy；Bloom, 1967）という．

ハイドロアイソスタシーは後氷期の急速な海進に引き続く，完新世後半の海水準変化を解釈する上で大きな影響を与えている．1950〜60 年代，^{14}C 年代測定法が開発され，世界各地で後氷期海進堆積物の年代測定が行われるようになった．堆積物の年代と分布高度から世界各地の海進の様子が明らかになったが，後氷期の最高海水準の高さと時期に関しては，大陸氷床の影響を受けた地域を別にしても，大きな地域差がみられた．すなわち，北アメリカ東岸やヨーロッパ南西部の海岸では現在がもっとも高海

面期にあるのに，日本，オセアニア，北アメリカ西岸などの太平洋沿岸地域では，現在より数 m 高い海面高度のピークが 6000 年前頃に認められる（Fairbridge, 1961 など）のである．このように高海面期が認められるのはいずれも氷床の影響をあまり受けていない地域であり，ハイドロアイソスタシーによる緩慢な海域の沈降あるいは沿岸域の隆起のために，海水準高度が徐々に低下しているようにみえるものと解釈される（Walcott, 1972）．

後氷期における海水量の増加は氷床の融解によって全世界的な規模で生じたが，氷床の分布域，周辺域，氷床から離れた地域などで氷河性アイソスタシーやハイドロアイソスタシーによる地殻変動の影響が異なるため，共通する海水準変化曲線などは得られないのである．Clark et al.（1978）は 4500 年以降海水量は変化していないと仮定して，アイソスタシーによる地殻変動によって，5000 年前以降の海水準が世界各地でどのように変化するのか，そのパターンを計算した．その結果，図 3.3-21 に示す，およそ 6 つの地域に区分されることが示された．この図では I〜V は線で囲まれた海域を含む地域を示し，VI はハイドロアイソスタシーを受けた大陸縁辺部を示している（図 3.3-21）．

3.4　第四紀環境変動の要因としての大地形の成立とテクトニクス

中新世以降現在まで，地球は一貫して寒冷化の道をたどってきたが，それは一定の割合で徐々に寒くなっていくのではなく，比較的安定した時期と急激に寒冷化が進行する時期の組み合わせで構成されている（図 3.4-1）．急速な寒冷化は中新世前期の 15 Ma 頃と，鮮新世後期の 3 Ma 以降に生じていることが，化石に残された $\delta^{18}O$ の急速な増大によって知られている．

前者は南極大陸に大規模な氷床が発達したことに対応している．南極氷床は始新世の 50 Ma 頃から発達を始め，その後何回か消長を繰り返していたが，15 Ma 頃の急激な寒冷化で現在と同程度の大規模氷床が形成された．この原因はこの頃北大西洋深層水の循環が始まり，南極付近で塩分濃度が高く温暖な北からの深層水が湧昇し，南極大陸の降雪量が増大したためと考えられている（増田，1996；Wilson

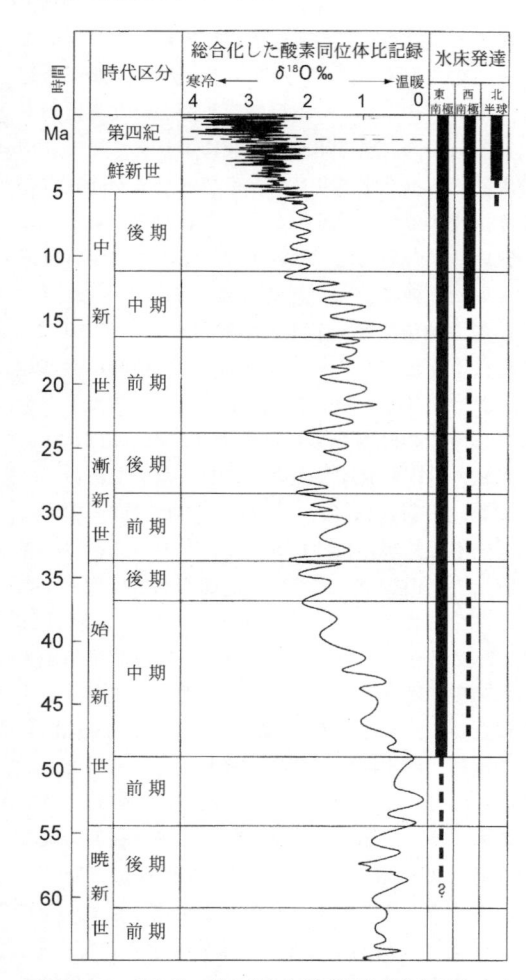

図 3.4-1　新生代の総合化した酸素同位体比記録と氷床発達（Wilson et al., 2000）
　氷床発達は東南極，西南極，北半球の各地域について，氷山で運ばれた海底の堆積物（ice rafted debris）の存在から推定したもの．太実線部分は明瞭な氷床発達の証拠のある時期，太破線部は氷床発達の初期と思われる時期．

et al., 2000）．しかし，その背景には，インド亜大陸のユーラシアプレートへの衝突によって，テーチス海がインド洋と切り離されたことや，北アメリカ大陸とユーラシアプレートの分離により，大西洋と北極海がつながったという，プレート運動に伴う大地形の変化と，それによって引き起こされる大気，海洋の大循環の変化が大きく関連している．

後者の寒冷化は北半球に氷床が発達し始め，やがて，第四紀の北半球における大氷床が発達することや，全地球規模での氷期，間氷期の繰り返しが発生

することに対応している．その原因は，カリブ海プレートの南部を占める中央アメリカ火山弧が西進し，南アメリカプレートに衝突したためと考えられている（Keigwin, 1982）．衝突によりそれまで別個の大陸であった北アメリカと南アメリカが陸続きになり，現在のパナマ地峡が形成されたのである．この狭い地峡の形成は，それまで熱帯の海水が行き来していた大西洋と太平洋を分離してしまうという，大洋の大循環にとって重大な変化を引き起こした．これにより暖流のメキシコ湾流は北大西洋に流れ込み，北アメリカ大陸，グリーンランド，スカンジナビアに多くの降雪をもたらすようになったために，北半球に氷床が発達するようになったのである．

また，中新世以降，プレート運動の進行により，プレート収斂境界にはヒマラヤ，アルプス，ロッキーなどの大山脈が形成され，山脈の高度は徐々に増大していった．ヒマラヤ山脈やロッキー山脈は25〜15 Ma頃から上昇を始め，10 Maには北半球の大気大循環の障壁となり，モンスーンを発生させるようになった．3 Ma以降の寒冷化あるいは0.95 Ma以降の氷期，間氷期の周期的な繰り返しの原因とも深く関連していると考えられる（増田，1996）．

このように，テクトニクスによる地球表面の大規模な地形変化は，大洋や大気の大循環に影響を与え，水蒸気や熱の輸送システムを変化させて，今日の第四紀の気候・環境変化を導いてきたのである．以下，ここではヒマラヤ山脈とパナマ地峡の発達を例にその変化をみることにしよう．

3.4.1　ヒマラヤの隆起と第四紀気候変化
（1）　インド亜大陸の衝突とヒマラヤの隆起

ヒマラヤ山脈は，南極およびオーストラリア大陸から分離し，中生代に北進を続けてきたインド亜大陸がユーラシア大陸と約50 Maに衝突を開始した後，その衝突帯の前縁に生じた大規模な褶曲・衝上断層帯である．また，ヒマラヤの北側に広がるチベット高原は，ユーラシアプレートの下に，衝突し沈み込んだインド亜大陸がアンダープレーティングしたために地殻が厚化し，アイソスタシーによって隆起して標高5000 mの広大な高原が形成されたと考えられる．

ヒマラヤは中新世以降大きく隆起したと考えられるが，それはどのような情報に基づいているのだろうか．山地の急峻な地形は激しい隆起を想定させるが，それによって侵食を受け，削られた砕屑物はヒマラヤから流出する河川によって運ばれ，山麓の盆地に堆積する．ヒマラヤでは南側前縁に沿って堆積盆地が形成され，**シワリク層**と呼ばれる中新世前期以降の陸成層が5000〜6000 mの厚さで堆積している．この地層は，ヒマラヤ隆起の歴史をよく記録している．ただし，ヒマラヤ前縁の衝上断層活動の南側への移動により，シワリク層の一部は主境界衝上断層（MBT）や主前縁衝上断層（MFT）の活動によって隆起し，山地を形成しており，最新の情報はより新しい盆地堆積物を探る必要がある．

シワリク層から読みとれる環境変化

シワリク層は，岩相からは下・中・上部に区分され，泥岩，砂岩，礫岩と上方粗粒化を示す，典型的なモラッセ相堆積物である．このような層相の変化と，植物化石，動物化石，土壌の同位体組成から，上流域や山麓の堆積地域の環境変化が読みとれている．陸成層のため年代資料は乏しいが，地層中に挟まれる火山灰層の放射年代測定値と古地磁気層序によって，下部層の基底は18.3 Ma，中部の基底は10 Ma，上部の基底は5 Maと推定されている（Johnson et al., 1985）．

これから，シワリク層の堆積相と堆積環境は10 Ma頃から変化を始め，9 Maには蛇行河川から季節的な洪水を起こす河川に変わり，さらに7 Ma以降網状流の扇状地河川に変化したことがわかった．また中部では変成岩・花崗岩起源の重鉱物である藍晶石が含まれるようになる．これは，中部層の堆積期に上流のヒマラヤ山地では中圧型変成岩が侵食により地表に露出するようになったことを示している．堆積速度も下部の13 cm/千年から中部の24 cm/千年（パキスタン，ポトワール地方）へと，10 Ma付近を境に急増している（Johnson et al., 1982）．

西ネパールの植物化石・花粉分析からは，下部層が湿潤常緑広葉樹の卓越する植生を示すのに，中・上部層では乾燥したサバンナ型の植生が卓越する．

動物化石ではポトワール地方からデータが得られており，9.5〜9 Maに大きな動物相の変化があり，森林性の動物から草原性の動物に変化している．これも乾燥化を示すものであろう．

さらに同位体組成は，とくに $\delta^{13}C$ で成果が得られている．試料は土壌起源の炭酸塩で，10〜7 Ma

頃にδ¹³C値の急増が認められる．これは植生が樹木を主とするC₃植物からイネ科のC₄植物優勢に変わったことを示し（コラム6.4-2参照），環境が雨季と乾季が明瞭な草原に変わったことを示している（Quade *et al.*, 1989；酒井，1997）．

(2) モンスーン気候の成立と地球規模の環境変化への影響

モンスーンは地球の東西方向の熱の移動・再配分に大きな役目を果たし，その変化は大気大循環に大きな影響を与え，第四紀の気候変化とも大いに関連するものと考えられる．とくにインドモンスーンは夏，チベット高原が強い日射で暖められて低気圧をつくり，そこにアラビア海から水蒸気を含んだ湿った空気が流れ込んで，ヒマラヤ前縁にぶつかって大量の降雨をもたらす特徴的な季節風である．ヒマラヤ・チベットのもつ北と南の空気の混合を妨げる障壁効果と，空気が薄いため大地が熱を吸収し暖かさを保つ熱的効果によりモンスーンは強化され，北部までその影響が及んでいる．したがって，ヒマラヤ・チベットの隆起はモンスーンの活動と大きく関係しているはずである．

アジアモンスーンの開始時期に関して，シワリク層からの諸情報から推定することが可能である．シワリク層の層相変化からその中部が堆積し始めた10Ma頃にヒマラヤ山地が隆起し，その前縁盆地の環境も大きく変化したことがうかがえる．ただし，隆起といっても堆積相の変化は，泥岩から砂岩であり，その上部の扇状地性礫層への変化に比べると小規模であり，山地高度は現在よりはずっと低かったと推測される．

また，前縁堆積盆地で認められる洪水性河川の出現や，動植物化石から認められる雨季乾季の区別が明瞭なサバンナ草原への変化は，モンスーン気候の開始を示すものと考えられる．したがって，シワリク層の情報からは，10Ma頃にヒマラヤ山地は大気大循環の障壁となるような高度にまで隆起し，強いアジアモンスーンを発生させるようになったと考えられる．

アジアモンスーンの発生開始時期はインド沖の深海底堆積物からも知ることができる．

南西モンスーンが強まるとインド洋の暖かい表層水が東に移動し，その後に冷たいインド洋の深層水が湧昇してくる．もちろん，モンスーン発生前の時期にはインド洋にこのような湧昇流は生じていなかったと考えられる．湧昇流には好寒冷水種の珪藻が多く含まれるので，深海堆積物の珪藻分析から，モンスーンの開始時期を知ることができるのである．その結果，それ以前は珪藻化石が含まれていないのに，10Ma頃を境にそれより上部の地層では好寒冷水種の珪藻が挟まれるようになるのである．これは10Ma頃にモンスーンが始まったとする陸上データとよく一致している（酒井，1997）．

(3) モンスーンと氷期・間氷期の繰り返し

第四紀の環境変化は，大気・海洋大循環の変化により3Ma以降寒冷化が強まり，0.95Ma以降，明瞭な氷期・間氷期の区分とその10万年周期の繰り返しサイクルが明瞭になった．この0.95Ma以降の繰り返しサイクルの原因はまだよくわかっておらず，さまざまなアイデアが考えられているが，1つの考えとして，ヒマラヤ・チベットの高度が増したことが挙げられる．そのため，氷期にチベット高原に雪氷圏が広がり，これがアルベドを増大させ夏のモンスーンを弱めると，偏西風に大きな蛇行パターンが現れ，北アメリカ大陸に気圧の谷が生じて，北半球の大規模氷床形成に都合のよい状態が生じるというものである（安成，1997）．

3Ma以降の寒冷化に関連しては，この時期以降，ヒマラヤ・チベットの隆起が急速に進行したという見解が中国の研究者から示されている．これは，現在森林限界上にある中央ヒマラヤ，シシャパンマ峰北斜面（標高5800m）の鮮新世の地層中から常緑広葉樹の葉化石が発見され，現在の生育位置との比較から，この地域は鮮新世末以降約3000m隆起したと考えられている（Hsu, 1976）．これについては新生代を通じて地球全体が大きく寒冷化しているので，森林限界自体が低下している可能性があり，急速な隆起とみなすのは危険であるという批判がある（Molnar & England, 1990）．

ヒマラヤの隆起速度については，山脈内の河川沿いの段丘の比高や活断層の変位速度，あるいは山地を形成する地層の年代などから，定量的な推定が可能である．このうち，花崗岩のFT年代を用いた方法（在田・鷹澤，1997）は，数Ma以降の古い時期からの隆起量が連続的に推定でき，最近の隆起速度の変化を知るのに有効である．

花崗岩中のジルコンは，約260℃の閉鎖温度以下

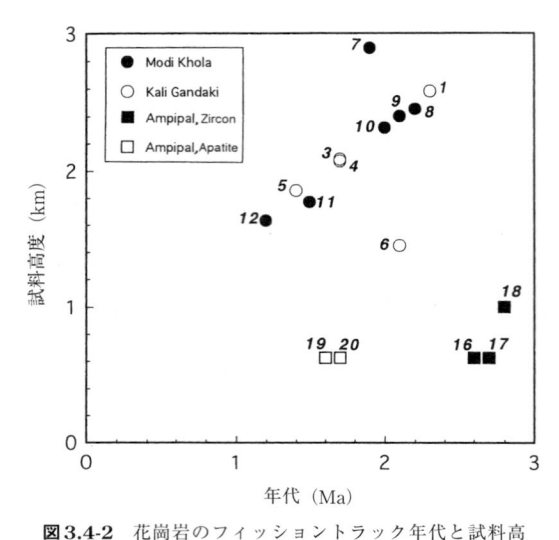

図3.4-2 花崗岩のフィッショントラック年代と試料高度の関係（在田・鴈澤，1997）
試料6と試料7を除いた勾配から，2.3 Maから1.2 Maにかけての約1.1 myの間の平均削剥（上昇）速度は，0.86 km/my（≒ 0.9 mm/y）となる．

で核分裂飛跡[10]が保存される．ある地点ではいつも地下一定の深度でこの温度に達するのなら，地表が隆起し侵食されることにより，その閉鎖深度は順次下に下がっていく．すると，同じ岩体なら，下部ほど若いFT年代を示すことになる．これを年代-高度図にプロットすると，測定点の連続で示される傾きはその地点での削剥（隆起）速度を示すことになる（図3.4-2）．また，測定点が少ない場合，地温勾配を仮定（たとえば35℃/km）して，それで閉鎖温度（260℃）を割れば閉鎖時の深度がわかるので，FT年代値をもとに平均隆起速度を推定することができる．この結果，中央ネパールでは鮮新世末以降更新世前期までの隆起速度が0.9 mm/年，鮮新世末から現在までの平均隆起速度が3 mm/年，1.2 Ma以降現在までが6 mm/年という値が得られ，更新世以降ヒマラヤの隆起速度が加速しているというデータが得られている（在田・鴈澤，1997）．

---

10) 核分裂飛跡（フィッション・トラック）：鉱物・火山ガラスに含まれるウランが自発核分裂したとき，発生した粒子によって鉱物などに生じた放射線損傷の痕．単位体積あたりの自発核分裂数はウラン濃度と鉱物などの生成年代に比例する．フィッション・トラック年代測定法では，飛跡の密度とウラン濃度を測定して鉱物などの生成年代を求める（2.2.4項（2）[D] 参照）．

3.4.2 海峡・地峡の形成と気候変化

プレート活動により，大陸の分裂，移動などが起きると陸地が分断されてその間に海峡が形成されたり，あるいは逆に大陸どうしの接近により，その間にあった海が塞がれて地峡が形成されることがある．このようなテクトニクスによる大規模な地形変化は，地球表層海域を循環する海流の流れの道筋を大きく変えることになる．海流の大循環は大気大循環とともに，赤道付近で得られた太陽放射エネルギーを地球上に平均化させる熱の移送・再配分システムを担っているので，上記の変化は地球全体の気候を大きく変化させる要因となる．

南極の氷床発達

新生代の地球寒冷化の結果として，南極に大規模な氷床が発達した．これは南極海域での深海底掘削調査により，堆積物中に氷山によって運ばれたと思われる南極大陸に由来する粗粒砕屑物が増大する時期があることから推定された．この原因と思われるできごとは，アフリカとユーラシアの間にあったテーチス海の縮小などいくつか指摘されているが，とくに効果が大きかったと思われるのは，30～25 Ma頃それまで地続きであった南極半島と南アメリカパタゴニアのホーン岬との間に，ドレーク海峡が形成されたことである（時代はより古いという説もある．6.3.1項参照）．ドレーク海峡には南極プレートと南アメリカプレートの間の収斂あるいはトランスフォーム境界が走っており，大西洋の拡大に伴う南アメリカプレートの西方への移動のため，南極，南アメリカの両大陸が切り離されたと思われる．

海峡の形成によりチリ沖の太平洋を南下していた寒流は，この海峡を越えて大西洋側に流入し，南極大陸の周りを回る南極周極海流（ACC）が完成された．この結果，低緯度地域から南下してくる暖流は南極に近づけなくなり，南極大陸の寒冷化が進行したと考えられる．寒冷化で南極大陸が広く雪氷に覆われ，アルベドが増大したことがさらに一層の寒冷化を促進したものと考えられる．しかし，海峡の形成やACCの完成で南極が一気に寒冷化し氷床が急速に発達したということではないらしい．現在のような南極大陸全体を覆うような氷床が発達するのは15 Ma頃であり，巨大な氷床発達までには1000万年以上の時間がかかったと推定される（Wilson et al., 2000）．

パナマ地峡の形成

もう1つの重大なテクトニクスによる地形変化は，北南アメリカをつなぐパナマ地峡の形成である．これは，それまで独自に進化を遂げていた南アメリカ大陸と北アメリカ大陸の生物群の中に，鮮新世末期になって北アメリカの進歩した有胎盤類が南アメリカに出現する，あるいはその逆に一部の南アメリカの有袋類や貧歯類が北アメリカに現れるなどの古生物学的および現世の生物地理学的な証拠から推定されている（6.3.1項参照）．

パナマ付近の地塊はカリブ海プレートの南端部を占め，東西方向に延びる火山弧である．それまで，中央アメリカ地域と南アメリカ大陸は離れていて，両者の間には海峡があり，大西洋の海水はここを通って太平洋に流入していた．しかし，12.5 Ma頃から始まったカリブ海プレートの東進により火山弧は南アメリカプレートに接近し，両者は4〜3 Maに衝突して海峡は閉じてしまった．

この時期は，北半球に大陸氷床が発達した時期と一致している．北半球では8 Ma頃からグリーンランドで氷床が発達し始めたが，北アメリカ大陸やスカンジナビアに大陸氷床が形成されるのはずっと遅れた3 Ma頃である．この原因は，パナマ地峡が形成された結果，低緯度大西洋の海水は太平洋側に抜けられなくなり，カリブ海の塩分濃度が増加してメキシコ湾流（Gulf Stream）が強まったと考えられる．この暖流は北上して北大西洋に達するようになり，高緯度地域に高塩分濃度の海水がもたらされたため，北大西洋深層水（NADW）の沈み込みが活発化した．しかし，同時に北大西洋の温暖化での海水の蒸発が盛んになり，大陸地域に湿った大気が運ばれて大量の降雪をもたらしたと考えられる．その結果，それまで氷床のなかった北半球の大陸に，巨大氷床が形成され，気候変化に大きな影響を及ぼすようになった．

だが，暖流の北上は地域の寒冷化を妨げる動きであり，また，3〜2 MaにはNADWは停止していたという説もあり，パナマ地峡の形成が北半球の大陸氷床形成の引き金になったという考えには疑念も提示されている（Wilson *et al.*, 2000）．

4. 気候変化

4.1 現在の地球の大気と海洋

4.1.1 大気・水圏の概観

地球大気の面積あたりの質量は$1 \times 10^4 \, \text{kg/m}^2$で，液体の水の約10mの柱に相当する．大気の質量の半分は海面から高さ約5kmまでに，残り半分のうちさらに半分は次の5kmにある．つまり大気の3/4は地上10km以内にある．大気の温度は緯度や季節によっても変わるが，それを平均した標準的な鉛直分布を図4.1-1に示す．大気は，温度が高さにつれて上がるか下がるかを主な基準として，対流圏，成層圏，中間圏，熱圏と区分されている．

地球上の水（固体，液体，気体の3相を含めたH_2O）の量を表4.1-1に示す．液体の水の体積（単位：km^3）に換算した形で示されているが，質量（単位：$10^{12} \, \text{kg}$）とみた方がよい．地球上の水の97%は地球表面の約7割を覆う海水であり，平均の深さは約3.8kmである．それに次ぐ大きな蓄積は，南極とグリーンランドの大陸氷床である．

地球上の水は，降水・液体の水の移動（河川流出あるいは海水の流れ）・蒸発・大気中の水蒸気の移動という循環を続けている．全地球平均，年平均の降水量と蒸発量はともに，約1000mm（つまり$1000 \, \text{kg/m}^2$）と見積もられている．大気中の水蒸気を液体の水に換算するとその厚さは平均約25mmであるから，水蒸気が大気中に滞在し続ける時間は（実際には長いことも短いこともあるが），平均すれば約9日ということになる．

水は，この4.1節で述べるように，気候にとって重要な役割をしているほか，生命の維持にも不可欠であり，また侵食・運搬・堆積を通じての物質の移動や地表環境の変動にも深く関わっている．

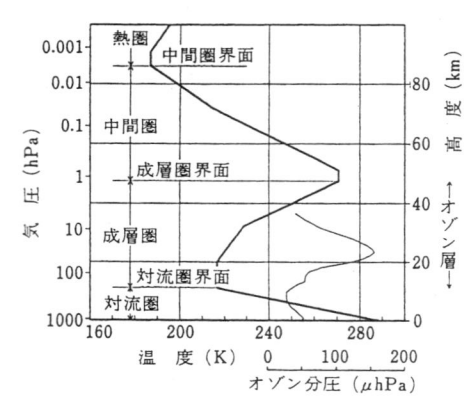

図4.1-1 大気の平均的な温度の鉛直分布（朝倉ほか，1995）
横軸の温度の単位はK（ケルビン）．

表4.1-1 地球上の水の量（楾根，1973；1989を簡略化）

種類		液体換算体積（km^3）
塩水	海洋	1,349,929,000
	塩水湖	94,000
淡水	氷	24,230,000
	淡水湖	125,000
	川	1,200
	土壌水	25,000
	地下水	10,100,000
水蒸気	大気中の水	12,600
生物	動物	600
	植物	600

氷については，Shumskiy et al. (1964)のまとめによっている．

4.1.2 大気のエネルギー収支と鉛直構造

図4.1-1のような温度分布は，大気のエネルギー収支によって説明できる．地球全体としてのエネルギーの出入りのほとんどは，太陽から放射を受けとることと，地球自体が放射を出すことによるものであり，この両者は，年平均でみれば，つりあってい

ると考えられている．「放射」とは，電磁波によるエネルギーの伝達をさす．電磁波にはいろいろな波長のものがあるが，太陽が出す放射（温度約5700Kの黒体放射[1]に近い）のエネルギーの大部分は，0.3～1.5 μmの可視光から近赤外線の波長域にあり，地球の出す放射（黒体放射で近似すれば温度約255K）の大部分は7～30 μm前後の赤外線の波長域にある．両者の波長域がほとんど重ならないので，太陽放射と地球放射の収支をそれぞれ観測することができる．

大気中で太陽放射を吸収する主な物質はオゾンであり，これは紫外線の波長域の電磁波を吸収する．オゾンは主として成層圏に分布している．そのほかの成分による太陽放射の吸収は0ではないが概略の議論では省略できる．一方，地球放射を射出する主な物質は水蒸気と二酸化炭素であり，これらは同じ波長の電磁波を吸収する物質でもある．成層圏から上の大気には水蒸気はほとんどなく，二酸化炭素が主な射出物質となる．それぞれの高さの大気のエネルギー収支を考えると，地球放射の射出・吸収はどの高さでも起こり，温度が高いほど射出が多くなるが，太陽放射の吸収はほとんどオゾン層に限られている．そこで，オゾン層付近は高い温度，そのほかは低い温度に落ち着くことになる．オゾン層を通過した太陽放射は，一部は大気成分や雲に吸収されるが，半分以上は地表面（海や陸の表面）に達してそこで吸収される．対流圏では，大気は放射だけをみればエネルギーを失う傾向にあるが，大気の上下運動つまり対流によって地表面からエネルギーが補われることにより，比較的高い温度が維持されている．また，対流圏の中の鉛直温度分布は，基本的には対流の結果として決まっている．

大気からの地球放射は，上向きだけでなく下向きにも出されている．したがって，地表面には大気を透過してきた太陽放射に加えて，大気からの地球放射が届く．また水蒸気や二酸化炭素を含む大気は地表面からの地球放射のかなりの部分を吸収する．現実の地上気温（平均値で約14℃ = 287K）が，地球が出している放射を黒体で近似した温度（255K）よりもだいぶ高くなっているのは，大気が地球放射を吸収し再射出するためである．この効果を温室効

---

1) 黒体放射：熱力学的平衡状態にある電磁波のことであり，その性質は温度だけで決まる．

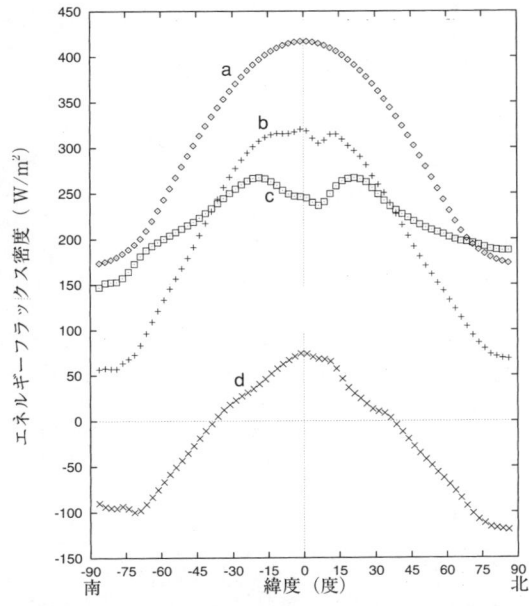

図4.1-2 年平均（1985年2月～1989年1月）の放射収支の緯度分布（単位：W/m²）

曲線a：「大気上端」に入射する太陽放射（計算値）．
　　b：地球に吸収される太陽放射（ERBE衛星による観測値）．
　　c：地球が出す地球放射（bと同様）．
　　d：正味放射（b－c）．

果と呼ぶ．

4.1.3　放射収支の緯度・季節分布

面積あたり，しかも時間あたりで，ある面に到達または面を通過するエネルギー量を，エネルギーフラックス密度という．とくに気候に関して重要となるのは，地表面に平行な面に対するエネルギーフラックス密度である．図4.1-2の線aは，「大気上端」に入射する太陽放射のエネルギーフラックス密度を各緯度ですべての季節と緯度について平均したものである．線bは，このうち，地球が（雲を含む大気や海，陸など全体として）吸収する分である．地球全体で集計すると，入射する太陽放射の30％を反射し，70％を吸収している．線cは，地球が出す地球放射のエネルギーフラックス密度である．bもcも，低緯度で大きく高緯度で小さい値を示すが，その緯度間の違いはbの方がずっと大きい．つまり，低緯度では受けとる太陽放射の方が出す地球放射より大きく，高緯度ではその逆である．bとcの差をdとして示す．各緯度帯の表面積をかけてdを平均

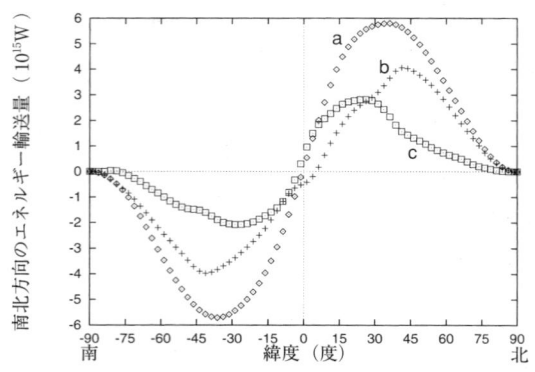

図 4.1-3 大気と海洋による年平均の南北方向のエネルギー輸送（単位：10^{15}W）
曲線 a：大気と海洋の合計（図4.1-2dと同じデータから）．
b：大気（アメリカ合衆国NOAA NCEPによる同じ4年間の気象データから）．
c：海洋（a−b）．

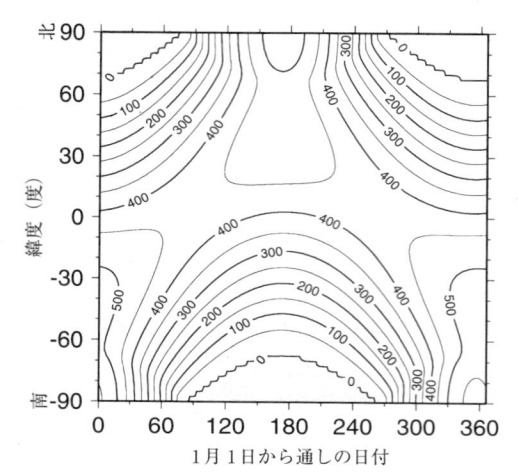

図 4.1-4 「大気上端」での太陽放射の緯度（縦）−季節（横）分布（単位：W/m²）
影をつけた部分は太陽放射が届かないことを示す．

するとほぼ0となる．

気候には多少の年々変動はあるが，大まかにみれば年平均のエネルギーは各緯度で定常状態にあるとみてよい．したがって，dの過不足を補うように，大気と海洋の流体の移動によってエネルギーが高緯度側へ運ばれている．図4.1-3に南北方向の輸送量を北向きを正として示す．aが大気と海洋の合計，bが大気，cが海洋である．両者のエネルギー輸送に果たす役割は同程度である．

図4.1-4は，「大気上端」での日平均の太陽エネルギーフラックス密度を，横軸に季節，縦軸に緯度をとって，等高線状に表示したものである．冬の極地方には太陽放射が達しないので値が0になっている．夏至頃の高緯度地方は昼の長さが長いため，太陽高度（地平線からの角度）があまり高くないにも関わらず，日平均のエネルギーフラックス密度は赤道付近よりかえって大きいことがわかる．これだけの事実と，後に述べる対流の議論から想像されるのは，夏の半球で上昇し冬の半球で下降するような，季節によって逆転する鉛直・南北循環である．実際，成層圏・中間圏の循環はそうなっている．しかし，われわれが直接知っている下層大気（対流圏）の鉛直・南北循環は，季節によって多少場所や強さを変えるものの，基本的には低緯度（赤道付近）と高緯度との間の循環である．そのようになる主な理由は，海の水が夏の間にエネルギーを貯えて冬に放出することにより，夏と冬の間の温度差を小さくする働きをしていることである．

4.1.4 大気の大循環と気候帯

大気は，同じ圧力のもとでは温度が高いほど密度が小さく，その関係は理想気体の状態方程式で充分よく近似される．したがって，温度差があれば，温度の高い空気が上昇し，温度の低い空気が下降するような対流が生じると予想できる．とくに，地球大気の対流圏の年平均した温度の緯度分布をもとに考えると，赤道付近で上昇し，高緯度で下降するという運動と，それに伴って上層で赤道から離れ，下層で赤道に向かうような南北循環が生じると予想される．

ところが，地球は自転していて，大気の運動つまり風は，回転する固体地球に相対的な運動であることを考慮する必要がある．海洋の水の運動についても同様である．回転する地球上で運動する物体の運動方程式には，コリオリ（Coriolis）の力というみかけの力が登場する．これは，物体の（地球に相対的な）速度に比例し，速度ベクトルと直交する方向に向かう力である．大気や海洋は地球全体に比べれば薄い層であるため，その運動に効いてくるのは，地球の自転角速度のうちの，天頂（頭の真上）方向の軸の周りの回転の成分である．それの大きさは緯度によって違い，赤道上で0，両極で絶対値が最大になる．コリオリの力は，大気の運動の向きを変えるように働く．その結果，対流圏上層の赤道から離れる方向の風は西風（西から東に向かう流れ）に，下層の赤道に向かう風は東風になる．ハドレー

図 4.1-5 大気大循環の模式図

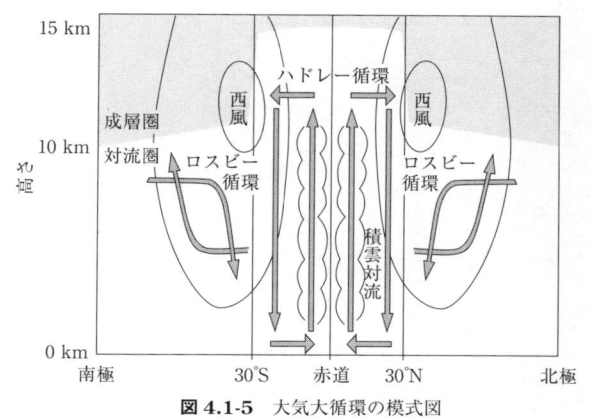

(Hadley) が1735年の論文で, 熱帯の大部分の地上 (海上) で吹いている**貿易風**と呼ばれる東風の原因を, このようなしくみによって説明した.

現実の熱帯から亜熱帯にかけての循環を年平均でみれば, 赤道付近に上昇域, 南北の緯度30°付近に下降域があって, その間では下層で貿易風が吹いている. また, 対流圏の上部では, この範囲のうちの高緯度側 (つまり下降域の上) で, 強い西風が吹いている (図4.1-5参照). このような循環を**ハドレー循環**と呼ぶ. ハドレー循環は, エネルギーを高緯度側へ, 水蒸気を逆に低緯度側に運んでいる.

実は, 大気がエネルギーを受けとるところと密度が小さくなるところは同じではない. 熱帯の地表面から大気に供給されるエネルギーは主に水蒸気がもつエネルギーの形である. 水蒸気が凝結するところで大気の温度が上がり, 密度が小さくなる. 一方凝結した水は雨として落ちる. このような水を含んだ大気の対流では, 上昇域は比較的狭く, 下降域は広くなる. 雲の集団を維持するのにコリオリの力が効くところの方がよいことと, やはり地球の自転の影響を受けた海面水温の分布との結果として, 現実の上昇域の中心は赤道から少しはずれ, 夏の半球の緯度5°〜10°付近にある. 図4.1-5のように上昇域の中心がほぼ赤道に一致するのは, 全季節平均した姿である. 地上の天気図では, ハドレー循環の上昇域は**熱帯収束帯**, 下降域は**亜熱帯高圧帯**と呼ばれるところにあたる.

中高緯度の大気も全体として高緯度向きにエネルギーを運んでいるのだが, その働きをする主役は温帯低気圧とそれに伴う移動する気圧の谷・峰である. 温帯低気圧は, 南北の温度差があって平均的に は西風が吹いているところに発生し, 10 m/s程度の速度で西から東に移動する. これに伴う気圧の谷・峰の波長は数千kmである. これらが, 低緯度側の暖かい空気と高緯度側の冷たい空気を (大まかにいえば水平に) 混ぜる働きをする. なお, 温帯低気圧は対流圏の西風を維持する働きもしている[2].

回転水槽を使った室内実験では, 南北の温度差を一定とした場合, 回転速度が小さいとハドレー型の循環が生じるが, ある程度以上大きくなると循環が波うち, 温帯低気圧と似た性質をもった渦が生じる. 地球大気でも, コリオリの力の弱い熱帯でハドレー循環が生じ, それが強い中高緯度で温帯低気圧が主役となった循環が生じている. 後者を**ロスビー** (Rossby) **循環**と呼ぶことがあるが, ハドレー循環ほど普及した用語ではない.

ハドレー循環とロスビー循環がそれぞれ支配する緯度範囲は, 季節とともに多少移動する. そのため, 日本の大部分を含む緯度およそ30°〜45°の範囲は, 夏はハドレー循環の下降域つまり亜熱帯高気圧に覆われ, 冬は温帯低気圧が通過する**偏西風**域となる. これより低緯度側は常にハドレー循環に支配され, 高緯度側はロスビー循環に支配されるとみてよい. 図4.1-6には, ハドレー循環が支配する領域の季節変化を示す.

なお, 現実の中高緯度大気, とくに北半球の冬には, 移動する気圧の谷・峰に重なって, 定常的な波長1万km以上の気圧の谷・峰もある. これは, 4.1.6項で述べるように, 海からの熱源の効果と山岳の力学的効果によるものと考えられている.

4.1.2〜4.1.4項の記述については, 松野 (1982), 小倉 (1999) が参考になる. 大気のエネルギー輸送について詳しくは, 増田 (2000), Peixoto & Oort (1992), Hartmann (1994) を参照. 中村ほか (1986) より前に提案された気候区分については, 矢沢 (1989) が詳しく紹介している.

---

[2] 広い地域にわたって温度や水蒸気量などの性質が似た空気が広がっているとき, **気団**が形成されているといい, 逆に, 短い距離の間に空気の性質が大きく変化するところを**前線**という. 前線はふつう, 両側から空気が集まってくるところに形成されるので**収束帯**でもある. 温帯低気圧には, それぞれ前線が伴っている. しかし, 個々の低気圧の寿命より長い時間で平均してみると, 低気圧が発生あるいは通過する頻度の高い地帯全体が, **前線帯**として認識される.

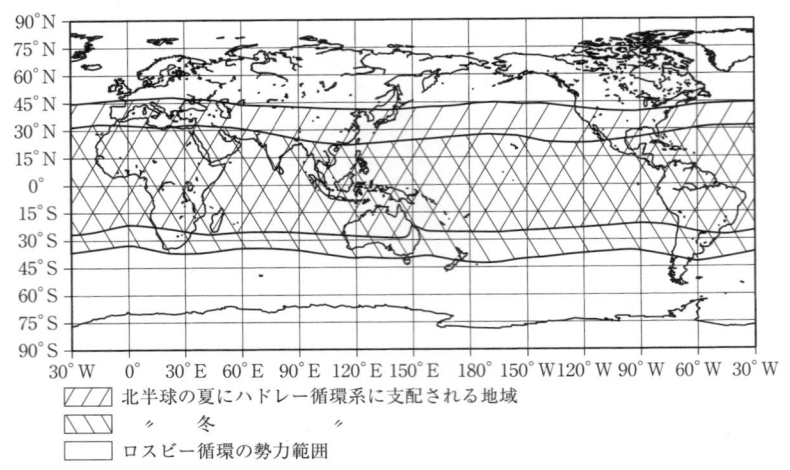

図 4.1-6 ハドレー循環とロスビー循環の勢力範囲（中村ほか，1986の気候区分図から簡略化）

4.1.5 海洋の大循環

海洋のエネルギーの出入のほとんどは海面で起こる．それには，太陽放射と大気からの地球放射の吸収，海面からの地球放射の射出，大気とのエネルギーのやりとり（水の蒸発に伴って出ていくエネルギーを含む）がある．また，海面上の風によって海水が押し引きされること（風の応力）は，エネルギー収支にとっては小さい項であるが，海水の運動にとっては重要である．

海洋は，大きく表層と深層に分けられる．境界は明確ではないが，約500mをめやすとする．われわれになじみの深い黒潮などの表層の海流は，基本的に風の応力を原因とする「**風成循環**」である．

亜熱帯を中心とする海域を考えると，低緯度側で東風（貿易風），高緯度側で西風（偏西風）が吹いている．海面近くの海水が風によって引きずられるとき，同時に地球の自転の効果が効くので，正味の水の移動は，東風域では高緯度側へ，西風域では低緯度側へ向かう．この結果，亜熱帯には海水が集まることになり，ここの圧力が高くなる．圧力の差による力とコリオリの力がつりあう状態では，北半球の場合上からみて時計回りの循環（亜熱帯循環）ができる．さらに，コリオリ効果の緯度による違いを考えると，高緯度へ向かう流れは北太平洋の**黒潮**や北大西洋のメキシコ**湾流**（Gulf Stream）のように海の西側の境界近くに集中し，低緯度へ向かう流れは海全体に広く分布する．

同様に，偏西風の極大域よりも高緯度側の亜寒帯では，北半球の場合反時計回りの循環（亜寒帯循環）ができるが，この場合も海の西側の境界近くに強い海流（北太平洋の**親潮**など）ができる[3]．いずれにしても，風成循環はほぼ水平に暖かい低緯度の水と冷たい高緯度の水を交換するので，結果としては，低緯度から高緯度へエネルギーを運ぶことになる．ただし，海流にとっての壁となる陸がない場合（現在の南半球中緯度など）には，効果的にエネルギーを高緯度へ運ぶことができない．

一方，海洋の質量の大部分を占める深層の循環は，海水の密度の違いによって起こる大規模な対流である．海水の密度は温度と塩分の両方によって決まる．そのため，**深層循環**を**熱塩循環**ともいう．海水は温度が低いほど密度が大きい（4℃以下の淡水の場合のような逆転はない）が，凝固点（約-2℃）に近い温度では密度の温度依存性は小さくなり，主に塩分が密度を決める．塩分は主として海面での蒸発，降水，陸からの淡水の供給のバランスで決まっているが，海氷ができる海域では，氷には塩分が取り込まれにくいため，塩分の濃い水が残されるというプロセスもある．

図4.1-7に，現在の海洋のうちの大西洋での，温度，塩分，溶存酸素，それに放射性炭素（^{14}C）年代の南北鉛直断面の分布を示す．このような情報から，大西洋の深層水のほとんどは，北大西洋の高緯度（緯度60°〜70°付近）の表層で沈んだ水である

---

[3] 大気の気団と同様に，温度や塩分が似た水が広がるとき，**水塊**が形成されているといい，温度や塩分が空間的に急激に変わるところを**前線**という．亜熱帯循環と亜寒帯循環の境を，亜寒帯前線という．

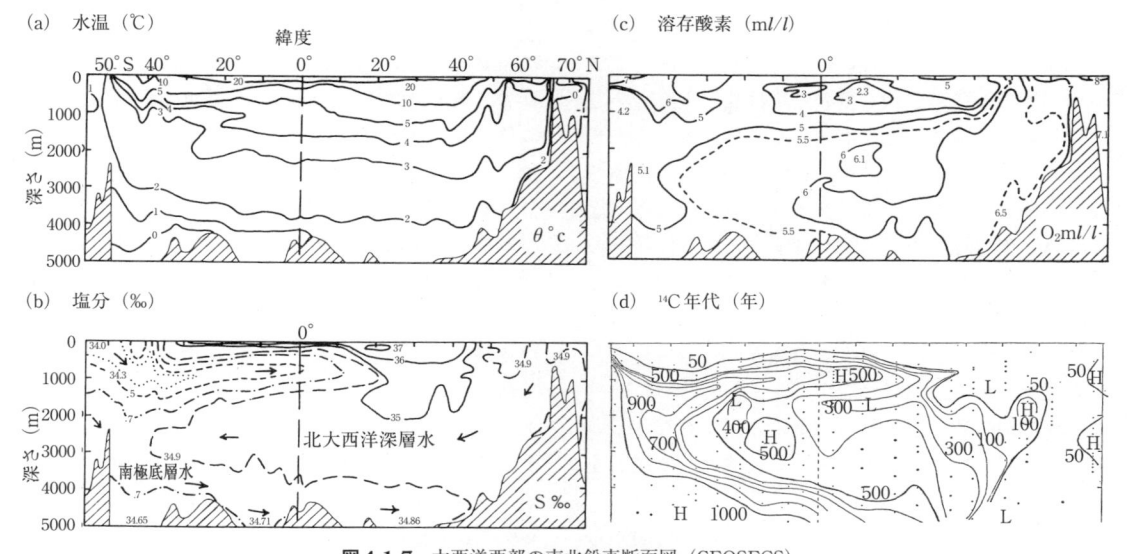

図4.1-7 大西洋西部の南北鉛直断面図（GEOSECS）
a：水温（単位：℃），b：塩分（単位：質量千分率），c：溶存酸素（単位：ml/l），d：^{14}C年代（単位：年）.
（a～cはPicard & Emery（1990），dは角皆・乗木（1983）より）

ことがわかった．ただし，海洋のいちばん深いところには，南極大陸近くのウェッデル海で沈んだ水が分布しており，これを南極底層水と呼んでいる．同様な太平洋の断面から，太平洋の深層水は北の方ほど古く，北大西洋で沈んだ水が南大洋を回ってやってきたものであることがわかってきた．^{14}C年代から，深層循環での水の移動には1000〜2000年の時間がかかることがわかる．表層の風成循環の時間スケールが10年程度であるのとは大きく違っている．

観測データからは表層の風成循環と分離できないが，熱塩循環には，沈みこむ水を補うような，北大西洋北部に向かう流れが含まれるはずである．このように海洋全体をひとまわりしている熱塩循環を，Broecker（1991）は「**コンベアーベルト**」にたとえた（図4.1-8）．

4.1.6 気候に及ぼす海陸分布と山岳の効果

同じ緯度でも，海上と陸上，あるいは海に近い陸地と大陸の内陸部とでは気候に違いがある．この原因としては，第1に海と陸の熱容量の違い，第2に水の供給能力の違いが挙げられる．またこれに加えて，陸上には地形のでこぼこ（山岳）があることも影響を及ぼす．

熱容量とは，物体の温度を一定量（典型的には1Kつまり1℃）だけ変えるのに必要なエネルギー

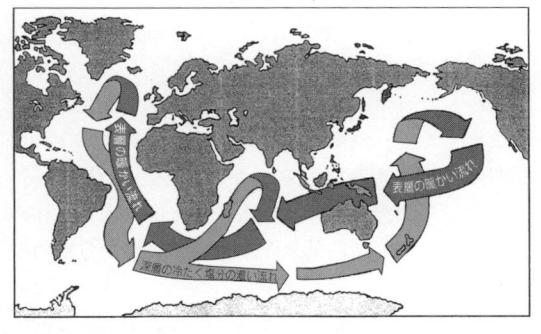

図4.1-8 Broecker（1991）の「海のコンベアーベルト」の模式図（Millero, 1996）

のことであるが，ここで問題になるのは，陸と海のそれぞれで温度の季節変化に関わる層の熱容量である．陸では鉛直にエネルギーを伝える方法が熱伝導だけなので，約1mの土壌層だけを考えればよい．これに対して海では，水が鉛直に動くことによるエネルギー輸送つまり対流があるので，約100mの水の層がかき混ぜられる．この層を混合層と呼ぶ．実際には上から冷やされる場合と暖められる場合で対流の効率は大きく違うが，暖められる場合でも風の応力によるかき混ぜがあるので，数十mの深さの混合層は存在する．面積あたりの熱容量はこの深さに比熱容量（質量あたりの熱容量）と密度をかけたものであるが，概算すると海では陸の約100倍あることになる．

この結果，海は夏のあいだにエネルギーを貯え，それを冬の間に放出している．その結果，海上の空気の温度の年較差（夏と冬の差）は陸上よりも小さい．実際には大気の運動が水平にエネルギーを混ぜるから，大陸上で海に近いほど温度の年較差が小さく，内陸ほど大きくなる．北半球中緯度の大陸の面積比は，南半球中緯度に比べてずっと大きい．そのため，北半球の夏には海陸を平均しても南北の温度差が冬よりずっと小さくなり，それに伴って偏西風も弱くなる．南半球中緯度の偏西風の強さは夏冬ともに北半球の冬に似ている．

海陸の温度差は，大気の循環の原因にもなっている．これについては，モンスーンに関連して後で述べる．

水に関わる海陸分布の効果は，海では地表面から蒸発できる水が無制限だが，陸では限りがあるということである．これはさらに2つの要因に分かれる．①同じだけのエネルギーを供給されても，沙漠のような乾燥した陸では，蒸発できる水が充分にない．②前に述べた熱容量の違いにより，海では夏に受けとったエネルギーを貯えて冬に水を蒸発させることができる．陸では蒸発は季節内のエネルギー供給に支配されるので，冬には少なくなってしまう．

大規模な気候に及ぼす山岳の効果は，大気自体の運動に関わる力学的効果と，水循環に関わるものに分けられる．

①　大気の運動は，山という障害物があると曲げられる．この影響が，風下の方に伝わって，気圧の谷・峰をつくっていく．同じ位置に山があっても，流れが山を乗り越える場合と，山の周りを回る場合では違うパターンで影響が現れる．

②　水に関する効果としては，山があると空気が強制的に上昇させられるため，水蒸気が凝結してその付近に降水として降ってしまい，風下には水蒸気を少ししか含まない乾いた空気が供給されることが挙げられる．

モンスーン

モンスーンと季節風は，いずれも季節によって卓越風向が逆転することをさす同意語だが，モンスーンは主に熱帯の夏（北半球では6〜9月頃，南半球では12〜3月頃）の現象に，季節風は主に温帯の冬の現象に重点を置いて使われることが多い．

上に述べた海陸の熱容量の違いから，陸は海より も夏に高温，冬に低温になる．これによって大気に，夏は陸で上昇，冬は陸で下降する循環がつくられる．地上の気圧でいえば，夏には陸に低気圧，冬には陸に高気圧ができる．もともと亜熱帯は高圧帯，亜寒帯（温帯低気圧帯のうち高緯度側）は低圧帯であるため，海陸の気圧コントラストは，夏には亜熱帯，冬には亜寒帯で際立っている．次に述べる積雲対流との結合が起こる場合は，反対向きの流れを含む循環は対流圏全体に及ぶが，そうでない場合は背が低く，対流圏の下部だけで閉じる．

熱帯モンスーンは，北半球の夏にはインド・東南アジアとアフリカ（サヘル・スーダン地帯）で，南半球の夏にはインドネシア・オーストラリア北部で，明瞭にみられる．そのメカニズムはWebster (1987) がわかりやすく説明している．これらの地域では，季節変化に伴い，まず，夏の初め（北半球側では4月頃），晴れた日が続いて地表面が加熱され，背の低い海陸間の循環ができる．陸上の低気圧に，海上から水蒸気をたくさん含んだ空気が収束すると，陸上で積雲対流と降水が活発に起こり，背の高いモンスーン循環ができる．雨が降った後には地表面温度の海陸コントラストは小さくなるが，積雲中の凝結が上昇流の原動力となるので，下層の収束は続く．なお，モンスーンのうちでもとくに南アジアのものが明瞭となるのは，チベット・ヒマラヤという山岳が熱源の位置を固定させる効果によると考えられる．

温帯の季節風は，緯度35°付近で，夏にはハドレー循環の貿易風（東風），冬にはロスビー循環の偏西風（西風）に覆われるところに現われる．冬には陸の方が温度が低いので，温帯の偏西風が陸から海に出る大陸の東側（日本付近や北アメリカ東岸）では，海から大気に大量の水蒸気および顕熱（水蒸気以外の形でのエネルギー）が供給される．とくに東アジアの冬は，大陸上に発達する地上の高気圧（シベリア高気圧）の東側にあたるため，偏西風にシベリア高気圧から吹き出す北西寄りの風が加わって，冷たい季節風が強く吹く．吹き出しの位置がほぼ一定し，明瞭な形をとることには，ヒマラヤ山系〜チベット高原の力学的障壁効果も関わっている．

4.1.7　雪氷圏

地球上の氷（固体のH_2O）の分布域を総称して雪

氷圏といい，氷床・氷河，海氷（海水が凍ったもの），積雪，凍土などを含む（表4.1-2）．このうち面積の広いのは積雪と海氷だが，これらの平均滞在時間は数カ月であり，年を越して残る部分はわずかである．また厚さも1m程度にすぎない．一方，氷河は，年を越した積雪が氷（結晶が密に接触した固体）となり，それ自体の重みで，液体よりはずっと遅い速度で流動するものである．氷河のうち大陸スケールのものを氷床と呼んでおり，現在は南極大陸とグリーンランドのそれぞれ大部分を，平均約2kmの厚さで覆っている．南極氷床の場合，1年の蓄積量は水換算で約100mmであるから，平均滞在時間は2万年ということになる．凍土中の氷の量の見積もりはまだ不確実である．

表4.1-2 地球上の氷の量（Untersteiner, 1984）

種類		面積 ($10^3 km^2$)	体積 ($10^3 km^3$)	時定数（年）
陸上の氷	氷河・氷床 南極氷床	14,000	28,000	$10^3 \sim 10^5$
	グリーンランド氷床	1,800	2,700	
	山岳氷河	350	240	$10^1 \sim 10^3$
	永久凍土 連続的	8,000	200〜	$10^3 \sim 10^5$
	不連続	17,000	500	
	季節性の積雪（平年の極大期） ユーラシア	30,000	2〜3	$10^{-2} \sim 10^0$
	アメリカ	17,000		
海氷	南半球 極大	20,000	30	$10^{-2} \sim 10^0$
	極小	2,500	5	
	北半球 極大	15,000	50	
	極小	8,000	20	

表の桁をそろえるため，無効数字の0を追加した形にした．

4.2 気候変化の要因

4.2.1 気候システムの外因と内因

気候という用語の捉え方は研究者の間でも一般人の間でもかなりの幅があるが，気候の代表変数として，気温や降水量のような気象変数（つまり大気に関する物理量）の1カ月くらいの時間スケールでの平均状態をとることはおおかたの支持を得られるだろう．しかし，数十年以上の時間スケールの変動が大気に内在するしくみで起こるとは考えにくい．大気自体のもつ時間スケールはもっと短い．たとえば大気の温度が急に何かの理由で低くなったとすると，宇宙空間に出ていく地球放射が減り，温度をもとに戻すように働く．この作用にかかる時間を見積もると，1カ月程度になる．一方，大気は海や陸と密接にエネルギーを交換しており，海洋の熱容量は大気に比べてずっと大きい．海洋の温度が目にみえて変わったとすれば，それは大気の同じ温度変化に比べてずっと大きなエネルギーの変化であり，それがもとに戻るまでの時間スケールも長くなる．だから，気候変化を考える上では，大気，海洋，雪氷，陸面（ここでいう「陸面」は陸水，植生，土壌などの総称）を一括して，それらの相互作用を考慮することが必要になるだろう．「**気候システム**」ということばは，このように相互作用する全体をさしている．

気候システムの変化の原因は，外部にもありうるし，内部にもありうる．内部の原因というのは，外部の条件がまったく変わらなくても，気候システムの内部で自発的に変化を起こすことができると考えることである．ただし，両者の考えはまったく独立ではない．ブランコのような簡単なシステムを考えてもわかるように，もともとある周期の振動を自発的に起こしうるシステムに，それに近い周期の外力が加われば，共鳴を起こすことがある．おそらく，実際にみられる気候変化は，外因と内因の両方が絡み合ったものではあるまいか．

システムに関連する重要な概念として，**フィードバック**（feedback）がある．ある量が変化した影響が，ほかの量の変化を通して，もとの量に戻ってくることがある．それが，最初の変化を強める方向に働く場合を，正のフィードバック，弱める方向に働く場合を，負のフィードバックという．上に述べた，気温に対する地球から出ていく放射の働きは，負のフィードバックの一例である．

4.2.2 放射収支を軸とした要因の整理

大気や海洋の循環については4.1節で述べたが，これらを維持するしくみは，いわば太陽放射を高温熱源とし，地球放射を低温熱源とする熱機関とみなすことができる．そこで，気候変化の要因としては，これらのエネルギーの出入りを制御する要因を中心にみていけばよいであろう．

まず，地球に届く太陽放射の変化には，

(a) 太陽から出る放射の強さの変化（4.2.3項）

(b) 太陽と地球の幾何学的配置に伴う変化（4.2.4

(c) 太陽と地球の間に存在する物質による吸収の変化（実態がほとんどわかっていないので説明は省略する）

が考えられる．

また地球が太陽放射を吸収する割合の変化として

(d) 地表面の反射率（アルベド）の変化（4.2.5項）
(e) 大気中のエアロゾル（固体・液体微粒子）の変化（これは次の温室効果にも関わるので4.2.7項）

が考えられる．

地球放射を決める最大の要因は大気や地表面の温度であるが，それに関わる要因として，

(f) 大気中の地球放射を吸収・射出する成分（温室効果物質）の変化（4.2.6項）

がある．

以下，これらの要因について説明していくが，ここでは第四紀という時間スケールを重視する．

このほか，直接放射収支に関わることは少ないが，気候変動の要因として登場するものを順不同に列挙する．(k)以外は詳しくは解説しないので4.1節を参考にそれぞれの意味を考えていただきたい．どちらかといえば外因となるものとして

(g) 海陸分布の変化
(h) 山などの地形の変化

どちらかといえば内因として

(i) 海と大気とのエネルギー交換効率の変化
(j) 海洋の深層の循環速度や循環形態の変化
(k) 氷床のダイナミックス（4.2.8項）

が挙げられる．

4.2.3 太陽光度の変化

太陽光度（太陽が時間あたりに出しているエネルギー総量）が大きいということは，地球に入るエネルギーが多いので，地球の温度が高くなり，出す地球放射も大きくなってつりあう．数値モデル（4.2.6項で述べる水蒸気のフィードバックを含む）によれば，太陽光度が1％多いときの定常状態では，全球平均地上気温は約2K高くなる．

太陽光度の変化に関する知識はHoyt & Schatten (1997) に整理されている．ここでは2点だけ簡単に述べる．

黒点11年周期に伴う変化

太陽黒点数が約11年周期で変動していることはよく知られている．1978年以後の人工衛星による連続観測によれば，太陽光度も11年周期で変動しているが，変動は光度自体の千分の1程度である（図4.2-1）．太陽の自転周期以上の時間で平均してみると，黒点が多いときに光度が大きい．黒点自体は周りよりも出す放射量が小さいのだが，黒点が多い時期は太陽表面の明るい部分（白斑という）も多く，太陽表面の対流が活発であると考えられている．

^{14}C 較正からわかってきた太陽活動の変化

現在から遡る数百年から数千年の期間については，年輪や湖の堆積物を使った^{14}C年代の較正（コラム2.2-6）から，太陽活動の変化が推定されてい

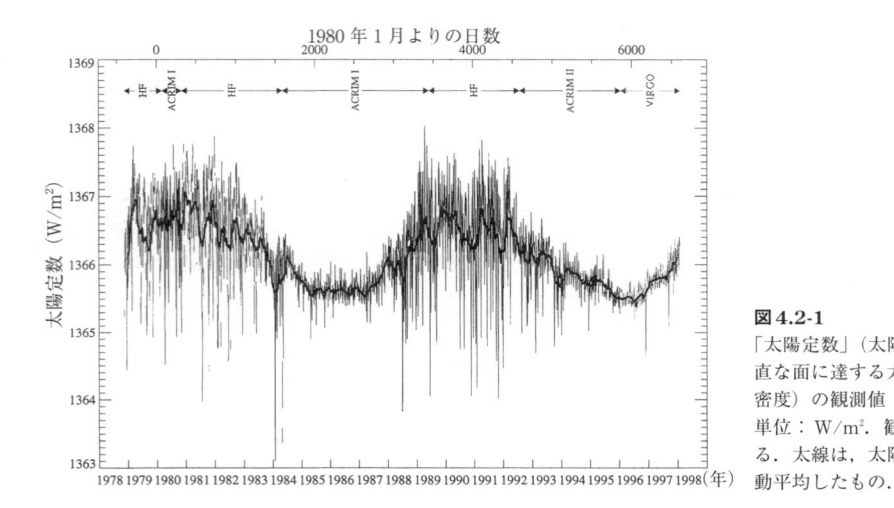

図 4.2-1
「太陽定数」（太陽地球間の平均距離で放射に垂直な面に達する太陽放射エネルギーフラックス密度）の観測値（Fröhlich & Lean, 1998）
単位：W/m^2．観測機器による差を補正してある．太線は，太陽の自転の影響を消すために移動平均したもの．

る．^{14}Cは大気中の^{14}Nに宇宙線があたってできるが，太陽磁場によりこれが妨げられる．したがって太陽活動が強いと^{14}Cの発生は少なくなる．ただし宇宙線の到達量には地球磁場の変化も効くので，太陽活動だけを分離することは難しい．

4.2.4 地球の軌道要素変化に伴う日射量変化
（ミランコビッチ・フォーシング）

地球の自転と公転は軌道要素と呼ばれるいくつかの数値で表現することができるが，この軌道要素は木星などの惑星の引力によって，1万年から10万年の桁の時間スケールで変化する．これに伴って，地球に到達する太陽放射（この項ではこれを「日射」と略す）の量と分布が変化する．過去の軌道要素は，天体力学の理論計算により，第四紀の範囲では精密にわかっている．したがって，これは第四紀の気候変動の要因のうちでもっとも性質がよくわかった外因である．日射量に関係する軌道要素の変化は次に述べる3つに分けられる．Milankovitch (1930) は，この3つを含めた日射量の変化の計算を行い，氷期の原因に関連づけて議論した．これにちなんで，気候変動の外因としてのこの日射量変化を，**ミランコビッチ・フォーシング**という．

軌道離心率の変化

離心率は公転軌道の楕円が円からはずれている度合いの尺度の1つである．第四紀の範囲では，0〜0.07の範囲で，10万年および41万年の周期性をもった変動をしている（図4.2-2a）．離心率が大きくなると，全球平均，年平均の日射量が小さくなる．つまり，太陽光度が小さくなったのと似た効果がある．ただしその変化は離心率の2乗に比例するので，日射量自体の千分の1程度にすぎない．むしろ，離心率の役割は，次に述べる近日点の季節が変化することから日射量の振幅が変調する効果が大きい．

近日点の季節の変化

自転軸が公転軸に対して傾いている方向は，歳差と呼ばれる効果により，変わってゆく．一方，近日点（公転軌道のうちで地球が太陽にもっとも近くなるところ）の方向も変化する．これらの組み合わせにより，近日点の季節は約2万年で1周するような変化をする．近日点の季節は年平均の日射量を変えないが，季節ごとの日射量を変える．たとえば，いまの時代は近日点が北半球の冬にあるので，北半球の夏の日射は長期平均より少なく，南半球の夏の日射は逆に多い（図4.2-3a）．約1万年前は逆であっ

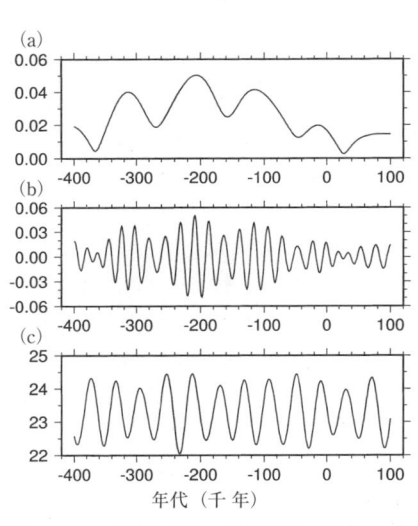

図4.2-2 日射量に関わる軌道要素の過去40万年・将来10万年の計算値
a：離心率e．b：近日点の季節の効果の因子$e\sin\tilde{w}$．$\tilde{w}$は近日点黄経．c：地軸の傾き（度）．横軸は，過去を負，未来を正としている．

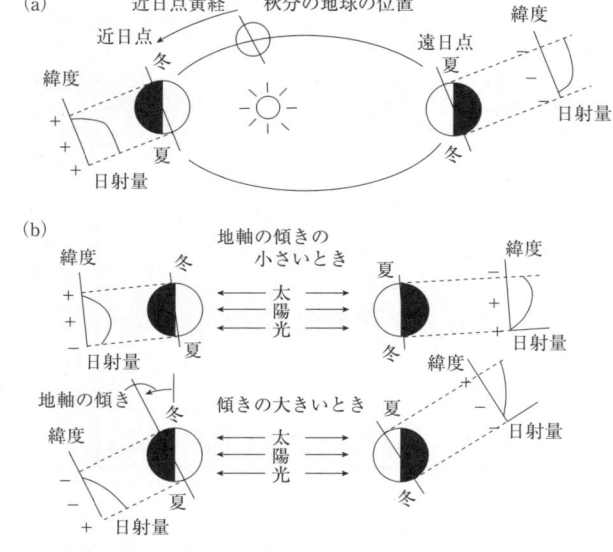

図4.2-3 軌道要素と緯度ごと・季節ごとの日射量との関係（増田，1993）
$+$，$-$はその緯度・季節の長期平均からの偏差の符号を示す．
a：近日点の季節による違い．
b：地軸の傾きによる違い．

た。この効果を表す量の時系列（図4.2-2b）には，約2万年周期がみられるが，それがAMラジオと同様な振幅変調を受けているのがわかる．包絡線（ラジオの音声信号に相当するもの）は離心率の曲線である．なお，この量の時系列をパワースペクトル解析すると，約2万年周期のピークは，2.3万年と1.9万年の2つに分かれている．

地軸の傾きの変化

ここでいう地軸の傾きは自転軸と公転軸（公転面の垂線）との間の角度である．22°から25°の範囲で，4.1万年の周期性をもって変動している（図4.2-2c）．これの日射量への効果は，空間的に全球平均すれば消えるが，各緯度で年平均しても残る．地軸の傾きが大きいと，緯度別にみれば，高緯度の日射が多めに，低緯度の日射が少なめになる．季節別にみると，両半球とも夏の日射が多めに，冬の日射が少なめになる（図4.2-3b）．

日射量の時系列

図4.2-4には，4つの緯度での夏至と冬至の日射量の時系列を示した．回帰線付近の夏至の日射量（2段目）には，近日点の季節の効果の約2万年周期が，高緯度の冬の日射量（最下段）には，地軸の傾きの効果の約4万年周期が，それぞれほぼ純粋に現れており，ほかの緯度・季節には，両者が組み合わさったものがみられる．

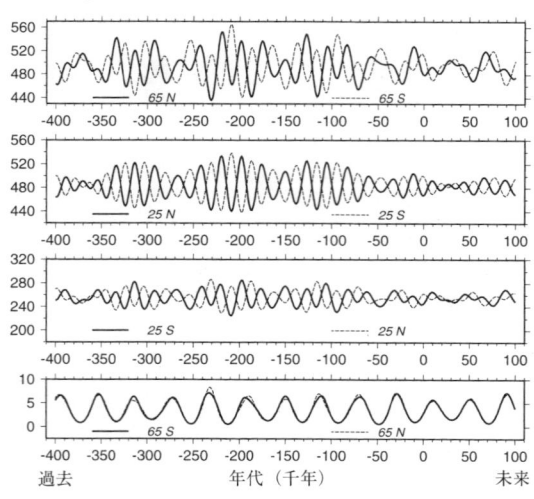

図4.2-4 北半球の夏至（実線）と冬至（破線）のいくつかの緯度での，「大気上端」での太陽放射の日平均値の過去40万年から将来10万年にわたる計算値

単位：W/m^2．横軸の単位は千年，過去を負，未来を正としている．

4.2.5 地表面の太陽放射反射率（アルベド）の変化

物体が太陽放射を反射する率を**アルベド**（albedo）ともいう．地表面のアルベドが大きいと，地表面に吸収される太陽放射が少なくなるので，エネルギー収支の結果，その地域の地表面と大気下層の温度が低くなることが期待される．さらに大気や海洋のエネルギー輸送の結果，全球規模に影響が現れることもある．

地表面アルベドは，海と陸，あるいは植生と裸地との間でも必ずしも無視できない違いがあるが，これを最も大きく変えるのは雪氷である．雪氷はふつう水面や土壌・植生よりもアルベドが大きい．雪氷は液体の水よりも低温の状態に存在し，アルベドを通じて温度を下げる効果がある．つまり雪氷は温度に対して正のフィードバックとして働く．ただし，このフィードバックは氷と液体の水の両方がある温度範囲でしか働かない．また陸上の積雪や氷河・氷床の源は降ってくる雪であるから，温度が低くても大気からの水の供給がなければ働かない．

海氷と積雪は1年程度の時間スケールで生成・消滅するが，南極やグリーンランドの大陸氷床は1万年から10万年の時間スケールをもっている．小規模な山岳氷河は大陸氷床よりは短いが，それでも数千年程度の時間スケールをもっている．

雪氷が気候に及ぼす効果はアルベドだけではない．たとえば，氷床は大気の循環に対して山と同様な境界として効く（4.2.2項h）．また，海氷は海とその上の大気とのエネルギー交換を妨げる（同i）．また海氷の生成量の変化は海洋の深層循環の変化（同j）とも関係がある．

4.2.6 温室効果気体濃度の変化

大気中に地球放射を吸収・射出する物質（温室効果物質）が多いと，地表面や地上付近の大気の温度は高くなる．ただし，成層圏あたりの高さでの温度はかえって低くなる（真鍋，1985；増田・田辺，1994参照）．

地球大気中で最大の温室効果物質は水蒸気であるが，これは海からの蒸発で供給されるため，大局的には温度が高いほど多い．したがって，水蒸気の温室効果は地表面温度に対して正のフィードバックとして効く．

次に重要なものは二酸化炭素である．大気中の二

酸化炭素濃度の1年周期の変化は，主に植物の光合成活動の変化によって説明される．

一方，百万年以上の時間スケールでは，二酸化炭素は地球内部から火山活動を通じて供給され，岩石の風化などによって消費されている．火山活動が活発なとき気候が温暖であった傾向があるので，二酸化炭素の温室効果が気候変化の重要な要因であると考えられている（たとえば，Berner, 1994）．

氷床コアの気泡の分析から，二酸化炭素濃度は，1万年から10万年程度，あるいはそれ以下の時間スケールでも変化していることがわかっている．これも気温に影響を与えていることは確実であるが，この変化が気温変化の結果でもあるかどうかはまだよくわかっていない．この変化を説明するためには，（おそらく海洋の）植物の光合成活動および有機物の埋没の速度の変化を考える必要がありそうである．

4.2.7 雲とエアロゾルの変化

エアロゾルとは，大気中に浮遊する（空気とともに動く）固体や液体の微粒子である．これは太陽放射の一部を反射したり，吸収したりする．その比率はエアロゾルの物性や形によって変わってくる．太陽放射を反射する場合は，大気を含めた地球が吸収するエネルギーを減らすことになるので，気温を下げるように働く．吸収する場合は，エアロゾルの存在する高さの気温を上げるが，その下の地表面の温度に対しては下げるように働く．一方，多くのエアロゾルは地球放射を吸収・射出するので，温室効果，つまり，エアロゾルのある層の温度を下げ，地表面や大気下層の温度を上げる効果ももつ．

雲は液体や固体になった水の粒子が浮遊しているものであるから，エアロゾルの定義には合っているが，ふつうは別扱いにする．雲には太陽放射を反射する効果と温室効果の両方があるが，対流圏上部の薄い巻雲だけは温室効果がまさる可能性があり，そのほかの雲は太陽放射を反射する働きが主である．全球的に気温が高くなれば，雲の中で垂直に発達する積雲系のものが増えるだろうということ，雲頂が高くなるだろうということは確実だが，雲量つまり雲の占める面積比が増えるかどうかはよくわからない．仮に増えるとすれば，雲は気温に対して負のフィードバック，減るとすれば正のフィードバックになるだろう．

雲粒ができるためには，凝結核となる性質をもったエアロゾルが必要である．凝結核の量や種類が変化すれば，雲の形で存在する水の量や雲の粒径を変え，放射収支に影響する．このことを気候変動の要因として重視する人もいる．

雲以外のエアロゾルで，放射収支を通じて気候に影響を及ぼすものとしては，火山噴火によるもの，砂塵，すすなどが挙げられる．火山噴出物のうち火山灰などの固体粒子は，大部分が短時間のうちに火山の比較的近くに落ちる．全球規模で影響を及ぼすのは，気体の形で成層圏に達してそこで液体や固体になった硫酸液滴や硫酸塩・硝酸塩などの粒子である．これらは数年程度の時間スケールで大気中にとどまり，太陽放射を反射する性質が強いので，地表面温度や下層の気温を下げる効果をもつ．

4.2.8 氷期サイクルの要因論

ミランコビッチ・フォーシングは，周期別に分けてみると，2万年と4万年の周期帯に大きなパワーをもっているが，10万年の周期帯のパワーは大きくない．第四紀の氷期サイクル，そのうちでもとくに最近約50万年間に卓越した約10万年周期の変動を説明するには，ミランコビッチ・フォーシングなどへの応答と考えるとしても，気候システムの内因だけでできると考えるにしても，非線形の（出力が入力に比例しない）ふるまいをするシステムを考える必要がある．その有力な候補は，大陸氷床自体である．

氷床の変動には，さまざまなプロセスが関わっている（阿部・増田，1993）．氷床の量が大きく変動し，しかも外因に大きなパワーがない周期の変動をも起こしうることを説明するには，そのうち次のプロセスが重要であるらしい（詳しくは，増田・阿部，1996参照）．

・雪氷アルベドフィードバック（4.2.5項）：日射量の変動に対して，温度の変動の振幅を大きくする．
・氷の蓄積と消耗の非対称性：蓄積は雪をもたらす水蒸気の供給が必要なので遅いが，消耗は温度だけでよいので速い．この非対称性により，入力と違う周期の変動が起こる（AMラジオの整流器のように，変調された信号を取り出している可能

・氷の重みによる基盤(上部マントル)の変形:数千年程度の遅れをもつ.もし,氷が蓄積しつつある間は海抜標高が高く,消耗するときには基盤の沈降で標高が低くなっているとすれば,上に述べた非対称性を強めることになる.

なお,氷の底滑りの速度は液体の水があるかどうかで大きく異なるし,氷床の塑性変形による流動のしやすさにも温度依存性がある.このような性質から,数千年から数万年かかって成長した氷床が,1000年以内の時間スケールで大きく崩れることがある.このように,表面地形の変化が大気循環を変化させ,あるいは融け水が海洋循環を変化させることにより,全球規模の気候変化の要因になっている可能性がある.

4.3 氷床コア

過去の地球環境,とりわけ過去数十万年前までの気候変化を記録しているものの1つに氷床コアがある.毎年積雪が残るような高緯度や高高度の氷雪には,その場所の気温などの気象情報ばかりでなく,遠くから運ばれてきたエアロゾル,火山物質,大気組成などの変化を通して地球規模の環境変化の情報が記録されている.1960年代のなかばにグリーンランド北西部のキャンプセンチュリーで行われた氷床コアの研究から多くの情報がもたらされたのを契機として,1970年代から1980年代にグリーンランドや南極から次々に新たな氷床コアが掘削され,いろいろな分析結果が報告されてきた.そして1990年代には,グリーンランドと南極の基盤近く(過去25～80万年前)まで達する氷床コアが得られ,いまや氷床コアは,過去80万年前以降のグローバルな気候変化を解析する上で不可欠な研究材料となっている(口絵2).

4.3.1 降水の酸素同位体比

地球上の水循環は,4.1.4項で述べたように大気の循環を通して地球上の熱輸送と深く関わっている.大気の循環によって引き起こされる水蒸気の移動は,世界各地に設けられた気象観測点におけるさまざまな気象データ(気温,湿度,降水量等々)とともに,降水中の水素・酸素同位体比の値から追跡されている.以下に,その原理について酸素同位体比を例として説明しよう.

水蒸気が赤道域で蒸発するとき,その水蒸気中の酸素同位体比(以下は,2.2.2項で述べたように,$\delta^{18}O$と表現する)は表面水温(T)によって決まる.すなわち,$H_2^{16}O$と$H_2^{18}O$の水蒸気圧は前者の方が約10‰大きく,その比(分別係数$\alpha = PH_2^{16}O/PH_2^{18}O$)は低温ほど大きい.したがって,低温では$H_2^{18}O$は$H_2^{16}O$より蒸発しにくいため$^{16}O$に富む水蒸気が形成される.たとえば,表面水温が25℃の場合,表面海水から水蒸気に入る$\delta^{18}O$の割合(α)は,0.991というように1よりわずかに小さい.すなわち,$H_2^{16}O$(質量数18)は$H_2^{18}O$(質量数20)より蒸発しやすいので,水蒸気中の$\delta^{18}O$は,もとの海水に比べて－9‰になる.その水蒸気から25℃の露点で最初の雨滴ができると,その雨滴の$\delta^{18}O$は水蒸気より9‰大きい0‰になる.雨滴は水蒸気よりも大きい$\delta^{18}O$をもつので,雨が降り続くとその水蒸気の$\delta^{18}O$はしだいに小さくなってゆく.そのような水蒸気が低緯度から中緯度,高緯度,極域あるいは大陸内部へ移動する間に雨や雪を降らせると,残された水蒸気の$\delta^{18}O$はますます小さくなり,南極点付近では$\delta^{18}O = -55$‰の雪が降る.このように,水蒸気から雨滴が除かれるような過程が一様かつ理想的に(雨滴から再蒸発することなく,水蒸気から雨滴がすぐに除かれるように)進行すると,水蒸気と雨滴の$\delta^{18}O$の間には,下記のレイリー(Rayleigh)の分留式が成り立つ.

$$\frac{R}{R_0} = f^{\alpha-1} \quad (4.1)$$

ここで,Rは残っている水蒸気の$\delta^{18}O$,R_0は最初の水蒸気の$\delta^{18}O$,fは残っている水蒸気の割合,αは分配係数である.したがって,降水の$\delta^{18}O$を決定する要因として,①fが小さくなるほど,またαが大きくなる(露点が低くなる)ほどRは小さくなる.具体的には,一般に高緯度ほど,高高度ほど,大陸内部ほどfが小さく,かつαが大きくなるので,雨や雪(降水)の$\delta^{18}O$は小さくなる.反対に,②近くの海洋から蒸発した水蒸気が加わりやすい島や沿岸での降水の$\delta^{18}O$は大きい.また,③海洋性気団や大陸性気団の影響を受けやすい地域では,同緯度の別の地域とは異なる$\delta^{18}O$をもつ.さらに,④降水の$\delta^{18}O$は,非平衡の要素(拡散,急速な蒸

発や凝結，豪雨，多湿など）によっても変化する．このように，降水の$\delta^{18}O$は大きく分けて上述の4つの要因の影響を受けるが，緯度別の降水の$\delta^{18}O$の分布をみると，赤道域から極域にかけて$\delta^{18}O$は次第に小さくなっている．そして例外的な分布は，上記の要因①以外の影響が大きいときにみられる．結局，降水の$\delta^{18}O$は基本的にはレイリーの分留式に従っており，大気中の水蒸気の約65％が南北30°以内の低緯度で蒸発したと推定されている(Rozanski et al., 1993)．

水素同位体を含む水のDHO（質量数19）とH_2O（質量数18）の蒸気圧比は，酸素同位体比の約8倍大きいために，天然水の水素同位体比と酸素同位体比との間には次の関係式が存在する．

$$\delta D = 8 \times \delta^{18}O + 10 \quad (4.2)$$

さらに，多くの天然水のデータ（約2340）に基づくと，この関係式は$\delta D = 7.96 \times \delta^{18}O + 8.86$であるという (Rozanski et al., 1993)．切片の+10は拡散などの非平衡の要素のためであると考えられている．一般に，低緯度から高緯度になるにつれて気温も低下することから，ある場所の降水の$\delta^{18}O$やδDは，その場所の年平均気温と次式のような相関があるといわれている (Dansgaard, 1964)．

$$\delta^{18}O = 0.7 \times T - 13.6$$
$$\delta D = 5.6 \times T - 100 \quad (4.3)$$

最近ではこの関係式は，地域によってその勾配や切片が多少異なることがはっきりしてきたので，氷床コアの$\delta^{18}O$（δD）値から気温を復元する場合には，その地域特性を充分に考慮する必要がある．

4.3.2 雪から氷へ

大気中の水蒸気は，気温が高いほど水蒸気圧が高く，一般に地表に近い大気ほど水蒸気を多く含んでいる．そうした水蒸気が上空へもたらされると冷やされて露点に達し，大気中の微粒子に付着して雲粒が形成される．その雲粒同士の合体が繰り返されて，やがて雨となって降り出す．そのとき，露点が0℃以下であれば氷晶が形成され，その氷晶が周囲の水蒸気を凝結させて雪の結晶へと成長する．雪の結晶が地表に達する前に溶けてしまうと雨となるが，地上気温が0℃以下のときはそのまま雪となって積もってゆく．とくに南極やグリーンランド北中部あるいは標高の高い山岳地帯では，夏期において

も残雪が溶けずに残ることがある．そうした積雪は，自分自身の重さで収縮してゆき，雪の結晶同士が融合して雪粒がしだいに大きくなる．それと同時に，雪の圧密化が進んで密度が大きくなり，やがて密度が0.83 g/cm³前後に達すると雪内部の空隙が閉じて孤立した気泡となり，それまであった大気との通気性がなくなる．このような状態に達した雪が氷河氷である．その氷河氷に達するまでの積雪の厚さは，その場所の気象条件などの違いによって異なるが，数十mから百数十mの場合が多く，閉じ込められた空気と同一層準の氷河氷は，数十年から2〜3千年も氷の方が古い場合が多い．その後も，氷はつぶされ密度が増して純氷の密度（0.917g/cm³）に近づくが，その間に氷の粒径も大きくなり，数mmから数cm（氷床の基底近くでは10cmを越える場合もある）の単結晶氷になることがある．そして，氷結晶は氷の自重によって塑性変形を起こして流動するようになる．

毎年の積雪が残る涵養域と氷体が流動や融解によって縮小する消耗域とが均衡を保つと，氷体はほぼ一定の形や位置を保つことができる．南極やグリーンランドでは「平たい鏡餅」のような形態をした大陸氷床が発達し，山岳地帯では谷氷河で代表されるような山岳氷河が発達する．氷は，氷床中央部（ドーム）から縁に向かって傾斜に沿って非常にゆっくり流れ，やがて棚氷や氷山となって海洋へ流れ出す．その速度は氷床の内部よりも表面の方が速い．氷床の底と岩盤との間に水が存在すると底面滑りが大きくなって，氷体の急激な崩壊（氷河サージ）が起こることがある．したがって，氷床の斜面でのボーリング・コアは，より標高の高い所から流れてきた氷をその下部に含むことになり，氷コア中の深さごとに堆積場所が異なる氷を観察することになってしまう．そこで，氷床でのボーリングは，氷の流動がもっとも少ないと考えられるドーム頂上が選ばれることが多い．しかし，ドームの頂上といえども，長い時代にはドームの位置が移動したり，氷の流れる方向が変化してしまうことがある．

4.3.3 氷床コアの年代

氷床コアの年代を知るには，次のような方法がある．

① 降雪量と積雪の堆積構造から判断される年層

を数える．
② 季節変化を示す成分を分析して，その数を数える．
③ 年代のわかっている事件の痕跡をみつける．
④ 放射性核種を使って絶対年代を求める．
⑤ 海底コアの酸素同位体比カーブと対比する．
⑥ 氷床の流動モデルから計算する．

①の方法では，積雪の断面に色インクを吹きかけ，ランプであぶることによって積雪の堆積構造を浮彫りにし（積雪の中断が長いほど，その表面に沿ってインクが浸透しやすい），その場所の毎年の降雪量から年層を割り出す．この方法は，毎年ある程度の積雪があり，夏期に表面が融雪するような地域ではとくに有効である．しかし，1年の中で同程度の積雪の中断があるような場所や圧雪が進むと判定しにくくなるので注意を要する．この方法は簡便なので，積雪条件のよい氷床コアの表層部の年代決定に使われる．

②の方法では，氷の水素・酸素同位体比が夏期に大きく，冬期に小さいという季節変化を捉えて年層を数えるような場合である．そのためには，降雪量が毎年多いグリーンランド氷床などでこの方法は有効であり，降雪量が年25 cm以上で条件に恵まれれば約8000年まで年層を数えられるという（図4.3-2を参照）．しかし，積雪のない年があったり，風などで積雪が飛ばされたりすると間違った年代を与えることになる．また，積雪の融解が起こって蒸発などによっても同位体比が変化するので注意を必要とする．

③の方法では，1960年代に盛んに行われた大気圏核実験によって多量に放出された放射性核種（トリチウム，^{137}Csなど）や総β線量などを検出したり，史料に噴出年代の記録が残っている火山（たとえば，古いところでは，西暦79年のVesuvius火山）由来の硫酸エアロゾルや火山灰のスパイクをみつけてタイムマーカーとする方法である．最近では，グリーンランドの氷床コア中の硫酸イオンのピークを過去の火山噴火の記録と結びつけて9000年前までのタイムマーカーをつくろうとする努力も行われている（Zielinski et al., 1994）．

④の方法では，氷床コア中の空気に含まれるCO_2や花粉を抽出し，^{14}C濃度を測定して絶対年代を求める．また，^{10}Beの急増ピーク（約3.5万年前と6万年前；Raisbeck et al., 1987）を捉える．前者の方法は，氷床コア中の炭素の量が少ないために，現状では非常に困難である．後者の方法も，比較的降雪量の多い氷床コアにおいてのみみつけることができる．

⑤の方法では，過去数万年前まであるいは数十万年前まで連続的に堆積している氷床コアのδDや$\delta^{18}O$カーブを，海底コアの標準的な$\delta^{18}O$カーブの特徴的なピークやパターンと対比して氷床コアの年代を推定する．氷床コアの方が海底コアより解像力が高く，また地域的な気候変化も記録していることから，その対比にあたっては確実な部分だけを使うように注意する必要がある．

⑥の方法では，ある氷床が定常状態（過去も現在と同様な涵養域と消耗域を保っている場合）で，氷の密度が一定（氷床氷では0.917に近い）とすれば，氷床コアの各深さでの応力状態が決まり，実験的に求められた応力と歪み速度の関係から各深さでの歪み速度が計算できる．その歪み速度を積分して各深さでの流動ベクトルを求める．その上で，降雪量が一定であれば，氷床の表面からの深さと氷の年代との間は簡単な指数関数で表される関係がある．実際には，氷床コアの密度，氷結晶主軸の方位，歪み速度，気温，降雪量などを測定したり，あるいは推定したりして，モデルに基づいて計算される．しかし，モデルに基づく年代推定は，氷床が定常状態で降雪量が一定，ドームのように水平移動が少ない場合にはある程度有効であるが，これらの条件が変わるような場合では年代の推定誤差が大きくなる．

4.3.4 氷床コアの同位体

氷床コアの本体である氷（H_2O）には，水素（D/H）と酸素（$^{18}O/^{16}O$）の安定同位体が含まれており，それらの同位体比は気温やその場所まで運ばれてきた水蒸気の同位体比によって異なる．したがって，氷の水素・酸素同位体比の変化は，その場所の過去の気象条件の変化が反映される．図4.3-1は，これまでにいろいろな解析が行われたグリーンランドと南極の氷床コアの位置を示す．また表4.3-1には，これまでに掘削されて解析が行われた主な氷床コアの位置や長さが示されている．

(1) 季節変化

図4.3-2は，Dansgaard et al. (1987)が中部グリ

4.3 氷床コア

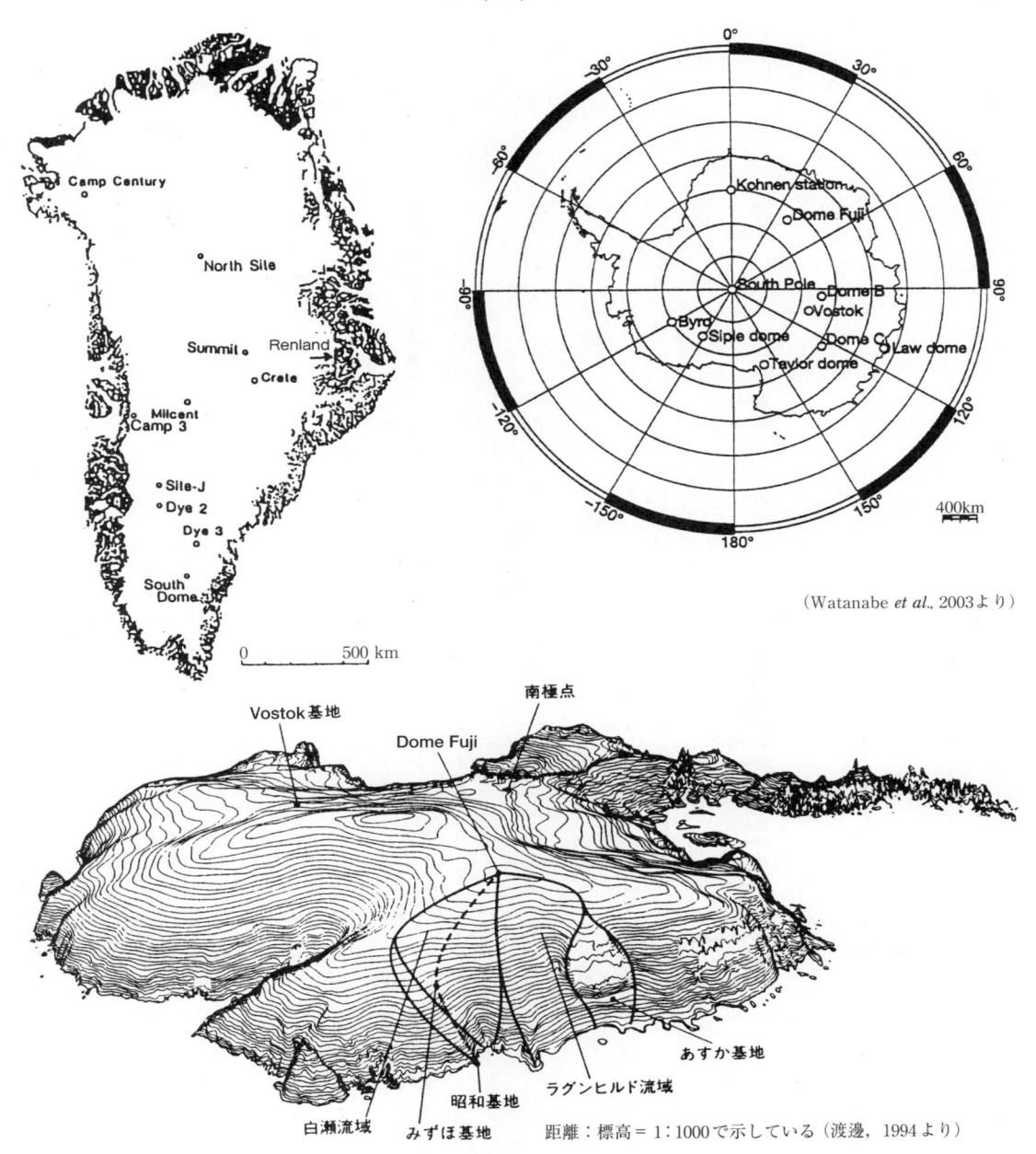

図4.3-1 これまでに調査されたグリーンランド（左上）の氷床コアおよび南極氷床コアの位置. GRIPとGISP2はSummitとほぼ同じ位置.

ーンランドのMilcent（70°3′N. 44°6′W）の氷床コアの深さ420mから405mの間について，氷のδ^{18}Oを詳細に測定したものである．このコアのδ^{18}Oは，－25‰から－35‰の間で30回の周期が認められる．このような周期を氷床コアの表面から数えることによって，深さ420mから405mがAD1210年から1240年の30年間であると確かめられている．

ちなみに，この氷床コアの積雪の堆積速度は53cm/年と大きく，融解した年層はないと報告されている．図中の黒く塗りつぶされた部分（δ^{18}Oが大きい部分）のピークが夏で，白い部分（δ^{18}Oが小さい部分）のピークが冬に形成されたもので，夏と冬のピークの間で5～8‰の差がある．この差には，冬の露点が夏より低く，分配係数が大きいことのほ

表4.3-1 グリーンランドと南極の氷床コアの情報

コア名	緯度	経度	標高	コア長
Camp Century	77°10′N	61°08′W	1885(m)	1387(m)
Dye 3	65°11′N	43°49′W	2480	2037
Renland	71°13′N	26°44′W		325
Milcent	70°3′N	44°6′W	2410	420
GRIP (Summit)	72°58′N	37°64′W	3238	3029
GISP2	72°35′N	38°28′W		2250
Byrd	79°59′S	120°01′W	1530	2164
Vostok	78°28′S	106°48′E	3490	2546
Dome C	74°40′S	124°10′E	3240	905
Dome Fuji	77°19′S	39°42′E	3810	2504

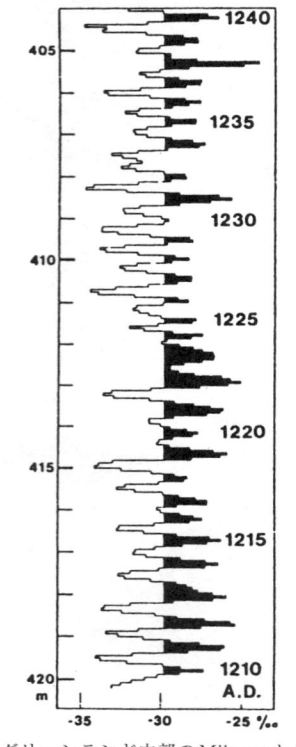

図4.3-2 グリーンランド中部のMilcentから得られた氷床コアの深さ420mから405mまでの氷の$\delta^{18}O$の季節変化（Dansgaard *et al.*, 1987）年代は氷床の表面からの$\delta^{18}O$の周期を数えて得られたものである.

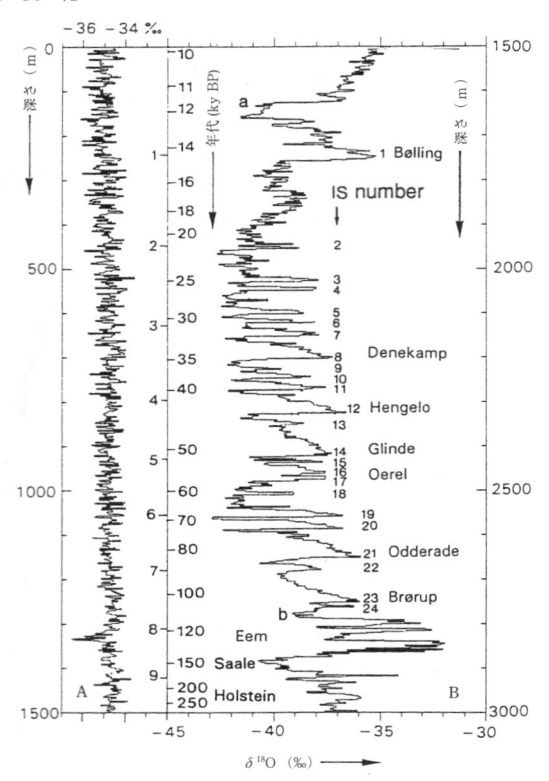

図4.3-3 グリーンランドGRIP氷床コアの$\delta^{18}O$カーブ（Dansgaard *et al.*, 1993）
Aは氷床表面から1500mまでのほぼ一定した（-35 ± 1‰）$\delta^{18}O$値．Bは1500mから3000mまでの激しく変動した$\delta^{18}O$値．ISの番号は亜間氷期で，そのいくつかはヨーロッパの花粉区分に対比されている．

かに，4.3.1項で述べたさまざまな要因が含まれている．たとえば，夏と冬の風系が異なり水蒸気の供給源の相違もあるであろう．いずれにしても，氷床コアの$\delta^{18}O$の変化からその場所における詳細な年々の気候変化を読みとることができる．図4.3-2で黒く塗りつぶされた部分が多い1219年から1224年の夏は比較的暖かく，白い部分が多い1226年から1232年は厳冬であった．それぞれの年平均気温を4.3.1項の式（4.3）から求めると，前者の時代の年平均気温は-20.6℃，後者の時代のそれは-26.6℃となり，30年間の平均値（$\delta^{18}O=-30$‰を式（4.3）に代入すると，-24.3℃となる）より，それぞれ2〜3℃高かったり低かったことがわかる．しかし，$\delta^{18}O$の季節変化の振幅は，氷床表面から氷化深度までの水蒸気の移動が著しいと狭くなる傾向があり，降雪から氷河氷になるまでの気象条件によっても変化するといわれている．

(2) 気候変化

図4.3-3には，グリーンランド中央部のドームで掘削されたGRIP（Greenland icecore project）氷床コア（72°58′N, 37°64′W，海抜高度3238m，コア長3028.8m）の$\delta^{18}O$カーブが示されている．図4.3-3Aは，コア最上部から1500m深度（約1万年前）までで，ほぼ一定（-35 ± 1‰）の$\delta^{18}O$値（ただし，8210±30年前はやや低下）を示し，安定

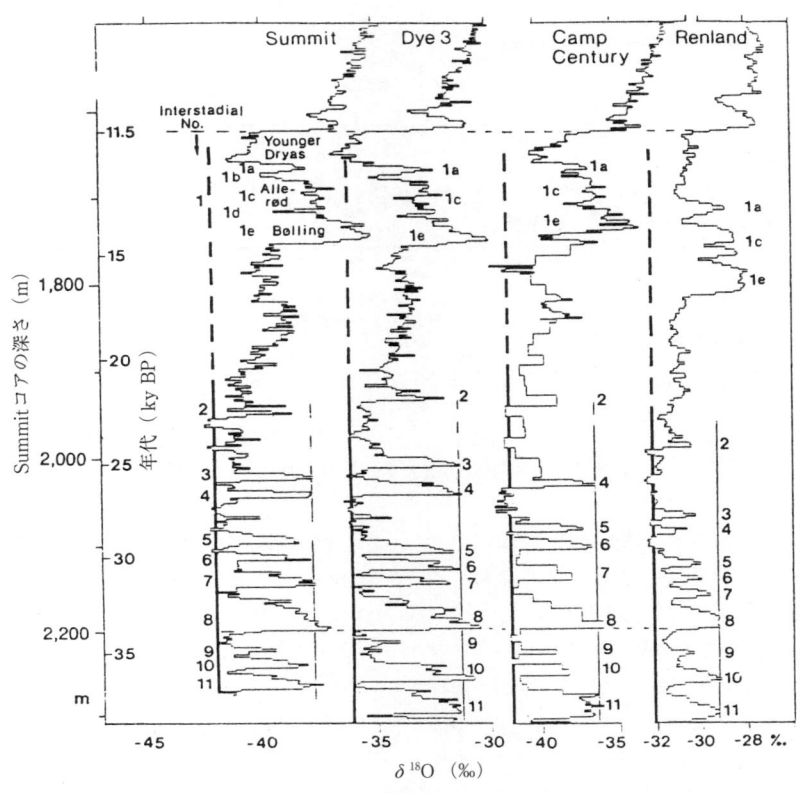

図 4.3-4 グリーンランド4カ所の氷床コアの $\delta^{18}O$ カーブ (Johnsen *et al.*, 1992)
縦軸は氷床コアの深さ．左端にSummitコアの深さと年代が示されている．1～11の番号は亜間氷期に対応する．

した気候条件下にあったことがわかる．しかし，深度1500mから3000m（最終氷期から2つ前の間氷期）までは急激な $\delta^{18}O$ 値の変化（-32～-33‰から-41～-42‰）がみられ，著しい気候変化に見舞われていた（図4.3-3B）．後氷期の安定した気候はむしろ例外的であるという見方もある．このGRIPコアの年代は14500年前まで年層が数えられ，それ以前は氷床流動のモデル計算から推定されたものであるが，最終氷期の中でもとくに2万年前から7.5万前の間には，$\delta^{18}O$ 値が-41～-42‰の寒冷期と，-37～-38‰の相対的に大きい温暖期が頻繁に繰り返されている．その変化は，急速に（20～30年で）温暖化し，500年から2000年で次第に寒冷化するような鋸の刃のような気候変化である．この現象は，後に**Dansgaard-Oeschger イベント（D-O イベント）**と呼ばれるようになった．それらの最終氷期の中の温暖期「亜間氷期：Interstadial (IS)」には番号（1～24）がつけられており，ヨーロッパにおいて最終氷期にやや温暖化した花粉帯と

の対比が試みられている．このD-Oイベントに対応する環境変化は，最近になって北半球ばかりでなく南半球の海底コアや湖沼コアからも報告されるようになり，グローバルに起こった気候変化であることがわかってきた．7.5万年前から25万年前までの間には，$\delta^{18}O$ 値が-32～-33‰という後氷期よりも大きい値を示す時代（約11～13万年前）があり，この時代は，最終間氷期のEemian（$\delta^{18}O$ ステージ5.5）に対比されている．また，15万年前付近の-41‰前後の値を示す時代は一つ前の氷期であるSaale（$\delta^{18}O$ ステージ6）に，さらに20～25万付近の-36～-37‰の $\delta^{18}O$ 値の時代はその前の間氷期であるHolstein（$\delta^{18}O$ ステージ7）に対比されている（Dansgaard *et al.*, 1993）．

図4.3-4には，グリーンランド中央部のサミット南部のダイ3，北西部のキャンプセンチュリー，東部のレンランドから得られた氷床コアの $\delta^{18}O$ カーブが示されている（Johnsen *et al.*, 1992）．いずれのコアも過去4万年前以降の結果であるが，それらの

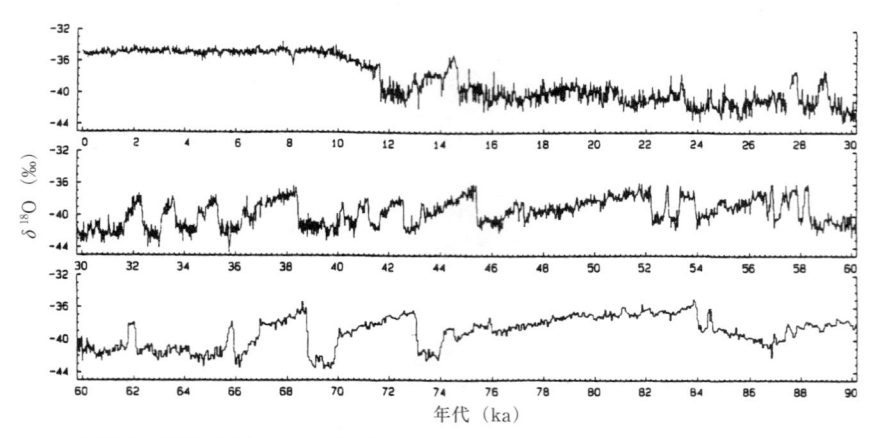

図4.3-5　GISP2氷床コアの9万年前までの詳細な$\delta^{18}O$カーブ（Stuiver & Grootes, 2000）
現在から61,150年前までは20年間隔，61,150年前から90,000年前までは50年間隔である．

$\delta^{18}O$値は各コア地点において絶対値と振幅はそれぞれ異なるが，$\delta^{18}O$値の変化の様子は共通しており（キャンプセンチュリーには3番がない），図中で1から11までの番号で示されるようなD-Oイベントが認められる．今日のグリーンランド西部～南部に適用できる年平均気温（T）と雪の$\delta^{18}O$との関係式（$\delta^{18}O = 0.67T - 13.7$）に基づくと，最終氷期と後氷期の間で年平均気温の差は8～12℃にも及ぶ（北西グリーンランドのキャンプセンチュリーにまで適用すると19℃になる）．最寒冷期と亜間氷期（図4.3-4）の間のD-Oイベントで4～8℃の変動がみられ，この変化はグリーンランド周辺の氷床・海洋・大気間の相互作用（氷床の発達や崩壊，海氷の覆う面積，メキシコ湾流の強さと方向，気圧配置など）の変化と密接に関連している．最終氷期終了時の約12kaの新ドリアス期（Younger Dryas）と呼ばれる"寒のもどり"の終焉には50年しかかからず，また，ダスト濃度は20年間で現在のレベルに減少したといわれており（Alley et al., 1993），これらの変化は比較的急速な気候変化に対応している．4本の氷床コアの$\delta^{18}O$値が最も小さく最も寒冷になる時代は，2番と5番の間の約2.5万年前であり，それはこれまでいわれていた最終氷期最盛期（last glacial maximum，略してLGM，^{14}C年代で1.8万年前，暦年代で21,500年前）より古い時代である．このことは，大陸氷床の規模が最大になるのに，グリーンランドの気候変化より3000年以上の遅れがあることを示唆する．図4.3-4と同様の$\delta^{18}O$カーブの対比は，Summit（別名GRIP）氷床コアから28km西で掘られたGISP2（Greenland ice core project 2で2250mの深さまで年層が数えられている）とGRIPの両氷床コアについても行われており，両氷床コアの基定部（Eemian以前の部分）を除くと，$\delta^{18}O$値の相関係数は$r = 0.945$に達する程まったく同様な変化を示している（Grootes et al., 1993）．GISP2氷床コアについては，最近になって2700m（約9万年前）までの詳細な$\delta^{18}O$カーブが得られている（図4.3-5）．

一方，南極の氷床コアの気候変化は，図4.3-6に示すように，オーストラリアに面する東南極の高度3488mのボストーク（年平均気温－55.5℃）において，全長2083mまで回収された氷床コアの水素同位体比に示されている．降水の水素同位体比は，4.3.1項で述べたように，酸素同位体比と全く同様の原因によって変化し，酸素同位体比とは式（4.2）で示されるような比例関係がある．また，ボストーク付近における年平均気温との関係は，その勾配が約6‰/℃である．図4.3-6にみられるように，コア表層部から約260mまでのδDは－440±10‰位であるが，約260mから約350mにかけては－490‰まで小さくなっている．このδDの変化は，氷床の表面気温の約9℃の変化に相当する．それには，当時のボストークの海抜高度が高かったことによる気温低下も含まれていると考えられるが，このような9℃にも及ぶ気温の低下は，この時代が約2万年前の最終氷期最盛期に達しているためと解釈されている．同じ東南極でも南アフリカに面したDome Fujiで採られた氷床コア（過去34万年前まで達してい

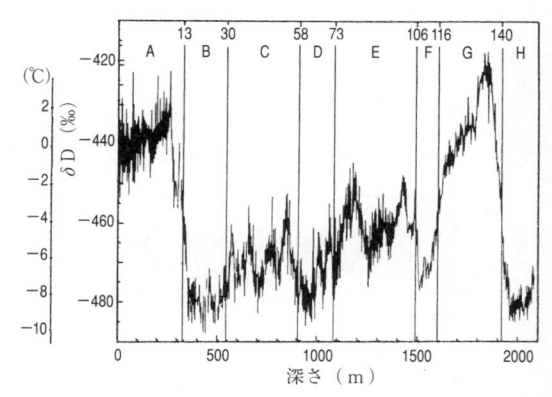

図4.3-6 東南極ボストークの氷床コアの水素同位体比（Jouzel *et al.*, 1987）

縦軸は，標準平均海水（standard mean ocean water, SMOW）の水素同位体比からの偏差と推定された気温変化（℃）．横軸の下のスケールはコアの深さで，1m間隔の測定．上の数字は氷床流動モデルに基づく年代（単位：千年）．Aは後氷期，B〜Dは最終氷期，E〜Gが最終間氷期，Hが1つ前の氷期に対応する．

る）の酸素同位体比カーブは，ボストークの氷床コアのδDカーブ（図4.3-13にもある）とまったく同じような変化を示しており，その両者のカーブの形は海底コアの酸素同位体比カーブのステージ9.3までと酷似している（Watanabe *et al.*, 2003）．

（3）過剰 δD

天然水のδDと$\delta^{18}O$の間には式（4.2）で示される$\delta D = 8 \times \delta^{18}O + 10$という比例関係があることが知られている．この切片の10に相当する値，$d = \delta D - 8 \times \delta^{18}O$，を過剰$\delta D$と呼び，急激な蒸発などによる動的同位体効果によって変化する．すなわち，海面上の湿度が低く急速な蒸発が起こるときには，拡散しやすいDHOが$H_2^{18}O$より多く水蒸気に入るためにdの値が大きくなる．南極Dome C基地の過去3.2万年間の過剰δDの値は，最終氷期最盛期で4‰，完新世で8‰を示し，Dome C基地に水蒸気を供給した主に南大洋の表面付近の相対湿度は，完新世より最終氷期最盛期で高かったことになる．また，過剰δDとNa濃度が逆相関を示していることは，最終氷期最盛期に大気が乾燥し風速が強かったことを指示する（Jouzel *et al.*, 1982）．

4.3.5 氷床コアの含有物

「雪は天から送られてきた手紙である」という中谷宇吉郎の名言のように，氷床コアの上には風送塵起源の土壌粒子や有機物，海塩・火山・地球外物質

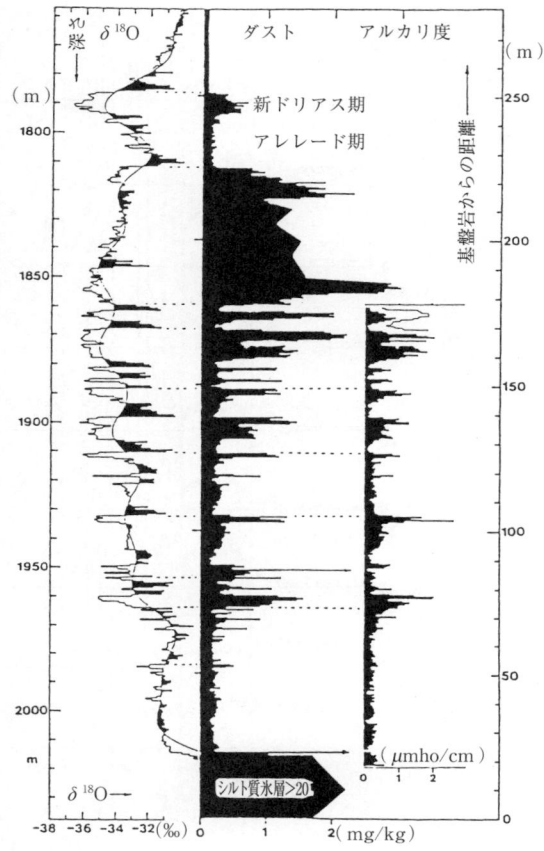

図4.3-7 グリーンランド南部のDye 3氷床コアの$\delta^{18}O$，ダスト，アルカリ度（Hammer *et al.*, 1985）

55cm間隔の平均値が示されている．新ドリアス期の上部（1786m）が，後氷期と最終氷期の境．1821mから1852mの間はいくつかの層準だけについてダスト濃度が測定されている．また，最下部のシルト質の氷層は基盤の削剥による．

起源のエアロゾルなどが雲核として，あるいは重力沈降（dry fallout）として，降雪とともに降り積もっている．また昔の大気そのものも氷に中に閉じ込められている．そして，それらの量や組成などの季節変化や経年変化は，古気候や古環境の重要なデータセットとして氷床コアの中に残されている．

（1）ダスト

グリーンランドや南極の氷床コアではダストが氷期に多く含まれていることは，1970代の初めの頃から報告されていた（たとえば，Hamilton & Seliga, 1972）．図4.3-7は，グリーンランド南部のDye 3コアの表面から，1760mと2040mの間について得られた$\delta^{18}O$，ダスト含有量，アルカリ度が

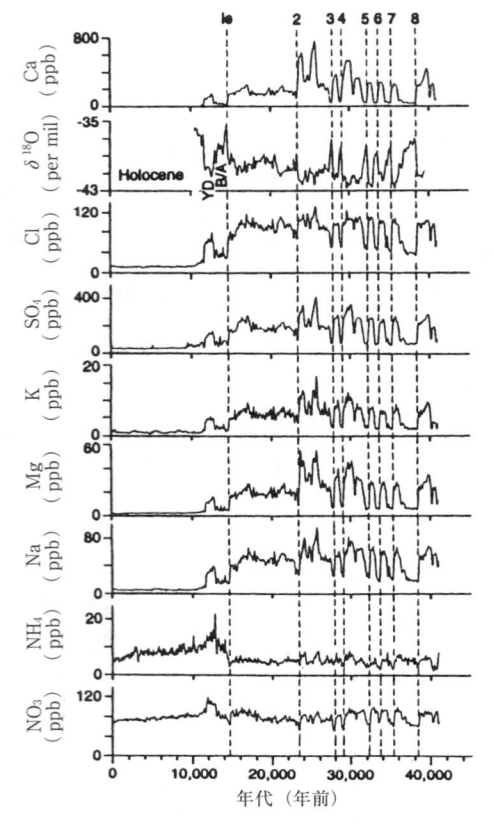

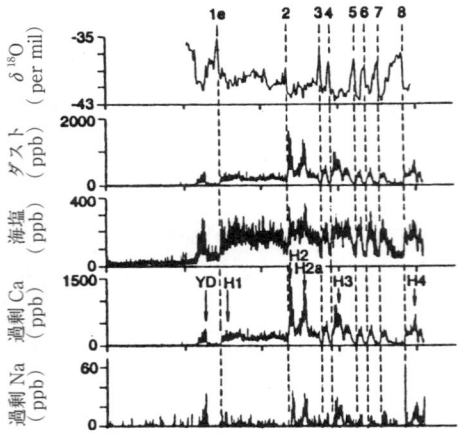

図4.3-8 グリーンランド中央部のGISP2氷床コアに含まれるダストの成分（Mayewski *et al.*, 1994）

1e〜8の番号はD-Oイベント，YDは新ドリアス，H_1からH_4はHeinrichイベントを示す．Heinrichイベントは，最終氷期にローレンタイド氷床やグリーンランド氷床の一部が崩壊して，北大西洋に陸源砕屑物を氷山によってまき散らした事件（Heinrich, 1988）．このイベントは，D-Oイベントのうち温暖化を示すIS1, 2, 4, 8, 12などの直前で起こっており，1〜1.5万年の周期（Bondサイクルと呼ばれる）で最も寒冷化した時代にみられる（Bond *et al.*, 1992）．

示されている．ダストの多い1810mから1860mの間に最終氷期の最盛期の時代が含まれている．それ以前についてはアルカリ度も測定されており，三者が同期して変化している．すなわち，$\delta^{18}O$が小さい寒冷期にダストが多く，アルカリ度が高い．アルカリ度とは陽イオンと陰イオンの電荷数の差で，ダスト中の主に$CaCO_3$の溶解によって高くなる．D-Oイベントの温暖期に両極の氷床コアにメタンが多くなり，当時の低緯度の陸地が湿潤になったことが指摘されている（Chappellaz *et al.*, 1993）ことから，その温暖期にダストが少なくなっているのは，降雪の堆積速度の変化に加えて，ダストの供給源である陸上の乾燥地域が相対的に湿潤となり「緑に覆われた」ことが主な原因と考えられる．同時に，寒冷期よりも風が弱くなりかつ風系が変化したこともその原因に加えられる．それにしても，D-Oイベントに対応してダストの量が急激に増減しているのは，寒冷期から温暖期あるいは温暖期から寒冷期への変化が比較的短期間（おそらく数十年以内）に起こった

ことを示唆している．また，このDye 3の氷床コアでは最終氷期のダスト濃度が完新世より3〜70倍も高い．

Mayewski *et al.*（1994）は，グリーンランド中央部のGISP2コアの過去4.1万年間について，含まれるダストの可溶性イオンをイオンクロマトグラフで分析し，図4.3-8に示すような結果を報告した．ダストには陸起源と海塩由来のものがあるが，いずれも$\delta^{18}O$が小さい寒冷期に多い．ここで，海塩由来のイオンは，次のようにして決められたものである．Naイオンには可溶性の海塩由来のものと不可溶性のアルミノ珪酸塩由来のものとがある．後者は，陸起源としか考えられないAlに対するNaの地殻平均存在度（Na/Al = 0.2867）から求められる．したがって，Naイオンの総量から$0.2867 \times$ Alを引いた値が海塩由来のNaである．Na以外の海塩由来のイオンは標準海水中のNaに対するそれぞれのイオンの割合から求められる．その結果，海塩の含有量は1〜4万年間のすべての寒冷期において同程度

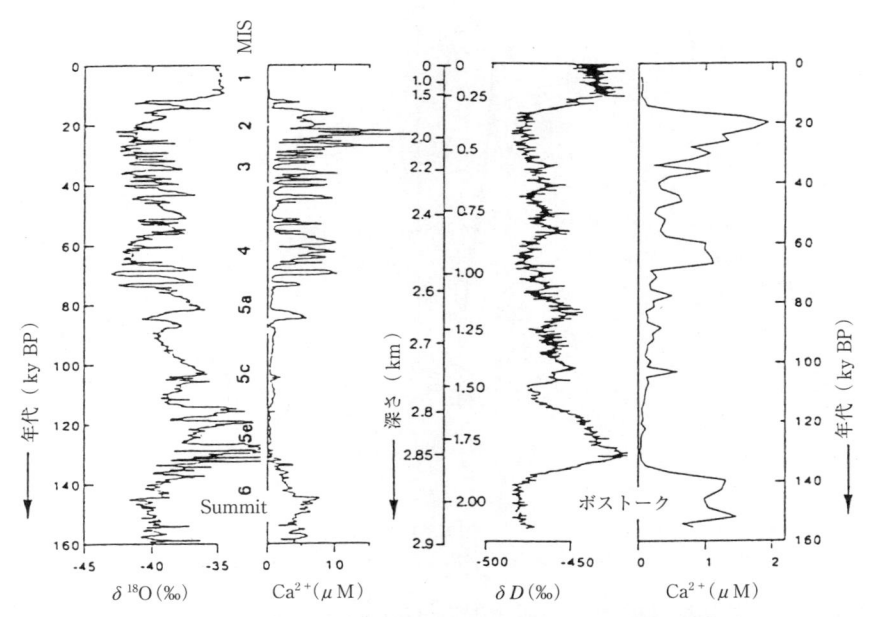

図 4.3-9 グリーンランドの Summit 氷床コアと南極ボストークの氷床コアの Ca^{2+} 濃度の比較 (GRIP Members, 1993) Summit の $\delta^{18}O$ と Ca^{2+} の値はいずれも 200 年の平均. ボストークの δD は 1 m 間隔, Ca^{2+} は 2000 年の平均である.

(約 200 ppb) であるが, ダスト含有量には大きな変化がみられることから, 寒冷期には温暖期よりも風だけが強くなったのではなくて, 陸上のダストの供給地が広がったことを意味する. また, 各時代によって, 陸源と海塩由来の比率あるいは各イオンの割合に微妙な変化がみられるのは, 陸上の供給源の変化ばかりでなく, 風の強さ, 風系の変化, 海氷の発達程度なども影響している.

図 4.3-9 には, グリーンランド Summit と南極ボストークの氷床コアに含まれる過去 16 万年間の Ca^{2+} 濃度が示されている. この Ca^{2+} 濃度は海塩由来のものが除かれており, 陸上のダスト起源のものであるが, 両氷床コアとも氷期 (最終氷期とその前の氷期) に多く, 間氷期 (後氷期と最終間氷期中の MIS ステージ 5) に少ない. Summit 氷床コアにおいては, D-O イベントに対応してダスト量の変動がみられ, そのダスト量は, より寒冷な時代, たとえば $\delta^{18}O$ 値がある敷値 (-38‰位) より低くなった時代に多く含まれている. このことは, ある程度まで海水準が低下したとき, 陸化した大陸棚や大陸内部からダストが供給されやすい気象状態になったときにダストが多く供給されるようになったことを意味している. 北半球の乾燥地域から飛ばされてきたグリーンランドの Summit 氷床コア中の Ca^{2+} 濃度は, 南半球の主にパタゴニア沙漠から飛ばされてきた南極ボストークの氷床コア中の Ca^{2+} 濃度より約 10 倍高い. ダストは寒冷な時代ほど多く, 太陽放射を効果的に散乱することから, 地表面に達する直達日射量を減少させ, 寒冷化を引き起こす正のフィードバックとして働く.

(2) 火山灰

氷床コア中の火山灰は, その氷床の表面からその火山灰層までの年層を数えることによって, その火山噴火が何年前に起こったかを特定できるという意味で重要である. とくに歴史書に残されていない紀元前の噴火の場合は, その噴出年代が ^{14}C 年代法等で推定されたとしても, それにより正確な暦年代を与えることができる. Zielinski *et al.* (1994) は, グリーンランドの GISP2 氷床コアに火山噴火によって放出されたと考えられる SO_4^{2-} ピークまでの年層を, 氷床コアの表面から数えることによって 9000 年前までの火山噴火の年代を求めた. その結果, 現在から 2000 年前までに含まれる 69 の SO_4^{2-} ピークのうち 57 (85%) については, すでに噴出年代が推定されている火山と一致した. また, 2000 年前から 9000 年前までの 232 の SO_4^{2-} ピークのうち約 30% について火山噴火との対比が試みられた. これらの火山噴火に基づいて年層の読みとり精度を求めると,

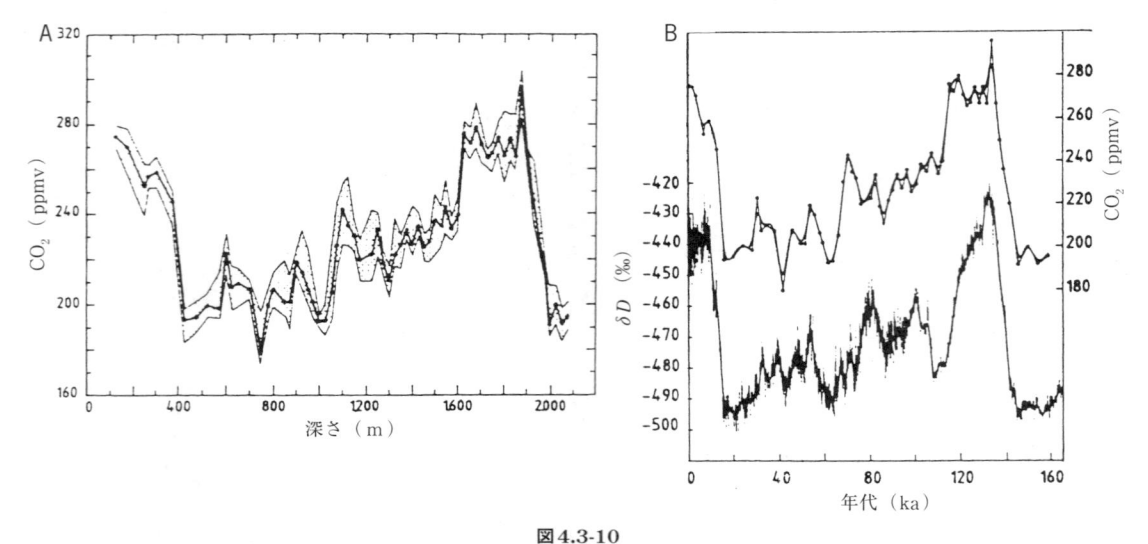

図4.3-10
A：ボストークの氷床コア中に捕捉された大気CO_2濃度．測定値の誤差範囲と最適値（黒丸を結んだ線）が示されている．
B：ボストークの氷床コアのδDとCO_2濃度（ともにBarnola et al., 1997）．

9000年前において±180年である．ちなみにZielinski et al. (1994) は，紀元前の火山噴火のうち日本列島由来のものとして，十和田6650±300BC，3450±150BC，鬼界4350±? BCを挙げているが，確証があるわけではない．今後，氷床コア中の火山灰そのものの同定がさらに詳しく行われるようになれば，より正確な火山灰層序が確立されるであろう．

（3）ガ ス

氷床コア中のCO_2の測定は，1980年代の初頭から報告されていた（たとえば，Delmas et al., 1980）．当時は氷の中からCO_2を取り出す技術的な難しさもあって，測定値にはかなり大きな誤差を含んでいたが，それでも最終氷期中のCO_2濃度は200ppm前後で，後氷期の約300ppmに比べて明らかに少ないというものであった．その後，Barnola et al. (1987) は，より精度の高い系統的な測定を南極のボストーク基地の氷床コアについて行った．彼らは氷床を真空中で溶かすことなくステンレス容器の中で機械的に壊して，大部分を排気した後，最後に氷の結晶に閉じ込められていた昔の大気を取り出した．そしてガスクロマトグラフィーを用いて，氷床コアの66の層準（2000～4500年間隔）からCO_2濃度を±数ppmからときに±20ppmの誤差で測定した（図4.3-10A）．その結果は，図4.3-10Bに示されているように，ボストークの氷床コアのCO_2濃度は，過去16万年間の気候変化を表しているδDの変化に対応して，氷期に190～200ppm，間氷期に260～280ppmで，気候変化と連動した変化を示している．図4.3-10Bの横軸は氷床の流動モデルによって年代に直されているが，氷床に閉じ込められたCO_2はその周囲の氷より数百年若いと仮定してプロットされている．図4.3-10Bを詳しくみると，氷期から間氷期（MIS 6から5と2から1）へのδDとCO_2の変化は同期しているが，間氷期から氷期（MIS5eから5dと5から4）への変化は，CO_2の方がδDの変化より数千年から約1万年遅れている．また，これらのカーブのスペクトル解析の結果は，δDは約4万年周期（地軸傾斜角）と約2万年周期（気候歳差）が顕著であるのに対して，CO_2は2.1万年周期が大きく約4万年周期は小さい．このことは，地球の軌道要素の摂動が気候変化を引き起こし，その結果，大気CO_2濃度が変化したことを示唆しており，CO_2が気候変化を駆動させたのではないことになる．しかし，ボストークの氷床コアのCO_2の測定間隔は十分に細かいわけではなく，気泡と周囲の氷との年代差も雪の堆積速度によっては大きく（2000～3000年も）異なる可能性があることから，この問題を論じるにはより詳細な測定が必要である．最近，Stauffer et al. (1998) は，南極バード氷

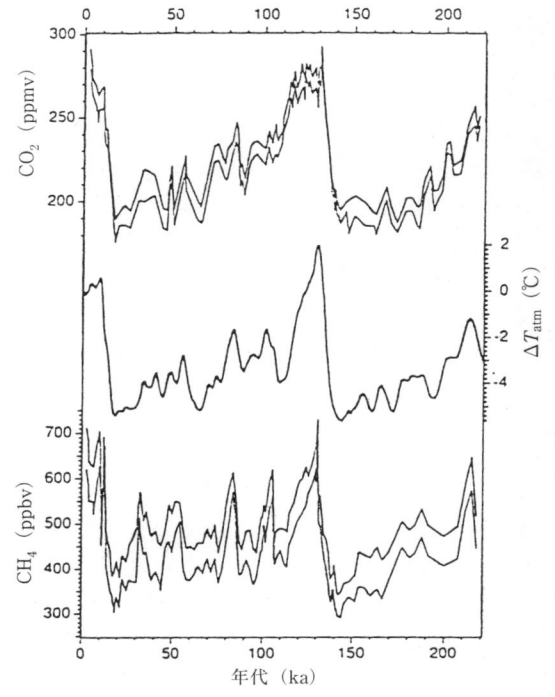

図4.3-11 ボストークの氷床コアの過去22万年間の気温変化とCO_2およびCH_4濃度変化（Jouzel et al., 1993）

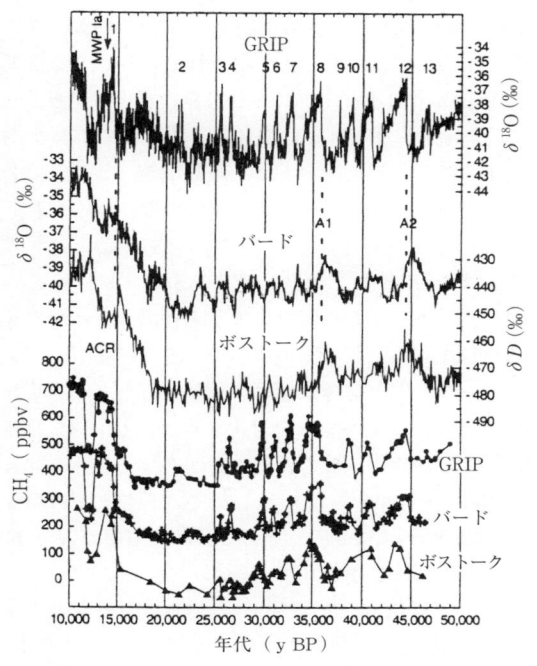

図4.3-12 グリーンランドGRIP氷床コアと南極バードおよびボストークの氷床コアに含まれるCH_4濃度に基づく3本の氷床コアの対比（Blunier et al., 1998）

床の4.6～1.7万年前の間に閉じ込められたCO_2濃度を測定し，北西大西洋のHeinrichイベントに対応してCO_2濃度が20 ppm前後変動していることを見出した．このことは，大気CO_2濃度の10～20 ppmの変化が，海洋-大気の循環が変わることによって比較的短期間（数十年）に変化しうることを示唆している．

図4.3-11には，22万年前までのボストークの氷床コアのCO_2，CH_4濃度が示されており，いずれも気候変化を表すδDから求められた気温変化（ΔT）に対応した変化を示している．CO_2とΔTとの相関は0.81（CH_2とΔTとの相関は0.76）である（Jouzel et al., 1993）．とくに，CH_4のカーブは気温変化のカーブとの対応がよく，CH_4の発生は歳差に関連するモンスーンの降水量の変化によって，低緯度が温暖期に湿潤になることによって引き起こされたと考えられている（Chappellaz et al., 1993）．しかし，CO_2の変化は温度変化より遅れているようにもみえる（ただし，40 kaまでは±200年以内で一致）．この点に関して，Sowers et al.（1991）は，ボストークの氷床コアに閉じ込められた酸素ガス（O_2）の

$\delta^{18}O$を測定し，すでに報告されているδDやCO_2濃度と比較した．その結果，δDやCO_2濃度の増加はO_2の$\delta^{18}O$の減少より，約6000年早く起こっている．大気O_2の$\delta^{18}O$の変化は，大陸氷床量の変化の結果であると考えられることから，彼らはボストークの氷床コア中のCO_2が増加し始めるのは，大陸氷床の融解が始まる4000～7000年前で，ボストークの氷床コアの気温が増加し始めるのは，大陸氷床が融解し始める4000～5000年前であると結論している．その後，Sowers & Bender（1995）は，グリーンランドのGISP2氷床コアについても閉じ込められたO_2の$\delta^{18}O$を測定し，ボストークの氷床コアのそれと比較した．その結果，最終氷期から後氷期の温暖化の始まりはグリーンランドより南極の方が約3000年早く，大気中のCO_2とCH_4濃度の変化はそのグリーンランドの温暖化の始まりより2000～3000年早いと述べている．

グリーンランドと南極の氷床コアの対比には，大気中ですみやかに混合するO_2ガスの$\delta^{18}O$（Bender et al., 1994）や，CH_4ガス（Chappellaz et al., 1997）が有効である．図4.3-12には，グリーンランドの

GRIPと南極のバードおよびボストークの氷床コアのCH$_4$濃度に基づく対比が示されている．この結果をみると，グリーンランドと南極の氷床コアで1〜4.7万年前までの間は，CH$_4$濃度によってこれまで以上に詳しく対比できることがわかる．とくに，グリーンランドのGRIPコアにみられるD-Oイベントの3〜12までを南極のバードのコアにみることができ，またGRIPコアのD-Oイベントの5〜12についてはボストークの氷床コアにさえ見出すことができる（図4.3-12）．このように，CH$_4$濃度に基づいてグリーンランドと南極氷床コアを対比した上で，それらのコアのδ^{18}OやδDを対比すると，2.3〜4.7万年前の間で南極の気温の変化の方がグリーンランドより1000〜2500年も早く起こっていることがわかる（Blunier et al., 1998）．そのことは，図中のA$_1$とA$_2$の時代に明瞭に示されている．

最近，Petit et al.（1999）は，ボストークの氷床コアの過去42万年間のδD，δ^{18}O$_{atm}$，CO$_2$，CH$_4$，Na，ダストの結果を発表した．その結果，それらは過去4回の氷期・間氷期に同じような振幅で繰り返していたことが明らかになった（図4.3-13）．ΔDの変化から推定された気温変化（ΔT）のスペクトル解析では，10万年と4.1万年周期が大きく，このうち4.1万年周期はボストークの年間の太陽日射量の周期と同期している．このことが各氷期の終末に南極の気温の温暖化を起こさせたのかもしれないという．ボストークの氷床コア中のO$_2$ガスのδ^{18}Oカーブは，北半球北緯65°の6月における日射量カーブと，その形や周期が過去23万年前（海洋酸素同位体ステージ7.5）までよく似ている（図4.3-14）ので，各氷期終末におけるその日射量の増加が気候を温暖化に向かわせたと考えられる．過去4回の氷期の終末について，ダスト，δD，CO$_2$，CH$_4$，δ^{18}O$_{atm}$の変化をみると（図4.3-15），ダストの減少がδD，CO$_2$，CH$_4$の変化より早い．このことは，各氷期終末に高緯度の日射量が増加し，そこでのアルベドが減少して，周囲との気圧傾度が小さくなって風が弱くなったと同時に，高緯度の大陸が暖められて，海からの水蒸気が供給されやすくなって，陸上の植生が豊かになったためにダストが飛びにくくなったと考えられている．また，各氷期の終末の最終段階でCH$_4$が急増しており，これは北半球の氷床の大規模な融解が起こって，陸上が湿潤になったためにCH$_4$の発生が起こったと考えられている．

(4) ガスの同位体

O$_2$のδ^{18}O

現在の大気中の酸素ガスのδ^{18}Oは，+23.5 ± 0.1‰できわめて一定している．そのδ^{18}Oを決定している主な要因は，光合成，呼吸，植物の葉の中の水の蒸発散，大気上層の光化学反応などに伴う同位体分別である．これらの要因の役割が気候変化によって変わらないとすれば，氷期に海水の酸素同位体比が変化した分，大気中のO$_2$ガスのδ^{18}Oも変化することになり，氷床コア中のO$_2$ガスのδ^{18}Oもまた過去の気候変化を表すことになる．また，大気中のO$_2$のδ^{18}Oが場所によらず一定していることから，グリーンランドと南極の氷床コア中のO$_2$のδ^{18}Oの変化は，両コアを対比する上で非常に有効な手段になる．図4.3-16の最上部にはグリーンランドのGISP2と南極のボストークのコア中のO$_2$のδ^{18}Oに基づく対比が示されている．両者の変動は非常に良い一致を示しており，これによって過去11万年前までのグリーンランドと南極の氷床コアの対比がつけられた．とくに，グリーンランドのGISP2コアにみられるD-Oイベントの8〜23の主なピークに対応するボストークのコアのδDのピークとの対比が試みられている．

CO$_2$のδ^{13}C

南極のバードの氷床コア中のCO$_2$濃度とそのδ^{13}C値の報告によると（Leuenberger et al., 1992），最終氷期の20〜40 kaのCO$_2$は約200 ppmで，そのδ^{13}Cはかなりばらつきはあるが平均−6.52 ± 0.12‰である．一方，産業革命前の後氷期のCO$_2$は約280 ppmで，そのδ^{13}Cの平均値は−6.84 ± 0.12‰であり，氷期の方が約0.3 ± 0.2‰だけ小さい．大気CO$_2$中のδ^{13}Cを変化させる主な要因として，①陸上生物の規模，②海洋の生物生産，③海洋の表面水温，④大気－海洋表層間の動的平衡などがあるが，氷期にはこれらの要因が複合して大気CO$_2$のδ^{13}Cを決めたと考えられている．

N$_2$やArガスの同位体

氷床に降った雪が氷河氷となるまでの間は，大気が雪の結晶の隙間を通して出入りしている．そのとき，大気の気温が上昇すると積雪の表面付近と氷河氷との間で温度差が大きくなり，^{14}Nや^{36}Arは^{15}Nや^{40}Arより高温側（積雪の表面付近）に濃集する（熱

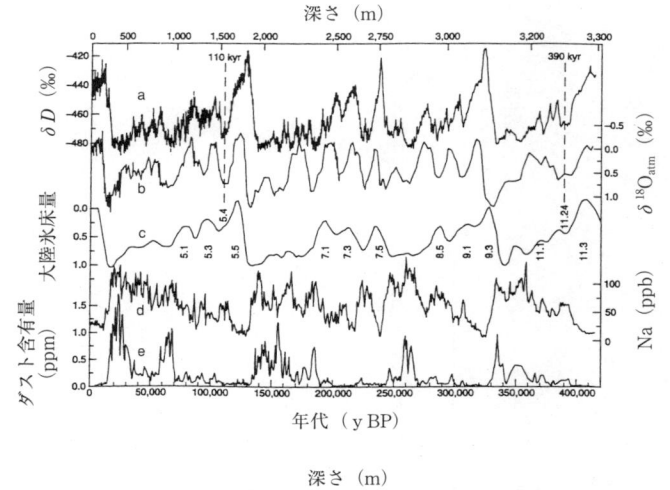

図4.3-13 ボストークの氷床コアの過去42万年間のδD, $\delta^{18}O_{atm}$, Na, ダスト含有量と海底コアの$\delta^{18}O$カーブから推測される大陸氷床量(Petit *et al.*, 1999)

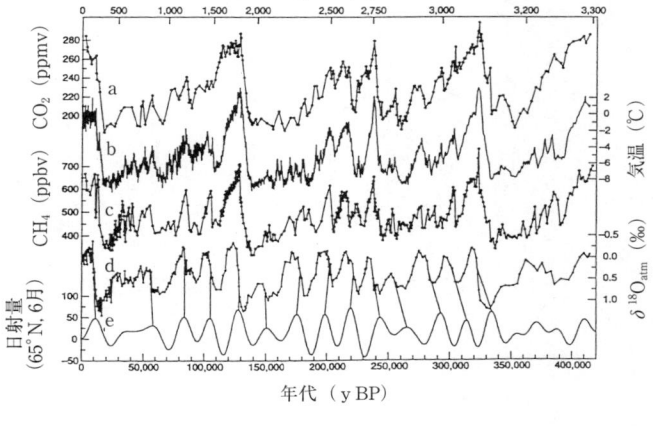

図4.3-14 ボストークの氷床コア中のCO_2, δDから推定された気温変化, CH_4, $\delta^{18}O_{atm}$の変化, 北半球北緯65°の6月における日射量カーブ(Petit *et al.*, 1999)

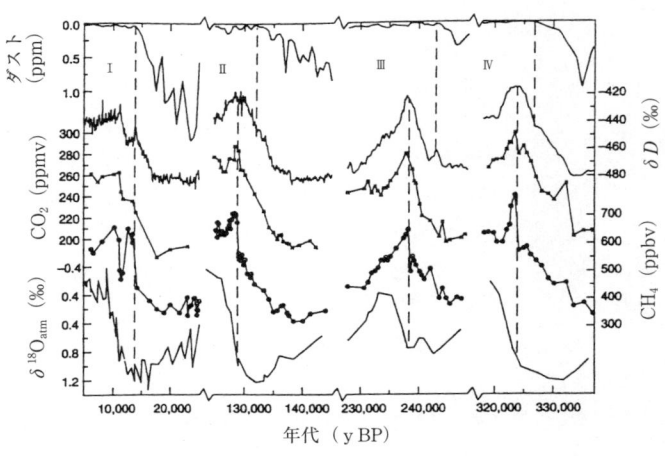

図4.3-15 過去4回の氷期の終末におけるダスト, δD, CO_2, CH_4, $\delta^{18}O_{atm}$の変化(Petit *et al.*, 1999)

拡散).同様に温度差がなくてもより拡散しやすい^{14}Nや^{36}Arは,^{15}Nや^{40}Arよりも積雪の表面付近に濃集(重力拡散)する.GISP2コアには,新ドリアス期の終末の1.1万年前頃に,急激な温暖化による$\delta^{15}N$や^{40}Arのピークがみられるが,このことはその温暖化が20〜30年以内に起こったことを示唆している(Severinghaus *et al.*, 1998).

(5) 有機物

南極ボストークの氷床コアについて,メタンスルホン酸(MSA)と海塩由来でない硫酸イオンの濃

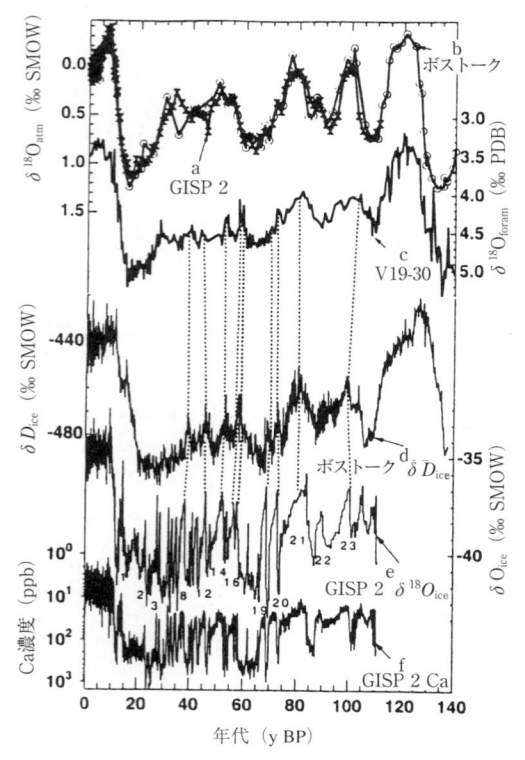

図4.3-16 過去14万年間のグリーンランドと南極の気候変化（Bender *et al.*, 1994）
a：グリーンランドGISP2氷床コア中に閉じ込められた酸素ガスの$\delta^{18}O$（現在の値からの偏差，▲）．
b：南極ボストークの氷床コア中の酸素ガスの$\delta^{18}O$（現在の値からの偏差，○）．
c：東赤道太平洋の海底コアV19-30に含まれる底生有孔虫殻の$\delta^{18}O$．
d：ボストークの氷床コアのδD．
e：GISP2氷床コアの$\delta^{18}O$．
f：GISP2氷床コアのCa濃度．
図中の点線はGISP2氷床コアの$\delta^{18}O$カーブにみられるD-Oイベントを，南極ボストークの氷床コアのδDと海底コアV19-30の$\delta^{18}O$に対比したものである．

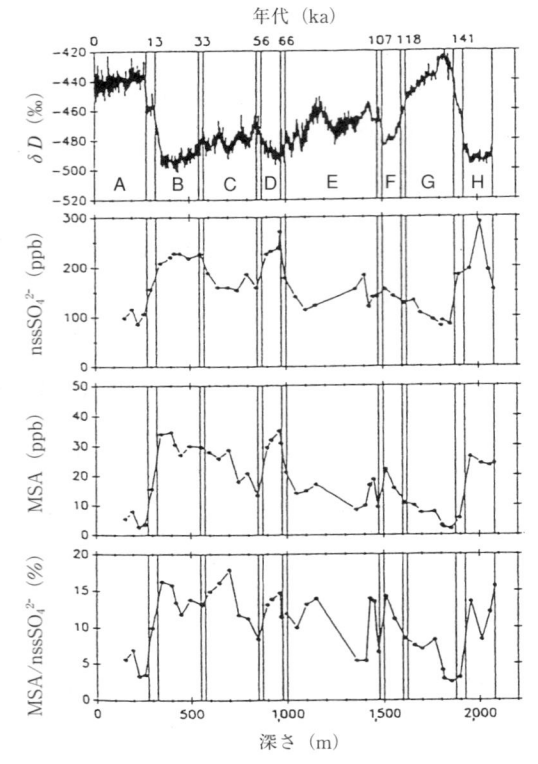

図4.3-17 南極ボストークの氷床コア中の非海塩由来の硫酸イオン濃度，メタンスルホン酸濃度とそれらの比率（Legrand *et al.*, 1991）

度が図4.3-17に示されている．これらの物質は，植物プランクトンが光合成によってアミノ酸を合成するとき，副産物として生成される硫化ジメチルが大気中で光化学反応を受けたときにつくられるといわれている．いずれの物質の濃度も氷期（図中のB～DとH）の方が間氷期（図中のAとE～G）より高くなっており，氷期に風が強かったことと雪の堆積速度が小さかったことが原因の一部ではあるが，南極周辺の海洋表層での生物生産が間氷期より氷期に高かったためであると解釈されている．また，両者の比も氷期に大きく間氷期に小さいのは，現在の海洋ではこの比が水温の高い低～中緯度で低く，高緯度で高いことから次の3つの可能性が考えられている．①硫化ジメチルの供給海域が異なっていた．②その供給海域の水温が低下していた．③やや考えにくいことではあるが，火山由来を含めて陸起源の硫酸が間氷期に多かった．いずれにしても，これらの物質の海洋–大気間のサイクルは気候変化に敏感に対応して変化している．さらに，海洋植物プランクトン起源の硫化ジメチルは，雲核となり雲粒の形成を促進して地球のアルベドを増大させ，地表気温を低下させるという説もある（Charlson *et al.*, 1987）．

4.3.6 グリーンランドと南極氷床コアの比較

すでに図4.3-12および図4.3-16でみたように，グリーンランド氷床コアの$\delta^{18}O$カーブと南極ボストークの氷床コアのδDカーブは，CH_4やO_2の$\delta^{18}O$で詳しく対比されており，相互に類似しており，それらの全体的な変化は海底コアの$\delta^{18}O$カーブともよく似ている．しかし，グリーンランドと南極の氷床

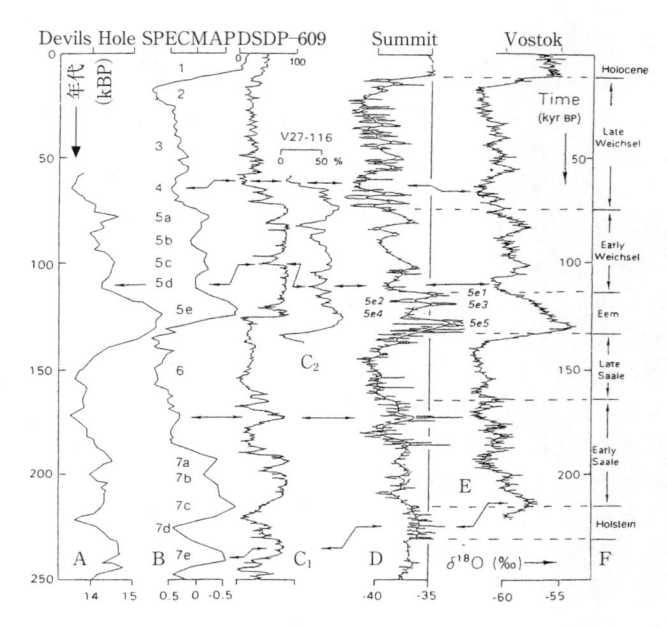

図 4.3-18 いくつかの指標が示す過去 25 万年間の気候変化 (Dansgaard *et al.*, 1993)

A：アメリカネバダ州 Devils Hole の方解石脈の $\delta^{18}O$（年代は U/Th 法による）．
B：深海底コアの標準的（SPECMAP）酸素同位体比カーブで，1〜7e は海洋同位体ステージ（MIS）および亜ステージ（年代は地球軌道要素の周期から求められた）．
C_1：DSDP site 609 の堆積物の色（グレースケール）．
C_2：アイスランド西方沖の海底コア V27-116 中の $CaCO_3$%．
D：グリーンランド GRIP 氷床コアの $\delta^{18}O$．
E：南極ボストークの氷床コアの $\delta^{18}O$（$\delta D = 8\,\delta^{18}O + 10$ の式から算出）．

コアの気候変化で最も異なる点は，①約1万年前から10万年前の間に，グリーンランドのいずれの氷床コアにもD-Oイベントが認められるのに対して，南極のコアにはD-Oイベントがはっきりと現れていないことである．これは，グリーンランド周辺の海氷の発達や風系の変化が寒冷期と温暖期で異なったことが大きく影響しているためである．また，②最終間氷期のMIS5eに相当する約11万年前から13万年前において，グリーンランド中央部のGRIPとGISP2の氷床コアには3回の温暖なピークがあるのに対して，南極のボストークの氷床コアには3回のピークはなく，むしろ海底コアの $\delta^{18}O$ カーブと似ている．③グリーンランド氷床コアのMIS6はMIS2ほど寒冷ではなく急激な変化も少ないが，ボストークの氷床コアのMIS6はMIS2と同様に寒冷である．

それ以外にも，これらの気候変化を表す指標は，それぞれ異なった解像度と長所や短所をもっていることを理解した上で比較することが重要であろう．

4.4 海底コア

第四紀の気候変化を連続的に記録しているものの1つとして海底堆積物がある．とくに，浅海からの流れ込みの少ない外洋域の深海堆積物は，第四紀の気候変化を連続的に調べる上でもっとも適した研究材料の1つである．海底堆積物の場合は，大気圏を通過して降下した物質を留めている氷床コアと比べると，河川や大気を経由して海洋に供給された物質と，海水中で形成された物質が混在している点で大きく異なっている．そのことは，海底堆積物からの環境復元を複雑にしている反面，より多くの情報を読み出せる可能性があることも意味している．とくに，地球表面の7割を占める海洋の生物生産力や海水（表層水，中層水，深層水）の循環は気候変化と密接に関連している．また，地球規模で起こった環境変化は，海底堆積物ばかりでなく氷床コアや陸上堆積物に共通した情報が残されていることが多いので，これらの相互の研究結果を比較・検討することは重要である．

深海堆積物にパイプを突き刺して柱状堆積物（海底コア）を採取し，その中に含まれるいろいろな物質を調べて，過去の海洋環境を復元する研究は，1930年代から始まった．当初は，海底コアに含まれる有孔虫や珪藻などのプランクトンの化石（通常，微化石と呼ばれる）の群集組成が層準ごとにどのように変化するかを調査して，海洋表層の海流の変遷を議論する内容であった．また，その海流系の変遷を気候変化と結びつけて論じたものが多かった．しかし，1950年代になると，深海底の約半分の面積を覆っている石灰質軟泥から採取された海底コアについて，$CaCO_3$ 含量や底生有孔虫の殻の酸素

同位体比（$^{18}O/^{16}O$）を調べる研究が行われるようになってきた．その底生有孔虫の殻の酸素同位体比は，2.2.2項で述べたように大陸氷床の規模の変化を表しており，第四紀のグローバルな気候変化を最もよくモニターしているものと理解されるようになった．1970年代は，微化石の統計解析，有孔虫殻の炭素同位体比，有機炭素量などを使った研究が盛んに行われるようになり，1980年代は有孔虫殻のCdやBa，アルケノンによる古水温測定，有機物の炭素・窒素同位体比，1990年代はオパール含量，微量元素，アルカンなどのバイオマーカー，ホウ素（B）の同位体比など，気候変化に伴う海洋環境の変化が海底コアに含まれるさまざまな物質に反映されていることがわかってきた．この節では，これまで行われてきた海底コアの研究において，どのような堆積物に，どのような研究方法で，気候変化に関連して何がわかったかということを研究項目ごとに概観することにする．

一概に海底コアといっても，沿岸域と外洋域ではその堆積物が大きく異なる．たとえば，沿岸域の堆積速度は外洋域に比べて1～2桁速いために，沿岸ではあまり古い時代まで達する海底コアは得にくく，乱泥流堆積物が介在していたり，削剥を受けていたりする場合が多い．反対に，外洋では連続的に古い時代まで達するコアは得やすいものの，堆積速度が遅いために時間的解像力が悪くなる．また，海底コアの採取方法によっても得られる堆積物の長さが異なる．たとえば，表層堆積物を確保するには，マルチプル・コアラー，パイロット・コアラー，ボックス・コアラーがよいが，得られる堆積物の長さはせいぜい数十cmである．一方，表層堆積物は乱されるが，長い海底コアを採取するにはグラビィティ・コアラー（長さ数m）やピストン・コアラー（通常長さ数m～数十m，最長60m）がよい．さらに，長い海底コアを得るためにはocean drilling program（ODP；深海底掘削計画）の掘削船による方法がある．特に，ODPによって過去数百万年～数千万年まで達する海底コアが得られている．しかし，本書では第四紀を対象としているので過去200万年前まで，特に氷床コアとの関連から過去数十万年までの海底コア「その多くは，ピストン・コアラーにパイロット・コアラーを装着した方法で得られたものやODPのhydrolic piston corer（静水圧ピストン・コアラー）によって採取されたもの」の研究結果を中心に紹介する．これらの海底コアの採取方法は割愛するが，これまでに行われてきた研究の内容を5つ（1：砕屑物の特徴，2：微化石，3：無機元素，4：同位体，5：有機物）に分けて，それぞれの中で研究項目ごとに代表的な研究例を紹介する．

4.4.1 砕屑物

海底コアを研究するにあたって，その堆積物の色（色彩や明度），堆積相（模様や構造），帯磁率，粒度や構成物などの変化は，その後に得られるさまざまな分析結果と対応して海洋環境の変化と関連している．そこで，まず最初に海底コアのこれらの項目に関してできる限り克明に記載しておくことが重要である．

（1）色

海底コアを採取すると，堆積物に色の変化がみられずまったく均質な場合はむしろまれで，多かれ少なかれ色（色彩や明度）の変化がある．色の変化は，海洋表層から海底に供給される物質に変化が生じた場合か，あるいは埋没環境に変化が生じた場合に起こる．つまり，「底層水に溶存酸素があると鉄は酸化されて赤褐色になり，ないと還元されて暗緑色になる．また有機物が多いと黒っぽくなる（Tada *et al.*, 1992）」．したがって，色の変化を何らかの環境変化とみなし，わずかな色の変化も見落とさないように記載することが大切である．図4.4-1の写真は，日本海のODP掘削によって得られた3地点の海底コアの最上部2～3mについて，色の変化に基づいて対比が試みられたものであるが，相互に600km以上離れているにも関わらず，色（＝環境）の変化が同時に起こっている（口絵12）．また図4.4-1には，同じコアの約30mまでの長さについて，白黒写真の明度を数値化して対比したものが示されているが，これによって厚さ2～3cm（約300年）以内で3本のコア間を相互に対比できるという．

（2）堆積相

海底コアの堆積物には，均質な部分，mm単位の縞模様の部分，底生動物のかき乱した跡（burrow）がある部分，ときには乱泥流堆積物による構造の乱れなどがみられる．均質な部分は，同じような海洋環境および堆積環境が継続し，底生動物のかき乱し

4.4 海底コア

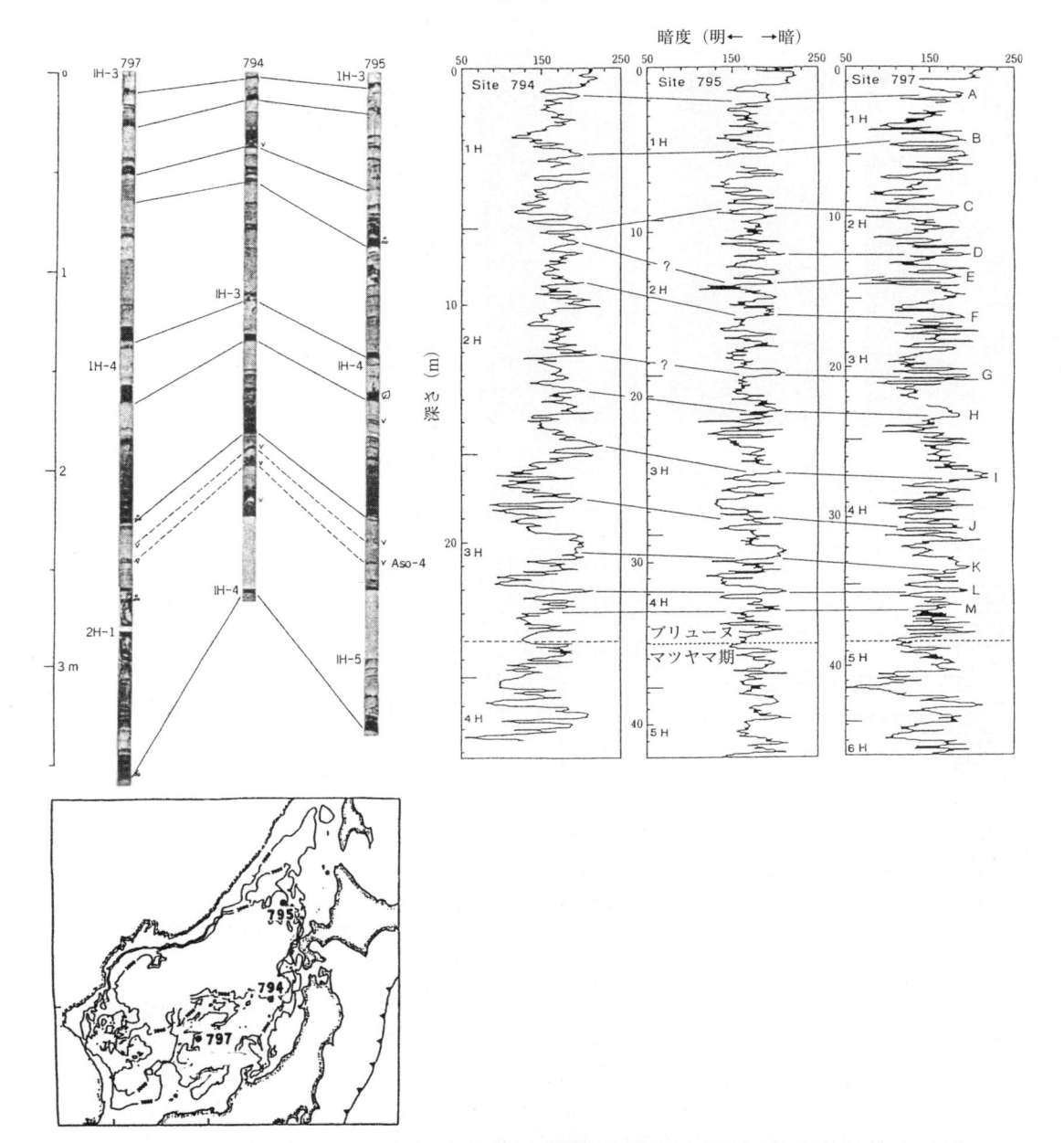

図4.4-1 日本海のODPコア794, 795, 797間にみられる堆積物の明暗縞と色の明度に基づく対比（多田，1992）

で堆積物がよく混合した場合に生じる．外見は均質にみえても，図4.4-2のAのように軟X線写真を撮ると堆積物の内部に乱れがみえることがある．mm単位の縞模様は，氷縞粘土や湖の堆積物，ときには海洋でも還元的な海底環境下（たとえば，黒海，日本海，地中海，カルフォルニア沖など）でみられる．この縞模様の形成は，フィヨルドや湖沼では季節変化による場合が多いが，海洋の場合は季節変化によるのかどうかまだよくわかっていない．図4.4-2のBは日本海の堆積物でmm単位の縞模様の写真であるが，浮遊性有孔虫が密集した白っぽい層とそうでない層が交互に堆積している．図4.4-2のCは底層流の影響を受けて，泥や砂が動かされて再堆積してできた葉理である．葉理はしばしば相互に斜交していたり，分級を示すことがあるので，縞模様とはっきりと区別して記載しなければならない．堆積

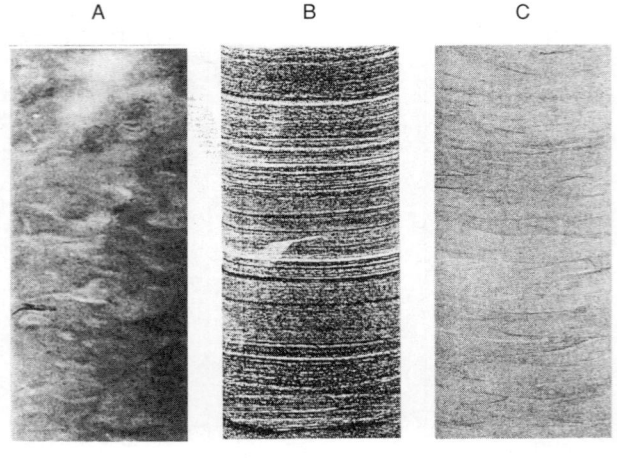

図4.4-2 海底コアの軟X線写真
各長さ15cm, 幅6cm.
A：底生動物によってかき乱された跡, B：mm単位の縞模様, C：葉理.

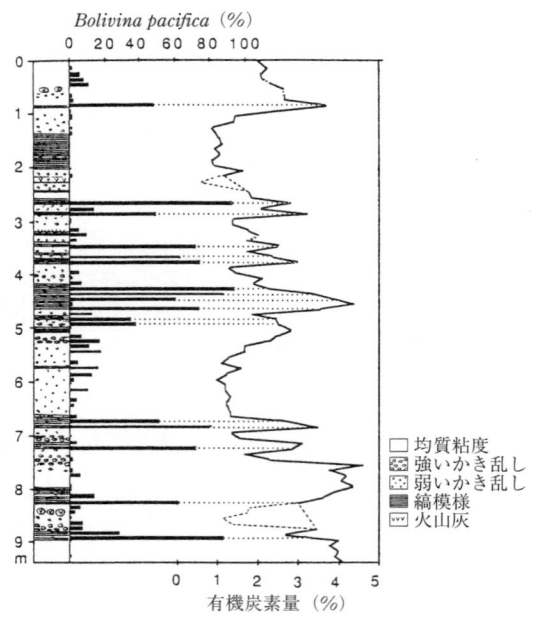

図4.4-3 日本海隠岐堆コアの堆積物の特徴と有機炭素量および底生有孔虫 *Bolivina pacifica* の頻度（横棒）（大場・赤坂, 1990）

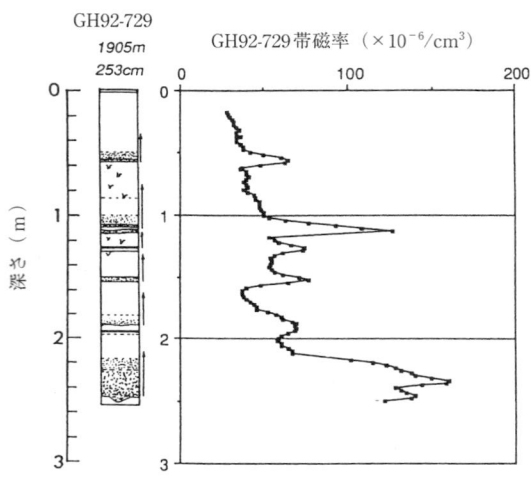

図4.4-4 津軽海峡西方の海底コアにみられる砂の混入と帯磁率の変化（中嶋ほか, 1993）

相と有機炭素量との間には面白い関係がみられることがある．図4.4-3において，日本海のコアで有機炭素量は，①均質な層では中位かまたは高い．②縞模様の層で底生有孔虫を伴う場合は高く，伴わない場合は低い．③底生動物のかき乱しが激しい層で高く，弱い層で低い．また，④縞模様の層でもその中にかき乱しを伴う層は，伴わない層より高い．このような関係が見出されると，海底コアを記載する際にいかに克明に記載しておくことが大切であるかがおわかりいただけるであろう．Behl (1995) は，堆積物をかき乱され方の程度によって5つに分け，それは海底の酸化・還元の程度を反映していると述べている．

水深2000mより深い深海底に供給される陸源砕屑物は，基本的には粘土であるが，ときには砂やシルトが混入することがある．その砂やシルトは，より浅い海底から乱泥流によって運ばれてきたもので，しばしば浅海域の化石を含んでいたり，粒子が分級を受けて堆積していることがある．図4.4-4は磁性鉱物を多く含む砂が乱泥流によって周期的に流れ込んできた一例で，帯磁率は砂層が堆積するたびに急に大きくなり，その後徐々に小さくなるという変化を示している．このように，乱泥流堆積物によってすでに堆積していた堆積物が削剥されたり，一

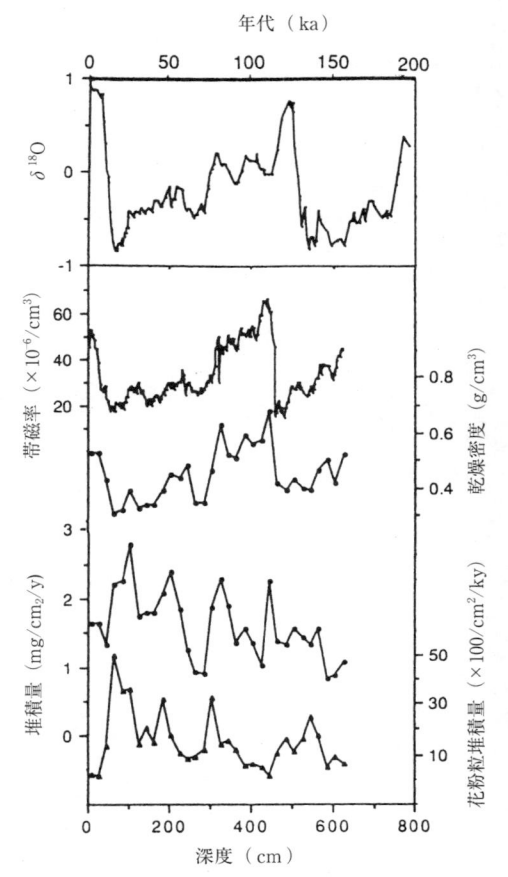

図4.4-5 西カロリン海盆の堆積物の帯磁率・乾燥密度・堆積量・花粉堆積量（西村ほか，1993）

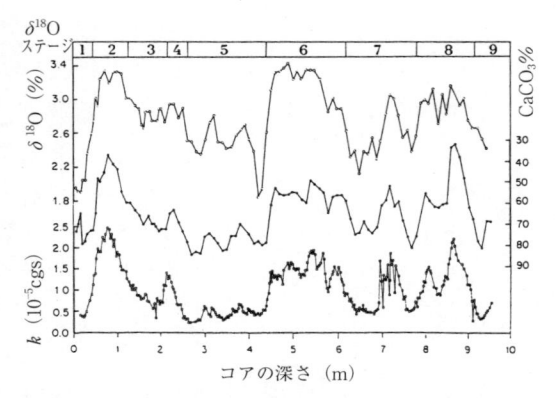

図4.4-6 南極海のコアにみられる浮遊性有孔虫殻の $\delta^{18}O$，$CaCO_3$%，帯磁率（k）の関係 (Kent, 1982)

連の堆積速度が著しく乱されたりすることがあるため，試料の採取にあたっては乱泥流堆積物をはっきりと識別することが必要である．

（3） 帯磁率

最近では，海底コアから試料を採取する際に，一定容量サンプリング（プラスチック注射器の先端を切り落としたもの（大場，1983），あるいは2cm角のプラスチックの箱（箱の裏に空気を逃がす穴が開いているもの）を堆積物に差し込んで採取すること）を行って，湿潤重量と乾燥重量の差から含水率や堆積物の密度，さらには単位面積・単位時間あたりの堆積量などを求めるようになってきた．それらの物性が，古環境変遷に伴って変化している場合がある．図4.4-5に示すように，堆積物の乾燥密度は，帯磁率（コラム5.5-1参照）とよい正相関を示し，堆積物や花粉粒子の堆積量とは逆相関を示している．この現象は，氷期に珪藻などのプランクトンが繁殖し，それと同時に風で運ばれてきた花粉が多く堆積したために，帯磁率や乾燥密度の小さい物質が多く堆積したと説明されている．図4.4-6は，1本のコアについて有孔虫の殻の酸素同位体比，炭酸塩含量，帯磁率が調べられた例である．これら3本のカーブは見事な対応関係を示しており，有孔虫の殻の $\delta^{18}O$ が大きいとき（氷期）に炭酸塩含有量が少なく，帯磁率が大きい．このコアは南極海で採られたもので，氷期に珪藻や磁性鉱物を伴う粘土鉱物などによる炭酸塩の希釈効果が大きかったためと説明されている．

（4） 粒度・鉱物組成・黄砂・テフラ

堆積物の粒度組成が気候変化と対応して変化している例として，ニュージーランド南東で掘削されたODP site 594の研究がある（図4.4-7）．このコアでは，砕屑物（砂，シルト，粘土）の粒度分析，$CaCO_3$%，有孔虫の殻の $\delta^{18}O$ の測定が行われた．その結果，氷期にシルト％が増加し，$CaCO_3$%が小さくなっている．その理由は，氷期にニュージーランドの山岳氷河からシルトサイズのレス（loess）が多量に供給されたのに対して，間氷期には降水量が多くなってより粗い砂が供給されたためであると説明されている．

図4.4-8には，日本海中央のODP site 797について調べられた珪藻と砕屑物の含有量の関係が示されている．日本海のコアでは，珪藻の個体数が氷期よりも間氷期に数十倍から数百倍も増加しており，乾燥堆積物1g中の珪藻の個体数を調べることによって氷期・間氷期の区別がつけられる（Koizumi, 1992）．図4.4-8の右端の外洋域の標準的な $\delta^{18}O$ カー

108   4. 気 候 変 化

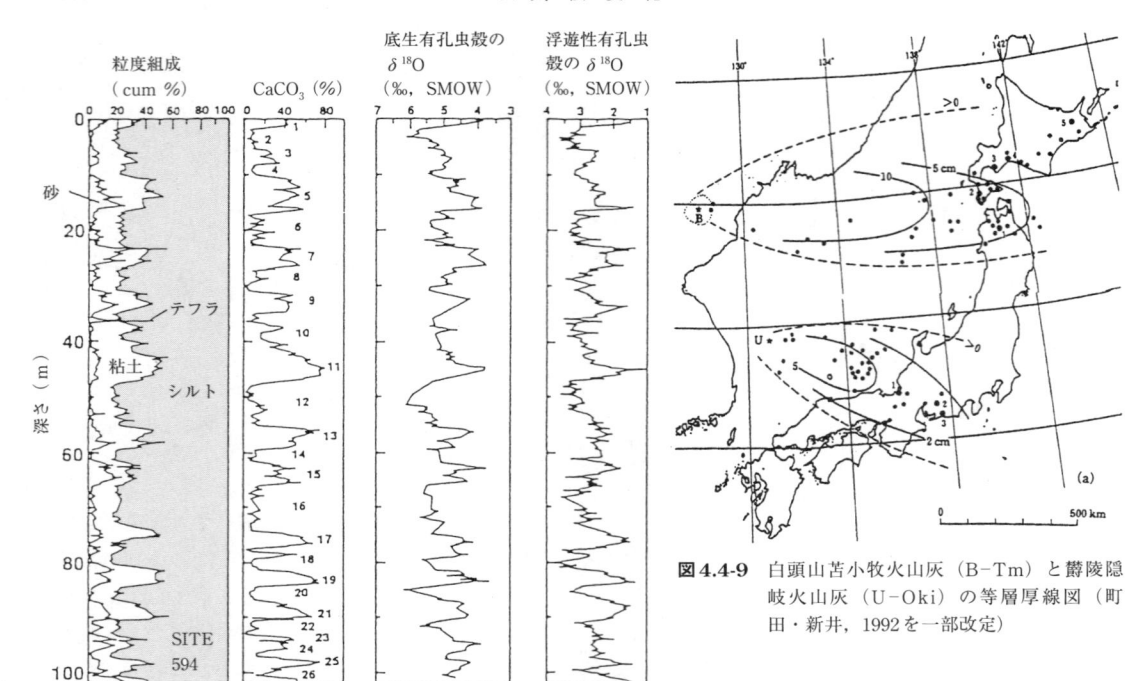

図4.4-7 ニュージーランド南東沖のODPコア594について得られた砕屑物の粒度組成，CaCO₃%，底生および浮遊性有孔虫殻のδ¹⁸O (Broecker & Denton, 1989)

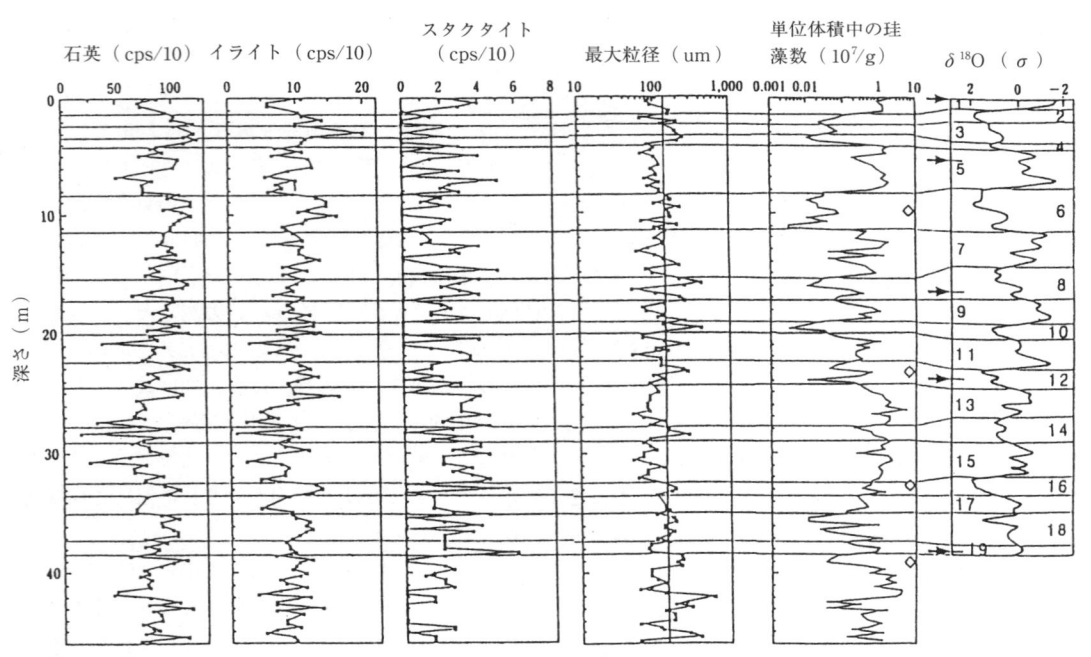

図4.4-9 白頭山苫小牧火山灰 (B-Tm) と鬱陵隠岐火山灰 (U-Oki) の等層厚線図 (町田・新井, 1992を一部改定)

図4.4-8 日本海のODPコア797にみられる石英，粘土鉱物，最大粒径，珪藻数の変化 (多田, 1992)
単位体積中の珪藻数はKoizumi (1992)，δ¹⁸OはImbrie *et al.* (1984) による．

ブが，日本海のコアとは珪藻殻の増減によって対比されている．このコアで珪藻殻が少ない氷期には，砕屑粒子の最大粒径が大きくなり，イライトや石英の含有量も増加している．日本海の別の海底コア中の石英の酸素同位体比を調べた溝田・松久（1984）によると，その石英の大部分は黄砂起源であるという．したがって，図4.4-8に示されるように，氷期に砕屑物の最大粒径が増加し，イライトや石英の含有量が多くなったのは黄砂が多量に供給されたことによると考えられている（多田，1992）．

日本列島周辺の海底コアには，しばしば火山灰（テフラ）が多く含まれており，とくに広域指標テフラはコア間の対比や年代推定に有効である．陸上の地層中のテフラはその堆積の連続性が悪いが，連続的に堆積している海底コア，すなわち標準的な酸素同位体比カーブが得られている海底コア中のテフラ層は，より正確なテフラ層序を確立するのに役立つ（青木・新井，2000）．また，多くの海底コアについて同一火山灰の堆積量を調べることによって，その火山灰が降下した時代の風系や噴火規模などの推定にも役立つ．図4.4-9は日本海の鬱陵島と朝鮮半島の白頭山から日本列島にかけて堆積した2つの火山灰の層厚分布を示したもの（町田・新井，1992）で，粒度も供給源から遠ざかるにつれて小さくなり，それらの値からその火山が噴火したときの風向を推定することができる．

4.4.2 微化石

全海洋の約7割の海底は，コッコリス・珪藻・放散虫・有孔虫などのプランクトンの死骸を豊富に含む粘土からなる軟泥堆積物で覆われている．これらの4種類の微化石には，図2.2-4に示したように殻の小さい順に，炭酸カルシウム（$CaCO_3$）の殻をもつ植物プランクトンのコッコリス，含水二酸化珪素（$SiO_2 \cdot nH_2O$；オパール）の殻をもつ植物プランクトンの珪藻，オパールの殻をもつ動物プランクトンの放散虫，$CaCO_3$の殻をもつ動物プランクトンの浮遊性有孔虫がある．植物プランクトンは光合成を行うので海洋表層の有光層に多く生息しているが，動物プランクトンは有光層より深い水深に生息している種類も少なくない．また，珪藻と放散虫は一般に高緯度海域と赤道域に多く，コッコリスと浮遊性有孔虫は低緯度から中緯度にかけて多様な種が生息している．これらの4種類のプランクトンは，それぞれのグループの中でも種によって生息海域や水深，殻をつくる季節などが異なるので，現生の生息環境が詳しくわかっているものほど古海洋研究の指標として役立つ．この4種類のプランクトンの殻は，海洋表層から沈降中に，あるいは海底において埋没するまでの間にその多くが溶解してしまう．そのため，海洋表層で生きていたときの種構成と海底に埋没したときの種構成にはかなりの相違が生じることがある．また，$CaCO_3$の骨格をもつコッコリスと有孔虫の殻は海水のpHが低いほど，また水深が深くなるほど急速に溶け（高圧，低温，高塩分ほどよく溶ける），海洋表層から供給される割合と海底で溶け去る割合が等しくなる炭酸塩補償深度（calcium carbonate compensation depth, CCD[1]）以深より深い海底では残っていない．そのCCDも海域によって水深が異なり，大西洋の低緯度では5500 m，太平洋やインド洋の低緯度では4500 m位で，高緯度になるほど水深が浅くなり南極周辺では500 m位といわれている．そこで，コッコリスと有孔虫の殻はCCDに近い深さの海底ほど元の群集組成とは大きく異なったものとなっている．また，有孔虫には海底で生息している底生有孔虫もいるが，その殻も死後は浮遊性有孔虫と同様に溶解を受ける．このように4つの微化石は，それぞれの種の生息海域や水深，殻を主につくる季節，溶解の程度などの影響を受けて群集組成が異なる．同時に，これらの要因自体も過去の海洋環境の変化で変わるので，微化石を用いた群集解析の結果を解釈するときには以上のことを注意する必要がある．いろいろな微化石を用いた海底コアの研究はこれまでに数多く報告されているが，この項では主に有孔虫を例として取り上げ，古環境解析の代表的な研究例をいくつか紹介する．

(1) 浮遊性有孔虫

現生の浮遊性有孔虫は約40種が知られており，各種はそれぞれ好みの水温範囲をもち，熱帯・亜熱帯・温帯・亜寒帯・寒帯の表層にそれぞれ棲み分けている（図4.4-10）．したがって，ある海域から海底コアを採取し，その中の浮遊性有孔虫の5つの群集の割合を調べれば，その海域における過去の海流

---

[1] CCDは主に水圧に支配されるが，そのほかに，海底付近の海水のpHや海洋表層での浮遊性有孔虫などの生産量とも関連する（生産量が多いほどCCDは一般に深くなる）．

図4.4-10 浮遊性有孔虫の5つの群集の生息海域（Bé, 1977）

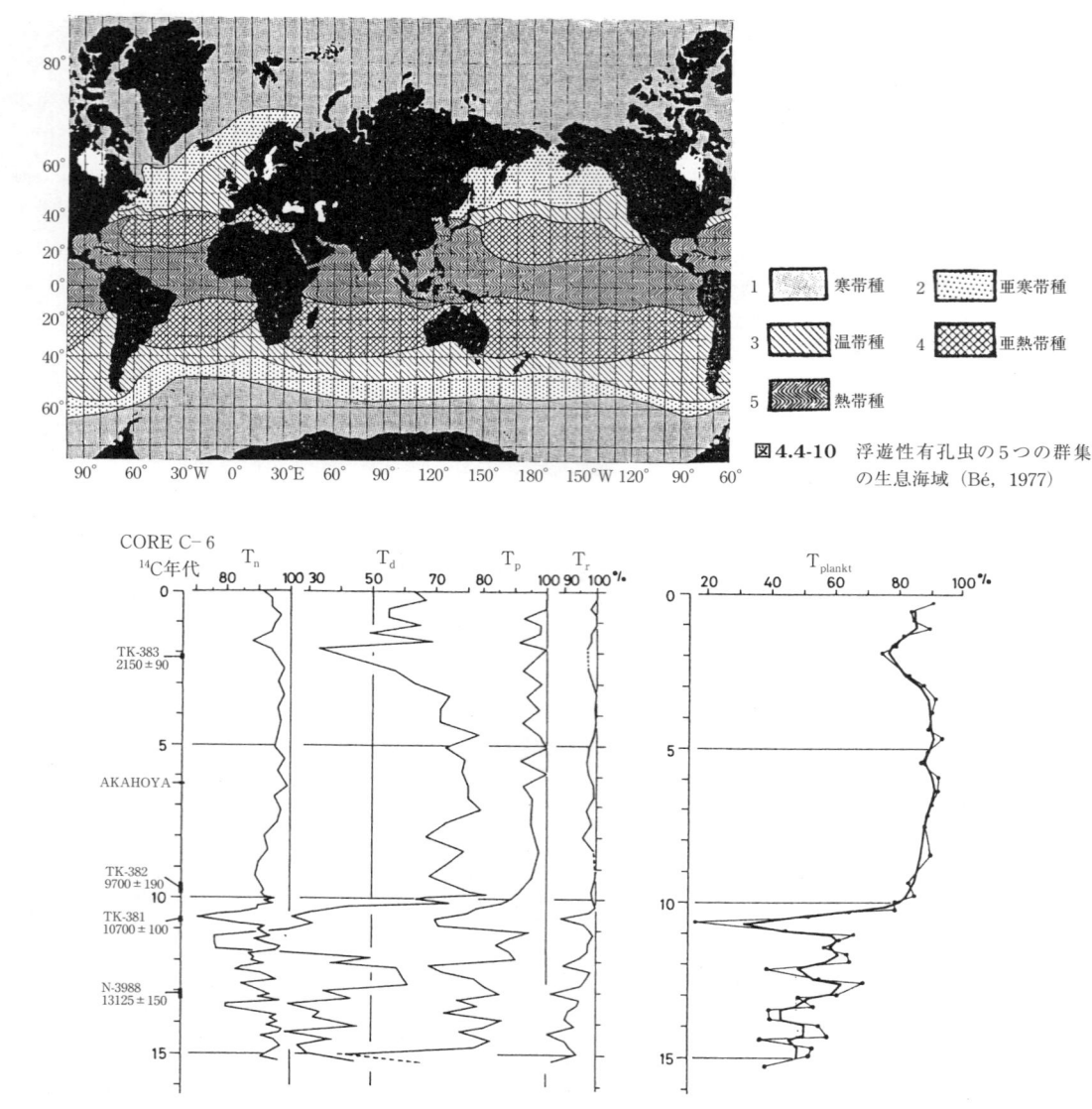

図4.4-11 房総半島沖の海底コアについて調べられた4つの微化石の中での温暖種の割合（Chinzei et al., 1987）
T_n, T_d, T_p, T_rはコッコリス，珪藻，浮遊性有孔虫，放散虫についてそれぞれの黒潮系種と親潮系種の合計に対する黒潮系種の割合を表す．T_{plankt}はT_n, T_d, T_p, T_rの算術平均である．

系の移動などを推測することができる．図4.4-11は，房総半島沖でとられた海底コアについて，上述の4つの微化石について，それぞれの温暖（黒潮系）種の割合が調べられたものである．また，T_{plankt}の値は，4つの微化石の温暖種の算術平均であるが，この値も1万年前以前は小さく，現在（コア最上部）のように房総半島沖が黒潮流域下に入ったのは，その値が約70％を越える1万年前以降であることがわかる（Chinzei et al., 1987）．4つの微化石の温暖種の割合は，それぞれ個々にみても1万年前以前にはおおよそ減少しており，T_{plankt}の傾向と類似している．しかし，T_{plankt}のカーブと異なっている時代もみられ，それぞれの群集変化が意味する内容に少しずつ相違があり，その相違の原因も把握しておく必要がある．

海底コアに限らず，微化石は少量の試料中に多数の種や個体を含むことから，統計処理をする上で優れた母集団を提供する．Imbrie et al. (1973) は，

4.4 海底コア

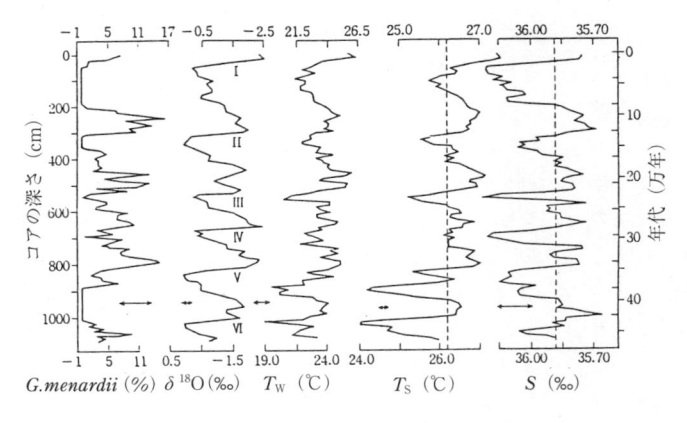

図4.4-12 カリブ海のコアについて得られた冬の表面水温 (T_W), 夏の表面水温 (T_S), 平均表面塩分 (S) と *Globorotalia menardii* の割合 (%) および浮遊性有孔虫殻の $\delta^{18}O$ (Imbrie et al., 1973)

北大西洋の全域に及ぶ約60地点の海底表層堆積物について，含まれる上述の5つの浮遊性有孔虫群集とそれぞれの地点の表面海水温度や塩分との関係を因子分析と重回帰式を用いて計算し，各海域における表面水温や塩分の平均値を5つの群集の函数として算出できる変換式をそれぞれ求めた．それらの変換式を使ってカリブ海のコアについて，過去の夏と冬の表面水温，それに塩分の値を求めたところ，過去の水温や塩分は，以前に浮遊性有孔虫の温暖種の産出頻度や $\delta^{18}O$ から求められた古気候変化と一致する変化が得られた（図4.4-12）．その後，この種の変換関数を用いた研究はほかの微化石にも適用され，最終氷期の約1.8万年前において全海洋の表面水温が現在より平均2℃低かったとするCLIMAP (1976) の研究成果を導き出した．その後においても，この変換関数の式は海域ごとに改良されて，古水温の研究にしばしば用いられている．しかし，水深（溶解の程度）の異なる海底表層堆積物中の微化石を母集団として，変換関数の式を作成するときには大きな誤差が入る危険性がある．

(2) 底生有孔虫

一方，底生有孔虫は海底環境の復元に重要な役割を果たす．図4.4-13は，四国沖の海底コアにみられる底生有孔虫の群集組成の変化であり，過去3.4万年の間に4つの群集の頻度が著しく変化し，そのつど海底環境に変化が起こったことを教えてくれる（安田ほか，1993）．たとえば，3.4万年前から約1.1万年前の間，大西洋とも共通する氷期型（図4.4-13の一番下）の群集が卓越し，溶存酸素に貧しい環境でも生存できる群集（図4.4-13の下から2段目の群集）も増加していることから，四国沖海底では現在より還元的で，南方起源の深層水が来ていたと推測

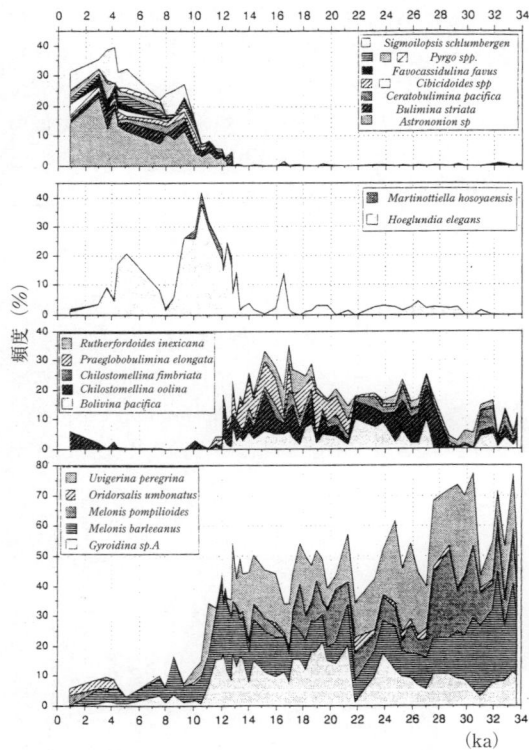

図4.4-13 四国沖の海底コアに含まれる主な底生有孔虫群集の頻度（大場・安田，1992）

される．約1.2万年前から9千年前にはアラレ石の殻をもつ種（*Hoeglundina elegans*）が増加しており，最終氷期から後氷期にかけて海洋底の炭酸塩が溶けにくくなった全海洋に共通の現象が現れている．また，この過渡期において氷期型の群集は次第に後氷期型の群集と入れ替わり，1万年前になると後氷期型の群集が優勢となり，現在と同様の深層循環が約1万年前に形成されたことを示している．このように，底生有孔虫の群集変化には深層循環と密

また,底生有孔虫の別の研究例として,底生有孔虫群集の中でもっとも還元的な環境に生存できる種としてBolivina pacificaに関する研究がある.日本海のコアでは,この種が底生有孔虫群集の中で卓越する層準が見出され,それらの層準では堆積物中の有機炭素量が高い値を示している(図4.4-3参照).このことは,当時の日本海の海底には溶存酸素が少なく,海底の有機物は酸化分解されにくかったことを示しており,いずれの層準でも縞模様の地層が堆積している.ただし,図4.4-3の中でB. pacificaを伴わない縞模様の層(コア最上部から約2 mと1.4 mの間)は,有機炭素量が少なく,B. pacificaでさえ生存できないほど還元的な海底環境になっていた.この時代の日本海の表層は,淡水流入によって低塩分の表層水で覆われ,成層構造が発達して海底には酸素が供給されず,海洋表層における生物生産量も少なかったと考えられている(Oba et al., 1991).

(3) 炭酸塩の溶解

微化石の研究例の最後に,コッコリスと有孔虫の殻を使った炭酸塩の溶解の程度を調べた研究を紹介しよう.浮遊性有孔虫の中には殻の周囲がとくに厚くなっている種(たとえば,Globorotalia menardii)がおり,炭酸塩の溶解を受けると殻の中央部に穴が開く.そこで,この種の殻の完全個体の割合を調べると炭酸塩の溶解の程度を推定できる(大場・Ku, 1977).また,コッコリスの種の中には皿を2枚重ねて中央部が接続しているような種(Calcidiscus leptoporus)がいるが,海底で炭酸塩の溶解を受けると,この接続部が最初に溶けて2枚の皿がバラバラになる.そこで,海底コア中でこの種の完全個体(2枚の皿がついているもの)の割合を調べることによって炭酸塩の溶解の程度を推定することができる(Matsuoka, 1990).図4.4-14は,フィリピン海のコアについて両方の方法を使って炭酸塩の溶解の程度が求められたものである.両方の結果は酷似しており,古地磁気のブリューヌ/マツヤマ境界(約77.6万年前)までの間に,炭酸塩の溶解は8回の強弱が繰り返されている.この77.6万年間には$\delta^{18}O$カーブなどからやはり8回の氷期・間氷期が知られており,図4.4-14の結果は氷期に炭酸塩があまり溶けなかったことを表している.

以上のように,海底コア中の微化石の研究によって,過去の海流変遷,水温・塩分,気候変化,海底環境,炭酸塩の溶解の程度などさまざまな情報が得られるが,各微化石は多少とも化学的溶解や機械的破壊を受けており,われわれはその残ったものだけをみていることを忘れてはいけない.

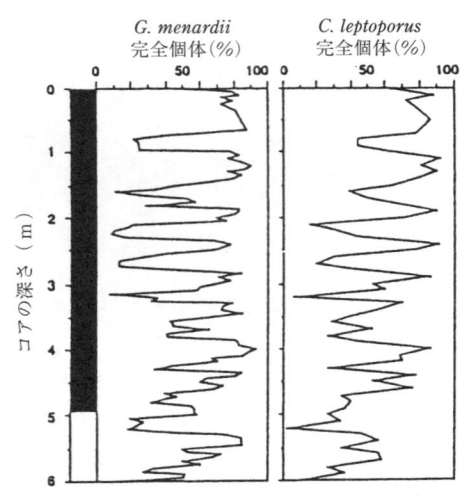

図4.4-14 フィリピン海のコアに含まれるコッコリス(Calcidiscus leptoporus)と浮遊性有孔虫(Globorotalia menardii)の完全個体の割合から推定される炭酸塩溶解の程度(Matsuoka, 1990)
左端に示す古地磁気のブリューヌ/マツヤマ境界はコア最上部から489 cmに位置する.

4.4.3 無機元素

最近では,分析機器の進歩に伴って堆積物中のいろいろな元素も高精度で測定されるようになり,従来使われてきた$CaCO_3$やSiO_2含有量のほかに,さまざまな無機元素が海洋環境の指示者として使われるようになってきた.

(1) 生物生産関連元素

$CaCO_3$

図4.4-15は,中部赤道太平洋の2本の海底コアについて得られた$CaCO_3$含有量のカーブであり,両方のコアの$CaCO_3$%は非常によく似た周期的変化を示している.そして古地磁気のブリューヌ/マツヤマ境界(図4.4-15のB17の層準)までの間に$CaCO_3$%は8回の増減がみられる.海底コアの$CaCO_3$含有量は主に次の3つの要因で決定される.それらは,①海洋表層における有孔虫やコッコリスなどの炭酸塩の殻をもつプランクトンの生産量,②それらの殻の溶解量,③非炭酸塩の供給に伴う希釈

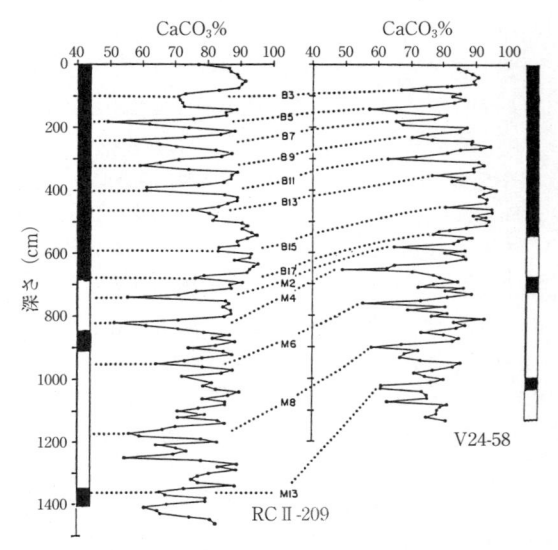

図4.4-15 中部赤道太平洋の2本のコアにみられるCaCO$_3$%の周期的変化 (Hays *et al.*, 1969) 白黒のコラムは古地磁気層序を表す.

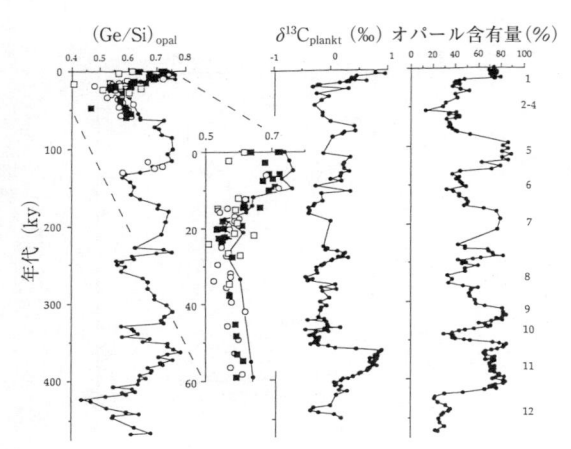

図4.4-16 南極海のコアについて得られたオパール中のGe/Si(左), 浮遊性有孔虫殻のδ^{13}C(中央), オパール含有量(右) (Mortlock *et al.*, 1991による)

効果である. 図4.4-15のCaCO$_3$%の変化は, 図4.4-14の炭酸塩の溶解の程度を示す変化と酷似していることから, 主として氷期に炭酸塩の溶解量が少なかったためにCaCO$_3$%が高くなったと考えられる. 一方, 図4.4-6に示された南極海のコアのCaCO$_3$%は, 有孔虫殻のδ^{18}Oカーブと酷似している. この場合は, 氷期にCaCO$_3$%が小さく, 非炭酸塩による希釈効果が大きかったと説明されている. 同様な傾向は大西洋のコアの多くにもみられるが, 今後の研究において上記の3つの要因を定量的に区別することが求められている.

SiO$_2$

図4.4-16には, 南極海のコアにみられるオパール% (含水珪酸塩; SiO$_2 \cdot n$H$_2$O) でほとんど珪藻の殻からなる) の周期的な変化が示されている. オパール%は, 後述する有孔虫殻のδ^{13}Cや珪藻殻中のGe/Siと同調した変化を示している. 現在の海水中のGe濃度の鉛直分布は, 珪酸塩 (SiO$_2$) の分布と同様に海洋表層では少なく中層から深層にかけて多い. そのため, 湧昇が活発になれば中層のGeが表層に供給されて珪藻殻に多く入るが, 湧昇が弱いと珪藻殻中のGe/Siが小さくなる. 図4.4-16で示されるように, 海底コアの珪藻殻中のGe/Siはオパール%とよい相関を示し, 浮遊性有孔虫殻のδ^{13}Cとも対応した変化を示している. Ge/Siが小さいときはいずれも氷期で, 南極海では湧昇が弱くなって生物生産量が減少したことを示していると解釈されている (Mortlock *et al.*, 1991). しかし, 海洋のGe/Si比は大陸の侵食作用や河川水の影響を大きく受けること, また珪藻などがGeを殻に取り込む際の分別の変化なども考慮する必要があるといわれている (Floelich *et al.*, 1992).

Al/Ti

陸上の岩石が風化して, 鉱物中から溶出したAlやTiは微細な粘土鉱物や水酸化物として堆積しているが, それらは河川や風によって海洋に運び込まれる. AlやTiは海水中では難溶性で, 別の元素と化合物をつくらないことから, 陸源物質の指標として使用されている. そのAl/Ti比は, 風化されたもともとの火成岩の種類によって異なる (玄武岩などの塩基性岩は10前後, 花崗岩などの酸性岩は100前後) が, 海洋堆積物では一般に地殻の元素組成比に近い20～30という値が多い. しかし, 海洋ではAlの沈降粒子束と有機炭素粒子束の間に正の相関がみられたり, Al粒子束が栄養塩の鉛直分布と同様に深度とともに増加することが報告されている. そして, Alは海洋表層で生物粒子への吸着によって取り除かれるので, 生物生産性の大きい海域で, その海底堆積物中のAl/Ti比が大きくなるという報告がある. Murray *et al.* (1993) は, 中部赤道太平洋の南北断面において, 海洋表層堆積物のAl/Ti比が陸源物質の3～4倍に達し, その上の基礎生産力と対

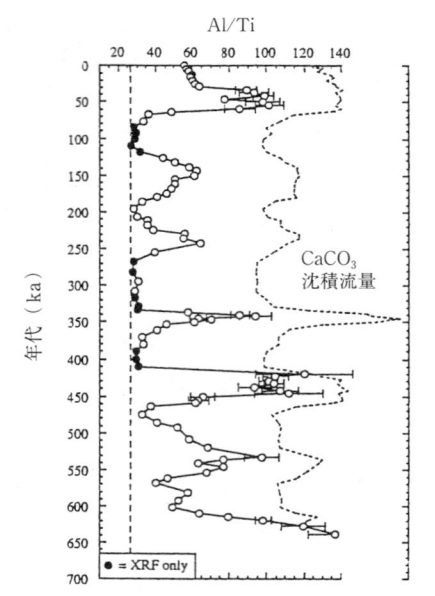

図4.4-17 中部赤道太平洋の海底コア中のAl/TiとCaCO₃沈積流量（Murray *et al.*, 1993）いずれも氷期に多い．

応していることを見出した．その上で，その海域の海底コア中のAl/Ti比を分析したところ，図4.4-17に示すようにその比はCaCO₃の沈積流量と同調して周期的な変化を示しており，氷期に間氷期より大きく，海洋表層の生物生産量が氷期に大きかったと解釈している．

Cd, Ba, Ge

現在の海水中のCd, Ba, Geの鉛直分布は，リン酸塩・硝酸塩・珪酸塩などの栄養塩のそれらと類似しており，海水中での挙動も生物生産と深く関連していると考えられている．CdとBaのイオン半径はCaに近く有孔虫などの殻に入りやすく，Geのそれは Si に近く珪藻などの殻に入りやすい．したがって，海底コアに含まれる有孔虫や珪藻化石中のCd, Ba, Geを測定することによって，過去の海水のリン酸や珪酸の濃度を推定することが期待される．図4.4-18Aは，現在の海水中のCdとPの濃度をプロットしたもので，両者の間には正比例の関係があることを示している．また，有孔虫の殻の中に取り込まれたCd/CaとBa/Caに対する海水のCd/CaとBa/Caの間にも正比例の関係がある（図4.4-18B，C）．したがって，これらの関係に基づいて海底コア中の有孔虫の殻の中のCd/CaやBa/Caから，過去の海水のリン酸濃度や珪酸濃度を推定することができる．図4.4-19は，大西洋のコアについて得られた底生有孔虫の$\delta^{18}O$, $\delta^{13}C$, Cd/Ca, Ba/Caである．この結果から氷期（$\delta^{18}O$カーブの偶数番号）に北大西洋の深層水はリン酸濃度が現在より高かったことがわかる．水深が異なる複数の海底コアについて得られたCd/CaとBa/Caは，北大西洋の2500m以深が氷期にリン酸濃度の高い水塊で占められていたことを示す（図4.4-20）．しかし最近の研究では，底生有孔虫の殻のCd/Caは水深によってその取り込み率が異なること（Boyle, 1992），その殻のCd/Ca, Ba/Ca, Mg/Ca, Sr/Caは，炭酸塩の溶解の影響を受けていることがわかってきた（McCorkle *et al.*, 1995）．また，Ba/Ca比もさまざまな要因（海域，深層循環，有光層での生物による取り込み，炭酸塩や珪酸塩などへの吸着，底生生物による取り込み，硫酸還元下の続成作用による溶脱・再移動，熱水作用による沈殿など）によって変化するといわれており（玄ほか，1995；McManus

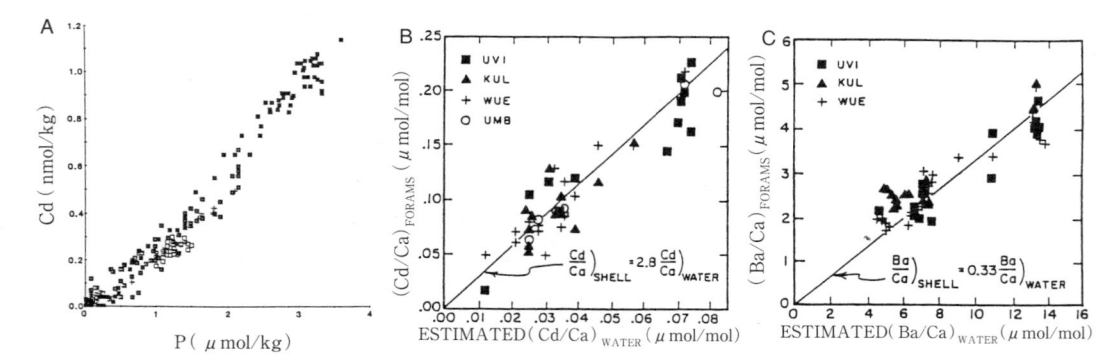

図4.4-18 A：現在の海水中のPとCd濃度との関係（Boyle, 1988），B，C：現在の海水中および有孔虫殻のCd/CaとBa/Caの関係（Lea & Boyle, 1989）

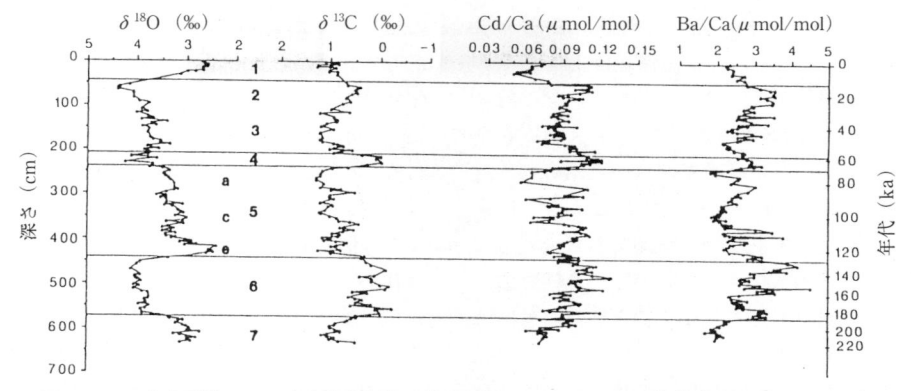

図4.4-19 北大西洋のコアの底生有孔虫殻の $\delta^{18}O$, $\delta^{13}C$, Cd/Ca, Ba/Ca の比較 (Lea & Boyle, 1990)

et al., 1999)．Baに限らず無機元素の多くはBaと同様な要因を注意深く検討した上で，古海洋の研究に用いられなければならない．

(2) 表層環境指標元素

MgやSrは，海水中の主要なイオン（Na, K, Ca, Cl, S, Brなど）と同様に表層から深層まで一定値であるが，炭酸塩骨格に入るときに温度による分配があるといわれている．とくにサンゴ骨格中のMgやSrは，種によっていろいろな温度スケールがあることが知られている．浮遊性有孔虫についても，水温の異なる海域から集められた試料や一定水温で飼育された個体を使った温度スケールが報告されている．そして，海底コア中の有孔虫殻のMg/CaやSr/Caが，$\delta^{18}O$カーブとよく似たパターンを示すという報告がある．図4.4-21は，Nurnberg et al. (2000) が赤道太西洋の海底コア中の浮遊性有孔虫殻のMg/Caを測定したものであるが，そのカーブは$\delta^{18}O$カーブとよく似ている．詳しくみると，

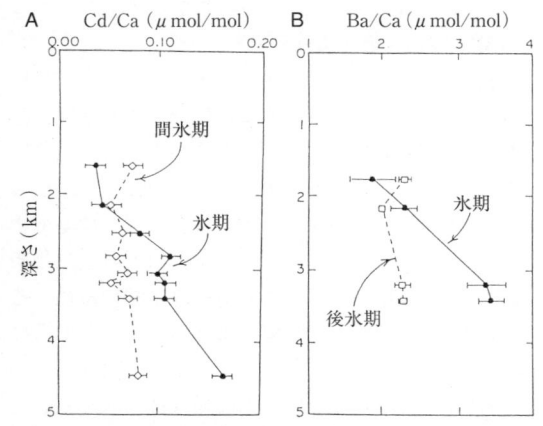

図4.4-20 北大西洋の約10本の海底コアについて調べられた底生有孔虫殻のCd/Ca，Ba/Ca (Boyle, 1988 ; Lea & Boyle, 1990)
これらの比は，2500 m以深で，間氷期よりも氷期に大きい．

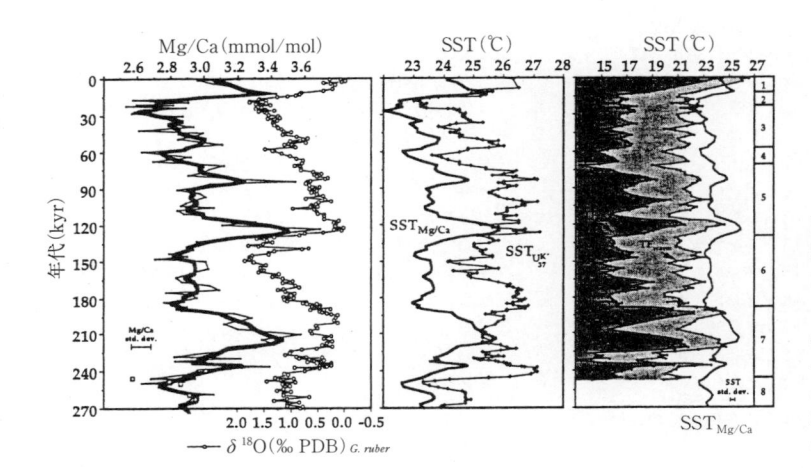

図4.4-21
赤道大西洋の海底コア（GeoB 1105）中の浮遊性有孔虫殻のMg/Caと$\delta^{18}O$（左）および水温（中央・右）(Nurnberg et al., 2000)
そのMg/Caから算出された表層水温のカーブは，Uk$_{37}'$（中央）や浮遊性有孔虫群集（右）から算出された冬と夏の水温のカーブとその形が類似する．

Mg/Caカーブの方がやや先行しており，δ^{18}Oカーブを5500年早めると両者の相関係数は0.71までよくなるという．また，このMg/Caカーブを以前に求められていた温度スケールを使って水温に直すと，同じコアのUk$_{37}'$（p.123参照）から求められた水温より約2℃低いが，カーブの形はよく一致する．さらに，浮遊性有孔虫の変換関数から求められた水温のカーブとも類似する．しかし，詳細な部分については，それぞれの方法から得られた結果には食い違いがみられる所もある．その原因には，有孔虫殻のMg/Caは，炭酸塩の溶解以外にも，塩分やpHの変動，生態的要因（成長速度や配偶子形成など），洗浄法などの分析操作上の問題もあるといわれている．Sr/Caについても同様な問題がある．

（3）酸化・還元指標元素

海底の表層堆積物は，深海底のチョコレート色をした赤色粘土やベーリング海の灰緑色をした珪藻軟泥，真っ黒く硫化水素が発生している黒海や内湾の泥など，さまざまな海底環境の下で堆積している．その顕著な色の違いは，海底の酸化・還元環境の相違によるもので，その程度に応じて異なった鉱物や無機元素の濃集がみられる．海底堆積物の酸化・還元環境に関する総説として，増澤（1997）が参考になる．

海洋における主要な物質循環過程は，海洋表層での光合成による有機物と酸素の形成と，その有機物が海洋表層から表層堆積物までの間で再び水と二酸化炭素に戻る酸化分解である．海底に溶存酸素（dO_2）があれば，有機物はまず酸素を使って分解される．そのdO_2がなくなると海底は無酸素状態になり，酸素以外のものを使う生物（バクテリア）によって有機物は分解される．そこでは有機物は，酸素の代わりに表4.4-1に示すような酸化・還元電位（pE）の大きい成分を使って順次酸化されてゆく．そのpEの程度に応じて，海底堆積物にはマンガン酸化物，酸化鉄または水酸化鉄，硫化鉄のほかに，Ce, Sb, U, Re, Mo, Asなどの元素の濃集がみられる（増澤，1997；Crusius *et al.*, 1999）．表4.4-1の中で量的に重要でない成分を除くと，硝酸，マンガン酸化物，3価の鉄，硫酸の順番に還元が起こり，これらの酸化剤がすべて消費されると最後はメタン発酵が起こる．表4.4-2は，海洋生物の有機物がレッドフィールド（Redfield）比（C:N:P = 106:16:1）をもつとしたときの，これらの酸化剤で段階的に分解される過程である．①の過程は海底にdO_2が存在し，高等な動植物が生存できる酸化的（oxic）環境である．②の過程は海底で酸素がなくなって最初に起こるという点では重要だが，有機物の酸化剤としての硝酸の役割は他の酸化剤に比べて小さい．③の過程でMnはdO_2があると難溶性の酸化物になるが，dO_2がないとMn^{2+}に還元されて溶出する．そこで，海

表4.4-1 海底の酸化・還元環境の変化によって存在形を変える可能性のある元素とその酸化・還元容量（角皆・乗木，1983の表5.2）

酸化形	還元形	容量 (meq/l)	平衡時のpE	備考（条件）
O_2	H_2O	0.9*	+12.5	空気の酸素飽和
PbO_2	Pb^{2+}	—	+10.9	$[Pb^{2+}] = 10^{-5}$M
IO_3^-	I^-	—	+10.2	等濃度
SeO_4^{2-}	SeO_3^{2-}	—	+6.7	等濃度
NO_3^-	NO_2^-	0.3*	+6.1	等濃度
MnO_2	Mn^{2+}	60**	+6.1	$[Mn^{2+}] = 10^{-3}$M
CrO_4^{2-}	$Cr(OH)_3$	—	+6.0	$[CrO_4^{2-}] = 10^{-5}$M
$HAsO_4^{2-}$	$HAsO_2$	—	−1.3	等濃度
$Fe(OH)_3$	Fe^{2+}	200**	−0.5	$[Fe^{2+}] = 10^{-6}$M
			−3.5	$[Fe^{2+}] = 10^{-3}$M
UO_2^{2+}	$U(OH)_4$	—	−3.4	$[UO_2^{2+}] = 10^{-7}$M
SO_4^{2-}	HS^-	230*	−4.9	等濃度
HCO_3^-	CH_4	10*	−5.2	$P_{CH_4} = [HCO_3^-]$
H_2O	H_2		−8.1	水の分解

* 深層水について．** 間隙水1lと共存する表層堆積物について．

表4.4-2 海洋における有機物の段階的な酸化分解過程（増澤，1987の表2を一部変更）

① 酸素還元
$(CH_2O)_{106}(NH_3)_{16}(H_3PO_4) + 138\ O_2$
　$\rightarrow 106\ CO_2 + 16\ HNO_3 + H_3PO_4 + 122\ H_2O$

② 硝酸還元
$(CH_2O)_{106}(NH_3)_{16}(H_3PO_4) + 94.4\ HNO_3$
　$\rightarrow 106\ CO_2 + 55.2\ N_2 + H_3PO_4 + 177.2\ H_2O$

③ マンガン(Ⅳ)還元
$(CH_2O)_{106}(NH_3)_{16}(H_3PO_4) + 212\ MnO_2$
　$\rightarrow 212\ Mn^{2+} + 106\ CO_3^{2-} + 212\ OH^- + 16\ NH_3 + H_3PO_4$

④ 鉄(Ⅲ)還元
$(CH_2O)_{106}(NH_3)_{16}(H_3PO_4) + 212\ Fe_2O_3$
　$\rightarrow 424\ Fe^{2+} + 106\ CO_3^{2-} + 636\ OH^- + 16\ NH_3 + H_3PO_4$

⑤ 硫酸還元
$(CH_2O)_{106}(NH_3)_{16}(H_3PO_4) + 53\ SO_4^{2-}$
　$\rightarrow 53\ H_2S + 106\ HCO_3^- + 16\ NH_3 + H_3PO_4$

⑥ メタン発酵
$(CH_2O)_{106}(NH_3)_{16}(H_3PO_4)$
　$\rightarrow 53\ CO_2 + 53\ CH_4 + 16\ NH_3 + H_3PO_4$

底堆積物にMn酸化物が存在すれば，それはかつてdO_2があった証拠になる．④の過程で還元された鉄（Fe^{2+}）は溶出するが，同時かあるいはそれに引き続いて起こる⑤の過程（硫酸還元）で発生したH_2Sと反応して黄鉄鉱が形成される．この②から④までの過程を亜酸化的（suboxic）環境という．⑤の過程で硫酸還元の速度は，埋没する有機炭素フラックスに規定され，それは堆積速度とも関連する．⑥の過程は間隙水中のSO_4^{2-}がなくなる頃から進行する．この⑤から⑥の過程を強還元的（euxinic）環境という．このような酸化分解過程は，海底堆積物の表層から下方に向かって現れることがある．Hartmann *et al.* (1976) は表4.4-2の①から⑤まで，Froelich *et al.* (1979) は①から⑥まで，Reeburgh (1982) はメタン生成まで見出している．

現在の日本海の海底は，dO_2が豊富に（5～6ml/lも）供給されていて，非常に酸化的環境である．一方，最終氷期最寒期の日本海の海底は，メタン発酵が起こっていたといわれている (Ishiwatari *et al.*, 1994)．したがって，過去の日本海の海底は表4.4-2の①から⑥までのすべての段階の酸化・還元環境を経験したと考えられる．Masuzawa (1987) は，日本海の水深3700mから1000mまでの間で採取された十数本の海底コアについて，コア最上部の酸化層の厚さ，間隙水と堆積物の化学組成，マンガン還元と硫酸還元の始まるコアの深さを調べて，現在の日本海には表4.4-2の①から④までの分解過程に対応する次の4つの初期続成過程があると述べている．表4.4-3はその4つの過程が水深によって異なることを示したものである．

Ⅰ　50cm～1mの厚い酸化層の下でMn還元のみが起こり，硫酸還元が起こっていないコア（水深3500m以深）．

Ⅱ　5～50cmの中程度の酸化層の下に厚いMn還元層があって，高いMn^{2+}のピークを示し，その下で硫酸還元が起こっているコア（水深2000～3500m）．

Ⅲ　5cm以下の薄い酸化層の下に薄いMn^{2+}の溶出層があり，その下ですぐ硫酸還元が起こっているコア（水深2000～3000m）．

Ⅳ　コア最上部に酸化層はなく，Mn還元の段階を伴わずに硫酸還元層が現れているコア（水深2000m以浅）．

表4.4-3　日本海海底コアの間隙水の化学組成に基づく4つの続成過程（増澤，1987の表4を一部変更）

間隙水の型	Ⅰ（亜遠洋型）	Ⅱ	Ⅲ	Ⅳ（大陸斜面型）
分布水深(m)	>3500	2000～3500	2000～3000	<2000
表面酸化層(cm)	>50	5～50	1～5	0
酸素還元	++	±	±	±
マンガン(Ⅳ)還元	+	++	+	±
硫酸還元	−	+	++	++
硫化水素	−	−	+	+

また，増澤 (1997) は，日本海の海底コアについて，最終氷期最盛期に黄鉄鉱由来の硫黄（S）やAs，Sb，Uなどの異常なピークを見出し，当時の海底は硫化水素が発生するほどの強還元的環境であったと述べている．同時に彼は，約3.5万年前以降の日本海の海底の酸化・還元環境を，これらの元素の割合に基づいて復元している．

4.4.4　同位体

有孔虫の殻（$CaCO_3$）の酸素同位体比（$^{18}O/^{16}O$）と炭素同位体比（$^{13}C/^{12}C$）は，古海洋研究に有用な情報を提供する．前者は古気候や古塩分変化の推定に，後者は海水循環や生物生産力を考察するのに役立つ．また，放射性炭素（^{14}C）も海水の年代決定によって海水循環速度や過去5万年前までの年代決定の情報源になる．そのほかに^{230}Th，^{11}Bなども古海洋の研究に用いられている．

(1)　$\delta^{18}O$

有孔虫の殻の$\delta^{18}O$については，2.2.2項ですでに述べたように，大陸氷床の規模を反映して，氷期に全海洋の海水の$\delta^{18}O$が大きくなり，間氷期にそれが小さくなる．また，水温が変化しても有孔虫の殻の$\delta^{18}O$が変わり，低温ほど大きい．したがって，有孔虫殻の$\delta^{18}O$は海水の$\delta^{18}O$と水温低下（氷期の表面水温は間氷期より一般に低い）の相乗効果によって，氷期には大きく，間氷期には小さくなる．とくに，深海底に生息している底生有孔虫の場合は，水温変化の影響をほとんど受けなかったと考えられるので，底生有孔虫について得られた深海底コアの$\delta^{18}O$カーブは，海水の$\delta^{18}O$の変化を反映し，それは大陸氷床の規模の変化，すなわち気候変化ならびに海水準の相対的変化を表すことになる．そこで，深海底コアの底生有孔虫殻の$\delta^{18}O$は，氷期と間氷

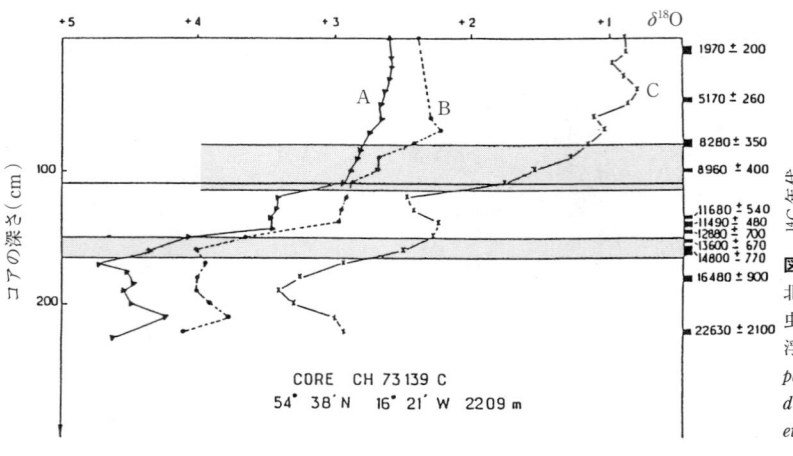

図 4.4-22
北大西洋のコアに含まれる底生有孔虫（A：*Cibicidoides wuellenstorfi*）と浮遊性有孔虫（B：*Neogloboquadrina pachyderma* と C：*Globigerina bulloides*）の殻の $\delta^{18}O$ カーブ（Duplessy et al., 1981）

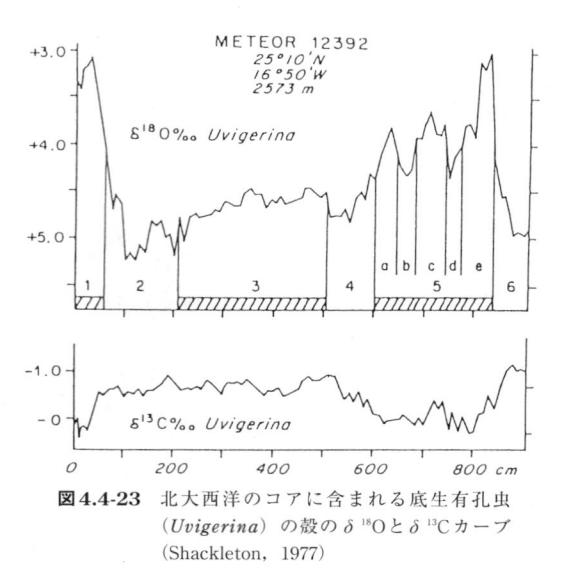

図 4.4-23 北大西洋のコアに含まれる底生有孔虫（*Uvigerina*）の殻の $\delta^{18}O$ と $\delta^{13}C$ カーブ（Shackleton, 1977）

期の間で（たとえば，後氷期と最終氷期最盛期の間で）ほぼ一定の振幅を示すと予想されるが，実際の海底コアではそのようになってはおらず，1.0〜1.6‰（ときには2.2‰）の場合が多い．この内，振幅が小さくなる主な原因は，堆積速度の遅い海底で底生動物が表層堆積物をかき乱すことによる．一方，振幅が大きくなる原因は，海底付近の水温低下のほかに，底生有孔虫一匹一匹の $\delta^{18}O$ 値にバラツキがあることによる（Oba, 1990）．本来，一定の水温と一定の海水の $\delta^{18}O$ の下で殻を形成する深海底の底生有孔虫の $\delta^{18}O$ は一定の値になるはずであるが，個体ごとにある程度のバラツキがあるために，後氷期と最終氷期最盛期の間の海水の $\delta^{18}O$ はいまだに確定されていない．一方，浮遊性有孔虫殻の $\delta^{18}O$ カーブは，全海洋の海水の $\delta^{18}O$ の変化に加えて生息水深における水温や海水の $\delta^{18}O$ の変化が加味されるので，氷期・間氷期の間でその振幅がさらに大きくなる場合がある．たとえば，図 4.4-22 に示すように，北大西洋のコアでは，海洋表層に生息する浮遊性有孔虫の殻の $\delta^{18}O$ カーブの振幅が底生有孔虫のそれより 0.5‰ も大きくなっており，それは，表層水温や $\delta^{18}O$ の異なる表層水の地域的な混入による変化が加わっているためである．

(2) $\delta^{13}C$

同じく北大西洋のコアについて得られた底生有孔虫殻の炭素同位体比（$\delta^{13}C$）は，氷期に小さく間氷期に大きい（図 4.4-23）．その原因は，氷期に陸上植物や腐植土（それらの $\delta^{13}C$ 値は平均 -27‰ 前後で，海水の $\delta^{13}C$ の 0‰ に対して非常に小さい）が酸化分解されて，発生した CO_2 が海水に吸収されたために，海水の $\delta^{13}C$ 値が現在より小さくなったと説明されている（Shackleton, 1977）．その後，全海洋の多くの海底コアについて測定された過去の海水の $\delta^{13}C$ 値の変化は，最終氷期最盛期に現在より約 0.35‰ 小さいという（Duplessy et al., 1988）．一方，現在の海水の $\delta^{13}C$ 分布をみると，深層循環の影響を受けて北大西洋で潜り込んだ表層水は大西洋を南下し，南極のヴェデル海で潜り込んだ海水と合流して南極海を巡り，やがてインド洋や太平洋の深層へと流れていく．その間に海洋表層で生産された有機物（その $\delta^{13}C$ は -20‰ 前後で海水に比べて非常に小さい）が沈降して分解され，^{12}C に富んだ炭素が深層水に加えられるために，深層水の $\delta^{13}C$ は深層循環の流れに従って古くなるほど小さくなる

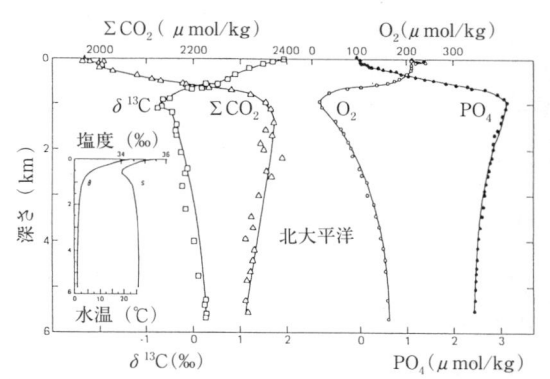

図 4.4-24 現在の海洋における海水の $\delta^{13}C$，全炭酸 ΣCO_2，溶存酸素（O_2），リン酸塩（PO_4）濃度の鉛直分布（Kroopnick, 1985）

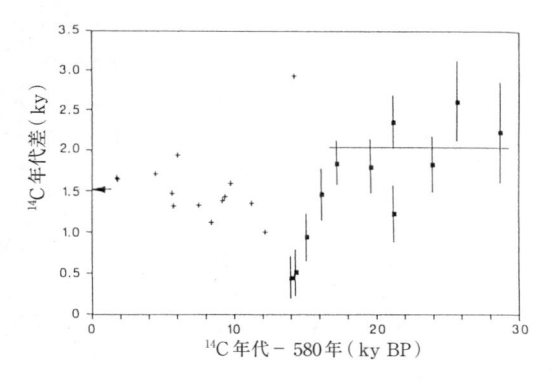

図 4.4-25 東赤道太平洋のコアの同一層準から産出する底生有孔虫と浮遊性有孔虫の殻の加速器による ^{14}C 年代の差（Shackleton *et al.*, 1988）
縦線は測定誤差，横線は最終氷期の平均値，←は現在の値．

（Kroopnick, 1985）．このように，いくつかの深海底コア中の底生有孔虫（海底表面に生息している種類）の殻の $\delta^{13}C$ を比較することによって，過去の深層循環のパターンに関する情報が得られる．たとえば最終氷期最寒期に北大西洋深層水の形成は現在より弱く（Curry & Lohman, 1982），侵入深度も浅かったといわれている（Oppo & Horwitz, 2000）．

図 4.4-24 には，現在の海洋における海水の全炭酸，溶存酸素，リン酸塩の典型的な鉛直分布が示されている．海水の $\delta^{13}C$ は海洋表層では大きく，溶存酸素極小層で最も小さくなっている．これは海洋表層での生物生産が活発になると，海水から ^{12}C が有機物に選択的に取り込まれるので，表層水の $\delta^{13}C$ が大きくなるためである．その有機物は海水中を沈降しながら溶存酸素によって酸化分解され，^{12}C を再び海水へ放出するため溶存酸素極小層で海水の $\delta^{13}C$ 値は最も小さくなる．したがって，海洋表層付近に生息している浮遊性有孔虫殻の $\delta^{13}C$ 値を測定すれば，生物生産が活発ならば，その値は大きくなることが予想される．図 4.4-16 に南極海のコアの浮遊性有孔虫殻の $\delta^{13}C$ 値が示されているが，その小さい時代は南極海表層における生物生産が縮小していたことを示唆する．一方，海底コア中の間隙水の $\delta^{13}C$ 値は，有機物の分解が著しく小さくなるので（Glossman, 1984），海底表面に生息している底生有孔虫の種と泥の中に生息している種の間の $\delta^{13}C$ 値の差が大きくなった時代は，その海域の海洋表層からの有機物の供給が多かったと解釈されている（Zahn, 1986）．

(3) ^{14}C

現在の海水の年齢は ^{14}C 濃度を測定することによって求めることができ，日本付近の水深約 2000 m における海水の年齢は，北大西洋で表層水が潜り込んでから約 2000 年経過しているといわれている．一方，海洋表層は大気との CO_2 の交換によって現在の大気中の ^{14}C 濃度とほぼ等しいとみなされている．したがって，ある海域で底生有孔虫と浮遊性有孔虫の殻について，それぞれの ^{14}C 濃度あるいは年代値を求めれば，その差は深層循環のパターンや速度に関する情報が得られると期待される．図 4.4-25 は東赤道太平洋のコアの同一層準から拾い出した底生有孔虫と浮遊性有孔虫について，それぞれ測定された ^{14}C 年代差を示したものである．現在この海域の深層水と表層水の年齢差は 1500 年であると報告されているが，実際コア最上部の測定値では 1500 年の差が得られている．一方，1.8～3 万年前までの ^{14}C 年代差は，平均して約 2000 年であり，最終氷期の頃の深層水の循環が遅かったと解釈されている．しかし，1.4 万年前頃にその差が 500 年になっていることに対して充分な説明はなされていない．

(4) ^{230}Th

^{230}Th は，海水中に均一に溶存する ^{234}U の壊変によって生成するが，海水中では安定な溶存系をもたないために，沈降粒子に吸着して海水中からすみやかに除去される．海洋表層の生物生産が増加すると，^{230}Th も深層に多く供給されることがセディメント・トラップの結果から報告されている．そこで，海底堆積物中の ^{230}Th で堆積物中の ^{234}U から生成され

> ● ^{11}Bによる過去のpH推定　　コラム4.4-1 ●
>
> ホウ素には^{10}Bと^{11}Bの安定同位体があり，天然におけるそれらの存在比は約1：4である．海水中のホウ素は$B(OH)_3$と$B(OH)_4^-$の形で溶存し，それらは次式のように，H^+（すなわちpH）と密接に関連している．
>
> $$B(OH)_3 + H_2O = B(OH)_4^- + H^+$$
>
> また，ホウ素の同位体比（$^{11}B/^{10}B$）は，$B(OH)_3$でも$B(OH)_4^-$でもpH7からpH9の間で大きく変化する．そこで，有孔虫やサンゴなどの骨格に取り込まれた$\delta^{11}B$を測定すれば，過去の海水のpHが推定できるわけである．Sanyal et al. (1997) は，太平洋と大西洋の低緯度の海底コア中の底生有孔虫と浮遊性有孔虫の殻の$\delta^{11}B$を測定し，両海域とも氷期の方が，海洋表層も海底もpHは現在よりも0.2～0.3‰高かったと報告している．

た^{230}Th（半減期75200年）を除いた^{230}Th（^{230}Th excessと表現される）の量によって，過去の海洋表層の生物生産量が推定できる．Francois et al. (1990) は，赤道大西洋のコアの^{230}Th excessの解析から，氷期に海洋表層の生物生産量が多かったと述べている．また，海洋表層での$CaCO_3$やSiO_2の殻をもつプランクトンの生産が^{230}Thのフラックスと比例していると仮定すると，^{230}Th excessで規格化したこれらの$CaCO_3$やSiO_2フラックスの変動は，それらの殻の溶解や海底における堆積時の流れ込みの程度の推定にも使えるという．

4.4.5 有機物

海底堆積物に含まれる有機物は，主に海洋の有光層内（海洋表面の照度が相対的に1％になる深さで，多くは100m以浅）で生成された海洋生物に由来するものと，河川や風によって運ばれてきた陸上生物に由来するものがある．それぞれの堆積物への流入量は地理的な条件によって大きく異なるが，気候変化や海洋の生物生産量の変動によっても変化し，それは堆積物中の有機物の濃度変化として現れている．とくに海起源の有機物は，海水中を沈降して海底で埋没するまでの間に大部分が分解してしまう．また，海底環境によっても堆積物に有機物が残る割合が異なってくる．したがって，堆積物に残っている有機物の量や組成などは，過去の環境変化の情報源となる．

(1) 有機炭素量

海底堆積物中の全有機炭素量（total organic carbon, TOC）の濃度は，その海底に，①供給された有機物量（a. 海洋表層の生物生産量，b. 陸源有機物の付加量），②海底における有機物の分解量（それは海底直上の溶存酸素濃度と深く関連しており，溶存酸素濃度によって底生生物量も異なる），③有機物以外の物質による希釈量（ただし，有機物を単位時間・単位面積あたりのフラックスとして表現できる場合には，上の①と②の要因）によって決まる．一般に，海底のTOC濃度は，沿岸や湧昇域のような海洋表層の生物生産量の多い海域では濃く，生産量の低い海域で薄い．Muller & Suess (1979) は，現在の海洋で基礎生産量がわかっている海域において，海底表層堆積物中のTOC濃度と堆積速度との間の関連を調べて，堆積物の密度や空隙率を入れて，過去の基礎生産量を算出する式をつくり出した．その後，Sarnthein et al. (1988) は，より広い海域から集めたデータに基づいて次のような経験式を発表し，最終氷期の海洋表層の新生産（P_{new}：海洋表層で生産されて海底まで分解されずに運ばれた粒子）は後氷期よりも多かったと結論している．

$$P_{new} = 0.0238 \times C^{0.6429} \times SB^{0.8575} \times DBD^{0.5364} \\ \times Z^{0.8292} \times S_{B-C}^{0.2392} \quad \text{（単位：g/m}^2\text{/y）}$$

ここで，CはTOC濃度，SBは堆積速度，DBDは堆積物の乾燥密度，Zは水深，S_{B-C}は有機炭素を除いた堆積速度である．しかし，この式には次のような仮定や問題点を含んでいることを認識しておく必要がある．①この式を導くのに用いられた現在の基礎生産量を正しいと仮定しているが，実際はまだ充分なデータに基づいているとはいえない．とくに，セディメント・トラップの結果とP_{new}の関連は不充分である．②海底の溶存酸素量を変数に入れていない（Bralower & Thierstein, 1984は，溶存酸素の重要性を強調している）．③コア最上部付近の堆積速度が正確ではない．④陸起源有機物の割合が不明である．⑤コア保管中の有機物の分解はなかったと仮定している．以上のような問題はあるものの，図4.4-26はサハラ沖の海底コアについて過去14万年間の新生産が，上の式に基づいて求められたものであるが，そのP_{new}値と$\delta^{18}O$値は見事な対応関係を示しており，海洋表層の新生産は氷期に大きかったと解

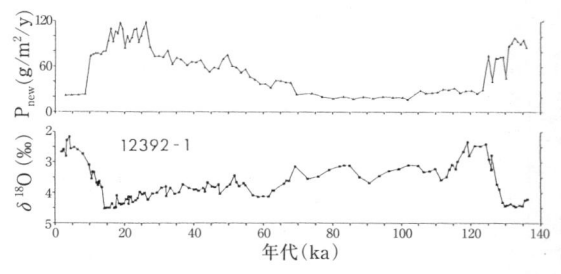

図4.4-26 サハラ沖の海底コアについて復元された過去14万年間の新生産（Sarnthein *et al.*, 1988）

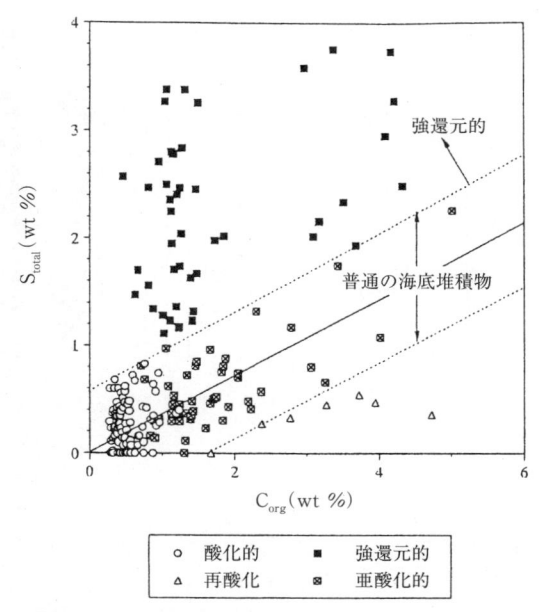

図4.4-27 日本海ODP797コアにみられる有機炭素量と全硫黄量の関係（Tada *et al.*, 1999）

釈されている．

海成堆積物の有機炭素と硫黄の比（C/S）も底層水の還元度の指標となることが知られている．Berner & Raiswell（1983）によると，酸化的（oxic）な海底環境下で堆積した黄鉄鉱（FeS）の量は堆積物中で酸化される有機物量に比例し，その量は酸化されずに残る有機物量とも比例するため，堆積物のC/S比はおよそ3で一定になるという．しかし，硫化水素（H_2S）が発生するような著しい還元的（euxinic）環境下では，海水中でも黄鉄鉱が形成されて沈殿するため，堆積物のC/S比は3より小さくなる．日本海の現在の海底は，溶存酸素が豊富で酸化的環境であり，底生動物が堆積物をかき乱して均質にしたり，かき乱した跡を残したりしているが，氷河時代には底生生物が生存できないほど還元的になって細互層が堆積している．Tada *et al.*(1999) は，日本海の12.5mに及ぶODPコアについて6cm間隔に有機炭素量と硫黄を定量して，それぞれの軸をもつ平面図にプロットしたところ（図4.4-27），均質な層と生物擾乱がみられる層は普通の海底堆積物（非強還元的）の領域に，細互層の多くは強還元的な領域に入った．また，例外的に細互層でも硫化水素が発生するほどの海底環境ではなかった部分（亜酸化的）と細互層の最上部の部分のいくつかは普通の海底堆積物に入ることを見出した．その細互層の最上部の部分は海底環境が還元的から酸化的に変わったため再び酸化されたと説明されている．このように，日本海の海底は，氷期に強還元的から亜酸化的まで，間氷期に亜酸化的から酸化的までの間で変化していたことが明らかになった．

(2) 有機物の$\delta^{13}C$

海底堆積物中の有機物の$\delta^{13}C$の変動要因は，①有機物の種類（海起源有機物の$\delta^{13}C$はその多くが極域を除くと$-19\sim-22‰$，陸起源有機物の$\delta^{13}C$はC_3植物が優占すると$-25\sim-27‰$，C_4植物が多いと$-12\sim-14‰$．$C_3\cdot C_4$植物については，コラム6.4-2参照），②海洋表層中の溶存CO_2濃度（それは大気CO_2濃度が高いほど，また低温ほど多く含まれる）が濃いほど，植物プランクトンは^{12}Cを優先的に細胞内に取り込むために，その有機物の$\delta^{13}C$は小さい，③生物種による相違（同じ属でも種によって環境変化に伴う生理的応答が異なる），④有機物の分解および続成変質，⑤気候変化に伴う大気CO_2濃度や海水中の全炭酸の$\delta^{13}C$値の変化，⑥河川水の流入が考えられる場合はその影響などさまざまである．それでも，同じ海域の堆積物に注目したり，上掲の①から⑥の要因の大小を考慮に入れると，海底堆積物中の有機物の$\delta^{13}C$値からある程度の古環境を考察することができる．

図4.4-28は，身近な研究例として，日本海の隠岐堆の海底コアの全有機炭素量（TOC），その炭素/窒素比（C/N），有機物の$\delta^{13}C$などの解析結果である．図の右端は，酸素同位体比ステージ区分で過去9万年間を表している．左端（図A）のTOC%は，基本的には図4.4-3と同じであり，最終氷期の寒冷期（ステージ2と4）で少ない．図BのC/N比は6〜9の範囲でやや古い時代ほど大きい値を示す．海生生物に由来するC/N比は6〜9で，陸上生物に由

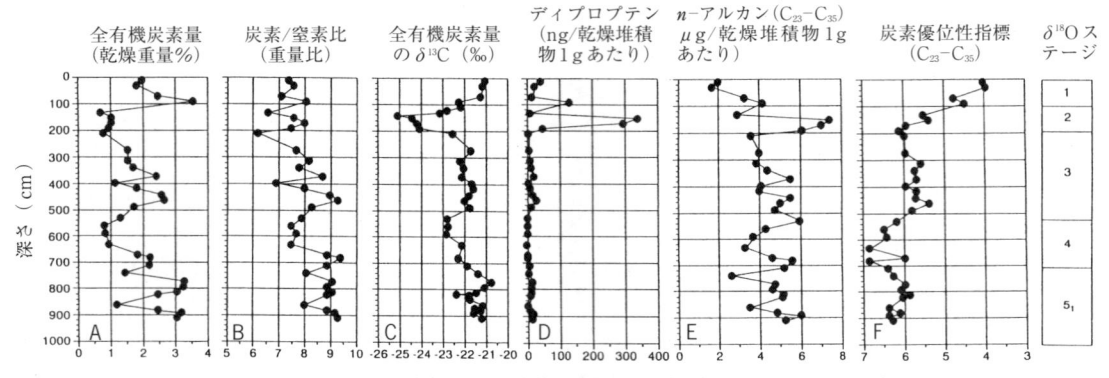

図4.4-28 日本海の隠岐堆コアの有機地球化学的解析 (Ishiwatari et al., 1994)

グラフA: 全有機炭素量 (乾燥重量%)
グラフB: 炭素/窒素比 (重量比)
グラフC: 全有機炭素量の $\delta^{13}C$ (‰)
グラフD: ディプロプテン (ng/乾燥堆積物1gあたり)
グラフE: n-アルカン(C_{23}-C_{35}) (μg/乾燥堆積物1gあたり)
グラフF: 炭素優位性指標 (C_{23}-C_{35})
$\delta^{18}O$ ステージ

来するC/N比は20以上の値が多いといわれていることから、このコアの有機物の大部分は海起源であると推定される。しかし、C/N比だけからはあまり正確なことはいえない。図CのTOCのδ^{13}C値は、多くが-21～-22‰であるが、ステージ2では-25‰、ステージ4では-23‰というように寒冷な時代に薄くなっている。このことから、寒冷期には陸上有機物が多く供給されたと推測される。いまある試料のδ^{13}C値をδtとして、その中に海洋生物（そのδ^{13}Cをδa）と陸上生物（そのδ^{13}Cをδb）に由来する有機物がそれぞれf_aとf_bの割合で入っていたとすると、次のような同位体比に関するマスバランスの式が成り立つ。

$$1 = f_a + f_b$$
$$\delta t = \delta a \times f_a + \delta b \times f_b$$

そこで、δt、δa、δbがわかれば、次の式からf_aとf_bの割合を求めることができる。

$$f_a = 1 - f_b = \frac{(\delta t - \delta b)}{(\delta a - \delta b)}$$

仮に、海起源有機物の平均的δ^{13}C値を-20‰、陸起源有機物の平均的δ^{13}C値を-27‰とすると、図4.4-28においてステージ2のδ^{13}C = -25‰への陸起源有機物の寄与率は約70%になる。しかしこの計算は、上掲の5つの要因のうち、①だけが変化して②から⑤までは変化しなかったとした場合である。実際には、この時代の日本海表層は低塩分水で覆われ、海底は非常に還元的になっていたために(Oba et al., 1991)、②から⑤までの要因が変化しなかったとは考えにくい。とくに、④の有機物の分解および続成変質に関しては、図Dに示される土壌バクテリア由来であると起源を特定できる、バイオマーカー

の1つであるディプロプテン（Diplopten）がステージ2で高い値を示しており、当時の日本海の海底ではメタン酸化バクテリアによって有機物が分解されていた。また、⑤に関連して、当時の日本海の表層海水のδ^{13}C値は淡水の流入によってもともと小さかった可能性も考えられる。図Eには、陸源有機物の代表的な化合物として知られるn-アルカンが示されている。このn-アルカンの含有率はステージ2でとくに多く、ステージ3～5はステージ1に比べると多い。そのn-アルカンのCIP値（図F；carbon preference index；炭素23から35のうちで、奇数炭素数が偶数炭素数を上回っていて、その比が4～7のものは高等植物のワックス由来であると考えられている）は、ステージ1で小さく、ステージ2～5で大きい。このことは、陸上高等植物起源の有機物がおそらく風によって、ステージ2でとくに多く、またステージ3～5はステージ1より多く日本海に運ばれていたことを示すと考えられている。

(3) 有機物のδ^{15}N

有機物の窒素同位体比（^{15}N/^{14}N）も、炭素同位体比と同様に海洋表層の生物生産や水塊移動についての有力な情報源となる（中塚, 1997）。その窒素同位体比を使った古海洋研究のわかりやすい例として、Farrell et al. (1995)の研究がある。図4.4-29は、東赤道太平洋の海底表層堆積物中の有機物のδ^{15}N値の水平分布であるが、現在の赤道湧昇域を挟んでδ^{15}N値は、5～6‰の値が14‰まで南北方向にそれぞれ大きくなっている。その原因は、湧昇してきたδ^{15}Nの小さいNO_3^-が海洋表層で南北方向に流れていくとき、そのNO_3^-を使ってプランクトンが有機物をつくる際に、^{14}Nを選択的に取り込むた

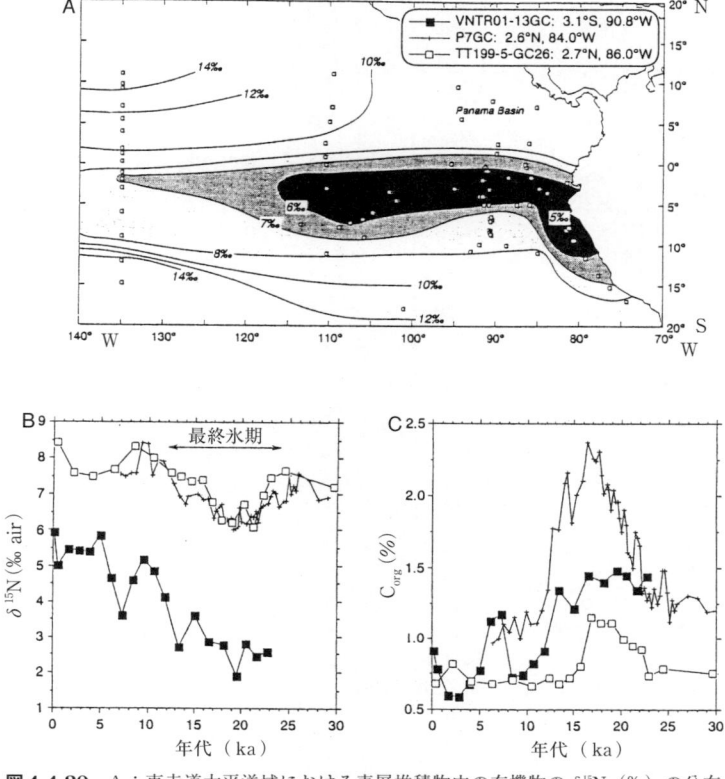

図4.4-29 A：東赤道太平洋域における表層堆積物中の有機物のδ^{15}N（‰）の分布，B, C：3本の海底コア中の有機物のδ^{15}Nと有機炭素量（Farrell *et al.*, 1995）

めに，残されたNO$_3^-$のδ^{15}Nがしだいに大きくなり，そのNO$_3^-$を使って形成された有機物のδ^{15}Nも大きくなるからである．したがって，このような海域からとられた海底コア中の有機物のδ^{15}Nを調べると，過去の湧昇の強さ，あるいは湧昇軸の移動についての情報が得られる．図4.4-29Bは，現在の赤道湧昇軸や北緯3°付近からとられた海底コア中の有機物のδ^{15}Nであるが，最終氷期最盛期（LGM）のδ^{15}Nは，コア最上部付近よりもいずれも小さい値を示している．この結果は，最終氷期最盛期の方が現在よりも湧昇が強かったことを示唆する．そのことは，これらのコア中のLGMにおける有機炭素量がコア最上部付近よりも多く，海洋表層の生物生産が高かったことと矛盾しない．しかし，最終氷期最寒期にδ^{15}Nが小さくなった理由には次のような可能性も含まれている．①海洋表層の生態系が現在と異なっていた．②深層水のδ^{15}Nが現在より小さかった．③δ^{15}Nは続成作用を受けて小さくなった．④陸上からの有機物の流入が大きかった．⑤海洋表層での窒素固定が大きかった．このような①から⑤までの可能性のそれぞれを今後詳しく研究してゆくことによって，有機物のδ^{15}Nを使った古海洋研究は発展していくことであろう．

(4) アルケノン古水温

海底堆積物中の有機物の中には，陸上の高等植物や海洋の植物プランクトンが特異的に合成し，しかも比較的保存性の高い長鎖アルケノン（長い直鎖炭化水素の一部に炭素-炭素の2重結合とケトン（CO）基をもつ化合物の総称で，炭素数37～39の間に8種類のアルケノンが見出されている）がある．そのうち，炭素数37のアルケノンは，ハプト植物門に属するコッコリス（円石藻）に由来するもので，その2不飽和アルケノン（37：2）と3不飽和アルケノン（37：3）の存在比（Uk$_{37}'$）は水温との間に比例関係がある．

$$Uk_{37}' = \frac{(37:2)}{(37:2)+(37:3)}$$

このことは，Brassel *et al.*（1986）が，西アフリ

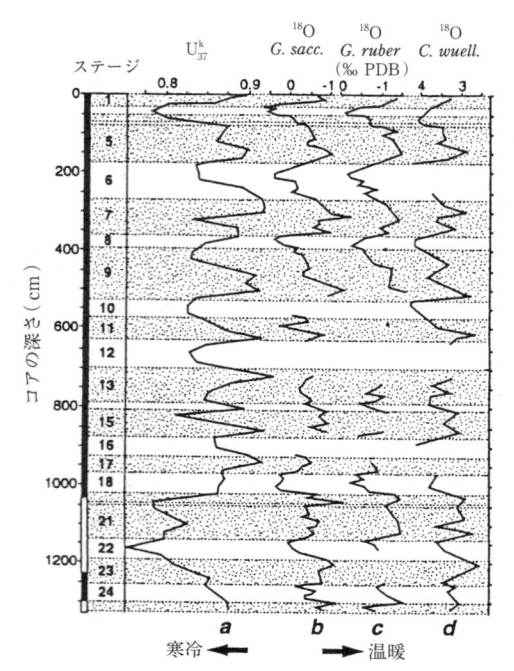

図4.4-30 東赤道大西洋のコア中のアルケノン不飽和度（Uk_{37}'）と浮遊性および底生有孔虫殻の酸素同位体比（Brassel et al., 1986）
G. sacc. と *G. ruber* は浮遊性有孔虫，*C. wuell.* は底生有孔虫．

カ沖の海底コアの Uk_{37}' を測定したところ，その Uk_{37}' カーブが有孔虫殻の $\delta^{18}O$ カーブとよい相関関係を示したことによって初めて広く知られるようになった（図4.4-30）．この図をみると，Uk_{37}' カーブと $\delta^{18}O$ カーブはコアの上部から8m付近まではよい相関を示すが，コアの下部の方で両者の不一致がみられる．その原因として，①続成変質，②アルケノンを生成する別の種の影響などが考えられた．その後，Prahl et al.（1988）は，コッコリスの一種 *Emiliani huxleyi* の培養実験から，Uk_{37}' と水温（T）との間に次のような関係式を見出した．

$$Uk_{37}' = 0.034\,T + 0.039$$

そして，Uk_{37}' は炭酸塩が残っていない海底堆積物でも古水温が算出できるので，全海洋の多くの海域から古水温が報告されるようになってきた．それと同時に，*E. huxleyi* や *Gephyrocapsa oceanica* の培養実験や，多くの海域から上掲とは異なった水温との関係式が報告されており，変質の問題も含めて今後の研究課題としていろいろな問題がまだ残されている．Uk_{37}' と有孔虫の殻の $\delta^{18}O$ カーブを組み合わせて古塩分を推定する試みも行われている．浮遊性有孔虫の殻の酸素同位体比の測定値（$\delta^{18}O$）は，気候変化に伴う大陸氷床量の変化による全海洋の海水の $\delta^{18}O$ の変化（global effect, GE），水温変化（T），さらにその海域の地域的な海水の $\delta^{18}O$ の変化（local effect, LE）によって決定される．

$$\delta^{18}O = GE + T + LE$$

図4.4-31Aには，南シナ海北部の海底コアについて，海洋表層に生息している浮遊性有孔虫殻の詳細な $\delta^{18}O$ カーブと Uk_{37}' 値と浮遊性有孔虫の変換関数から算出された表面水温（SST）が求められている．そこで，Uk_{37}' から求められたSSTを上の式の T に代入し，GEは同じコアの底生有孔虫殻の $\delta^{18}O$ カーブから得られるとして，LEを計算することができる．地域的な海水の $\delta^{18}O$ の変化（LE）は，その海域の塩分と比例関係にあるので，LEの値から古塩分を求めることができるわけである．図4.4-31Bは，このようにして求められた南シナ海表層水の過去4万年間の古塩分であるが，その変化はグリーンランド氷床コアのGISP2の $\delta^{18}O$ カーブと関連している．すなわち，GISP2氷床コアにみられるD-Oイベントの温暖期（図中の1〜10の番号）に，南シナ海では塩分が低下しており，こうした時代に東アジアでは夏のモンスーンが強くなったためであると解釈されている．

(5) 過去の大気 CO_2 濃度

過去の大気中の CO_2 濃度を有機物の $\delta^{13}C$ を使って復元しようとする研究は，1990年代になってから報告されている．1つは，現在の海洋の有機物の $\delta^{13}C$ と溶存 CO_2 濃度との関係に基づく方法であり，もう1つは，有機物の $\delta^{13}C$ と溶存 CO_2 の $\delta^{13}C$ の差と，溶存 CO_2 濃度との関係に基づく方法である．現世の海洋有機物の $\delta^{13}C$ は，多くの海域で -20‰ 程度の値を示しているが，高緯度から極域での有機物の $\delta^{13}C$ は -30‰ までの低い値を示すことが報告されている（図4.4-32）．そして，その有機物の $\delta^{13}C$ は海水中の溶存 CO_2 濃度が増えるほど（すなわち，表面水温が低いほど）低くなっている．そこで，この関係を逆に利用すると，堆積物中の有機物の $\delta^{13}C$ から過去の海水中の溶存 CO_2 濃度が推定でき，さらにそのときの水温がわかればその海水と平衡にある大気 CO_2 分圧を推定できるというわけである（図4.4-32A）．Rau et al.（1991）は，この関係をすぐさま海底コアに応用して，過去14万年間の大気 CO_2

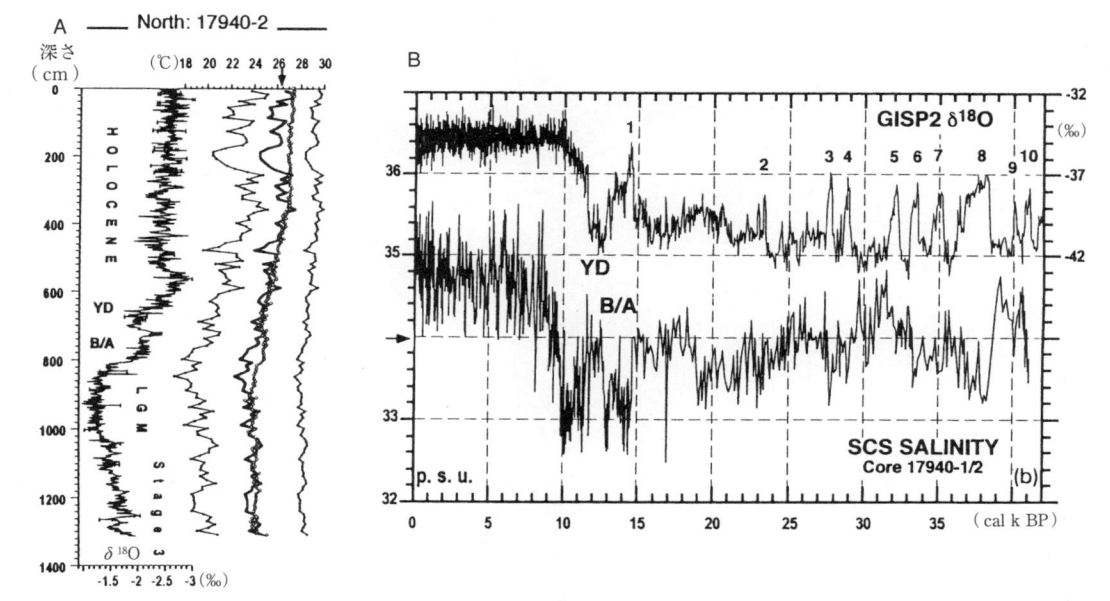

図4.4-31
A：南シナ海北部の海底コアの浮遊性有孔虫殻の$\delta^{18}O$カーブとUk$_{37}'$値から算出された表面水温（白丸）．浮遊性有孔虫の変換関数から求められた夏（右）と冬（左）の表面水温および年平均表面水温（中央）も示されている．↓は現在の年平均表面水温．
B：南シナ海北部の海底コアについて復元された古塩分とグリーンランドGISP2氷床コアの$\delta^{18}O$カーブ．1〜10はIS（D-Oイベント）の番号で，亜間氷期に対応する．(Wang et al., 1999)

濃度を復元した．その結果は，ボストーク基地の氷床コアのCO_2濃度の変化とおおむね一致する結果が得られた．しかし，その結果には次のような問題点が含まれている．①堆積物中の有機物はすべてが海洋藻類によるものではなく，浮遊性および底生動物がつくり出したものや陸上有機物も含まれている．②堆積物中の有機物の$\delta^{13}C$は，続成変質している可能性がある．③海水の溶存CO_2濃度に対するプランクトンの有機物の$\delta^{13}C$は，図4.4-32Aでみられるようにバラツキが大きい．④大気と平衡な溶存CO_2濃度と実際の海水中の溶存CO_2濃度に差がある．⑤氷床コアと海底コアの年代に不一致がみられることなどである．

一方，後者の方法は，ある特定海洋有機物の$\delta^{13}C$と，そのときの溶存CO_2の$\delta^{13}C$との同位体分別係数と溶存CO_2濃度との関係から，大気CO_2分圧を推定しようとする方法である．こちらの方法の方が，過去の大気CO_2濃度やその$\delta^{13}C$値が変化することによって起こる当時の海洋有機物の$\delta^{13}C$の変化を取り除けるという点で有利であるが，有孔虫を含むような堆積物でないと使えないという欠点もある．図4.4-32Bにはその原理が示されている．海洋堆積物中のある特定の有機物（図4.3-32BではアルカディエノンC_{37}）の$\delta^{13}C$を測定し，同一層準に含まれる海洋表層に生息していた浮遊性有孔虫殻の$\delta^{13}C$から当時の海水の溶存CO_2の$\delta^{13}C$を求める（その際には表層水温を別の方法で求めなければならない）．その上で，現在の海洋で観察されるその間の同位体分別係数と溶存CO_2濃度との関係（図4.4-32B）を使って，当時の大気CO_2分圧を推定する．Jasper & Hayes（1990）は，メキシコ湾の海底コアに含まれる，ある特定の海洋植物起源の有機物（アルカディエノン）と浮遊性有孔虫殻の$\delta^{13}C$を測定し，過去10万年間の大気CO_2分圧を推定したところ，氷床コアと同様な変化を認めた．しかしその後，高緯度のプランクトンの有機物の$\delta^{13}C$は南半球と北半球で同様な傾向を示さなかったり，プランクトンの成長速度や生理学的な条件の相違によっても，その有機物の$\delta^{13}C$が変化すると指摘されるようになり，これらの方法は今後まだまだ解決されなければならない問題を含んでいる．

以上，海底コアの研究から得られるさまざまな古気候に関する情報を，できる限り多くの研究例を，

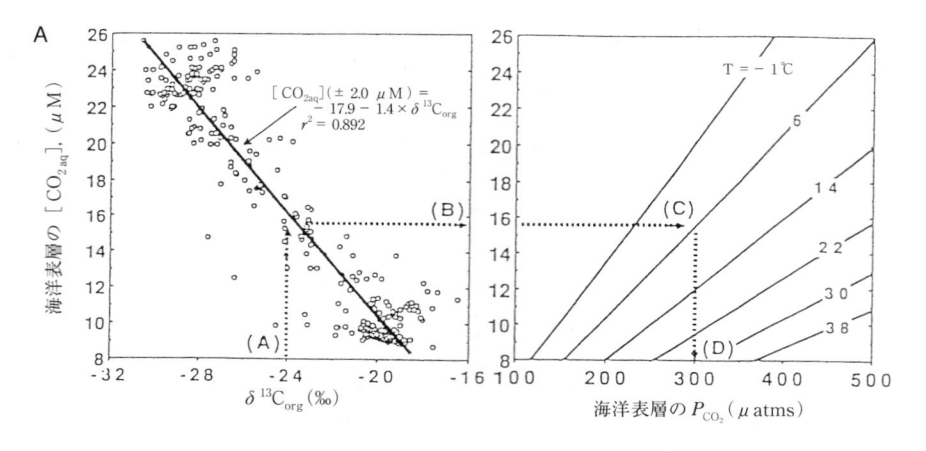

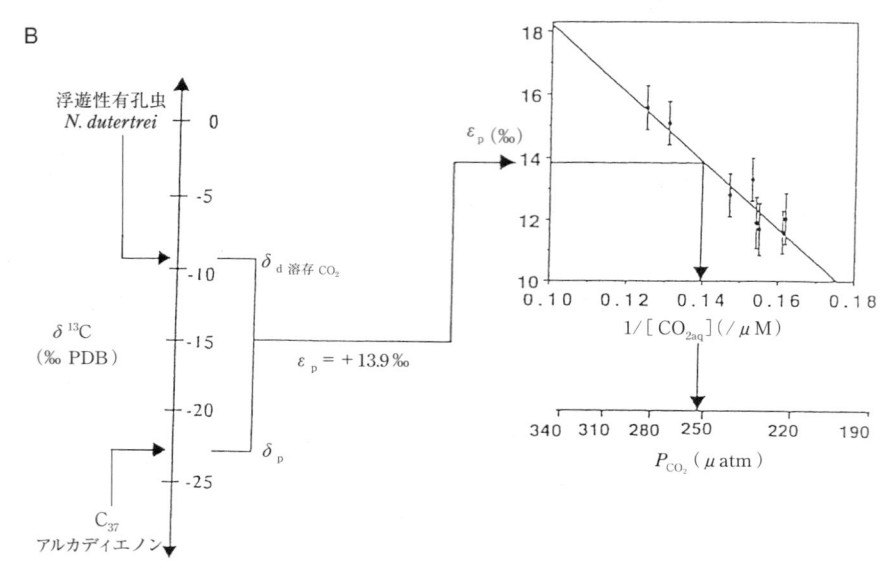

図4.4-32
A：現在の海洋表層の懸濁有機物の$\delta^{13}C$値とその海水中の溶存CO_2濃度およびそれと平衡にある大気CO_2分圧 (Rau, 1994).
B：ある特定の懸濁有機物の$\delta^{13}C$とそのときの溶存CO_2の$\delta^{13}C$との同位体分別係数と溶存CO_2濃度との関係 (Jasper et al., 1994)

限られた紙面の中で簡潔に紹介してきた．しかし，ここで示した多くの研究例は，よい研究材料について，適切な方法で解析し，得られた結果が比較的容易に解釈できた場合である．このような研究例はむしろまれで，いろいろな制約のある研究材料や分析法で結果を出し，適切な解釈がなかなか下せなかったり，矛盾した結果が出されている場合も少なくない．それには，グローバルな変化とその海域独自の変化を容易に識別できないこともあるが，それ以上に各解析法自体にまだまだ未解決な問題点を多く含んでいる場合もある．しかし，目的に叶った海域から最良のコアを採取して，より適切な分析方法で，多くの研究項目を取り入れた学際的な解析が行われるならば，一段と真実に近い姿に迫ることができるであろう．

4.5 湖沼コア

4.5.1 湖沼年縞堆積物とその研究

過去の古環境変動の指標とその年代分解能を示したコラム2.2-2の表の中で，汽水湖沼に認められる年縞堆積物コアは，極域氷床コアに匹敵するほどの

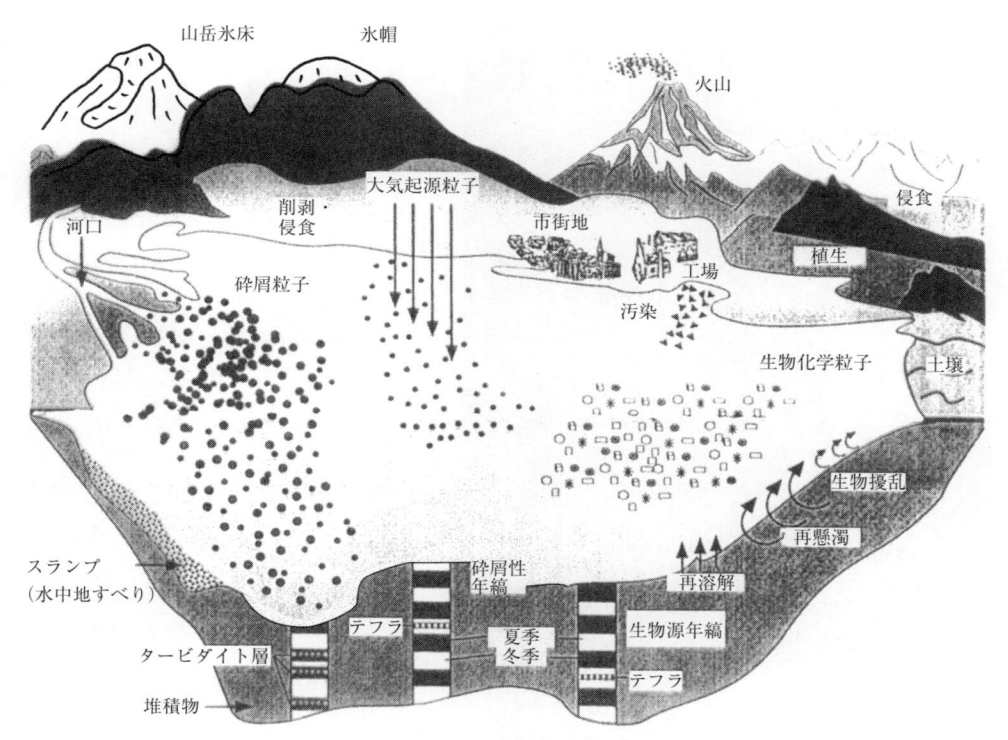

図 4.5-1 天然の時計・環境変動記録計としての湖沼年縞堆積物（Strum & Lotter, 1995を改変）
堆積物は，①火山灰や風成塵などの大気起源粒子，②河川の河口から流入する砕屑性粒子，③湖沼水塊中で自生する鉱物やプランクトン遺骸のような生物化学粒子から一般に構成される．年縞には地震などで生じたタービダイト層や火山噴火で降灰したテフラがはさまれ，地震や噴火の年代がわかる．

精緻な環境変動（温度，湿度あるいは降水量，生物生産量，火山噴火，地磁気，太陽活動などの変動）や海面変動を年単位で長期間にわたって記録している．しかし湖沼年縞堆積物を構成する鉱物粒子や生物遺骸は，湖沼の地域性が強いため，気候・環境変動の指標（proxy）は個々の湖沼によって異なる．このため，湖沼年縞堆積物を用いた環境変動の検出には，現在の観測に基づいた環境指標の認定が必要である．

バイカル湖や琵琶湖では長い湖沼コアが採取されているが，「年縞」が確認されてはおらず，ほとんどすべて無層理塊状を呈している．このため，これらの湖沼の堆積物では1～10年単位の環境変動についてはほとんど論じられていない．ここでは，堆積物の連続性が検証され，欠落のない時系列変動を明らかにできる湖沼年縞堆積物を取り上げる．

湖沼年縞堆積物にみられる明暗の葉理（ラミナ，laminae）のリズミカルな縞模様は，1年周期の物理・化学・生物サイクルが存在する限りどこでも形成される．図4.5-1のように年縞は，①空中から降下する大気起源粒子，②湖沼の集水域から河川を通じて流入する陸域起源粒子，および，③生物やバクテリアなどの関与によって，湖沼水塊内で自生した生物化学粒子から構成され，粒子の堆積・形成を通じて大気圏，岩石圏および水圏の環境変動を直接的に反映している（Beer & Strum, 1995）．また，地震，火山噴火や洪水などの突発的なイベントも，堆積構造の特徴，堆積組織の変化，鉱物・化学組成の変化および火山灰層の存在などを通じて年縞堆積物中に認められ，それらのイベントの再来周期予測にも役立つ．しかし湖沼水塊の酸化・還元状態の変化や初期続成作用によって，すでに堆積した堆積物粒子が水塊中に溶出・変質する場合もあり，個々の湖沼における現世の陸水学的観測が必要である．

スカンジナビア半島に分布する湖沼堆積物には，明暗ラミナをもつ氷縞（氷縞粘土）（varveあるいはglacial varve）が20世紀初頭から認められ，晩氷期から後氷期にかけての氷河後退史の編年に利用

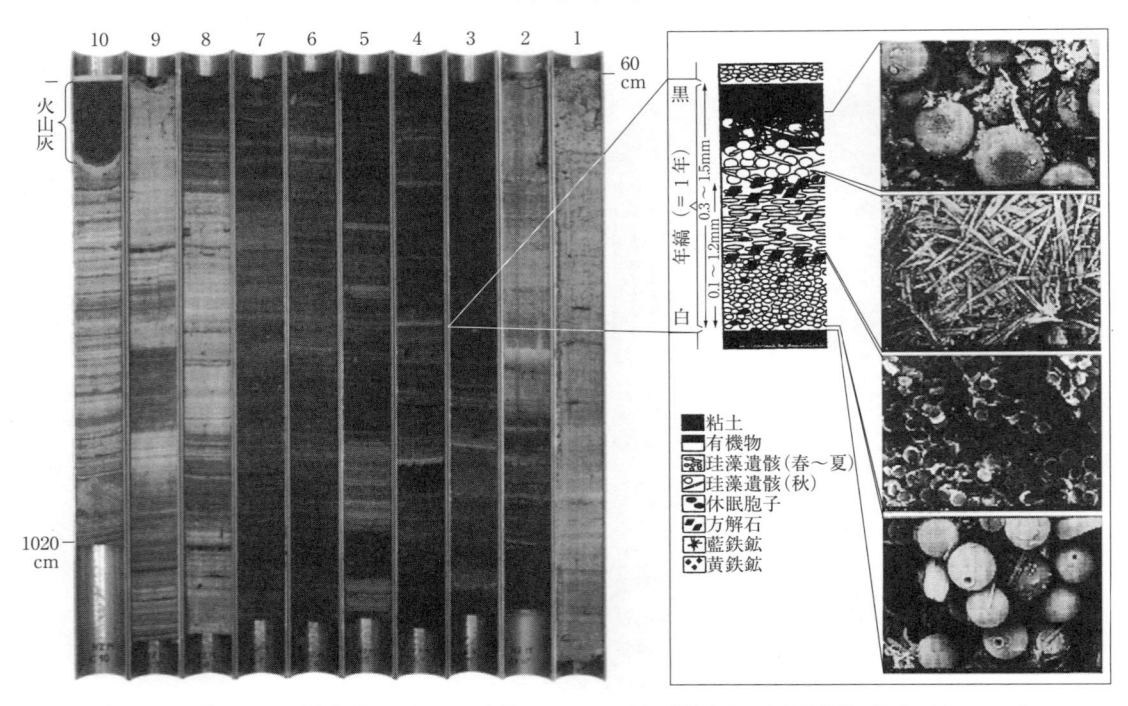

図4.5-2 西ヨーロッパ中央部，アイフェル山地のホルツマー湖に認められる年縞堆積物（Zolitschka, 1990）1mm程度の厚さの明暗ラミナで，明暗1セットが1年で堆積したものである．明暗ラミナは季節ごとに生息したプランクトン遺骸から構成される．また，季節ごとの水温の違いで，自生して沈殿する鉄鉱物も異なる．右のコラム中の粗粒物はLaacher Seeテフラと呼ばれ，降灰時期は新ドリアス期の始まりと一致する．

された（O'Sullivan, 1983）．それらは晩氷期から後氷期にかけてスカンジナビア氷床が後退してゆく過程で，氷河湖に堆積したもので，暗色ラミナは夏季に融氷水に含まれている多量の粗粒の砕屑物の堆積で，明色ラミナは秋季から春季にかけて砕屑物の供給が少なかった結果形成したものである．また氷床の縮小に伴い，氷床の周辺から中心域に向かって，より新しい時期の明暗ラミナ層が分布している．

1980年代以降，含水率が大きく軟弱な堆積物も容易に採取できるコアサンプラー（たとえば，堆積物自体を凍結させて採取するFreezing samplerや水圧式ピストン・サンプラーなど）の開発による堆積物コア採取方法は著しく進歩した（O'Sullivan, 1983）．現在では，全長25～50mで口径10～20cmのコア採取が可能となっている（Coleman ed., 1996）．そして，年縞堆積物が広く海洋，河口域および湖沼に認められるようになった（Fukusawa, 1999）．

スウェーデンでは年縞を用いて，11,340年間にわたる編年が行われ，さらに^{14}C年代を併用して，13,000年間の編年が行われた（Bjorck et al., 1992）．その他スイス（Rotsee湖，Soppensee湖；Lotter et al., 1992），ポーランドGosciaz湖（Rozanski et al., 1992）では，13,000年前以降の年縞が認められた．またドイツHolzmaar湖（ホルツマー湖；Zolitschka et al., 1992）では，12,881年前以降の年縞が認められて，詳しい編年研究が行われている．

この中で，ドイツのアイフェル火山地域のマールに形成された深い湖沼（Holzmaar湖など）での研究が中心をなしている．J. W. NegendankやB. Zolitschkaにより1980年から研究を開始され，非氷河性湖の年縞堆積物研究に新たな視点を与えた．その後この研究は，1995年度からヨーロッパ湖沼掘削計画（European Lake Drilling Programme, ELDP）に発展している．

このマールに認められる年縞は，氷縞粘土とは異なり，マイクロプランクトン遺骸から構成されている（図4.5-2）．1年の層は下位より，低水温で形成される休眠胞子（resting spore）濃集層，付着性および浮遊性の特定の珪藻遺骸の濃集層，夏の水温躍層形成下で自生する黄鉄鉱を含む珪藻濃集層，有機物を多量に含む砕屑粒子濃集層の順で堆積してい

4.5 湖沼コア

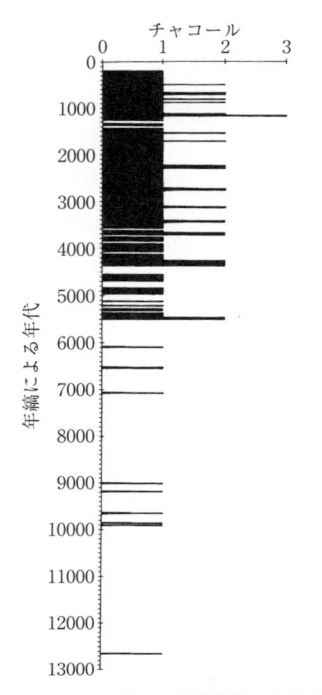

図4.5-3 ホルツマー湖の年縞堆積物における13,000年前以降の微粒炭（チャコール，charcoal）の含有量（3段階で示す）（Zolitschka, 1990）

縦軸の年代は年縞の枚数計測による年代で，0年は西暦1950年を示す．微粒炭は焼畑などの人間活動による副産物で，その量は人間の活動度を示している．

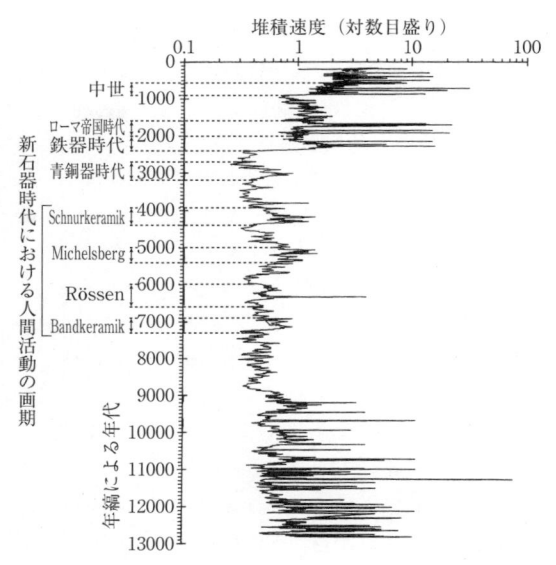

図4.5-4 ホルツマー湖の年縞堆積物における13,000年前以降の堆積速度の変遷（Zolitschka, 1990）

横軸の堆積速度は対数目盛で示す．縦軸の年代は年縞の枚数計測による年代で，0年は西暦1950年を示す．文明および文化の画期には，森林伐採による土壌侵食によって堆積速度が急増している．

る．これらの薄層は，初春，晩春，夏，秋～冬にそれぞれ対応する．日本列島の淡水湖沼堆積物の構成物とは違って，硬水から沈殿した炭酸塩鉱物と火山起源の硫化鉄鉱物が認められることが特徴である．また，有機物が多量に含まれており，その中には人間による農業活動による炭化物も含まれ，その量の変動から，5500年前以降のHolzmaar湖周辺の森林伐採史が明らかになった（図4.5-3）．加えて，これらのマール堆積物には珪藻遺骸が多量に含まれることから，それらのプランクトン生産量は一次的基礎生産量を示し，湖沼の栄養状態を示すとの認識から，堆積物薄片を観察して年縞の厚さを1枚ずつ計測している．これは，過去の人間活動によって引き起こされた湖沼の富栄養化と推定され，先史時代編年と対応させている（図4.5-4）．ヨーロッパでは湖沼ごとに生息する珪藻種が異なるため，珪藻による古環境の検討よりはその量的な変遷を年縞の厚さから求めている．この年縞の厚さによる古環境検討は，現在までのヨーロッパの年縞研究の基本的な研究方向である．Holzmaar湖での年縞計測による堆積速度は，9000年前以前では非常に大きい．これは有機物が厚さを増しているためではなく，砕屑物が多かったことを反映している．最近の増加は人間活動激化を示すと考えられている（Zolitschka et al., 2000）．

日本列島における湖沼年縞は，浜名湖などのコアで部分的に認められた（池谷ほか，1990）のみで，その堆積学的な記載や成因的考察も行われなかった．1991年にネーゲンダンクの示唆を受けて安田らにより水月湖でピストン・コアリングが実施され，全長11mに及ぶ欠落のない連続した年縞堆積物が採取された（福沢，1995）．それ以降，水月湖からは過去10万年間をカバーする年縞堆積物（全長70m）が採取された（Kitagawa & van der Plicht, 1998）．このほか，鳥取県東郷池，青森県小川原湖，滋賀県琵琶湖，北海道網走湖，長野県深見池からも年縞堆積物が発見された（福沢，1999）．そして2000年からアジア湖沼掘削計画（Asian Lake Drilling Programme, ALDP）が開始された．

北アメリカでは，アガシー湖の氷縞編年とコア中

の安定同位体比組成と化石花粉群集組成の変化から気候変化を復元する研究が行われている（Hu et al., 1997）．

4.5.2 湖沼年縞の種類・成因および形成条件

堆積物中のラミナ（葉理）とは，構成粒子の粒径や組成，含水率などの違いに起因した堆積構造の記載的名称であり，肉眼的に識別される．varve は，1年間に形成されるラミナを示し，glacial varve（氷縞）と nonglacial varve（年縞）とが区別できる．

(1) 氷縞（varve, glacial varve）（氷縞粘土，varved clay）

氷縞（氷縞粘土）は，スカンジナビア氷床の後退に伴って形成された氷河湖湖底に1年に堆積したラミナのシーケンスで（DeGeer, 1912），一般に明暗ラミナの律動的な互層から構成される．暗色ラミナは粗粒の粒子を多量に含み，明色ラミナは細粒物から構成される（口絵5）．夏季には，氷床融解に伴って多量の粗粒物が堆積するのに対して，それ以外の時期にはこの現象が抑制されるために生じる．氷河が融解・消失した後にも氷縞は形成されている．この原因は，降水量の季節的な違いによって，河川から流入する砕屑物の粒径と量が違うためで，明暗ラミナの層厚変化から，過去の降水量の経年変化が復元されている（Saarinen et al., 2001）．

(2) 年縞（non-glacial varve）

一般の年縞は，やはり明暗ラミナをもち，1年間で化学的・生物的に沈澱・堆積した層を指示する．必ずしも明暗ラミナ1対でなく，2～3対から構成される場合もある．

年縞堆積物に認められる葉理は，組成から次の4つに分類される．

① 砕屑性葉理（clastic laminations）：砕屑性葉理は貧栄養湖によく認められ，河川などからの懸濁粒子の流入時期と水温躍層出現時期との関係で形成される（Strum, 1979）．上記のように氷縞粘土の葉理はほとんど砕屑性葉理である．

② 鉄質葉理（ferrogenic laminations）：鉄質葉理は，非石灰質の湖沼での還元あるいは酸化環境下における鉄の溶解度変化によって生成される（Anthony, 1977）．スウェーデンの dimictic lake では，垂直循環が生じる春と秋には酸素が湖底に供給されて明褐色の水酸化鉄が沈殿するが，水温躍層が生成される夏と，湖面が氷に覆われる冬には，湖底の溶存酸素が乏しくなって黒色の硫化鉄が沈殿する（Renberg, 1981）．

③ 石灰質葉理（calcareous laminations）：石灰質葉理は，炭酸カルシウム（とくに方解石）の溶解度の季節的な差によって生成される．スイスの Zurichsee 湖では，大気中の二酸化炭素を湖沼中の藻類が大量に消費することによって，重炭酸イオンが飽和して pH が高くなることが方解石の沈殿を引き起こして，葉理が形成されている（Kelt & Hsu, 1978）．一方，重炭酸イオンの飽和度は湖水温によって左右されるともいわれている（Brunskill, 1969）．

④ 生物源葉理（biogenic laminations）：生物源葉理は，藻類や花粉などの生物遺骸が春の終わりから秋にかけて沈積して形成される．とくに，珪藻弁殻（diatom frustule）からなる葉理は，春先の栄養塩に富む湖水塊の湧昇によるブルーミングが形成要因である（Ludlam, 1979）．

(3) 年縞の層厚

年縞の枚数を計測し，層厚を計測することは，堆積物の対比・編年に重要である．その理由として次の2点が挙げられる．①1地点での連続シーケンスが短い場合，複数のシーケンスを対比して組み合わせて編年を行うが，火山灰などの鍵層がない場合には氷縞の層厚変化パターンによる対比を行わなければならない．②明暗ラミナの層厚は1年単位の堆積速度の変化を直接的に反映しており，気候変動などの指標のみならず，堆積フラックスの指標としても役立つ．

しかし明暗ラミナの成因がさまざまであることは，年縞の層厚による編年に多くの問題を生じさせる原因となっている．過去10万年以上にわたる堆積記録が保存されているイタリアの Monticchio 湖（マール）では，氷期および間氷期を通しての変動記録が得られる反面，環境変化によって，年縞の形態が大きく変わることがある（Zolitschka ed., 1999）．また，1つの湖沼から複数本のコアが採取され，欠落のない年縞シーケンス（図4.5-5）を組み合わせて標準的な年縞変動パターンがつくられるが，最終氷期から完新世にかけての年縞の厚さの変化パターンは，氷床コアなどによって示される最終

氷期末期（晩氷期）以降の一般的な変動とは明らかに異なっている．これは，環境の変動時期に年縞の種類が変化することを示しており，古環境解析を行う際に注意を要する．ヨーロッパの中緯度地域の湖沼堆積物の層序は火山灰を使って精密に対比されており，それぞれの湖沼における年縞の厚さの変化もほとんど同一であるが，最終氷期から完新世にかけての年縞の組織，鉱物・化石組成は，それぞれの湖沼によって相異なっている．

(4) 年縞の保存メカニズムと環境

葉理が湖沼堆積物に形成されるには，運搬・堆積過程で構成物質に差別的な分別が生じることが必要である．また，その保存には葉理を破壊してしまう底生生物の活動を妨げる環境条件が必要である．すなわち，葉理の形成には，次の3つの条件をすべて満足することが必要である．

① 湖水中の懸濁物質の季節的変動：湖底堆積物の葉理構造は，懸濁物質の質的あるいは量的な変動の結果である．懸濁物質は，(a)河川や山崩れなどによる流入，(b)風や降水による大気からの降下，(c)湖水塊中での生物生産，(d)堆積物の重力流による再移動，(e)地下水などによる堆積物の再流出，などが考えられる（Beer & Strum, 1995）（図4.5-1）．

② 湖盆の形状：葉理の保存には，湖底が平坦で水塊や湖底表層が風浪によって乱れないほど水深が大きな湖沼であることが必要条件である（O'Sullivan, 1983）．また，固い岩石基盤をもち，河川の顕著な流入がなくしかも流出がわずかであることが望ましく，長径1 km以下面積が20 ha以下で水深が15 mより大きな湖，あるいは孤立した湖盆をもつ湖沼が葉理の形成に最適である（Zolitschka ed., 1999）．

③ 湖水の成層状態：定常的に垂直循環する表層とその下位の底層との間には水温躍層が存在する．この水温躍層が季節的に壊されなければ，酸素に富む表層水が底層に供給されず，底生生物による堆積物の擾乱が生じないため，葉理の保存は一般に促進される（Boygle, 1993）．このような湖沼は1年で生じる垂直循環の回数から，次の3つに分類される（Boygle, 1993）．(a)1年のある一時期（とくに夏）に水温躍層が形成される湖沼（monomictic lake），(b)夏には水温躍層が生じ，冬には氷が湖水面を覆って垂直循環が生じず，春と秋だけに循環が生じる湖

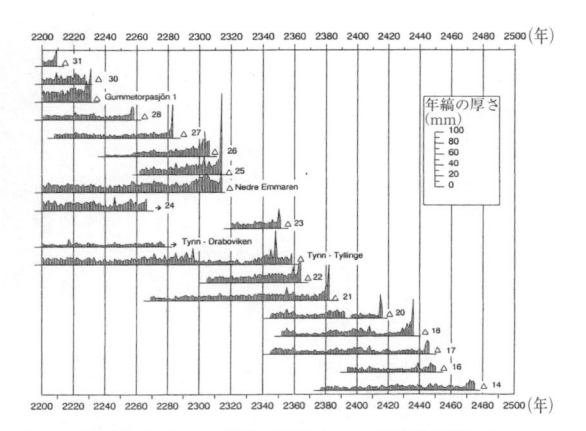

図4.5-5 1つの湖沼で採取された複数堆積物コアの年縞の厚さによる比較（Zolitschka ed., 1999）
年縞の厚さの変化は1つの湖沼の中でほとんど変わらないことに注意．

沼（dimictic lake），(c)海水が湖水底層に侵入して，上層の淡水との間に化学的成層が季節を問わず存在して，垂直循環が生じない湖沼（meromictic lake）．これらの季節的な水温躍層が形成される湖沼では，湖水底層への酸素の供給が乏しく，湖底の溶存酸素量が少ない．このため底生生物の活動が制限されて葉理が保存される．また湖沼が貧栄養湖で生物生産が小さい場合には，底層水塊が酸素に富んでいても底生生物の活動が少なくて葉理が保存される（Renberg, 1981）．富栄養湖でも底生生物による堆積物の擾乱速度が懸濁物質の堆積速度より小さければ，年縞堆積物が形成される（Ludlem, 1979）．

4.5.3 湖沼年縞の記載方法および年代決定

(1) 年縞の記載方法

氷縞が形成される高緯度地域を除いて，一般に四季が明瞭な中緯度地域の湖沼では雪解け水や局地風によって，1年に1～2回程度，底層水の湧昇が生じ，有機物の分解によって生じた栄養塩類が透光帯へ湧昇して，珪藻などの植物プランクトンが繁殖する．一方，湧昇によるオーバーターンが生じなければ，底層水は溶存酸素に乏しく，湖底堆積物表層では有機物の分解で硝酸還元，マンガン還元，鉄還元，硫酸還元が生じて，硫化鉄などが自生する．この底層水の湧昇は堆積物を構成する粒子を大きく変化させる（Fukusawa et al., 2002）．

一般に，肉眼的に「年縞」を認める研究が多い

が，堆積物の薄片を作製し，堆積構造，堆積組織，鉱物組成，粒径および微化石組成を検討して，現在のその湖での陸水学的資料に基づきながら記載を行うことが望ましい．とくに，気温，水温，降水量および水塊のEhやpHなどの物理化学的性質などは，気候・環境変動の直接的な指標で，湖沼水塊に直接影響を及ぼす．このため，湖沼水塊の性質を直接反映する構成粒子については，充分かつ慎重な記載を行わなければならない．

これらの構成粒子として重要なものは，①鉄鉱物粒子（硫化鉄，酸化鉄，リン酸塩鉄，炭酸塩鉄）と，②生物遺骸（とくに珪藻と花粉）である．鉄は，水塊中の酸化・還元状態の変化で容易に沈澱・溶出して，そのときの有機物分解の程度でさまざまな形態を呈する．一方，生物は環境に直接的に応答して属や種の組成・量的変化を生じる．堆積物中に遺骸の一部が良好に保存される珪藻や花粉の解析が望ましい．たとえば，水月湖や東郷池の場合，春先には密度の大きな雪解け水の流入によって，栄養塩に富む底層水の湧昇が生じて珪藻が繁殖して，湖底表層には珪藻遺骸と有機物の分解によるリン酸塩鉄が堆積・沈澱する．その後，夏になると表層と底層の間に温度・密度躍層が形成され，底層には酸素がまったく供給されなくなり，湖底には硫化鉄や炭酸塩鉄が沈澱する．

このような現在の環境の観測（たとえばセディメント・トラップ実験など）から，珪藻遺骸とリン酸塩鉄の濃集部分から上位の硫化鉄あるいは炭酸塩鉄の濃集部分を経て，さらに上位の珪藻遺骸とリン酸塩鉄の濃集部分基底までが1年間の堆積物＝年縞であると認定できるわけである．

上述のような年縞認定に基づき，珪藻遺骸群集と堆積構造の記載と成因的考察について，記載例とその環境推定結果を紹介する．

水月湖では過去数万年間にわたる年縞堆積物が発見され，その堆積学的検討が行われた．ピストン・コア試料について過去2万年前から7000年前まで連続薄片を作成して行った薄片観察結果に基づいて，新ドリアス期が終わり気候が温暖化してプレボレアル期になった後の，約11,320年前に生じた短期間の寒冷期が明らかにされた（Fukusawa, 1999）．この寒冷期に対比できるものは，グリーンランドの氷床コアでも明瞭に認められている．その寒冷期を挟んで前後の温暖期を含めた堆積物の薄片スケッチを図4.5-6に示す．薄片観察から，湖沼年縞は砕屑性ラミナ，珪藻の休眠胞子を含む砕屑性ラミナ，休眠胞子を含む砕屑性～生物源ラミナ，休眠胞子をほとんど含まない生物源ラミナの4つに分類することができた．なおこれらの湖沼年縞中には菱鉄鉱ラミナが必ず認められ，正確には鉄質ラミナと呼べるものである．年縞の枚数計測は，夏季に形成されたと考えられる鉄質ラミナに基づいて行い，年縞の層厚はある鉄質ラミナからその上位の鉄質ラミナまでの厚さを計測して求めた．図4.5-6に示した堆積物は，枚数計測から85年間の堆積物である．

水月湖における完新世の湖沼年縞ラミナを構成する珪藻は，水温が低下したり，珪酸や栄養塩（とくに硝酸イオン）が欠乏すると有性生殖を行わないで，環境条件が改善するまで休眠胞子を形成することが知られている．このため，珪藻の成体が少なくなり，休眠胞子が多くなることは，環境条件が悪化したことを示している．海洋とは異なり，水月湖の

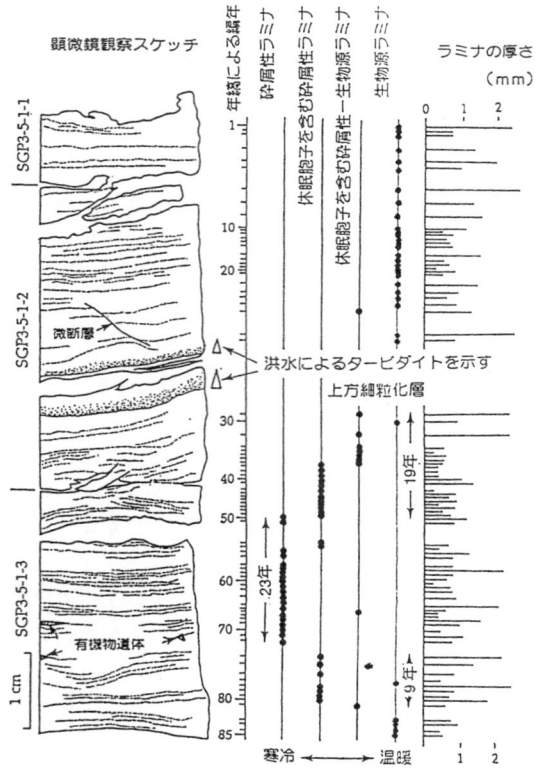

図4.5-6 水月湖の湖沼年縞の薄片に認められるラミナの形態と層厚の変化（Fukusawa, 1999）

場合には周辺からの珪酸や栄養塩類の供給は常に過剰であり，珪藻の休眠胞子の形成がこれらの溶存イオンの欠乏によるとは考えにくい．また鳥取県東郷池の年縞中には，冬季に形成されたと考えられるラミナに休眠胞子が濃集することが明らかになっている．このため，休眠胞子の形成は，水温の低下によって珪藻が有性生殖を行わなくなったものと推定されている．

したがって，水温が上昇すると砕屑性ラミナ，珪藻の休眠胞子を含む砕屑性ラミナ，休眠胞子を含む砕屑性〜生物性ラミナ，休眠胞子をほとんど含まない生物性ラミナがこの順序に次第に形成されたと考えられる．そうすると，珪藻が盛んに繁殖する温暖な時期から珪藻が繁殖できず休眠胞子も形成されない寒冷期までに移行する期間は9年間かかり，23年間の安定な寒冷期の後に19年間かけて温暖期に移行したことが明らかになった（図4.5-6）．また，晩氷期から完新世にかけてのこのような寒暖の繰り返しではいつも次の2つの現象が特徴的に認められる．①寒冷期の始まりに植物遺体の破片が必ず濃集する．②温暖期の始まりには洪水起源と考えられるタービダイト層が必ず挟在する．これは，温暖期から寒冷期に向かって，森林などの大型植生が維持できなくなることと，夏季モンスーンの活発化と，それに伴う急速な温暖化によって降水量が増加して洪水が生じたことを推定させる．

一方，ヨーロッパなどにおける湖沼年縞の研究では，ラミナの層厚から珪藻，鞭毛藻などの生産量の変化が読み取られている（Brauer et al., 1999）が，図4.5-6のラミナの層厚変化からは過去の気候変動との関係は明瞭につかむことはできない．ラミナの形態の違いを認識した上での層厚計測が必要である．

また上述したように，堆積物薄片を作成せず肉眼的な明暗の違いに基づいて，明暗の薄層1セットを年縞と認定している研究が多い．しかしながら，水月湖の年縞堆積物の薄片観察では，明暗1セットが必ずしも1年を示しておらず，1年に明暗4セットが形成される場合もあり，注意深い観察が必要となる（Fukusawa et al., 2001）．

(2) 年縞編年とその信頼性

年縞編年学が初めて確立されたスウェーデンの年縞堆積物は，過去12,500年間の堆積物であった（DeGeer, 1940）．この編年がSwedish Varve Chronologyであり，DeGeer (1940)の編年は，Stromberg (1989)によって，6923年BC以降の連続層序と編年が再検討された．ただし，北西ヨーロッパの年縞堆積物は氷床の縁辺の湖沼に堆積したため最上部は同一時代を示すが，各湖沼に存在する年縞堆積物の基底の年代は地域的に異なる（Boygle, 1993）．より長く氷河に覆われたところの湖沼の年縞堆積物の基底ほど，新しい時代を示す．したがって，年縞編年には単一の年縞堆積物の層序ではなく，複数の年縞堆積物の層序が使われる．そして，この編年の信頼性はヨーロッパ各地に分布する年縞堆積物の対比の確実性に依存する．

これらの年縞堆積物の地域対比には，年縞自体の堆積構造の特徴が一般に使われている．年縞堆積物の中には砂粒からなる粗粒な葉理が挟在するが，これは氷床前面の湖沼で底層流によって堆積したものである．この底層流は，湖沼の淡水よりも重い1年単位の融氷水に起因すると考えられている（Boygle, 1993）．しかし，アイフェルのようなマールでの年縞堆積物の場合には，その中に周辺の火口から放出された火山灰を挟んでいることが多い．アイフェルでは，花粉分析から明らかにされた新ドリアス期の前後に，Laacher See TephraとUlmener Maar Tephraというテフラが認められ，前者が12,560±270年前，後者が11,000±215年前という年代が年縞計測から得られており（Zolitschka, 1997），新ドリアス期の年代論に大きな影響を与えている．火山灰による層準対比は，北部ヨーロッパの氷縞より中部ヨーロッパの年縞編年の信頼性を高めている．

これらの火山灰などによる地域対比によって確立されたヨーロッパ年縞編年に誤差をもたらす要因としては，次の3点が考えられる．

① 最新の年縞年代の判定：フェノスカンジア氷床に遅くまで覆われていたスウェーデン北部のAngermanalven谷では，現在に結びつく年縞堆積物が得られた（Cato, 1985）．この年縞はデルタ堆積物で，1年単位の律動的な堆積構造は河川洪水の季節変化を示している．氷床の消失によって大陸基盤が一定速度で上昇するため，デルタが沖合いへ前進して堆積した年縞の枚数計測から，最も新しい年縞（下方に7522枚の年縞をもつ）と現在との間の

時間間隙が推定できる．Liden（1913）は大陸基盤の上昇速度を1.25 cm/年と仮定して，最も新しい年縞と現在との時間間隙は980年であるとしたが，デルタ前面で採取された海底年縞堆積物コアの検討から，基盤上昇に基づくデルタ前進速度がかなり速く，その間隙はより長く，1345年の時間間隙をもつと論じられた（Cato, 1985）．この検討結果はスウェーデン年縞編年の問題点の1つを如実に示している．これらの問題点を克服するために，すでに古文書などで暦年が明らかになっている歴史イベントから遡りながら計数する方法を採用する必要がある（Boygle, 1993）．

② 年縞の計測方法：年縞を示す葉理の計数についても誤差が存在する．このため，年縞の対比をより信頼性の高いものにするためには，各地の年縞の堆積構造の特徴を明らかにして，同一地域で2，3回反復して計数を行い，誤差を最小限に抑えることが重要となる（Stromberg, 1989）．

③ 年縞ではない葉理の存在や年縞の消失：スウェーデンのストックホルムやウプサラ地域の年縞堆積物は汽水域で形成されており，粘土鉱物の凝析作用（flocculation）によって葉理が形成されず，年縞の上下境界が不明瞭で層厚の厚い葉理が認められるようになる（Boygle, 1993）．また，スウェーデン南部のBlerkingeでの年縞堆積物には，日縞（diurnal varve）が認められる（Renberg, 1981）．一方，突発的に発生する底層流によって，すでに堆積した葉理が削剥される場合がある．これらの年縞に対する葉理の付加あるいは消失を考察するためには，気象観測記録が残っている年縞堆積物を使ったモデリングが必要となる．

4.5.4 湖沼年縞堆積物による古環境変動解析
（1） 年縞による古環境解析とその実例

年縞堆積物を用いて解析された古環境変動の例を次に挙げる．

① 気候変化の検出：鉄質，石灰質および生物源の葉理の形成は，その堆積当時の水温や降水量の変動による湖水の水質に左右される．したがって，年縞によって寒冷～温暖あるいは乾燥～湿潤の変動速度や安定度について詳細な考察ができる．ヨーロッパでは，最終氷期から後氷期にかけての温暖化や寒冷化の年代特定や，その変化速度を求めることが可能となった．新ドリアス期は，ポーランドのGosciaz湖の年縞では，12,980～11,280年前で，約1640年間であるとされた（Goslar et al., 1993）．またスイスの年縞では，12,125±86～10,986±69年前の約1140年間と報告され（Hajdas et al., 1993），スウェーデンでは11,732～10,740年前の約1000年間であるとされた（Stromberg, 1994）．一方，ドイツの年縞では12,146±209～11,692±183年前とされた（Hajdas, 1993）．これらの事実は，各地の年縞計数がすべて正しければ，新ドリアス期の時期やその長さが地域的に異なっていた可能性を示している．このように年縞堆積物は，極域氷床コアから得られるグローバルな気候変動と地域的なものとの前後関係を，同じ時間スケールで議論することができるようにさせる．

年縞堆積物が気候変化研究の中でとくに注目されることは，フラックス（flux，単位時間あたりに単位面積中に含まれる物質量）を容易に求めることができる点である．この場合にも，現世のセディメント・トラップによって観測されたフラックスと比較しながら古環境を復元する必要がある．その際に，分析した堆積物試料が何年分の堆積物であるのかを明らかにしなければ，正確なフラックスを求めることができず，観測記録との対比もおぼつかない．イタリアのMonticchio湖では，フラックスを求めるために必要な年縞の枚数計測，および容積比重の測定が行われ，有機炭素，生物源粒子，砕屑粒子および硫黄成分のフラックスが，34,000年前から14,000年前にかけて求められ，最終氷期における亜間氷期や亜氷期の検出に成功した（Zolitschka ed., 1999）（図4.5-7）．また，亜氷期と亜間氷期の認定を行う上で，ヨーロッパの年縞堆積物では乾燥容積比重もよい指標となって，グリーンランドのGISP2コアとの対比が行われ（Brauner et al., 1998）（図4.5-8），またヨーロッパの最終氷期以降の古植生変遷も明らかにされた（Allen et al., 1999）．

また最近，風成塵指標となる無機炭素量（炭酸塩鉱物）フラックスがHolzmaar湖の年縞堆積物で求められ，年縞編年から最終氷期最盛期が23,800年前以前であることが明らかにされた（Zolitschka et al., 2000）（図4.5-9）．グリーンランドの氷床コアにおける最終氷期最盛期の年代論については，2つのコア（GRIP，GISP2）では見解が異なっていたが，

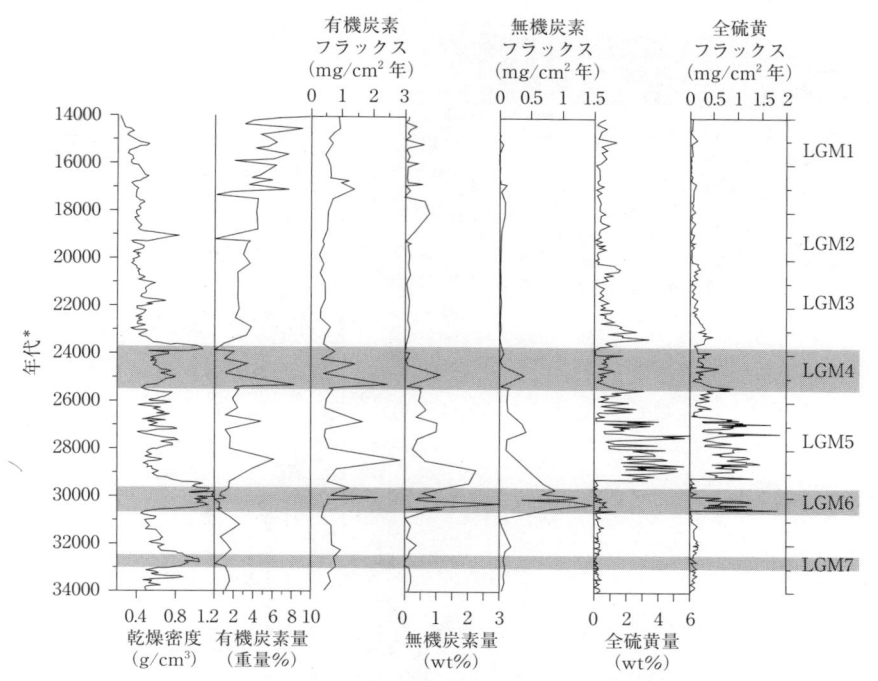

図 4.5-7 イタリア，Monticchio 湖における最終氷期を通しての物理的性質，無機物・有機物組成の変化（Zolitschka ed., 1999）

網掛けの部分は有機質分が少なく鉱物質が多い部分である．この鉱物質のものは大気から降下した風成塵である．グローバルの寒冷な時期には植生の被覆が少なくなり裸地が増え，ダストストームが多く生ずるため，風成塵量が多くなる．

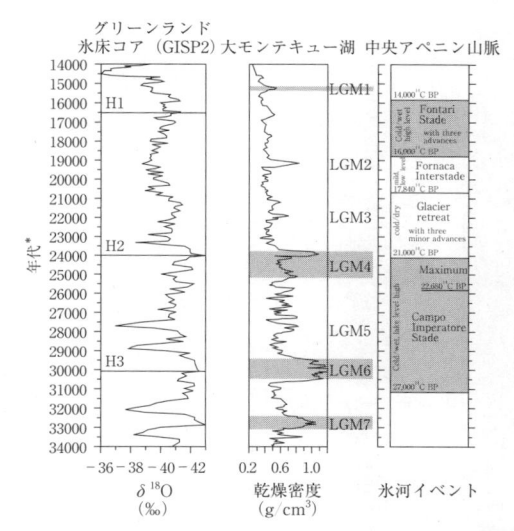

図 4.5-8 イタリア，Monticchio 湖における最終氷期を通じての乾燥密度の変動とグリーンランド氷床コアの酸素同位体比変動およびアペニン山脈の氷河イベントとの比較（Zolitschka ed., 1999）

乾燥密度の大きさは堆積物中に含まれる鉱物量の多さを反映しており，図 4.5-7 と同様に網掛けは最終氷期における寒冷期を示す．

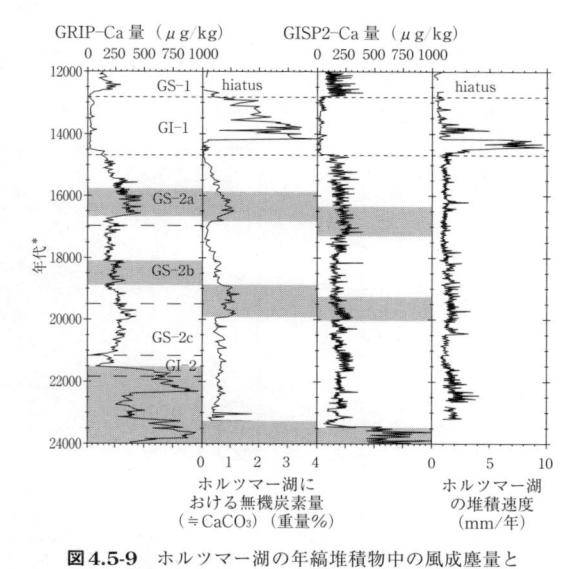

図 4.5-9 ホルツマー湖の年縞堆積物中の風成塵量とグリーンランド氷床コア（GRIP，GISP2）中の Ca^{2+} 量の比較（Zolitschka et al., 2000）

Ca^{2+} は海塩起源粒子由来であり，寒冷期を示す．ホルツマー湖の風成塵量増加時期（網掛け部分）は GRIP とは一致せず，GISP2 と一致する．これによって，最終氷期 LGM4 の終わりが 23,220 年前であることが証明された．

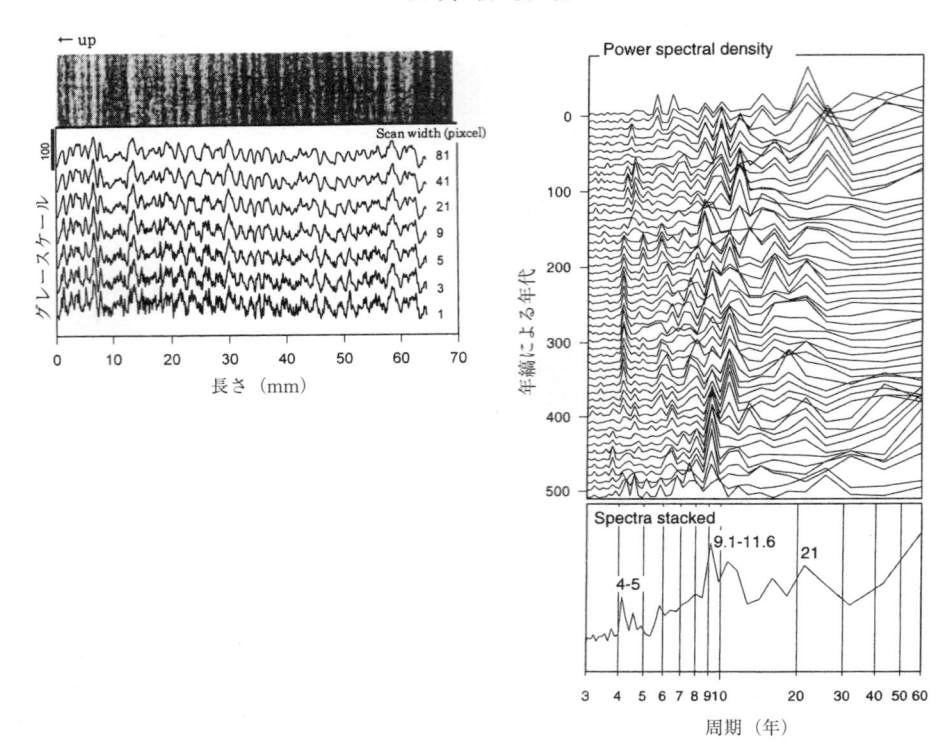

図4.5-10 蒜山高原の更新世珪藻土中に認められる年縞の写真およびグレースケール変化と周期性を求めるためのスペクトル分析結果（石原・宮田，1999）

右の図の縦軸は年縞による年代値を示す．更新世の年縞は完全に脱水していて取り扱いやすく，色の変化が堆積構造の差を反映している．周期解析によれば，11年前後とその倍数が卓越するため，太陽黒点周期を示しているものかもしれない．

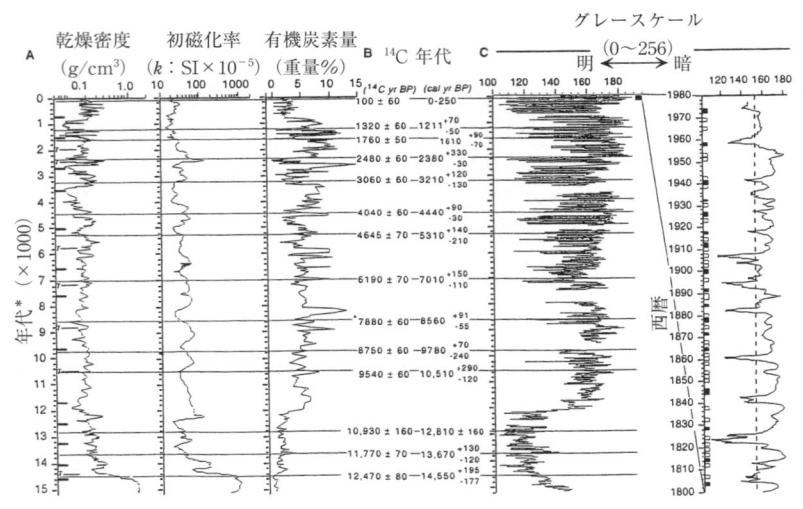

図4.5-11 エクアドル南部の湖沼年縞堆積物の乾燥密度，初磁化率，有機炭素量，^{14}C年代およびグレースケール変化（Rodbell *et al.*, 1999）

最終氷期の年縞は明るいが，完新世に入ると暗くなってくる．この原因は，植生の繁茂による有機物生産が増加することによって，有機物が年縞堆積物中に固定されたためである．また，西暦1800年以降では，エルニーニョ南方振動（ENSO）の周期（3〜5年）が卓越することに注意．

Holzmaar湖の資料から，21,600年前以前とするGRIPの年代論よりGISP2の年代論が有力であることが論じられた．このように，年縞堆積物の年代論は，他の第四紀編年法を検証・比較するためにも注目されている．

② 植生変遷の高精度検出：植生群集の移動速度およびその群集安定度を検討する上で，年縞堆積物中の花粉学的検討は重要である．とくに，完新世以前の亜間氷期における年単位の植生変動は，放射性炭素年代決定法よりも年縞による検討が有力である（Boygle, 1993）．

③ 堆積物流入量の測定：同じ時代の年縞堆積物について層厚などを比較すれば，堆積速度の時間的・地域的相違を明らかにできる（Boygle, 1993）．

④ 現代の環境変動の監視：都市に近接した湖沼に年縞が認められる場合には，最新の産業活動による重金属などの濃集から，人間活動による湖沼汚染などの変化を年単位で検出できる（O'Sullivan, 1983）．また，フィンランドのLovojarvi湖の年縞堆積物研究は，湖沼の富栄養化の原因であるリンや窒素の増減変動の監視に使われて，環境保全の将来計画に貴重なデータを提供している（Huttenen & Tolonen, 1977）．

(2) 環境変動の周期性解析とその意義

年縞の堆積構造，鉱物組成および化学組成などの変動記録から，スペクトル解析によって，それらに影響を与えた気候変化や太陽活動の周期性が明らかにできる．ポーランドのGosciaz湖の年縞堆積物の周期解析から，11年，22年，35年，200年の周期が認められており，それぞれ太陽黒点周期，太陽磁気周期（ヘール周期），気候変化におけるブルックナー周期，太陽黒点周期に相当すると考えられている（Glenn & Kelts, 1991）．これらと同様の研究が日本列島でも，蒜山高原の更新世珪藻土を使って行われた（石原・宮田，1999）（図4.5-10）．

最近では，中南米でも湖沼年縞堆積物が発見され，その年縞編年に基づいて容積比重や有機炭素量が測定され，文明の盛衰や気候変化の検出が試みられている（Rodbell et al., 1999）（図4.5-11）．また中南米の降水量変動にENSO（エルニーニョ南方振動）が強い影響を及ぼしていることと，その周期性（過去15,000年間）が明らかにされた（図4.5-12）．

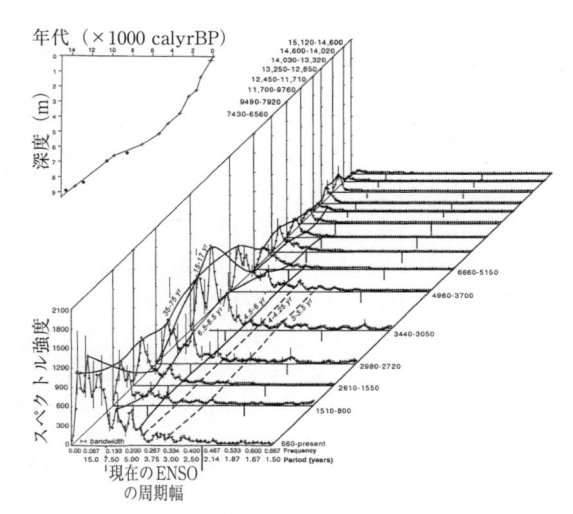

図4.5-12 エクアドル南部の湖沼年縞堆積物の堆積速度と年縞のグレースケールの周期性 (Rodbell et al., 1999)
年縞のグレースケールからみた最終氷期最寒冷期以降の明暗ラミナの周期性についてみると，エルニーニョ南方振動（ENSO）の周期が4960年前以降に出現しているのがわかる．

それによれば，現在のENSOの周期性（2～8.5年周期）は，貿易風の消長によって，いまから4960年前以降に現れたと論じられた（図4.5-12）．

4.6 その他の気候変化の指標——サンゴ骨格

第四紀の気候変化指示者として，本書の中で記述されているものは，氷床コア（4.2節），海底コア（4.3節），湖沼コア（4.4節），レス・土壌（5.5, 5.7節），木の年輪（6.2.4項）などがある．これらは，比較的連続した堆積物や木の年輪のように一年一年の刻みがはっきりしているものを研究材料としている．これらのほかに，過去数百年間の気候変化の研究には，サンゴ骨格も有効である．

造礁サンゴ

水温が最低でも18℃以上の南北30°以内の熱帯・亜熱帯域にサンゴ礁が分布している．とくに造礁性サンゴの最適水温範囲は25～29℃，最適塩分範囲は34～36psuといわれており，共生藻類が光合成を行うために水深20m以浅に多い．サンゴも木の年輪と同様に，成長方向に板状試料（厚さ数mm）を削り出し，その軟X線写真を撮影すると白黒のバ

ンドがみられる．そのバンドが年輪であるということは，エニエトク環礁のサンゴ骨格に，1954年に行われた水爆実験のときに放出された90Srが濃縮しており，その後のバンドの数を数えることによって確認されている．多くの造礁サンゴの骨格の成長速度は0.5～2 cm/年なので，サンゴ骨格を使った研究は過去数十年～数百年の気候・海洋変動を高分解能で解析でき，エルニーニョ南方振動（ENSO, El Niño and Southern Oscillation）モンスーン，10年単位の振動などの環境変動に対して非常に有効である．現在，10 mもの巨大なサンゴがみつかっているので，約1000年前まで遡って環境変化を連続的に調べられる可能性がある．また，サンゴ礁のボーリングコアや隆起サンゴ礁の研究からは，数十万年前（それ以前では変質が大きくなるといわれている）までの研究試料が得られる．そして，それらのサンゴ骨格中の同位体や無機元素を使った研究は1970年代から数多く報告されているが，環境を復元するための研究手段として，次のようなものがこれまでに用いられてきた（表4.6-1）．

$\delta^{18}O$

サンゴ骨格（アラレ石，$CaCO_3$）の$\delta^{18}O$は，その骨格が形成されたときの水温と海水の$\delta^{18}O$で決定され，水温が低いほどまたは海水の$\delta^{18}O$が大きいほど大きい．海水からサンゴ骨格に入る$\delta^{18}O$と水温との関係はほぼ一次式で表され，その切片はサンゴの種類によって異なるが，勾配はほとんど変わらない．そこで，海水の$\delta^{18}O$の変動がない（淡水流入や蒸発が盛んでない）海域に生息しているサンゴでは，その骨格の$\delta^{18}O$は水温変化を記録しており，古水温計として使える．一方，水温の変化が少なく海水の$\delta^{18}O$の変動の大きい（淡水流入や蒸発が盛んな）海域に生息しているサンゴでは，その骨格の$\delta^{18}O$は過去の海水の$\delta^{18}O$の変化，それは塩分とよい相関をもつことから古塩分計になる．上述の両者の要因が変化するような海域では，それぞれの影響を評価するために別の方法と組み合わせる必要がある．たとえば，McCulloch et al. (1994) は，サンゴ骨格のSr/Caから水温を算出し，測定された$\delta^{18}O$と組み合わせて過去の塩分の変化を推定している．

最近ではサンゴ骨格について，高分解能で研究が行われるようになってきた．図4.6-1はその一例で，沖縄県石垣島のサンゴ礁で1997年と1998年に成長したサンゴ骨格部分の$\delta^{18}O$と$\delta^{13}C$が示されている（Suzuki et al., 2000）．1998年の夏は石垣島周辺の水温が31.5℃まで達し，例年にない高水温が記録された年である．そのため，サンゴ骨格に共生している藻類が逃げ出して，いわゆるサンゴの白色化が起こった．その年の夏のサンゴ骨格の$\delta^{18}O$は，1年前の夏の最小値（-5.45‰）よりさらに小さい-5.71‰を示している．このサンゴ骨格が生育していた周辺の海水の塩分は夏の平均値が34.2 psuで，そのときの海水の酸素同位体比は，海水の塩分との関係式（$T = 0.203 \times S - 6.76$）から求めると，+0.18‰になる．その値とサンゴ骨格の実測値（$\delta^{18}O = -5.71$‰）をこのサンゴに適用できる湿度スケール（$T = -2.73 - 5.86 (\delta_c - \delta_w)$）に代入すると，算出水温は31.8℃となり，実測水温の31.5℃とよく一致する．同様に，1997年の夏の最高水温は30.3℃となる．ちなみに，冬の平均的塩分（34.7 psu）と1998年の冬のサンゴ骨格の$\delta^{18}O$の最大値（-4.6‰）から計算される水温は25.9℃となり，実測水温の23.5℃より高い．なお，サンゴ骨格の成長は，白色化が起こった1998年の後半は2 mmであり，その1年前の7 mmと比べて著しく遅くなっている（図4.6-1）

$\delta^{13}C$

サンゴ骨格の$\delta^{13}C$は，海水の無機炭素（その大部分はHCO_3^-）の$\delta^{13}C$，日射量，呼吸，成長速度，産卵などの要因が関与しているといわれている．海水の$\delta^{13}C$は，海洋表層の生物生産が活発になると^{12}Cが生物体内に多く取り込まれるために大きくなる．その傾向は冬季の鉛直混合が活発なときより夏季の成層期に著しいので，低緯度よりも中緯度で海水の$\delta^{13}C$の季節変化が大きくなる．また，C_3植物由来の有機物を多く含む淡水が流入するような海域では，河川の流量によって海水の$\delta^{13}C$が変化するので，海水の$\delta^{13}C$の季節変化を測定しておくこと

表4.6-1 サンゴ骨格の分析項目とそれらの変動要因

分析項目	変動要因
$\delta^{18}O$	水温，海水の酸素同位体比
$\delta^{13}C$	海水の炭素同位体比，光合成など
無機元素（Sr, Mg, Ba, Cd, Mnなど）	水温，海水の濃度（淡水流入，湧昇，人為汚染など）
蛍光強度	土壌流入

が望まれる．サンゴ体内の共生藻類の光合成は日射量が多いほど活発になり，^{12}Cが選択的に除去されて藻類の有機物として固定される（Fairbanks & Dodge, 1979）．そのため骨格形成に使われる炭酸イオン中の^{13}Cが多くなって，サンゴ骨格の$\delta^{13}C$が大きくなる．図4.5-1に示されている石垣島のサンゴ骨格の$\delta^{13}C$が初夏に最大値を示すのは，その頃日射量がもっとも多くなることに起因しているという．一方，サンゴ自身や共生藻類の呼吸作用によって^{12}Cが排出されると，サンゴ骨格の$\delta^{13}C$は小さくなる．この点に関して，Erez (1978) は，^{14}Cと^{45}Caを1：1の割合で加えた海水中でサンゴを飼育し，成長したサンゴ骨格部分の$\delta^{13}C$を測定したところ，本来$^{14}C/^{45}Ca$が1になるところが0.1〜0.5となって，呼吸由来の^{12}Cがサンゴ骨格の形成に使われたことを立証した．さらに，成長速度や産卵などによってもサンゴ骨格の$\delta^{13}C$が変化するという報告（McConnaughey, 1989；Gagan et al., 1994）があり，今後これからの問題を解決するのにはより緻密な研究が望まれる．

無機元素

サンゴ骨格中のMg, Sr, Ba, Cd, U, Mn, Fe, Pbなどの元素は，Caを置換したり，結晶の空間格子に入ったり，あるいは骨格中の有機物に取り込まれているが，それらの濃度が水温・塩分・河川水量などと関連して変化するといわれている．これらの元素のうち，有機物や空間格子に入ったものを除去する前処理が適切に行われた上で，これらの元素の定量が最新の機器（たとえば，ICP-AES (inductively coupled plasma atomic emission spectrometer), ICP-MS（同 mass spectrometer），TIMS (thermal ionization mass spectrometer)）を使って精度よく

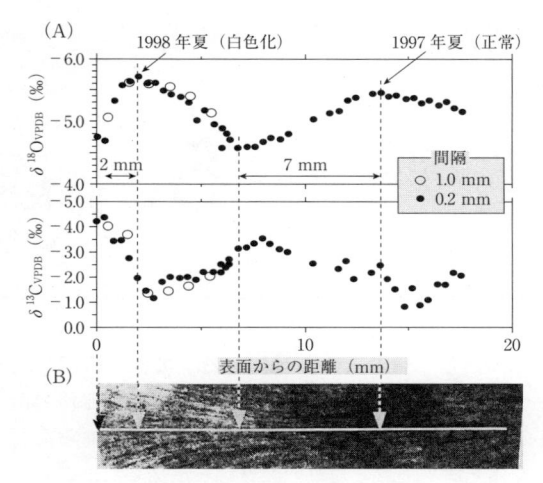

図4.6-1 沖縄県石垣島のサンゴ骨格の酸素・炭素同位体比（Suzuki et al., 2000）

行われるようになってきた．サンゴ骨格中のMg/CaやSr/Caは水温とそれぞれ正相関と逆相関の関係にあり（Mitsuguchi et al., 1996；Beck et al., 1992），古水温計として使用できるといわれている．また，サンゴ骨格中のBa/Ca, Cd/Ca, Mn/Caはさらに微量で，河川水の流入や湧昇流の強さなどの指標になるといわれている．さらに，河川水の影響は陸上の土壌から供給されるフミン酸がサンゴ骨格に入り，蛍光バンドとして現れるという報告（Boto & Isdale, 1985）もある．これらの手段を使って，過去のモンスーン強度の変化に伴う河川流量の変化を追跡できる可能性がある（Isdale & Kotwicki, 1987）．そのほかにも，サンゴ骨格のU/Ca, Pb/Ca, Fe/Ca, ESR信号を使った研究もあり，いろいろな研究手段を駆使したサンゴ骨格の研究は，それぞれの分析精度の向上とともに増えてくるであろう．

5. 地表諸環境の変遷

　主として気候変化に基因する「第四紀の環境変遷」という認識は，元来陸上で観察された氷河の消長を示す地形や地層，さらには海岸にみられる海面変化を示す地形・地質の観察から出発した．この種の研究は古典的であると同時に，最近では海底や氷床のコアからグローバルに共通する新しいデータが得られるにいたって，新たな発展段階に入った．すなわちグローバルな環境変遷と地域的なものとの時代的な因果関係や，個々の地形・地質形成過程と複合する要因との関係，さらに生物や人類進化の背景としての環境の意義などについて，新たな知見を得て発展を可能にしつつある．そこでこの章では，古典的研究や研究方法の進歩を中心に，各研究の原理と主な成果を概観する．

5.1　大陸氷床の消長史

5.1.1　氷河堆積物，氷河地形からみた氷床・氷河の変遷

　北米と北欧では，かつて氷河が平野に進出してきたことを示す地形・地質が広く発達する．このため最近の地質時代に，現在とは著しく異なる寒冷な気候環境があったことが，19世紀中葉までには広く理解されるようになった．以後積み重ねられたアルプスや北欧，北米での**氷河編年**研究は，グローバルな気候変化と第四紀編年の基準となった．
　比較的新しい時期の大陸氷床や山麓氷河の消長史の研究は，端**モレーン**[1]帯や**ドラムリン**[2]群のある氷食盆地，融氷水で生じた堆積物と地形（段丘）などの地形・堆積層序を基礎とする（図5.1-1）．氷河地域の周囲には，一般に**周氷河作用**（激しい凍結融解作用で岩石が破砕される作用で特徴的な地形と構造土をつくる）を受けた**周氷河地域**が分布する（コラム5.1-1参照）．両地域では異なった特徴の地形・地質が生じるので，最拡大期の氷河縁を識別することができる．また氷床の平面的な分布縁と垂直方向での氷河の上面の位置から，氷河の厚さがわかる．
　こうした研究によって，すでに19世紀後半には北米では**ローレンタイド氷床**[3]の概形が図示されたのを手始めに，世界各地で氷床・氷河の分布研究が進められ，世界の氷床分布図が描かれた（Geikie, 1894）．氷床分布の変遷については，これ以後も研究されて分布図が何度も書き改められた．議論の焦点は，モレーンの発達が地域によって異なるので，モレーンの対比に基づいて，時代ごとに氷床の範囲を求め，氷の量を推定し，その変動を明らかにすることにある．これに関係した研究課題は次のように多様である．氷床の中心域と氷河がどの方向に流動したか，氷河の前進が気候寒冷化に原因するものか，それとも氷河システムの一時的な不安定性で生じる氷河サージ[4]によるものか，氷成堆積物と非氷成堆積物の層序の解明，氷河拡大期の年代決定，氷河の厚さの推定，古い氷期のモレーンの認定と対比・編年など．
　最新の氷期には，現存氷河の3倍にもなる氷床が陸地の1/3を覆ったが，後氷期には南極大陸とグリーンランドを除いてすっかり融解した（図1.1-2）．こうした変化は地球上各地の古地理，生物分布など各種環境に影響を与えずにはおかなかった．北米と

1）モレーン：氷河の先端や氷河の側面で，氷河が運んできた岩屑（ティル）が堤状に堆積した地形（堆石）．先端部のものを端モレーンという．
2）ドラムリン：流動している氷河の底で，流動方向に平行した流線形の堆積・侵食地形．高さ5〜50m，長さ10〜300mで，広い範囲に群をなして分布することが多い．
3）ローレンタイド（Laurentide）：カナダ・ケベック州のローレンシア高地に由来する名称で，先カンブリア代の基盤岩からなる盾状地．
4）氷河サージ：氷の蓄積と消耗のバランスが崩れて突発的に氷河が下流に押し出す現象．

北欧の氷床の生成・消滅は，世界の海水面を大きく変化させた（氷河性海面変化）．

19世紀末の氷河研究で多数回の氷河の進出・後退があったことが明らかとなったのは，1882年頃から登場するA. Penckらの研究に負うところが大きい．しかし，各地の氷河地形・堆積物の対比および年代については，その後現在に至るまで研究が続けられたが，後期更新世を除くと，まだ問題が残されている．また後氷期の大陸氷床の縮少の歴史については，多数のモレーンの分布とその^{14}C年代測定に基づいている．これらについては続巻の通史編でやや詳しく述べる．

5.1.2 アルプス東北麓の谷氷河・山麓氷河の消長

この研究史はImbrie & Imbrie（1979）や小林・阪口（1982）に詳しい．Penck（1882）は東アルプス北麓（ミュンヘン郊外）で，氷河進出を示す端モレーンとそれから続く氷河の融水によってつくられた扇状地性段丘（アウトウォッシュ）という地形のセットが3つあること，およびその間に2回の侵食期（氷河後退期）が存在することを明らかにしたが，さらにその後計4回の進出期と3回の後退期があったことを明らかにした．それらの氷河地形を形成した氷河前進期を模式地の河川名をとって，古い方からギュンツGünz，ミンデルMindel，リスRiss，ヴュルムWürm，またその間の氷河後退期をギュンツ/ミンデル，ミンデル/リス，リス/ヴュルム間氷期と呼んだ（Penck & Brückner, 1901/1909）．この層序は，その後長い間世界各地の第四紀編年の標準であった．図5.1-2にはこの地域での各時代の端モレーンの分布が示される．

氷河はブルドーザーのようなもので，進出時には強力に侵食するので，古い氷河の進出地域に新しく氷河が押し出してきた場合（これが普通），古い氷河堆積物・地形は取り去られてほとんど検出できないが，基盤岩に刻まれた方向の違う条線や氷礫土の風化程度の違いなどから判別できることがある．また新旧の氷河の分布範囲がまったく一致するわけではなく，多少ずれて古いモレーンが顔を出している場合がある．

図5.1-2では，最後のヴュルム氷期の端モレーン地形が明瞭であるが，リス氷期の氷河地形はその前面に露出していて，みかけ上もっとも広かったこと

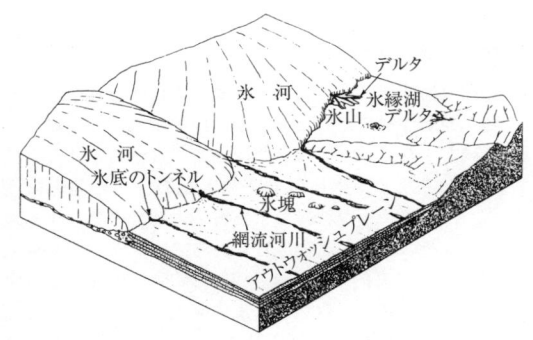

A：ほとんど停滞した状態の大陸氷床の縁辺部

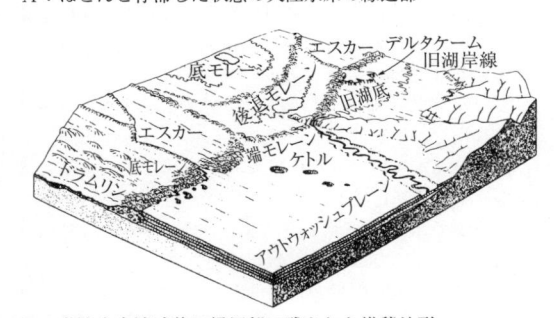

B：大陸氷床消滅後に縁辺部に残された堆積地形

図5.1-1 氷河の縁辺部にみられる地形と堆積物（模式図）(Strahler, 1975)

がわかる[5]．このためその前の2回の氷期につくられた端モレーンや氷河堆積物はわずかに顔を出すにすぎない．

一方河川沿いにはアウトウォッシュ段丘が何段もよく発達し，高さ，開析度，堆積物の風化度，土壌の発達と固結の程度などから，新旧の氷河進出期や後退期を知ることができる．すなわち古い氷期のアウトウォッシュは（隆起し下刻されて）より高い段丘をなす（図5.1-3）．なお上に記した氷河の特性のために，その前進した過程は解明しがたい．最も氷河が進出した時期以後の後退の過程で形成されたモレーンは，氷河末端が比較的長期間同じ場所に留まった場合と，ある程度後退した後再び前進した場合のいずれかを示す．

アルプス山麓の氷河層序は1950年以後モレーンの区分と対比の精度が高まり，氷期の数も4から次第に増加するようになった．ギュンツ氷期に先立つドナウ（Donau）氷期（Eberl, 1930），さらにそれに先立つビーバー（Biber）氷期（Schaefer, 1953），

5）リス問題：現在の知見では，アルプス北麓と南麓とでは氷河の最大進出期が異なると考えられている．これは「古典的リス氷期問題」と呼ばれる．

●周氷河地域

コラム5.1-1●

　周氷河地域とは，当初は氷河に隣接する地帯で，凍結・融解作用のために岩石が破砕する現象が卓越する地域とされていた．現在では氷河に接するかどうかにかかわりなく，寒冷気候下で上記の作用が強力に働き，後記のような特異な土壌構造や地形の発達する地域と，その意味が拡張されている．ツンドラや永久凍土地帯が代表的である．その低緯度・低高度側の縁は，森林限界とするもの，永久凍土分布限界とするもの，最暖月平均気温10℃とするもの，など種々の意見があり，必ずしも一義的に決まるものではない．完新世の周氷河地域の面積は全陸地の15～20％（アラスカでは85％，カナダとシベリアでは50％）に及ぶ．また氷期には地球上の陸地の40％にも及び，各地に化石化した周氷河現象を残している．日本の場合，完新世の周氷河地域は高山帯に限定されるが，氷期には北日本の山地に拡がっていたと考えられている．

　地中の水が凍結すると体積が約10％増大して周りに圧力をかけて破砕し，融解するとこの部分が流動する．凍結・融解作用が日周的，年周的に反覆することで，岩石は破砕され，砕かれた岩屑は高所から低所に移動して起伏が小さくなる．急斜面では崩壊，泥流などのマスムーブメントが，また緩斜面や平坦面でも流土現象が，砂礫の粒度に応じ移動して多角形土（ポリゴン）などの構造土が生じる．こうした岩屑層の厚さが数百mから1kmに達する永久凍土地帯では，周氷河作用がもっとも活発で，表面の厚さ1～2m（活動層）が夏期に融解して流動し，周氷河地形をつくる．

　周氷河作用は表土の活動層の下に凍土があるため，面的に働いて地表を削剥する．このため小起伏の地形面ができやすい．こうした平坦化作用は侵食基準面とは関係なく，ある高度以上で働く．こうしたことから多くの山地にみられる山頂緩斜面の中には，この種の作用によってつくられたものも多いと考えられる（口絵7）．このほか周氷河性の地形には，ピンゴ，パルサ（いずれも地中に氷の層をもち，泥炭におおわれている．融解した湖の再凍結で生じた大型のドーム（高さ数m以上）をピンゴ，泥炭土の氷の析出で生じた小型のドームをパルサという），アースハンモック，岩屑斜面，構造土，非対称谷など特徴的なものが多い．

　氷河地域とそれに続く周氷河地域は，裸地のため砂礫の生産源として，またレス（黄土，loess）の供給地として，周囲の地域に大きな影響を与える．この地域を上流にもつ河川では，森林地帯のみから流れ出る河川に比べてはるかに運搬・堆積する砂礫が多い．これらの地域がきわめて広かった氷期には河川の下流に堆積性扇状地が生じ，また風下地域にレスが降下堆積した．これに対し裸地が縮小し森林の拡がった間氷期には，河川は侵食力を増して谷底を掘り下げ，レスの堆積は減少して土壌層が生じた．

　過去の周氷河現象は，地表では被覆されたり浸食されたりしているので，多くの場合地層断面で観察される．それには礫の立ち上がりや地層の短波長の褶曲変形構造（インボリューション），氷楔（凍結割れ目を満たした氷）による変形構造などがある．これらによって当時の古環境を推定できるが，その時代判定には別な材料が必要である．

図　北半球の永久凍土の分布
Washburn（1979）に，樹木限界線と7月平均気温10℃の等温線を加えてある．

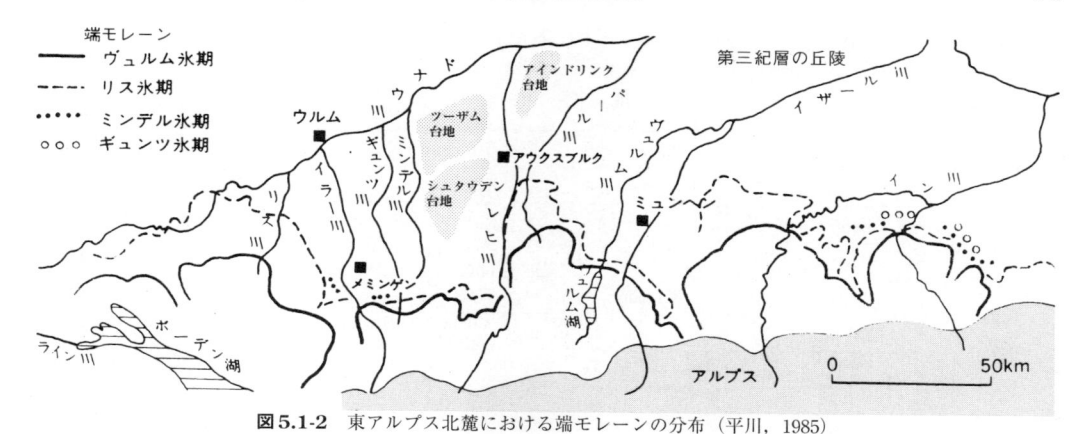

図5.1-2 東アルプス北麓における端モレーンの分布（平川，1985）

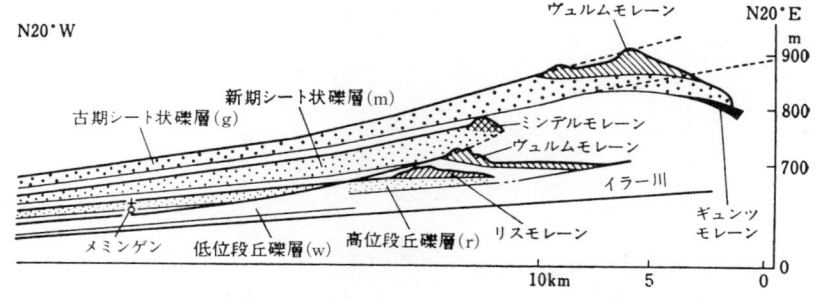

図5.1-3 東アルプス北麓のイラー川沿いに投影したモレーン・アウトウォッシュ段丘の縦断面図（Penck & Brückner, 1909；平川，1985）
各礫層が各期間のアウトウォッシュ段丘で，（ ）内の文字は各氷期を示す．g：ギュンツ，m：ミンデル，r：リス，w：ヴュルム．なお最新のヴュルムモレーンは，古期シート状礫層gにものり上げている．

ミンデルとリスとの間のパール（Paar）氷期（Schaefer, 1968）などである．

　一般に，より古い氷期の氷河の分布範囲は，地形のみでなく，アウトウォッシュ段丘とその堆積物の層序，レス-古土壌の層序，それに花粉など古植物学的な資料や放射年代測定などを複合して判断する．それにしても現代の海底堆積物から得られた酸素同位体層序（ステージ）MISと古典的研究による氷期との対比はなかなか困難であるが，アルプスでの最近の知見では，2Maよりやや古い時期以後15回ほどの氷期が区別されるようになった．またヴュルム氷期の氷河最前進期は西アルプスではMIS4-3，東アルプスではMIS2と地域差がある．それはかつての風系や降水パターンの違いに由来する可能性が論じられている（Schlüchter, 1999）．

5.1.3　大陸氷床
北　米

　1.3.1項で述べたように，北米では19世紀後半にはすでに多氷期という概念の基礎になる観察が積み重ねられて，4大氷期：ネブラスカ（Nebraskan），カンザス（Kansan），イリノイ（Illinoian），ウィスコンシン（Wisconsinan）と，その間の大間氷期：アフトン（Aftonian），ヤーマス（Yarmouth），サンガモン（Sangamon）の層序が示された．ここでも現在までの研究によって，氷期・間氷期の回数はより多く提唱されるようになり，これらの古典的な名称は実用的ではなくなった（表5.1-1）．層序・編年の検討・広域対比にはレス，古土壌，テフラなどが用いられている．

　図5.1-4ではローレンタイド氷床南部で確認されてきた氷期最拡大期における氷床縁の概略の位置を示す．

　最新のウィスコンシン氷期の氷床変動史は，氷河縁辺部のモレーンとアウトウォッシュの対比と年代測定の精密化に基づいて，何度も改訂を重ねられて精度を高めてきた（Budd & Smith, 1987; Vincent & Prest, 1987）．その結果，26〜22ka*には氷床縁

表 5.1-1 海洋酸素同位体ステージ（MIS）と古典的氷期・間氷期との対比

年代尺度 (Ma. BP)	MIS	北 欧	北 米		ヨーロッパアルプス (北麓)	日 本 (南関東；大阪)	気候
0.01	1	Holocene	Holocene		Holocene	沖積(有楽町)；Ma13	温暖
0.08	2-4	Weichselian	Wisconsinan		Würm	立川～陽原	寒冷
0.13	5e	Eemian	Sangamon		Riss-Würm	下末吉；Ma12	温暖
0.19	6	Warthe	Illinoian	Late	Penultimate Glacial Late Riss ?		寒冷
0.25	7	Saale/Drenthe				土橋(早田・七国峠)；Ma11	温暖
0.30	8	Drenthe		Early	Antepenultimate glac. Early Riss/Mindel ?		寒冷
0.34	9	Domnitz [Wacken]				オシ沼(藪)；Ma10	温暖
0.35	10	Fuhne [Mehleck] (Holsteinian Interglacial)	Pre-Illinoian A		Pre-Riss ?		寒冷
0.43	11	Holsteinian [Muldsberg]				港南(地蔵堂)；Ma9	温暖
0.48	12	Elster 1	B		Late Mindel ? /Donau	下総/上総層群境界	寒冷
0.51	13	Elster 1/2				屏風浦(笠森上部)；Ma8	温暖
0.56	14	Elster 1	C		Early Mindel ? /Donau		寒冷
0.63	15	Cromerian IV				笠森層中・下部；Ma7,6	温暖
0.69	16	Glacial C	D			長浜不整合	寒冷
0.72	17	Interglacial III				柿ノ木台；Ma5	温暖
0.78	18	Glacial B	E				寒冷
0.79	19	Interglacial II				国本上部；Ma4	温暖
	20	Helme [Glacial A]	F		Early Günz ?		寒冷
	21	Astern Interglacial I				国本；Ma3	温暖
0.90	22～25		G				寒冷
						梅ヶ瀬；Ma2	温暖
0.97							寒冷
	31					大田代；Ma1	温暖
							温暖/寒冷
							温暖
							寒冷
	34		H				温暖/寒冷
							温暖
	36		I				寒冷
1.65							温暖
							寒冷
							温暖
	40～103		J				寒冷
							温暖
2.60	104						寒冷

主に Sibrava (1986) を簡略化．日本は Machida (1999) などに基づく．
MIS：海洋酸素同位体ステージ．日本の列中の Ma：大阪層群中の海成層．

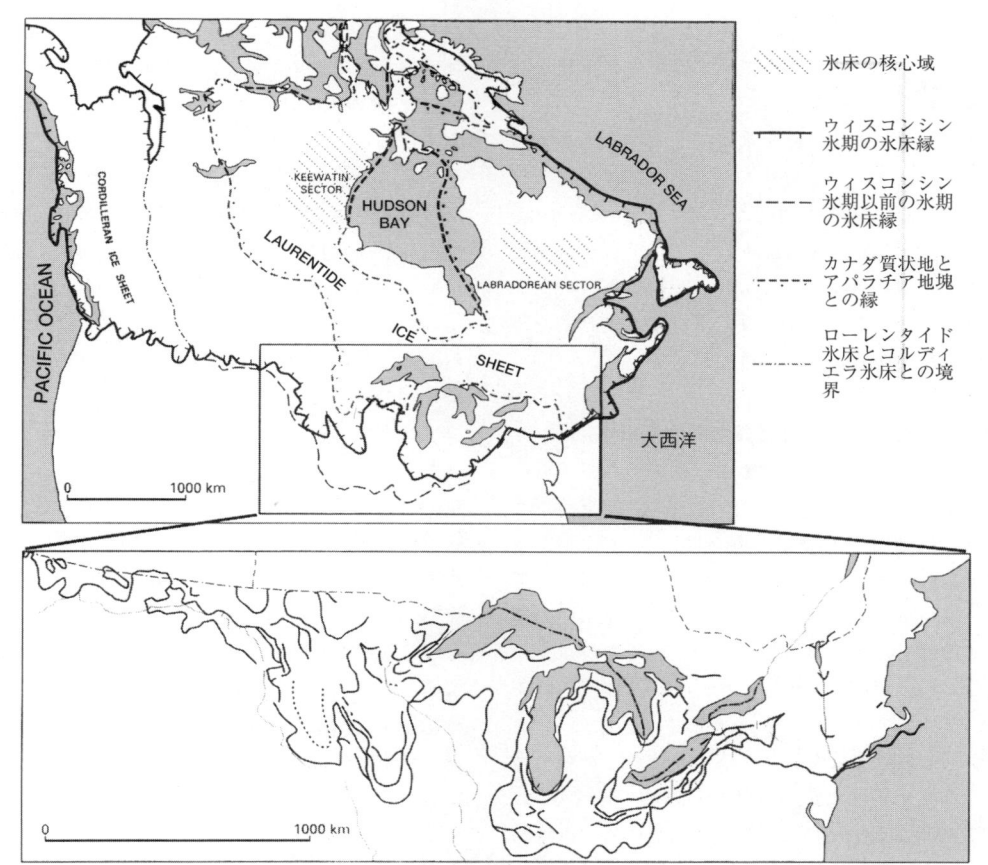

図 5.1-4 ローレンタイド氷床南縁の端モレーンの分布（上：Aber, 1991，下：Mickelson *et al.*, 1983）五大湖周辺のモレーンの分布パターンが複雑なのは，氷縁部の位置が気候変化よりも，氷河サージに基づく氷縁の不安定性を示すものと解釈されている．

はやや細かく前進・後退をしたものの，全体としてその前後に比べて安定し，拡大したこと，その後ほぼ17〜16ka*まではゆっくりと後退し，急速に融氷が始まるのは16〜15ka*で，6ka*にはバフィン島の氷河を残すだけで消失したことなどがわかってきた．またその間再前進がみられたのは，かなり連続するモレーンで示される12〜11ka*（新ドリアス期）であった（*上記年代は暦年に換算したもの）．

北 欧

更新世に北欧のフェノスカンジア[6]氷床が3回北ドイツ平原まで押し出したことは，長い間の調査で，北ドイツからデンマークに至る広域で，3層の氷河堆積物が2層の河成層を挟むことから結論された．河成層は間氷期の化石を含んでいた．その後蓄積された資料から，フェノスカンジア氷床の進出期

---
6) フェノスカンジア（Fennoscandia）：フィンランドとスカンジナビア半島を含む地域．

（氷期）は古い方からエルスター（Elster），ザーレ（Saale），ヴァイクセル（Weichsel）に分けられた．さらにその後エルスターとザーレの間にフーネ（Fuhne），ドレンテ（Drenthe）が，またザーレ，ヴァイクセルの間にヴァルテ（Warthe）の各氷期が加わった（表5.1-1）．北欧，オランダ，イギリス，ロシアなど各地域で独立に氷期編年が行われているが，対比はかなり複雑で，かつ前・中期更新世層序の対比については信用できる根拠が少ないので，流動的である．これに対して後期更新世の氷期－間氷期についての対比は，放射年代測定，化石，レス編年などの方法に基づき研究例が多く，確実さを増している．ヴァイクセル氷期直前の間氷期についてはオランダに模式地をもつ**エーム**（Eemian）の名称がよく用いられている．

氷床がもっとも拡大したのがどのステージであったかは議論があるが，フェノスカンジア氷床とイギ

リス諸島を覆った氷床とは，北海で接合したことがあったとみられている．ただしアルプスの山麓氷河とは接合したことはなかった．

ヴァイクセル氷期の最大氷河前進期には，氷床の南限はワルシャワ，ベルリン，ハンブルグ，ユトラント半島を結ぶ線まで達した．その後およそ12kaの新ドリアス期には面積は半減し，フィンランドとスカンジナビア半島では，氷床の南縁はヘルシンキ，ストックホルムとオスロの南を結ぶ位置まで後退したことが端モレーンからわかっている．

5.1.4　各地の氷期の対比と酸素同位体編年

アルプス，北米，北欧の第四紀氷期のうち，もっとも新しい氷期（ヴュルム，ウィスコンシン，ヴァイクセル）の層序と対比・編年は，^{14}C年代測定や地形・地質の層序などの諸資料から種々考察されている．最終間氷期についても亜間氷期，亜氷期の認定などに若干の問題はあるものの，概略の対比（リス/ヴュルム＝サンガモン＝エーム）は合意されている．

しかしそれ以前になると，陸上の地形・地質の地域間の対比や年代決定の確度はきわめて低くなる．アルプスにしても，上記したリス氷期以前の古典的氷期はごく一般的な意味しかもたないと考えられているし（Billard, 1987），北米でも表5.1-1のようにカンザス氷期以前の氷期・間氷期の名称は用いられず，Pre-Illinoian A, B, C…という記号が用いられ，それぞれ独立に，堆積物についての年代・古環境情報が集められている（Richmond & Fullerton, 1986）．表5.1-1に示すこれらの地域の氷期・間氷期についての層序・編年表のうちおよそ300ka以前のものは，氷期の堆積物（アウトウォッシュ段丘とレス）と間氷期の堆積物（古土壌など）についての層序・編年研究，地磁気層序，生層序，あるいはテフロクロノロジーなどを通して総合された結果である．ほとんど氷河に覆われなかった日本では，間氷期に形成され，その後離水した海成層や海成段丘の層序の方が氷期の地形地質層序よりもよく研究されてきた．表5.1-1には標準とされる南関東および大阪地域の段丘面・地層の名称を挙げた．

南半球の氷河編年研究は，南米のチリ湖沼地域とパタゴニア地域で，Mercer（1976）などによって積み重ねられてきた．とくにチリ湖沼地域では最近の10年間に後期更新世の詳しい氷河編年が確立され，ジャンキウエ（Llanquihue）氷期が北半球のMIS2〜4の氷期にあたり，かつ15〜16kaに急激に温暖化したことが確実となった．しかし北半球の新ドリアス期に対比できる寒冷期が検出できるかどうかは議論されている段階である．なお中・前期更新世のMIS6〜1Maの期間には，11〜12回の氷河前進期が知られている（Rabassa, 1999）．

ニュージーランドでは氷河地形・堆積物が発達する南島，また指標テフラが多く，かつ隆起した海成段丘が発達する北島のワンガヌイ平野，さらに海底コアなどで，詳しい氷河関連の層序研究が行われてきた．南島で見出された最古の氷河進出はワンガヌイの古生物から2.6〜2.4Maと考えられており，MIS12に対比できるもの以降，MIS10,8,6,4,3,2に対比される氷河地形・堆積物が識別されている．またMIS9,7,5,1の間氷期の後退期も識別され，ワンガヌイではMIS100以降の海面変化，酸素同位体変化が解明された（Newnham et al., 1999）．さらに北島の花粉層序から最終氷期末期に寒冷期があるが，北半球の新ドリアス期より約600年古いと論じられている（Newnham & Lowe, 2000）．

このように氷期-間氷期が両半球でペースを合わせて繰り返されたことを疑う人はもはやいないが，細部にわたる氷河消長史は地域ごとの条件によって微妙に食い違うこともわかってきた．今後は地域によるずれの時間的・空間的な大きさを求め，その由来を探るという課題のために，より信頼性の高い編年法の開発が待たれる．

5.1.5　最終氷期以降の大陸氷床の融解と海面の上昇

最終氷期以降の大陸氷床の融解過程は，北米と北欧については上記のように氷床縁の地形からわかるが，氷床が海に面した南極とグリーンランドではわかりにくい．また，融氷量を求めるための氷床の厚さも情報に乏しい．そこで，融氷に伴う海面の上昇史から融氷史を逆算する試みも行われている．この場合，海面変化は氷河性アイソスタシーとハイドロアイソスタシー（3.3.5項参照）によって地域差を生じることを利用し，固体地球の粘弾性を仮定して融氷量を推算している（Peltier, 1994）．

図5.1-5はこうして求めた氷床の融氷史である．これによると，①北欧やアジアの氷床，②北米・グ

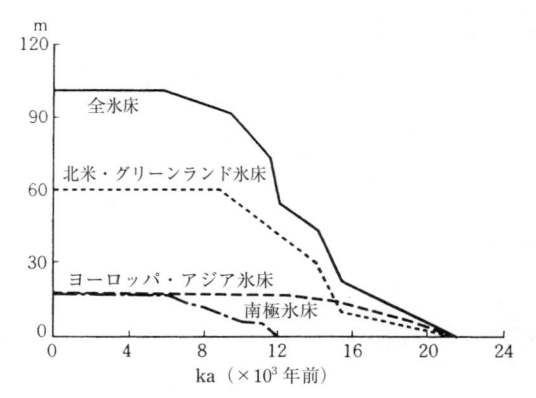

図5.1-5 各大陸氷床の融氷史（Peltier, 1994）
融氷量を海水準の上昇量に換算して示してモデル化してある.

リーンランド氷床, ③南極氷床, の順に融氷を開始したとされる. 図のうち全氷床の融解曲線にみられる2回の急激な融氷は, 1回目（15.5〜14ka）が北米氷床, 2回目（12ka）が南極氷床のそれによると考えられている. こうした融氷史研究では, 時間分解能を高めること, 南極の融氷史に関する直接的情報を得ることが要請される.

5.2 海面変化史

5.2.1 研究のあゆみ

海面の上下変化の記録は, 各地の海岸地域や浅海底にかなり明瞭な地形や堆積物に残っているため, 古くから研究されてきた. 海面変化の研究は, 気候変化に基づく海陸間の水の移動史, 生物の拡散・移動や隔離に関係する古地理の変遷, あるいは種々の原因による地殻の変動の研究に直接関与するので, 第四紀学にとってはきわめて重要な分野である. さらに最近では地球温暖化による海面変化の予測問題にまで広がってきた.

第四紀の海面変化研究でまず取り上げられたのは, 氷期に陸上に貯えられていた大量の氷河氷が, その後融けて海へ流入し, 海面がどれほど上昇したかの問題（**氷河性海面変化**）である. Maclaren（1841）が取り上げ, 海面上昇量を見積もった. 大規模な氷河の消長や海面変化の考えは, 斉一説が流行していた当時としては破天荒な考えであったらしい. これに仮説としての終止符を打ったのは, 100年以上後に ^{14}C 年代測定法が開発されて, 世界各地の海成沖積層中の海面近くで生じた有機物の年代を測り, 海面変化を示した Shepard & Suess（1956）の研究であった.

その後世界各地で研究が進められると, 後氷期の海面変化は地域によってかなり異なることがわかった. それは5.2.2項で述べるように, 現実の海面変化は氷河性のものが融氷による荷重変化に基づくアイソスタシー（3.3.5項参照）やテクトニックな地殻変動の影響を受けていることを明らかにした.

更新世の海面変化研究では, イタリア・カラブリア半島・シチリア島の海成段丘がかつて海面変化史の標準とされた（たとえば Fairbridge, 1961; 1971）. しかし1970年代にここが標準地域の座を下りることになったのは, ①過去の海面の現在の高さはわかっても, その年代を知る材料がきわめて乏しいこと, ②海成段丘から知られる変動は陸と海面との相対的変動であるため, 海水量の変化を知るには, 地殻の安定地域で標準データを得る必要があると認識されたからである.

このような観点から, 放射年代測定法の開発と進歩に伴い, 有用なデータが量産されるようになった地域は, 過去の海水準の高さとそのウラン系列法年代が求められる熱帯・亜熱帯のサンゴ礁地域であった. 南太平洋のサンゴ礁は上記2つの問題をクリアする条件を備えていた（Veeh, 1966）. 同時にカリブ海, ニューギニア, 琉球など, 島弧の隆起サンゴ礁の研究も活発化した. これらの研究の結果, 地殻運動の安定地域では, 最終間氷期と考えられる高海面期（約125ka）には, 海抜0〜10mに汀線があったことがわかった. 一方隆起地域では, この間氷期に加えてその後の複数の亜間氷期における旧汀線も現海面以上に認められており, 隆起速度の早いところほど旧汀線の認定数が多いことなどがわかってきた. 1970年代初期までに報告され注目されたのはバルバドス（Mesolella et al., 1969）, パプアニューギニア・ヒューオン半島（Veeh & Chappell, 1970; Bloom et al., 1974; 口絵6）, 琉球列島の喜界島（Konishi et al., 1970, 1974）などであった. これらの地域ではその後, 年代と海面高度についてさらに高精度の資料が得られ, 亜間氷期の海水準まで論じられている（たとえば Chappell et al., 1995; 5.2.3項参照; 図5.2-1）.

一方火山地域に近い隆起地域では, テフロクロノ

148   5. 地表諸環境の変遷

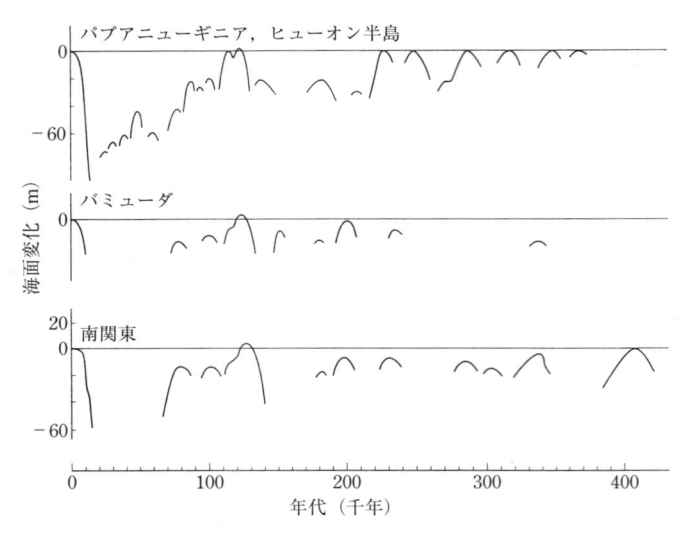

図 5.2-1 各地の海成段丘, 海成層から報告された過去約30〜40万年間の海面変化史 (米倉ほか, 2001)

それぞれ独立な方法で得られた約30〜40万年前以後の海面変化はかなり合致することが示される. 主要な海進期はこれらの3地域でほぼ同時に現れ, 氷河性海面変化によることを示している. しかしヒューオン半島では隆起速度が大きいために, 約12.5万年前以降に約1万年ごとの相対的高海面期が現れている. 南関東では改訂されたテフロクロノジー (町田・新井, 1992) に基づいて, 海成段丘・旧汀線と年代のわかった主なテフラとの層位関係および垂直変動が等速的であったとして描いてある. バミューダではサンゴ石灰岩のウラン系年代・アミノ酸年代に基づくHarmon et al. (1983) による. ヒューオン半島では, サンゴ石灰岩の高度, ウラン系列年代および深海底堆積物の酸素同位体比変動との対比に基づいて描いたもので, 約8万年前以前はChappell, (1974) およびChappell & Shackleton (1987), それ以降はChappell et al. (1996) による.

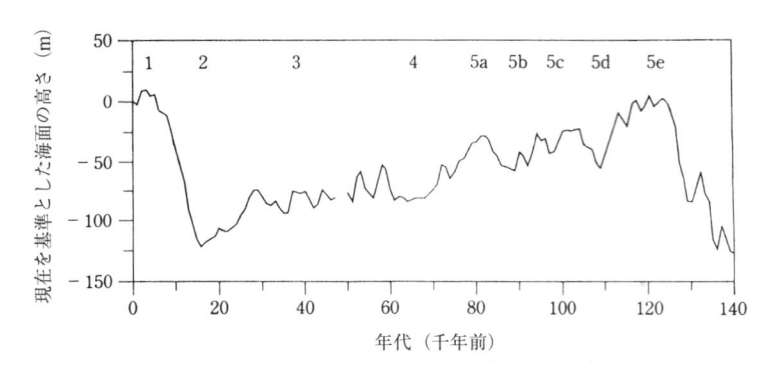

図 5.2-2 底生および浮遊性有孔虫殻酸素同位体から描かれた海面変化 (Shackleton, 1987を一部補訂)

ロジーとフィッショントラック法を適用して, 旧汀線 (海成段丘) や海成層に年代を与え, 海面変化史を探る研究も行われた (Machida, 1975). これもその後MISとの関係がわかった広域テフラを用いて編年が改訂された (町田・新井, 1992; 図5.2-1).

また, 海岸近くの石灰洞内の鐘乳石など洞窟生成物 (5.8.3項参照) も, 海面・気候変化研究の対象となった. それはウラン系列法で精密年代測定できることや, 離水後に形成されること, 洞内の安定した気温の指示者であることなどの特性に基づいている (Richards et al., 1994).

以上のような海岸地域の地形・地質の研究に基づく海面変化研究とは独立に, 有孔虫殻の酸素同位体比の変動は, 当初水温変化の指標となる面が強調されたが, その後水の酸素同位体変化 (すなわち陸上の氷量) を示唆することがわかってから

(Shackleton, 1967), 氷河性海面変化の有力な指標とみなされるようになった (2.2.2項; 4.4.4項参照). 水温の影響を受ける浮遊性有孔虫よりも底生有孔虫の酸素同位体比の方が, 氷量すなわち海水量の変化を示すと考えられる. しかし深海底でも, 気候変化の影響を受けた水の深層循環のため水温が変化するらしい. そこで底生有孔虫の酸素同位体比変動をベースにして, 水温変化がないと考えられる地域の浮遊性有孔虫のデータによって補正を行い, 140ka以後の変動曲線が描かれた (図5.2-2; Shackleton, 1987). これはその後氷河性海面変化の標準とみなされ, サンゴ礁を含む各地域の海成段丘や海成層の編年から得られる資料の大半は, この変動曲線と比べて, 各地のテクトニックないしアイソスタティックな要素を抽出・分離し, さらにそれらの速度・変化を推定するのに用いられている. サン

```
                          第四紀後期における海面の相対的変化
                                   ↑    ↑    ↑
    ┌─────────────────┐    ┌─────────────┐    ┌──────────────────────┐
    │アイソスタティックな地形変化│←──│  海水量変化  │    │地殻変動（テクトニクス）による地形変化│
    │(非氷床域—世界的) ～30m* │    │(世界的) 120±40m*│    │  (局地的) ～500m/10万年**      │
    │(氷床域—広域的) ～1000m*│    └─────────────┘    └──────────────────────┘
    └─────────────────┘          ↑                      ↓
            ↑                    │               ┌─────────┐
    ┌──────────┐               ┌──────┐          │海盆容積の変化?│
    │  海水温変化  │────────→   │ 氷河変化 │←─────   └─────────┘
    └──────────┘               └──────┘                ↑
            ↑                    ↑                     │
            └──────────┐ ┌───────┘                     │
                     ┌──────┐                    ┌──────────────┐
                     │ 気候変化 │───────────→     │ 侵食堆積による地形変化│
                     └──────┘                    └──────────────┘
                        ↑                              ↑
                   銀河系,太陽系の運動              ┌──────────────┐
                   地球の自転,公転                 │質量分布,自転,公転変化│
                   火山活動                        │によるジオイド変化?  │
                   人類活動                        └──────────────┘
```

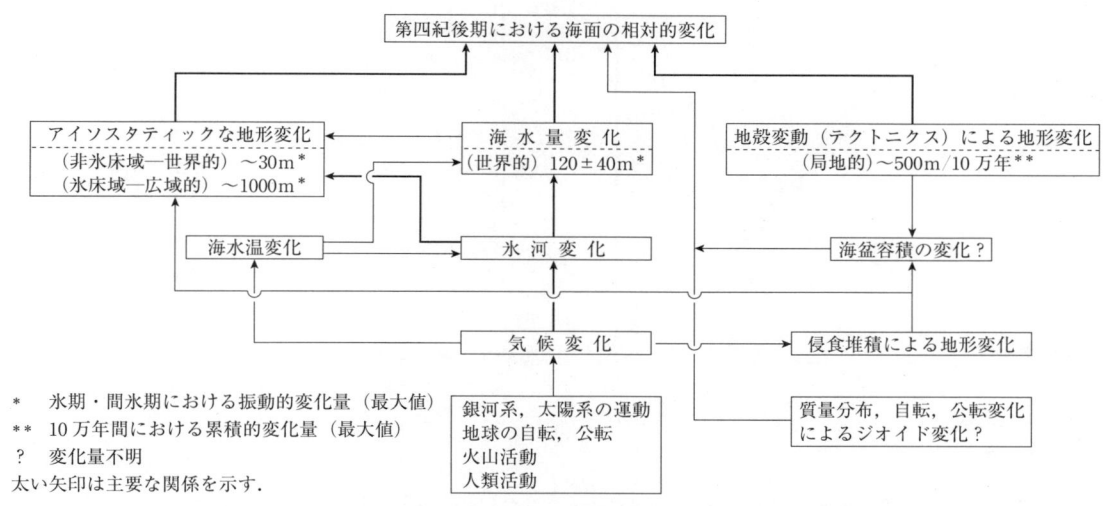

* 氷期・間氷期における振動的変化量（最大値）
** 10万年間における累積的変化量（最大値）
? 変化量不明
太い矢印は主要な関係を示す.

図5.2-3 第四紀後期（約15万年間）における海面変化を規制する要因（米倉, 1989）

ゴ礁段丘や海底コアから得られる変動曲線は，変動のパターンはよく似ていて互いに対比できる．しかし海面高度の極大極小値は地域によって異なるので，確度の高い（地殻変動速度を求めるような定量に堪えられる）ユースタティックな値を求めるのは容易ではない[7]．

テクトニックな要因を一応排除できる安定大陸の海岸地域では，図5.2-2に似た曲線が得られるはずであるが，実際には，高分解能年代測定法が可能な試料に乏しいこと，氷期の海面の記録が現海面下にあることなどの問題から研究が進まなかった．またこのような地域でも，次項で述べるようなアイソスタティックあるいはジオイド変形の効果が加わる．

5.2.2 海面変化に関与する諸因子

各地の地形・地質に基づく海面変化研究は，ある年代の海水準の現在の高度を精度よく求めることと，その年代を高精度・高分解能で測定するという2点を基礎とする．過去の海水準の指標は，よく知られているように，海成段丘の旧汀線（陸側のつけ根にある傾斜変換線）や海成（とくに潮間帯生物）の化石から知られる海成堆積物の頂面，あるいはサンゴ礁の礁嶺などである．一般にこれらを認定し，高度を測定するのは比較的容易であるが，その年代

決定には困難が伴う．このため研究地域はとくに年代資料が得られやすいところが選ばれてきた．こうして求められた海面変化は，前述のように世界各地で同じではなく，地域的に異なっている．それは海面変化を規制する要因が以下のように多様であることを示している（図5.2-3；米倉, 1989）．

① **氷河性海面変化**（気候-氷河-海水量変化）
② **氷と海水の荷重変化を受けた地表のアイソスタシーによる地形変化**
③ **地殻変動（テクトニクス）による地形変化**
④ **ジオイド変化**

図3.3-21でみたように，完新世の6ka以後の海面変化曲線が世界各地でかなり異なっていること（Clark et al., 1978）は，上記の①のほかに②の要因が強く規制していることを示している．

氷期から後氷期には大量の水が陸から海へ移動した結果，固体地球の表面もそれにつりあうように（アイソスタティックに）運動をしたことは，古くから知られていた．氷期に大規模な氷床に覆われた地域では，融氷に伴って氷床の重しから解放されて数10m/kyという早い速度で隆起した（glacial isostasy）．そこでは世界的には海水量が増えたにも関わらず，海面は相対的に低下した（図3.3-21のⅠ）．また氷床周辺部の北米東岸や西欧の北海沿岸では，氷床地域の隆起を補填するように地盤が沈降して，海面が上昇した（同図のⅡ）．

一方，後氷期に海水量が増大すると海底に荷重がかかって，海底は沈降し，補填的に大陸縁や大きな

---

[7] 酸素同位体による海面変化の精度：年代の誤差は最大5ky，また酸素同位体変動の対比に基づく海面高度の推定値の誤差は，6ka以後の資料に基づき，±5mが見積もられている（Chappell et al., 1995）．

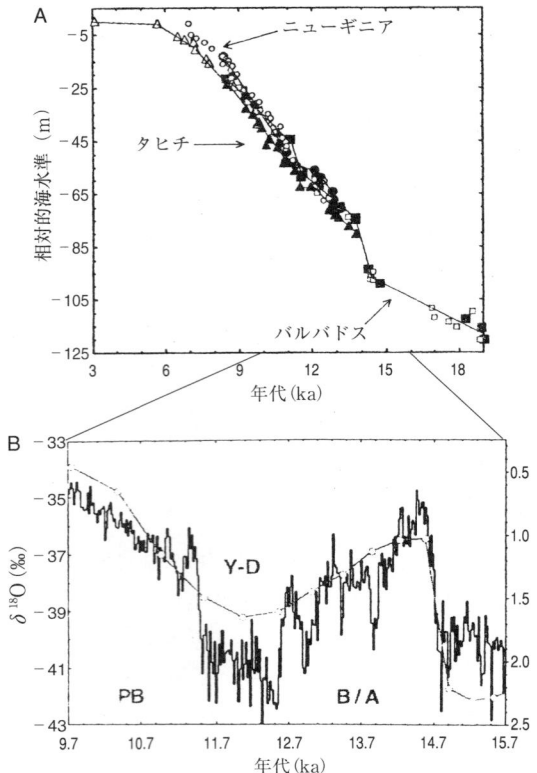

図5.2-4 最終氷期以降の海面変化と酸素同位体変動
A：タヒチ（▲），バルバドス（■），ニューギニア（●）の掘削コア試料に基づく海面変化．試料の^{14}C年代による値を白丸の記号で示す（Bard et al., 1996）．
B：太線はグリーンランドのGRIP氷床コアで得られたδ^{18}Oの変動を示す．白丸を結んだものは深海コアSU81-18のδ^{18}O．

島では隆起する（ハイドロアイソスタシー hydro-isostasy；3.3.5項参照）．

アイソスタシー（地殻均衡）は，既述のように長期間の荷重変化に対して地殻と上部マントルが粘弾性的に変形する現象である．その変形の量や範囲，継続時間（氷河性海面変化の周期からみて10kyを大きくは越えない）は，地殻の粘性率の分布などで決まる．

一方，地殻変動については，最近まで積み重ねられた研究成果では，ごく局地的な場合（火山性のものが多い）を除くと，プレート境界の変動帯でも垂直方向の変動速度は4m/kyを上まわることは稀である．この速度は，氷河性海面変化の上昇・低下速度の最大値を上まわらない．また変動帯の範囲はプレート境界地域に限られ，しかも局地的であり，同じ向きに等速的に変動すると考えられる．そこで観察された海面変化の証拠から，氷河性海面変化とテクトニックな成分とを分離することは可能である．

第3の要因として，水の大移動に伴いマントル物質が動けば重力分布も変わり，さらに地球の自転・公転でジオイドは変形する．これによる海面変化はジオイド性ユースタシー[8]（geoidal eustasy）といい，地域によって異なってくる（Mörner, 1976）．

5.2.3 中・後期更新世各時期の海面高度

海面変化に関して第四紀研究者の多くが関心をもっているのは，氷河性のユースタティックな海面高度の問題である．最終氷期最盛期，最終間氷期以降，最終間氷期および中期更新世の中でとくに大規模な高海面や低海面はいつであったか，またどのくらいの高度・深度であったかは，陸橋などの古地理や平均地殻変動速度などに関わる基礎的な課題である．これらについては，上記のようにサンゴ礁段丘と海洋酸素同位体の研究を基礎として，定量化がめざされている．いくつか最近の成果を紹介しよう．

（1） 最終氷期最盛期 MIS2 以降の氷河性海面変化

これについてはサンゴ礁石灰岩の試錐を中心とした多数の研究があるが，とくに詳しいのはバルバドスとニューギニアのヒューオン半島で行われた研究である（Fairbanks, 1989; Bard et al., 1990; Chappell & Polach, 1991; Edwards et al., 1993）．しかしこれらはいずれもプレート境界の地域にあたるので，地殻変動の影響が大きく関わる．そこでこれらに安定地域としてタヒチで行われた詳しい研究（Bard et al., 1996）を加えた成果は，図5.2-4に示される．これから13.8 ka（cal BP）に融氷が進んで急激な海面上昇がみられたことが明らかとなった．それは氷床コアや有孔虫の酸素同位体変動と比べると，最終氷期末の短い寒冷期の直後に起こったベーリング-アレレード（B/A）温暖期に伴うもので，新ドリアス期（Y-D）の約1 ky前である．温暖化と海面上昇との時間差が1 ky足らずであることも読みとれる．

（2） MIS2の海面高度と年代

酸素同位体の研究では，17～23kaに海面はおよ

---
8) ユースタシー：地球の中心から海面までの距離の変動を示す．しかし海面変化といえば一般には陸と海面との相対的変化である．

そ−120〜−125mにあったとされる(Shackleton, 1987). またバルバドスとスンバのサンゴ礁コアでは，18〜20ka (U系列年代) に，−121±5mであったとされる (Fairbanks, 1989；Radtke & Grün, 1990；Bard *et al.*, 1996；Pirazzoli *et al.*, 1991).

(3) MIS5.4 (5d) 〜3の海面高度と年代

この時期には，氷河性海面変化で海面が現海面より高くなったことはない．しかし隆起地域では，とくにMIS5c (5.3) と5a (5.1) の時期に形成された海成段丘が陸上でしばしば報告されている（たとえば日本では小原台段丘と三崎段丘；Machida, 1975). それらの年代と古海面高度は各地域の平均隆起速度や隆起の等速性をチェックするのに重要である．しかしこの問題には，一般に，年代決定の分解能と地殻変動因子の見積もりの曖昧さという問題がある．海洋酸素同位体変動からの見積もりでは，図5.2-2のように，MIS5a, 5cの海面高度はともにおよそ−20〜−25mであるが，各地の海成段丘から報告されたものは約−15mと高い．安定地域（バハマ）における石灰洞の鐘乳石で得られた値はMIS5a −15〜−18mと報告された (Richards *et al.*, 1994). これは，ほかの地域でサンゴ化石から得られたMIS5aの海面高度，バルバドス：−13〜−18m (Gallup *et al.*, 1994), ヒューオン半島：−19±5m, ハイチ：−13±2m (Dodge *et al.*, 1983) などとよく合う．これらの地域ではアイソスタシーやジオイド性ユースタシーの影響は無視できるという．なおMIS5cの海面高度はMIS5aとほぼ同高度か数mほど高いようである．小池・町田 (2001) ではともに−15mの値を採用している．

MIS3の海面高度については，著しい隆起地域であるヒューオン半島や喜界島などからの報告がよく知られているが（たとえばKonishi *et al.*, 1974；Bloom *et al.*, 1974), 5c, 5aと同様，酸素同位体変動から推定されたものより全体に高い（図5.2-2). この相違については，隆起速度，他の要因の関与，年代分解能などについて多くの研究が行われてきた．

(4) 最終間氷期MIS5e (5.5) の海面高度と年代

これについては多数の研究がある．年代についてはMIS5eをおよそ140〜115kaと長くするものとおよそ130〜120kaと短く考えるものとがあるが，ほぼ125kaを中心とする時期であることは一致している．海面高度については，安定地域の資料に基づき＋5〜7mとする点はほぼ共通するといえる．次に例示する．

海洋酸素同位体変動研究では120±4kaに＋5mとされる (Shackleton, 1987). ヒューオン半島サンゴ礁段丘では125±4kaに＋5〜7m (Bloom *et al.*, 1974) と考えられており，またバミューダ（大洋中の安定地域）のサンゴでは約123.5kaに＋5〜6mである (Smart & Richards, 1992など).

(5) 中期更新世 (780〜125ka) の高海面期とその海面高度

これには，酸素同位体変動およびサンゴ化石の年代・高度などが判断の基準となる．上記MIS5eに匹敵し，あるいは凌駕する温暖化と海面の上昇があったのはMIS9と11と考えられている (Shackleton, 1987：Bard *et al.*, 1996など). 両期とも＋0〜20mに達したらしい．日本では南関東の港南・鴨沢段丘と地蔵堂層（多摩e期，T-e) が，温暖海生化石と高海面で特色づけられ（町田ほか，1974), そして放射年代の得られているテフラとの層位関係などからMIS11に対比できる (Machida, 1999). なおMIS9の海面も比較的高かったようだが，MIS7は13, 15, 17と同様やや低く，かつピークが複数あったことが段丘の数，高度や酸素同位体変動から推定される（図5.2-5).

(6) 中期更新世の低海面期とその海面高度

酸素同位体変動および隆起した海成層間の不整合や陸成層，寒冷種の化石の層準などがこの判定の際に使われる．また大陸との間に浅い海峡をもつ日本海や紅海など，低海面期に海洋環境が著しく異なる海域の同位体変動は有用である．多田・入野 (1994)

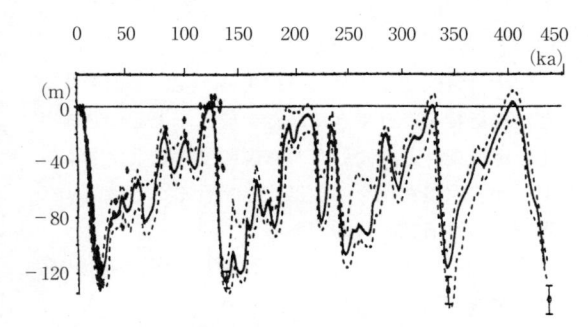

図5.2-5 45万年前以降の氷河性海面変化 (Labeyrie *et al.*, 2002)
実線と破線は4つの深海底コアから得られた深海底温度変化の影響を補正した曲線 (Waelbroeck *et al.*, 2002). 低海面期のデータはRohling *et al.* (1998) による．

は，日本海に外洋の水が流れ込みにくくなったのは，MIS2, 6, 10, 12, 16, 18であると結論した．またShackleton (1987) やRohling et al. (1998) は，この低海面期中でとくに12と16が大規模な氷期で，かつ海面がMIS2より大きく低下した（−140mまたはそれより低かった）と論じている．これは日本各地でみられる海成層にはさまる陸成層や不整合面の形成期に相当すると考えられる（たとえば房総の下総層群/上総層群；長浜・長沼不整合）．

5.3 第四紀の河川と湖沼

陸水の産物である河川と湖沼は，第四紀の気候・海面・地殻変動など環境のグローバルまたローカルな変動に従って，種々の変遷を遂げてきた．一方，河川や湖沼の地形と堆積物は古環境の記録を包含しているところから，第四紀研究の有力な対象として古くから研究されてきた．

5.3.1 河川の変遷

世界の陸地で，一年中雪氷に覆われている地域とほとんど無降水で蒸発の盛んな無植生の荒原（沙漠）（ケッペンの氷雪EF，ツンドラET，沙漠BW，ステップBSの各気候区）を除けば，河成の地形と堆積物は普遍的に存在する．一般に，河川の性質は流水条件（流速，流量）および運ばれる岩屑の量と質に規定される．河川の特性は，個々の河川の勾配，縦断面形，氾濫原の幅，流路の地形，河床堆積物の厚さとその粒度やふるい分け程度などで示される．それはその川独自の環境条件（流域の面積と地形，植生，火山，地殻変動，斜面崩壊など突発的事件の有無，人為作用など）に加えて，広域に共通する環境（気候変化：流量や植生の変化，海面変化など）の影響を受けてきた．その成立を上記のさまざまな環境条件との関わりから説明すること，および河川から環境変化を解きほぐして行くことに河川の地形・地質研究の目的がある．

この分野の研究は古くから行われたが，河川の特性が地域的変異に富むこと，多岐にわたる形成要因の分離が容易でないことのために，順調な発展を遂げたとはいいがたい．海底や氷床などから標準的な環境変遷史が明らかになった現在，新たに発展する時期を迎えたといえよう．

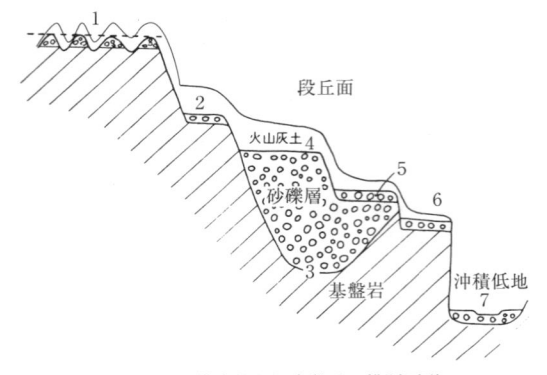

図5.3-1 模式的な河成段丘の横断面形
段丘地形だけからは，河床面は1，2，4，5，6，7の順で下刻したようにみえるが，構造がわかると，2から3まで深く下刻した後，4の高さまで谷が埋積したことになる．4を除くとどれも浸食段丘．

(1) 河成段丘

河成段丘（河岸段丘）は過去の河川の姿を知ることのできるごく普通にある地形である（口絵8）．段丘面は過去の河床氾濫原の残存物であり，ある時期の河川の姿を復元する手がかりとなる．環境条件の変化が河川の下刻を促す場合には段丘崖ができ，また逆の場合には埋積が進行して，ともに別な平衡状態の河床氾濫原へ移行する．

構造が調べられたある段丘の横断面（図5.3-1）では，河床の高さは1から7へ垂直的に変化したことがわかる．当然のことだが，段丘の研究には地形に加えて段丘堆積物の情報（段丘堆積物の厚さ，砂礫層の粒度，礫の種類，被覆層の性質・時代など）を得る必要がある．この場合，過去の河床の断片を上流から下流，そして両岸にわたって対比・接合して種々の時代の河川の姿（縦断面形と横断面形）を復元する．また各時代の河床縦断面形の性格を知るために，現河口から大陸棚にかけての断面および河口三角州下に埋もれている旧河床（埋没谷や段丘）について，それらと地表に出ているものとを対比し，縦断面形を描く（図5.3-2）．

河成段丘研究の基礎は段丘の区分と対比である．対比には，個々の段丘面の性質（堆積性か侵食性か），その連続性，テフラ（5.6節）やレス（5.5節）などの被覆物と段丘堆積物との層序，段丘堆積物中の指標層や化石，堆積物の風化度，放射年代など，条件に応じてさまざまな特性を調査して総合する．河成段丘の研究史は，この対比と年代決定そして環境復元の精密化にあったといえる．多くの日本の段

5.3 第四紀の河川と湖沼

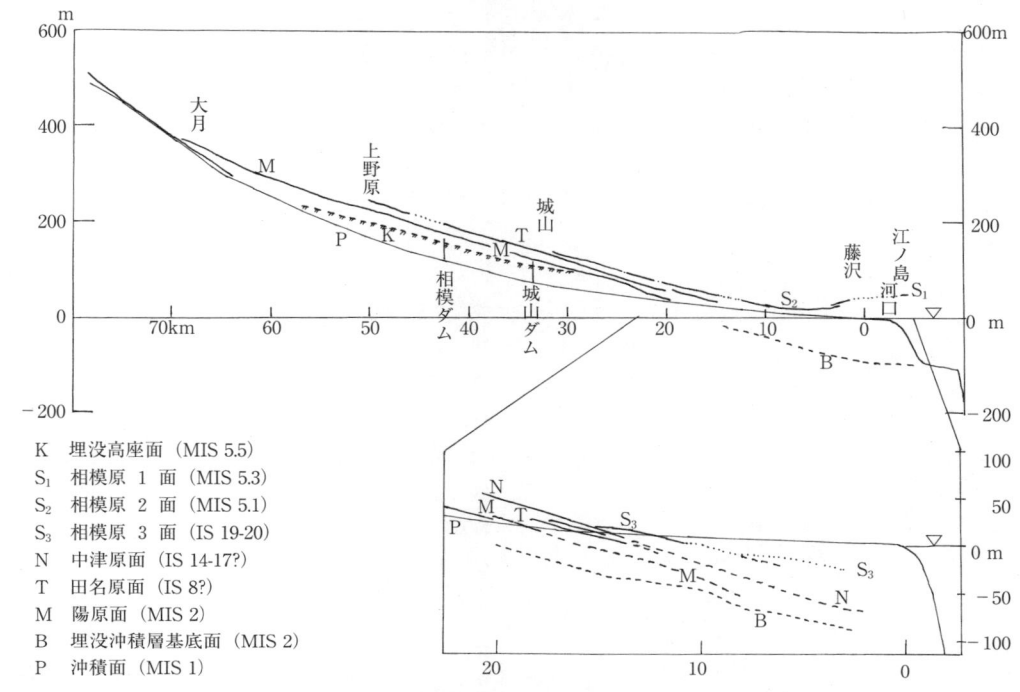

図5.3-2 相模川沿いの河成段丘縦断面（相模原市地形・地質調査会，1986および下流の23km区間は久保，1997から編集作図）
どの段丘面も上を覆う風成テフラ層を剥いだ旧河床面を示す．ISはD-Oイベントの番号．

K　埋没高座面（MIS 5.5）
S_1　相模原1面（MIS 5.3）
S_2　相模原2面（MIS 5.1）
S_3　相模原3面（IS 19-20）
N　中津原面（IS 14-17?）
T　田名原面（IS 8?）
M　陽原面（MIS 2）
B　埋没沖積層基底面（MIS 2）
P　沖積面（MIS 1）

丘はテフロクロノロジーによって対比され，年代が判定されてきた．

段丘面が上流で氷河の端モレーンと接続すれば氷期のアウトウォッシュ性の河床であったことがわかるし，また下流部で海成段丘や海成層と接続すれば，高海面期（間氷期）の河床ということになる．これら氷期と間氷期の代表的地形面は，環境の基本的指標である．また別な時代の河成段丘にあっては，それらとの層位関係を調査して形成時代や環境を判定する．なお，段丘の形成期とは段丘面をつくった河川が堆積と侵食を行っていた期間であり，一般に長期にわたる．一方河流が下刻して河床面が離水するようになった時代は離水期と呼んで区別するが，上流から下流まで同時に離水するとは限らない．

(2) 河川の下刻と堆積および環境変化
——河成段丘の成因

侵食と堆積が平衡する状態にあった河川で**下刻**（洗掘）が生じる場合は，①運搬岩屑量が減少するとき，および（または）②流速・流深が増大するときである．①がごく短期的に起こるのは，たとえば河川のダム建設といった人為的な作用による場合，火山噴出物や斜面崩壊などによってダムが形成される場合，あるいは異常な土石流の堆積のあとなどである．一方，数千年間以上の長期については，温暖化や多雨化に伴い流域斜面が植生に覆われて運搬岩屑量が減少する場合や，上流にモレーンによる氷河湖ができて，下流へ流下する岩屑量が減少する場合などに起こる．また②は，上流側が隆起する地殻変動や，曲流河川の短絡，固い基盤岩に刻み込んだ場合などに起こる．上記のような段丘化の種々の要因を区別するには，要因となった現象と段丘との位置関係や段丘面の広さなどに注意する．なお人為に由来する下刻は短期的でローカルだとは限らない．人為的作用の激化に伴い，世界各地で普通に起こるに違いない．

一方，河川で**堆積**（河床上昇）が起こるのは，流水の運搬能力に対して運搬物質（岩屑）量の割合が増大したときで，これを引き起こす条件としては，岩屑供給量の増大，流量（降水量）の減少，河床勾配の減少などがある．短期的には山崩れなどの多発

や下流側での人為的ないし自然のダムの形成がある．長期的には気候の寒冷化・斜面植生の減少，あるいは火山の活動の激化などで運搬岩屑量が増加した場合や，降水量・降水強度の減少，さらに扇状地の発達で流路が網状流となり流量・流深が減った場合，海面上昇で下流部の河床勾配が緩くなったときなどが挙げられる．

従来，こうした**河成段丘形成要因**として地殻変動や海面変化が考えられることが多かったが，これはあまり現実的ではない．隆起傾向にある地域に段丘が広く発達するのは，ほかの要因（多くは気候変化）によってできた段丘が，漸次高度や勾配を増したためで，間欠的な隆起運動が段丘形成の直接的要因となった例はごく少ない．一方海面変化は河川下流部の勾配を大きく増減させる場合があるので，下刻・埋積を起こす要因となる．しかしその影響範囲は河川勾配によって異なる．急流河川では三角州，自然堤防帯の発達する下流部に限られるし，緩流河川でも上流に行くに従い，影響は緩和する．また地域によっては次のように海面変化の河川に与える影響が異なる．すなわち海面低下によって陸化した延長河川（海底への延長部）が前の下流部より急勾配になった場合は下刻が起こるが，緩勾配になった場合には逆に埋積が起こる．また海面上昇で海進が起こるとき，運搬岩屑が多ければ河口部で堆積が起こるが，堆積量が少ないときには海食の影響を受け急勾配の部分ができて，下刻を誘発する．

図5.3-3 氷期・間氷期の河川縦断面形の形成モデル（貝塚，1977）

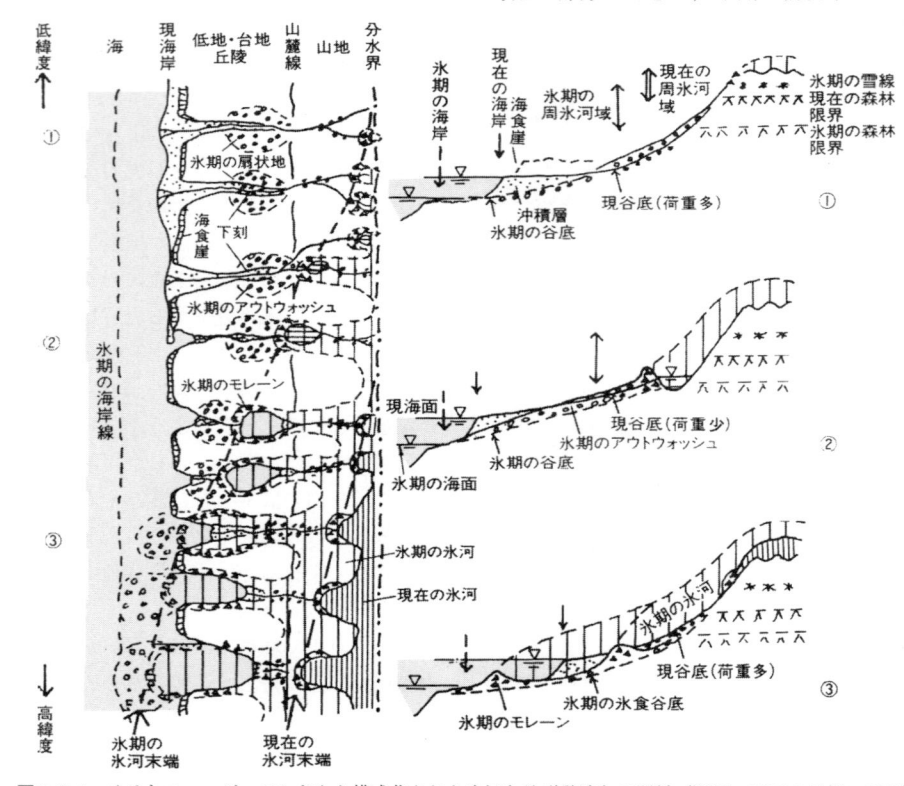

図5.3-4 チリとニュージーランドから模式化された氷河と地形発達との関係（町田，1976；貝塚，1998）

同様のことは，氷期の段丘が急勾配で間氷期のそれが緩勾配であるという，よく知られた河川縦断面形の変化モデル（図5.3-3）についてもいえる．これは河川勾配が急で，かつ間氷期の河口沖合の海底勾配が陸上の勾配より急な場合で，日本列島などの急流河川にはあてはまる場合が多い（図5.3-2など）．しかし緩勾配の大陸棚をもち，長大な河川（とくに海面低下期に延長河川がきわめて長くなる河川）では，あてはまらない．

このように河成段丘の形成に関わる要因は多く複雑であるが，高山から流下し，低地部まで砂礫を運ぶ急流河川の場合，氷期／間氷期の気候変化に伴って生じる河川縦断面形の緯度的な変化をモデル化すると，図5.3-4のようである．この図は上流域の環境変化が河川の地形に大きく影響することを示している．

(3) 河川地形や堆積物から知られる古環境

流水は障害になる地形がない場合，斜面の上を最大傾斜の方向に低い場所（谷）を選んで流れる．その地域がその後差別的に隆起したり，侵食の過程で谷底に硬い基盤岩石が露出するようになっても，隆起速度が侵食速度を上まわらない限り，すでに生じていた同じ谷を掘込みかつ埋積して，その流路を継承する．こうした谷の保守性に注目して，たとえば山脈を横断する峡谷があれば，山脈が隆起する前から現在までの地形変化と地殻変動の過程を推定することができる．

河成段丘はその流域で起こった種々の環境変化を反映して形成されるので，その地形を読み，堆積物の性質を知ることから，逆にどんな環境変化があったかを読みとることができる．

5.3.2 湖沼の変遷——とくに内陸盆地の多雨湖

湖沼とその堆積物は，陸上古環境の記録をよく保存しているため，第四紀学ではしばしば研究対象となってきた（4.5節参照）．とくに乾燥地・半乾燥地の内陸盆地に形成した湖沼は，気候とくに降水量・蒸発量の変化に応じて変遷を遂げてきた．一般に気候変化史研究で古降水量を正確に復元するのは，気温の復元よりも困難である．このためとくに中緯度〜低緯度の乾燥・半乾燥地域の内陸湖は，降水の変遷を知る上に重要で，多くの研究が行われた．

米国ユタ州のGreat Salt Lakeは現在の湖の面積4000km^{2}であるが，周囲には湖岸段丘が発達していて，かつて湖面が現在より最高65mも高く，もっと広かったことを示す．Gilbert（1890）のLake Bonnevilleという大著は，この湖の消長と気候変化を扱った第四紀研究の古典の1つで，示唆に富んだ記述に満ちている．

(1) 湖面変化を示す地形

かつての湖面の位置は，湖岸に残る旧汀線，崖線，湖岸の堆積物とデルタや砂州などからわかる．ただし湖では侵食作用が弱いため，海成段丘や河成段丘と違って段丘面の幅は狭い（図5.3-5）．それは水平に続くことが多いが，広大な化石湖の場合は追跡すると高さが変化していくことが知られている．Lake Bonnevilleの場合，中央部の島に刻まれた高い汀線跡は，その後水位が低下した結果アイソスタティックに隆起した結果であると解釈されている（Smith & Street-Perrott, 1983）．

(2) 湖面変化を示す地層

湖底堆積物からは，上記の地形に比べるとより連続的で，より長期にわたる湖面変化を読みとることができる．乾燥地や半乾燥地の湖の場合，湖面の水位変化に伴い水の塩分濃度が異なるので，深さに応じて特徴的な堆積物が生成する．すなわち水位が低まるにつれて，塩分に富まない粘土・シルトから炭酸塩に富む地層，石膏，岩塩に富む地層に移行する．湿潤地域では，浅くなるとシルトから砂質および硫化鉱物を含む地層になる．やがて干上がると次第に土壌が形成される．一方，珪藻や貝形虫などの群集組成やそれらの同位体の分析も湖面変化を知る

図5.3-5 湖岸段丘
アメリカNevada州のMono Lake．

表 5.3-1　世界の代表的な多雨湖

現在の湖	多雨期の湖(年代)	現在の湖面面積	多雨湖の面積	多雨期と現在の湖面高度差
Great Salt Lake	L. Bonneville (MIS2)	4,000km²	51,300km²	370m
Pyramid Lake	L. Lahontan (MIS2末)	1,550	22,300	150
Aral & Caspian Sea	(MIS4?)	401,300	1,100,000	>75
Lake Chad	L. Chad (MIS2)	10,000〜25,000	300,000	50

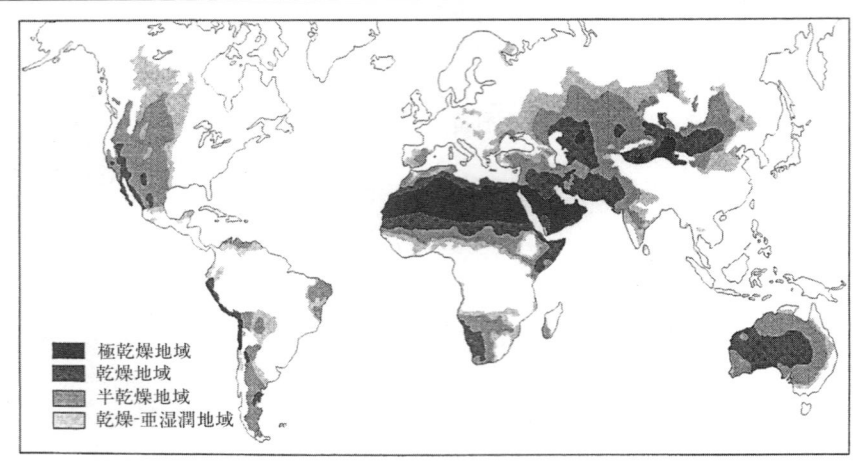

図 5.4-1　世界の乾燥地域 (UNEP, 1992)

のに有用である (Gray, 1988)

(3) 湖面変化の年代決定

堆積物中の有機物について¹⁴C法から年代決定することが行われてきたが、古く生成した¹⁴Cの混入が問題となる．また50kaより古いものには適用できない．そこで炭酸塩，ストロマトライトなどについてウラン系列法が適用されたり，そのほかの種々の方法で年代測定されるようになった．

(4) 多雨湖・多雨期

以上のように，後期第四紀の氷期には，世界各地の内陸湖で，現在より水面が拡大していた湖の存在が報告された (表5.3-1)．そのような湖は多雨湖 (pluvial lake) と呼ばれ，かつて多雨期 (pluvial episode) があったことが議論された．湖の水位は，本来，湖面での降水量と周囲からの流入水量，流出量，蒸発量，地下水の出入，貯留量のバランスで決まる．降水量変化を湖面変動から議論する場合には，個々の湖の変動だけでは，局地的条件の変化に影響されるので，できるだけある地域全体の変化傾向に注目する必要がある．

かつて米国南西部の多雨湖の場合には，多雨期はほぼ最終氷期最盛期MIS2にあたると考えられた．ところが他の地域について年代資料が増加してくると，必ずしも氷期最盛期に湖が拡大した (多雨，小蒸発であった) ところばかりでないことがわかってきた．オーストラリア・アフリカでは，MIS2には湖水位が下がり，MIS3の25〜30kaやMIS1の9〜6kaには水位が上がった (多雨であった) 湖が多いという結果が得られた (Street & Grove, 1979; Harrison & Dobson, 1993)．氷期の多雨湖の成立は，降水をもたらすジェット気流が，大陸氷床の発達の影響を受けて現在と異なる地域で活発化したことを示唆する．したがって内陸湖の消長は，地球規模での大気大循環モデルを構築するのにきわめて重要な資料となる．

5.4　第四紀の沙漠

5.4.1　沙漠の分布

FAO (国連食糧農業機構) によると，沙漠は年降水量200mm以下，乾燥期間10〜12カ月，年平均気温28〜32℃，半沙漠は200〜400mm，乾燥期間8〜11カ月，年平均気温26〜32℃で，植生のほとんどない地域をいう．UNEP (国連環境計画, 1992) では，極乾燥地域は年降水量が0〜100mmで農牧業が不可能，乾燥地域は年降水量が100〜

300mmで遊牧が可能，半乾燥冬雨地域は200～500mm，同夏雨地域は300～800mmで乾燥農業がかろうじて可能とされる．極乾燥・乾燥地域は陸地面積の19.6％，半乾燥地域を含めた合計面積は47.2％にも達する（図5.4-1, 表5.4-1）．

このような沙漠の多くは，ハドレー循環（4.1.4項参照）が下降する中緯度高圧帯にあたっている．アフリカのサハラ沙漠，カラハリ沙漠，中近東のアラビア沙漠，イラン沙漠，インド・パキスタンのタール沙漠，オーストラリア沙漠，北アメリカ沙漠，南米のモンテ沙漠，パタゴニア沙漠といった熱帯・亜熱帯に属する沙漠が全陸地の20％も占める．

同じ中緯度に属する，アフリカのナミブ沙漠，北米のカリフォルニア海岸沙漠，南米のペルー沙漠，アタカマ沙漠は沖合を寒流が流れる海岸にある．海岸沙漠では乾燥した下降気流が地表付近で30℃近くにもなるが，沿岸海域の水温は13℃程度と低い．それは寒流と沖合に吹送される表層水を補償するように深層水[9]が湧昇してくるためである．このような大気と海水の温度差を解消するために蒸発は盛んであるが，雲は下降気流に阻まれて低層にとどまり，雨雲を形成しにくい．

このほか中央アジアのトルキスタン沙漠，中国のタクラマカン沙漠，ゴビ沙漠などのように内陸や，北米のロッキー山脈やオーストラリアのグレートディバイディング山脈の雨陰に発達する沙漠がある（図5.4-2）．

5.4.2 気候変化に伴う沙漠環境の変化
(1) 沙漠の拡大・縮小

沙漠とその周辺地域では，第四紀の気候変動に伴って大気循環系の位置や勢力が変わるため環境が変動した．こうした地域では気温の変化よりも乾湿変化の影響がより明瞭で，氷期に湿潤化した地域や逆に乾燥化した地域がある（図5.4-3）．

たとえばサハラ沙漠南部やオーストラリア沙漠北部は，氷期に中緯度高圧帯が低緯度側に移動したために沙漠が拡大した（図5.4-4）．一方，北米大陸北西部，地中海沿岸からカスピ海やアラル海にかけて

[9] 深層水：波の波長の1.5倍より深い領域の海水で，200～300m以深の海水を指すことが多く，窒素，リン酸やミネラル（Na^+, Mg^{2+}, K^+, Ca^{2+}ほか）などの栄養塩類に富む．

表5.4-1 世界の乾燥地域の面積（％）（Thomas, 1997）

分類	乾燥-亜湿潤地域	半乾燥地域	乾燥地域	極乾燥地域	計
Köppen (1931)	–	14.3	12.0		26.3
Thornthwaite (1948)		15.3	15.3		30.6
Meigs (1953)	–	15.8	16.2	4.3	36.3
Shantz (1956)	–	5.2	24.8	4.7	34.7
UN (1977)	–	13.3	13.7	5.8	32.8
UNEP (1992)	9.9	17.7	12.1	7.5	47.2

の地域，南半球のパタゴニア，南アフリカ，オーストラリア南部などは，氷期に寒帯前線が緯度40°付近まで移動したために湿潤化し，沙漠は縮小または消滅した．後氷期にこれらの地域は，中緯度高圧帯が高緯度側に移動して乾燥化し，沙漠が拡大している．アジアモンスーン地域では，氷期にヒマラヤ・チベット高原の氷河や雪原が拡大してアルベドが高くなり，チベット高気圧が衰弱した．その結果，夏のモンスーンが弱まり，南アジアから東アジアにかけて乾燥化し，インド北部，マレー半島，モンゴルでは沙漠が拡大した．完新世にはチベット高気圧が優勢になり，夏のモンスーンが活発となって湿潤化し，これらの沙漠は縮小または消滅している．

(2) 沙漠の地形や堆積物による環境復元

沙漠には岩石裸地や砂丘などの地形が広域に発達するほかに，斜面にはペディメント（植生のまばらな半乾燥気候下で基盤岩が布状洪水で侵食されてできた山麓緩斜面．一見扇状地に似る），バハダ（乾燥地域の合流扇状地），コルビウムが，また低地にワジ（乾燥地域の涸川）やプラヤ（乾燥地域の盆地底にできる沖積地）が発達する．侵食地形のペディメントは10^6年オーダーで長期的に変化するのに対して，堆積地形であるバハダ，コルビウム，ワジ，プラヤ，砂丘は10^1～10^3年で変化する．

とくに沙漠低地のプラヤには，周辺から岩屑が流入するので，堆積物の粒度や化学的性質，その中に含まれる花粉，さらに湖水位などを調べることによって，沙漠化を始めとする環境変動が高精度で解明できる．プラヤに注ぐ河川沿いには河岸段丘，ワ

158   5. 地表諸環境の変遷

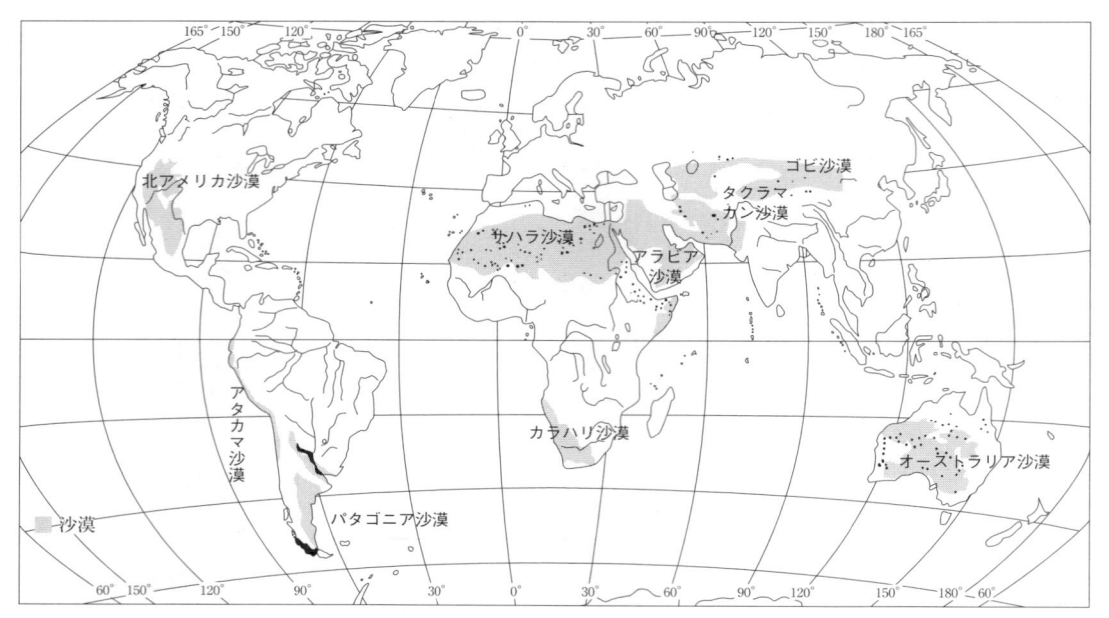

図5.4-2 世界の沙漠の分布

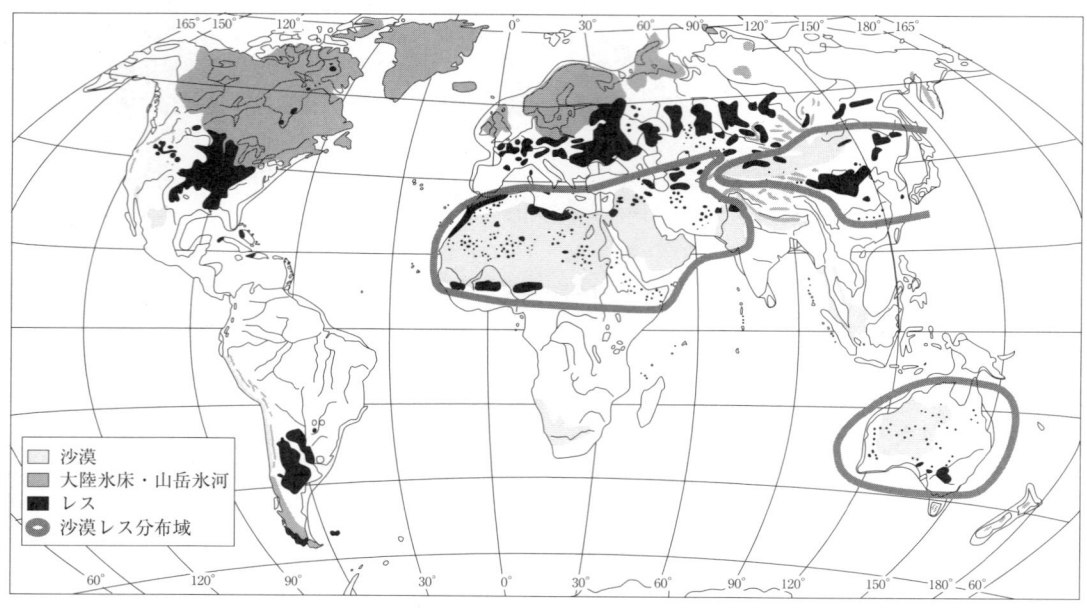

図5.4-3 最終氷期最盛期18〜20kaの氷河，沙漠，レスの分布（Livingston & Warren, 1996；Holzel, 1998）

ジ，バハダが発達する．ワジでは湿潤期に段丘化が促される場合が多い（Thomas, 1997）．

年降水量350mm以下のトルコ，アナトリア高原では，寒冷期に寒帯前線が南下して湿潤化し，温暖期には中緯度高圧帯に入るので乾燥する．高原中央にあるコンヤ盆地（標高900m）やトウズ湖（標高1000m）では20kaの最終氷期最盛期に湖水位がもっとも高くなり，次いで23ka，16ka，13kaの寒冷期にも湖水位が高まっている．完新世にも乾湿変化が起こり，7kaのヒプシサーマル期には赤色風化が進み，5.5kaや3.5kaの冷涼期には湿潤化し，バハダが拡大した（成瀬・鹿島，1999）．

このほか砂丘，沙漠ワニス，沙漠レスなどや，岩塩，カルクリート（炭酸カルシウムで固結した砂礫

岩），シルクリート（ケイ酸で固結した砂礫岩），ジプサム（石膏，硫酸塩鉱物）などの蒸発岩が過去の気候を復元するのに役立つ．

砂丘は沙漠化や風向変化のよい記録者である．砂丘砂に埋没する古土壌の生成時期や土壌型は過去の気候変動を，砂丘の長軸方向や斜交層理などは古風向を示す．サハラ沙漠南部，オーストラリア沙漠縁辺部，タール沙漠などには，移動中の砂丘，完新世の固定砂丘，更新世の古砂丘が分布する（図5.4-5）．気候が湿潤化すると砂丘は植生に覆われて砂の移動が止まる．石灰岩分布地域では湿潤期に地下水に溶けたCa^{2+}が表層に集積して砂丘砂を膠結した固定砂丘が形成される．

沙漠ワニスは橙色〜黒色を呈し，70％程度の粘土鉱物と鉄・マンガンの水酸化物などからなる．粘土鉱物は沙漠レスに由来し，色の違いはFeとMnの比率変化を示す．粘土鉱物の割合は沙漠レスの増減を表すので風の強弱を推定できるほか，Feが多い時期は温暖，Mnが多い時期は湿潤を示す．

蒸発岩はその化学的性質の違いによって過去の気候を復元できるほか，^{14}C年代やESR年代測定が行われている．

5.5 レ ス

氷河末端から拡がる扇状地（アウトウォッシュ）や沙漠の表層から細粒物質—風成塵（eolian dust）—が風で侵食運搬され，地表に堆積したものがレス（黄土；loess）と呼ばれる．レスは第四紀を特徴づける代表的な陸成堆積物であり，給源地域では植生のない寒冷または乾燥気候が卓越したことを示すと考えられている．レスは一般に温暖で湿潤な気候・植生下で土壌化作用を受けて生成した古土壌と互層する．このような古土壌は粘土物質を多く含み，帯

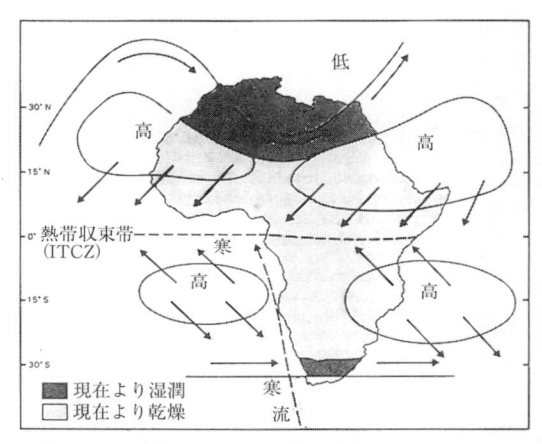

図5.4-4 氷期のアフリカの気圧配置（Nicholson & Flohn, 1980）

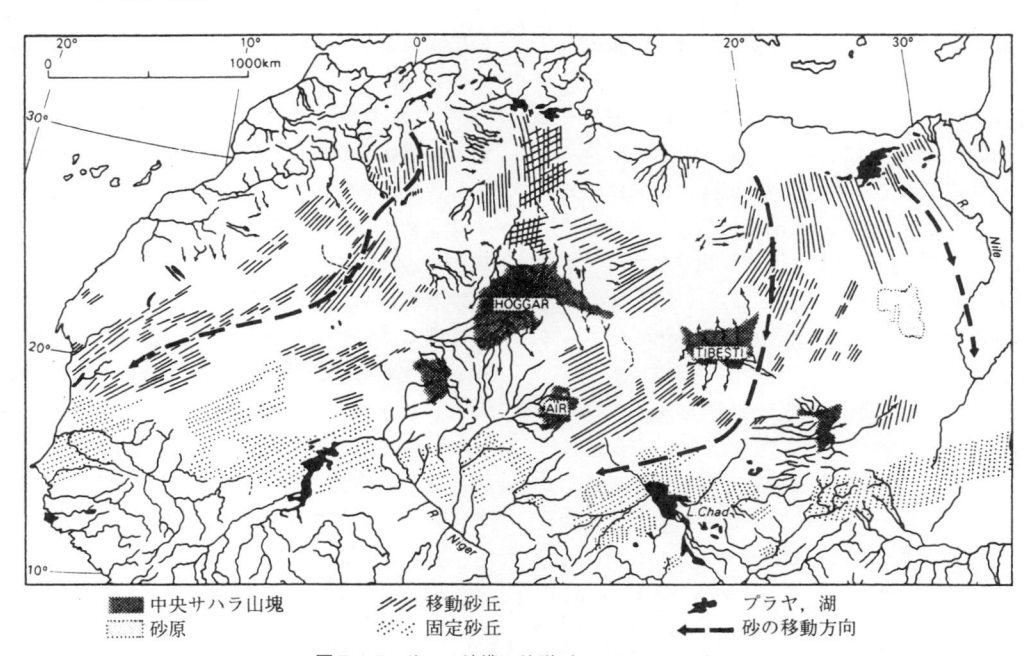

図5.4-5 サハラ沙漠の地形（Mabbutt, 1977）

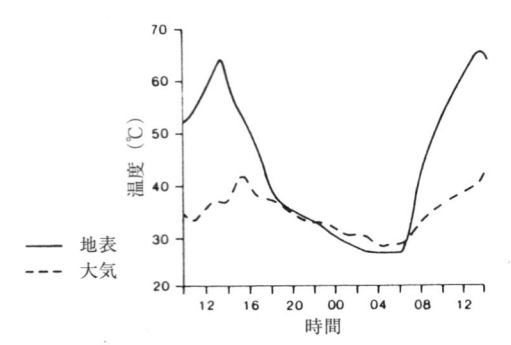

図 5.5-1 沙漠の気温日変化（Thomas, 1997）
サハラ，テイベスチ，1961年8月15～16日．

磁率が高い．また，色調は褐色〜赤褐色を呈し，腐植を含む場合には黒みがかっている．この**レス–古土壌層序**は海底堆積物とともに第四紀の気候変動を高分解能で記録するものとして重要視されている．

5.5.1 初期のレス研究

元来レス löß は，西欧のライン地溝帯に分布する細粒で未固結のシルト質土壌の呼称である．これが研究対象となったのは1820年代からで，陸地の10％近くにも広く分布することがわかったのは1930年代である（Scheidig, 1934）．その後，氷河周辺起源のほかに沙漠起源のレスもあることや海底にも堆積していることが明らかになった．1960年代になるとレスが気候変化の高分解能の記録者であることが認識されるようになった．レスは陸上で露頭を直接観察できるので研究しやすいという利点がある．最近は，250万年間のレスが連続的に堆積する中国黄土高原（口絵4）に研究者の関心が集まっている．

今日使用される英語表記のloessはLyell（1834）による．彼はライン地方と北米のレスを水成堆積物と考えた．ヨーロッパレスが風成物質とする考えは1850年頃に始まるが，本格的な風成説は1870年代に中国黄土の研究を進めた Richthofen（1877）まで現れなかった．

北米ミシシッピー川流域に分布するレスは，Chamberlin（1897）などにより氷河から供給された岩粉の水成堆積物で後に風によって移動堆積したとされたが，Holmes（1944）などにより風成物質と考えられるようになった．南半球では，Orbigny（1842）がアルゼンチンのパンパレス（Pampean loess）を研究し，20世紀初めの本格的な研究に引き継がれた．ニュージーランド南島のレスも19世紀末にHaast（1878）などが研究を行っている．

このように19世紀後半に始まったレス研究は，20世紀に入り第四紀を特徴づける堆積物と認識されるようになり，一層関心が高まった．Grahmann（1932）はヨーロッパにおける最終氷期レスの分布図を表し，Scheidig（1934）はレスの世界分布図を作成した．両図とも今日の知見とあまり変わらない高い精度をもつ．

5.5.2 レスの成因

レスには氷河起源と沙漠起源のものがある．20世紀なかばまではヨーロッパが研究の主な舞台だった関係から，前者が主な研究対象であった．

氷河レス

氷河レスは，氷河が谷を流下する際に氷河の研磨（glacial grinding）作用によって生産される岩粉に起源する．融氷水は岩粉を含んでミルクウォーターと呼ばれるように白く濁っており，やがて扇状地に岩粉を堆積する．このほか，周氷河気候環境のもとで凍結風化作用（frost weathering）によって生じるものがある．いずれもレスの石英粒の表面形状は破断によってできた貝殻状構造が特徴的である（Smalley, 1990）．氷河レスは cold-periglacial loess, high-latitude loess とも呼ばれ，氷期に多く堆積するが，アラスカなどでは現在も生産されている．

扇状地などに堆積した岩粉は周氷河気候特有の強い偏西風によって運ばれ，風下に堆積する．ヨーロッパでは，フランスからチェコあたりまでは河川に沿って線状に分布している．これは河川沿いに繁茂する植生にレスがトラップされるので，自然堤防のような分布形態をとる．それ以東の地域では面的に広がる．

沙漠レス

沙漠では紫外線が強く，しかも日中と夜間の気温差が大きいので，物理的風化が激しい（図5.5-1）．これに塩類風化[10]が加わって，レスが生産される（Goudie et al., 1979）．そして時折雷雨が発生して細粒物質が流水で運ばれ，ワジやプラヤに集積する．日中，激しく熱せられた地面では小さな竜巻が

---

10) 塩類風化：硫酸ソーダや硫酸マグネシウムなどの硫酸塩が雨水や露に溶けて岩石の割れ目や造岩鉱物の隙間に入って結晶し，やがて岩石や鉱物を破砕する．この作用により細粒物が生じる．

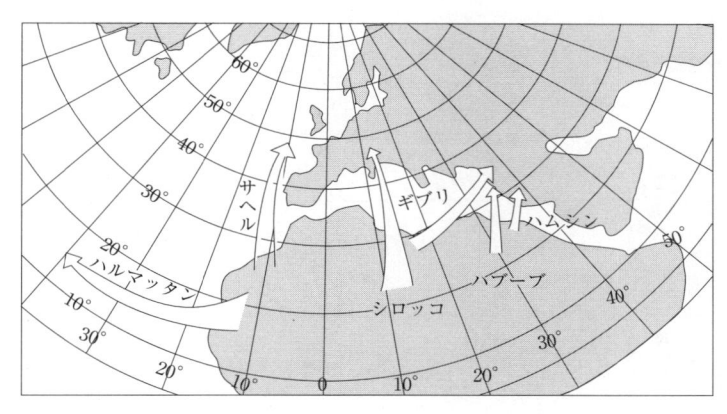

図5.5-2 サハラ沙漠の地域風
(Yaalon *et al.*, 1973)

発生したり，ダウンバーストと呼ばれる下降気流によって対流が発生し，細粒物質を上空高く舞い上げる．微細な粒子ほど上空にとどまり，やがて卓越風によって風下に運ばれる．沙漠レスはhot desert loessやperi-desert loessとも呼ばれる．

沙漠レスの2大供給源は，サハラ沙漠・アラビア沙漠とアジア内陸部の沙漠である（図5.4-2）．サハラではハルマッタン，シロッコ，ハムシンなどと呼ばれる強い地域風が，沙漠レスの運搬役である（図5.5-2）．このうち，西に吹くハルマッタンが運ぶ大量の風成塵は，北緯12°～25°の大西洋海底堆積物の主な構成物質となっている（Windom, 1975；Kolla *et al.*, 1979）だけでなく，土壌母材としても重要である．アジアの沙漠レスはタクラマカン，ゴビ，中央アジアなどの沙漠やチベット高原から運ばれた風成塵からなり，これにチベット高原や天山山脈などの氷河起源の岩粉が加わる．

沙漠レスは氷河レスと同様，氷期に多く堆積し，間氷期に減少する場合が多い．氷期には沙漠が拡大し，しかも風が強く，風食と運搬が盛んであったことによる．東アジアや中央アジアではモンスーンが弱体化したために，沙漠が拡大した．しかもシベリア高気圧からの吹き出しや偏西風が強まったために，沙漠レスが大量に運ばれた．サハラ南部でも拡大した沙漠から強い貿易風によって大量の風成塵が運ばれた．

中には氷期に湿潤化したためにかえって沙漠レスの堆積が多くなった地域もある．地中海沿岸では氷期に寒帯前線が南下したために，頻繁に通過する低気圧に吹き込む南風が，サハラ沙漠から多くの風成塵を呼び込んだ．さらに寒帯前線上空を流れる偏西風ジェット気流がサハラ沙漠やアラビア沙漠の風成塵を東に運び，西アジアから中央アジアにかけて広域に沙漠レスを堆積した（図5.4-4参照）．

5.5.3 レスの性状

Pécsi（1995）は，典型的なレスは，①均質，多孔質，淡黄色，わずかに風化した風成堆積物でシルト質（0～50μmが40～70％），②石英を40～80％，平均60～70％含み，長石，カルサイト，ドロマイトなどを含む，③無層理で，古土壌や粘土，砂などを挟む，④5～25％の粘土や砂を含み，粘土鉱物はスメクタイトが主で，少量のカオリナイト，バーミキュライト，クロライトを含む，⑤崖は垂直に発達し，侵食を受けやすい，などの特徴を挙げている．

一方，沙漠レスは，レスの可能性のある風成物質とされ，長い間レスとして分類されることはなかった．しかしButler（1956）がオーストラリアで粘土質沙漠レス「パルナ」について，Yaalon & Ginzbourg（1966）がイスラエルの土壌物質の起源について，沙漠レス論を展開した．そしてSmalley & Vita-Finzi（1968）はレスを沙漠レスと氷河レスに分類し，沙漠レスもレスの範疇に加えられるようになった．

現在では，レスが氷河や沙漠だけではなく河床，湖岸，海岸からも供給され，沖積物質，火山灰物質，斜面堆積物もレスの材料になると考えられている．そして粒度組成の違いによって，レス（20～60μm），砂質レス（20～60μm画分と200～500μm画分の混合物），粘土質レス（20～60μm画分に2μm以下画分が25～30％混合した物質），レス状物質（レスの二次堆積物，あるいは変質，風化した物質）に四分類されている．

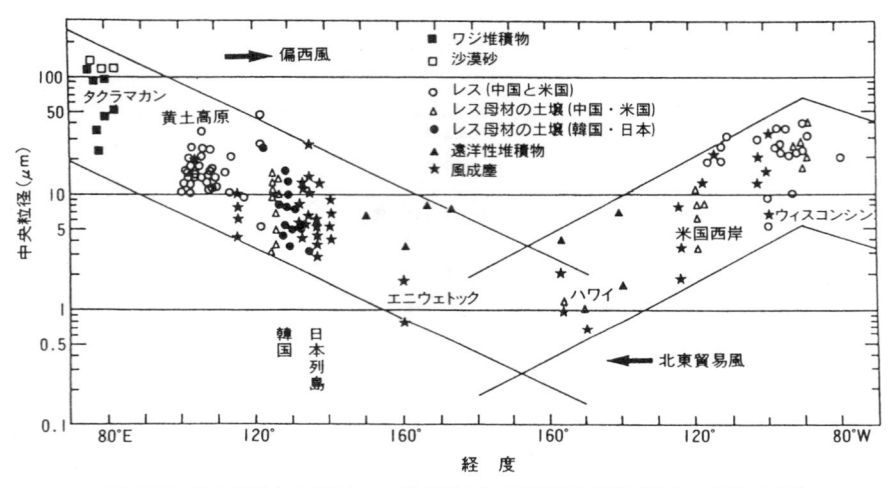

図5.5-3 北太平洋をめぐるレス, 風成塵の中央粒径値と距離（井上・成瀬, 1990）

レスはシルトを主体にするほぼ均一な粒子からなり, 層理が発達しないことが大きな特徴である. 色は黄土色を基本とするが, 堆積した地域の気候環境によって大きく異なる. レスの構成鉱物は石英が主で, 長石, 雲母などを含むが, 給源地の地質によって大きく異なる. ヨーロッパではレスは石灰質であると考えられていたが, これは給源地に石灰岩が分布するためで, 南米のパンパレスやニュージーランドレスのように風上に火山が位置する地域では火山灰物質を多く含んでいる. このため構成鉱物の違いによって給源地がわかることになる.

レスの粒径は給源からの距離によって変化する. 北太平洋をめぐる偏西風と貿易風によって運ばれた風成物質の粒径は図5.5-3のようである. レスの厚さも一般に給源に近いほど厚く, 離れるに従って薄くなる. 陸上でレス層として観察できるほどの厚さをもったレス以外に, 現地性の物質と混合したレスは, 陸上のみならず海底や湖底にも広域に分布している. このような場合には, 現地成のものは粒子が粗く, 遠くから運ばれてきたものは細粒である場合が多いので, 粒度分析によって識別できるし, 石英や雲母の生成年代や性質の違いや形態などによっても両者を区別できる.

5.5.4 レス–古土壌と第四紀編年

(1) レス–古土壌の古地磁気, 帯磁率と第四紀編年

中央アジアやヨーロッパでレスの堆積が始まったのは1.7～2.0Maから, 中国では2.5Maとされる (Pécsi, 1995). 両地域の堆積開始年代はやや異なるが, レス–古土壌と古気候の変化パターンはほぼ共通している（図5.5-4）. このような世界的な時代対比は, 1960年代から始まった古地磁気編年や帯磁率(コラム5.5-1)の研究によるところが大きい.

レスと氷期の関係を最初に研究したのはSoergel (1919) である. 彼は氷礫土や段丘との関係からレスの堆積時期を考察している. 以後, 世界各地でレス編年が進められ, 氷期とレスの密接な関係が明らかにされるようになった. とくにヨーロッパでは, 1960年代までに氷期＝レス堆積, 間氷期＝古土壌生成というレス–古土壌の組み合わせによる編年が進められた. そして古土壌の土壌型で間氷期古気候の復元が行われるようになった (Pécsi, 1965).

1970年代になると, ヨーロッパレスの古地磁気測定が進み, フランス, ドイツではレスの多くがブリューヌ/マツヤマ境界（0.78Ma）にまで遡ることが明らかとなった. とくに1.7Maから17回堆積したクレムスレスが平均10万年周期で堆積し, 深海底コアの酸素同位体比から知られる気候変動の周期とほぼ一致していることから, レスと気候変動の関連が本格的に考察されるようになった (Kukla, 1975 ; Fink & Kukla, 1977).

中央アジアではタジキスタンやウズベキスタンに厚さ200m近いレスが堆積している. Chasmanigarでは厚さ170mのレスに20層の古土壌が介在しており, Dodonov (1979) は約2Ma以降レスが河床や扇状地から供給されたと考えている.

北アメリカでは, Peoria, Farmdale, Roxana,

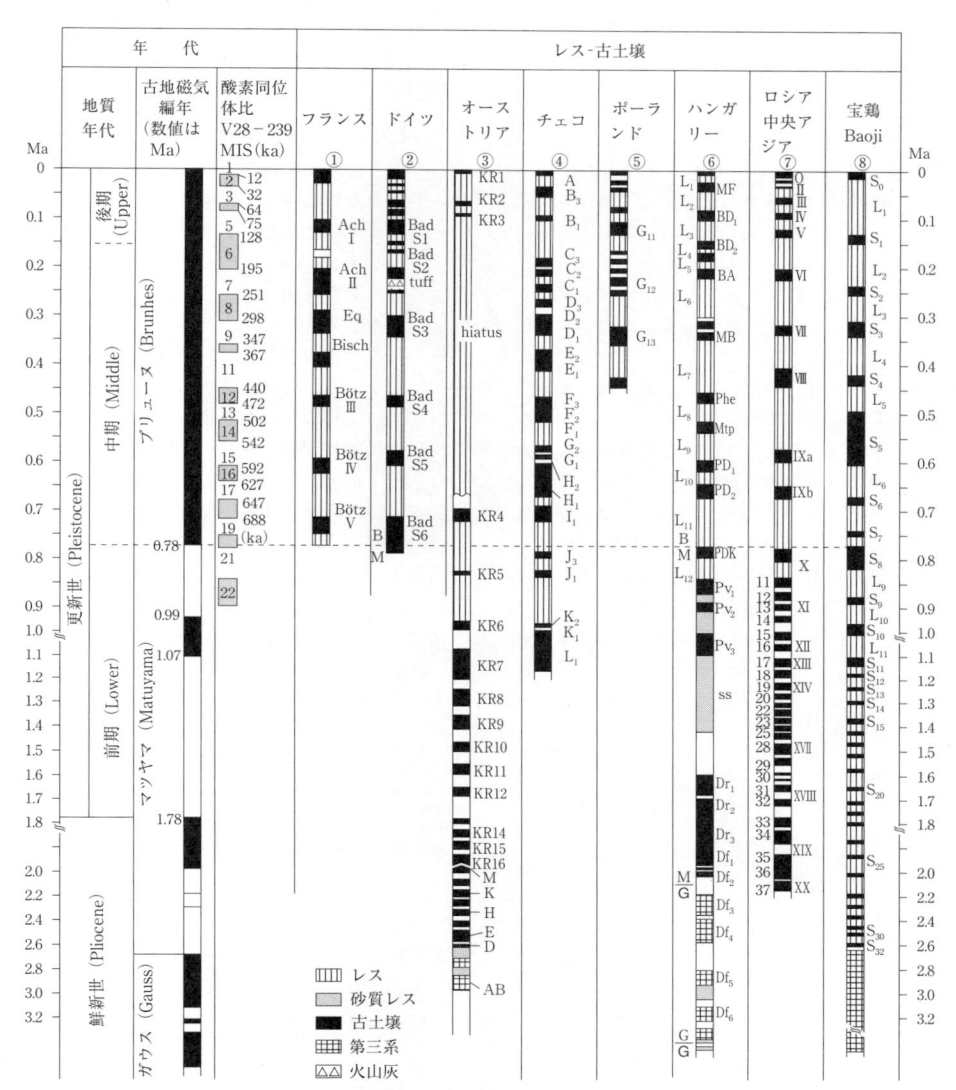

図5.5-4 ユーラシア大陸のレス編年 (Pécsi, 1995を年代尺度改訂)

①Achenheim：Butrym (1987), ②Bad Soden：Semmel (1974)；Zoller *et al.* (1988), ③Krems & Stranzendorf：Fink *et al.* (1979), ④Cerveny Kopec：Kukla (1970), ⑤Lublin plateau：Maruszczak (1987), ⑥Paks + Dunaföldvár：Pécsi *et al.* (1987), ⑦Central Asia, Chasmanigar：Dodonov (1984), ⑧Baoji：Rutter *et al.* (1990). Sは古土壌, Lはレスを示す.

Loveland, preLovelandといった5枚のレスが知られており，古地磁気測定の結果，古いものはブリューヌ／マツヤマにまで遡ることが判明している．コロンビア高原に堆積する厚さ75m以上のレスは21枚の古土壌と互層する．最古のレスは0.78〜1Maである（Busacca, 1991）．

ニュージーランド北島では1950年代からレス研究が始まり，Cowie (1964)はManawatuレスの火山灰編年による本格的な研究を始めた．最近ではPillans & Wright (1990)がEgmontやTaupo火山群の火山灰編年を用いて，50万年間に11層のレスと古土壌が堆積したことを明らかにしている．

(2) 中国レス（黄土）の編年

中国では Richthofen (1877) が中国黄土を更新世に堆積したものと論じて以来，表5.5-1のような黄土（レス）の編年対比が行われている．

1950〜60年代に，古気候と黄土-古土壌の関係が明らかにされ，劉・張 (1962) が哺乳類化石と黄土

●帯磁率（初磁化率）　　　　　　　　　　　　　　　　　　　　　　　　　　　コラム 5.5-1●

　磁場中におかれた物質が磁化することを帯磁と呼び，磁化の強さと磁場の強さの比を帯磁率（初帯磁率；magnetic susceptibility）という．帯磁率は一般に強い磁性鉱物の量を示し，とくにマグネタイトとマグヘマイトに支配されている．帯磁率の増減は気候の乾湿程度を示し，磁化率が高くなるのは気候の湿潤化によると考えられている．したがって帯磁率から過去の降水量を推定し，古気候復元のための定量化が可能になりつつある．

　帯磁率の測定にあたっては，電卓並の大きさの携帯用磁化率計を露頭断面に押し当てて測定するか，あるいはキューブで採取した試料を装置型磁化率計で単位体積，あるいは乾燥重量あたりに設定して測定する．

　1980年代にレスが過去250万年間の古環境変動を解明するのによい資料であることが知られるようになり，世界各地でレス研究が進んだ．その理由は，レス試料が陸上で容易に得られること，レス–古土壌の帯磁率変化が海底堆積物の酸素同位体比変化とよく似ており，気候変動の指標となりうること，時間と労力のかかる酸素同位体比測定に比べて帯磁率がより簡便に求まることなどが挙げられる．

　レス–古土壌の帯磁率は，第四紀の気候変動，とくに乾湿の変化，アジアではモンスーン変動を記録していると考えられる．レスと古土壌の帯磁率では相対的に古土壌の方が高く，降水量と帯磁率の関係が深いことを示す．古土壌に帯磁率が高いのは，土壌化作用によって形成された100nm以下の単磁区–超常磁性粒子の増加が原因であることがはっきりしつつある（鳥居・福間, 1998）．中国レス–古土壌の帯磁率は地域によっても異なり，雨量の多い東部で高く西部で低い傾向がある．

表 5.5-1　中国黄土の編年（劉, 1985）

地質年代	Richthofen (1877)	Andersson (1923)	Teilhard de Chardin & Young (1930)	劉・張 (1962)	劉 (1985)		年代 (万年)
					黄土–古土壌層序		
現代（全新世）（完新世）	Q_4	次生黄土			全新世黄土	S_0	1
晩更新世（後期更新世）	Q_3	馬蘭黄土（原生黄土）	馬蘭黄土	馬蘭黄土	馬蘭黄土	L_1	
						S_1	14
						L_2	
						S_2	25
						L_3	
晩中更新世（中期更新世）	Q_2^2	黄	紅	C	離石黄土上部	離石黄土上部	S_3	33
						L_4	
						S_4	41
						L_5	
			色			S_5	56
						L_6	
早中更新世（前期更新世）	Q_2^1				離石黄土下部	離石黄土下部	S_6–S_8	77
			土			L_9	
		土				S_9–S_{14}	109
				B		L_{15}	
						W_{S-1}	
						W_{L-1}	148
早更新世（前期更新世〜鮮新世）	Q				午城黄土	午城黄土	W_{S-2}	
						W_{L-2}	187
				A		W_{S-3}	
						W_{L-3}	222

なお，本表の中・前期更新世の地質年代の区分は本書で採用するものとやや異なる．

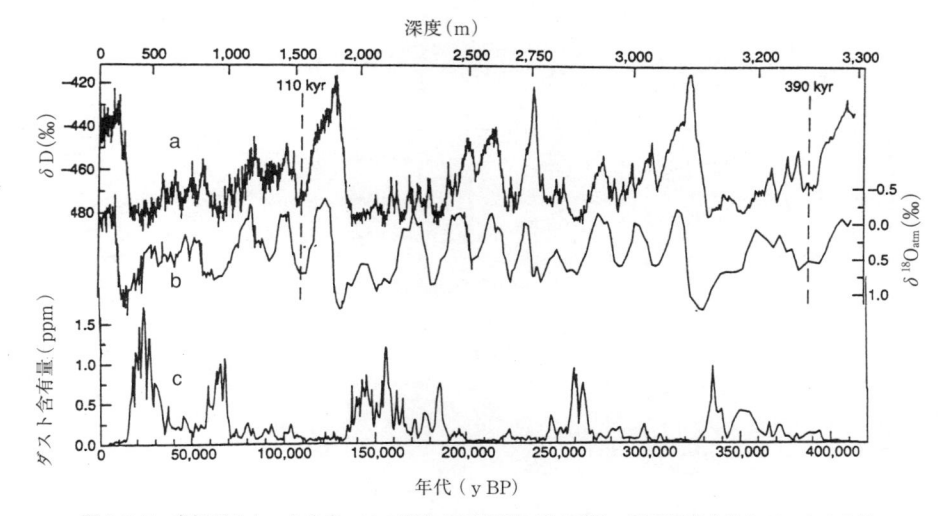

図5.5-5 南極ボストーク氷床コアの過去42万年間の重水素比，酸素同位体比とダスト含有量
(Petit *et al.*, 1999)
a：重水素比，b：酸素同位体比，c：ダスト含有量．

との層序関係から洛川に堆積する更新世黄土を馬蘭（ランチュアン）、上部離石（リーシー）、下部離石、午城（ウーチェン）の4黄土層に区分した．黄土の給源に関する研究も進み，ゴビ沙漠や北中国に広がる沙漠地域から供給されたことが明らかになった（口絵4）．現在では，黄土は海岸平野を始めチベット高原の扇状地や氾濫原も給源地と考えられている．黄土の分布に関して，劉（1964）は黄河中流域の黄土分布図を作成し，1984年からは中国全土の分布図作成を進めている．

1970年代になると中国科学院と外国研究機関との共同研究が進み，黄土と第四紀気候変動，チベット高原の意義などについての研究に発展するようになった．そして洛川黄土の熱ルミネッセンス測定（TL）が始まり，以後，黄土の年代測定に威力を発揮している．

1980年代には，Heller & Liu（1982）が，洛川黄土の古地磁気，帯磁率（コラム5.5-1），TL，粒度組成，化学組成，鉱物・古土壌分析などを使って，黄土-古土壌層序を確立した．これによると，黄土は2.4Maから堆積を開始しており，北半球の氷期の開始と一致することが明らかになった．また黄土の堆積速度がJaramillo（0.99～1.07Ma）以前は0.046mm/年であったものが，以後になると0.073mm/年へと増加したことも知られるようになった．同時にV28-239深海底コアから得られた酸素同位体層序との対比が行われ，中国黄土の堆積が世界的な気候変動と連動していることも明らかにされた．このほか蘭州では1.3Ma以後の黄土が厚さ330mに達することがわかり，1980年代には黄土高原の洛川，西峰，蘭州が主な研究地域となった（口絵4）．

1990年代になると同じ黄土高原の宝鶏Baojiで，Rutter *et al.*（1990）やDing *et al.*（1993）が2.5Ma以後の黄土-古土壌層序を確立し，古地磁気や帯磁率（コラム5.5-1）の変動を明らかにしている．このように洛川と宝鶏の研究は約2.5Ma以後の気候変動に関して多くの情報をもたらすようになり，過去420kyのダスト含有量と気候との対応を明らかにした南極ボストークコア（Petit *et al.*, 1999）とともに，レスが高精度気候変動研究の手掛かりになることが明らかになった（図5.5-5）．

黄土高原では，このほか黄土のフラックスや粒度組成によるモンスーンの変動が論じられるようになった．An *et al.*（1991b）は洛川黄土のフラックス変化が最終氷期の気候変動と一致することを示し，Ding *et al.*（1994）やPorter & An（1995），Xiao *et al.*（1995）は黄土の中央値や40μm以上の組成比が北大西洋地域で明らかになったBondサイクルやDansgaard-Oeschgerイベント（D-Oイベント；4.2.4項(2)参照）と対応していること，北大西洋地域と中国の気候が偏西風効果で連携していることなどを明らかにしていった（図5.5-6）．

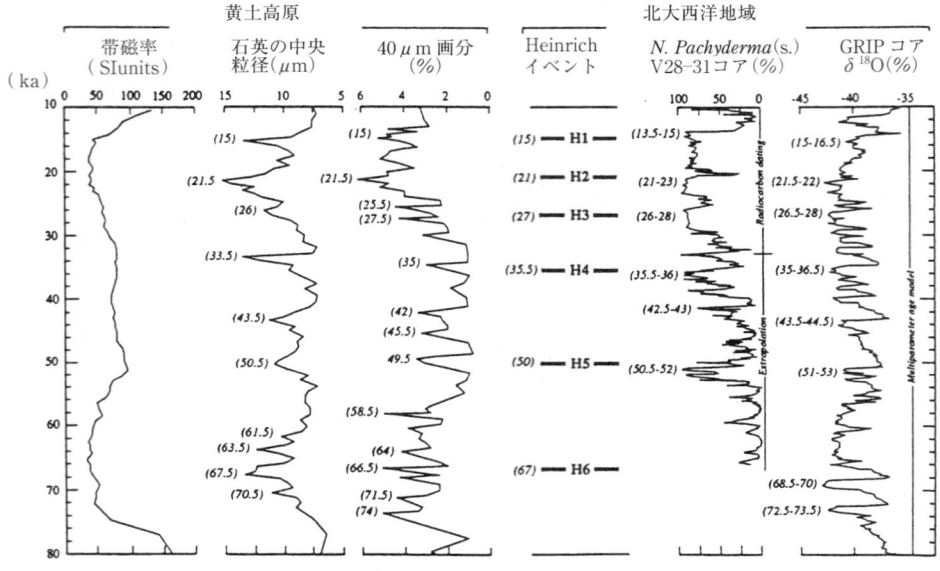

図5.5-6 黄土高原レスの粒度組成と北大西洋地域の深海底・氷床コアの酸素同位体比変化の対比 (Porter & An, 1995)

5.6 第四紀のテフラと火山活動史

火山噴出物は，マグマが火口を通過するときの状態で，火山ガス（気体），溶岩（液体），テフラ（破砕した固体，広義の火山灰，火砕物）に三分される．これらのうち大気に注入した火山ガスはグローバルに広がり，数年間滞留して降水とともに地上に落ちる．一方テフラは火砕流として火山の周辺に流れ下るものを除けば，風や海流などで送られてごく短期間に広域に堆積する．個々の噴火によるテフラは一般にそれぞれ個性をもち，他の地層と見分け互いに区別することができる．このようにテフラは，①ごく短期間の噴出物であること，②水域・陸域を問わず広域に分布すること，③同定しやすいこと，④年代資料が豊富なことなどの性質をもつため，第四紀堆積物の指標層として，火山活動史を復元することはもとより，古環境や種々の環境変化を議論するのに役立ってきた．**テフロクロノロジー**（tephrochronology）はテフラのこのような性質を利用した編年法である（2.3(2)項参照）．

5.6.1 研究のあゆみ

テフロクロノロジーはThorarinsson（1944）が1944年に提唱した編年法で，いまでは世界各地の火山とその周辺地域で多用されている．彼が適用したのは，アイスランドにおいて活動的な諸火山の活動史や，ヨーロッパ人入植後の農業史，花粉分析による植生史，地形発達史，風による土壌浸食史，周氷河現象の1つである凍結割れ目の形成史，氷河氷の堆積速度，氷帽氷河の消長などきわめて多様な諸現象であった．

この頃から相次いで火山の国ニュージーランドや日本でも，火山灰土壌の特性・分布や改良などの実用的な問題と関わって，テフラの科学的研究が開始された（Grange, 1931；浦上ほか, 1933a, b）．やがてそれは既成の研究分野である土壌学，火山学，地質学，地形学，考古学などでも注目されるようになり，諸種の編年研究に適用された．1970年代以降，テフラを用いた火山活動史研究に加え，テフラそのものの本質である爆発的噴火活動の機構（Walker, 1973；1980；1981）や気候への影響，人類への災害についての研究が盛んとなった．

1970年代には日本を始め世界各地で巨大火砕流噴火に伴う**広域火山灰**が報告され，広域火山灰が肉眼的に追跡される範囲は給源から3000km程度であること，したがって火山地域周辺では陸と海にまたがって分布することが明らかとなった（図5.6-1）．このようにテフラ研究は，編年問題にとどまらず種々の分野と関わるので，テフラ学（tephrology）の用語も提案された（Lowe, 1990）．現在は大陸間

5.6 第四紀のテフラと火山活動史

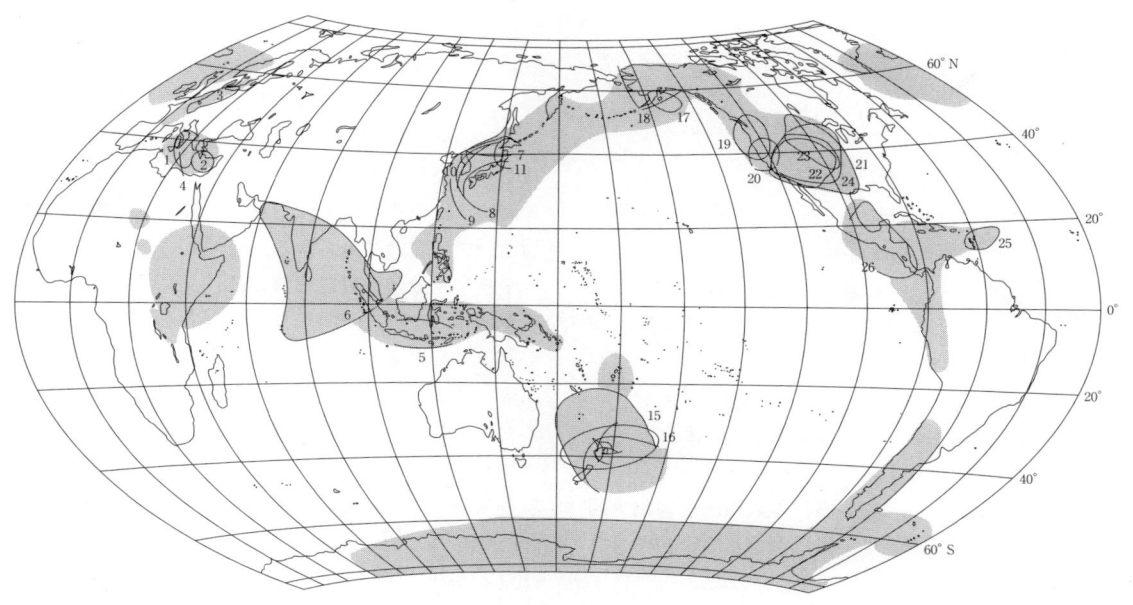

図 5.6-1 世界のテフラ分布図（町田・新井（1992）を改変）
アミの部分はテフラの分布が知られている地域．太い実線は代表的広域テフラのおよその分布域（各テフラのリストは表5.6-1）．

表 5.6-1 世界の代表的広域テフラ

No.	テフラ名（給源火山，地域）	噴火年代（ka）	VEI
1	Avellino, Z-1（Vesuvius，イタリア）	3.7	6
2	Minoan（Santorini，エーゲ海）	3.6〜3.7	6
3	Laacher See（アイフェル）	12.9	6
4	Campanian（Campi Fregrei，イタリア）	36〜37	7
5	Tambora 1815（スンバワ，インドネシア）	AD1815	7
6	Younger Toba（Toba，スマトラ）	74	8
7	白頭山-苫小牧（中国-北朝鮮）	1	7
8	鬼界アカホヤ（南九州）	7.3	7
9	始良 Tn（南九州）	26〜28	7
10	阿蘇4（中九州）	85〜89	7
11	洞爺（北海道）	110〜115	7
12	Taupo（ニュージーランド）	1.85	7
13	Kawakawa（Taupo，ニュージーランド）	26.5	7
14	Rotoiti（Haroharo/Okataina，ニュージーランド）	64	7
15	Rangitawa（Whakamaru，ニュージーランド）	340〜345	7-8
16	Potaka（?，ニュージーランド）	1000	7-8
17	Katmai（アラスカ）	AD1912	6
18	Old Crow（Emmons Lake?，アラスカ）	140	7
19	Mazama（Crater Lake，オレゴン）	7.63	6
20	Rockland（Brokeoff?）	614	6-7
21	Lava Creek（Yellowstone）	660	8
22	Bishop（Long Valley，カリフォルニア）	759	8
23	Mesa Falls（Yellowstone）	1270	7
24	Huckleberry Ridge（Yellowstone）	2060	8
25	Roseau（ドミニカ）	30	6
26	Los Chocoyos（Atitlan，グアテマラ）	84	7

No. は図5.6-1 に対応．
噴火年代 ka は千年前の単位（Machida, 2002 a, b）．
VEI は火山爆発度指数．全噴出物の体積で $10 km^3$ のオーダーは VEI で 6，$10^2 km^3$ は 7，$10^3 km^3$ は 8 に相当．

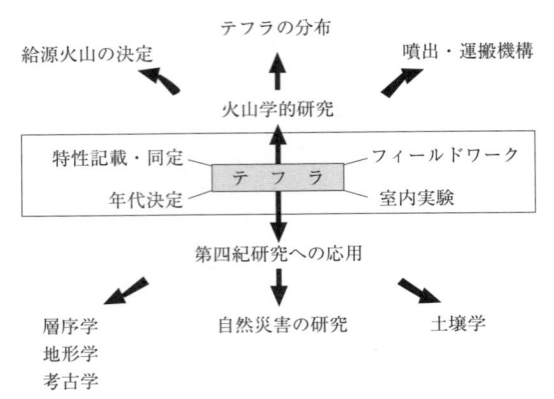

図5.6-2 テフラ研究の枠組み
枠内は基礎研究，矢印は適用できる諸分野．

や大洋間などより広域で，細粒の火山灰を検出・同定すべく，海底・湖底堆積物，氷河氷などが注目されている．

またテフラ研究が対象にする時代も新しい時代から次第に過去に遡ってきた．もちろん第四紀後半のテフラの研究成果は多量に蓄積されたが，その前半から第三紀鮮新世に及ぶ長い時代についても資料が集積しつつある．これによってテフロクロノロジーは，たとえば東アフリカの古人類の進化・拡散，古環境や山地・盆地の形成史，火山（群）の活動史，プレート運動史などの研究に貢献できることが明らかとなってきた．図5.6-2はこうしたテフラ研究の枠組みを示す．

またテフラをもたらした火山活動は人類やその環境にも大きな影響を与えてきたことから，歴史や環境変化の要因の1つとして注目されている．ここではこうしたテフラ研究の基礎のあらましと，第四紀の種々の環境変化との関係について概説する．なお，詳しいテフラの同定法や年代決定法の詳細は，他書（たとえば，町田・新井，1992；2003）を参考にされたい．

5.6.2 テフラと火山活動
(1) 岩相と噴火様式，分布

テフラの岩相は，基本的には岩質，噴火様式，運搬媒体，堆積環境および給源からの距離などによって決まる．中間に土壌などの堆積間隙を挟まないテフラ層を一般に基本単位とするが，連続した噴火でも噴火様式や噴出率が変化するため岩相・岩質が著しく変わることがあり，その場合別な名称がつけられることが多い．爆発的噴火が継続してガスとテフラからなる高い噴煙柱が立ち上がると，そこから風によって運ばれ風下地域に降下堆積する**降下テフラ**（降下軽石，スコリア）が生じる．また噴煙柱が崩れたり，発泡したマグマが火口から溢れ出るなどして**火砕流**が形成される．これらの現象は大規模噴火の場合には普通にみられる．

降下テフラと**火砕流堆積物**は，一般には淘汰の程度や堆積の仕方（分布）などに大きな相違があるので，区別しやすい．しかし破砕度が高く，粒子に火山灰サイズの細粒物が多いと，風で遠方まで到達するもののほかに，水分や静電気で凝集してぼたん雪のように落下するものもあり，降下物にも関わらず粒子の淘汰度が低くなる（いわゆる火山豆石，accretionary lapilli）．またガスの多い火砕流では，流れと降下との中間形をとって堆積する場合がある．さらに大規模火砕流では，噴煙柱や流動する火砕流から立ち上がる噴煙，水域に突入した火砕流の二次爆発などから，細粒テフラ（火山灰）が風で運ばれ，広域に拡がって降下堆積することが普通にみられる．給源から1000km以上の遠方にまで確認される広域テフラの大半はこの種の巨大火砕流と同時の降下テフラで，**co-ignimbrite ash**と呼ばれる（Sparks & Walker, 1977）．

(2) 給 源

降下テフラの分布は普通，等厚線図で示される．また本質物である軽石，スコリア，火山ガラス，斑晶鉱物，さらに類質・異質岩片の等粒度線図は給源を推定する上で必要である．一般に，降下テフラの厚さと粒度は距離とともに規則的に減少する．火砕流堆積物ではその減少の割合は緩やかで，比較的直線的である．

流紋岩質マグマの場合，噴出中心が特定のカルデラ内ということはわかっても，そのどこかはわかりにくいことが多い．そこでWalker (1981) は，ニュージーランドにおける2世紀に噴出したタウポテフラがタウポ湖（カルデラ）内のどこから噴出したかについて，等厚線図より等粒度線図の方が示唆的であることを示した．テフラの厚さや中央粒径は風の影響を受けて真の火道から数km離れたところに最大値があることが多い．これに対して大粒径の軽石や石質岩片，とくに弾道を描いて落下する径10cm以上の岩塊は風の影響を強く受けないから，

その粒度分布は噴出中心の位置を知るのにより重要である．また火砕流堆積物の場合にも，厚さよりも石質岩塊の粒度分布が給源推定に寄与する（山縣ほか，1989）．

テフラが古いほどその給源火山を推定するのは容易でなくなる．テフラの露出地点が少なくかつ風化が激しくなるので，等厚線や等粒度線図が高精度で描きにくいからである．このような場合にも，本質・類質・異質岩塊の粒度分布は重要である．また含まれる石質岩片の種類も噴出中心の基盤地質を反映するので給源判定の手がかりとなる．本質物の化学組成や屈折率特性も給源地域のおよその推定に役立つ場合がある．同じ火山の噴出物は時代が違っても岩質がかなり類似していることが多い．とくに火山ガラスの微量成分は，同一またはごく近い火山の噴出物では，共通する傾向が多い．マグマの生成条件が似ているからであろう．なお，層厚や粒度変化の資料が欠如している場合，岩質だけで個々の給源を論じることは危険である．

(3) 分布と体積

噴煙柱の高さは，噴出率・総体積にほぼ比例し，降下テフラにせよ火砕流にせよ，その分布の広さを規定する．特定テフラがどこに分布するかは，テフロクロノロジーの適用範囲を明らかにするばかりでなく，噴火規模の推定に役立つ．一般に噴火規模（爆発度の大きさ）はテフラの体積と噴煙柱高度で示される．しかしこれを高精度で求めるのは容易でなく，種々工夫されている．分布調査に基づいて求める場合，層厚のごく薄い部分の面積と体積の見積もり方が問題である（Walker, 1980）．また体積といっても，テフラ層全体のみかけの体積とマグマに換算した体積とは異なる．表5.6-1は図5.6-1に示した大規模広域テフラのリストである．

(4) 噴出・運搬・堆積環境

噴出中心の環境（水底か陸上か），運搬媒体の種類（大気（風），海流のほか氷山，浮氷の流動・融氷など），堆積場所の環境（水域か乾陸か）などをテフラの岩相（粒度，分級度，成層状態など）や分布から明らかにする研究は，テフラ噴出当時の火山および堆積地域の環境・古地理を論じる上で必要である．浅い水底から発生した噴火は，一般に陸上の成層火山から起こる場合よりも，マグマと水の相互作用で細粒化することが多い．水底といっても海底，湖底，氷底などに細分することが望まれる．それにはテフラ中の微化石に注目する必要があろう．一方，堆積場所の環境が陸域か水域かの判定は，テフラ層上下の地層の性質に加えてテフラの分級度，ふるい分け度，成層構造，分布などから行われる．火砕流も水域に突入して堆積した場合，下部の無層理，ふるい分けの悪い堆積物の上にラミナをもつ成層部（上方へ細粒化），上部のごく細粒の火山灰層というような岩相をもっている．また場合によっては陸上と同様に溶結することがある．ドミニカ島の南南西海底では給源から距離250km以上も流れた火砕流が知られている（Carey & Sigurdsson, 1980）．

テフラ層は上下のほかの地層に比べて一般に含水率が高いので，堆積後気候の寒冷化などの環境変化によって，変形しやすい．インボリューションなどの構造は高緯度，高標高地域の氷期のテフラに多くみられるが，埋没後に形成されたものであるから，当該テフラ堆積期の後の気候環境を示す．またテフラ層間の古土壌に，古気候を示唆する特定の土壌型をもつものがある．これも，あるテフラの堆積後，堆積前の環境を議論する上に役立つが，気候変化と特定土壌との対応には時間差があることは解釈にあたって留意する必要がある．

5.6.3 テフラの特性記載と同定

テフラ研究の基本となる1枚のテフラ層とは，給源で起こったマグマの一連の噴火でもたらされ，したがって上下を土壌で挟まれたひと続きの地層である．一般に主爆発的活動の継続時間は数時間から数日という短時間であるが，場合によっては数年の休止期をおいて再活動を起こしたとみられることもある．また1枚のテフラ層中に異なった性質のテフラユニットが挟まれている場合がある．それは噴火に関わったマグマが本来不均質な組成をもっていた場合や，離れた複数の火山（火口）が同期間またはわずかな時間差で噴火してテフラを供給した場合などに起こる．後者では，1枚にみえるテフラは給源の異なる何枚かのテフラ層に分けられることになる．

野外の露頭や堆積物コアにみられるテフラがどこの火山の，いつの噴出物かを同定することは，テフラ研究の基礎である．それには当該テフラの諸特徴を記載し，すでに記載されたどのテフラに対比でき

表5.6-2 鉱物レベルでのテフラの主な特性記載の方法

方法	対象	特色	問題点
屈折率	火山ガラス，斜方輝石，角閃石，長石	少量の試料で測定可能．日本では標準データあり．複数の鉱物の特性を組み合わせる	火山ガラスのみのデータでは分解能は小さい[*1]．
マイクロプローブ（EPMA）	火山ガラス，斜方輝石，チタン鉄鉱など	少量の試料で測定可能．火山ガラスの標準データあり．主成分．非破壊	アルカリの損失．機器や実験条件の統一[*2]．換算法
ICP	火山ガラス	多数の成分のデータが得られる	ガラスの純化が問題[*3]．
INAA	火山ガラス	多数の成分のデータが得られる	ガラスの純化が問題．測定・計算に時間がかかる

[*1] 一般に給源から離れるにつれてテフラ中の重い鉱物の含量は減少していくため，遠隔地では軽い火山ガラスが卓越するので，主たる特性記載の対象となる．このためほかの方法と併用することが望まれる．一方，温暖多雨地域の更新世テフラの場合は，風化のためガラスは粘土化し，斑晶鉱物のみが対象になることが多い．

[*2] 火山ガラスの分析は多数行われているが，機器，測定条件による差，標準試料の統一性，数値の正規化の方法などに研究者による差がみられ，国際的な合意や取り決めが必要である（Froggatt, 1992）．

[*3] 通常の分析の場合，必要量の火山ガラスの純化には手間がかかる．このため最近ではレーザーを用いて単一粒子でも分析できるICPスペクトロメトリーが使われ始めた．

るかどうかを判断する．もし未記載なら詳しく特徴，分布，層位を記載する．

テフラは本来，火山岩としての性質と堆積岩としての性質とを兼ね備えている．したがってこの両面から特性を記載する必要がある．前者は採取した試料の鉱物組成や特定鉱物の化学的性質など，主に実験室内で記載する特性で，後者はテフラの岩相，層位，年代など，主に野外で記載する特性である．なお一般に，珪長質テフラに対して玄武岩質スコリアは，噴出量が少ないことが多く，かつ似た特性のものが頻繁に噴出・堆積し，風化・土壌化するために，一般に野外観察でも岩石記載的特性でも，対比・同定するのは困難なことが多い．

完新世と後期更新世のデイサイト・流紋岩質テフラの場合，同一堆積型（AaA＝陸上噴火，風送，陸上堆積など）で体積1km³以上ならば，給源近傍地域（火山から数十km以内の距離）の野外で，岩相と層位の観察から，確度の高い対比・同定が一般に可能である．しかし堆積環境が異なる遠隔地のテフラを同定したり，マグマの性格を知るような場合には，実験室でのテフラ粒子の岩石記載的特性の分析は欠かせない．鉱物組成などの岩石レベルの特性よりも，鉱物種ごと，場合によっては鉱物一粒ごとの化学組成や屈折率特性が必要となる．現段階で多用される特性分析の方法は表5.6-2のようである．

このように，岩石記載によるテフラの特徴づけは多様な方法で進んできたが，テフラの同定はそれらの資料と層位・層相による特徴とを総合して行う

（町田・新井，1992）．

5.6.4 テフラの噴出年代

第四紀の諸現象の年代と同様，テフラの噴出年代にも相対年代（層位）と数値年代とがある．前者は第四紀の種々のできごとと特定テフラ層との前後関係に基づく．テフラは広い分布範囲の各地でさまざまな地層，地形，化石，人類遺物・遺跡などと層位関係をもつため，層序・編年を研究する場合の基準層となる．一般に第四紀のテフラの層序は，広域指標テフラを鍵層として組み立てる．その枠組みに第四紀の諸情報を組み入れる．この場合，有孔虫殻の酸素同位体変動を明らかにした海底コアや隆起した海成層について，主要テフラがどの層位に入るかという情報は，テフラに酸素同位体年代尺度を与えてくれる（図5.6-3）．気候変化を示す花粉化石の層序や氷河性海面変化の結果生じた海成段丘とテフラとの関係もこれに準じた，テフラの相対年代を与える．

テフラにはそれ自身放射年代測定が可能な鉱物が含まれることが多い．ジルコンや火山ガラスにはフィッショントラック法（FT；ITPFT）が適用される．溶結凝灰岩や特定鉱物にはK-Ar法などが有用であるが，全岩を試料として扱う場合には，風化や汚染が年代値の質を低める．これについては最近の技術の進歩により，単一の結晶粒で精密測定する方法（SCLF Ar/Ar法など）が可能になったことは特筆される（第2章参照）．従来，ときに放射年代値から離れた地域間でのテフラの対比が議論される

ことがあったが，テフラの対比・同定と年代決定とは別である．同定された特定のテフラについての種々の方法による年代測定は，信頼性の高い年代値を得るのに役立つ（コラム2.2-7参照）．

5.6.5　火山の噴火史研究
（1）　カルデラ火山

　テフラの編年・年代研究が進展するにつれて，給源から1000km以上の広域で指標として用いられるテフラは，いずれも大カルデラを形成する大規模噴火（体積$10^2 \sim 10^3 km^3$）であることがわかってきた．噴火規模が大きくなると，カルデラも巨大化する一方，同一火山での噴火頻度は低くなる．図5.6-4には第四紀の代表的な大カルデラとその大きさの比較，キャプションにカルデラ形成に関係した噴火の回数（第四紀）を示す．これによると，地殻がより厚く発達したと考えられる大陸やその縁（イエローストーン，トバなど）では，巨大な火砕流噴火が発生している（町田，1997）．イエローストーン，トバ地域では1回の噴火で$10^3 km^3$ものテフラを噴出した活動が発生し，長径50kmを越す巨大カルデラ

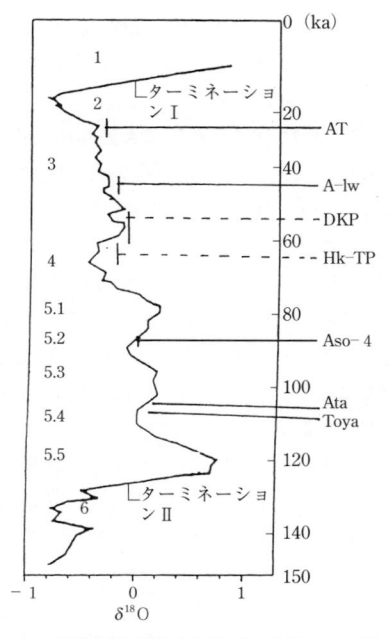

図5.6-3　標準的海洋酸素同位体変化史における日本の後期更新世テフラの層位年代の例（Martinson *et al.*, 1987；大場，1991；町田・新井，1992；山根・大場，1999）
実線で示すテフラとその層位は直接海底コアから得られたもので，破線は陸上の花粉層序から推定した．

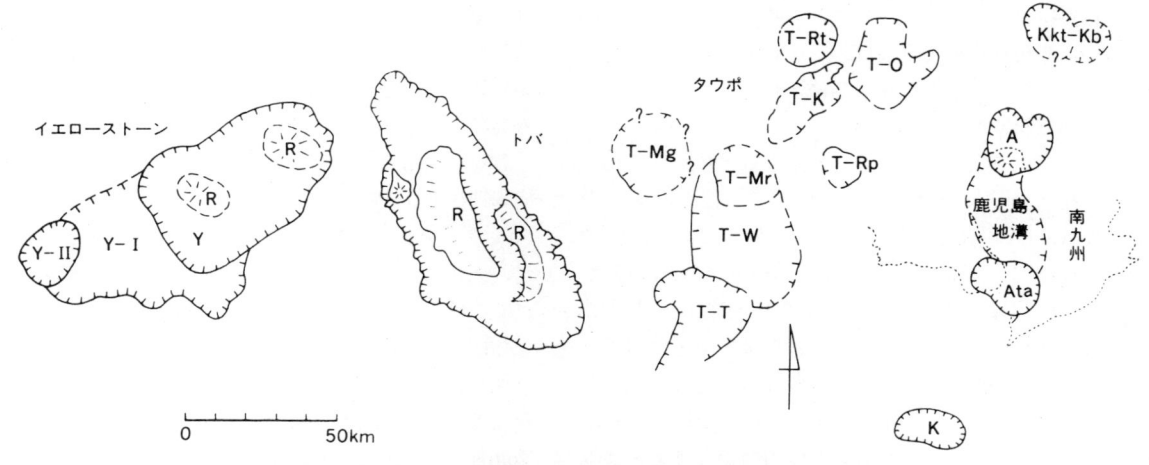

図5.6-4　世界の大カルデラの大きさと噴火回数（町田，1997を一部補訂）
［イエローストーン火山域（北米）］Y-Ⅰ：イエローストーンⅠカルデラ（大噴火回数1，Huckleberry ridge tuff噴出），Y：イエローストーンカルデラ（1，Lava Creek tuff噴出），Y-Ⅱ：イエローストーンⅡカルデラ（1，Mesa falls tuff噴出），R：再生ドーム．
［トバ火山域（スマトラ）］大噴火回数3．現カルデラ地形は主に7.4万年前の大噴火によってつくられた．R：再生ドーム．
［タウポ火山域（ニュージーランド）］T-Rt：Rotoruaカルデラ（大噴火回数1），T-O：Okatainaカルデラ（2），T-K：Kapengaカルデラ（7），T-Mg：Mangakinoカルデラ（9），T-Mr：Maroaカルデラ（4），T-Rp：Reporoaカルデラ（1），T-W：Whakamaruカルデラ（1），T-T：Taupoカルデラ（3）．
［南九州火山域（日本）］Kkt-Kb：加久藤-小林カルデラ（大噴火回数＞3），A：姶良カルデラ（＞2），Ata：阿多カルデラ（＞2），K：鬼界カルデラ（＞4）．

を形成した．しかしその噴火頻度は10^5年に1回程度である．そのほかの場合でも大噴火は10^4〜10^5年に1回程度とみられる．

(2) 安山岩質や玄武岩質の大型複成火山

安山岩質や玄武岩質の大型複成火山由来のテフラ噴出頻度は，10^1年〜10^3年に1回ときわめて高い．こうしたテフラ，ことに降下テフラは給源火山近傍（火山からの距離20〜30km）では層をなすが，遠隔地に行くにつれ薄層になるとともに，風化・土壌化が進んで無層理化し，個々のテフラを識別することが困難になる．これはしばしばローム層と呼ばれてきたものでレスに似た外見をなす．こうした場合には噴火頻度の低い大きな噴火による特徴的なテフラのみが肉眼で識別でき，鍵層として利用される．しかし水底など堆積環境のよい場合は，遠隔地でも1枚1枚のテフラがよく保存されている．

複成火山の噴火史についてテフラがもたらす情報は，山体をつくる溶岩に比べると格段に多い．とくに年代情報が種々の事件や歴史と関係して得られる点や，連続して層序・編年を編むことができる点などに利点がある．ただしテフラはカルデラ形成や山体崩壊事件など爆発的活動とその年代決定のデータは直接得られるが，溶岩のみを噴出するような火山の活動史研究の場合には，一般の地形・地層と同じく，指標テフラとの層序関係から溶岩などの年代の範囲を決めねばならない．

火山の発達史研究は，テフロクロノロジーに加えて中・前期更新世〜鮮新世の溶岩，溶結凝灰岩のK-Ar，Ar-Ar年代測定などが増加した結果，次のようなことがわかってきた．体積$10^2 km^3$級の大型複成火山では活動期間はおよそ10^5年程度であること，開析の進んだ火山では，鮮新世〜前・中期更新世に主活動期があったこと（侵食の程度は地域による差が著しい），隆起・侵食の激しい山地では火山体はほとんど残っていないが火山の根と考えられる岩体が認められること，などである．

5.6.6 テフラ噴火と気候変化との関係

これまで，テフラを噴出するような爆発的噴火は気候変化を起こす原因の1つであると考えられてきた．それは1783年のアイスランドLaki噴火や1815年インドネシアTambora噴火が地球規模の寒冷化を招いたという歴史的事実があったからである．しかしテフラは噴火後すぐに降下堆積するので，テフラそのものは気候変化とは直接関係しない．噴出した火山ガス，中でもSO_2は大気中で硫酸エアロゾルになって数年間大気に懸濁し，日射の反射率（アルベド）を増大させて寒冷化を招く点で重要である（Lamb, 1970）．しかしこのエアロゾルも数年経過すると薄まり，気候への影響は減少する．したがって噴火は数年間という短期間の気候変化に影響することは確かであるが，長期にわたる気候変化の原因の1つとして認知されるには問題が多い．

もっとも第四紀の気候の大きな遷移期（とくに寒冷化の時期）を示す地層に，広域テフラが介在することは稀ではない（トバテフラ，74〜70ka [MIS 5a/4]；始良Tnテフラ26〜30ka [MIS3/2]，タウポカワカワテフラ27〜26ka [MIS3/2]）．こうした事例からみると，ほかの要因で寒冷化しつつあったとき，巨大噴火は地球の気候システムを大きく変える引き金となったという可能性は否定できない（Rampino & Self, 1993）．

最近の噴火事例の研究によると，テフラの体積と火山ガス噴出量が必ずしも正の関係にあるとはいえないようである．大規模爆発的噴火は珪長質マグマに由来することが多いが，火山ガスの濃度はむしろ苦鉄質マグマの噴火の方が多い．そうすると長期の気候に与える噴火の影響は，単発式の巨大噴火よりも高頻度の中小規模の噴火の方を重要視すべきかもしれない．こうした噴火と気候との関係は今後の研究課題の1つであろう．

一方，噴火が気候を制御するという考えとは別に，火山の活動は第四紀の気候−海面変化に制御されるという，親子関係が逆の考えも古くからあった（Matthews, 1969）．火山活動の環境要因の1つに，気候−海面変化に伴うアイソスタシーによる火山周辺地域の荷重変化があると考えられる（Nakada & Yokose, 1992）．アラスカやカムチャツカなど氷期に氷床下にあった火山地域は，後氷期になって荷重がとれて活動が活発化した傾向がある．また日本など中緯度では海面低下期にテフラが多く噴出し，海進が起こった後氷期前半に静隠になったという傾向がある（町田，1980）．しかし気候変化とマグマ活動の消長との間には，複雑な機構と時間を要する過程がある．モデル化とその検証は今後の問題の1つである．

数多い自然の猛威の中で，火山地域では爆発的噴火が人類とその環境へ与える影響の大きい猛威であることは，現在でも経験することだし，いくつかの歴史学的・考古学的研究からも理解できる．テフラによる集落の埋没や破壊といった直接的な影響がしばしば取り上げられるが，その周囲には，二次的影響が大きく，長く続いた地域が広かったことも忘れてはならない．気候の悪化もその1つであろうが，大規模噴火に伴う地形・土壌の改変，生態系の変化なども人類の生存・適応過程に大きな背景となる舞台装置の1つである．

5.7　第四紀の土壌

5.7.1　土壌とその研究

　土壌は，母岩が風化してできた母材が地表で気候，生物，植生，地質，地形，水文環境などの影響を受けながら，土壌化作用によって生成されたものである．母岩の風化作用とは，岩石が物理・化学的に細粒化していくもので，変質した部分を風化帯という．一方土壌化作用は，植物から供給された有機物が地表にたまり，風化物質がその場所特有の物理・化学的，生物学的な作用を受けて層位が分化し，土壌が生成されることで，植物の生育に必要な肥沃さをもっている点で単なる風化帯と異なる．

　したがって土壌は大気圏，生物圏，岩石圏，水圏の環境条件が総合的に表現されたものであり，各要素が相互に働く時間が必要で，成熟した土壌断面が生成されるには10^4年以上の時間が必要とされる．このため時間は，土壌生成に重要な要素の1つである．

　地球上には環境に応じて特有の土壌が生成される．さらに生成後の人為作用や酸性物質によって変質するし，気候・植生変化で変わる．こうした過去の土壌が埋没・保存される場合は，**古土壌**という．このように土壌には生成環境の変遷に関する多数の情報が記録されている．

　生成学的な近代土壌生成・分類学（pedology）は，Dokuchaev, V.V.（1846〜1903）の精力的な野外調査の結果見出された法則「土壌は気候や地形などの多様な条件のもとで，岩石（または堆積物）に対する生物の影響により，自然史的過程で生成する」がその基本概念となっている．彼は土壌生成に母材，生物，気候，地形，時間の5因子を挙げ，後に人為的因子を加え，時間の経過とともに母材に作用する土壌生成因子を体系化した．ロシアではポドソルやチェルノーゼムといった特有の断面をもった土壌が気候帯と植生帯にほぼ一致していたので，彼は土壌生成にとって気候因子が大きな比重を占めると考え，彼と彼の後継者によって**土壌帯**という概念が与えられた（松井，1988）．現代の土壌学は，土壌の断面形態と性状，土壌の生成環境（土壌生成因子），土壌の生成過程を総合的に把握することに目的がある（松井，1989）．

5.7.2　世界の土壌分布

　地球上には，平均気温や乾湿度に応じた気候帯や植生帯が分布する．土壌帯も気候帯や植生帯に深く関係して分布している．とくにロシアでは両者の関係が密接であり，これに着目したDokuchaevは，成帯性，成帯内性，非成帯性の枠組みを設けて世界の土壌分類を試みた．

　図5.7-1のように温度（緯度）と土の乾湿の違いによって分類されるものを**成帯性土壌**といい，ポドゾル（ロシア語で灰のような土），チェルノーゼム（ロシア語で黒い土），カスタノーゼム，ルビソル，アクリソル，フェラルソル，沙漠土などを含む．土壌の色，母材の変化速度，腐植の集積・分解が温度と水分に左右される．また土壌中の水が上下方向にどう動くかによって，溶解物質が集積したり溶脱したりして土壌生成に影響する．

　成帯内性土壌は，気候帯や植生帯に規定されるとともに，ほかの因子の影響も強く受けて周りの土壌とは異なる土壌断面が生成される土壌である．この

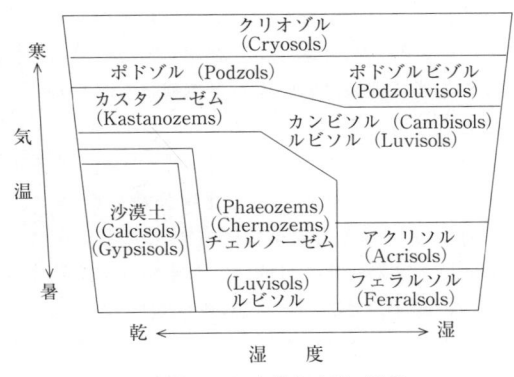

図5.7-1　気候と土壌の関係

土壌には，母材（母岩）の影響を受けたアンドソル（黒ぼく土），バーティソル（熱帯黒色土）などと，水分条件の影響を受けたグライソル，ヒストソル（泥炭土）などがある．地中海沿岸の石灰岩地域に分布するテラロッサ（ラテン語で赤い土）やデカン高原のレグール（綿花土）は成帯内性土壌であり，テラロッサはUSDA（1975）のAlfisolsに，レグールはVertisolsに分類されている．

非成帯性土壌は，生成後間もないために層位分化が進まない土壌で，気候や植生帯とは無関係である．レプトソル（固結岩屑土），レゴソル（非固結岩屑土），フルビソル（低地沖積土）などがある．こうした分類に入らない水田土壌などは人工土壌に含まれる．

しかし，世界各地の調査が進むにつれて，この枠組に入らない土壌が多数存在することがわかってきた．そこで第二次大戦後，世界的な土壌資源の利用と保全を目的にして，新しい原理に基づいた世界の土壌図作成が始まった．

まず1951年からアメリカ農務省土壌調査局（USDA）による土壌分類調査が進められ，アメリカで体系化された土壌分類をほかの地域に適用しながら，世界の土壌図作成が始まった．1975年に"Agriculture Handbook 436"が出版，10土壌目オーダーからなる**土壌タクソノミー**（soil taxonomy）が公表され，表5.7-1のように11目が分類されている．その後，順次，改定が重ねられ，1996年に第7版"Keys to Soil Taxonomy"が出版されている．この分類は，これまでの分類基準とはまったく異なる新しい分類体系に基づくもので，土壌断面に特徴的層位があるかどうかという，これまでのややもすると名人芸的な手法に頼らずに，土壌の物理・化学的分析によって土壌型を定量的に分類できるものである．この分類法はとくに発展途上国などの地力に依存する農業地域において，土地利用を決めるのに有効とされている．

しかし各国とも根強い土壌観をもち，相違点があるので，皆が受け入れられる**土壌分類**をめざして，1961年から国連食料農業機構（FAO）とユネスコの共同で，国際対比を目的にした土壌分類が始まった．その結果，1978年にFAO-UNESCOの500万分の1世界土壌図が完成している．この土壌図は土壌タクソノミーに準じて26の土壌単位（soil unit）からなっており，USDAの土壌分類図とともに世界に広く適用しうる土壌分類として利用されている．このFAO-UNESCO図はUSDAの分類法も大幅に取り入れながら，チェルノーゼム，ポドソル，ソロネッツ（アルカリ土）といった成因的分類による伝統的な土壌名を残した妥協的な分類体系ともいわれる．1990年にはFAO-UNESCOが主要土壌群の改定と土壌図を公表している（図5.7-2）（久馬，1997）．

FAO-UNESCOの500万分の1世界土壌図が完成したのをきっかけに，さらにこれを発展させて国際的な統一土壌分類体系を確立するために国際土壌会議（ISSS）で討議され，1994年に世界土壌照合基準（WRB；World Reference Base for Soil Resources）が公表されている．WRBの分類基準は30の照合土壌群（reference soil groups）からなり，USDA-UNESCOの主要土壌群にDurisols, Umbrisols, Cryosolsが追加されている（表5.7-2）．

5.7.3 第四紀の環境変動と古土壌
(1) 気候変化と古土壌

第四紀の激変する気候変動に伴って土壌生成環境もめまぐるしく変化した結果，その都度，新たな環境に応じた土壌が生成されてきた．こうした第四紀の土壌は現世土壌（modern soil）と古土壌（paleosol）に分類される．加藤ほか（1977）は古土壌を『現在の環境の影響をまったく受けないか，過去の環境によって生じた特性が変化を受けつつある土壌』と定義している．古土壌はさらに地表に露出しているレリック土壌と堆積物に覆われた埋没古土壌とに大別される．レリック土壌は現在の環境下で新たな土壌生成作用がつけ加わった土壌である（小池ほか，1994）．

第四紀の古土壌に関する研究は，19世紀後半の氷河堆積物やレスが分布する地域で始まった．当時，ヨーロッパではPenk & Brückner（1901；1909），北米ではLeverett（1898）などが氷河レスの編年にあたって数多くの古土壌を発見し，このときに命名されたヤーマス，サンガモンなどの古土壌名は今日でも広く使用されている．

レスは給源の違いによって氷河レスと沙漠レスに分けられる（5.5節参照）．レスに発達する古土壌のうち酸素同位体ステージ3以降の古土壌はレス中のカルシウムが腐植と結合して黒～褐色を呈するのに

5.7 第四紀の土壌

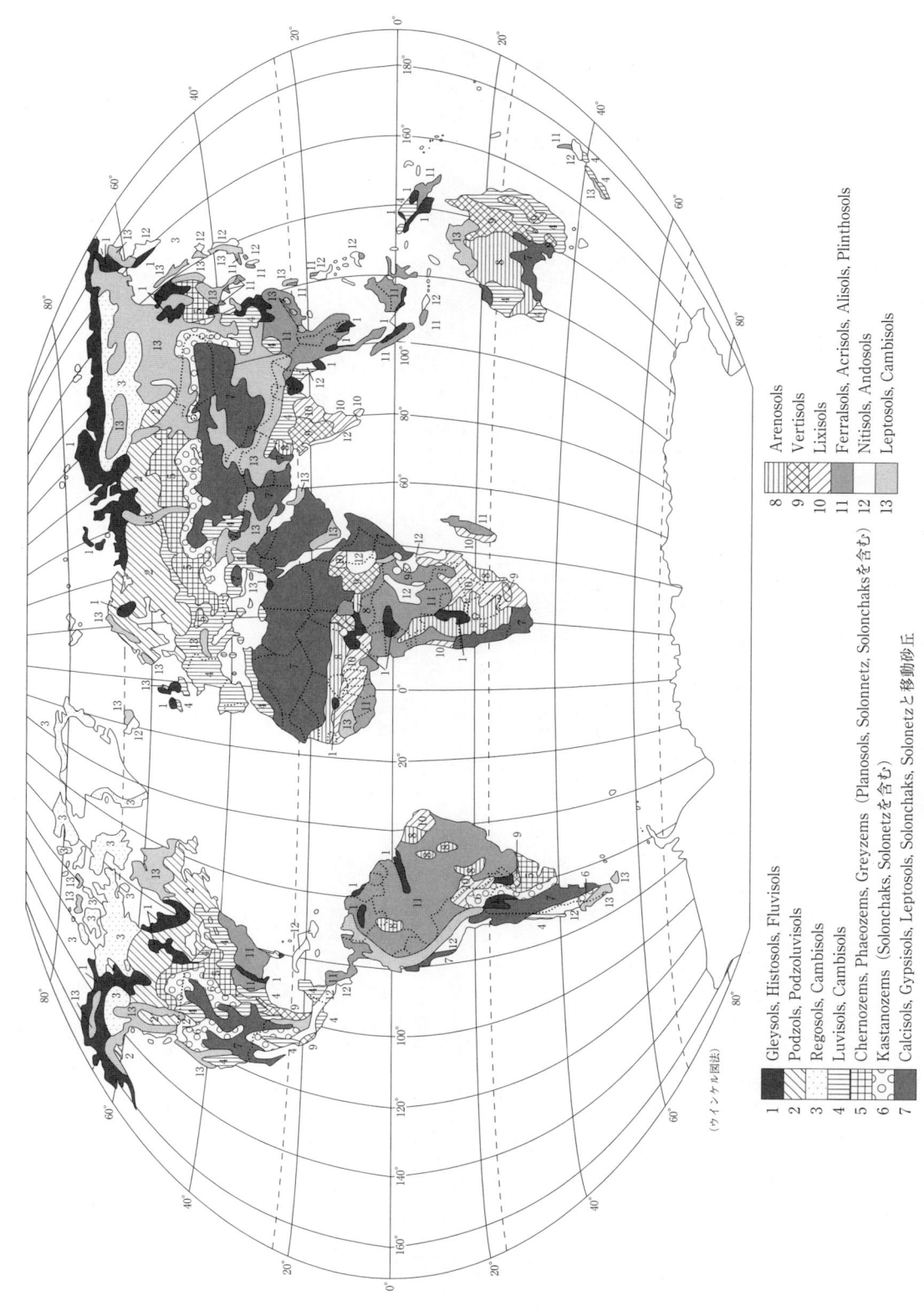

図 5.7-2 FAO-UNESCO による世界土壌図

1　Gleysols, Histosols, Fluvisols
2　Podzols, Podzoluvisols
3　Regosols, Cambisols
4　Luvisols, Cambisols
5　Chernozems, Phaeozems, Greyzems (Planosols, Solonnetz, Solonchaks を含む)
6　Kastanozems (Solonchaks, Solonetz を含む)
7　Calcisols, Gypsisols, Leptosols, Solonchaks, Solonetz と移動砂丘
8　Arenosols
9　Vertisols
10　Lixisols
11　Ferralsols, Acrisols, Alisols, Plinthosols
12　Nitisols, Andosols
13　Leptosols, Cambisols

(ウィンケル図法)

表5.7-1 土壌タクソノミー（USDA）

土壌目	土壌名の由来		英語
Entisol	なし		recent
Histosol	*histos*	ギリシャ語の植物組織	histology
Vertisol	*verto*	ラテン語のひっくり返す	invert
Inceptisol	*inceptum*	ラテン語の開始	inception
Aridisol	*aridus*	ラテン語の乾燥	arid
Mollisol	*mollis*	ラテン語の柔らかい	mollify
Alfisol	*al*	アルミニウム，ラテン語の鉄	pedalfer
Spodosol	*spodos*	ギリシャ語の木灰	podsol
Ultisol	*ultimus*	ラテン語の最終	ultimate
Oxisol	*oxide*	フランス語の酸化物	oxide
Andisol	*ando*	日本語の暗色の火山灰土	acid soils

対して，最終間氷期などの温暖期に生成された古土壌は赤褐〜赤色を呈する．沙漠レスの代表格である中国黄土には32枚の古土壌S1〜S32が認められ，約2.5Ma以後の氷期・間氷期の識別が可能になっている（図5.5-4⑧）．イスラエル周辺では氷期に南方の沙漠から飛来した風成塵が植生に覆われた地域に堆積し，間氷期の温暖乾燥期には地表から水分が蒸発し，石灰分が表層に集積して石灰質古土壌（SCH1〜6，ハムラ土壌）が生成した（図5.7-3，成瀬，1995）．

(2) 土壌母材からみた古環境の復元

土壌は堆積した母材がその場で土壌化を受けて残積成土壌になるものと，母材が次々にほかの場所か

表5.7-2 USDA, FAO-UNESCO, 世界土壌照合基準（WRB）の主要土壌群と日本の土壌分類

USDA (1975)	FAO-UNESCO (1990)	WRB (1998)	土壌名；日本の統一的土壌分類体系大群（2002）*
Inceptisols	Cambisols	Cambisols	暗赤色土*，ポドゾル性土*，褐色森林土*，赤黄色土*，停滞水成土*
Histosols	Histosols	Histosols	泥炭土*
Spodosols	Podzols	Podozols	ポドゾル性土*
Aridisols	Calcisols	Calcisols	石灰集積土
	Gypsisols	Gypsisols	石膏集積土
	Solonchaks	Solonchaks	塩類土
Entisols	Arenosols	Arenosols	未熟土*
	Fluvisols	Fluvisols	沖積土*
	Gleysols	Gleysols	停滞水成土*
	Lepotsols	Lepotsols	未熟土*
	Regosols	Regosols	未熟土*
Oxisols	Ferralsols	Ferralsols	ラトソル
	Plinthosols	Plinthosols	地下水ラテライト
Ultisols	Acrisols	Acrisols	赤黄色土*
	Alisols	Alisols	赤黄色土*
Ulti, Alfi	Nitisols	Nitisols	構造面が輝き厚い argillic B 層をもつ
	Planosols	Planosols	停滞水成土
	Podzoluvisols	Albeluvisols	漂白層と argillic B 層をもつ
Alfisols	Lixisols	Lixisols	土壌母材がより強く風化された Luvisols
	Luvisols	Luvisols	暗色土*
Alfi, Molli	Solonetzs	Solonetzs	アルカリ土
Mollisols	Chernozems	Chernozems	チェルノーゼム
	Greyzems	–	暗色の mollic A 層と構造面の漂白をもつ
	Kastanozems	Kastanozems	栗色土
	Phaeozems	Phaeozems	暗赤色土*
Vertisols	Vertisols	Vertisols	グルムゾル，熱帯黒色土
Andisols	Andosols	Andosols	黒ぼく土*
–	–	Durisols	
–	–	Umbrisols	
–	–	Cryosols	永久凍土
–	Anthrosols	Anthrosols	造成土，沖積土

ら運ばれて累積し，土壌化を受けた運積成土壌に大別される．後者は次々に新しい母材が積み重なって表層を形成するので，土壌中に第四紀の環境変化が記録されていることになる．運積成土壌の場合は土壌層に火山灰，風成砂，細礫などが挟まれていることが多く，時代対比が可能である．こうした運積成土壌の層序や土壌中に含まれる植物珪酸体，風成塵石英などを分析することによって，古環境復元が可能になる．

　風成塵は第四紀の古環境を復元できる指示物の1つである．1960年代にバルバドス島（Delany et al., 1967）やハワイ諸島（Rex et al., 1969）に堆積した風成塵の研究が行われ，1970年代以降に土壌母材としての風成塵の重要性が認識されるようになった．とくに地中海沿岸のテラロッサの母材，サハラ沙漠周辺やオーストラリア沙漠周辺などの土壌母材に関する研究が代表的である．日本列島を始め東アジア各地では，1980年代に風成塵が土壌・古土壌の母材として重要であることが認識されるようになり，湖底や内湾堆積物にも風成塵が堆積していることが知られるようになった（井上・成瀬，1990;福沢，1998）．土壌・古土壌や泥炭層に含まれるイライトの結晶度によって古気候復元が試みられたり，風成塵フラックスによって高精度気候変動を復元する方法がある．

　日本各地には黒ぼく土や褐色風化火山灰層，いわゆるローム層が広く分布している．黒ぼく土やローム層の母材は火山灰風化物が多くを占めているが，なかにはアロフェンを含まず，2:1型粘土鉱物[11]や微細石英を多く含むものが，とくに日本海側や多雪地域に広く分布している．これらの鉱物の中には風成塵起源[12]と考えられるものがある．

---

11) 2:1型粘土鉱物：珪素（Si）原子1個と酸素（O）原子4個からなる珪酸四面体層格子（シリカシート）の間にアルミニウム（Al）原子（またはマグネシウム（Mg））1個と酸素原子6個，または水酸基（OH）からなる8面体層格子（アルミナシート）がサンドイッチ状に挟まった粘土鉱物（0.002mm以下）で，スメクタイト（モンモリロナイト），バーミキュライト，クロライト，イライトなどがある．
12) 風成塵とレス：風によって運ばれた細粒物質で，石英，長石，イライトなどを主体にしたものを風成塵，堆積して層をなすものをレスと呼ぶ．粒子の大きさは給源に近いところでは粗く，運搬距離に従って細粒化する．風成塵の堆積量は気候変動に対応しており，氷期など寒冷期に多く，逆に温暖期に少ないなど高い精度で気候の指標となりうる．

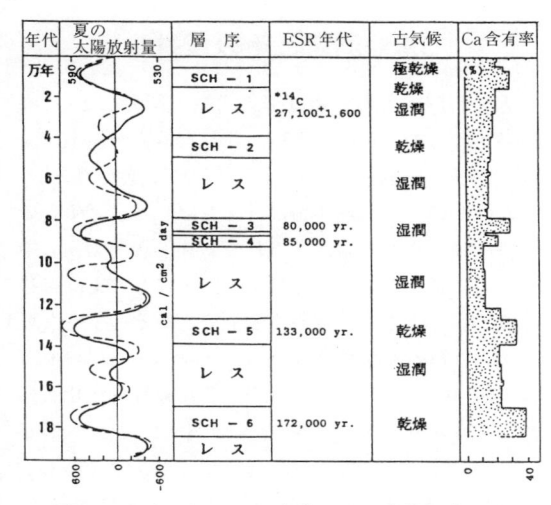

図5.7-3 イスラエルの沙漠レスの堆積と古土壌（SCH）の生成時期

夏の日射量．実線はMilankovitch（1930），破線はKashiwaya et al.（1987）による．

　たとえば，岩手山山麓の好摩には洞爺火山灰以降に厚さ15mの火山灰と火山灰土層の互層が堆積している．氷期にあたる火山灰土層には植物珪酸体量が少ないもののウシノケグサ型と針葉樹の植物珪酸体や風成塵石英が多く含まれる．晩氷期（15～13ka）はタケ亜科ササ属が主で風成塵石英が依然として多いが，後氷期になると11～9kaのタケ亜科と非タケ亜科が混在する時期を経て，9～2kaにはススキに代表される非タケ亜科イネ科が主体となり，風成塵石英量が激減する（佐瀬ほか，1995）．

　風成塵の粒径は日本列島では30μm以下がほとんどであり，30μm以上の粗粒石英は現地性の可能性が高い．しかし石英は普遍的な鉱物であるので，微細な石英の量比だけで風成塵かどうかを識別することは難しいので，Rex et al.（1969）は微細石英（1～10μm）を対象にした酸素同位体比同定法を開発しているほか，天然熱蛍光を利用した同定法が開発されている（鷹澤ほか，1995）．このほか，土壌中の微細石英を対象にしたESR分析法を用いて風成塵かどうかを同定したり，石英の産地を明らかにする研究が進められている（成瀬，1998；Ono et al., 1998）．ESR分析は石英が生成してからの酸素分子が抜ける酸素空格子信号強度を測定するもので，おおよその年代を示す．土壌母材中の微細石英のESR分析は，風成塵の供給源，給源地の環境変化，モンスーンの強弱などを復元できる可能性をもっている．

5.8 洞窟とその堆積物

人類の時代ともいわれる第四紀の研究にとって，人類そのものの化石や人類の残した遺物が出土することが多い洞窟の堆積物は，きわめて重要である．また，そのような堆積物には，しばしば保存のよい脊椎動物化石が豊富に含まれており，脊椎動物の中でも特に進化の速い哺乳類が第四紀にどのように移り変わってきたかを解明する上でも，そのような堆積物はきわめて重要である．Lundelius et al. (1983) は，アメリカの後期更新世の主要な脊椎動物化石産地を178カ所挙げているが，その中で化石包含層が洞窟堆積物あるいはそれに関連する堆積物であるものが98カ所もあり，その割合は実に55%に達する．このように重要な洞窟堆積物であるが，その堆積機構はほかのタイプの堆積物より一般に複雑で，それを研究する際には精密な調査が必要である．

5.8.1 洞窟の種類

洞窟と一口にいっても，種々の成因のものがある．最も一般的なものは，二酸化炭素が溶けて弱酸性となった雨水が石灰岩を溶かしてできる**鍾乳洞**（あるいは石灰洞；limestone cave）で，石灰岩地帯には必ずといっていいほどみられる（図5.8-1）．岩手県の竜泉洞や山口県の秋芳洞など日本各地にある洞窟の大部分はこのタイプの洞窟で，観光洞として通路が整備され照明がつけられているもののほとんどはこれにあたる．これには，横穴型・竪穴型・斜洞型など種々の形態のものがあり，それらが立体的に組み合わさって，きわめて複雑な形態をとるものもある．また，アメリカのマンモス洞のように延長307 kmにも及ぶ長大な鍾乳洞もある．人類の化石や遺物，それに脊椎動物化石を産出する洞窟の大部分はこのタイプの洞窟である．

一方，海岸には，波の作用によって岩盤中の弱い部分が浸食されてできる**海食洞**（sea cave）がみられることがあるが，このような洞窟はどのような種類の岩石にでも形成される．岩盤中の断層や節理に沿って発達していることが多く，洞窟の形成は波の力が及ぶ範囲に限られるので，入り口付近から急に狭まって短い距離で終わってしまっていることが多い．わが国の海岸にも数多くみられるが，現在の海岸のものは海面が現在の海水準になってから，波の作用で作られたと考えられるので，それらは完新世のきわめて短い期間に形成されたものであろう．このタイプの洞窟には横穴型あるいは裂罅状のものが多い．このような洞窟は，波によって浸食されている間は，一般に人類やほかの脊椎動物の居住には適さず，たとえそれらの遺骸や遺物があったとしても波で洗い流されてしまうが，海水準の変動により洞窟が離水すると人類の居住の場になったり，脊椎動物の化石骨がたまったりすることがある．

玄武岩質溶岩のように粘性の低い溶岩を流す火山には，**溶岩洞**（lava cave）と呼ばれる洞窟がみられることがある．火口から流れ出した溶岩は表面が急激に冷却して固まった後も，内部は高温のままで流動しているが，火山活動が終息して火口からの溶岩の供給が停止し，さらに溶岩先端の冷えて固まった部分が壊れて内部にある流動性に富んだ溶岩が流れ出してしまうと，あとに空洞が残ることになる．このようにしてできるのが溶岩洞で，日本では富士山麓に数多くみられる．このようなタイプの洞窟では人類の化石や遺物，脊椎動物の化石骨が産出することは稀である．

岩盤中に形成された割れ目（節理；joint）のうち，規模の大きいものを**裂罅**（fissure）と呼んでいるが，それが拡大して割れ目状に細長くのびた空洞ができることがある．このようなものは，**裂罅状の洞窟**（fissure cave）と呼ばれる．石灰岩中の裂罅（図5.8-2）は溶食によって広がってそのような洞窟になることがあるが，上に述べた海食洞でこのような形態をとるものもある．石灰岩中の裂罅やそれの広がった裂罅状の洞窟を埋めた堆積物（fissure infill）からは，脊椎動物化石がみつかることが多い．

以上のようなタイプの洞窟のほかに，高安（1978）は断層運動によって破砕された岩盤が崩落し，裂罅状の洞窟になった断層洞を挙げている．またSutcliffe（1985）は，ケニアとウガンダの国境にあるエルゴン山の凝灰岩中に形成された洞窟の例や，エチオピアのファンターレ火山の溶結凝灰岩中の洞窟の例を挙げている．前者は火山灰粒子の間をつなぎとめている塩類が水によって溶解することにより形成され，後者は火砕流堆積物が溶結する際にガスが大量に抜け出ることによって空洞ができ，洞窟になると説明されている．しかし，これらのタイプの洞窟は一般的なものではない．

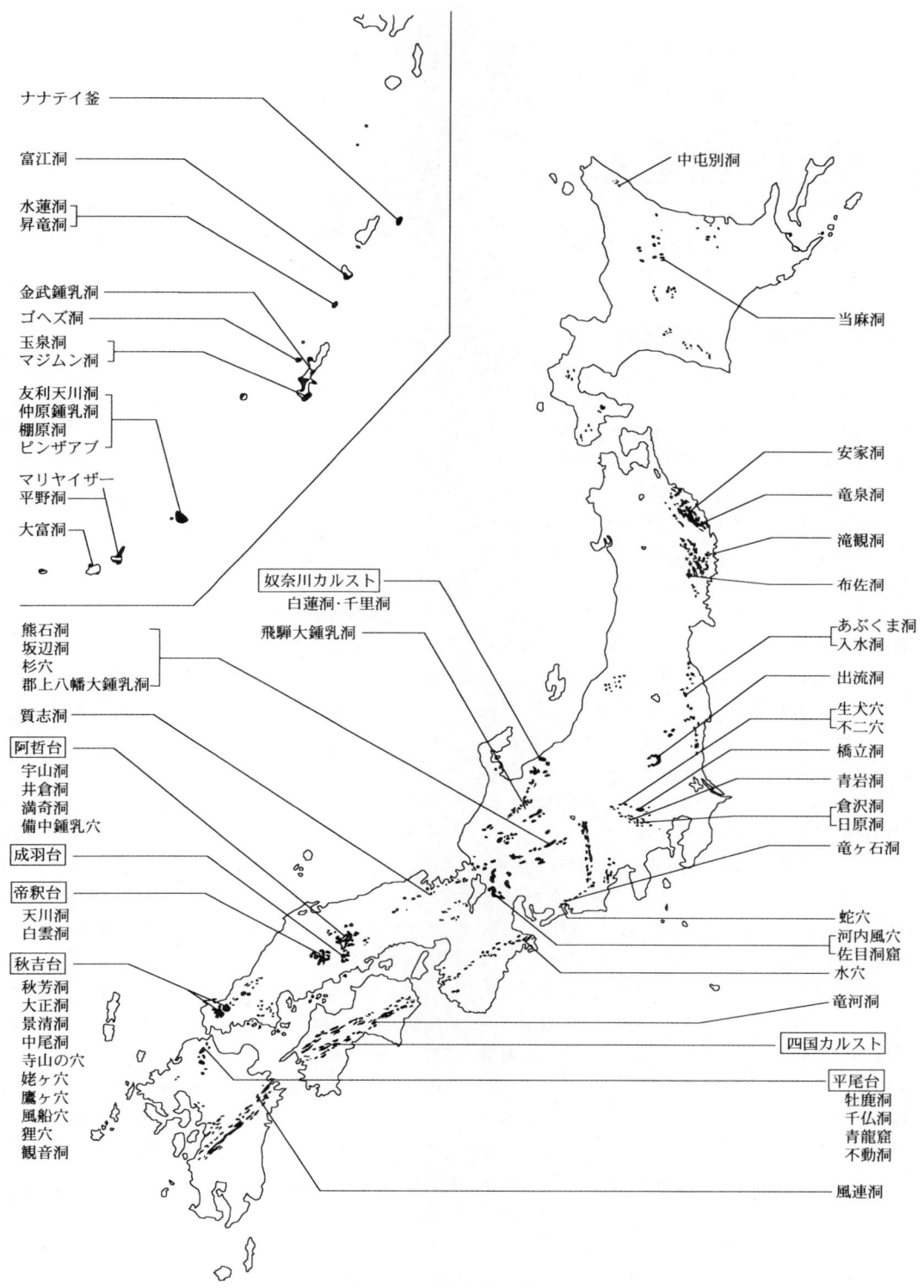

図 5.8-1 日本列島のおける石灰岩の分布と主なカルスト台地や鍾乳洞の位置（洞くつ団研グループ，1971 および高安，1978の図をもとに改変）

□で囲んだ地名はカルスト台地を表す．

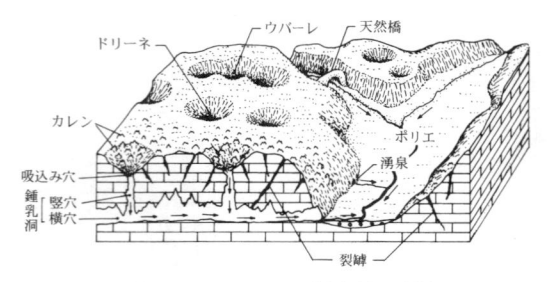

図5.8-2 カルスト地形と洞窟や裂罅
図中の矢印は水流の方向を表す．

5.8.2 カルスト地形と鍾乳洞の形成

上に述べたように，洞窟の中で最も普通にみられるのは鍾乳洞で，その形成は石灰岩地帯にみられる独特の地形（**カルスト地形**；karst topography）の発達と関連している．石灰岩でできた台地（カルスト台地）では，地表に河川は発達せず，水は地下を流れて洞窟を発達させる（図5.8-2）．このような所では，地表に柱状の石灰岩が林立した独特の地形（**カレンフェルト**；Karrenfeld）がみられ，それぞれの柱状の石灰岩は**カレン**（karren）と呼ばれる．

石灰岩の溶食によってできるすり鉢状の窪地を**ドリーネ**（doline）と呼び，ドリーネが拡大して2個以上のものが連続してできる窪地を**ウバーレ**（uvale）と呼ぶ．2個の隣り合ったドリーネが拡大し，それぞれの間に横穴ができて，そこを水が流れている場合，さらに溶食が進んで横穴が拡大し，最後に石灰岩でできた橋が残されることになる．このような橋を**天然橋**（natural bridge）と呼んでいる．また，石灰岩地帯にみられる広い盆地を**ポリエ**（polje）と呼んでいる．ドリーネの底や斜面には水流が流れ込む**吸込み穴**（sink hole）がみられ，それは竪穴に連続している．竪穴を流れ下った水は横穴を流れ，地下の川となって洞口から流出する．地下の水流が岩の割れ目などから流出するところを**湧泉**（spring）と呼んでいる．

鍾乳洞が石灰岩の溶食でできることは先に述べたとおりであるが，それではそれがどこでどのようにして形成されるのかという問題については，これまで種々の学説が提唱されてきた（洞くつ団研グループ，1971；河野編，1980）．主な学説の概略を説明すると次のようになる．

まず，鍾乳洞は地下水面付近で形成されるとする学説がある（地下水面説，water table theory）．雨

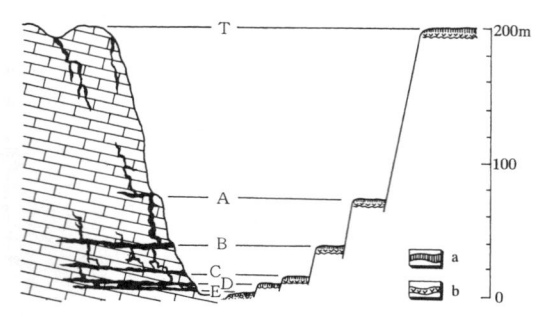

図5.8-3 広島県帝釈台における横穴の洞口のレベルと段丘面の対応関係（洞くつ団研グループ，1971）
T：中国準平原面，A～D：段丘面のレベル，E：現河床面のレベル，a：新三瓶火山灰層，b：古三瓶火山灰層．

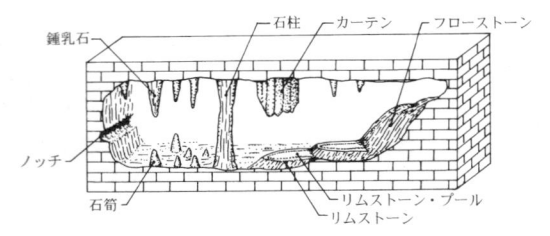

図5.8-4 洞窟生成物と洞壁のノッチ

水が石灰岩の割れ目を流れ下って地下水面に達し，そこで水平方向へ移動し，その過程で石灰岩を溶かして洞窟が形成されると考える．地下水面が安定している時期に横穴が発達し，地下水面が下がってより低い位置で安定すると，そのレベルにまた横穴が発達する．横穴の洞口がいくつかのレベルに集中し，そのレベルが段丘面のレベルに対応していることは，北備後台地団体研究グループ（1969）や阿哲団体研究グループ（1970）によって広島県帝釈台や岡山県阿哲台で明らかにされているが（図5.8-3），このような現象から，段丘面の形成された時期は河床面の安定期であり，地下水面の安定期でもあるので，その時期に横穴を拡大させる溶食が進行し，河川の下刻作用が盛んな時期には地下水面が急速に低下し，段丘崖や竪穴が形成されると説明されている．このように考えると段丘面の形成期がわかれば，各洞窟のおおよその形成期がわかることになる．

一方，洞窟は最初，地下水面下の飽和水帯（phreatic zone）で形成され，その後地下水面が下がって，地下水面上の循環水帯（vadose zone）に出ると次に述べる洞窟生成物やノッチ（図5.8-4）などの洞窟内の装飾ができるとする説がある．この

ような学説を最初に唱えたのはDavis（1930）で，1つの洞窟の形成に2つの段階を考えるので，2段階説（two cycle theory），あるいは飽和水帯で最初に洞窟が形成されると考えるので，飽和水帯説（phreatic zone theory）と呼ばれている．河野編（1980）によれば，山口県秋吉台の洞窟では近年，飽和水帯で形成される溶食形態が注目されるようになり，地下水面下で形成されたと考えられる洞窟が知られるようになったといわれている．

5.8.3 洞窟生成物と洞窟堆積物

洞窟内を流れる水や地表から石灰岩の割れ目を伝って洞窟内にしたたり落ちる水には，多量の石灰分が含まれている．このような水から石灰分が二次的に沈殿してできるのが**洞窟生成物**（speleothem）である（図5.8-4）．これを構成する鉱物は大部分が方解石であるが，霰石（あられいし）や燐灰石などのこともある．このような洞窟生成物は，ウラン系列法による年代測定の試料として用いられることがある（2.2.4項参照）．

洞窟生成物のうち，洞窟の天井から垂れ下がっているもので，円筒形あるいは円錐形の形状を示すものを**鍾乳石**（stalactite），カーテン状になったものを**カーテン**（curtain）と呼んでいる．これらに対して，洞床からタケノコ状に伸び出しているものを**石筍**（stalagmite）と呼び，鍾乳石と石筍が上と下から成長し，ついにはそれらがつながってできる柱状の洞窟生成物を**石柱**（column；あるいはstalacto-stalagmite）と呼ぶ．洞床や洞壁をシート状に洞窟生成物が覆っている場合は**フローストーン**（flow stone）と呼ぶ．洞窟生成物が洞床に畦状に沈着しているものを**リムストーン**（畦石；rimstone）といい，その内側に水がたまっている場合，その水たまりをリムストーン・プール（rimstone pool）と呼ぶ．これらは水を張った水田のようにみえるので，それが1カ所に多数みられると「千枚田」のような景観を呈する．

洞窟内には，洞外から流入した礫・砂・泥，洞壁や天井が崩れ落ちてできた岩塊や角礫，洞窟生成物が壊れてできた礫など，さまざまな堆積物がたまっている．洞窟内では一度たまった堆積物が他の場所に移動して再堆積したり，堆積物に後から石灰分が沈着してかたく固結したり（このようなものは一般にトラバーチンtravertineと呼ばれている），堆積物の表面がフローストーンで覆われたりすることなどがあって，堆積物の層序を解明するのが難しいことが多い．また洞窟内の異なった地点間での堆積物の対比も難しい．Sutcliffe（1985）は図5.8-5のような例を挙げて，洞窟堆積物では上位にあるものが必ずしも新しいとは限らない場合があることを説明している．いずれにしても，洞窟堆積物の調査にあたっては，詳しい発掘調査を行って，各層の関係を詳しく調べた上で結論を下す必要がある．

5.8.4 洞窟に脊椎動物化石がたまる理由

河村（1982）は，洞窟に脊椎動物化石がたまる理由として，次のようなものを挙げている．
① ヒトや動物が生活の場として利用する場合．
② 動物が洞窟に墜落する場合．
③ 流水によって遺骸が土砂とともに流れ込んだり，崩落土とともに埋没する場合．

人類は旧石器時代から洞窟を棲み家とすることが

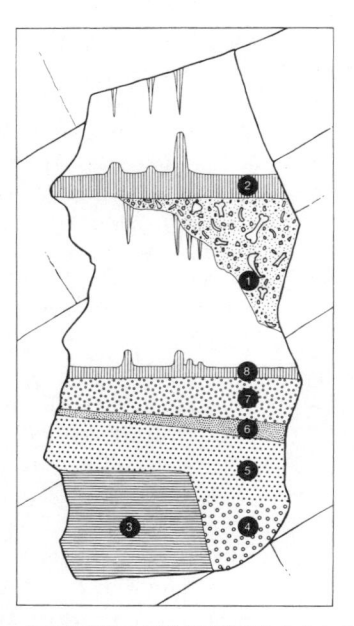

図5.8-5 洞窟堆積物の層序が複雑であることを示す模式図（Sutcliffe, 1985）

最初に洞窟の3/4が化石骨を含む角礫①で埋められる．次にその上をフローストーン②が覆う．①の大部分が洗い流されて新たな空洞ができた後，③から⑦の順に堆積物が堆積し，最後に堆積物の表面をフローストーン⑧が覆う．この場合フローストーン②は⑧より上位にあるが，それよりはるかに古い．①の下面に形成された鍾乳石は⑧の石筍と同時期．

●世界の洞窟遺跡　　　　　　　　　　　　　　　　　　　　　　　　　　　　　　　コラム5.8-1●

洞窟を過去の人類が利用した場合，そこに何らかの痕跡を残すことが普通である．洞窟を形成する岩石が石灰質であれば，骨や歯といった遺物もよく保存されていることが多い．洞窟堆積物に人為的な痕跡が認められれば，洞窟遺跡として考古学・人類学に多くの情報を提供してくれる．ただ，動物が洞窟に墜落する場合や，流水による遺体の流入など，人為的な要因によらずに洞窟の中に脊椎動物の遺体が運び込まれることがあるので，洞窟内の堆積物が石器などの製作物や動物遺体などを含んでいても，それがそこでの人類の活動に由来すると判断するのは早計である．これを決めるのはやはり慎重な発掘調査である．

洞窟に人類が断続的に居住した場合，人為的に形成された層と自然に堆積した層が交互に堆積していることがあり，遺物の編年研究に層位学的な根拠を与えることができる．このため，とくに旧石器時代の研究は，長年にわたって洞窟や岩陰を調査の対象にしてきた．洞窟内に堆積した遺物でも層の境界を越えて上下方向に移動することは多少あるので，充分な調査が必要である．しかし，洞窟遺跡は編年研究と居住の季節性，狩猟活動の様相などを調べる格好の遺跡である点は変わらない．

旧石器時代の洞窟遺跡は世界に数多く知られている．これらのうちの代表的なものをみてみよう（図A）．

① **ネアンデルタール**（Neanderthal；ドイツ）：旧人の**ネアンデルタール人**（*Homo sapiens neanderthalensis*）の名前の故地である．1856年にこの渓谷の「小フェルトホーファー洞窟」で人骨が発見された．石器や動物の骨は伴っていない．年代の詳細は不明である．

② **フォーゲルヘルト**（Vogelherd；ドイツ）：中期旧石器時代から後期旧石器時代末までの，南ドイツの編年の標識遺跡である．石器の変遷や骨器の変遷と動物相の変遷を大づかみに対応させてたどることができる．（図B参照）．

③ **ラスコー**（Lascaux；フランス）：後期旧石器時代のマグダレニアン期の代表的な洞窟絵画を残す遺跡．ウマの絵が多く，次いでウシ，シカ，バイソン，ヤマネコ，サイ，オオカミ，クマ，トリ，ヒトなどの絵がある．^{14}C年代は15.5ka．

④ **アラゴ**（Arago；フランス）：前期旧石器時代の遺跡．トータヴェル人と呼ばれる原人（*Homo erectus*）の頭骨が発見されている．20,000点を越える石器が出土．熱ルミネッセンス法による年代は240ka．

⑤ **アルタミラ**（Altamira；スペイン）：後期旧石器時代後半のマグダレニアン期．バイソンを中心とする洞窟絵画はフランコ・カンタブリア芸術として有名．

⑥ **ペトラローナ**（Petralona；ギリシャ）：中期旧石器時代のムステリアン期に属する．原人の頭骨が出土．年代には諸説あり，論争が続く．電子スピン共鳴法で，250〜200kaまたは400〜350ka．

⑦ **シャニダール**（Shanidar；イラク）：中期旧石器時代のムステリアン期．ネアンデルタール人の埋葬人骨の発見で有名．花粉分析の結果，花を添えた埋葬としても著名であるが，これには反対の説もある．^{14}C年代は50〜26.5ka．

⑧ **タブーン**（Tabun；イスラエル）：中期旧石器時代のルヴァロア・ムステリアン期．2体のネアンデルタール人骨が発見された．^{14}C年代は40.9ka．

⑨ **カフゼー**（Quafzeh；イスラエル）：中期旧石器時代のムステリアン期および後期旧石器時代．10体以上の新人（*Homo sapiens sapiens*）の人骨が発見された．年代は約80〜70ka（推定年代）．

⑩ **アムッド**（Amud；イスラエル）：ネアンデルタール人のほぼ全身の骨格が発見された．石器は中期旧石器時代のムステリアン期から後期旧石器時代への移行期とされた．フィッショントラック法で28ka．近年，もっと古く60〜50kaに遡るという説もある．

⑪ **スタークフォンテイン**（Sterkfontein；南アフリカ）：猿人（*Australopithecus africanus*）の化石骨が発見された．石器では後期オルドバイ文化のハンドアックスやチョッパーが発見されている．数値年代なし．

⑫ **スタロセリエ**（Starosel'e；ウクライナ）：中期旧石器時代のムステリアン期．巨大な洞窟で，66,000点以上の動物の骨が発掘された．最小個体数で345個体の小型ロバが同定され，ロバの追い込み猟が想定されている．

⑬ **デニソワ**（Denisova；ロシア）：シベリアの中期旧石器文化を代表する洞窟遺跡．ルヴァロア尖頭器，石核，スクレブロ，鋸歯縁石器など多数が発見され，ムステリアン文化の特徴を備えている．

⑭ **ジュクタイ**（D'uktai；ロシア）：ジュクタイ文化の標識遺跡．楔形細石刃を中心とする．これに両面加工の木葉形尖頭器を伴うのが特徴．北アジア，北アメリカ，日本列島などへの細石器の拡散の問題の鍵になる洞窟遺跡である．約18〜17kaか．

⑮ **地理学協会**（Geographical Society；ロシア）：スクレブロ，剥片，石核などを伴う洞窟で，^{14}C年代は32.5kaである．日本の後期旧石器時代の初頭の石器群とも関連する部分がある．哺乳類化石（遺体）では，ニホンジカが29，ノロジカ13，マンモスゾウ3，オオカミ13，ウマ9個体など．

⑯ **金牛山**（Jinniushan；中国）：遼寧省営口県にある裂罅状洞窟で，旧人の頭骨や他の部位の骨が出土．石製品，骨製品と多量の哺乳類化石も出土．ウラン系列法で約260kaと180kaという年代値が得られている．

⑰ **周口店**（Zhoukoudian; Choukoutien；中国）：北京市房山区の石灰岩採石場で発見された遺跡．20カ所以上の化石産出地点が知られ，そのうちの第1地点は多数の北京原人（*Homo erectus*）の化石骨やチョッパー，スクレイパー，剥片石器などが出土し，厖大

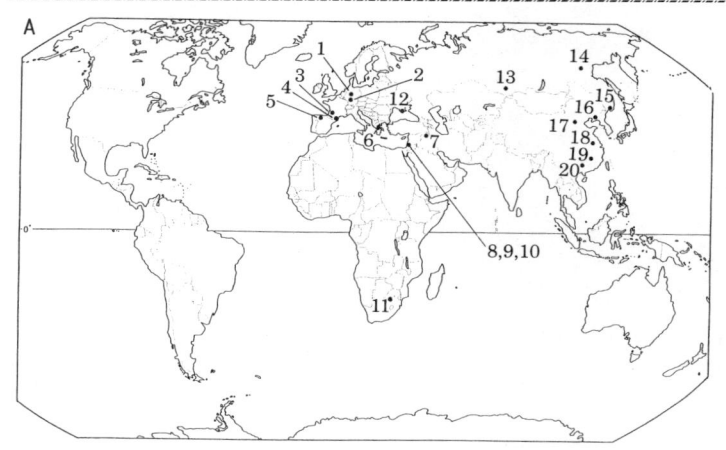

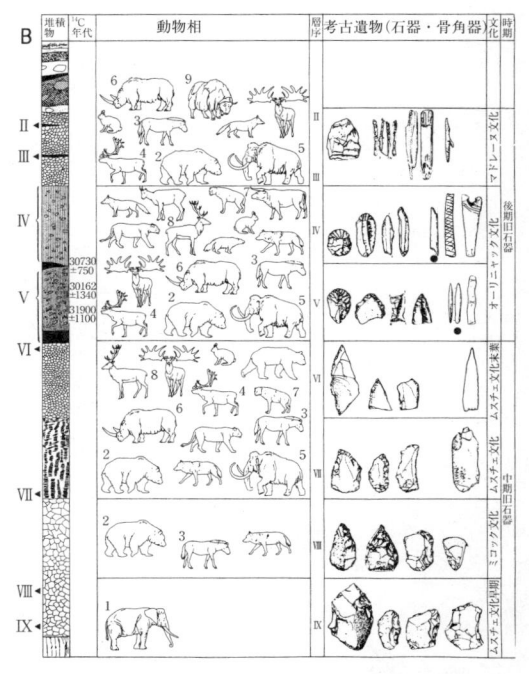

図A：世界の代表的な旧石器時代の洞窟遺跡．数字は文中の遺跡に対応．
B：洞窟遺跡の石器・骨角器の変遷と哺乳動物相（南ドイツ，フォーゲルヘルト洞窟）（Müller-Beck, 1983）．

⑲ **馬壩**（Maba；中国）：広東省曲江県にある洞窟．旧人の頭骨と哺乳類化石が出土．近年わずかに石器も出土．ウラン系列法による年代は約130ka．

⑳ **柳江**（Liujiang；中国）：広西壮族自治区柳江県にある洞窟．新人の頭骨や他の部位の骨と哺乳類化石が出土．ウラン系列法による年代値は約100kaなど．

図Bのフォーゲルヘルト遺跡の例にみるように，後期旧石器時代のオーリニャック文化になって磨製の骨製槍先（図中●印）が急に出現し，それ以降発達する．これはこの遺跡だけでなくヨーロッパ一般にあてはまる．その背景には彫刻刀形石器などを使って，骨に溝をつけて長く扁平な素材をとる技法の確立が必要であった．それを「**溝切り技法**」（groove and splinter technique）と呼ぶ．

この技法が成立するにはさらに前提として，新しい石器製作技法である「**石刃技法**」（blade technique）が成立していなければならない．彫刻刀形石器は石刃技法によって有効につくり出されたからである．

当時この洞窟を利用した人々がつくり出した道具と狩猟対象であった動物とは，どのように対応しているだろうか．最下層には温暖期に特徴的なアンティクウスゾウ（図B中の1）が認められる．ホラアナグマ（2）はⅧ以降どの層準にも認められる．主要な狩猟対象獣だったのであろうか．ウマ（3），トナカイ（4）もほどの層準でも発見されている．一方，寒冷期の指標でもあるマンモスゾウ（5）とケサイ（6）はⅦ層以後で認められる．後期旧石器時代の後半のマドレーヌ文化期になるとハイエナ（7）とアカシカ（8）が姿を消す．それに代わって，非常に寒冷な気候を表すジャコウウシ（9）が姿をみせる．

動物相と人類文化は細かなところまで1：1の対応をしているわけではない．しかし，層序が確立していれば，気候変動に伴う動物相の変遷と，道具を製作する技法の変遷や製作された道具の特徴の対応関係などを，大づかみに理解することができる．注意すべきことは，洞窟出土の動物遺体は，狩猟など人間が関与して残された資料が多いことである．洞窟遺跡の動物遺体群集が，当時の動物相の中での各種類の生息数の割合を直接反映していないと考えられる場合も多いのである．

な量の哺乳類化石も産出．第1地点の洞窟堆積物は厚さ40m以上で（図6.3-26），古地磁気法，ウラン系列法，アミノ酸ラセミ化法，熱ルミネッセンス法，電子スピン共鳴法などで年代が測定され，約700〜200kaのものと推定されている．なお，第1地点の上方に開口する上洞（山頂洞）からは新人の化石骨や石器，骨器，装飾品，哺乳類化石などが出土．出土した哺乳類化石を試料として約19kaと約10kaという^{14}C年代が測定されている．

⑱ **和県**（Hexian；中国）：安徽省和県にある洞窟．北京原人と似た原人の頭骨・下顎骨や歯が出土．多数の哺乳類化石を出土しているが，人工遺物は出土していない．熱ルミネッセンス法とウラン系列法による年代は200〜150ka．

あったし，更新世に栄えたホラアナグマ（*Ursus spelaeus*；図5.8-6）やホラアナライオン（*Panthera leo spelaea*），ホラアナハイエナ（*Crocuta crocuta spelaea*）などは洞窟を棲み家としていたと考えられている．ヒトやこれらの動物は洞外から骨を洞窟に運び込む働きもする．そのほかにヤマアラシなども洞窟に骨を運び込むといわれている．コウモリ類の多くの種は，洞窟を棲み家としており，その遺骸が洞窟堆積物から産出することも多い．フクロウは食べた小動物の骨や歯などの不消化物をペリットと呼ばれる塊にして吐き出す習性があるので，その巣の周りには小動物の骨や歯が多量にたまることがある．洞窟棲のフクロウなら洞窟内に，樹上棲のフクロウでも洞口の上に巣があればそこから洞窟内にペリットが落ちるので，洞窟内に骨や歯がたまる（図5.8-7）．

竪穴が自然の落とし穴（natural trap）となって，いろいろな動物がその中に墜落することもある．小型

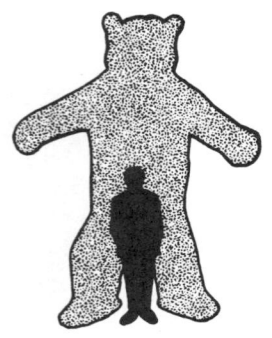

図5.8-6 更新世末に絶滅したホラアナグマの巨大なものの一例（Norman *et al.*, 1976）

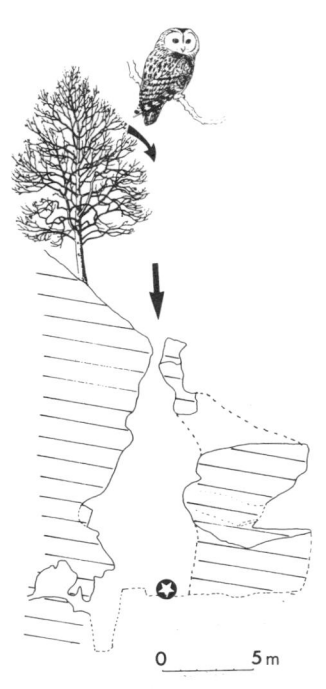

図5.8-7 洞口の上方にあるフクロウの巣から洞窟内にペリットが落ちる例（Andrews，1990の図を改変）
イギリスのTornewton洞窟．

図5.8-8 エーム間氷期頃のイギリスのJoint Mitnor洞窟の復元図（Sutcliffe，1960）
自然の落とし穴の好例．

哺乳類を採集する際に缶を埋めておくと，その中に小型哺乳類が落ちることや実際に竪穴にハイエナが墜落するところが目撃されることなどから考えて，長い時間の間にいろいろな動物が洞窟に墜落して，多くの遺骸が洞窟の底にたまるのであろう（図5.8-8）．

流水によっていろいろな動物の遺骸が洞窟内に流れ込む現象はごく普通にみられる．カルスト台地では地表に河川が発達しないので，流水は地下の洞窟に流れ込むが，それと一緒に遺骸が運搬されてくるのである．地表を流れる河川では遺骸は遠くまで運ばれて散逸してしまうが，洞窟内ではそれほど遠くまで運ばれず堆積物中に埋没する．

以上のようにして洞窟内にたまった骨や歯は，周りが硬い岩石で囲まれた洞窟内にあるため風化・浸食作用を受けにくく，周りの岩石が石灰岩など炭酸塩でできた岩石なら，その成分が骨や歯に近く，堆積物が酸性になりにくいので，長期間保存される．

6. 生物群の変遷

6.1 概　　説

6.1.1 第四紀の生物についての研究史

　第四紀に生息した種々の生物は，化石となってその遺体や生活の痕跡を地層中にとどめているが，その中で古くから人々に注目されていたのは**哺乳類の化石**である．近代科学が勃興する以前から，ヨーロッパの人々は第四紀層から産出するマンモスゾウ（*Mammuthus primigenius*）などのゾウ化石のことを知っていて，そのような知識がヨーロッパに伝わる「一つ目の巨人伝説」を生み出した．中国でも「龍骨」が漢方薬の原料として古くから掘り出されていたが，その多くは第四紀の哺乳類化石である．わが国では1797年に群馬県富岡市で発見された「龍骨」が，当時の医学者，丹波元簡によって大型シカ類の角や骨と鑑定されていたが（尾崎，1960；鹿間・長谷川，1962），これは今日では後期更新世のヤベオオツノジカ（*Sinomegaceros yabei*）の化石であることがわかっている．これよりやや遅れて1804年には，滋賀県大津市の堅田丘陵で「龍骨」が発見され，藩主に献上されたとの記録があるが（亀井，1967；1991），この「龍骨」も中期更新世のトウヨウゾウ（*Stegodon orientalis*）の化石であることがわかっている．

　19世紀のヨーロッパに近代的な古生物学が興ると，多くの研究者によって第四紀の哺乳類化石が盛んに研究された．恐竜（dinosaur）という名称をつくったイギリスの著名な古生物学者R. Owen（1804〜1892）も第四紀の哺乳類化石を研究している．たとえば，上に述べたトウヨウゾウは彼が初めて研究し，命名したゾウの化石種である[1]（6.3.5項参照）.

明治時代始めに来日し，日本の地質学に大きな足跡を残したE. Naumann（1854〜1927）も，日本で第四紀のゾウ化石の研究を行い，上に述べた堅田丘陵の「龍骨」も研究している．

　ヨーロッパでは，19世紀以来多くの研究者によって第四紀哺乳類化石に関する膨大な数の論文が発表されてきたが，そのような長年の研究の蓄積をB. Kurtén（1924〜1988）は正確でわかりやすい形にまとめた本を出版している（Kurtén, 1968）．その後，彼はヨーロッパと同様に長い歴史をもつ北アメリカの第四紀哺乳類化石の研究成果を，共同研究者とともに同様の形でまとめている（Kurtén & Anderson, 1980）．またH.-D. Kahlkeを中心としたドイツ・ワイマールの第四紀古生物学研究所（Institut für Quartärpaläontologie Weimar）[2]の活動も重要である．ここでは第四紀の哺乳類に関する研究を精力的に行い，多くの出版物を出している．北アメリカの第四紀哺乳類化石研究で特筆すべきことは，C. W. Hibbard（1905〜1973）によって篩による水洗法（6.3.2項参照）が大規模に系統的に用いられて，新第三紀・第四紀の小型哺乳類化石の研究で大きな成果が得られたこと，その方法がその後世界中で広く用いられるようになったこと，P. S. Martinらによって第四紀の哺乳類の絶滅現象に関して体系的な研究が行われるようになったこと（Martin & Wright, 1967；Martin & Klein, 1984；6.3.4項参照）などが挙げられる．

　また，第四紀哺乳類化石の研究は，それが**人類化石**や考古遺物と共産することが少なくなかったために，人類化石や考古遺物の調査とともに発展してきたという側面も見逃せない．ヨーロッパでの研究は

1）Owenは，中国の上海で薬種商から購入した「龍骨」を研究し，トウヨウゾウのほかハイエナ，サイ，バクなどの化石を科学的に記載した（Owen, 1870）．

2）現在ではフランクフルトのゼンケンベルク研究所（Forschungsinstitut Senckenberg）の付属研究機関となっている．

いうまでもないが，古人類の遺跡として有名な南アフリカの洞窟群やタンザニアのオルドバイ峡谷，インドネシアのトリニール，中国の周口店などでの人類化石や考古遺物に伴う哺乳類化石の研究はとくに重要である（コラム5.8-1参照）．哺乳類以外の動物化石では，貝類の化石が古くから研究されてきたが，第四紀という短い時間では，進化速度が遅すぎて現生のものとさほど大きな違いがないために，第三紀やそれ以前のものほど盛んに研究されてきたとはいえない（コラム6.3-1参照）．一方，第四紀の**昆虫化石**の研究の始まりは比較的新しく，その化石は主に陸域の古環境復元に用いられている（コラム6.3-2参照）．

第四紀の**植物化石**については，泥炭層に植物の茎や材，種実類などが含まれていることが古くから知られていたが，これらが研究対象となることは，19世紀の終わり頃までは少なかった．光学顕微鏡を用いた植物化石の形態学的・組織学的研究が行われた19世紀前半のヨーロッパでも，第三紀以前の植物化石が主に研究の対象となっていた．たとえば，最初の**花粉化石**の報告はGöppert（1836）とEhrenberg（1838）によって行われたが，それぞれの研究対象は第三紀と白亜紀の地層からの花粉化石である．最初に花粉化石を報告したC. G. Ehrenberg（1795～1876）は，火山灰などの風成堆積物や，河川堆積物，土壌中の**植物珪酸体**などの微化石の同定を行い，古環境復元の研究に発展させた．

19世紀末から20世紀初頭になると，第四紀の**植生史**や植物相の歴史がヨーロッパで盛んに研究されるようになった．C. Reid（1853～1917）は，現在のヨーロッパの植生や植物相が第四紀の環境変化によって大きな影響を受けた結果であるという観点から，鮮新世以降の地層中の種子・果実化石や埋没林の研究を行った（Reid, 1899；1913；Reid & Reid, 1915）．花粉化石の分野では，G. Lagerheim（1860～1926）が1902年に花粉化石群を構成する植物の各分類群の産出割合をパーセント表示することで花粉化石組成の量的比較を可能にし（Lagerheim, 1902），L. von Post（1884～1951）が花粉化石群の層位分布を**花粉ダイアグラム**に表現し，北ヨーロッパ各地の泥炭層の対比を試みた（von Post, 1916）．さらに，W. Szafer（1886～1970）は，ポーランド

とその周辺で後氷期以降の花粉割合の地理的分布の変遷を，花粉等高線図（isopollen map）に表した（Szafer, 1935）．この方法は，1960年代以降，放射性炭素同位体年代測定法の普及によって堆積物の広域対比が可能になったことで，後氷期以降の環境変化に伴う植生や植物の種の時間的・空間的な動きを議論する際に，盛んに使われるようになった．

栽培植物の遺体の研究については，19世紀前半に古代エジプトの出土遺体の研究が始まっていたが，第三紀の植物化石の研究で有名なO. Heer（1809～1883）もスイスの湖の低湿地遺跡出土の種子・果実遺体の研究を行った（Renfrew, 1973）．20世紀初頭にはF. Netlitzky（1875～1945）が，種子遺体や植物珪酸体を含む遺跡出土の多種多様な植物遺体を組織学的に詳細に検討した．彼は，種子の解剖学的研究を初めて体系的に総説したことでも有名である（Netlitzky, 1926）．

動・植物以外の**原生生物**（6.1.2項参照）では，有孔虫類，放散虫類，珪藻類，渦鞭毛虫類などの研究が行われてきたが，それらの化石は主に生層序学的な研究や水域の古環境復元の研究に用いられてきた（2.2.3，4.4.2項参照）．

6.1.2 生物の分類

地球上の生物は，少なくとも300万種が存在すると考えられている．これらの種は属，科，目，綱，門，界といったより上位の階級の**分類群**（taxon, 複数形taxa）によってさらにまとめられている（コラム6.1-1）．これらの分類群の区分は，形態や生理学的特性，生活環（ライフサイクル），遺伝子組成の違いに基づいている．最も上位の分類群である界の区分は，**モネラ界**（Monera），**原生生物界**（Protoctista），**菌界**（Fungi），**動物界**（Animalia），**植物界**（Plantae）の5界に区分するのが現在では一般的である（Margulis & Schwartz, 1982；図6.1-1）．

現在の生物の多様性は，46億年の地球の環境変化の中で最初に発生した生命体が種分化（系統発生）と絶滅を繰り返した結果生じたものである．最初の原核生物の化石が確認できるのが先カンブリア時代の35億年前頃である．約5億7000万年前の古生代の始めには現存する動物界のほとんどの門がすでに存在していて，それらの門のうち，原索動物門

の1グループを祖先として5億2000万年～4億8000万年前頃のカンブリア紀後期～オルドビス紀前期には最初の脊椎動物門に属する動物（無顎綱）が現れた．オルドビス紀後期の約4億5000万年前には植物が初めて陸上に進出して，植物界の生物が誕生した．デボン紀後期の約3億7000万年前には脊椎動物門の1グループ（硬骨魚綱）が上陸し，最初の陸棲脊椎動物（両生綱）となった．その後，両生綱を祖として現れた爬虫綱の1グループが哺乳綱に進化したのは三畳紀後期の約2億2000万年前のことである．

その後，動・植物界では次のようなできごとが起こった．植物界では，被子植物門が白亜紀前期の約1億2000万年前に出現し，約6500万年前の白亜紀の終わりまでには多様に放散して現存する綱や目，科に分類できる植物がみられるようになり，古第三紀（約6500～2300万年前）には多くの現生属が出現した．したがって，本書で扱う第四紀という短い期間に生じた系統発生は，植物の場合，種または種内の階級での分類群の分化が一部認められる程度である．一方，動物界では白亜紀末にいろいろなグループで大量絶滅が起こったが，脊椎動物門ではとくに爬虫綱の絶滅が著しい．その結果，新生代には哺乳綱の進化したグループ（有胎盤類；6.3.1項参照）と鳥綱，それに硬骨魚綱の高等なグループ（真骨類）が大繁栄を迎えることになる．哺乳綱は新生代に急速に進化したが，その現生属の多くは新第三紀末～第四紀初期に出現している．哺乳綱には，第四紀にも著しく進化したものが多い．

6.1.3 第四紀の研究試料としての生物

第四紀の研究に用いられる生物の大部分は，炭酸カルシウムやリン酸カルシウム，二酸化珪素，キチン質でできた殻や骨格，セルロースやリグニン，スポロポレニンでできた細胞壁など，化石として保存されやすい硬組織をライフサイクルの一時期に形成する．原生生物界では，渦鞭毛虫門（Dinoflagellata），石灰質ナノプランクトンを含むハプト植物門（Haptophyta），珪藻植物門（Bacillariophyta），緑藻植物門（Chlorophyta），有孔虫門（Foraminifera），放散虫を含む有軸仮足虫門（Actinopoda）の化石が研究されている．これらのうちハプト植物門，珪藻植物門，緑藻植物門と渦鞭毛虫門の一部が光合成を行う独立栄養生物で，渦鞭毛虫門の大部分と有孔虫門，有軸仮足虫門の放散虫類は従属栄養生物である．植物界に含まれる大部分の門は化石記録があるが，菌界は，胞子以外では子嚢菌門（Ascomycota）の子嚢と，担子菌門（Basidiomycota）の子実体のうち硬いものが化石として残る．

動物界では多種多様な生物が第四紀の古生物学的，古生態学的研究に用いられる．骨片が保存される海綿動物門（Porifera），サンゴに代表される刺胞動物門（Cnidaria），コケムシを含む外肛動物門（Ectoprocta），貝殻が残る軟体動物門（Mollusca）と腕足動物門（Brachiopoda），エビ，カニ，昆虫類など生物界でもっとも多くの種（100万種以上）を含む節足動物門（Arthropoda），ウニ，ヒトデ，ウミユリを含む棘皮動物門（Echinodermata）が外骨格の化石を残す．脊椎動物門（Vertebrata）は無顎綱（Agnata），棘魚綱（Acanthodii），板皮綱（Placodermi），軟骨魚綱（Chondrichthyes），硬骨魚綱（Osteichthyes），両生綱（Amphibia），爬虫綱（Reptilia），鳥綱（Aves），哺乳綱（Mammalia）の9綱で構成され，これらは骨や歯といった内骨格をつくり，それが一般に化石として保存される．

以上の生物のうち，本章では植物界すなわち陸上植物のうちの種子植物を中心に述べる．動物界では第四紀の研究の中でもっとも重要な哺乳類（綱）を中心に述べるが，貝類や昆虫類についてもコラムで簡単に触れる．哺乳類を中心に扱うのは，このグループが地球史の中で第四紀という非常に短い時代の中でも著しく変化していることや，第四紀の環境変化との明瞭な対応関係がみられること，第四紀を特徴づける人類の進化・発展やその生活に深い関わりをもっていることがその理由である．

6.1.4 植物と動物の違い

植物の一次生産は気温や降水量といった気候条件に加えて光条件や土壌条件によって左右されるので，植物はこれらの環境条件の変化に対応して帯状に分布する．さらに，種子や胞子から発生した後では移動できないので，微地形や光環境の違いによる局所的な環境が種の分布に大きな影響を与える．動物でも軟体動物門の貝類は，幼生の段階では浮遊生活を送り成体になると移動能力が小さくなるので，植物と同様に局所的な環境に分布が左右されること

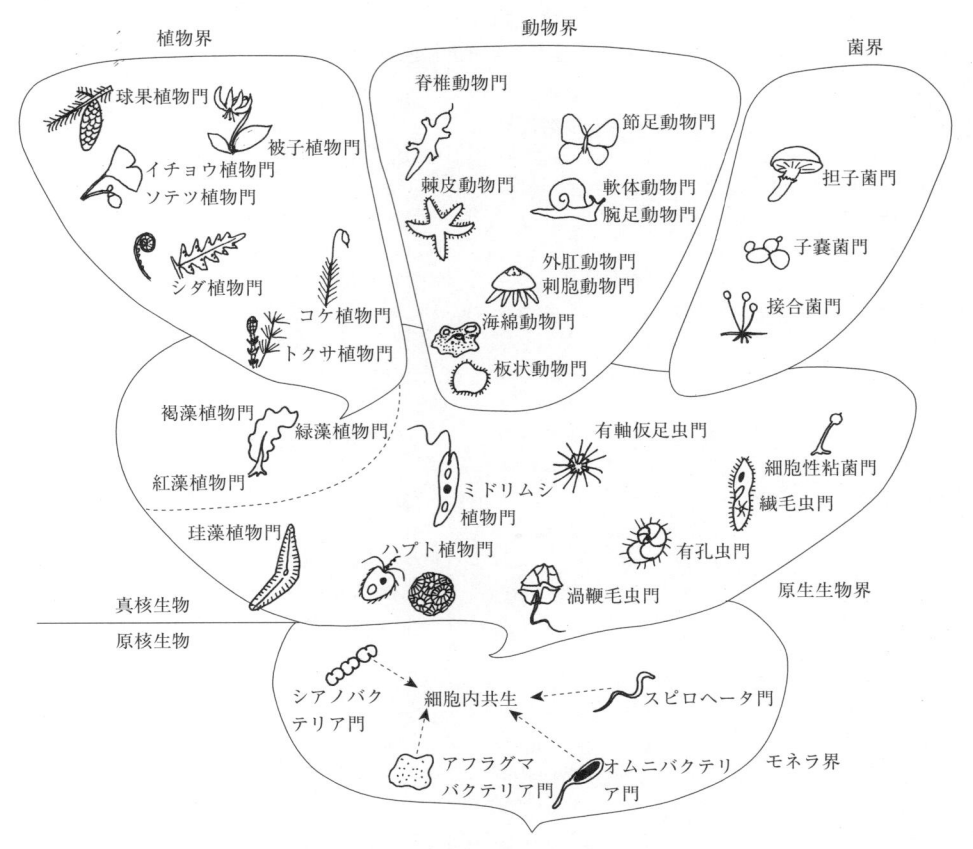

図6.1-1 ホイッタカーの5界説と，共生説による真核細胞の起源に基づく生命の系統（Whittaker, 1969および Margulis & Schwartz, 1982をもとに作成）

　モネラ界には細菌（バクテリア）や藍藻（シアノバクテリア）に代表される原核生物が含まれる．原核生物ではDNA分子がタンパク質と核膜によって被われずに細胞中に存在するほか，ミトコンドリア・葉緑体・微小管などの細胞内構造がみられず，細胞の有糸分裂は起こらない．原生生物界以上の生物は真核生物と呼ばれ，DNAはタンパク質と結合して染色体となり，核膜で包まれた核を形成し，細胞分裂の際に有糸分裂をする．このうち，受精卵から胚胞が発生する生物である動物界，単相の配偶体と複相の胞子体との世代交代を行い，多細胞の胚から発生して一般に葉緑体をもつ生物である植物界，ライフサイクルのどの時期にも波動毛を欠き胞子を形成する生物である菌界以外の分類群が，原生生物界にまとめられている．原生生物界の生物は単細胞のものから多細胞のものまであり，一般に菌界，植物界，動物界に比べると体や生理学的な構造は単純である．光合成をする独立栄養生物から消化吸収による従属栄養生物まで多様で，ミドリムシ植物門（Euglenophyta）のように，光条件の違いによって光合成と食物の摂取を使い分ける生物もある．

　5界説を提唱したWhittaker（1969）は，それぞれの生物の界を，生物の系統進化の中だけではなく生態学的機能の分化の中に位置づけた．すなわち，原生生物界は同じ分類群の生物が光合成をするとともに移動や食物の摂取を行うというように，植物的性質と動物的性質の未分化の状態を表す．さらに多細胞で体の形態が特殊化するにつれて，植物界では光合成，動物界では消化，菌界では吸収という形で養分を獲得するように進化した．すなわち，生態系の中での一次生産者としての機能をもつ植物界，消費者としての機能を果たす動物界，分解者としての菌界という3方向への生態学的機能の分化が生じた．モネラ界から原生生物界への進化は，原核生物のうちアフラグマバクテリア門の細胞内に，オムニバクテリア門（大腸菌などを含む）のような好気性細菌がとりこまれて細胞のミトコンドリアになり，スピロヘータが鞭毛，シアノバクテリアが葉緑体に変化するといったように，複数の原核生物が真核生物のそれぞれの細胞内器官に変化したという細胞内共生説によって説明されている（Margulis, 1981）．

● 分類群の階級（rank）と学名（scientific name; Latin name）の表記法　　　コラム6.1-1 ●

植物と動物の例を示す．植物では下にハンノキを含む分類群の例を，上位の階級から下位の階級の順に示した．下に示した階級以外に，属と種の間に節（section）を設ける場合がある．種の学名は，**属名**（*Alnus*），**種小名**（*japonica*），**命名者名**（ThunbergおよびSteudel）の順で表記する．命名者名のThunbergはThunb., SteudelはSteud.と省略して表示されることが多い．学名はラテン語で，種小名は属名を修飾する形容詞である．ハンノキの場合，*japonica*は「日本の」という形容詞で，*Alnus*はこの属の1種のラテン古名からつけられており，ケルト語のal（近く）＋lan（海岸）が語源だともいわれている（牧野, 1977）．このように，属名と種小名の組み合わせで種の名前を表現する方法は，**二名法**と呼ばれ，リンネ（Carl von Linné, 1707～1778）がこの表記法を確立した．

変種（variety）や亜種（subspecies）の場合は，種名の命名者名のあとで，それぞれvar.やsubsp.をつけて，変種名，変種の命名者名，または亜種名，亜種の命名者名を表記する．また，最初に記載された属から別の属へ所属替えをしたり，種を変種に下げたりするというように分類群の組み合わせを変える場合，もとの分類群の命名者名を括弧でくくって，組み合わせを変えた著者をその後につける．ハンノキの場合は最初Thunbergによってカバノキ属*Betula*に分類され，*Betula japonica* Thunbergと命名されたが，後にSteudelによってハンノキ属に分類された．

学名を表記する場合，属名，亜属名，種小名，亜種名，変種名はイタリック体で印刷することになっており，これは動物でも同様である（下の例のイタリック体の部分）．また，階級によって分類群の名称の語尾は異なり，高等植物の場合，門は-phyta，綱は-opsida，亜綱は-idae，目は-ales，科は-aceae，亜科は-oideae，連は-eaeとなる（下の例参照）．

　　Kingdom Plantae　植物界
　　Division Magnoliophyta　被子植物（モクレン）門
　　Class Magnoliopsida　双子葉（モクレン）綱
　　Subclass Hamamelidae　マンサク亜綱
　　Order Fagales　ブナ目
　　Family Betulaceae　カバノキ科
　　Tribe Betuleae　カバノキ連
　　Genus *Alnus*　ハンノキ属
　　Subgenus *Alnus*　ハンノキ亜属
　　Species（種）　*Alnus japonica*（Thunberg）Steudel　ハンノキ
　　Variety（変種）　*Alnus japonica*（Thunberg）Steudel var. *koreana* Callier　ケハンノキ

動物でも学名の規則は植物の場合と似ているが，すべて同じではない．ヒトを例に説明すると，種の学名は植物の場合と同様，属名（*Homo*），種小名（*sapiens*），命名者名（Linnaeus＝前記のLinné）の順で表記するが，命名者名は省略してもよい．植物の場合と同様，最初に記載された属名が後にほかの属名に変更された場合には命名者名に括弧をつける．植物ではtribeを「連」と訳すが，動物では「族」と訳す．さらに，動物では階級による語尾が植物とは異なり，上科は-oidea，科は-idae，亜科は-inae，族は-ini，亜族は-inaとなる（下の例参照）．なお，植物には，動物で使われる上綱，上科といった階級はない．

　　Kingdom Animalia　動物界
　　Phylum Vertebrata　脊椎動物門
　　Superclass Tetrapoda　四足（肢）動物上綱
　　Class Mammalia　哺乳綱
　　Subclass Theria　正獣亜綱
　　Infraclass Eutheria　真獣下綱
　　Order Primates　霊長目
　　Suborder Anthropoidea　真猿亜目
　　Infraorder Catarrhini　猿鼻下目
　　Superfamily Hominoidea　ヒト上科
　　Family Hominidae　ヒト科
　　Genus *Homo*　ヒト属
　　Species（種）　*Homo sapiens* Linnaeus　ヒト
　　Subspecies（亜種）　*Homo sapiens sapiens* Linaeus　ヒト（現生のヒト）

学名の表記の方法だけではなく，新種の記載の方法も植物と動物では異なっている．学名や分類群の階級，新種記載法などの詳細は，植物では「植物命名規約」に述べられており（4年に1度の国際植物学会で改訂が行われるが，最新のものは「国際植物命名規約」；Greuter, 1988），動物についても同様に「動物命名規約」に述べられている（最新のものはInternational Commission on Zoological Nomenclature, 1999；日本語訳は，動物命名法国際審議会, 2000）．学名の発音は国によって異なり，英語圏では英語に準じて発音されるが，日本ではローマ字式の読み方をするのが一般的である．

が多い．また貝類は海水温などに伴って帯状に分布するほか，底質によって分布が左右される．また，固着生活をするほかの動物でも同様の傾向がみられる．一方，移動能力の大きい脊椎動物では，生息環境の多少の違いよりも山脈や海峡，乾燥地帯など移動の障壁になるものが分布に大きな影響を与えることが多い．

植物は一般に哺乳類のような動物よりも進化速度が遅く，化石記録から第四紀の中で種分化が認められたものは少ない．このために，哺乳類では種の出現と絶滅など化石記録の中での種の置き換わりに基づいて第四紀の生層序の研究が行われることが多いが，植物ではそのような研究は環境変化に対応した種の地理的分布の変化が基準となっていることが多い．

6.2 植物群と植生

6.2.1 陸上植物の分布と環境

現在の地球上には約25万種の陸上植物がみられるが，種類ごとに分布域は異なる．植物の分布域は，現在の環境条件によって制限されているとともに，それぞれの種が過去に受けた環境変化の歴史をも反映しているからである．その結果，地域が異なると，それぞれの地域に分布する植物の種類，すなわち**植物相**（flora）が異なってくる．しかも，日本と中国大陸で共通に分布する植物の種類は多いが，日本とオーストラリア大陸では共通する種類はきわめて少ないというように，植物相は地理的な広がりをもつとともに，海や山脈といった地理的な境界を境に大きく異なる．そこで，地域による植物相の違いに基づいて地球の表面を区分する試みが，多くの植物地理学者によって行われてきた．そのもっとも代表的な分け方が，環境に適応した植物の形態や生活様式，植生の相観に基づく**群系**（Formation）の区分と，過去の環境変化の中で起こった進化と分布変化の結果生じた，植物の系統の地理的なまとまりに基づく**植物地理区系**の区分である．

(1) 気候と群系

植物の生育は気温，降水量と，それらの季節変化の様式といった気候条件に大きな影響を受けているので，地域ごとに気候条件が異なると植生の相観（外観）が異なってくる．たとえば，植生を構成する優占種の生活形（草本か木本か，落葉か常緑か）が異なったり，植生を構成する植物体の高さや，植物の個体密度，種構成の複雑さが異なってくる．逆に，北半球と南半球のように地域が異なっても，同じような気候環境のもとでは，植物の系統は違うが植生の相観が似かよってくる．そこで，同じような気候帯に生育し同様の相観をもつ植生型によって，群系が区分される．群系の分布は気温や，降水量や蒸発散量などの水分環境の分布と対応関係がある．世界の群系と気候とを結びつける試みは19世紀から数多くなされてきたが，気温と降水量の季節分布を植生の相観と結びつけて，世界の気候区を区分したKöppen（1918）の気候区分がもっとも有名である．また，Thornswaite（1948）は土壌からの水分の蒸発散力（potential evapotranspiration）の違いに着目して気候と植生の分布との関係を議論した．降水量が同じでも気温によって土壌表面からの水の蒸発量は異なり，植物にとって有効な水分量が異なってくるからである．

植物の成長期に充分な降水量がある日本では，植生帯の分布を，成長期間の暖かさの程度（**温量指数，暖かさの指数**）や冬季の寒さの程度（**寒さの指数**）によって説明することがある（吉良，1949；図6.2-1）．温量指数とは，月平均気温5℃以上の月の月平均気温の値から5を引いた値を月ごとに積算

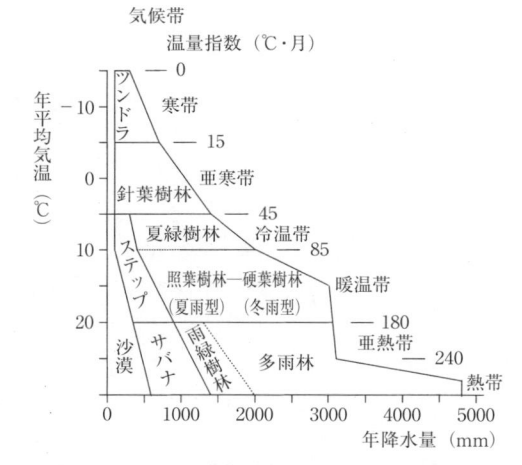

図6.2-1 世界の群系と気候帯（堀田，1994を改変）
群系と年平均気温，年降水量との関係や，気候帯を分ける年平均気温と温量指数との関係（Kira, 1991）は厳密なものではない．暖温帯地域のうち冬期に寒冷（寒さの指数-10℃・月以下）な地域では暖温帯落葉広葉樹林が卓越する．

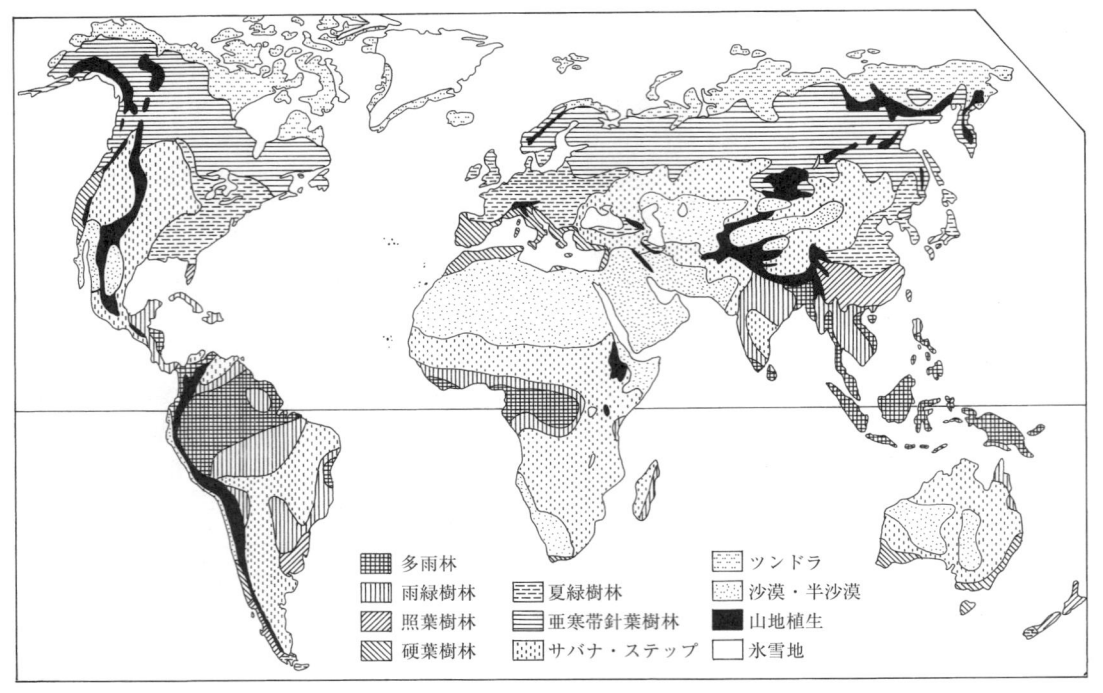

図6.2-2 世界の陸上植生の分布（Walter, 1968；Prentice, 1992；Archibold, 1995などをもとに作成）

凡例：多雨林／雨緑樹林／照葉樹林／硬葉樹林／夏緑樹林／亜寒帯針葉樹林／サバナ・ステップ／ツンドラ／沙漠・半沙漠／山地植生／氷雪地

したもので，寒さの指数とは，月平均気温5℃以下の月について月平均気温の値から5を引いた値を月ごとに積算したものである．冬に休眠しない常緑広葉樹の分布北限は，寒さの指数と対応関係がある．

気温と植生の分布

樹木の成長に十分な降水量がある地域では，熱帯から極地へと年平均気温が低下するにつれ，常緑広葉樹が優占する熱帯多雨林，亜熱帯多雨林，暖温帯常緑広葉樹林から，落葉広葉樹が優占する冷温帯落葉広葉樹林，常緑ないし落葉針葉樹が優占する亜寒帯針葉樹林，さらに矮生低木・草本，地衣類群落が広がるツンドラへと変化する（図6.2-1，6.2-2）．熱帯多雨林からツンドラへの群系の変化は，常緑か落葉かといった季節による植物体の変化だけではなく，森林を構成する樹木の樹高の減少や，森林の階層構造の単純化，単位面積あたりの生物量（バイオマス）の減少，生活形の多様性や単位面積あたりの種の数（種多様性）の減少を伴う．熱帯多雨林では森林を構成する樹木の樹高が60〜70mに達し，巨木層から低木層に至るまで，多数の階層からなる森林構造をもつ．一定面積あたりに生育する樹木の種数がきわめて多く，一本の樹木には多数の着生植物やつる植物が生育しているために，単位面積あたりに生育する植物の種数は膨大な数になる．熱帯域全体では地球上の植物種のおよそ3分の2にあたる約17万種が分布している．一方，冷温帯や亜寒帯の森林では森林を構成する樹木の樹高は一般に数10m以下で，森林の階層構造もより単純になる．単位面積あたりに生育する植物の数も少なく，1種類の樹木が広い面積で高木層を優占することもある．

気温条件は緯度によって変化するとともに，山地の低標高域から高標高域へと気温逓減率に従って変化する．その結果，亜熱帯以北の地域では緯度による植生の変化（水平分布）でみられたのと同様の変化が，標高（垂直分布）によってもみられる（図6.2-4参照）．

降水量と植生の分布

温度環境が同じでも降水量が変化すると，温度条件の変化に伴ってみられたのと似かよった植生の相観の変化がみられる（図6.2-1，6.2-2）．たとえば，乾期が存在する地域では，乾期の間は植物の生産活動が低下ないし停止するので，落葉し休眠する樹木が増える．したがって，降水量の多い地域から少ない地域へと，森林の優占種が常緑葉から落葉へと変化し，森林の階層構造が単純になり，樹高や種多様性が減少する．降水量は地球の大気循環の影響で緯

度ごとに変化するとともに，地形の影響を受ける．たとえば，同じ緯度ではより内陸側で減少するが，高い山脈があると気流の風下側で極端に減少する．

赤道周辺の熱帯収束帯では北と南の両側から気流が流れ込んでくるために1年中多雨の気候になっているが，中緯度の回帰線付近は高気圧帯（亜熱帯高圧帯）となり，降雨が少なく乾燥している．そのために赤道付近から回帰線付近へと，熱帯多雨林から乾期に落葉する雨緑林へと植生が変化し，乾燥がより激しくなると樹木の分布密度が小さいサバナから沙漠へと変化する．サバナや沙漠といった乾燥地域では，トゲの多い低木や多肉植物がみられる．これらの植物は，葉の代わりに，枝や茎，トゲといった器官で光合成を行うことで植物体の表面積を減らして水分の蒸発を防いだり，茎を多肉化して水分を貯蔵したりすることで乾燥気候に適応している．

暖温帯では年間の降水量は増加するが，大陸の西岸は，冬期には比較的降水量が多いものの，夏期には亜熱帯高圧帯が発達する影響で乾燥する地中海性気候となる．そこでは，夏期の高温乾燥に適応して，小型で厚い常緑葉をもつ硬葉樹が林で優占し，秋に発芽して春に1年間の生活を終わり，夏期を球根や種子の形で休眠する草本類が多くなる．一方，東アジアのようにモンスーン気候の影響を受けて夏期に雨が多い地域では，照葉樹林が分布する．照葉樹林では，硬葉樹林に比べると葉のサイズや樹高が大きく，森林の階層構造が複雑で，多くのつる植物や着生植物が生育する．暖温帯域でも大陸の中部にいくにつれて乾燥が激しくなり，暖温帯落葉樹林からステップ（草原），沙漠へと植生が貧弱になっていく．

(2) 植物地理区

気候に対応した植物群系は，南半球と北半球で同じように赤道から両極に向かって帯状に分布している．南半球の冷温帯域にはきわめて小規模ながら北半球と同様に落葉広葉樹林が分布し，森林の相観も似かよっている．しかしながら，それぞれの林を構成している落葉広葉樹の種組成は北半球と南半球でまったく異なる．たとえば，北半球の落葉広葉樹林で優占する代表的な落葉広葉樹はブナ科（Fagaceae）のブナ属（*Fagus*）とコナラ属（*Quercus*）である．一方，南半球では同じブナ目のミナミブナ科ミナミブナ属（*Nothofagus*）の樹木が優占する落葉広葉樹林になる．ミナミブナ属はかつてブナ科に分類されていたくらい，ブナ属と葉や果実の形は一見似ているが，北半球のブナ科植物とは類縁関係が異なる．すなわち，ミナミブナ属の植物は，ブナ属とコナラ属が分化するよりもさらに古い時代にブナ目の系統から分化し，南半球と北半球とで大陸が分離して以来独自の進化をとげたが，環境が似かよった場所でブナ科と同様の生活形を保持し続けたと考えられる．

このように，海域や山脈，乾燥地帯を境界とする地域によって，その地域が経てきた環境変化に応じてそれぞれの系統の植物群が独自の進化をとげたり，絶滅をまぬがれて残ったりした結果が，植物地理区ごとの植物相の差として認められる．Takhtajan（1986）によると，地球上の植物地理区は6の植物区系界，すなわち，全北植物界，旧熱帯植物界，新熱帯植物界，ケープ植物界，オーストラリア植物界，周南極植物界に区分され，全北植物界は3亜界，旧熱帯植物界は5亜界に分けられている．さらに，これらの植物界は37の植物区系に区分されている（図6.2-3）．

全北植物界

全北植物界は北半球の暖温帯から寒帯を中心とする．全北植物界の森林で優占する代表的な分類群には，亜寒帯針葉樹林を構成するトウヒ属（*Picea*），モミ属（*Abies*），カラマツ属（*Larix*），マツ属（*Pinus*）といったマツ科の針葉樹や，落葉広葉樹林を構成するカバノキ科（Betulaceae）（カバノキ属 *Betula*，ハンノキ属 *Alnus*，ハシバミ属 *Colyrus*），ブナ科（ブナ属，コナラ属），ヤナギ科（Salicaceae）（ヤナギ属 *Salix*，ハコヤナギ属 *Populus*）がある．暖温帯から亜熱帯の常緑広葉樹林では，ブナ科やクス科（Lauraceae）などの常緑樹種が優占する．東アジアの場合は，クス科ではクスノキ属（*Cinnamomum*），タブ属（*Machilus*），ブナ科ではコナラ属アカガシ亜属（*Quercus* subgen. *Cyclobalanopsis*），シイ属（*Castanopsis*），マテバシイ属（*Pasania*）などが優占する．

周北極植物区系は，ヨーロッパ，シベリア，北アメリカ大陸を含む周北極域のツンドラ，亜寒帯針葉樹林帯とヨーロッパの冷温帯落葉広葉樹林帯を含む．ミツガシワ（*Menyanthes trifoliata*）ように新旧大陸にまたがって広く分布する種も少なくない．こ

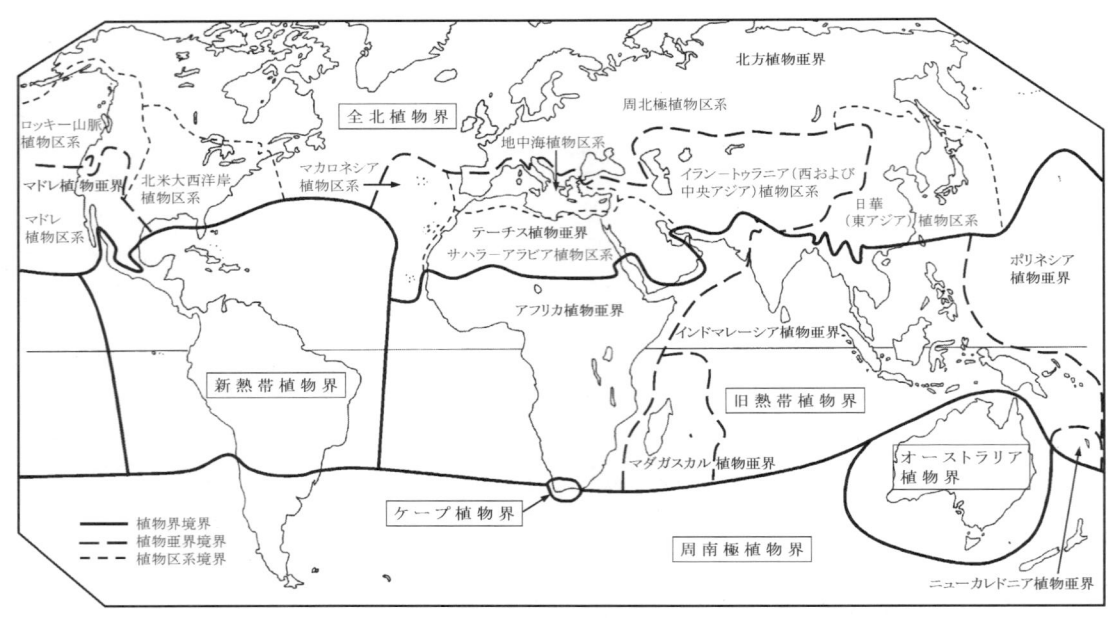

図 6.2-3 世界の植物地理区 (Takhtajan, 1986)
全北植物界のみ植物区系の区分を示す.

の区系に固有の科はなく，固有属も44属と比較的少ない．植物相が貧弱なのは，第四紀の氷期に多くの地域が大陸氷床の影響を受けたためである．北アメリカ太平洋岸植物区系は，北アメリカ西部の落葉広葉樹林帯と北アメリカ中部の草原を主に含み，1つの科と第三紀に広く分布したヌマスギ属 (*Taxodium*) を含む100属が固有である．ロッキー山脈植物区系は，北太平洋沿岸の針葉樹林帯が大部分を占める．第三紀の北半球に広く分布したセコイア属 (*Sequoia*) がこの区系だけに分布するほか，ヒノキ属 (*Chamaecyparis*)，トガサワラ属 (*Pseudotsuga*)，ネズコ属 (*Thuja*) といった日華植物区系と共通の針葉樹が含まれる．地中海植物区系，西および中央アジア植物区系，サハラ-アラビア植物区系，マドレ植物区系には地中海性気候ないし乾燥気候に適応した植物が多い．乾燥地帯に生育する裸子植物のマオウ属 (*Ephedra*) は，これらの植物区系とその周辺に加え，南アメリカ西南部に隔離分布している．

日華植物区系は日本列島から沿海州，中国の冷温帯から亜熱帯域を含む．全北植物界の中で植物相の最も豊かな植物区系で，固有分類群も20科359属と最も多い．固有分類群の中には，イチョウ属 (*Ginkgo*)，メタセコイア属 (*Metasequoia*)，スイショウ属 (*Glyptostrobus*)，コウヤマキ属 (*Sciadopitys*)，スギ属 (*Cryptomeria*)，イヌカラマツ属 (*Pseudolarix*)，カツラ属 (*Cercidiphyllum*)，スイセイジュ属 (*Tetracentron*)，イイギリ属 (*Idesia*)，キリ属 (*Paulownia*) など，第三紀にはヨーロッパや北アメリカ大陸を含む北半球の広い地域に分布していた植物が多く含まれる．

全北植物界の植物には，北アメリカ東部や北アメリカ西海岸周辺，東アジア，黒海周辺の冷温帯から暖温帯といった地域に隔離分布している分類群が多い．たとえば，ユリノキ属 (*Liliodendron*) は北アメリカ東部と中国に，サワグルミ属 (*Pterocarya*) は東アジアと黒海沿岸に，フウ属 (*Liquidambar*) は北アメリカ東部，中国，黒海沿岸に隔離分布する．これらの植物の第三紀の化石記録は周北極域の高緯度地域で連続している．したがって，第三紀後半の気候の寒冷化に伴って分布域が南下し，さらに中央アジアや地中海沿岸，北アメリカ西部のように乾燥が厳しくなった地域や，ヨーロッパ，北アメリカ東部のような大陸氷床の発達した地域で消滅した結果，現在のような隔離分布になったと考えられる．

旧熱帯植物界と新熱帯植物界

旧大陸とその周辺の熱帯と新大陸の熱帯は，それ

ぞれ系統的に異なった植物群を含む．前者が旧熱帯植物界，後者が新熱帯植物界である．同じような相観の熱帯多雨林で優占する樹木でも，東南アジアではフタバガキ科（Dipterocarpaceae）が，アフリカではマメ科（Leguminosae）が，新大陸ではサガリバナ科（Lecythidaceae）とクワ科（Moraceae）がそれぞれ多い（Whitmore, 1990）．新大陸の熱帯とその周辺の乾燥地帯ではサボテン科（Cactaceae）が乾燥に適応した多肉の形態をとっているが，旧熱帯植物界の乾燥地帯では，トウダイグサ科（Euphorbiaceae）とガガイモ科（Asclepiadaceae）の植物が適応放散し，サボテンに似た多肉植物となっている．

オーストラリア植物界，ケープ植物界，周南極植物界

南半球のオーストラリア植物界はオーストラリア大陸とその周辺の島を含み，400属以上の固有属を有する．マメ科アカシア属（Acacia），フトモモ科（Myrtaceae）ユーカリ属（Eucalyptus），ヤマモガシ科（Proteaceae）の植物が多く，トゲや硬葉をもつ耐乾性の樹木に富む．ケープ植物界も乾燥に適応した形態をもつ植物に富む温帯植物群で特徴づけられ，面積は小さいが固有植物が多いことから独立した植物界として扱われている．周南極植物界はニュージーランド，南アメリカ南端，周南極大洋島の植物区系を含む南半球の温帯と亜寒帯の植物群で，海によって隔離されているが植物相を共有する．南半球の温帯域を特徴づける分類群に，南アメリカ大陸南部，オーストラリア，ニューカレドニア，ニュージーランドに隔離分布するミナミブナ属がある．ミナミブナ属の現在の分布は，果実が海流によって散布されることでは説明できない．ミナミブナ属の花粉化石は南米の中生代の地層から産出するので，中生代に存在したゴンドワナ大陸から，古第三紀末までにアフリカ大陸，オーストラリア大陸，南アメリカ大陸の順で次々と南極大陸から分離した結果，現在の隔離分布が形成されたと考えられている．

(3) 日本列島の植物相と植生

日本列島は面積が小さいわりに，約5800種と多くの植物が分布し，そのおよそ30％の約1800種が日本の固有種である．亜熱帯常緑広葉樹林から冷温帯ないし亜寒帯常緑針葉樹林までの植生帯（群系）が，南北に水平分布しているだけではなく，山地域でもそれが垂直分布としてみられる（図6.2-4）．日本列島は日華区系に含まれ，中国大陸と共通の分類群が多いが，暖温帯から亜熱帯の植物は東南アジアの植物相と類縁が深い一方，亜高山帯や高山帯には周北極植物区系と共通の植物が分布する．

日本の亜熱帯から暖温帯に分布する常緑広葉樹林は，コナラ属アカガシ亜属，スダジイ（Castanopsis cuspidata），タブ（Machilus thunbergii）が優占し，ヤブニッケイ（Cinnamomum japonicum），イスノキ（Distylium racemosum），ヤブツバキ（Camellia japonica），ヒサカキ（Eurya japonica）などを含む．琉球列島や小笠原諸島は亜熱帯域に属し，植物相には旧熱帯植物界の要素が多く含まれるが，小笠原諸島では植物相の3分の2に相当する124種が固有種である．琉球列島の河口や内湾域では，オヒルギ属（Bruguiera）やメヒルギ属（Kandelia）を含むマングローブ林が分布する．

太平洋側の暖温帯常緑広葉樹林の上部には，針葉樹のモミ（Abies firma），ツガ（Tsuga sieboldii）を交えた林が成立する．冬に寒冷になる本州内陸部では，温量指数で暖温帯の範囲に含まれる地域でも常緑広葉樹は分布できず，モミ，ツガと落葉広葉樹を交えた暖温帯落葉広葉樹林になる．冷温帯落葉広葉樹林はブナ（Fagus crenata），ミズナラ（Quercus crispula）が優占しウラジロモミ（Abies homolepis），カエデ属（Acer），カバノキ属などを交えた林である．ブナが分布しない北海道黒松内低地以北は，ミズナラやシナノキ（Tilia japonica），ハルニレ（Ulmus japonica）などの落葉広葉樹と，常緑針葉樹のトドマツ（Abies sachaliensis）やエゾマツ（Picea jezoensis）を交えた針広混交林が成立する．

本州の亜高山常緑針葉樹林帯では，シラビソ（Abies veitchii），オオシラビソ（Abies mariesii）やコメツガ（Tsuga diversifolia）が優占するほか，中部山岳地帯南部を中心にカラマツ（Larix kaempferi），チョウセンゴヨウ（Pinus koraiensis），ヒメバラモミ（Picea maximowiczii）がごくわずかに分布する．山岳地帯の樹木限界を越えるとハイマツ（Pinus pumila）低木林や，コケモモ（Vaccinium vitis-idaea）などのツツジ科植物からなる矮生低木群落が分布する．

本州の日本海側から東北日本の積雪地帯では，積雪の影響で独特の植生構造と植物相がみられる．柔

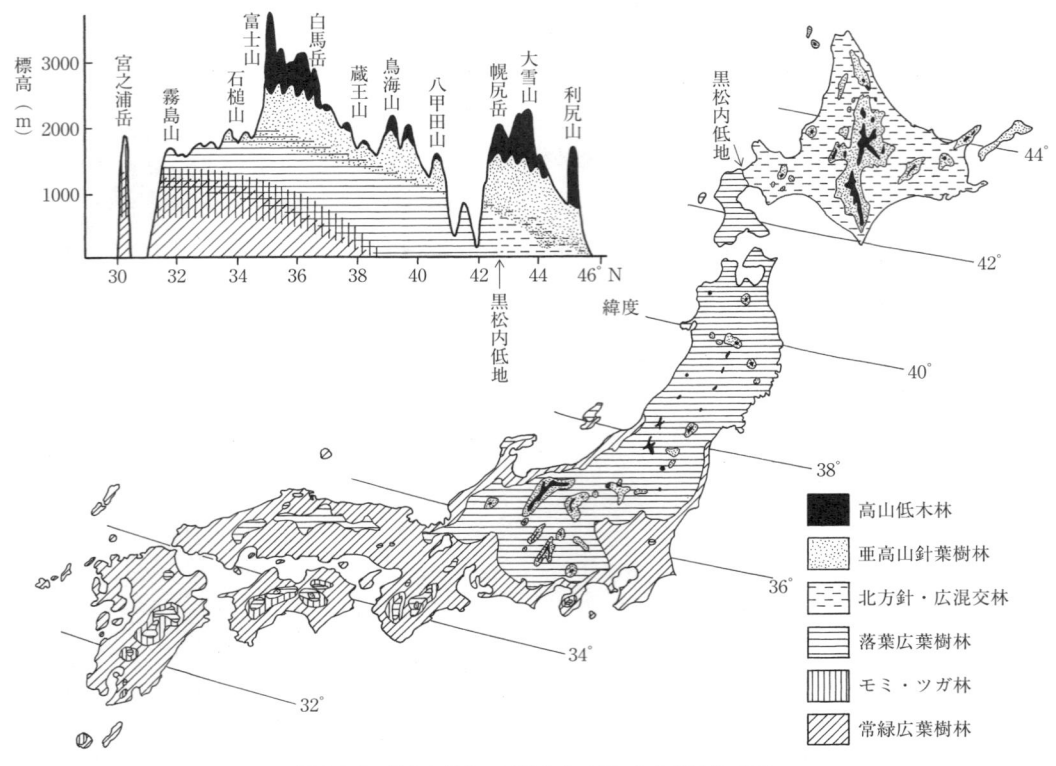

図6.2-4 日本の植生の垂直分布（上）と水平分布（下）
垂直分布での植生帯の境界は南北だけではなく太平洋側と日本海側でも標高が異なる．東北地方日本海側の多雪山地では，冷温帯落葉広葉樹林の上に常緑針葉樹林が発達せずに，亜高山帯にはミヤマナラ，ダケカンバ，ハイマツなどの低木林や雪田草地が発達し，「偽高山帯」と呼ばれている．モミ・ツガ林は太平洋側で発達し，尾根筋や斜面に多い．屋久島の冷温帯には落葉広葉樹林が発達せず，スギやモミ，ツガが優占する針葉樹林が発達する．上図は菊池（1985），林（1951）をもとに作成．下図は吉岡（1973）による．

軟で折れにくい枝をもつ樹種しか積雪の荷重と移動に耐えることができないので，冷温帯落葉広葉樹林の種構成が寡雪地帯に比べて単純になり，しばしばブナだけが優占する林になる．斜面では樹木の基部が雪のために曲がることが多く，スギ（*Cryptomeria japonica*）のように伏条根を地に伏した幹の途中から伸ばす性質を獲得した樹種もある．雪は一方で，植物体を凍結乾燥から保護する働きがあるので，積雪に適応することで南方系の植物の分布が北上している．たとえば，冷温帯域の積雪地帯の林床にはユキツバキ（*Camellia japonica* var. *decumbens*）やエゾユズリハ（*Daphniphyllum macropodum* var. *humile*）のように暖温帯常緑広葉樹林帯の樹木が匍匐性の低木に変化したものや，チシマザサ（*Sasa kurilensis*）のように地上部に越冬芽をつけるササ類が分布する．

6.2.2 陸上植物の器官とその化石

セルロースを主成分とする細胞壁やスポロポレニンからなる花粉（胞子）壁は硬くて腐りにくいので，骨格や殻などの硬組織以外の組織が腐る動物とは異なり，陸上植物の組織の大部分は堆積物中で保存される．しかも，根や樹幹以外の器官は，個体の一生の間に大量に生産され，個体から離れて風や水によって運搬されて河川の氾濫原などで堆積物中に埋まることで，化石として保存される機会が多くなる．これらの器官以外に，**植物珪酸体**は水成堆積物だけではなく土壌中でもよく保存されている．植物珪酸体とは植物の表皮細胞や毛細胞，維管束細胞といった細胞内に非晶質の含水珪酸が沈積して形成された粒子で，特にイネ科植物の葉の短細胞と機動細胞によく発達する（図6.2-7参照）．

陸上植物は葉や茎，根といった栄養器官と花，花粉（胞子），種子・果実といった生殖器官から構成

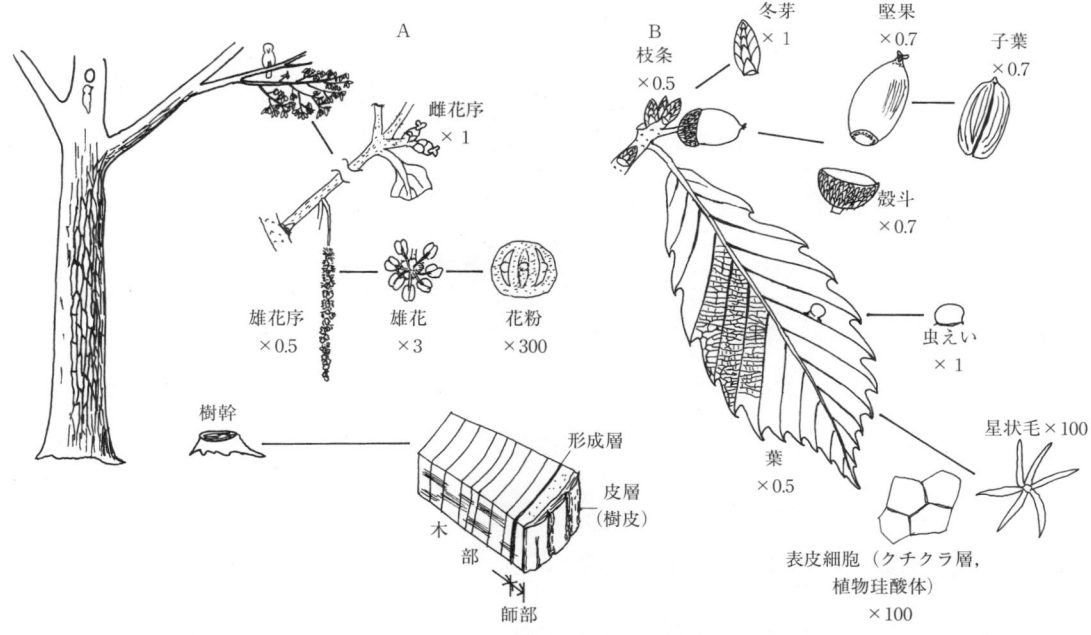

図6.2-5　化石として産出する植物の器官
コナラの例．Aは春に生産される器官，Bは秋の状態を示す．コナラの果実は，果皮と花被が癒着して形成された堅果によって構成される．このように，子房の外側の器官である花床や花被が，子房壁と融合したり，果肉状になって果実を装う場合，偽果と呼んで狭義の果実（真果）と区別する．種子を構成する子葉は水成堆積物中では保存されないが，炭化すると土壌中でも保存される．葉の表皮のクチクラ層の破片は酸やアルカリに強いために花粉分析の処理の過程でも残り，表皮細胞の形態が表面にかたどられているために同定が可能である．

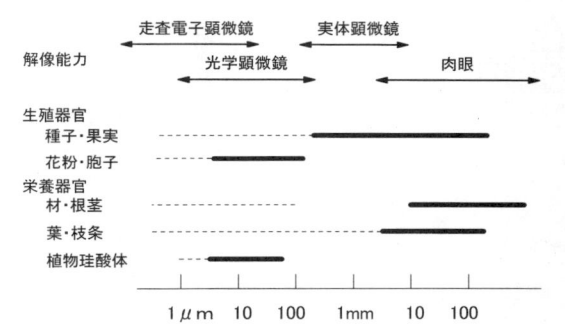

図6.2-6　植物化石の大きさとその研究法
太線は一般に化石として産出する各部位の大きさで，破線はそれぞれの化石を比較・同定するために検討が必要な構造の大きさ．それらの構造を識別するために必要な顕微鏡類の解像能力を示す．木材の同定は光学顕微鏡の解像能力を必要とするが，年輪解析は実体顕微鏡の解像能力でも可能である．シダ植物の胞子のうち，サンショウモなどの水生シダ類や，クラマゴケ科，ミズニラ科などの大胞子は直径が0.25 mm以上なので，大型植物化石と同様の方法で取り出す．

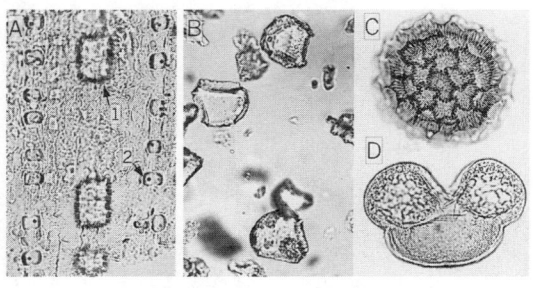

図6.2-7　植物珪酸体と花粉
A：現生アズマネザサ *Pleioblastus chino* 葉を電気炉で燃焼させて得た灰像（1：機動細胞珪酸体，2：短細胞珪酸体，135倍），B：完新世クロボク土（高知県野市町）中のイネ科機動細胞珪酸体（ファン型，135倍），C：タデ属（*Persicaria*）花粉（545倍），D：マツ属花粉（2個の気囊をもつ，370倍）．C, Dとも愛知県豊川市の完新世堆積物より採取（齋藤　毅氏提供）．

されるが，植物が1個体分まとまって化石になることは少なく，個体から離れた器官が別々に化石として産出する（図6.2-5）．これらの器官の大きさは，直径数 μm の花粉・胞子から直径数10 cm 以上になる木本の材幹までさまざまで，採集の方法や観察法も器官によって異なる（図6.2-6）．このうち，肉眼でみることのできる直径0.25 mm以上の植物化石を大型植物化石（plant macrofossil）と呼び，薬品処

● 花粉ダイアグラム　　　　　　　　　　　　　　　　　　　　　　　　　　　　　　コラム 6.2-1 ●

　ボーリングコアや露頭の連続した堆積物から複数の層準の試料を取り出し，各試料中の化石（fossil assemblage）を構成する化石を同定，計数した結果を層準ごとに比較するために，花粉ダイアグラムや大型植物化石ダイアグラムといった植物化石ダイアグラムを作成する．これらのダイアグラムでは，植物化石群の中の各分類群の産出量を評価するのに，各分類群の産出割合がしばしばパーセントで表示される（図A）．花粉化石群の場合，パーセントの基数は，①観察した全花粉数，②全木本花粉あるいは③全高木（樹木）花粉数，④ハンノキのように堆積の場に生育している大量に産出する分類群を除いた全高木花粉数など，さまざまな設定の仕方があり，復元する古植生の地理的範囲や群落構造に応じて選択する必要がある．

　花粉のパーセントは各化石群でのそれぞれの分類群の相対値であるため，ある植物の花粉割合は別の植物の花粉量に応じて変化する．したがって，植生中での各分類群の絶対量の変化を追跡するために，一定期間あたりに一定面積に堆積した花粉量（花粉堆積量，pollen accumulation rate）を求めることがある（図B）．花粉堆積量は，堆積物の堆積速度を複数の放射性炭素同位体年代に基づいて見積もり，単位堆積物あ

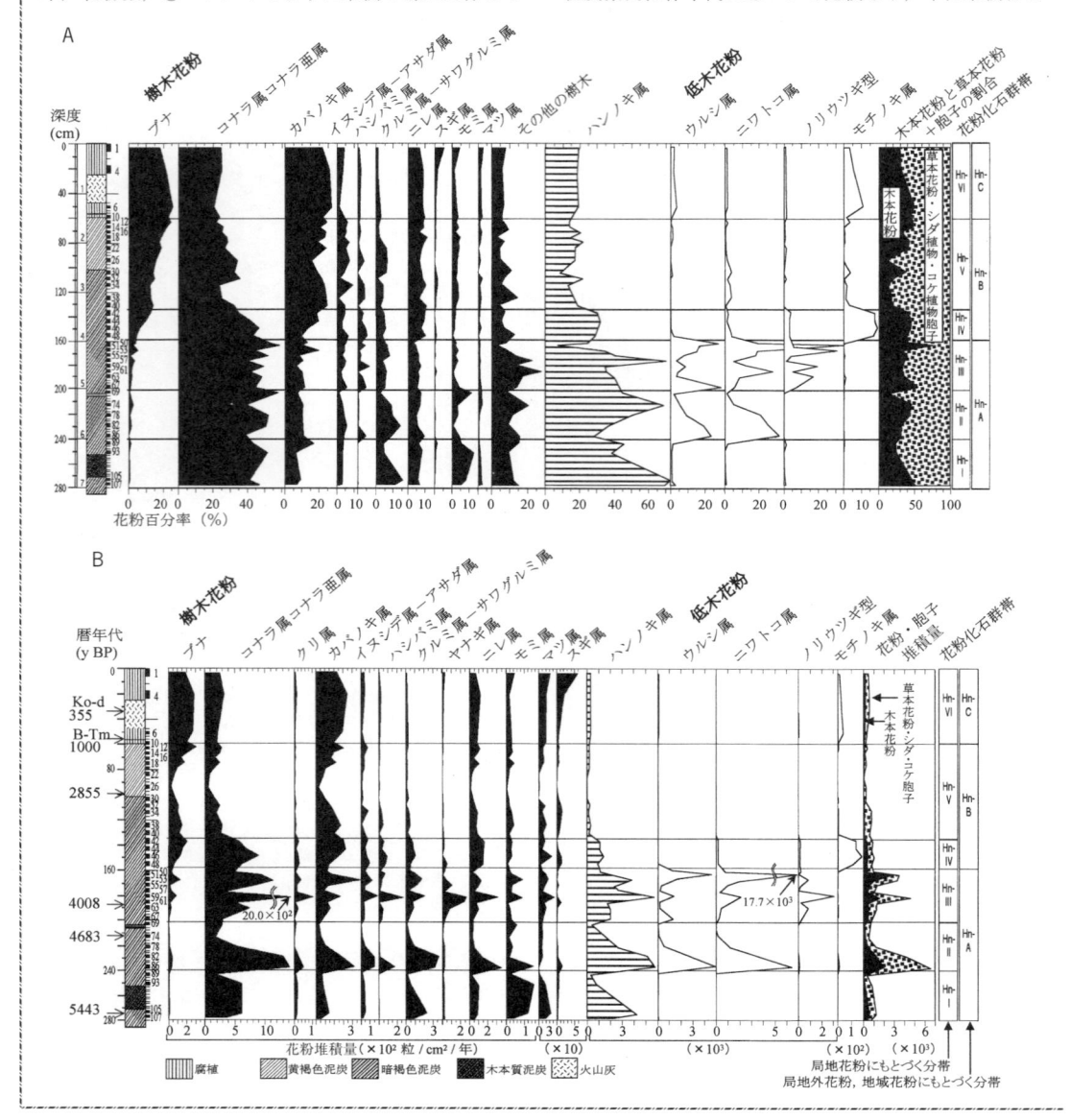

たりの花粉絶対量（花粉密度，pollen concentration）に堆積速度をかけて算出する．こうして作成されたパーセントダイアグラムや花粉堆積量ダイアグラムに基づいて古植生の時間的変遷が議論されるが，化石のパーセント値や絶対量はそれぞれの分類群の古植生中での分布割合や絶対量を直接示しているわけではない．植物の種類によって，器官の生産量や化石が堆積する場所への運搬・堆積過程が異なるからである（6.2.3項参照）．花粉堆積量は，北方林や乾燥地帯など，植生での植物の分布密度が小さい地域での植生の絶対量を評価したり，植物間の競争関係を議論するために2種間の絶対量の増減を比較する場合には非常に便利である．しかしながら，堆積速度が変化しやすい堆積物や，周囲の植生の多様性が高くしかも分布が不均一な場所，地形が複雑で花粉の供給源が変化しやすい場所では花粉堆積量の適用は困難になる．

花粉化石ダイアグラムから古植生の時間的変化を読みとるために，花粉化石群の組成が変化する層準で花粉帯が区分される．花粉帯は，同じような花粉化石群の組成をもつ堆積物の広がりで，花粉化石群の組成の異なる隣接する堆積物から区分される（Gordon & Birks, 1972），植物化石層序区分の一種である．花粉帯は，各分類群の花粉の割合や絶対量が変化し始める層準や，表徴種の消長で区分されることが多い．1つの地理的に限られた分析地点で区分された花粉帯は，局地花粉群帯（local assemblage zone）という．さらに，複数の地点のダイアグラムを比較することで得た時間的空間的広がりをもつ花粉群帯を，地域花粉群帯（regional pollen zone）という（図C；Cushing, 1967）．地域花粉群帯を分かつ層準は，地点ごとに異なること，すなわち，時間的にずれることがある．

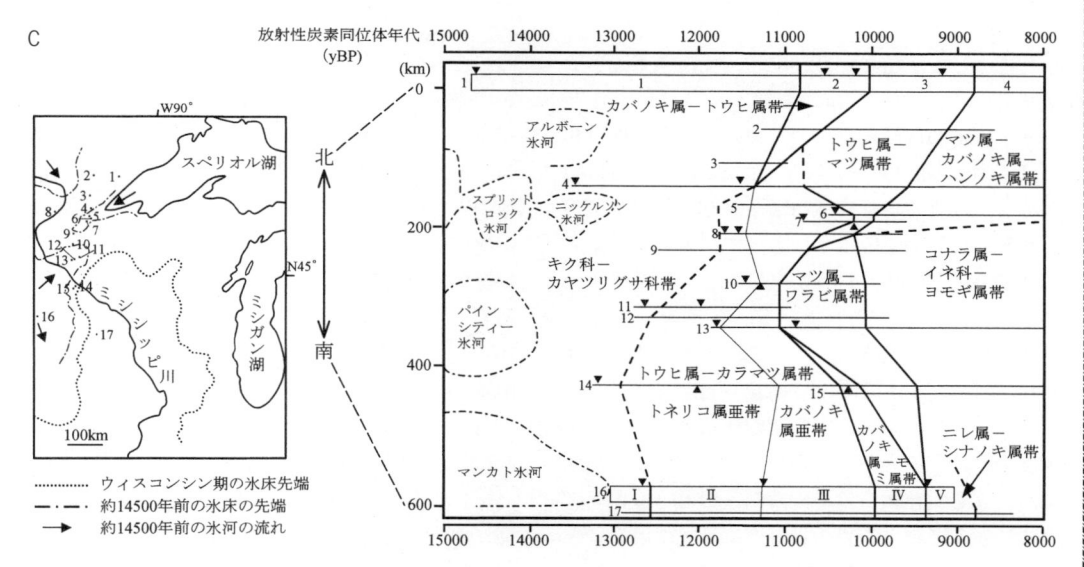

図A，B：北海道渡島半島八雲町低地の木本花粉パーセントダイアグラム（A）と堆積量ダイアグラム（B）の例（紀藤・瀧本，1999をもとに作成）．
パーセントダイアグラムはハンノキ属を除く樹木花粉（黒で表示）の総数を基数とする．花粉化石群帯は，分析地点の植生を構成していたと考えられるハンノキ属や低木（ウルシ属，モチノキ属，ニワトコ属，ノリウツギ型），草本を含む局地（local）花粉の産出割合の変化に基づく分帯（左）と，分析地点周辺からより広範囲の植生に由来するハンノキ属以外の木本花粉（局地外 extra-local および地域 regional 花粉）の産出割合の変化に基づく分帯（右）を示す．堆積速度の補正によって得られたブナ属とコナラ属の花粉堆積量の変化に基づき，渡島半島南部から北上したブナ個体群が約3.4 kaにこの地域に到達して森林内で増加し始め，優占した状態で安定するまでに1700年以上を要したことが明らかになった（紀藤・瀧本，1999）．

C：北アメリカミネソタ州東部の晩氷期〜完新世の地域花粉化石群帯（Cushing, 1967をもとに作成）．右図の横線は，花粉群が検討されたボーリング堆積物の年代幅を，年代対比の根拠となった炭素同位体年代測定試料の層準を▲で示す．各地点で花粉帯の分帯が行われており，地点1（ミネソタ州ウィーバー湖）と地点16（アイオワ州マデリア）の局地花粉群帯を示す．15〜13 kaのこの地域は，局地的に大陸氷床に覆われていた．局地花粉群帯の対比によって設定された地域花粉群帯は，後氷期の温暖化に伴う植物群の移動に従って，北へと時代がずれる．破線は花粉群帯の境界が不明瞭であることを示す．

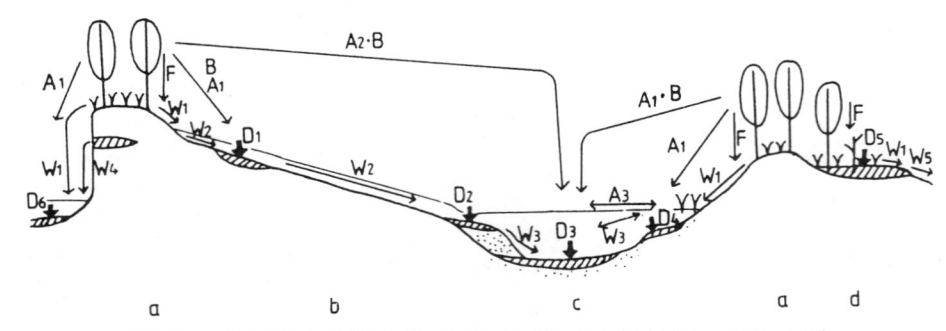

図6.2-8 温帯陸水域での潜在大型植物化石の運搬・堆積過程（百原・南木，1988）
a：陸域，b：河川，c：湖沼，d：湿地．
▨：潜在大型植物化石群あるいは大型植物化石群，←：運搬，⇐：堆積．
A_1：風による短距離運搬，A_2：風による長距離運搬，A_3：水面に浮かんで主に風の力で移動，W_1：水流によって地表面を移動，W_2：河川による運搬，W_3：湖沼内での水流による移動，W_4：水流による植物化石層の削剥，移動，W_5：水流による泥炭の削剥，移動，B：鳥などによる運搬，F：自然落下，D_1：河川での堆積，D_2：河口デルタでの堆積，D_3：湖沼中央部での堆積，D_4：湖沼縁辺での堆積，D_5：埋没林，自生泥炭の形成，D_6：植物化石の二次堆積．

理などによって堆積物から抽出し，生物顕微鏡下で検鏡することによって初めて観察が可能になる花粉・胞子，植物珪酸体などの植物化石を微小植物化石（plant microfossil）と呼ぶ（図6.2-7）．大型植物化石でも，木材の樹種は生物顕微鏡を使って細胞の形態や配置を観察することによって初めて同定できる．植物化石の抽出法や観察法は日本第四紀学会（1993）に詳しく記載されている．

植物の器官や観察方法によって，どの階級（コラム6.1-1参照）の分類群まで同定可能かが異なる．種子，果実，葉といった大型植物化石では肉眼で種が識別できるものもあるが，種子・果実の表面形態や葉脈などを実体顕微鏡で観察することで種の同定に至ることが多い．花粉の場合では，光学顕微鏡下では一般に科や属，亜属までしか同定できない植物が多いが，走査電子顕微鏡を用いて花粉表面の微細構造を観察することで種の同定が可能な場合もある．植物化石の同定は現生標本と比較しながら行うが，比較標本は各器官の標本だけではなく同定の証拠となった腊葉標本を必ず作成・保管しておく必要がある．

大型植物化石の場合，それぞれの植物についてどの器官が産出したかを正確に記載しなければならない（図6.2-9参照）．化石として産出する固い器官が種子，核，果実のいずれであるかは，種類と保存状態によって異なるからである．被子植物の花では胚珠が子房壁に覆われて子房を構成するが，胚珠が成熟したものが種子であり，子房が成熟したものが狭義の果実（真果）である（図6.2-5参照）．果肉が発達する果実では，ブドウのように種皮が堅く化石として産出する場合と，モモやキイチゴのように子房壁の内側の層（内果皮）が堅くなり，その内側にある薄い種皮とその外側にある中果皮の一部を含む核が産出する場合がある．化石として産出する部分が何であるかは，植物図鑑や種子・果実形態の文献（Corner，1976；Roth，1977；Jensen，1998；中山ほか，2000）が参照できる．

6.2.3 古植生の復元

植物化石群は，生活していた場所でそのまま堆積物に埋没し化石となった**原地性**の（autochthonous）化石群は少なく，生活の場から離れた場所まで運搬されて堆積した**異地性**の（allochthonous）化石群が大部分である．植物の各器官は運搬の過程で破損や，腐敗，動物による摂食を受けることで，生きていた状態から質的・量的に変化し，堆積後にも化学的変化や地層の圧力による圧縮を受ける．したがって，植物化石群からもとの植物の形態や植物群集を復元するには，植物化石群の**タフォノミー**（taphonomy；Efremov，1940），すなわち，化石群の形成過程を検討する必要がある．

化石のタフォノミーは植物の種類と器官によって異なるだけではなく，植物が生活していた場所から化石の堆積の場までの移動過程によっても異なる．

表 6.2-1 各植物の林分 1 ha 当たりの年間花粉生産速度（関口ほか，1986；斉藤・竹岡，1987；清永，1996 などに基づく）

花粉媒介様式	種 名	林 相	樹高（m）	年間花粉生産速度（10^{12}ha^{-1}y^{-1}）	
				平均	範囲
風媒	スギ	100～200 年生天然純林	25～28	6.6	0.43～49
	ヒノキ	壮齢人工林	14	19.5	2.6～37
	アカマツ	壮齢（35 年）純林	16	6.2	4.4～7.6
		老齢（75 年）純林	11～29	4.5	4.1～4.9
	ハンノキ	若齢（35 年）純林	15	49.2	17.9～93.5
	ヒメヤシャブシ	12～17 年低木林	6～7	40.1	23.7～49.6
	ブナ	純林	22	1.63	0.001～6.9
	ミズナラ	壮齢（63 年）優占（89％）林	12～13	2.9	1.2～5.3
		老齢（200 年）優占林	17～19	5.2	2.8～7.9
	コナラ	壮齢（60 年）優占（93％）林	18～21	8.9	5.7～10.7
		老齢（120～170 年）優占（79％）林	19～23	25.3	20.7～31.2
	アカガシ	2 個体	10, 14	7.2	5.0～9.7
	オニグルミ	若～壮齢純林	12～14	2.8	2.5～7.1
		老齢林	14～16	2.0	1.6～3.2
虫媒	スダジイ	壮齢（40～80 年）純林	17～25	81.0	5.6～260
	クリ	2 個体	4	2.0	1.0～3.7
	トチノキ	純林	20～23	9.13	5.3～12.7
	アセビ	75 年生アカマツ純林下層木		1.3	

花粉生産量は観測年によって大きく変動するとともに，林齢や生育環境によっても異なる．
林相では林齢と胸高断面積合計での優占度（％）を示す．花粉生産速度の平均値と値の範囲は，数個体の周辺もしくは数百～数千 m^2 の方形区内に設置したトラップに落花した雄花序の数と，新鮮な雄花序に含まれる花粉粒数から算出された．

植物化石群と実際の植生での量的・質的関係は，①各器官の生産量，②各器官の運搬されやすさ，③生活の場から堆積の場までの距離，④運搬・堆積時における組織の物理的・化学的強度と分解のされ難さ，⑤堆積物の堆積環境，⑥堆積後の続成作用，によって左右される（図6.2-8；百原・南木，1988）．植物化石のタフォノミーを考慮して正確な古植生復元を行うには，化石群の堆積環境をよく検討する必要がある．それに加えて，現在の地表や地層中に取り込まれた植物遺体群の種構成と，周囲の植生とを量的に比較検討し，その結果を過去の古植生復元に適用させることが重要である．

植物化石となる植物の器官の生産量は植物の種類によりかなり異なるので，各分類群の化石群での量比と周囲の植生での量比は必ずしも一致しない．花粉化石の場合，マツ科，スギ科（Taxodiaceae），ブナ科，カバノキ科，イネ科（Gramineae）などの風媒花粉やスダジイなど一部の虫媒花粉は，その他の植物の花粉に比べると生産量がきわめて多いので（表6.2-1），花粉分析では過大に評価される．花粉化石群から古植生を復元する場合，花粉の生産量を測定して花粉化石量を補正する試みが行われてきた．たとえば，Davis（1963）は花粉分析地点の表層に分布する花粉（表層花粉）の絶対量と，周囲の植生中の分布量との比（R 値）を求め，花粉堆積量に R 値をかけることによる古植生中の各分類群の出現量の復元を提案した．さらに Andersen（1970）は，デンマークの森林内で表層花粉と森林を構成する樹木との関係を明らかにし，花粉分析結果からそれぞれの樹種の量比を産出するための補正式を考案した（Birks & Birks, 1980）．

化石となる植物の器官は気流や水流の中で堆積物粒子として挙動し，運搬・堆積過程で水流や気流によって淘汰を受ける．河成堆積物では花粉・胞子や植物珪酸体はシルト質の堆積物に多く，砂質の堆積物中には少ないが，それは，これらの粒子がシルト粒子と挙動をともにするからである．一方，種子・果実化石は砂質の堆積物中に多い．河川の底掃流によって運搬された種子・果実は主に中粒砂と挙動をともにし，種子の直径とそのばらつきは堆積物の粒径と淘汰度に正の相関がある（百原・吉川，1997）．この場合，広葉樹葉や乾燥して比重が小さくなった

表 6.2-2 植物の各属の花粉の大きさ，密度と空中，水中での沈降速度
(Holmes, 1994より作成)

属 名	大きさ（μm）	密度（g/cc）	沈降速度（cm/s）	
			空中	水中
マツ属	38〜57	1.315	2.49	0.0105〜0.0111
モミ属	86.2	1.27		0.0285〜0.0518
ハンノキ属	21.2〜30	1.17	1.46〜1.7	0.00438
カバノキ属	24.5〜31.2	1.38〜1.4	1.68	0.0104〜0.0165
ブナ属	38.4〜47.0	1.08	3.54〜5.5	0.00903
ハコヤナギ属	30.13	1.161		0.00451
ヤナギ属	17.35	1.113		0.00278
カエデ属	39.9	1.236		0.00949
イラクサ属	14〜14.46	0.77〜1.126	0.34	0.000289
ヨモギ属	20.4〜25.4	1.14	1.006	0.0047

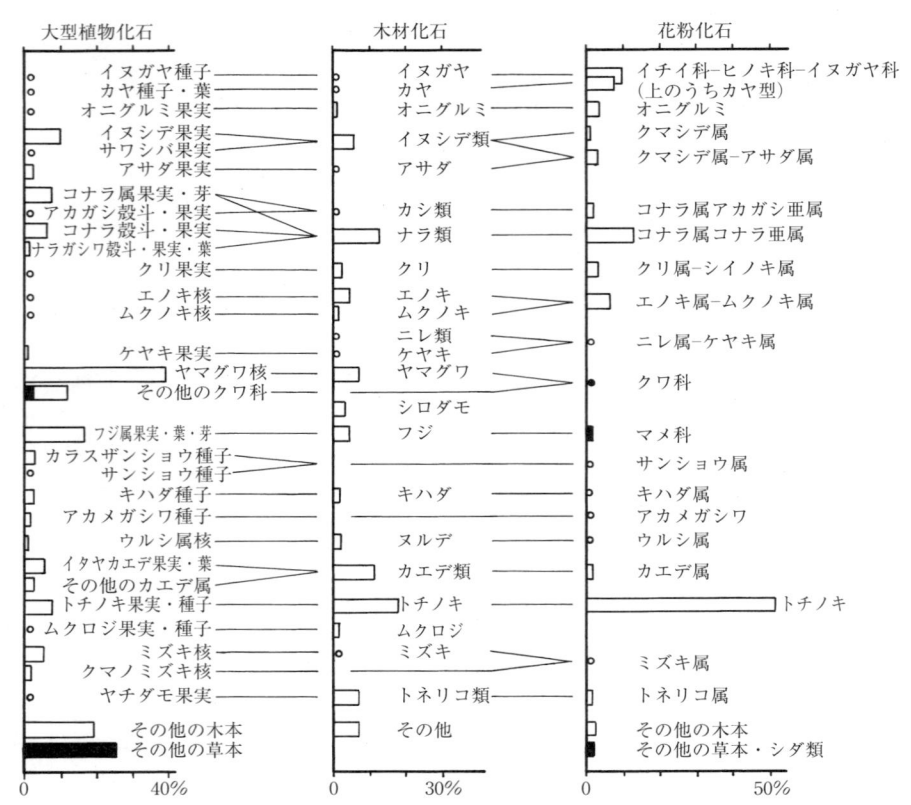

図6.2-9 同一層準で産出する主要な大型植物化石（葉，種実類），木材化石，花粉化石の産出割合と分類群の対応関係（辻ほか，1986を改変）
東京都多摩ニュータウンNo.796遺跡の縄文時代中期堆積物の例．大型植物化石と花粉の産出割合（%）は木本化石の総数を基数とする．白抜きは木本，黒抜きは草本を含む分類群．○は1%以下．

種実類は，細粒砂より小さな浮遊粒子（suspension load）とともに挙動し，底掃流によって運搬される種実類とは別に化石群を形成する．

花粉の沈降速度も植物の種類によって異なり（表6.2-2），風媒花粉でもモミ属のように比較的大型で飛ばされにくい花粉がある一方で，スギ属のように比較的小型の花粉はかなり遠方まで飛散する．たとえば，スギの北限植生から60km離れた北海道中央部の森林植生内の花粉トラップで，スギ花粉が4年間で捉えられた全木本花粉の5〜8%を記録した例

● 埋没林の研究　　　　　　　　　　　　　　　　　　　　　　　　　　　　　コラム 6.2-2 ●

　埋没林とは，陸上に生育していた樹木が地面に根をはった状態で埋まり，その遺体が現在残っているものである．埋没林は，河成堆積物，風成堆積物や火山噴出物によって埋積されて形成されることもあるし，氷河の前進に伴って氷やモレーン堆積物に覆われたり，水中に没することで保存されることもある．空気中では枯死した樹木は微生物や昆虫などによって分解されていくので，樹幹が腐らずに化石として残るには，還元条件化におかれるか，炭化する必要がある．したがって，埋没林の形成には，海水準変動，地震による地盤沈下，斜面崩壊や，火山活動など急激な環境変化が伴っていることが多い（宮地，1987）．そこで，埋没林の形成年代や埋積過程を調べることで，海水準変動のような広域的な環境変化や断層活動，火山活動といった局地的な環境変化とその時期を復元することができる．環境変化の時代決定には放射性炭素同位体年代と併せて樹幹の年輪年代学による編年を利用することもできる．また，枯死直前に形成された細胞の形態を調べることで埋没林が形成された季節を知ることもできる（寺田ほか，1994）．海水準変動によって形成された大規模な埋没林では，富山湾黒部川扇状地の海底埋没林（藤井・奈須，1988）が有名である．

　埋没林は，原地性の植物化石群であり，過去の森林の生態系を復元するための材料として非常に優れている．埋没樹幹の平面分布や直径分布からは植物群落の空間構造や現存量が明らかになり，年輪年代学的手法によって個々の樹木の樹齢や更新，枯死の時期を比較することで，森林の成立過程や維持機構を復元することもできる．埋没樹幹とともに，埋没時の林床植生の化石や落葉・落枝層，土壌層が保存されていることも多い．そこに含まれる蘚苔類や草本，低木といった林床植生の種構成や分布は，微地形や光，水分条件といった局所的な環境によって左右されやすいので，森林の立地環境を復元する材料となる．

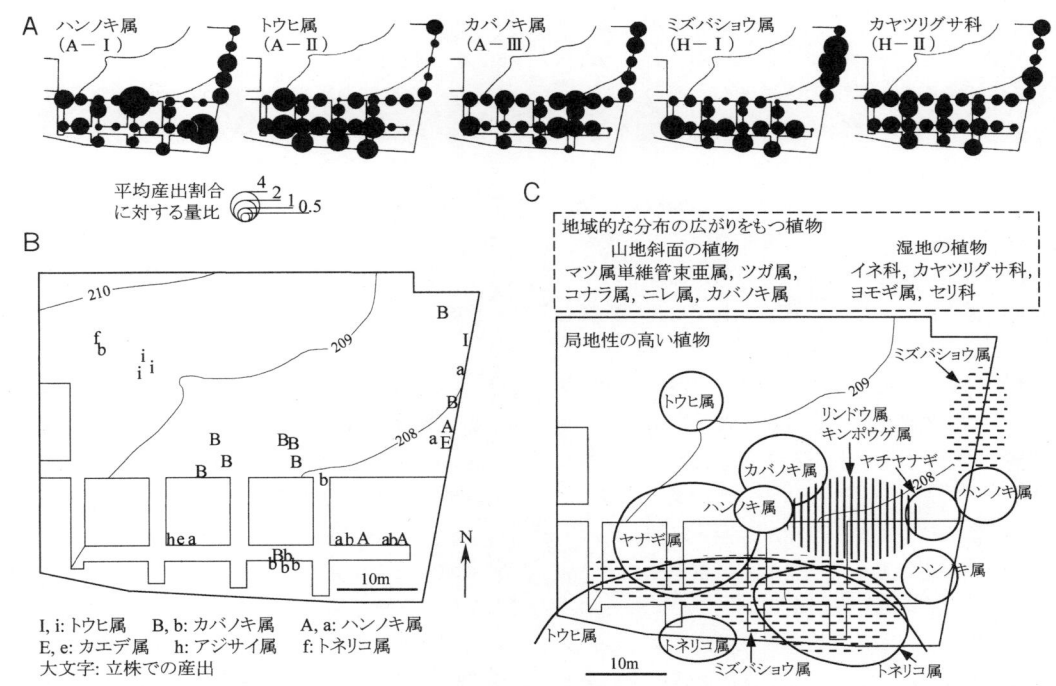

図　兵庫県板井・寺ヶ谷遺跡の姶良Tnテフラ（AT）に覆われた埋没林での花粉化石Aと木材化石Bの分布と，復元された古植生の空間分布C（A, C: Ooi, 1993；B: Ooi *et al*., 1990）
　AはAT直下での花粉分類群の地理分布パターン．各分類群の算出割合（樹木花粉総数を基数）の平均値に対する，各地点での産出割合の量比を円の大きさで示す．木本花粉の地理分布パターンは，A-Ⅰ群：産出割合が大きく，地点による変動係数の大きい分類群（ハンノキ属），A-Ⅱ群：産出割合が小さく，地点による変動係数の大きい分類群（トウヒ属），A-Ⅲ群：地点による変動係数の小さい分類群（カバノキ属）に分けられ，草本花粉は，H-Ⅰ群：変動係数の大きい分類群（ミズバショウ属），H-Ⅱ群：変動係数の小さい分類群（カヤツリグサ属）の5群に分類された．変動係数の大きな分類群は局地的な植生に由来し，変動係数の小さな分類群はより広域的な植生に由来すると考えられ，AT直下の木材化石の産状（B）や大型植物化石群の分布とあわせて検討することで，古植生の空間分布図（C）が復元された．

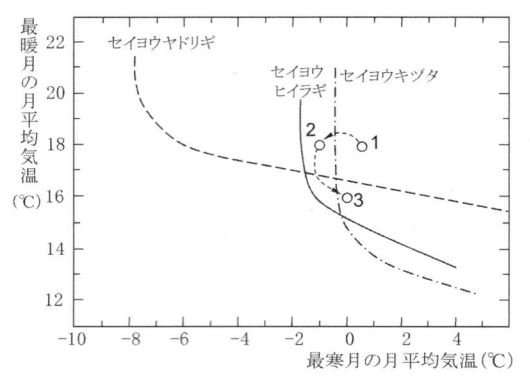

図6.2-10 ヤドリギ，セイヨウキヅタ，セイヨウヒイラギの分布限界と，推定されたデンマーク東ユトランド地方の完新世の気候（Iversen, 1944）

1：アトランティック期（～7000 y BP），2：サブボレアル期（～2750 y BP），3：現在．

（五十嵐, 1987）がある．このように，植物の器官の大きさ，形状によって運搬・堆積過程が異なってくるので，古植生を復元するには植物化石群の堆積環境を露頭で充分に検討することが必要である．

運搬・堆積時の変形や堆積後の続成作用を受け，化学的・物理的に強い組織だけが化石として残る．石灰質の内果皮をもつエノキ（*Celtis sinensis* var. *japonica*）の場合，貝塚や洞窟堆積物で内果皮が保存されるが，河成堆積物では内果皮が保存されずに有機質の種皮だけが残る．花粉・胞子は化学的に強いが，土壌中での保存状態の違いなどで選択的に残りやすい種類がある．また，クス科の花粉は化学的に弱いために堆積物から取り出すことは困難で，森林で優占していても花粉分析の対象となることは少ない．

植物の器官によって生産量や運搬・堆積，保存のされ方が異なることを考慮すると，古植生のより完全な復元には，1つの地層からできるだけ多くの器官を取り出して，量的・質的に比較することが必要である（図6.2-9）．器官による運搬過程の違いを利用することでも，古植生の空間分布をより詳細に復元することも可能になる．たとえば，大型植物化石に比べると花粉化石の方が長距離運搬されやすいことを考慮すると，花粉化石として多産するわりに大型植物化石でみつからない分類群は，より広域の植生を反映し，その中での分布量が多いことになる．

同層準の複数地点で化石の産出量を比較することで，古植生の空間分布をより詳細に復元することができる．同じ湿原の泥炭層中の花粉群で，産出割合とその試料間のばらつきを同層準の複数地点で分類群ごとに比較した結果（米林，1990；Ooi, 1993；コラム 6.2-2）では，その場所に生育する植物の花粉は産出割合が多いだけではなく，試料間のばらつきも大きい．一方，遠方から飛来する花粉は試料間のばらつきは小さい．さらに，複数の化石群で堆積環境の違いを利用して古植生の空間分布を復元することもできる．たとえば，河成堆積物の場合，後背湿地で堆積した泥炭層や塊状のシルトに含まれる化石群は一般的に原地性が高く，河道内や氾濫時に形成される葉理の発達した砂層は流域の広い地域の植生を反映している．広域テフラなどの鍵層を同時間面と考えて複数の地点の試料を検討することで，堆積盆地の中での植生の地理分布を復元することが可能となる．

6.2.4 植物化石からの古環境復元
(1) 化石群の種構成に基づく古環境復元

気候は，植物の個体の生長を直接支配するほかに，他個体の生長量を変化させることで間接的に個々の植物の定着や生育に影響を与える．その結果として個々の種はさまざまな気候条件のなかで一定の分布域をもつ．そこで，化石群を構成する個々の分類群の現在の分布と気候条件の対応関係に基づいて，古気候の推定が行われてきた．古典的な例では，Iversen（1944）は，北ヨーロッパでのセイヨウヒイラギ（*Ilex aquifolium*），セイヨウキヅタ（*Hedera helix*），ヤドリギ（*Viscum album*）の分布限界の，最暖月と最寒月の月平均気温を明らかにし，これらの花粉の完新世での消長に基づいて，古気温の変遷を推定した（図6.2-10）．化石群の種構成から古気候を復元する場合，実際の化石群には分布域が多種多様な植物が混成するのが普通である．構成種の分布が重なる領域の気温条件を古気温とする方法がよく使われているが，高標高域から植物化石がもたらされることを考慮すると，化石群を構成する植物のうち分布の北限がもっとも南にある植物の分布の北限の気温が当時の古気温だと考えることもできる．花粉分析では，花粉化石組成を現生植生の表層花粉組成と比較し，類似する現在植生の環境をあてはめて古環境を復元する方法もある．

植物化石から過去の気候を復元する場合，植物の分布が1つの環境要因に一元的に支配されているのではないことを注意しなければならない．たとえば常緑広葉樹と落葉広葉樹では夏と冬の気温の影響のしかたが異なるので，年平均気温との対応関係だけで過去の温度条件を類推するのには限界がある．同じ常緑広葉樹でも，図6.2-10が示すように，最暖月と最寒月の平均気温という2つの要因によって分布限界が決定されている場合がある．気温変化だけではなく降水量の変化を伴うと，植物の気温条件に対する分布は変化する．さらに，気候変化によって植物の垂直分布が変化すると，植生が成立する場所の地形条件も変わる．たとえば，最終氷期のトウヒ属バラモミ節（*Picea* sect. *Picea*）の化石は低地の氾濫原の泥炭層から産出し，本州では湿地林を構成していた可能性があるが，現在では中部山岳地帯の岩礫斜面などまったく異なった環境に分布している．生育立地が異なることで，温度条件に対する分布も異なる可能性がでてくる．

植物の分布は，気候や土壌といった無機的環境だけではなく，ほかの植物との競争関係にも左右されている．たとえば，現在のスギの天然分布と降水量との関係から過去の降水量が推定されているが，スギの天然分布がみられる地域では，稚樹の初期成長の遅いスギは水分条件と土壌条件の豊かな谷底ではほかの植物との競争に負けて生育できず，ほかの植物の入り込めない土壌のうすい崩壊地にのみ分布している．すなわち，スギが更新できる崩壊地が降水量の多い場所に分布しているのであって，スギの天然分布は降水量による水分条件の変化だけに左右されているわけではない．植林のように他種との競争を人為的に緩和した状況でスギを生育させた場合，自然状態での分布域よりも広い生育環境で生育することがわかる．これは，それぞれの種の生理的生育範囲の中で，他種との関係によって実際の分布域が狭められていることを意味する．したがって，古植生では現存の植生と種の組み合わせが異なることで，種の分布域と環境との関係が変化していた可能性がある．

第四紀は氷期-間氷期の環境変化の中で，種の分布域が急激に変化した時代である．氷期最寒冷期から間氷期最温暖期への温暖化に伴って，植物群は氷期の分布域から急速に分布を北上させたが，この時の植物の地理分布は，気候条件の地理分布に必ずしも対応しているわけではなく，氷期の分布域からの経路や種子散布様式の違いによって左右されていた．また，第四紀の環境変化に伴う分布域の変化のなかで，分類群の生態的，生理的特性が変化した可能性もある．したがって，時代が古くなるにつれて，現在の分布域の環境条件を過去にあてはめることはますます困難になる．そこで，現生種の少ない第三紀の化石植物相の研究では，全縁葉の割合など葉の形態を利用した古環境復元が行われている．

(2) 植物の形態に基づく古環境復元

年輪解析は，年ごとや季節ごとの樹木個体の生産量の変化が，樹幹の細胞の分裂と成長に影響を及ぼす現象を利用している．材幹の樹皮に近い場所に位置する形成層は，細胞分裂によって内側に道管（裸子植物では仮道管）を，外側に師管を形成する．道管は，根から吸い上げた水分を葉に供給する働きをする通導組織で，師管は葉で同化された有機物を運搬する働きをもつ通導組織である．形成層が内側に道管を次々と形成することで材幹は肥大成長する．気候や光環境が葉での物質生産に影響を及ぼしたり，その年に生産される生殖器官の量によって，形成層での細胞分裂の頻度や細胞の大きさが変化する．一般には春から夏にかけて形成される細胞に比べると夏から秋にかけて形成される細胞の方が小さく，秋の気温低下とともに個体の生産量が落ちると細胞分裂が止まる．秋に形成された小さな褐色の細胞列とその前年の年の褐色の細胞列の間隔，すなわち，年輪の間隔を計測することで，年々の成長期間にその個体がおかれた環境を推定することができる．また，火山砕屑物に覆われた埋没林で材幹の外

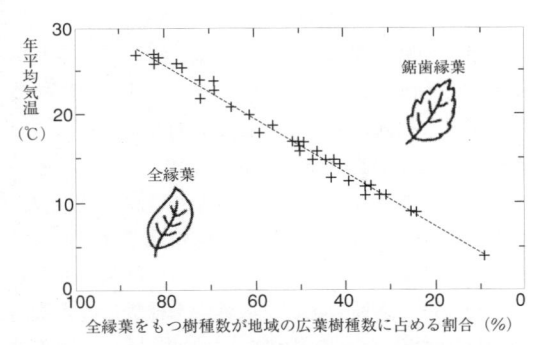

図6.2-11 東アジア湿潤地域の広葉樹林の全縁葉率と年平均気温との関係（Wolfe, 1978）

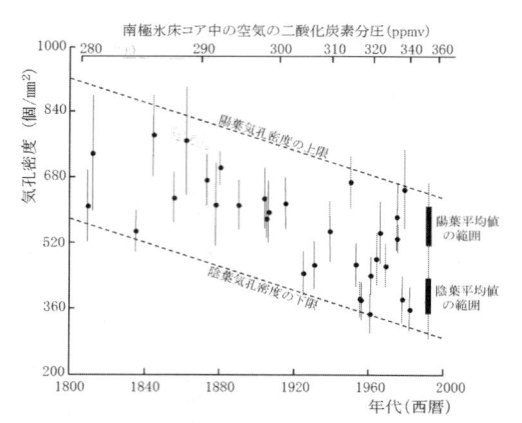

図6.2-12 過去200年間のコナラ属（*Quercus petraea*）の葉の気孔密度の変化（Kürschner *et al.*, 1996）と，南極氷床コア中の二酸化炭素分圧との関係

植物標本庫に保管されている標本の葉の計測値．現生の葉の測定結果では，葉の厚い陽葉の方が，葉の薄い陰葉よりも気孔密度が高い．

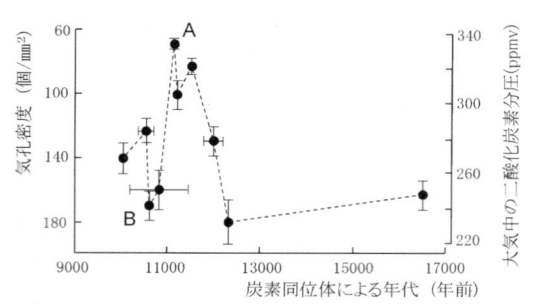

図6.2-13 後氷期の気孔密度の変化（Beerling & Chaloner, 1994）

9000～17000年前のヤナギの一種 *Salix herbacea* の気孔密度．氷床コアの二酸化炭素濃度曲線（4章図4.3-10）とよく対応し，後氷期の温暖化の時代（A）には気孔密度が減少し，新ドリアス期（B）には気孔密度の増加がみられる．

側が保存されていると，形成層に接する道管の細胞の大きさや状態からどの時期に枯死したかがわかるので，火山が噴火した季節の推定に使われる（寺田ほか，1994）．

年輪の間隔は局地的な環境の違いだけではなく，気候変化や生殖器管の生産量の周期的変化に対応して，数年から数十年周期で変化する．針葉樹のように成長が比較的遅いことで局地的な環境の違いによる影響を受けにくい樹種では，同一樹種で広域的に年輪間隔のパターンがある程度一致する．この現象を木材化石の編年に利用したのが年輪編年法である（2.2.5項参照）．年輪編年法を利用して埋没林を構成する樹種の更新から枯死までの時期を比較することで，森林がその場所で一斉に枯死したかどうかといった，森林の更新動態を明らかにすることが可能である．

葉は，植物の器官の中では外気と接している面積がもっとも多く，環境の影響を受けやすい．環境条件に応じて系統が異なる植物でも同じような形状の葉になることが多いので，葉化石群では葉の形態から古気候を推定する試みが古くから行われてきた．現在の湿潤な地域の熱帯域から温帯域では年平均気温が高い地域ほど，全縁葉，すなわち鋸歯をもたない葉をつける樹種の数が全広葉樹木種数に占める割合が増加する（Wolfe, 1978；図6.2-11）．全縁葉の割合と年平均気温とは高い相関関係にあるので，

Wolfe（1978）はこれを北アメリカ各地の植物化石群に応用し，第三紀以降の年平均気温の推移を復元した．日本でも第三紀（棚井，1991）や鮮新・更新世（Iwauchi, 1994）の古気候復元がこの方法によって行われた．Wolfe（1993）は各地域の木本植物相で，鋸歯縁の割合に加え，鋸歯の形状や葉身の裂片の有無，葉身の先端と基部の形状と葉の大きさ，縦横比などの形質を計測し，多変量解析によって，葉の形状と年降水量，気温年較差といった気候因子との関係を詳細に明らかにしている．

葉の下面にある気孔は，光合成と呼吸のためのガス交換や水分調節の機能をもつが，気孔の密度は葉が形成される時の大気中の二酸化炭素濃度によって変化することが知られている．Woodward（1987）は，18世紀以降に採取された植物のさく葉標本を調べ，産業革命以降現在に近づくにつれて減少していく葉の気孔密度から，地球の大気中の二酸化炭素濃度の増加を推定した（図6.2-12）．この関係を葉化石に適応して過去の二酸化炭素濃度の変化を推定した研究として，新第三紀以降のコナラ属の葉化石（van der Burgh *et al.*, 1993）と最終氷期以降のヤナギ属の葉化石（Beerling & Chaloner, 1994）の研究がある（図6.2-13）．

6.2.5 環境変化と植物群の変化

ある場所の植生や植物相は，1年間の季節変化，数年から数百年にわたる植生や土壌の発達，数十年～数万年オーダーの気候変化といったさまざまな時間スケールの環境変化に伴って様相が変化してい

6.2 植物群と植生

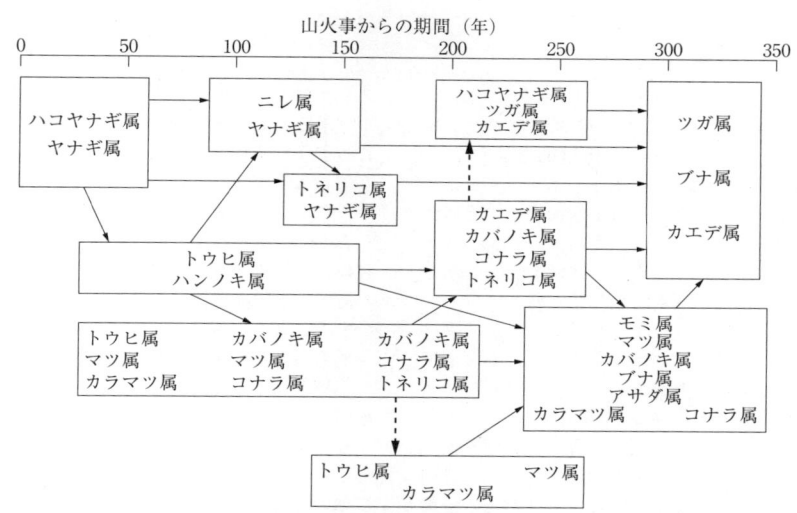

山火事からの期間（年）
0   50   100   150   200   250   300   350

```
┌──────────┐   ┌──────────┐   ┌──────────┐   ┌──────────┐
│ハコヤナギ属│──▶│ニレ属     │──▶│ハコヤナギ属│──▶│ツガ属     │
│ヤナギ属   │   │ヤナギ属   │   │ツガ属     │   │ブナ属     │
└──────────┘   └──────────┘   │カエデ属   │   │カエデ属   │
     │              ▲         └──────────┘   └──────────┘
     │         ┌──────────┐        
     │         │トネリコ属 │   ┌──────────┐
     │         │ヤナギ属   │   │カエデ属   │
     │         └──────────┘   │カバノキ属 │
     ▼              ▲         │コナラ属   │
┌──────────┐        │         │トネリコ属 │
│トウヒ属   │────────┴────────▶└──────────┘
│ハンノキ属 │
└──────────┘                       ┌─────────────┐
                                   │モミ属       │
┌─────────┬─────────┬─────────┐    │マツ属       │
│トウヒ属  │カバノキ属│カバノキ属│───▶│カバノキ属   │
│マツ属    │マツ属   │コナラ属 │    │ブナ属       │
│カラマツ属│コナラ属 │トネリコ属│    │アサダ属     │
└─────────┴─────────┴─────────┘    │カラマツ属  コナラ属│
                                   └─────────────┘
              ┌──────────────┐
              │トウヒ属    マツ属│
              │カラマツ属       │
              └──────────────┘
```

図6.2-14 カナダ東南部 Everitt 湖の湖底堆積物の木炭と花粉堆積量のタイムラグから復元した，4450 y BP から 2100 y BP までの山火事後の二次遷移過程（Green, 1981）．
過去の山火事後の植生遷移過程は，湖底堆積物などで木炭 charcoal と花粉化石の絶対量の変化を追跡することによって研究されている（Swain, 1978；Green, 1981 など）．Green（1981）は針広混交林が発達しているカナダ南東部の湖底堆積物を約50年間隔で調べ，木炭堆積量と各分類群の花粉堆積量の増減曲線を比較し，堆積量のピークの時間差に基づいて山火事後の二次遷移の過程を明らかにした．その結果，平均350年周期で森林火災が発生した 4450 y BP から 2100 y BP までは，マツ属，トウヒ属，カラマツ属，ヤナギ属，ハコヤナギ属などの陽樹の花粉堆積量は木炭量のピークの50年後にピークがみられたが，コナラ属，カバノキ属，ニレ属，トネリコ属はそれらよりも遅く，ブナ属，モミ属，ツガ属，カエデ属は300〜350年遅れてピークをつくることが明らかになった．一方，山火事が平均250年周期で起こった 6600 y BP から 4450 y BP には，遷移がある局面以上に進まず，マツ属花粉堆積量がモミ属やブナ属よりも常に上まわっていた．□は同時期に混生していたと考えられる分類群の組み合わせ，実線矢印は遷移過程での分類群の置き換わり，破線矢印は167年と210年周期で起こった中規模の火災による植生変化を示す．

る．現存植生の種構成とそれらの年齢構成の調査から植生の時間変化を明らかにすることができるが，さらに植生の歴史を遡るには，堆積物中の化石資料が必要になってくる．過去の植生変化を化石から復元する場合，堆積物の堆積速度や堆積環境によって時間変化の解像度は異なる．湖底の年縞堆積物のように数年スケールでの植生変化が復元可能な場合や，埋没林の構造を研究することで埋まった時点から過去数十年間の植生変化が復元可能な場合もある．

（1）植生の遷移

伐採や山火事によって森林植生が失われて裸地になったところには，やがてさまざまな植物が侵入して森林植生が再生するが，その過程で植生の種組成や空間構造が変化していく（図6.2-14）．このような植生の時間的変化を**遷移**（succession）と呼ぶ．植生の発達は，群落の下方へと届く光の減少や，母岩の風化と落葉落枝の供給による土壌の発達，群落内の湿度・温度変化の緩和など，植物群落内の無機的環境の変化をもたらし，それが植物の生育に影響を及ぼす．

遷移の初期には，森林の上層は十分な光条件下で急速に成長できるが，耐陰性のない樹種（陽樹）によって占有される．しかしその後は，成長は遅いが耐陰性のある樹種（陰樹）に取って代わられる．森林が発達すると種構成や空間構造が安定した状態（**極相**；climax）に達する．極相林を構成する陰樹が老齢になって枯死したり強風によって倒れることで光条件がよくなった空間（ギャップ；gap）では，それまで被陰されていた陰樹の稚樹の成長が速くなったり，陽樹の種子が発芽して急速に成長し始める．そこでは再び，陽樹から陰樹への遷移が始まる．したがって，極相林は森林の更新のさまざまな過程の群落をモザイク状に含む．

火山砕屑物や溶岩流に厚く覆われた場所や，斜面崩壊によって岩盤が露出した場所のように，植物の

●湿性遷移と泥炭の発達　　　　　　　　　　　　　　　　　　　　　　コラム6.2-3●

池沼では，水深のある場所にイバラモ属（*Najas*）のように植物体全体が水中にある**沈水植物**やヒシ属（*Trapa*）のように葉が水面に浮く**浮葉植物**が生育し，池沼の縁の浅い場所にはヨシ（*Phragmites australis*）のように植物体が水面の上に出る**抽水植物**が，その陸側には湿地性の草本群落やハンノキ（*Alnus japonica*）の湿地林が分布するというように，水深や土壌の水分条件に応じて，生活型の異なった植物が帯状に分布している（下図）．湿性遷移とは，湖沼や湿地が植物の遺体や氾濫堆積物によって埋積する過程で，より水深の浅い場所，あるいはより乾燥した場所を好む植物へと，植生変化が進むことである．

抽水草本や湿地性草本が繁茂する湿原は，地表面の地下水面に対する位置と，地表面を涵養する水の供給源によって，低層湿原と高層湿原に区分される．**低層湿原**では，地表面がまわりの地下水面より低いかほぼ一致し，雨水，地表水，地下水のいずれもが地表を涵養する．河川の氾濫原や湖沼の縁辺でみられるヨシ群落は，低層湿原を構成する．そこでは地表水や地下水によって植物の生長に必要な栄養塩類が十分に供給されるので，植物の物質生産速度は速く，草本の根茎や地上部が急速に堆積して草本質泥炭を形成する．

高緯度地域や低緯度高標高域などの冷涼で降水量の比較的多い場所では，**高層湿原**が発達する．冷涼な場所では，湿原表面の有機物の分解が進まないために酸性度の高い腐植酸が形成され，雨水によって湿原の地表から栄養塩類が溶脱しやすくなる．このような場所では，貧栄養な環境でもゆっくりと生育できるミズゴケ属（*Sphagnum*）などの植物が群落を形成する．ミズゴケは上方へと生長して，ミズゴケ泥炭を形成しながら地下水面よりも高い凸地を構成するようになる．このような凸状の地形をもち，栄養塩類に乏しい雨水だけによって水分が供給される湿原を高層湿原という．さらに，密集したミズゴケのために水分が停滞することで嫌気的環境となって形成される酸性度の高い腐植酸と，ミズゴケ自身が生成する有機酸が栄養塩類の溶脱を加速する．高層湿原内の微地形に対応した水分や養分などの環境の変化に応じて，ミズゴケ属や種子植物のさまざまな種類が棲み分けている．

高層湿原は気温，降水量，地下水位や水質の変化に敏感である．生活排水の流入や土砂，火山灰の供給によって富栄養化したり，河川改修や泥炭採掘に伴って地下水位が低下して乾燥すると，有機物の分解が進んで他の植物が侵入し，ミズゴケ群落が消滅して低層湿原へと変化することがある．湿原や泥炭地の地形・地質については阪口（1974）に詳しい解説がある．

湿原や湿地林などの水湿地の植生が形成した泥炭は，陸水成堆積物の中で重要な位置を占めている．水湿地は植物化石群の堆積の場でもあるので，埋没林や自生泥炭といった原地性の化石群が形成される．水湿地の植生は水位の変動や気候などの影響によって種構成が変化するので，植物化石群の種構成と堆積環境を調べることで古環境復元が可能である．とくに，泥炭が発達するような湿原環境は，嫌気的環境下で植物体の分解は進まないために植物化石の保存状態がきわめてよいことと，堆積環境の変化が小さいので，大型植物化石や花粉分析による周囲の植生復元の研究が盛んに行われている．

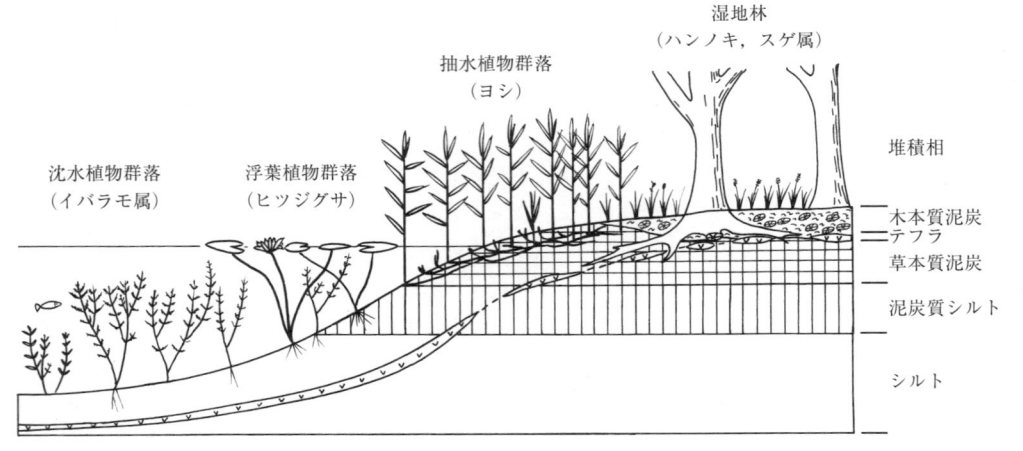

図　水域から陸域への植生の帯状分布と湿性遷移に伴う堆積物の形成過程

イバラモ科以外の沈水植物の大部分は浮葉植物と同様に水面で受粉を行うので，必ずしも沈水植物が浮葉植物よりも深い場所に分布するわけではない．抽水植物群落から浮葉，沈水植物群落へと植物の生産速度が減少するとともに，強固な支持組織をもたない浮葉，沈水植物は分解されやすいため，そこで堆積する有機物量は少なくなる．この図のように，植物遺体と砂泥の堆積による典型的な湿性遷移が一方的に進む例はまれで，実際には湖水面の上下に伴って，1地点の古植生や堆積相が大きく変化する場合が多い．

種子や胞子，根茎が存在しない場所からの植生遷移を**一次遷移**（primary succession）と呼び，伐採跡や山火事跡のように植物の器官が残っている場所からの遷移（**二次遷移**；secondary succession）と区別する．二次遷移では土壌が残っている場所で遷移が比較的急速に進むのに対し，一次遷移では土壌が発達していない場所に種子や胞子が飛来し，コケ植物群落や草本植物群落から木本群落へと土壌発達を伴って時間をかけて遷移が進む．桜島では，100年前に噴出した溶岩上ではヤシャブシ（Alnus firma）などの陽樹低木林が，約500年前の溶岩上にはスダジイの極相林が分布することが明らかになっている（Tagawa, 1964）．このような陸上での植生遷移は**乾性遷移**と呼ばれ，水分条件の変化に伴う**湿性遷移**（コラム6.2-3）と区別される．

乾性遷移は山火事や伐採，強風，斜面崩壊や氾濫，火山活動などの攪乱による影響を受ける．攪乱の規模によって遷移途上で出現する植物の種類が変化したり，攪乱の頻度によって遷移がある局面以上進行しないことで，植生の種組成が変化する．第四紀は気候変化によって攪乱環境が大きく変化する時代であり，山火事や台風，豪雨といった攪乱の頻度や規模が，花粉ダイアグラムで表現されるような植生変化をもたらしたと考えられる（図6.2-14）．日本は変動地帯であることで，火山活動や地形攪乱の影響が大きかった可能性がある．縄文時代以後に成立した二次林の様相は伐採と火入れという人為的攪乱によって植生遷移がコントロールされた結果である．

(2) 気候変化と植生変化，植物の移動

環境変化に応じた植物の種の分布域の移動は，分布域の一部からの個体群の消滅とそれまでの分布域の外への植物の散布・定着の現れである．環境の変化はその場所に生育する個々の種の種子の定着や生長に影響を与えるだけではなく，他種との競争関係に変化をもたらす．植生の遷移過程で，ある植物にとっての環境が悪化して生長量が減少すると，ほかの植物に被陰されて最終的には枯死する．種子が形成されなかったり種子の発芽や実生の定着ができなくても，その植物はその場所で世代交代できず，やがては植生の中から消滅し，他種の植物がその場所を占有する．一方で，環境の変化によって，それまで定着できなかった別の場所に種子や果実，無性芽が散布されて定着することで，これまで分布していなかった場所に，その植物の分布域が移動する．

第四紀の氷期-間氷期の気候変化に応じて植物の分布は大きく変化したが，植物の移動経路は海と陸の配置や山地や海峡といった地理的障壁によって規制された．東アジアや北アメリカ西部などで第四紀になってとくに激しくなった山地形成は，同時に激しくなった海水準変動と相まって植物の移動経路に大きな影響を与えるとともに，降水量などの気候条件の地域差をもたらした．移動の過程で分布域が地理的に隔離されることで絶滅が加速したり，異なった地域で別々の環境条件に適応することで種分化が促進されたりする．その結果として，植物地理区系として認められるような地域による植物相の分化が

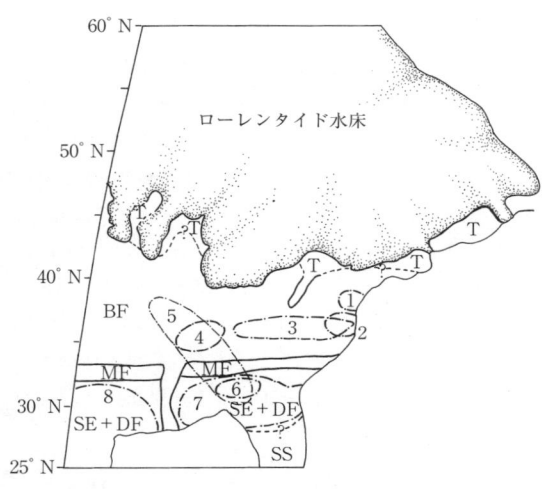

図6.2-15 北アメリカ各地の花粉パーセントから復元した最終氷期最盛期の植物のレフュージア（Delcourt & Delcourt, 1987 より作成）

実線と破線は1.8kaの群系の分布．T：ツンドラ，BF：北方針葉樹林，MF：針広混交林，DF：落葉広葉樹林，SE：常緑広葉樹林，SS：沙漠低木林．北方針葉樹林〜針広混交林では主にトウヒ属またはマツ属が優占し，落葉広葉樹林と常緑広葉樹林ではコナラ属が優占していた．北方針葉樹林の北部3分の1は林冠の開けた森林．マツ属は北方針葉樹林域南部の大西洋側で優占していた．1〜8（1重破線）は最寒期（2.0ka）の植物のレフュージアで，産出量は少ないが各植物の花粉の産出が認められ，1.8ka以降，そこを中心に分布拡大が始まる地域である．
1：カバノキ属，2．カエデ属，3：モミ属，4：ツガ属，カラマツ属，5：ハコヤナギ属，6：ヌマミズキ属，シナノキ属，7：ブナ属，8：カエデ属，カリア属，カバノキ属，クルミ属，ハコヤナギ属，エノキ属，ヤナギ属，ヒノキ科-スギ科．

環境変化によってそれぞれの植物の地理分布が狭くなってごく限られた場所に分布が制限された場合，そのような避難場所のことを**レフュージア**（複数形 refugia；単数形 refugium）という（図6.2-15）．たとえば，大陸氷床や山岳氷河に広く覆われていた最終氷期最盛期のヨーロッパ大陸や北アメリカ大陸では，現在の温帯域の森林で優占する植物の分布がヨーロッパ東南部やミシシッピー河下流域などのレフュージアに制限されていた．また，最終氷期にフェノスカンジア氷床に覆われていた北欧の山岳地帯には固有植物が多く分布するが，それらの植物の最終氷期のレフュージアは，氷河から突出していたために，氷床に覆われなかった山塊（ヌナタク；nunatak）に存在していたと考えられている（Gjærevoll, 1963）．

レフュージアの地理的位置は，その後環境が変化したときの植物の分布拡大過程に影響を及ぼし，現在の植物の分布域を決定づける要因となる．たとえば，現在中部日本以南の常緑広葉樹の分布は，単に気候条件に従って一様に分布しているのではなく，紀伊半島と四国にのみ分布しているものや，東海から関東だけに分布しているものなど，地理的分布が多種多様である．この原因として，最終氷期最盛期のそれぞれの植物のレフュージアが紀伊半島や伊豆半島にそれぞれ限定されたために，現在の地理的分布が形成されたという説（服部，1985）がある．

晩氷期の16ka以降の北アメリカ大陸では，ローレンタイド氷床が後退し，気候が温暖化するにつれて，植物の分布域が急速に拡大した．Delcourt & Delcourt (1987) は，北アメリカ南部のレフュージアからの樹木の移動過程を，各地の花粉分析結果を集計して時代ごとの各樹種の花粉化石群中での優占度を等高線図にまとめることによって明らかにした（続巻の通史編参照）．各樹種の分布前線の移動速度は，移動経路の地形や気候条件からも影響を受けるが，種子散布様式の違いや植物間の競争関係によっても異なり，分布域の変化と気候条件の変化は必ずしも一致しない．

6.2.6　植物の進化・絶滅と植物化石層序

第四紀は，氷期-間氷期の気候変化とともに，山地形成と海水準変動による地形変化によって，地球上の生物をとりまく環境が激しく変化した時期である．環境変化に応じて植物の分布域が変化する過程で，植物の進化や絶滅が起こったと考えられる．しかしながら，哺乳類とは異なり，第四紀の植物化石には絶滅種が少なく，絶滅属もない．植物の場合，メタセコイアのように日本から絶滅しても中国の一部で残存しているということが多いので，哺乳類や海洋微生物の化石と同じように，種の絶滅や種分化を基準にした生層序を広い地域の地層の対比に用い

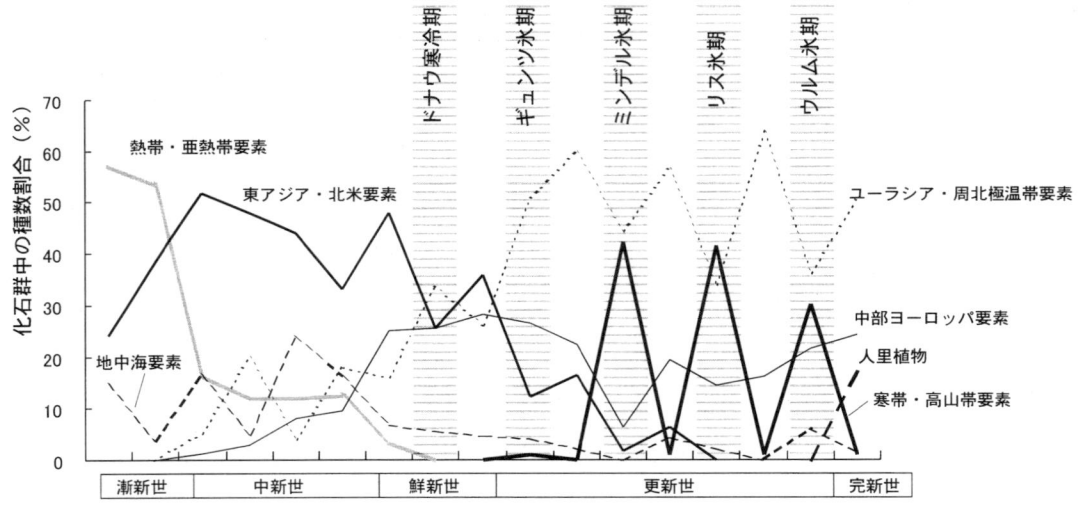

図 6.2-16　中部ヨーロッパ（ポーランド南部）の新生代植物相における地理的要素の増減変化（Szafer, 1961 より作成）（横軸の1目盛りは1時代の化石植物群を表し，年代幅を表すわけではない）

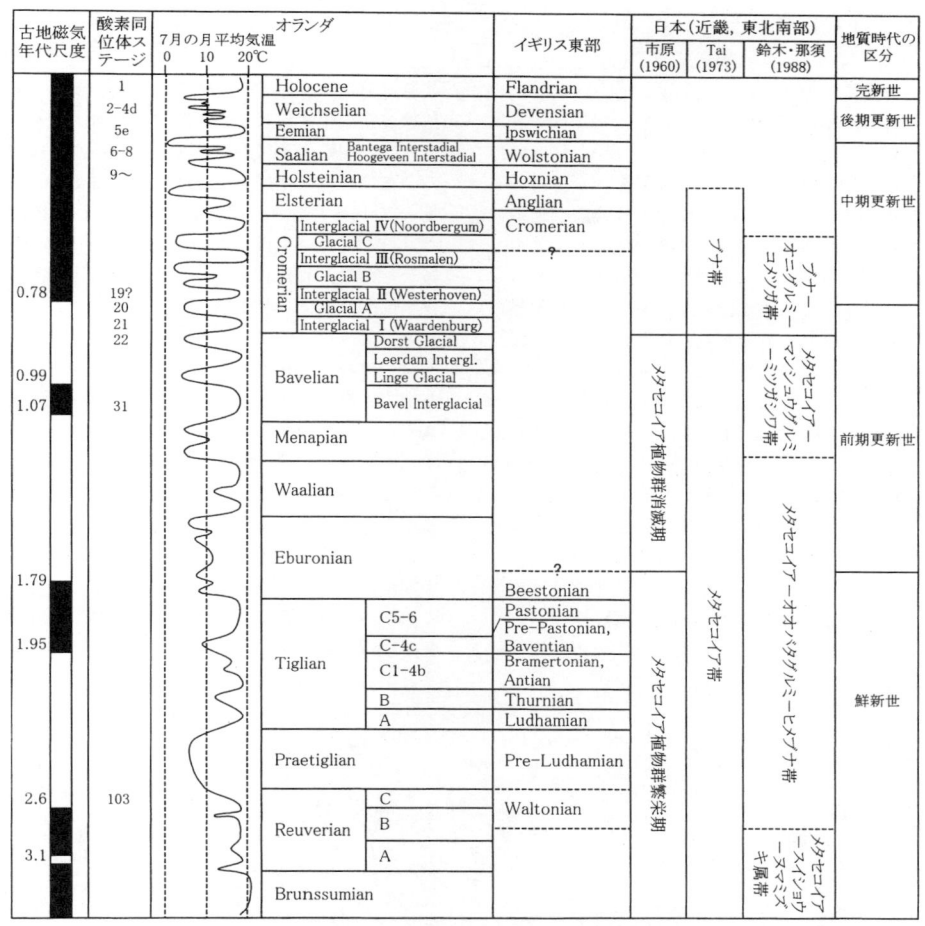

図6.2-17 ヨーロッパと日本の鮮新・更新世の植物化石層序
オランダとイギリス東部の層序区分，花粉分析に基づく7月の平均気温曲線は，Gibbard *et al.* (1991)，Zagwijn (1992), Lowe & Walker (1997) をもとに作成.

ることはできない．

（1）第三紀から第四紀への植物相・植生の変遷

第三紀末の鮮新世から第四紀にかけて顕著になった気候の寒冷化，乾燥化に伴って植物の分布域は大きく変化し，それが各地域での植物相や古植生の変化となって現れた．鮮新世から更新世にかけての植物相や植生の変化に関する研究は，連続した淡水性または浅海性の堆積物があって古地磁気層序が確立されているヨーロッパ（イギリス東部，オランダ，ポーランド）や日本，コロンビアなどで行われている．

ヨーロッパや日本では，第三紀に北半球の広い地域に分布を広げた植物群が絶滅し，かわって北方系の植物群に置き換わる過程が，大型植物化石群の研究と花粉分析から明らかになった．Reid & Reid (1915) は，オランダ-ドイツ国境周辺の鮮新世以降の堆積物の大型植物化石を比較した．後期鮮新世前半の地層（Reuverian）には現在ヨーロッパに分布しない植物が多く，後期鮮新世後半の地層（Tiglian）や中期更新世の地層（Cromerian）と時代が新しくなるにつれて，消滅種が少なくなっていった．Szafer (1961) も，ポーランドの鮮新・更新世の植物化石群を検討し，後期鮮新世から更新世にかけて5回の寒冷期が訪れるごとに，植物が絶滅していく過程を明らかにした（図6.2-16）．これら大型植物化石群の研究は，限られた層準の大型植物化石群を対象としていたために，鮮新世から更新世にかけての気候変化とそれに伴う植物相の変化を詳しく復元することができなかった．Zagwijn (1957) は，オランダ低地のボーリング試料に基づいて堆積

●メタセコイア

コラム6.2-4●

メタセコイア（*Metasequoia glyptostroboides*；図A）は，スギ科の落葉針葉樹である．現在は揚子江中流域のごく限られた地域にしか自生していない（図B(b)）が，後期白亜紀（約9500〜6500万年前）から古第三紀（約6500〜2300万年前）には北半球の広い地域に分布していた（図B(a)）．この植物の化石はもともと同じスギ科で北アメリカに分布するセコイア属やヌマスギ属に分類されていたが，Miki (1941)が球果鱗片や短枝（図A）などの特徴から，これらの属から区分して新属とした．その当時は化石でしか存在が知られていなかったが，その後中国に自生していることがわかり，1948年に現生種が記載された．後期白亜紀から現在まで形態をほとんど変化させていないことと，化石でしかみられなかった植物が現存していたことで「生きた化石」として有名になり，公園や校庭によく植えられるようになった（百原，1994）．

地球全体が温暖だった暁新世から始新世の北極圏周辺には，落葉広葉樹と針葉樹を交えた森林が存在し，メタセコイアは北極圏から中緯度地域までの河川の氾濫原で湿地林を形成していた．漸新世から中新世へと地球が寒冷化するとともに北アメリカ大陸やユーラシア大陸の高緯度地域から消滅していった．中央アジアの分布域も乾燥化に伴って分布域が縮小し，後期鮮新世のグルジア地方に最後まで残ったがその後消滅した．日本では，中新世以降，前期更新世前半までの地層からは普通に産出するが，前期更新世後半の約110万年前から80万年前にかけて消滅した．

メタセコイアのように，第三紀前半に北半球の広い地域に分布したが第三紀の後半に分布域を縮小し，現在中国中南部に残存した裸子植物には，イチョウ，イヌカラマツ，スイショウがある．このほか，スギは日本と中国東部に残存し，コウヤマキは日本だけに残った例である．日本や中国西南部に多くの植物が絶滅をまぬかれて残存した原因として，これらの地域では氷期に大陸氷床や山岳氷河の影響を受けなかったこと，中国中部以南では山脈がほぼ南北に走っていて第四紀の激しい気候変化に応じて植物が移動しやすかったことが挙げられる．

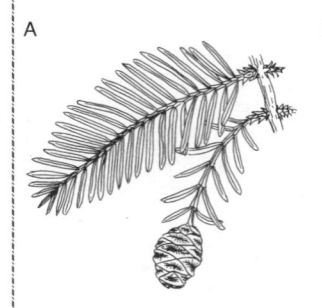

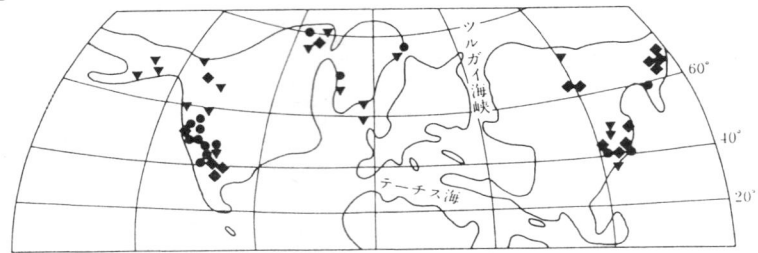

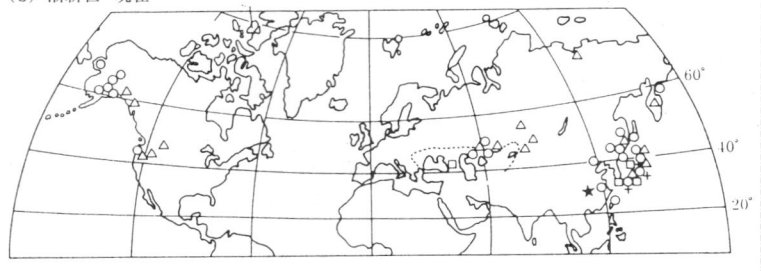

図A：メタセコイアの短枝と球果．葉が集まって羽状の短枝を構成し，秋になると短枝ごと落ちる．球果鱗片は，2枚の鱗片が交互に対になって重なって軸に着き（十字対生），鱗片の間には種子が含まれる．同じスギ科のセコイアやヌマスギは，メタセコイアに似た羽状の短枝をつけるが，球果鱗片や短枝がらせん状に配列することで区別される．

B：メタセコイアの化石と現生の分布（百原，1995）．
(a) 後期白亜紀から始新世までの化石記録と，中期始新世の大陸分布．◆：後期白亜紀，▼：暁新世，●：始新世．日本列島は漸新世までアジア大陸の一部で，日本海は形成されていなかった．
(b) 漸新世以降の化石記録と現生の大陸分布．点線は漸新世のテーチス海北部海岸線を示す．△：漸新世，○：中新世，□：鮮新世，＋：前期更新世，★：現世．

盆地の層序を詳細に明らかにするとともに，約300万年前以降の連続した堆積物の花粉分析を行うことで，鮮新世から更新世にかけての植物相，植生と気候の変化を詳細に明らかにした（図6.2-17）．

日本でも，鮮新世から更新世への植生や植物相の変遷が植物化石資料によって追跡されている．三木（1948）は近畿地方を中心に鮮新世以降の植物化石群を調べ，時代と種構成に基づいて，鮮新世以降の植物化石包含層を，①メタセコイア層，②ハマナツメ層，③スギ層，④カラマツ層，⑤ナンキンハゼ層，⑥ムクノキ層（沖積層）に区分した．その後，市原（1960）は大阪層群の層序を確立するにあたって，三木の化石層を層序学的に再検討し，日本からの絶滅種が消滅する層準を明らかにし，イチョウ，セコイア，フウなど日本からの絶滅種を多く含む後期鮮新世の地層をメタセコイア植物群繁栄期の地層，メタセコイアやオオバラモミが消滅する前期更新世末までをメタセコイア植物群消滅期の地層として区分した（図6.2-17）．大阪層群では，その後の大型植物化石資料の蓄積によって，第三紀に繁栄した植物群が消滅する層準が300万年前から250万年前と，110万年前から80万年前，30〜10万年前の3つの時期に集中することが明らかになった（Momohara, 1994；続巻の通史編参照）．

(2) 第四紀の植物の進化

これまで，第四紀の植物進化が古生物学的研究の対象となったことは少ない．第四紀になってから形成された山脈や海峡を境界に別々の種が分布していることを考えると，第四紀の地形や環境の変化に伴う植物の進化を化石記録に基づいて追跡できる可能性はある．しかしながら，実際には，地域ごとに種分化を起こしている種で化石記録のある種は少なく，化石が産出しても種の違いが果実や花粉などの化石形態の差に表れていることも少ない．最近では，現生の植物から抽出した葉緑体DNAなどの遺伝情報を，植物の種間や地域個体群間で比較することによって，第四紀に生じたと考えられる種分化や植物地理変遷の過程を復元する研究が盛んに行われている（続巻の通史編参照）．

層序学的に検討された第四紀の化石資料に基づいて，現生種の種分化の過程が明らかになっている例に，東アジアのクルミ属オニグルミ節（*Juglans* sect. *Cardiocaryon*）の例がある．日本の鮮新世から前期更新世の約120万年前までの地層からは，化石種オオバタグルミ（*J. megacinerea*）の果実化石が産出する．この果実長は4〜6 cmで，東アジアに現存するクルミ属の果実よりも大型であるが，果皮に深い皺と刺があり，果皮内部に8つの空隙をもつ特徴が，現在の中国西南部に分布する*J. cathayensis*にきわめて類似する（百原，1995）．この化石種の果実形態は約120万年前までは変化しないが，約120〜110万年前の地層からは現生オニグルミとの中間的な形態の果実が産出し（Nirei, 1975），約110万年前の地層から産出する化石は，皺が浅く果実長2〜4 cmと小型で，現生オニグルミ果実と同一のものである（百原，1996）．この形態変化は，中国から日本に分布していた皺の深い果皮をもつオオバタグルミ－*J. cathayensis*の系統から，平滑で小型の果皮をもつオニグルミが種分化したことを示している．

現生の個体群の種子・果実形態と第四紀に産出する化石の形態が異なる例は，南木（1989）によって多数報告されている．その中でも，トウヒ属バラモミ節のヤツガタケトウヒ（*Picea koyamae*）は現在は本州中部内陸部の八ヶ岳から南アルプス北部にかけてごくわずかにしか分布していないが，本州各地の最終氷期の地層からは形態が類似したやや小型の球果が多産する．この化石球果は，球果鱗片の形態が現生のヤツガタケトウヒに近いものから，近縁種のイラモミ（*P. alcockiana*）に近いものまで変異が大きい．南木（1989）や野手ほか（1998）は，最終氷期には現生のヤツガタケトウヒやイラモミ，アカエゾマツ（*P. glehnii*）の変異を含む非常に大きな変異をもつ個体群が存在し，後氷期になって分布が縮小する過程で変異の一部が残存して現生の3種が形成された可能性を指摘した．

(3) 植物の時間・空間分布と植物化石層序

生物種の消滅，出現の層準や，化石群の種構成の変化の層準を基準として，化石帯（生層序帯；biostratigraphic zone, biozone）が区分されることがある．植物の場合，ある特定の植物の消滅や出現の層準を化石帯区分の境界としたり，植物化石群の種構成が変化する層準を境界として分帯が行われる．この化石帯の区分は，第四紀の数十万年のスケールの植生や植物相の変化を捉えるために行われる場合（図6.2-17）から，数十年から数千年スケール

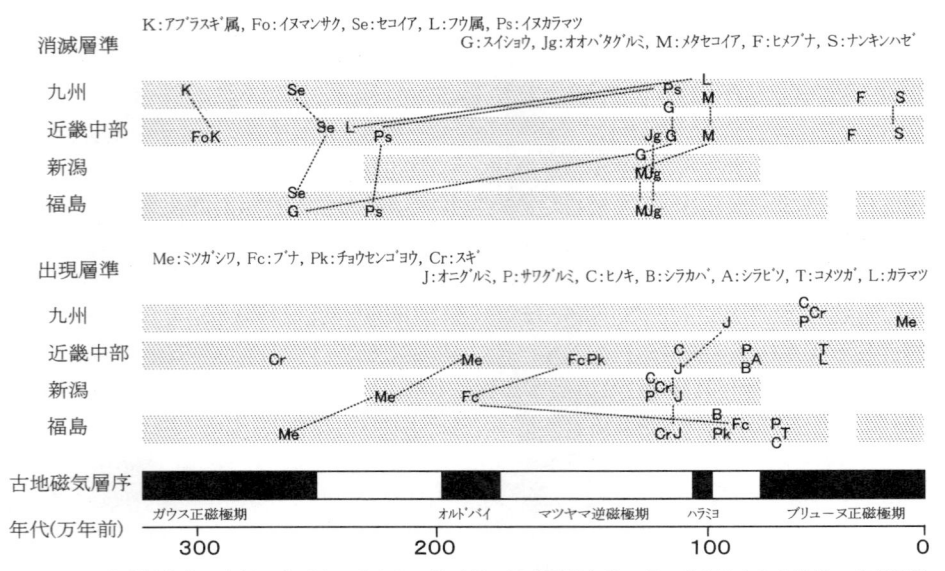

図6.2-18 大型植物化石記録に基づく日本からの絶滅種の消滅層準と第四紀に分布拡大した植物の出現層準の地域差（百原, 2002）

網掛けの部分は，九州の内陸盆地，近畿地方の大阪層群，古琵琶湖層群，東海層群と段丘構成層，新潟は魚沼層群，福島は山都層群の堆積年代を示す．植物の消滅層準は，各地域のそれまでの地層で比較的普通に産出する各分類群が最後に産出する層準で示す．福島のメタセコイアの上位の産出層準は花粉での産出．出現層準のうち，スギ，シラカバは鮮新世以前の地層からも産出しているが，後期鮮新世以降の地層で再び産出し，産出頻度が多くなった．

植物の消滅時期の場合，近畿から会津地方までほぼ同時代にオオバタグルミからオニグルミへと変化するクルミ属以外は，ほかの地域よりも北に位置し，しかも内陸に位置する会津地方がもっとも早く，近畿地方から九州へと南にいくにつれて消滅の時期が遅くなる傾向がある．消滅層準の地域差は，植物の地理分布の縮小過程を表している．メタセコイアの場合，時代が経つにつれてより南へと分布域を縮小し，前期更新世末に日本から絶滅した後も，中国で分布域を縮小していった結果，現在では中国西南部の限られた地域にだけ分布するようになったと考えられる．

の植生・植物相の変化を認識するために行われる場合（コラム6.2-1で述べた花粉分帯）までさまざまな時間スケールのものがある．

日本の鮮新・更新統の植物化石による化石帯区分は，層序学的に位置づけられた多数の植物化石資料のある，大阪層群（市原，1960；那須，1970；Tai，1973）や福島県の山都層群（鈴木，1976）で行われた．鈴木・那須（1988）は，ブナ属，クルミ属，メタセコイアといった比較的産出が多く，出現や消滅の層準を確定しやすい大型植物化石群を使って，日本の植物化石層序を整理した（図6.2-17）．一方，花粉化石による生層序帯区分の場合は，花粉では種までの同定ができないことが多く，大量に産出する花粉が風媒の植物に限られるために，ある分類群の出現や消滅だけではなく，花粉化石群での各分類群の量比に基づいて分帯が行われる（図6.2-17のTai，1973やヨーロッパの生層序区分）．

このように，植物化石群の種構成に基づいて近隣の地層の対比が行われることがよくあるが，堆積盆地や地域が異なると植物の出現や消滅の層準は異なるので，ある特定の植物の有無だけを用いて地層の対比をすることは困難である．古地磁気層序や火山灰層序によって地層が対比されている九州，近畿地方，新潟地方，福島県会津地方での植物の出現，消滅層準を比較すると，出現や消滅の層準が集中する時期は共通するが，個々の植物種の消滅や出現の層準は地域によって異なる（図6.2-18）．

6.2.7 植物群と人間の関わり

（1）農耕の起源

農耕の起源に関する研究は，栽培植物やその近縁種の現在での遺伝的・形態的多様性の地理的分布に関する研究，現在の民俗例，遺跡からの植物遺体に関する研究，遺跡の植物以外の遺物に関する研究に

6.2 植物群と植生

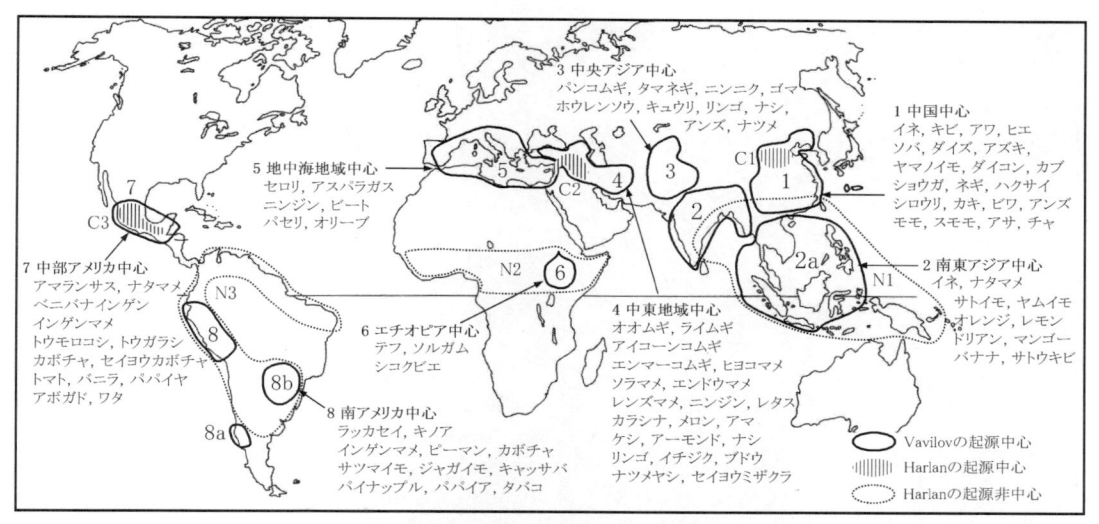

図6.2-19 栽培植物の起源中心（Harlan, 1971；Ladizinsky, 1998をもとに作成）

Harlan（1971）の起源中心（center, C1：中国北部中心, C2：中近東中心, C3：中部アメリカ中心）は栽培植物の野生種が多く分布し，栽培化を示す考古学的証拠がある地域で，起源非中心（noncenter, N1：東南アジア・南太平洋非中心, N2：アフリカ非中心, N3：南アメリカ非中心）は野生の祖先種が広大な地域に分布していて考古学的証拠がなく，栽培化がその中のどの場所でも起こりえた地域である．

基づいて発展してきた．植物の品種改良の事例を詳細に調べ上げ，植物の栽培化を人為的淘汰による生物進化の一例として最初に位置づけたのは，Darwin（1868）である．De Candolle（1883）は，現在の植物の分布状況だけではなく，民俗例，考古資料をもとに，栽培植物の起源を考察した．20世紀になると，細胞遺伝学的手法に基づいた栽培植物の起源についての研究が盛んに行われるようになった．たとえば，Kihara & Nishiyama（1930）は，核染色体の数（倍数性）と形態，交配時の染色体の挙動に基づいたゲノム分析法によって，コムギの各栽培品種の形成過程を明らかにした．その結果，現在栽培されているパンコムギ（6倍性）が，栽培4倍性コムギと野生種のタルホコムギ（2倍性）との交雑によって形成されたことが明らかになり，交配実験によって実証された．

栽培植物の起源地についての情報も，20世紀に入って飛躍的に増加した．Vavilov（1926）は，植物の栽培化の過程は野生種で存在した遺伝的多様性の減少の過程だと考え，栽培種とその野生種の遺伝的多様性がもっとも高い地域が，その植物の栽培化の起源の場所だと考えた．Vavilov（1926）が提案した栽培植物の遺伝的多様性が高い7地域は，その後8つの起源中心に整理されている（図6.2-19）．一方，Harlan（1971）は植物遺体を含めた考古学的資料も参考にした上で，栽培植物が起源の地である第一次中心地から伝播する過程でほかの地域の近縁植物との交雑によって現在の栽培植物の系統が新しく形成される可能性を考慮して，Vavilovの栽培植物の起源地を再検討した．その結果，Harlan（1971）は，多くの栽培植物の一次的起源地は中近東，中国北部，中央および南アメリカの3カ所の「起源中心」に限られるとした（図6.2-19）．

Harlan（1971）による中近東中心は，イスラエルからシリア，トルコ南東部の地中海沿岸からイラン・イラク国境付近に位置し，そこでオオムギ，エンマーコムギ，アイコーンコムギ（一粒系コムギ），エンドウ，レンズマメ，ソラマメ，ヒヨコマメ，アマが発祥した．この地域の7600～7000年BCの初期新石器遺跡からはエンマーコムギ，アイコーンコムギ，オオムギの種子が出土し，レンズマメは6800年BC，エンドウ，ソラマメ，ヒヨコマメ，アマはやや遅れて6000年BCに遺跡出土遺物として出現する（Zohary & Hopf, 1993）．この地域では，これらの時期かそれ以前にヒツジやヤギ，ブタの家畜化が行われた．

これらの農耕作物は，6000年BC以降，3000年BC頃までにはヨーロッパ各地に広がった（図6.2-20）．

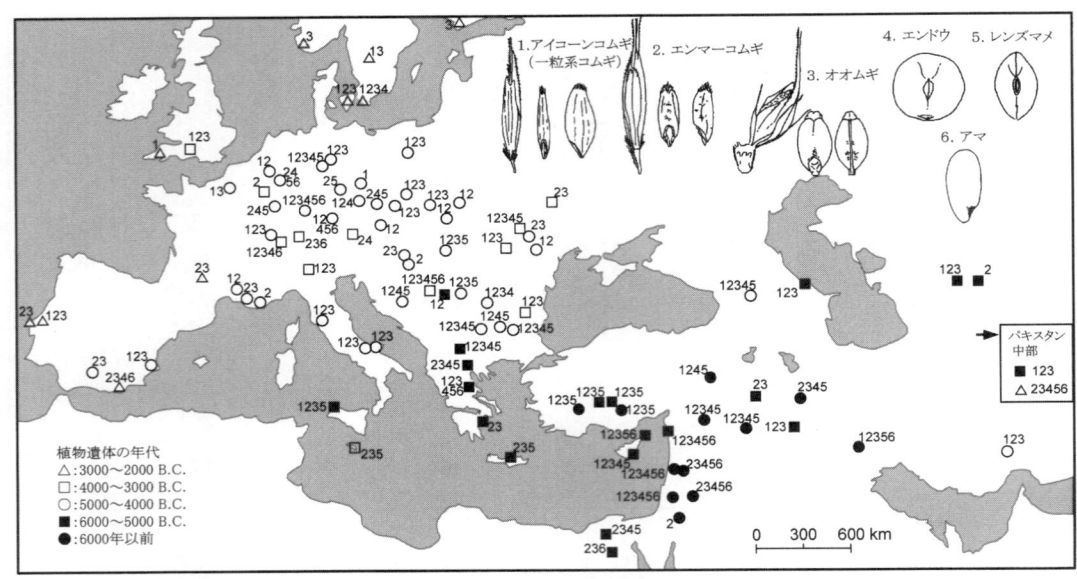

図6.2-20 中東からヨーロッパへの栽培植物の伝播過程（Zohary & Hopf, 1993より作成）

中近東からヨーロッパやその周辺へと農耕植物が伝播していく過程で，各地域で雑種形成が行われた結果，多様な栽培種が形成されていった．6倍体のパンコムギは，二粒系4倍体コムギとタルホコムギとの交雑によって形成されたが，タルホコムギは現在，カスピ海南部周辺からアフガニスタン北部に分布する畑雑草である．この地域で4倍体コムギの栽培が始まった時に雑草として入り込んだタルホコムギと交雑が起こり，現在のパンコムギが形成されたと考えられている（田中，1975）．遺跡出土のコムギ種子遺体ではパンコムギと4倍体コムギとの区別は困難であるが，パンコムギとは2遺伝子が変化することで形成される，皮の厚いスペルタコムギは同定することができる．スペルタコムギの遺体が4670年BCのコーカサス地方の遺跡と，4700BC年のルーマニアの遺跡で出土していることを考慮して，パンコムギは5000年BC以降3000年BCまでにヨーロッパに広がったとされている（Zohary & Hopf, 1993）．東方へはBC2000年にインドと中国に伝播し，日本には4～5世紀に導入された（田中，1975）．

最初はコムギ畑やオオムギ畑の雑草として生育していたのが二次作物として栽培化されるようになった植物に，ライムギとオートムギがある．低温や乾燥に強いために，現在，北部ヨーロッパの主要作物となっているライムギは，もともとコーカサス地方でコムギ畑やオオムギ畑の雑草だったと考えられている（Vavilov, 1926）．ライムギの種子がコムギやオオムギとともに刈りとられて，これらの種子とともに播種されるうちに穂が脱落しない栽培型が選択され，コムギやオオムギがヨーロッパの寒冷地域に伝播されると，ライムギの方がこれらの作物よりも気候に適応したために栽培されるようになった（田中，1975）．

東アジアは，イネ，キビ，アワなどの起源地と考えられている．Harlan（1971）が考えた中国北部の中心は，黄河流域に成立した仰韶文明が水田耕作などの高度な農耕技術をもっていたことに基づく．イネの起源地として，このほかにインド（田中，1975），アッサム・雲南地域（渡部，1983）などの説がある．これらの地域は，イネの野生種が現在分布している中国南部から東南アジア，インドにかけての地域とその周辺に位置するからである．ところが近年，湖北省の彭頭山遺跡や浙江省の河姆渡遺跡といった長江中流域で約7000 y BPの水田遺跡が発掘され，そこから出土したイネの遺体が研究されるようになった（佐藤，1996）．これまで発掘されてきた水田遺跡の年代は，華北と雲南では3000～4000 y BP，インドで約6000～4000 y BPのものだったので，現在では長江中流域が水田農耕の起源地として脚光をあびている．イネは縄文時代後期には日本に伝播し，弥生時代前期には関東地方や東北地方へと広まった．

新大陸起源の農耕作物には，トウモロコシ，インゲンマメ，トマト，トウガラシ，ジャガイモ，サツマイモ，ワタ，タバコがある．これらの植物は，コロンブスの新大陸発見の後でヨーロッパに伝播したが，サツマイモについては中国の古い文献に記録があるために，コロンブス以前に太平洋経由で伝播された可能性も指摘されている．トウモロコシは，現在のトウモロコシ畑の雑草としてメキシコからグアテマラに分布する野生種のテオシント（*Euchlaena mexicana*）やトリプサクム属（*Tripsacum*）から，雑種形成や突然変異の結果，形成されたと考えられている．トウモロコシの化石記録は7000 y BPに遡る．約2000 y BPまでは野生種と形態が変わらなかったのが，約2000 y BP以降，農耕が確立してからは，多様な品種が出現したとされている（田中，1975）．

(2) 農耕の発達と植物の変化

植物の栽培化に伴う野生植物個体群から栽培植物個体群への変化には，収穫，栽培のしやすさなど，食料生産量が増加する方向への遺伝形質と表現形質の人為選択が伴っている．人為選択の結果として穀物に共通して見られる形態的，生理的形質の変化に，①種子・果実の生産量の増大，大きさの増加，②種子の休眠性の喪失や発芽時期の画一化，③成熟期間の画一化，④果実・種子の裂開や脱落の減少，⑤自家受粉の増加，⑥一年生化，⑦味，食感の改良や画一化，⑧地域の環境への適応などがある．

これらの形質の大部分は，人間が意識的に選択したのではなく，決まった期間に収穫や播種，火入れを繰り返しただけで機械的に選択されていく形質である．たとえば，定期的な火入れによって一年生の性質をもつ個体が増加する．一年生の個体は，年間の剰余生産を根茎に回す多年生個体よりも，種子・果実の生産量が多い．収穫を一定の時期に行うことで，休眠によって発芽が遅くなった個体や，成熟が速すぎたり遅すぎる個体，種子が脱落してしまった個体は収穫されず，不稔果実のない自家受粉の個体の果実がより多く収穫される．さらに，作物の伝播の過程で各地域の環境でより生産量の多い品種が淘汰されていった．自家受粉は品質の劣化を防ぐが，遺伝的多様性の減少をもたらし，地域の環境に適した個体群の淘汰は，一方で，環境変化に対する抵抗性を低下させた．

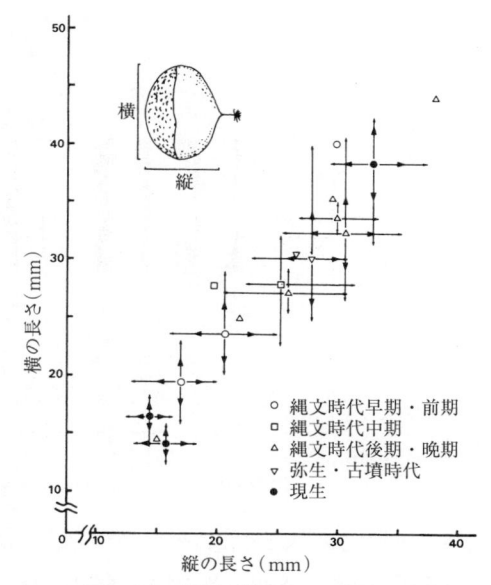

図6.2-21 日本の縄文時代以降のクリ果実の時代変化（南木，1994）
大きい矢印は標準偏差を，小さい矢印は範囲を示す．

作物の品種改良の過程での遺伝的多様性の減少によって，環境変化に対する抵抗をなくし，それが食糧資源の枯渇につながった例は歴史時代に何度も繰り返され，日本でも天候不順によってイネの生産量が減少したために輸入米に依存したことは，記憶に新しい．中でも1845年から1846年にかけてアイルランドで蔓延したジャガイモ立ち枯れ病は，食糧資源を単一作物，単一品種に頼る危険性を改めて認識させた．16世紀にスペイン人によって南アメリカからヨーロッパに伝播されたジャガイモは，アイルランドでは19世紀に全国に普及し，気候が冷涼なこの国の主食となった．しかしながら，このジャガイモは限られた種芋から栄養繁殖によって増殖させたクローンだったので，病気に対する抵抗性をもつ個体はなく，立ち枯れ病が広がると国中のジャガイモは一気に全滅した．

野生植物の栽培化の過程でより大型の種子や果実が選択されていく現象は，時代の異なる遺跡での種子・果実サイズの比較によって，カボチャ（Cowan, 1996）やヒマワリ（Yarnell, 1978），クリ（南木，1994）などの植物で認められている．このうち，クリは日本の縄文時代の遺跡からもっとも大量に出土する植物の1つである．南木（1994）は，日本の縄文時代早期以降の14遺跡から出土する未

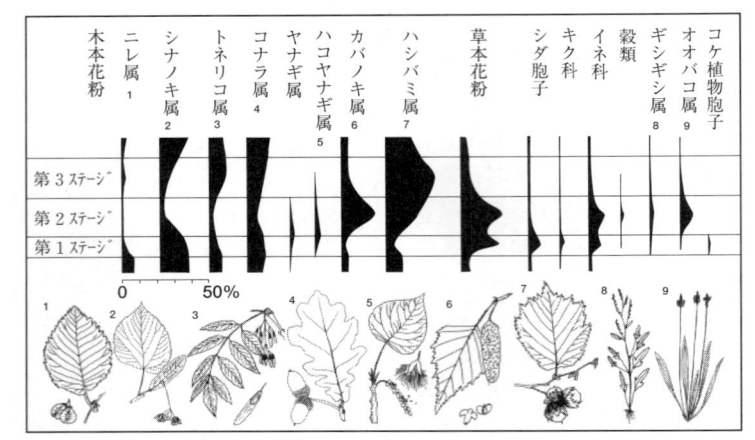

図6.2-22 ヨーロッパの石器時代のLandnam phaseの花粉ダイアグラム（Iversen, 1956を改変）
分類群の数字は下の植物の絵に対応する．8はヒメスイバ，9はヘラオオバコ．

炭化のクリの果実の大きさを調べた．その結果，縄文時代早期（約9300 y BP）のものは現在の野生のものと同様の大きさだったが，縄文時代前期から中期（約6000～4000 y BP）にかけて大型化していった．縄文時代後期から晩期（約4000～2250 y BP）にかけて，野生のものの倍ほどの大きさとなり，現在の栽培品種に匹敵するものが現れた（南木，1994）．また，青森県三内丸山遺跡の縄文時代前期のクリ遺体の果皮の葉緑体DNA組成を分析した佐藤（2000）は，遺跡周辺の野生クリ個体群の葉緑体DNA組成が多様なのに対し，遺跡出土のクリ果実の葉緑体DNAの組成が比較的単一であることを明らかにした．これらのことから，縄文時代前期には近畿～東北日本各地で，多様な形態および遺伝形質をもつ野生のクリ個体群から，食用に適した大型の個体だけが選択されていった可能性が示される（図6.2-21）．

農耕が始まると，農耕地には水田雑草や畑雑草が繁茂するようになるが，これらの植物は作物に類似した生活環をもつ．これらの植物は，もともと河川の氾濫原など定期的に激しい撹乱が起こる場所にだけ生育する植物であったのが，水田や畑の増加とともに分布域を拡大した．さらに，火入れや耕耘といった農耕に伴う定期的な撹乱は，栽培植物の生活環を画一化しただけではなく，ともに生育していた雑草も栽培植物に類似した形態や生活環をもつものが選択され（crop mimicry），耕作期間や休耕期間を利用して繁殖できるような植物を増加させた．

日本の水田雑草となっているタイヌビエは，出穂前の草姿がイネに酷似するために，苗代でイネと間違われて水田に移植されたり，水田では除草作業から逃れられることが多い．そして，農家がイネの出穂後に「ヒエ抜き」のために水田に入るころには小穂はすでに脱落し，種子が土壌表面に散布されている（山末，1997）．タイヌビエの発芽も，決まった季節に行われる耕耘，代かき，灌水といった水田の環境変化によって促進される（山末，1997）．すなわち，タイヌビエは水田耕作の生業様式に完全に適応した植物といえる．現代の農業では除草剤が普及し，雑草の除去の手間が省けて農業形態が変化してきた．除草剤は農作物と雑草の特定の化学物質への耐性の違いを利用したものであるが，最近では除草剤への耐性が農作物と変わらない雑草が増加し，農薬による雑草の除去が困難になってきている．

(3) 人口の増加と植生改変

人類の植生への最初の干渉は，農耕伝播以前の狩猟・採取生活を主体とする人々による，植生への火入れだとする説がある．森林火災は落雷など自然に発生することも多いが，火災によって森林が焼失すると灰とともに栄養塩類が土壌に還元され，火災後に成立する草本群落の生産量は一時的に大きくなる．その結果，草原を棲みかとする草食動物の収容力が増大するので，草原へと周囲から草食動物が集まってくる．そこは，狩猟の場となるだけではなく，植物の採取生活を送る者にとっても食糧生産量がもっとも高く，利用可能な植物の多様性がもっとも高い場所となる．草原を維持するために，定期的に火入れが行われるようになり，定住生活の場へと

発展していく (Bell & Walker, 1992).

　森林火災の証拠は，湖底堆積物や土壌中に含まれる木炭の量を分析することで明らかになる．木炭分析 (charcoal analysis) と併せて花粉分析を行うことで，火災後の植生遷移の過程や森林の維持機構が明らかにされてきた（図6.2-14）．しかしながら，森林火災が自然によるものなのか，人為によるものなのかを判断するのは難しい．それでも，農耕が伝播する前の旧石器－中石器時代（約6500 y BPまで）のヨーロッパなどで，狩猟・採取生活が主体だったと考えられている時代には，時代がより新しくなるにつれて居住域周辺で森林火災が増加していったことが明らかになっている (Bell & Walker, 1992).

　農耕が始まると，自然植生への人為干渉がさらに激しくなり，植生の組成を大きく変えていった．ヨーロッパ中北部では約6000 y BP以降に農耕が伝播し，5000 y BP前後にそれまでの森林の優占種の1つであったニレ属の花粉がヨーロッパ各地で急激に減少する．この原因が気候変化や病虫害だとする説もあるが，農耕に伴う植生改変が主な原因という説が有力である．ニレ属樹木の減少のあと，先駆的樹木や草本に伴って栽培植物の花粉が検出されるからである（図6.2-22）．

　Iversen (1941) は，デンマークの約5000 y BPの地層の花粉分析を行い，畑作農耕に伴う周期的な植生変化を最初に明らかにした（図6.2-22）．この植生変化はLandnam phaseと呼ばれ，3つのステージに区分される．第1のステージでは，ニレ属などの樹木花粉の減少とともに，シダ類，キク科，イネ科など明るい場所を好む草本の花粉が急激に増加する．第2のステージはヤナギ属やハコヤナギ属の出現に引き続き，カバノキ属花粉の増加によって特徴づけられる．これらは，森林の遷移初期に出現する先駆的樹種で，カバノキ属が多いことは，植生変化の原因が火入れであることを物語っている (Iversen, 1956)．このステージでは，ムギ類などの穀物の花粉や，雑草のオオバコ属の花粉が多産し，畑作農耕が行われていたことを示す．第3のステージで草本や先駆樹種が減少するともにハシバミ属が増加して森林が回復するが，ニレ属は少ないままで組成は森林破壊前とは異なっている．

　ニレ属花粉の減少は，家畜の飼い葉をとるためにニレ属が選択的に刈り込まれ，花粉を生産しない木が増えたためという説もある．この場合は，樹木花粉の組成の変化がみられる層準で，栽培植物の花粉の産出がきわめて少ない．ニレ属やシナノキ属の樹木を刈り取って家畜の飼い葉とする生業活動は，現在でもチロル地方周辺など多くの地域で行われている．このような飼い葉の採取と焼き畑農耕の両方が，新石器時代以降，青銅器時代までの中部ヨーロッパの農耕牧畜文化を支えていた (Behre, 1988).

6.3　動物群

6.3.1　哺乳類の分布と動物地理区
(1)　世界の動物地理区

　現在の日本に分布する哺乳類をヨーロッパのものと比べると，その種類構成は互いによく似ているが，アフリカのものとは大きく異なっている．アフリカでみられるライオン，ゾウ，カバ，キリンなど多くの種類は日本やヨーロッパではまったくみられない．さらに，これらの地域の哺乳類をカンガルー，コアラなど多種多様な有袋類が分布するオーストラリアのものと比べると違いはさらに大きい．哺乳類に限らず，現在世界各地に分布するさまざまな動物の種類構成を地域ごとに調べてみると，それぞれの地域で大きな違いがあることがわかる．このような地域ごとの動物相の違いに基づくと，地球表面をいくつかの区域に分けることができる．このような区域を**動物地理区** (zoogeographic region；faunal region) という．動物地理区やその境界線は動物の種類によって変わることがあるが，哺乳類についてみると，旧北区，新北区，エチオピア区，東洋区，新熱帯区，オーストラリア区という6つの動物地理区が一般に認められている（図6.3-1）．このような動物地理区の1つを取り上げると，その中にはさまざまな気候や植生の地域があるので，このような動物地理区による動物相の違いは，主にそれぞれの動物地理区がこれまでに経てきた地史の違いによって生じたと考えられる．各動物地理区の境界のうち，オーストラリア区とほかの地理区との境界の形成は第三紀初頭かそれ以前に遡るが，旧北区・東洋区・エチオピア区の境界が現在のように明瞭になるのは第三紀末～第四紀になってからのことである．

　旧北区 (Palearctic Region) は，ヒマラヤ山脈以北のユーラシア大陸とサハラ沙漠以北のアフリカ大

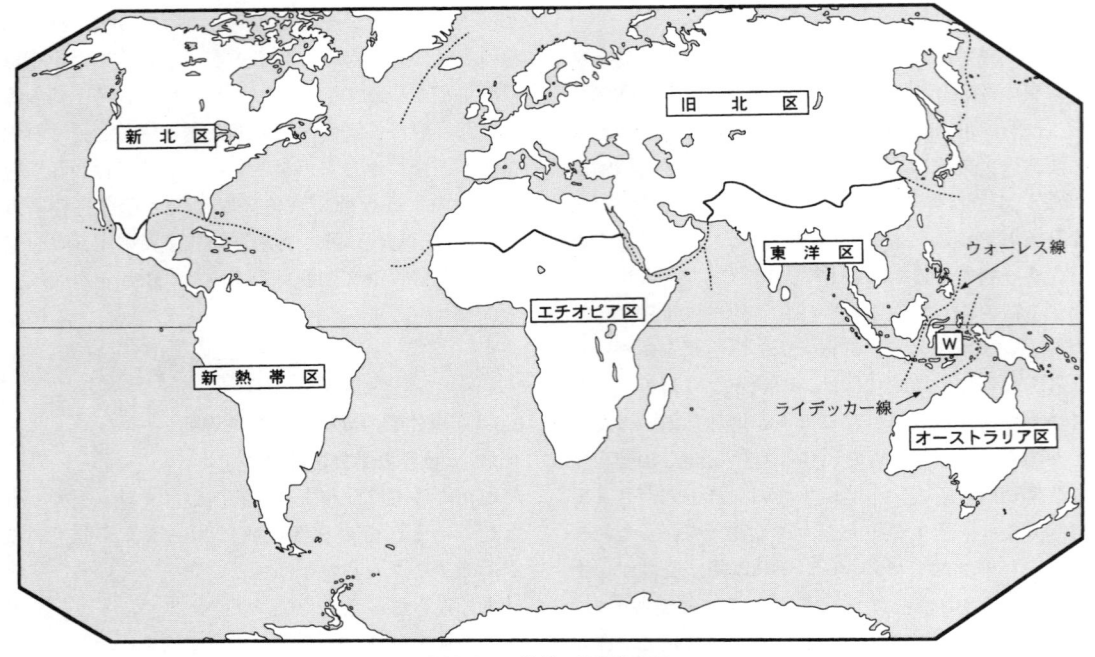

図6.3-1 世界の動物地理区
各動物地理区の境界線は，現在の動物の分布に基づいて引かれている．
W：東洋区とオーストラリア区の中間的な特徴をもった地域（Wallacea）．

表6.3-1 哺乳類の分類（和名と学名）

哺乳綱	Class Mammalia	貧歯目	Order Edentata
暁獣亜綱	Subclass Eotheria	有鱗目	Order Pholidota
●梁歯目	Order Docodonta	霊長目	Order Primates
●三錐歯目	Order Triconodonta	齧歯目	Order Rodentia
原獣亜綱	Subclass Prototheria	兎目	Order Lagomorpha
単孔目	Order Monotremata	●無肉歯目	Order Acreodi
（＝単孔類 monotremes）		鯨目	Order Cetacea
異獣亜綱	Subclass Allotheria	●肉歯目	Order Creodonta
●多丘歯目	Order Multituberculata	食肉目	Order Carnivora
真獣亜綱	Subclass Theria	●顆節目	Order Condylarthra
汎獣下綱	Infraclass Pantotheria	管歯目	Order Tubulidentata
●真汎獣目	Order Eupantotheria	●汎歯目	Order Pantodonta
●相称歯目	Order Symmetrodonta	●恐角目	Order Dinocerata
後獣下綱	Infraclass Metatheria	●南蹄目	Order Notoungulata
有袋目	Order Marsupialia	●滑距目	Order Litopterna
（＝有袋類 marsupials）		●雷獣目	Order Astrapotheria
正獣下綱	Infraclass Eutheria	●三角柱目	Order Trigonostylopia
（＝有胎盤類 placentals）		●火獣目	Order Pyrotheria
食虫目	Order Insectivora	奇蹄目	Order Perissodactyla
ハネジネズミ目	Order Macroscelida	偶蹄目	Order Artiodactyla
ツパイ目	Order Scandentia	長鼻目	Order Proboscidea
翼手目	Order Chiroptera	海牛目	Order Sirenia
皮翼目	Order Dermoptera	●束柱目	Order Desmostylia
●紐歯目	Order Taeniodonta	岩狸目	Order Hyracoidea
●裂歯目	Order Tillodonta	●重脚目	Order Embrithopoda

コルバート・モラレス（1991）による哺乳類の分類．●は絶滅したグループ．（　）内は和名と英名．最近出版されたMcKenna & Bell（1997）では，このような哺乳類の分類体系が大きく改変されている．

陸を含む地域であり，日本の大部分の地域はこれに属する．多くの有胎盤類が分布するが単孔類や有袋類はみられない（哺乳類の分類については表6.3-1参照）．旧北区の哺乳類には，次に述べる新北区と共通する種類が多いが，エチオピア区や東洋区と共通するものもある．旧北区のみに分布するものは比較的少なく，齧歯目の3科（メクラネズミ科 Spalacidae，モグラネズミ科 Myospalacidae，サパクヤマネ科 Seleviniidae）のみである．

新北区（Nearctic Region）は，メキシコ以北の北アメリカ大陸にあたる．有胎盤類が豊富で，一部に有袋類も分布するが，単孔類はみられない．現在この地域に分布する有袋類は第三紀末のパナマ地峡の形成により新熱帯区から北上したもので，オポッサム属（*Didelphis*）がそれにあたる．同様に北上したものとして，有胎盤類に属する貧歯目のココノオビアルマジロ属（*Dasypus*）がある．新北区の哺乳類には旧北区と共通するものが多いことから，この両区を併せて**全北区**（Holarctic Region）と呼ぶことがある．このように両区の動物相が類似しているのは，新生代を通じて両区の境界のベーリング海峡がしばしば陸化して，**ベーリンジア**（Beringia）と呼ばれる広大な陸地を形成し，そこを通って両区の哺乳類が相互に交流したことによっている．一方，新北区にのみ分布する哺乳類には，齧歯目のヤマビーバー科（Aplodontidae），ホリネズミ科（Geomyidae），ポケットマウス科（Heteromyidae），偶蹄目のプロングホーン科（Antilocapridae）があるが，それらに属する種の数はさほど多くない．

エチオピア区（Ethiopian Region）は，サハラ沙漠以南のアフリカ大陸（subsaharan Africa）でマダガスカル島を含むが，この島の動物相は大陸のものとかなり異なっているので，亜区として区別されることがある．エチオピア区には旧北区のように有胎盤類のみが分布するが，そこに生息する哺乳類はすべての動物地理区の中で最も種類数が多く，47科ほどの哺乳類が知られている．そのうち12科はエチオピア区のみに分布する科で，それらは，食虫目のテンレック科（Tenrecidae）やキンモグラ科（Chrysochloridae），ハネジネズミ目のハネジネズミ科（Macroscelididae），齧歯目のトビウサギ科（Pedetidae）やデバネズミ科（Bathyergidae），管歯目のツチブタ科（Orycteropodidae），偶蹄目のカバ科（Hippopotamidae）やキリン科（Giraffidae）などである．このように種類数が豊富であることは，更新世末に地球規模で起こった絶滅現象がこの動物地理区ではあまり顕著でなかったことによると考えられている（6.3.4項参照）．エチオピア区の哺乳類には旧北区や東洋区と共通する種類がみられるが，そのことは新生代のいろいろな時期にそれらの地域との間に陸地接続があったことによっている．

東洋区（Oriental Region）は，ヒマラヤ山脈以南のユーラシア大陸とマレーシア，インドネシアの島々を含む地域である．オーストラリア区との境界はボルネオ島とスラウェシ島の間からバリ島とロンボク島の間をぬける**ウォーレス線**（Wallace's line）とされる（図6.3-1）．この境界線からニューギニア島の西側の海峡を通る**ライデッカー線**（Lydekker's line）あるいはその西の**ウェーバー線**（Weber's line）までの地域には，両者の中間的な動物相がみられる（図6.3-1のW）．東洋区の動物相も旧北区と同様，有胎盤類のみで構成されるが，旧北区より種類数が豊富である．また，東洋区のみに分布する種類には，ツパイ目のツパイ科（Tupaiidae），皮翼目のヒヨケザル科（Cynocephalidae），霊長目のメガネザル科（Tarsiidae），齧歯目のトゲヤマネ科（Platacanthomyidae）がある．東洋区は，新生代後半のヒマラヤ山脈の急激な隆起により，旧北区から隔てられ，独自の動物相が発達したと考えられる（3.4.1項参照）．

新熱帯区（Neotropical Region）は，メキシコ以南の中央アメリカと南アメリカ大陸を含む地域である．少数の有袋類と豊富な有胎盤類が分布する．新熱帯区のみに分布する種類は非常に多く，有袋類のケノレステス科（Caenolestidae），貧歯目のアリクイ科（Myrmecophagidae）やミツユビナマケモノ科（Bradypodidae），霊長目のマーモセット科（Callithrichidae）やオマキザル科（Cebidae），齧歯目のテンジクネズミ科（Caviidae）やカピバラ科（Hydrochoeridae）など19科に達する．このように独特の動物相がみられるのは，南アメリカ大陸が第三紀初頭にほかの大陸から分離し，長い期間にわたって島大陸となっていて，有袋類や古型の有胎盤類が多数生息できたこと，第三紀末にパナマ地峡が形成されて北アメリカから進歩した有胎盤類が大量に流入し，土着の哺乳類に大絶滅が起こったことな

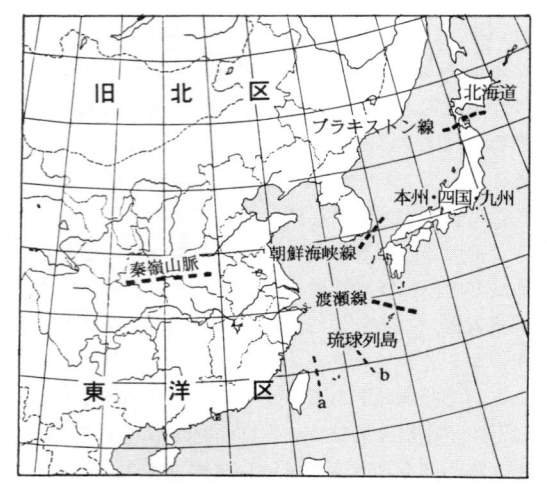

図6.3-2 日本周辺の動物地理区の境界線
琉球列島と台湾の境界はaで，琉球列島の中ではbを境に動物相が変わる．

ど，この大陸がこれまでに経てきた複雑な歴史と深い関係がある（3.4.2項参照）．

オーストラリア区（Australian Region）は，オーストラリア大陸とニューギニア，タスマニア島を含む地域である．オーストラリア区の動物相はほかの動物地理区のものとは大きく異なり，有袋類がその主体をなし，単孔類を伴うが，有胎盤類はごく少数しかみられない．有袋類では，フクロネコ属（*Dasyurus*），フクロアリクイ属（*Myrmecobius*），フクロオオカミ属（*Thylacinus*），フクロモグラ属（*Notoryctes*），クスクス属（*Phalanger*），フクロモモンガ属（*Petaurus*），カンガルー属（*Macropus*），コアラ属（*Phascolarctos*），ヒメウォンバット属（*Vombatus*）などがあり，これらはすべてオーストラリア区の固有科の固有属に属している．単孔類もほかの動物地理区にはみられないもので，ハリモグラ属（*Tachyglossus*），ミユビハリモグラ属（*Zaglossus*），カモノハシ属（*Ornithorhynchus*）の3属が知られている．有胎盤類では，飛行性の翼手目を除くと，齧歯目のニセマウス属（*Pseudomys*），ホップマウス属（*Notomys*），ミズネズミ属（*Hydromys*）などと，食肉目イヌ属（*Canis*）のディンゴ（dingo）が知られている（図6.3-30参照）．このうち齧歯目には固有属が多く，それらは土着のものと考えられるが，ディンゴは先史時代の人類によって持ち込まれた可能性が高い．オーストラリア区の動物相がこのように特異なのは，長期間他の大陸から隔離されていたからである．最近の考えによれば，白亜紀末に南アメリカ・南極・オーストラリアからなる陸塊がほかの大陸から分離し，その後さらに南アメリカが分離し，最後に南極とオーストラリアが始新世になって分離したとされる．そのような分離の過程でオーストラリアには，有袋類と単孔類のみが分布することになり，ユーラシア・北アメリカ・アフリカで発展した高等な有胎盤類が侵入する機会がなかったのである．そのためオーストラリア区では，有袋類が進化発展を遂げて動物相の主要構成要素となった．そこに生息する少数の有胎盤類は，後から偶然に渡来したものと思われる．

なお，以上のような世界の動物地理区やその歴史的な発展過程については，今泉（1970），黒田（1972），Gunderson（1976），Vaughan（1978），Thenius（1980），コルバート・モラレス（1991）などに記述されている．

(2) 日本とその周辺の動物地理区

東アジアは旧北区と東洋区にあたり，中国では両地理区の境界は一般に黄河と揚子江の間を東西に走る秦嶺山脈と考えられている（図6.3-2）．そこは，第四紀を通じて中国北部の動物群と南部の動物群の境界となっていた．この境界をさらに東へ延ばすと，吐噶喇海峡を通る渡瀬線（Watase's line）と呼ばれる境界線につながると考えられる．日本列島は，大陸の東縁にへばりつくような形で南北に細長く延びているが，その動物相には顕著な地域差がみられる．そのような地域差に基づいて日本列島を区分すると，北から，①北海道とその属島，②本州・四国・九州とその属島，③琉球列島という3つの地域になる．①の地域の哺乳類は，近隣の大陸と共通する種類が多く，それらは大陸のものと亜種程度の違いしかない．②の地域の哺乳類には，大陸や①の地域との共通種もみられるが，この地域にしか分布しない固有種が多いという特徴がみられる．③の地域の動物相は島嶼型で，種類数が少なく中・小型の哺乳類のみからなるという特徴があり，さらに②の地域のものより固有度が高く，固有属に属するものが多いという特徴をもつ．①と②の境界は津軽海峡にあってブラキストン線（Blakiston's line）と呼ばれ，②と③の境界は上述の渡瀬線，②と大陸の境界は朝鮮海峡にあって朝鮮海峡線と呼ばれている（図6.3-2）．

このような動物相の地域差は，それぞれの地域がこれまでに経てきた地史の違いを反映している．日本列島の動物相は大陸の動物群を母体として形成されてきたと考えられるので，最も固有度の高い琉球列島の動物群は，最も古い時期に大陸の動物群から隔離され，次いで本州・四国・九州が隔離され，大陸と共通のものが多い北海道は比較的新しい時期まで大陸と接続していたと考えると，このような地域差は説明できる．化石記録やほかの地質学的なデータから，琉球列島の主要部は鮮新世～前期更新世に，本州・四国・九州は前期～中期更新世に，北海道は後期更新世末に大陸から分離したと推定される．

なお，日本列島とその周辺地域の動物地理については，徳田（1941，1969），今泉（1970），阿部（1991）などが参考になる．

6.3.2 哺乳類の化石

化石には，過去の生物の体やその一部が堆積物中に保存された**体化石**（body fossil）と，はい跡や棲み家，足跡，糞など生物の生活の痕跡が堆積物中に保存された**生痕化石**（trace fossil）がある．体化石として保存されるのは，一般に生物の体の硬組織で，哺乳類でそれにあたるのはリン酸カルシウムでできた骨や歯である．しかし特殊な条件下では，稀に軟組織が保存されていることもある．シベリア北部の永久凍土中からみつかるマンモスゾウやそれに伴う哺乳類の化石には，皮膚や毛，筋肉，内臓などの軟組織が低温のために腐敗を免れて残っていることがあり（Guthrie，1990；Lister & Bahn，1994など参照），そのような化石は最近でも発見されている（たとえば西城ほか，1995）．また，乾燥した条件下では哺乳類の体がミイラ化して，皮膚や毛が腐敗せずに残っていることもある．オーストラリア区固有で近年に絶滅してしまったフクロオオカミ属（6.3.1項参照）のミイラ化した約4.6 kaの遺体がオーストラリア西部の洞窟で発見されたり，南アメリカのパタゴニア地方の洞窟で絶滅した地上棲ナマケモノ（*Mylodon*）の毛のついた皮膚が発見されたことなどはその例である（Sutcliffe，1985）．

(1) 骨や歯の化石

上に述べたように，哺乳類の化石で最も一般的なものは骨や歯である．哺乳類には鯨目のシロナガスクジラ（*Balaenoptera musculus*）のように体長25 mを超える超大型のものから，食虫目のコビトジャコウネズミ（*Suncus etruscus*）のように体長5 cm以下の小型のものまであって，それらの骨や歯の大きさもさまざまである．表6.3-1に挙げた哺乳類のグループのうち，ウサギ程度の大きさより小さいものを一般に小型哺乳類（micromammalsあるいはsmall mammals）と呼び，有胎盤類では食虫目，翼手目，兎目，齧歯目に属する種類をそのように呼ぶのが一般的である．また，それより体の大きな哺乳類は中・大型哺乳類（larger mammals）と呼ばれる．小型哺乳類の骨や歯は微少で，野外での採集や化石の保管，あるいは化石の観察に中・大型哺乳類と異なった方法がとられる（河村，1992；河村・樽野，1993；河村ほか，1996など）．その採取法は，化石を含む堆積物を篩の上で水洗し，残ったものの中から化石を拾い出す方法で，篩による水洗法（screen washing；washing and screening；wet sieving）と呼ばれている．使用する篩の目の大きさは，化石の大きさや作業能率を考えて，わが国では0.5 mmのものがよいとされている．拾い出した化石は細い管ビンに入れ，カードとともにチャックつきポリ袋に入れて保管する．化石の観察には通常，実体顕微鏡が用いられる．

一方，中・大型哺乳類化石の採取法や保管の方法，観察の方法はほかの大型動物化石に用いれられる方法と基本的に同じである．しかし，化石が壊れやすい場合には，特別な取り扱いが必要である（河村・樽野，1993など）．まず，化石を掘り出す際には，その周りを石膏や硬質ウレタンで覆って，周りの堆積物ごと掘り出す．化石の強化処理には，溶媒

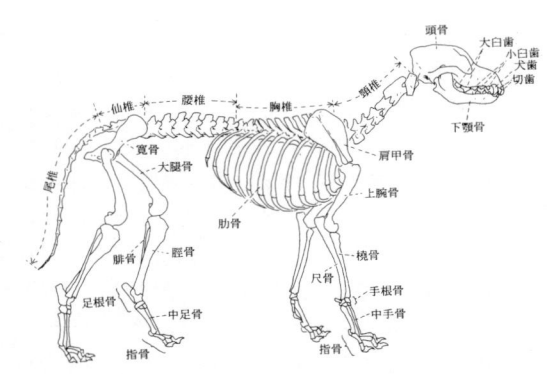

図6.3-3 哺乳類の骨格とそれぞれの骨や歯の名称
Howard & Chistensen（1979）のイヌの骨格図を用いた．

に溶かした合成樹脂や特定の薬品をしみ込ませる．

　哺乳類の骨や歯は，種類による形の違いはあるものの，同じ部位の骨や歯は基本的には同じ形をしており，同じ名称で呼ばれる（図6.3-3）．一頭の哺乳類の体には200個以上の骨があり，通常10数本から40数本の歯がある．これらには左右一対あるものがかなりあり，化石としてよく産出する部位も限られているので，部位を決める場合の選択肢はそれほど多くない．化石を研究する際には，その形態を詳しく観察してまず部位を決め，その後で種類を決めることになる．その際，骨や歯はみる方向によって形が大きく異なることや化石の場合は破損していることが多いので，本や論文に載っている図と比べるだけでは不十分で，現生哺乳類の骨格標本や，すでに種類や部位が決定されている化石標本と比較するのが望ましい．

　種類を決める手掛かりは，上に述べたような骨や歯の形態の肉眼的観察ばかりでなく，歯の微細組織の観察から得られることもある．長鼻目や齧歯目の臼歯のエナメル質には，種類ごとに独特の微細組織がみられることがある（小澤，1978；Koenigswald，1980など）．このことを利用して，広島県帝釈観音堂洞窟遺跡の後期更新世の層準から産出した小さなエナメル質の破片が走査型電子顕微鏡を用いた微細組織の観察によって，ゾウ科の臼歯片であることが判明した（神谷・河村，1981）．

(2) タフォノミー

　過去に生息していた哺乳類が堆積物中に埋没し，化石となって発見されるまでの過程の研究，すなわち哺乳類のタフォノミーは，化石のデータから過去の哺乳類の群集を復元する上で重要な研究分野であり，とくに第四紀の哺乳類では，人類がその化石群集形成に関わっていることがあるので，考古学的にも重要である．哺乳類のタフォノミーに関する研究は，これまでに主に欧米の研究者によって行われてきたが（Weigelt, 1927；Behrensmeyer & Hill, 1980など），日本ではそれに関する体系だった研究はきわめて少ない．

　過去に生息していた哺乳類の群集は，そのまま遺体群集になることはなく，その一部が遺体群集になる．たとえば，竪穴に哺乳類が墜落する場合は（5.8.4項参照），より墜落しやすい種類があり，同じ種類でも経験の少ない若齢の個体の方が墜落しやすいので，遺体群集はもとの群集とは異なった内容になることがある．また人類の狩猟により形成された遺体群集では，自然の群集から狩猟対象となる動物が選択的に集められており（コラム5.8.1参照），食肉目や食肉性の鳥類によって形成された群集もそれらの餌になる動物が選択的に集められることになる．

　遺体群集になった後も，その遺体はいろいろな変化を受ける．一部はハイエナや甲虫類などの腐肉食の動物によって運び去られたり，齧歯目などによって齧られて破損したりする．人類によって運び去られたり，破損を受けることもあるだろう．さらに遺体は流水の作用などによって運搬され，いろいろな場所に運ばれるが，堆積物が次々と堆積している場所に運搬されたものは堆積物中に埋没するが，そうでない場所に運搬されたものは風化し破損して，ついには消失してしまう．堆積物中に埋没しても，堆積物が酸性なら骨は溶けてしまうし，続成作用の過程で変形したり，消失したりすることもあるだろう．堆積物が後に地表に露出し，含まれている化石もろとも浸食されてなくなってしまうこともあるであろう．

　以上のような過程を経て，消失を免れたものが化石群集となるが，そのうち採取可能な場所で発見され，研究者によって収集されたり，収集家によって収集されて研究者の手元に届いた化石だけが研究対象となる．このようにきわめて不完全なものをもとに，研究者は過去に生息した哺乳類やその群集を復

図6.3-4 大阪府富田林市の石川河床で発見された前期更新世の足跡化石
大きな窪みは長鼻目の足跡，小さな窪みは偶蹄目の足跡である（樽野博幸氏撮影）．

表6.3-2 わが国の第四紀と鮮新世の主な足跡化石とその産地

時代			足跡化石（産地）
第四紀	完新世		
	更新世	後期	←オオツノジカ（京都市岡崎，京都市動物園） ←ナウマンゾウ・オオツノジカ 　　　　（長野県信濃町，野尻湖立が鼻遺跡） ↕ナウマンゾウ・オオツノジカ・ニホンムカシジカ？（大阪市，山之内・長原遺跡）
		中期	
		前期	↕アケボノゾウ・偶蹄類・鳥類 　　　　　（大阪府富田林市，石川河床） ←アケボノゾウ 　　　　（埼玉県入間市野田，入間川河床） ←偶蹄類（兵庫県明石市，西八木海岸） ←アケボノゾウ・偶蹄類 　　　　（新潟県越路町，渋海川河床）
第三紀	鮮新世		↕アケボノゾウ・偶蹄類 　　　　（滋賀県湖東地域，野洲川河床など） ↕アケボノゾウ 　　（長野県東部町～北御牧村，千曲川河床） ↕シンシュウゾウ・偶蹄類・ワニ類・鳥類 　　　　（三重県伊賀地域，服部川など）

「ゾウの足跡化石調査法」編集委員会（1994）による．

図6.3-5 長鼻目の足跡とそれをつけたと考えられるゾウの種類（「ゾウの足跡化石調査法」編集委員会，1994）
上からナウマンゾウ，アケボノゾウ，シンシュウゾウで，いずれもが絶滅種（6.3.5項参照）．

元する．したがって，そのような研究に際しては以上のような過程を十分に理解し，化石そのものやそれを含む堆積物からできるだけ多くの情報を得るよう努力する必要がある．具体的には，化石そのものを詳しく調べるだけでなく，それを含む堆積物の詳しい調査を行い，化石の産状を詳しく記録するとともに堆積物そのものから得られる堆積環境に関するデータや，ほかの化石から得られる古環境のデータを総合して，その化石がどのような過程を経て化石となったかを明らかにしておくことが，その化石に対する正しい解釈を可能にする．

(3) 生痕化石

哺乳類の残した生痕化石の代表的なものには，**足跡化石**（足印化石；footprint fossil）と**糞化石**（糞石；coprolite）がある．近年，わが国では各地の第四紀層から哺乳類の足跡化石が次々と発見され，注目されている（図6.3-4，表6.3-2）．足跡化石は河床に露出した地層面上の窪みとして発見されることが多いが，遺跡の発掘現場で発見されることもある．そのような場所でみつかる窪みを足跡と認定するために，樽野（1994）は次のような点に注意する必要があると述べている．

①個々の窪みの形態はどのようなものか．
②窪みの底面や側壁の形態は，足の形態や運動に対応しているか．
③前足と後足の足跡があるか．
④1頭の動物が歩いたとみなせる足跡群を追跡できるか．
⑤窪みの直下や周囲で地層の葉理がどのように変形しているか．

また，「ゾウの足跡化石調査法」編集委員会（1994）も，地層面上で足跡でない窪みの例として底痕や荷重痕などを挙げ，それらと足跡との判別法をフローチャートに表している．そのほか，礫が水流によって回転し，河床を円形に削ってできる甌穴

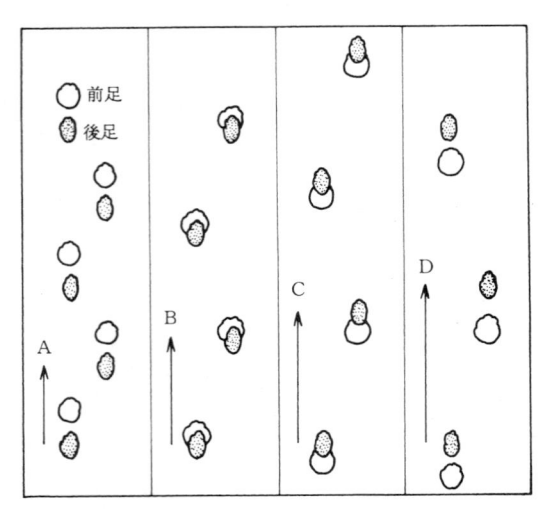

図6.3-6 歩行速度による足跡のつき方の違い（「ゾウの足跡化石調査法」編集委員会，1994）
ゆっくり歩いた場合，前足の跡の後方に後足の跡がつくが(A)，速く歩くと後足の跡が前足の跡の前方につく(D)．A～Dの矢印は相対的な歩行速度を表す．

（pot hole）も足跡と見誤りやすいので，注意を要する．

「ゾウの足跡化石調査法」編集委員会（1994）も述べているように，足跡は足の裏を単に「はんこ」のように押しつけてついた跡ではなく，その動物が歩いたり走ったりしたときにつくもので，動物の運動によって堆積物の表面にできた変形とみることができる．このようなことから，保存のよい足跡化石の1つを詳しく観察すると，足が堆積物の表面に着地したときの跡（着地痕），その足が堆積物の中にめり込んで体重を支えたときの跡（支持痕），足が堆積物から離れるときにさらに深く踏み込んだり，堆積物を蹴り上げたりした跡（離脱痕）を区別できることがある．

足跡化石を調べてわかることは，まず足跡をつけた動物の種類がわかるということである．これは，足の裏の形が動物の種類によって異なっていることによっている．わが国の第四紀層からよくみつかる長鼻目の足跡と偶蹄目の足跡は，形や大きさがまったく違っているので，容易に区別がつく（図6.3-4）．しかし，長鼻目のうちどの種類のゾウなのかということになると，その決定は非常に難しい．「ゾウの足跡化石調査法」編集委員会（1994）は，図6.3-5のような3つのタイプの足跡を，それぞれ日本の鮮新・更新統から知られている3種のゾウと対応

させている．

次に，足跡をつけた動物の足の裏の全体の形やその細かい形態がわかる．足の裏は軟組織でできており，骨の化石からはその形態はわからないので，保存のよい足跡化石があれば，形を知るための大きな手がかりになる．現生のアフリカゾウ（*Loxodonta africana*）の足では，外からみえる蹄の数は前足で4～5，後足で3～4であるが（指骨は前・後足とも5本分ある），野尻湖層に残された足跡から，ナウマンゾウ（*Palaeoloxodon naumanni*；口絵9, 10）では前足の蹄は5，後足では4～5であることが明らかにされた（野尻湖発掘調査団足跡古環境班，1992）．足跡のつき方はその動物の歩行姿勢によって異なるので，足跡からその動物の歩行姿勢がわかることがある．タンザニア北部ラエトリの鮮新世中期の凝灰岩の地層面に発見された人類の足跡化石は非常に有名で（Leakey & Hay, 1979），この発見により当時人類はすでに現生人類のような直立二足歩行をしていたことが確かめられているが，わが国でも弥生時代やそれ以降の水田跡からヒトの足跡が発見されたことがある（山崎，1978など）．

また足跡化石からは，足跡をつけた動物がどの方向へどのように移動したかということや，歩き方の癖がわかる．さらに，足跡が一頭分単独でついているのか，あるいは多くの個体の足跡がまとまって一カ所についているかということから，その動物が単独で生活をしていたか，群れをつくっていたかがわかることもある．

足跡のつき方やその間隔はその動物の歩行速度によって変わってくるので（図6.3-6），足跡から歩行速度が推定できる．恐竜の足跡化石で用いられている歩幅と速度の比例関係に基づく方法（アレクサンダー，1989など）を用いて，野尻湖層のナウマンゾウの足跡化石から，それをつけたナウマンゾウの歩行速度は毎秒0.9～2.0mと推定されている（野尻湖発掘調査団足跡古環境班，1992）．また同じ動物の右の足跡から次の右の足跡まで，あるいは左の足跡から次の左の足跡までの距離などをもとに，その動物の胴の長さを推定する試みも行われている．上記の野尻湖層の足跡では，ナウマンゾウの胴長が約2.3mと推定されている（野尻湖発掘調査団足跡古環境班，1992）．

以上のように，足跡化石からはいろいろなことが

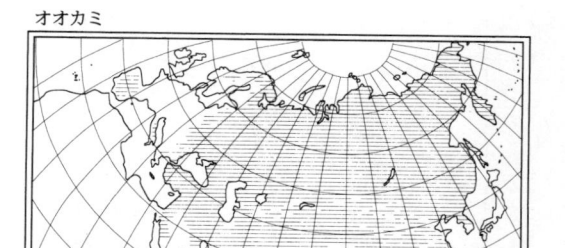

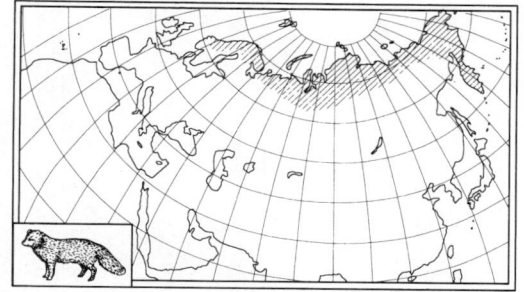

図6.3-7 ユーラシアにおけるオオカミとホッキョクギツネの現在の分布（Corbet, 1978の図を一部修正）

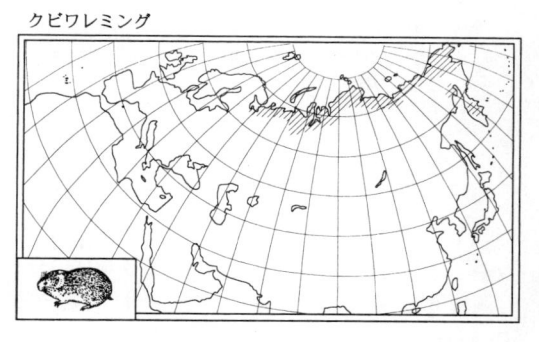

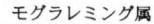

図6.3-8 ユーラシアにおけるクビワレミング（*Dicrostonyx torquatus*）とモグラレミング属の現在の分布（Corbet, 1978の図を一部修正）

わかるので，今後もわが国の第四紀層から発見される多くの足跡化石について研究を行っていく必要がある．その際には，「ゾウの足跡化石調査法」編集委員会（1994）がよい手引き書となる．

足跡化石以外の生痕化石では，糞化石が代表的なもので，諸外国では多くの報告がある．Mead et al.（1986）やLister & Bahn（1994）に紹介されているアメリカ・ユタ州の洞窟の例では，後期更新世の糞化石が多量に発見され（^{14}C年代：13500〜11700 y BP），その中で，現生のゾウの糞によく似た直径20 cmほどの球形のものがコロンビアマンモス（*Mammuthus columbi*）の糞と考えられている（マンモスについてはコラム6.3-4参照）．このような糞はその重さの95%が草やスゲで，そのほかに少量，樹木に由来するものも含まれていた．このようなことから，コロンビアマンモスの食べ物はマンモスゾウに似ていて，草やスゲが主体であったが，樹木由来のものの割合はマンモスゾウより大きかったとされる．糞化石からはこのような食性のほか，糞を残した季節（糞化石の花粉分析などから）などがわかることがある．わが国では，以前は糞化石の報告はきわめて少なかったが，近年になって福井県の鳥浜遺跡の縄文時代の遺物包含層や宮城県の富沢遺跡の旧石器時代末の遺物包含層などから報告されるようになっている（千浦，1979；高槻，1992）．

足跡化石や糞化石以外の生痕化石には，絶滅した大型のクマ類であるホラアナグマ（図5.8-6）が洞窟内に残した爪の跡や，現在も全北区に広く分布するビーバー属（*Castor*）のつくったダムが地層中に埋もれて化石となったものやウッドラットの巣の化石（コラム6.4-1）などがある（Kurtén, 1968；1976など参照）．

6.3.3 哺乳類と環境

体表が毛で覆われ，恒温性で活発に活動する哺乳類は，地球上のいろいろな環境の地域に広く分布する能力を獲得した．そのため，哺乳類の中には単一種できわめて広い分布域をもち，いろいろな環境の地域に生息する種（eurytopic species）が知られている．たとえば，食肉目のオオカミ（*Canis lupus*）は，ユーラシア大陸のほぼ全域に広く分布するほか（図6.3-7），北アメリカ大陸のほぼ全域にも分布し，

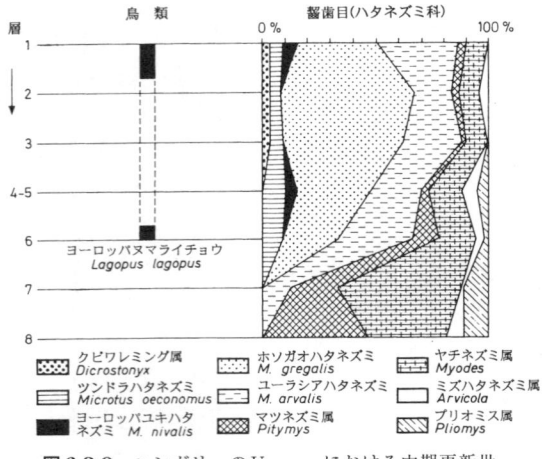

図6.3-9 ハンガリーのUpponyにおける中期更新世の堆積物中での齧歯目（ハタネズミ科）の各種類の産出頻度の変化（Janossy, 1986）
それらの種類によって寒冷気候が推定される層準から、寒冷気候を指示する鳥類（*Lagopus lagopus*）が産出している。

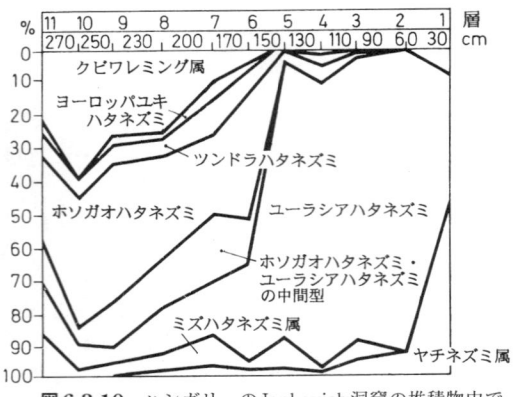

図6.3-10 ハンガリーのJankovich洞窟の堆積物中での小型哺乳類の産出頻度の変化（Janossy, 1986）
寒冷地に生息するクビワレミング属、ツンドラハタネズミ、ホソガオハタネズミが急激に減少または消滅する7層から5層にかけての変化が、最終氷期から完新世にかけての急激な環境変化に対応すると考えられる。

動物地理区でいうと旧北区、東洋区、新北区にまたがって広く分布している（6.3.1項参照）。一方、哺乳類の中には限られた環境、あるいは限られた食性に適応し、特定の環境で特定の食物が得られる地域のみに分布する種（stenotopic species）も多い。たとえば、オオカミと同じ食肉目のホッキョクギツネ（*Alopex lagopus*）はユーラシア大陸と北アメリカ大陸北端にある非常に寒冷なツンドラ地域に分布し（図6.3-7）、齧歯目のクビワレミング属（*Dicrostonyx*）の種も同様の地域に分布している（図6.3-8）。また齧歯目のモグラレミング属（*Ellobius*）は乾燥したステップや沙漠などに分布し（図6.3-8）、樹上棲のサル類（霊長目）は主に熱帯・亜熱帯の森林に分布している。このように環境

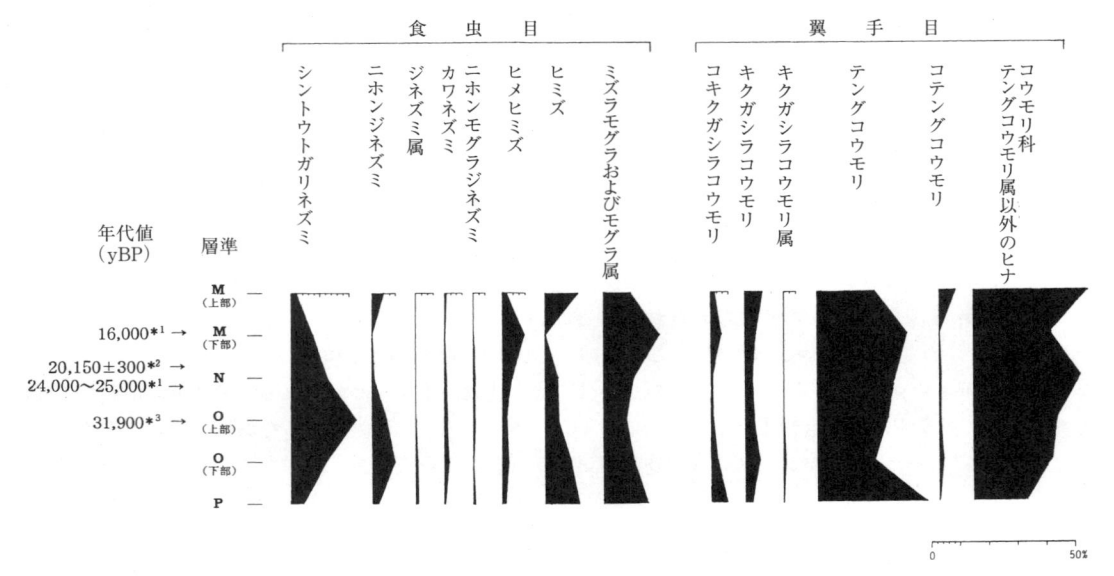

図6.3-11 帝釈観音堂洞窟遺跡の後期更新世の層準における食虫目・翼手目の各種類の産出頻度の変化
（Kawamura, 1988および河村，1996の図を一部修正）
*1：挟在する火山灰層の年代、*2：石灰華の^{14}C年代、*3：アミノ酸のラセミ化年代。

図6.3-12 シントウトガリネズミとヒメヒミズの現在の分布とそれらの化石が多産する帝釈観音堂洞窟遺跡の位置（河村，1996）
現在の分布は今泉（1970）による．

との対応関係がはっきりしている種は，環境指示者として役立つ．

（1） 古環境の推定

第四紀の哺乳類には，現生種やそれに近いものが比較的多く，絶滅属や絶滅種でも，その古生態がよくわかっているものが多いので，化石群集の中で広域分布種と環境指示者として役立つものを区別し，後者から古環境を推定することができる．とくに小型哺乳類は環境指示者として役立つものが多く，しかも化石としての産出量が非常に多いので，その化石群集の変化に基づいて，古環境変化が推定されている．

東ヨーロッパでは，第四紀の小型哺乳類化石を多産する洞窟・裂罅堆積物が多く，それらの詳しい調査によって，各化石産地の堆積物中で層準によって小型哺乳類の量比がどのように変化するのかが明らかにされている．ハンガリーのUpponyでの中期更新世の堆積物の例（図6.3-9）をみると，7層から6層にかけて，現在寒冷地に分布するツンドラハタネズミ（*Microtus oeconomus*）と寒冷地や乾燥地に分布するホソガオハタネズミ（*Microtus gregalis*）が出現し，後者はさらに上位になると急増している．4〜5層から3層にかけては，さらに上述のクビワレミング属が出現している．このようなことは，6層から上位の地層が寒冷な時期に堆積したことを示すものと考えられる．また，そのことは寒冷気候を示す鳥類のヨーロッパヌマライチョウ（*Lagopus lagopus*）が産出していることともよく一致する．同じくハンガリーのJankovich洞窟の例（図6.3-10）でも，最終氷期以降の急激な環境変化が小型哺乳類の各種類の産出頻度の変化にみごとに現れている．

日本でも同様の研究が，山口県の宇部興産採石場第3地点の中期更新世の洞窟・裂罅堆積物や広島県の帝釈観音堂洞窟遺跡の後期更新世〜完新世の堆積物などで行われている（Kawamura, 1988；河村，1996など）．その例を図6.3-11に示したが，日本の場合，現在の本州・四国・九州の高山に点々と分布するシントウトガリネズミ（*Sorex shinto*）やヒメヒミズ（*Dymecodon pilirostris*）の産出が，寒冷気候の指標となる（図6.3-12）．

以上のように，小型哺乳類各種の産出頻度が各層準によってどのように変化をするのかを表した図を，一般に**小型哺乳類ダイアグラム**（micromammal diagram）あるいは小型哺乳類スペクトル（micromammal spectrum）と呼んでいる．小型哺乳類のうち特定のグループを取り出してつくった図は，取り出したグループの名前をつけてハタネズミ科ダイアグラム（arvicolid diagram；たとえば図

●貝化石と古環境　　　　　　　　　　　　　　　　　　　　　　　　　　　　　　　　　　　　　　コラム6.3-1●

　哺乳類以外の動物の化石で第四紀の古環境が復元されることも少なくない．そのような動物化石の例として，ここでは貝化石をみてみよう．貝類には海棲や淡水棲のもののほか，カタツムリのような陸棲の貝があり，その化石は海成・湖成・河成の第四紀層ばかりでなく，洞窟・裂罅堆積物やレスのような風成層からも産出する．貝類は，哺乳類などの脊椎動物と比べると，化石の産出量がはるかに多いが，進化速度が遅いため，後述の昆虫のように第四紀初頭の化石群集でもその構成種の大部分が現生種で，第四紀層の生層序学的研究にはあまり適さない（下表）．しかし一方では，第四紀初頭から現在までそれぞれの種の生息環境があまり変わっていないと考えられることから，貝類は古環境の指示者として利用されることが多い．

　昆虫の場合と同様，貝化石による古環境復元は，それぞれの種が現在どのような環境下で生息をしているかについてのデータに基づいて行われる．現在の陸域から海棲の貝類が産出すれば，その地域にかつて海進があったことがわかるし，その貝化石群集を詳しく分析して種構成や各種の量比を調べると，当時の海の環境や海水準変動の様子がわかる．

　松島（1984）は，日本各地の沖積層から産出する海棲貝化石群集の詳しい分析によって，日本列島沿岸域の海況変遷を復元している（右の図下）．その研究によれば，日本列島では約7500 y BPにカモノアシガキなどの熱帯種が南九州に，ハイガイなどの亜熱帯種が三陸海岸南部に，ハマグリなどの温帯種が北海道南部に出現し，この時期に黒潮や対馬暖流の勢いが強くなったことを示している．さらに約6500〜5500 y BPには熱帯種は南関東まで，亜熱帯種は本州北部まで，温帯種は北海道全域に分布を広げたが，このことはこの時期に暖流の勢いが最も強まったことを示している．一方，約5200 y BPより後になると北海道で温帯種が消滅をはじめ，約4200 y BP以降では南関東で熱帯種が消滅するが，このようなことはそれらの時期の海水温の低下を示すものと考えられている．

　以上のような貝化石群集による古環境の復元は，バルト海沿岸地域でも古くから行われてきた．その地域では更新世末以降のスカンジナビア氷床の融解に伴って海や湖が形成されたが，それぞれの時期の海や湖が貝類の特徴種によって*Yoldia*海，*Ancylus*湖，*Litorina*海などと呼ばれて区別されている（Munthe, 1910；Sauramo, 1958など）．

　しかし，ヨーロッパではこのような海成層より，陸成の第四紀層の方が多いので，陸棲や淡水棲の貝化石による古環境復元の研究も盛んに行われてきた（Sparks, 1961；Ložek, 1965；Mania, 1995など）．レスやその中に挟まれる古土壌には数多くの陸棲の貝化石が含まれており，それらには気候や植生の良好な指示者となるものがある（右の図上）．したがって，貝化石を層準ごとに細かく分析することによって，陸上

表 カンザス州南部とオクラホマ州北西部の化石産地における哺乳類と貝類の絶滅属と絶滅種の割合（Taylor, 1965の表4を簡略化）

化石産地とその時代	絶滅属の割合（%）		絶滅種の割合（%）	
	哺乳類	貝類	哺乳類	貝類
Jones（最終氷期）	13	0	23	0
Jinglebob（最終間氷期）	14	0	50	2
Cragin Quarry（最終間氷期）	25	0	50	6
Adams（中期更新世末）	50	0	85	5
Doby Springs（中期更新世末）	12	0	39	3
Berends（中期更新世末）	29	0	54	2
Sanders（中期更新世初頭）	62	0	100	20
Dixon（前期更新世）	27	0	100	16

6.3-9）とか，食虫目・翼手目ダイアグラム（insectivore and chiropteran diagram；たとえば図6.3-11）などと呼べばよい．このような図は，上に述べたように古環境の推定に役立つほか，それぞれの種間関係など古生態に関する情報も提供してくれる（とくに絶滅種の古生態の解明には重要である）．

　哺乳類をもとに古環境を推定する場合，第四紀の間に生息する地域や生息環境を変えたと考えられる種類があることに注意する必要がある．齧歯目のクロハラハムスター（*Cricetus cricetus*）は現在ユーラシアのステップに分布しているが，中期更新世には温帯の森林にも生息していたと考えられており（Stuart, 1982），同じ齧歯目のレミング属（*Lemmus*）は，クビワレミング属（図6.3-8）と同様，現在は主にユーラシア大陸北端と北アメリカ大陸北端のツンドラに分布しているが，前・中期更新世には温帯の森林に分布していたとされる（Kowalski, 1995）．また，偶蹄目のサイガ（*Saiga tatarica*）は現在中央アジアのステップに分布しているが，もともとは北方の寒冷地のステップに分布していたとされる（ヴェレシチャーギン, 1979）．

　このようなことがあるので，古環境を推定する際には，少数の種の少数の化石のみで判断するのでは

の古環境変化を詳しく調べることができる．わが国では陸棲の貝化石の研究はあまり行われてこなかったが，広島県の帝釈観音堂洞窟遺跡の後期更新世〜完新世の堆積物での調査の結果によると，そこからは現在の中国地方には分布しない北方系の種が産出しているという（藤江・赤木，1995）．

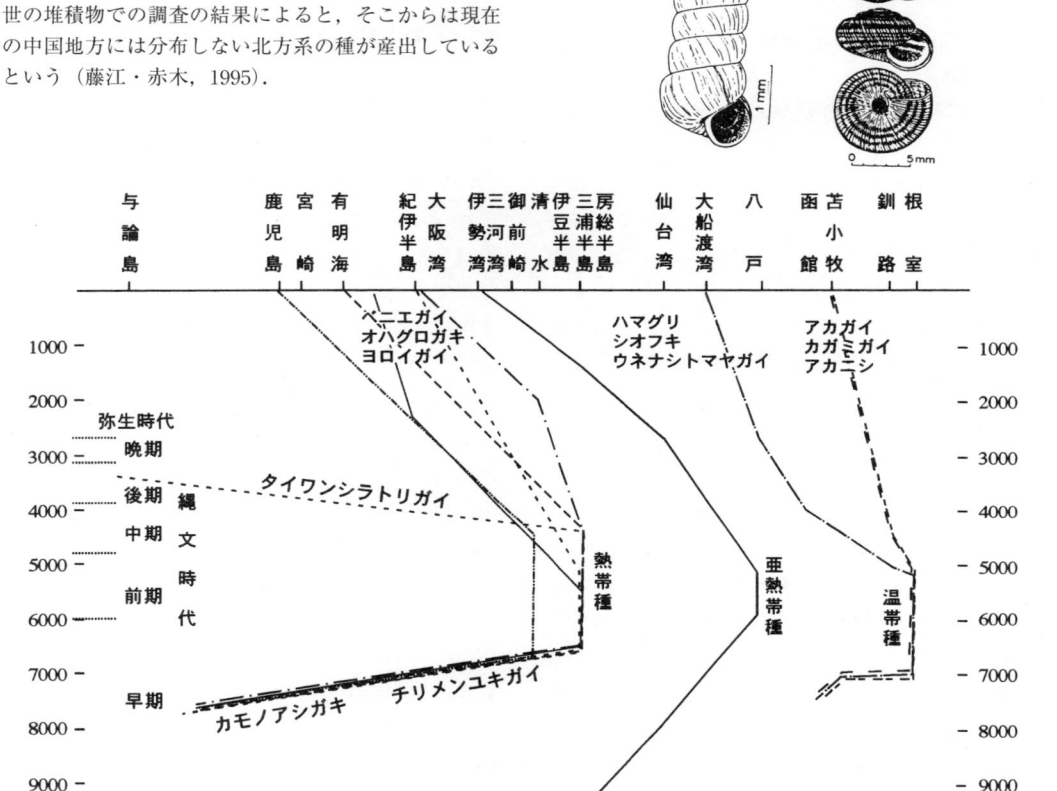

図上：ヨーロッパのレスから産出する陸棲の貝類（Ložek, 1965）．
A：寒冷種の *Columella columella*，B：ステップを好む *Helicopsis striata*．
下：完新世の日本列島太平洋岸における貝類の温暖種の消長（松島，1996に加筆）．

(2) 環境変化と哺乳類

第四紀の激しい環境変化の中で，哺乳動物相もそれに対応して大きく変化したことが知られている．ヨーロッパの主要部では，寒冷期にステップやツンドラが広がり，温暖期には温帯林が広がったが，Stuart（1982）によれば中・後期更新世の寒冷期には齧歯目のジリス属の種（*Spermophilus* spp.）やクビワレミング（図6.3-8），ホソガオハタネズミ，食肉目のホッキョクギツネ（図6.3-7），長鼻目のマンモスゾウ（図6.3-13，6.3-27），奇蹄目のケサイ（*Coelodonta antiquitatis*；図6.3-28），偶蹄目のトナカイ（*Rangifer tarandus*）やジャコウウシ（*Ovibos moschatus*）が特徴的に現れたとされる．これらは寒冷地での生活に適応した種類で，絶滅種を除くと，現在はより北方の寒冷な地域や中央アジアのステップに分布する種類である．

一方，中・後期更新世の温暖期には霊長目のマカク属（*Macaca*），齧歯目の巨大なビーバー（*Trogontherium cuvieri*）やヨーロッパヤチネズミ（*Clethrionomys glareolus*），マツネズミ属の絶滅種

(*Pitymys arvaloides*), モリアカネズミ (*Apodemus sylvaticus*), 長鼻目のアンティクウスゾウ (*Palaeoloxodon antiquus*), 奇蹄目のスマトラサイ属 (*Dicerorhinus*), 偶蹄目のイノシシ (*Sus scrofa*) やカバ属の種 (*Hippopotamus* spp.) やダマジカ (*Dama dama*), ノロジカ (*Capreolus capreolus*), オーロックス (*Bos primigenius*；図6.3-31) が特徴的に現れたとされる．これらの種類から絶滅種を除くと，ほかは現在もヨーロッパ中央部に生息するもの（ヨーロッパヤチネズミ，モリアカネズミ，イノシシ，ダマジカ，ノロジカ）と，現在ははるか南方のエチオピア区や東洋区に生息するもの（マカク属，スマトラサイ属，カバ属）である．現在は温暖期なので，このような時期に現在と同様のものがいたことは容易に理解でき，温暖期であればより南方に分布する種類がヨーロッパまで分布を広げていたことも理解しやすい．

第四紀の哺乳類の化石記録から考えて，環境変化に対して哺乳類は次の2つの方法で対処したと考えられる（Birks & Birks, 1980）．第1の方法は，もともと棲んでいた地域の環境が変わると，もともとの環境と同じ環境の地域へ移動するという方法である．上の例でいうと，ヨーロッパの中央部で寒冷期に生息していたクビワレミングやホッキョクギツネなどが，現在はより北方の寒冷な地域に分布していることが挙げられる．哺乳類以外では，両生類・爬虫類や昆虫・貝などはこのような方法をとったと思われる（コラム6.3-1と6.3-2参照）．このような場合，移動しきれなかった集団は，その地域で絶滅したこともあったのであろう．

第2の方法は，環境が変化してもその場に留まって，自らを新しい環境に適応させるという方法である．進化速度が速く，恒温性で環境への適応力が大きい哺乳類の中には，このような方法をとったと思われるものがある．このような適応は1回の温暖期から寒冷期への変化，あるいは1回の寒冷期から温暖期への変化の中で起こるとは限らず，数回の温暖期・寒冷期の繰り返しの中で次第に適応していくものもあるようである．たとえば，先に述べたように，もともとは温帯の森林に棲んでいたレミング属の種が，第四紀の環境変化の中で極北のツンドラの環境に適応するようになっていったことや，マンモス属 (*Mammuthus*) の種がもともとは温帯の森林に生息していたのに，しだいに寒冷地の草原に適応するようになっていったことなどはその例である（6.3.4項参照）．

6.3.4　動物群の変遷と進化・絶滅

第四紀は，地球史全体からみると非常に短い時代であるが，進化の速い哺乳類はその中でも時代とともに大きく変化した．後期鮮新世から前期更新世にかけては，第三紀に栄えた古型の属がまだかなり生き残っていたが，第四紀に栄える新型の属も数多く出現した．これら新型の属には現在も生き残っている現生属と，現在ではもはやみられなくなってしまった絶滅属がある．種レベルでみると，この時期の哺乳類はほとんどが絶滅種である（コラム6.3-1の表参照）．中期更新世になると第三紀型の属はみられなくなり，動物群は第四紀型の属で構成されることになる．種レベルでは絶滅種がまだかなり多いが，現生種も急激に増加してくる．それら現生種には形態差により亜種レベルで現生のものと区別できるものもある．後期更新世には絶滅種が減少し，現生種が動物群のかなりの部分を占めるようになる（コラム6.3-1の表参照）．これら現生種は，現生のものと形態的に区別がつかないものが多い．後期更新世末から完新世にかけての時期には，多くの絶滅種が消滅して種数が全体に減少し，その結果，完新世の動物群はほとんどが現生種で構成され，現在のものとほぼ同じになった（続巻の通史編参照）．

このような変化のあらましは，どの大陸でもほぼ同じであるが，全北区の温帯・寒帯地域では第四紀の著しい気候・植生の変化の影響を受けて，寒冷型・草原型の種類と温暖型・森林型の種類が交互に出現して動物群の変化の様相を複雑にしている．また，氷期におけるユーラシア・北アメリカ間のベーリング陸橋の形成による動物群の移動も，各地域の動物群の変化に影響を与えている．一方，南アメリカのような島大陸ではパナマ地峡の形成による動物群の大量移入の影響も大きく，新熱帯区の独自の動物相はこのような過程を経て形成されたと考えられる．それらに比べて，東洋区やエチオピア区，それにずっと島大陸であったオーストラリア区ではそのような影響は少ないか，あるいはほとんどなかったと考えられる（6.3.1項参照）．

このような動物群の移り変わりは，その地域でそ

●昆虫化石による環境復元　　　　　　　　　　　　　　　　　　　　　　　コラム6.3-2●

哺乳類以外の動物の化石による古環境復元のもう1つの例として，昆虫化石の場合をみてみよう．第四紀層から産出する昆虫化石のうち，もっともよく研究されているのは甲虫類である．その主な理由は，甲虫類が頑丈なキチン質の殻をもち堆積物中でよく保存されていることや，分類学的によく研究されていて同定が比較的容易であることである (Birks & Birks, 1977)．甲虫類は，第四紀初頭からその形態がほとんど変化しておらず，第四紀層から産出するものはほとんどが現生種で，それぞれの種の生態も第四紀を通じてほとんど変化していないと考えられている．また，甲虫類は移動力が大きい上に繁殖力が大きく，わずかな環境変化（とくに気候の変化）に鋭敏に反応して短期間のうちに移動し，新しい分布域で繁殖して急速に定着する．このようなことから，甲虫類は第四紀の化石群集の中で，非常によい環境指示者になると考えられている．

甲虫類にも哺乳類と同様，広域に分布し，種々の環境の地域でみられるものもあるが，特定の環境の地域にしか生息しない種も多い（図A）．甲虫類の場合もそのような種が環境指示者として使われる．ある化石群集の中で，環境指示者となる種のすべてについて，それらの現在の分布域を調べて，現在そのような種の組み合わせがみられる地域を探すと，当時の環境はその地域と同様の環境であったと推定できる．たとえば，イギリスの最終氷期前半の堆積物に含まれる甲虫化石から，当時の気候は現在のフィンランド南部やロシアのカレリア地方のものと同様であったと推定されている (Coope, 1959)．このような方法で，いろいろな時期の堆積物の化石群集から当時の気候を推定して，最終間氷期以降の気温変化のカーブを得るという研究がイギリスで行われている (Coope, 1977b；図B)．

昆虫化石から第四紀の古環境を推定するという研究は，もともとヨーロッパで盛んに行われてきたが (Coope, 1959；1977a, b；Coope *et al.*, 1971など)，その後北アメリカでも盛んに行われるようになった (Morgan *et al.*, 1983参照)．最近はわが国でも行われるようになり，昆虫化石のデータをもとに，主に最終氷期とそれ以降の古環境が推定されている（野尻湖昆虫グループ，1987；森，1994など）．なお，環境復元の方法をはじめ，昆虫化石全般の研究方法については，野尻湖昆虫グループ (1988) にわかりやすくまとめられている．

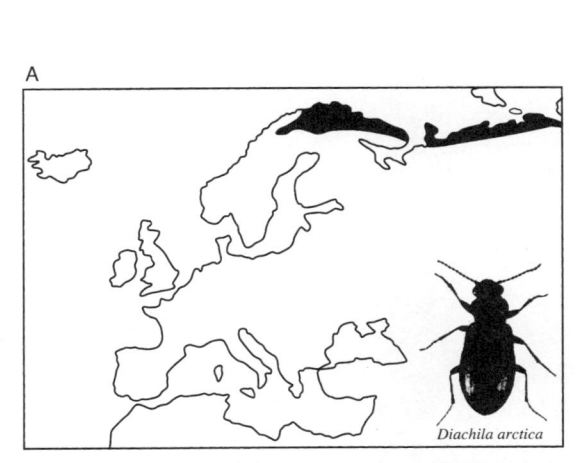

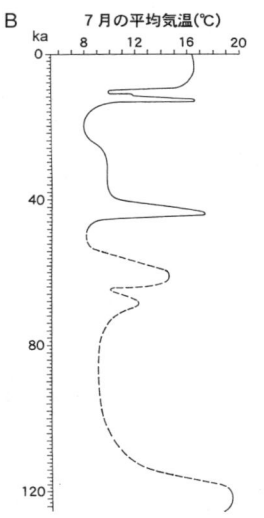

図A：非常に寒冷な地域に生息する *Diachila arctica* の現在の分布 (Sutcliffe, 1985の図を改変)．黒くぬった部分が分布域．
　　B：甲虫類の化石をもとに推定されたイギリスでの最終間氷期以降の気温変化 (Coope, 1977bの図を簡略化)．

れまでみられなかった種が新たに出現する一方で，その地域にそれまで生息していた種が消滅するという現象が積み重なって起こる．新たな種の出現は，古型の種から進化によって出現する場合と，他地域から移動してきて，その地域に出現する場合がある．既存の種が消滅する現象も，その種が完全に絶滅してしまう場合とその地域では絶滅したが他地域ではまだ生き残っている場合や，その種が他地域へ移動してしまい，その地域ではみられなくなってしまう場合が考えられる．

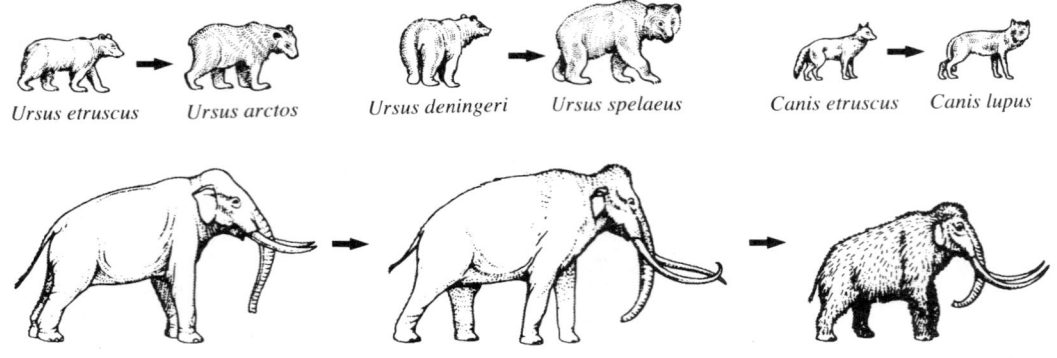

図6.3-13 第四紀の哺乳類の中で，祖先種から子孫種への進化がよくわかっている例（Thenius, 1962およびLister & Bahn, 1994の図による）

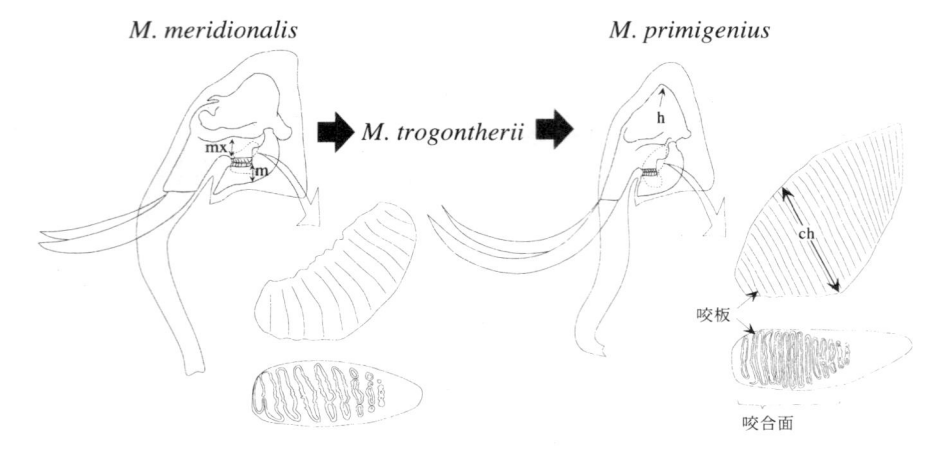

図6.3-14 メリディオナーリスゾウ（*Mammuthus meridionalis*）からマンモスゾウ（*Mammuthus primigenius*）に至るまでの進化
頭骨と歯の変化を示す．ch：歯冠高，h：頭骨の上方への伸長，m：下顎骨の高さ，mx：上顎骨の高さ．

　第四紀は哺乳類化石の記録がほかの時代に比べてはるかに豊富で，化石産出層の年代も詳しくわかっており，当時の古環境に関するデータも豊富なので，動物群を構成するそれぞれの種の出現や消滅が，上に挙げたどの場合にあたるのかが，よくわかっていることも多い．またそれぞれの種がどのように進化し，どのように絶滅していったのかという過程が詳しくわかることも多く，それらと環境変化や人類の活動との対応関係が明確にできることも少なくない．そのようなことから，第四紀の哺乳類化石は，哺乳類の進化や絶滅のメカニズムを解明する上で，きわめて重要なデータを提供してくれる．

（1）哺乳類の進化

　第四紀の哺乳類の中で，祖先種と子孫種の関係が明確で，その移り変わりが化石で追跡できる例は少なくない．そのような移り変わりが明瞭に記録されている例としてKurtén（1968）は，クマ属の絶滅種*Ursus deningeri*から同属の絶滅種*Ursus spelaeus*（ホラアナグマ）への進化や，マンモス属の絶滅種*Mammuthus meridionalis*（メリディオナーリスゾウ）から同属の絶滅種*Mammuthus trogontherii*（トロゴンテリゾウ）への進化，さらに同属の絶滅種*Mammuthus primigenius*（マンモスゾウ）への進化など，多くの例を挙げている（図6.3-13）．またKurtén（1968）は，祖先種と子孫種の関係は明確であるが，その間の移り変わりの様子がまだ十分に解明されていないものの例として，イヌ属の絶滅種*Canis etruscus*から同属の現生種であるオオカミへ

●哺乳類の大きさの変化と古環境の推定　　　　　　　　　　　　　　　　　　　　　　　　　コラム6.3-3●

　第四紀の哺乳類に顕著な大きさの変化が認められることは，諸外国ではよく知られた現象である．たとえばKurtén（1965）は，パレスチナの洞窟から産出する後期更新世〜完新世の食肉目の化石を研究し，その大きさが時間とともに大きく変化したこと，その変化のパターンは種によって異なることなどを明らかにした（下図A）．また，Kurtén（1960）は更新世のハムスター類に寒冷期から温暖期あるいは温暖期から寒冷期にかけての環境変化に対応した周期的な大きさの変化を認めている．諸外国ではこのような大きさ変化についての研究が，さまざまな哺乳類のグループを対象にこれまで数多く行われ，変化の要因についても種々論議されてきた（Jarman, 1969；Davis, 1981；Purdue, 1989など）．しかし，わが国ではこのような現象があまり知られていなかったために，その研究もこれまでほとんど行われてこなかった．最近になって，藤田・河村（1997a, b）は，広島県帝釈峡遺跡群産の化石をもとに，後期更新世〜完新世の哺乳類の大きさ変化を研究している．それによれば，わが国では同じ時期のヨーロッパやパレスチナとはかなり異なった変化のパターンがみられることが明らかになってきた（下図）．

　河村（1981）がまとめているように，第四紀の哺乳類の大きさ変化には，①$10^6$〜10^7単位の比較的長い時間で起こった大型化，②$10^5$〜10^6年単位のやや短い時間に起こった周期的な大きさの増減，③最近の数万年間（10^3〜10^4年単位の短い時間）に起こった急激な小型化がある．このうち①は，それぞれの種の進化によるもので，祖先の小型種が第四紀の間に次第に子孫の大型種に移り変わっていく現象で，クマ類やパンダ類にその例が見られる（Kurtén, 1955；1976；Pei, 1963）．一方，②と③は種の変化を伴わず，環境変化や人類の活動の影響によって起こったと考えられるものである（6.3.6項参照）．

　哺乳類の体の大きさには，環境との対応関係がはっきりみられる場合があり，それを利用して古環境を推定しようとする試みが行われている．現生の哺乳類では，北方の寒冷な地域に分布する個体ほど体が大きいという**ベルグマンの法則**（Bergmann's rule）が知られている．この法則は，体が大きいほど単位体積あたりの体表面積が小さくなるので，熱の発散が少なく，寒冷地では体が大きいものほど有利ということで説明されている（ただし，種によってはこの法則があてはまらないものがあったり，逆の傾向を示すものがある）．Klein（1986）は，アフリカ南部に分布する現生のセグロジャッカル（*Canis mesomelas*）の下顎第1大臼歯の大きさ（その値は体の大きさに比例する）と緯度の関係を調査し，相互の間に相関関係があることから，それらの関係を示す回帰直線を求めた．緯度と平均気温は比例するので，この回帰直線は体の大きさと気温の関係とみることができる．Klein（1986）はまた，南アフリカ各地の第四紀哺乳類化石産地から得られたセグロジャッカルの下顎第1大臼歯の歯冠長を測定し，その値から各産地の化石群集が形成された当時の気温を推定している．たとえば，後期更新世の化石産地であるSwartklip 1から産出したセグロジャッカルの化石の計測値は，ほぼ同緯度の地域から得られた現生標本の計測値よりかなり大きく，化石の計測値と上記の回帰直線から当時は現在よりも平均気温が約5℃低かったと推定している．

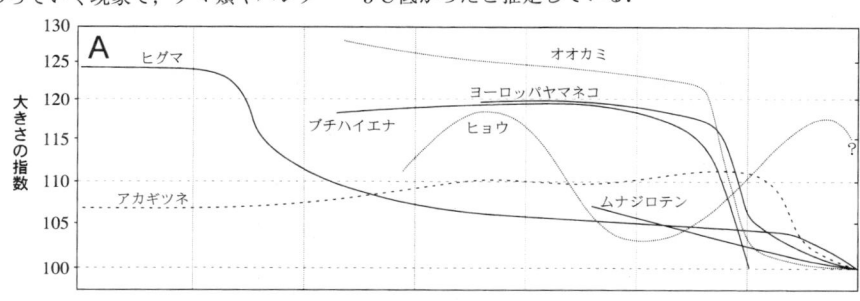

図　後期更新世〜完新世の哺乳類の大きさ変化
A：パレスチナの洞窟における食肉目の大きさ変化（Kurtén, 1965の図を一部改変）．
B：広島県帝釈峡遺跡群における中・大型哺乳類の大きさ変化（藤田・河村, 1997b）．
C：Bと同じ遺跡群での小型哺乳類の大きさ変化（藤田・河村, 1997a）．
大きさの指数は現在の大きさを100として百分率で表されている．

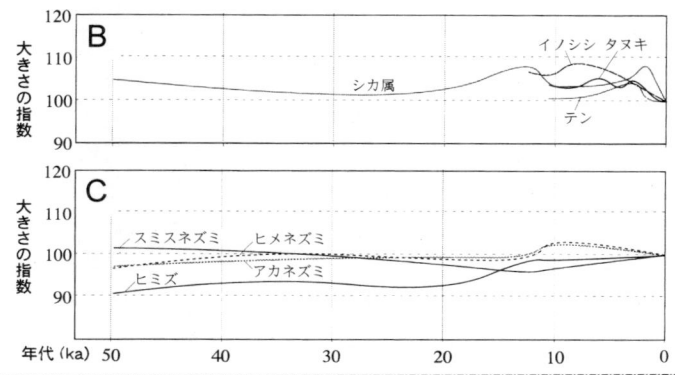

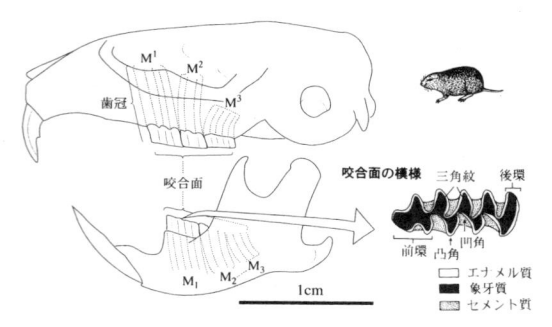

図6.3-15 ハタネズミ類の外部形態と頭骨および大臼歯

この図では大臼歯に歯根はみられないが，原始的な種類では歯冠の基部に歯根が形成される．M^1：上顎第1大臼歯，M^2：上顎第2大臼歯，M^3：上顎第3大臼歯，M_1：下顎第1大臼歯，M_2：下顎第2大臼歯，M_3：下顎第3大臼歯．

の進化や，クマ属の絶滅種 Ursus etruscus から同属の現生種 U. arctos（ヒグマ）への進化など，さらに多くの例を挙げている（図6.3-13）．これらの例のうち，メリディオナーリスゾウからトロゴンテリゾウを経てマンモスゾウに至るまでのマンモス属の進化は，第四紀の哺乳類の中でももっともよくわかっているものの1つである（コラム6.3-4参照）．

メリディオナーリスゾウは後期鮮新世～前期更新世の堆積物から知られているゾウで，図6.3-14のように比較的丈が低く前後に長い頭骨と，歯冠が低く咬板数が少ない頰歯をもっていた[3]．このようなゾウは，共産する植物化石から暖温帯の森林やサバンナに生息していたと考えられ，また頰歯の形態からは柔らかい木の葉を食べていたと考えられている．メリディオナーリスゾウの頭骨や頰歯の特徴は，より新しい時代の地層から産出するものほど，中期更新世のトロゴンテリゾウのものに近づいていく．

トロゴンテリゾウは，やや丈が高く前後方向にやや短縮した頭骨をもち，その頰歯は歯冠がやや高く，咬板数もメリディオナーリスゾウよりかなり多い．その化石と共産する植物化石は，このゾウの生息環境が主に冷涼で乾燥した草原であったことを示している．中期更新世も後半の堆積物から産出するトロゴンテリゾウの化石の特徴は，次のマンモスゾウの特徴に近づいていく．マンモスゾウは中期更新

---

[3] 小臼歯と大臼歯を合わせて頰歯と呼び，マンモス属のような新型のゾウでは上・下顎骨の片側に，そのうちの1本か2本が生えている．

世後期～後期更新世の堆積物から知られ，頭骨は丈が高く，前後方向に強く短縮しており，頰歯は歯冠が高く，咬板が非常に多くなっている（図6.3-14）．このゾウの化石と共産する植物化石は，このゾウが**マンモス・ステップ**（mammoth steppe）あるいはステップ・ツンドラ（steppe tundra）といわれる非常に寒冷で乾燥した草原（6.4.1項参照）に生息していたことを示している．頰歯の形態や永久凍土中から発見される腐敗を免れた遺体の胃の内容物から，このゾウはそのような草原の硬い草を常食としていたと考えられている．

このように，メリディオナーリスゾウからマンモスゾウへの進化は，頰歯の高歯冠化と咬板数の増加によく現れているが，そのことはこれらのゾウが暖温帯の森林から冷涼な草原へと進出し，さらに非常に寒冷な草原へと生活の場を移したことに対応して，食性を柔らかい木の葉から非常に硬い草を大量に食べるように変えていったことによって起こったと説明されている．すなわち，歯冠が高くなれば硬い草を大量に食べても，頰歯が急激にすり減ってなくなってしまうことを妨げるし，咬板が増えれば硬い草を効率よくすりつぶせるようになるのである．さらに，頰歯の丈が高くなれば，それを収容している上・下顎骨の丈が高くなり，頭骨全体も高くなって，その分頭骨は前後方向に短縮したと考えられる．前後に短縮した丈の高い頭骨は，重心の移動や頭骨を支える頸部の筋肉や靱帯の付着面の拡大によって，マンモスゾウのもっていた長く重い牙を支えることにも役立っていたのであろう（図6.3-14）．

マンモス属のような大型哺乳類に対して，ネズミ類のような小型哺乳類は一世代が短く繁殖率が高いので，一般に進化速度が速いと考えられ，しかも個体数がきわめて多いので化石として多産し，化石記録がよく残っていることから，第四紀に著しく進化した哺乳類の好例として挙げられることが多い．マンモス属のように第四紀の寒冷化や草原化といった気候・植生の変化に伴って新しい生活領域を開拓した小型哺乳類のグループでは，とくに著しい進化が起こっている．そのようなものに，**ハタネズミ類**すなわちハタネズミ科（Arvicolidae）に属するネズミがある．

ハタネズミ類は，耳が小さく尾の短い中・小型のネズミで（図6.3-15），非常に多くの属や種を含ん

6.3 動物群

でいる．ハタネズミ類のもっとも顕著な特徴は，稜柱状で歯冠の高い大臼歯をもつことで（ハタネズミ類には小臼歯はない），その咬合面には三角形の部分（三角紋）が交互に配列した独特の模様がみられる．また，咬合面の前端と後端には三つ葉形や楕円形または扇形をした部分があり，それぞれが前環・後環と呼ばれている（図6.3-15）．ハタネズミ類は基本的には，すべてが植物食で，このような大臼歯はマンモス属の頬歯と同様，草食による歯の急激な摩耗を防ぎ，硬い草を効率よくすりつぶすのに適している．ハタネズミ類は進化の過程で草食生活に一層適応するようになり，大臼歯の特徴をさらに洗練されたものに変えていった．その変化は河村（1990）によれば，①歯冠が高くなり，ついには歯根が失われて歯冠が永久成長するようになる，②凹角にセメント質が発達する，③三角紋の数が増加する，④上顎第3大臼歯の後環と下顎第1大臼歯の前環が大きくなる，などにまとめられる（大臼歯の各部分の名称は図6.3-15参照）．このような変化の様相は種類によってさまざまで，そのためにハタネズミ類の大臼歯は種によってその形態が大きく異なり，しかもそれは時代によって著しく変化するので，化石で多量に発見される大臼歯の詳しい研究によって，それぞれの種の類縁関係や進化が明らかにされてきた（Chaline, 1974；Heinrich, 1982など）．

最古のハタネズミ類は，北アメリカの下部鮮新統やユーラシアの中・下部鮮新統から知られている *Promimomys* 属である．この属の大臼歯は歯冠が低く，大きな歯根がみられること，凹角にセメント質がなく，咬合面の模様は三角紋が少なく単純であることなど，非常に原始的な特徴をもっていた（図6.3-16）．この属を祖先として，鮮新世にハタネズミ類の最初の放散が起こり，ユーラシアと北アメリカ

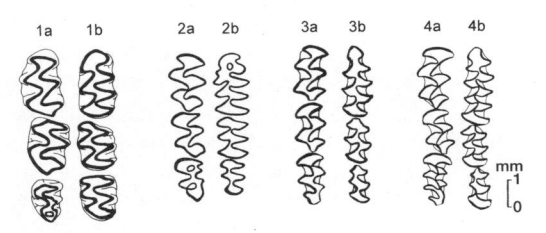

図6.3-16 ハタネズミ類の代表的な種類の臼歯の咬合面の模様

1a, 1b：*Promimomys minus*（Repenning, 1968の図を一部修正），2a, 2b：*Mimomys gracilis*（Kowalski, 1960），3a, 3b：*Allophaiomys pliocaenicus*（Kormos, 1933の図を一部修正），4a, 4b：*Microtus montebelli*. a：上顎大臼歯，b：下顎大臼歯．

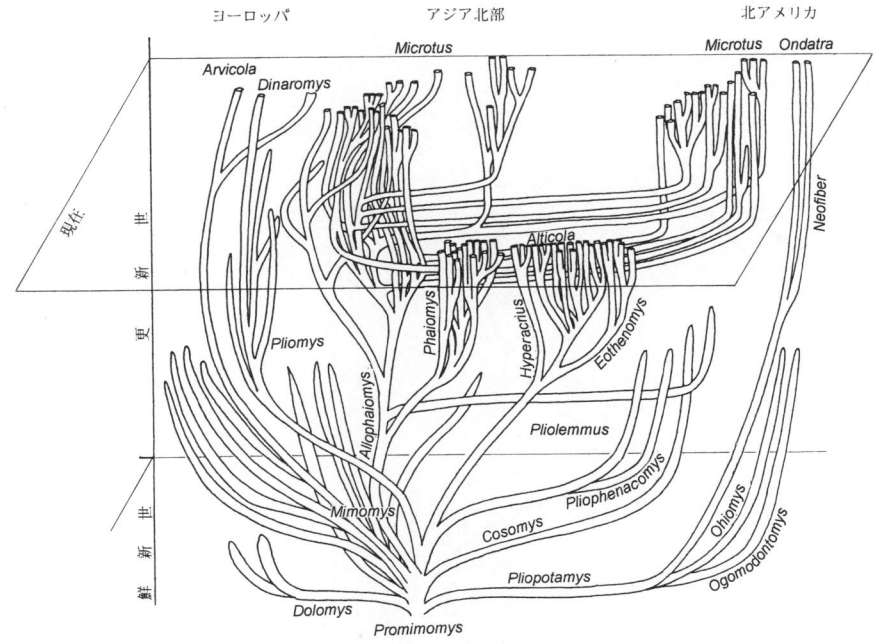

図6.3-17 ハタネズミ類の系統（Chaline & Mein, 1979の図を一部修正）図中の学名は属名を，それぞれの枝は種を示す．

●マンモス

コラム6.3-4●

シベリアの永久凍土の中から冷凍の状態で発見されることで有名なマンモスゾウ(プリミゲニウスゾウ,ケナガマンモスなどとも呼ばれる)は,*Mammuthus primigenius*という単一の種で,その祖先やいとこにあたる種を併せたグループ全体をマンモス属(*Mammuthus*)と呼んでいる.マンモスゾウはその冷凍の遺体から,全身が深い毛で覆われ,小さな耳と毛で覆われた短い尾をもっていたことが知られており(図6.3-13),そのことからこのゾウが高度に寒冷地に適応していたことがわかる.また,このゾウの長い鼻は,その先が寒冷地に生える丈の低い草を摘みとるのに適した形になっていたことも知られている.マンモスというとその語感から,巨大な動物を思い浮かべる人が多いかも知れないが,マンモスゾウは決して巨大なゾウではなかった.Haynes(1991)のデータによれば,現生のアフリカゾウの肩高はオスで3.1〜3.5mで,現生のアフリカゾウとほぼ同じ大きさであった.むしろマンモスゾウの直接の祖先であるトロゴンテリゾウは肩高が4.5mもあり,これがマンモス属の最大の種であった(図6.3-13).

マンモス属は,中新世末〜前期鮮新世のアフリカで,上・下顎に牙のある*Primelephas*という古型のゾウを祖先として発生し,同時にアフリカゾウ属(*Loxodonta*)やアジアゾウ属(*Elephas*)も,*Primelephas*から分化したとされる(Maglio, 1973).マンモス属は後期鮮新世にアフリカを出てヨーロッパに渡ったが,このときにヨーロッパに出現したのは,この属のメリディオナーリスゾウであった.このゾウはユーラシア北部に広がり,さらに前期更新世には当時存在していたベーリング陸橋を渡って北アメリカ南部の温帯地域へ分布を広げた(図A).北アメリカでこのゾウは,その直接の子孫にあたる中期更新世のインペリアルマンモス(*Mammuthus imperator*;比較的原始的な種で,研究者によってはコロンビアマンモス*Mammuthus columbi*とも呼ぶ)へ進化し,さらに後期更新世のコロンビアマンモス(より進歩した種で,研究者によってはジェファーソンマンモス*Mammuthus jeffersoni*やインペリアルマンモスとも呼ぶ)に進化したが(図B),コロンビアマンモスも10,000 yBP頃に絶滅した(Kurtén & Anderson, 1980;Graham, 1986;Lister & Bahn, 1994など).

ユーラシアにとどまったメリディオナーリスゾウは,中期更新世の動物群に特徴的なトロゴンテリゾウに進化した(本文参照).トロゴンテリゾウの種名は,日本ではAguirre(1969)やMaglio(1973)の意見に従って,アルメニアゾウ(*Mammuthus armeniacus*)とされることも多いが,Adam(1988)やLister(1994)が述べているように,トロゴンテリゾウと呼んだ方がよさそうである.日本で産出するシガゾウ(プロキシムスゾウ,ムカシマンモスなどとも呼ばれる)は,トロゴンテリゾウのうち古典のものに近いと考えられている.(樽野・魏,2003)

中期更新世の後期には,トロゴンテリゾウは当時ユーラシア北部の広大な地域に広がっていたマンモス・ステップに進出し,マンモスゾウに進化して後期更新世末まで栄える.マンモスゾウはさらに,このころにも存在していたベーリング陸橋を渡って北アメリカ北部の広大なマンモス・ステップへと分布を広げた.マンモスゾウもコロンビアマンモスと同様,10,000 yBP頃にほとんどの地域で絶滅したが,北極海の島では完新世まで生き残っていたらしい(Vartanyan *et al.*, 1993).

マンモスはたいへん有名な動物で,これについては種々の観点から多くの文献に紹介されているが,これについてさらに詳しく知りたい場合は,Osborn(1942)や亀井(1967),Kurtén(1968),Maglio(1973),ヴェレシチャーギン(1979),Kurtén & Anderson(1980),Sutcliffe(1985),河村(1989),Haynes(1991),Lister(1994),Lister & Bahn(1994)などが参考になる.

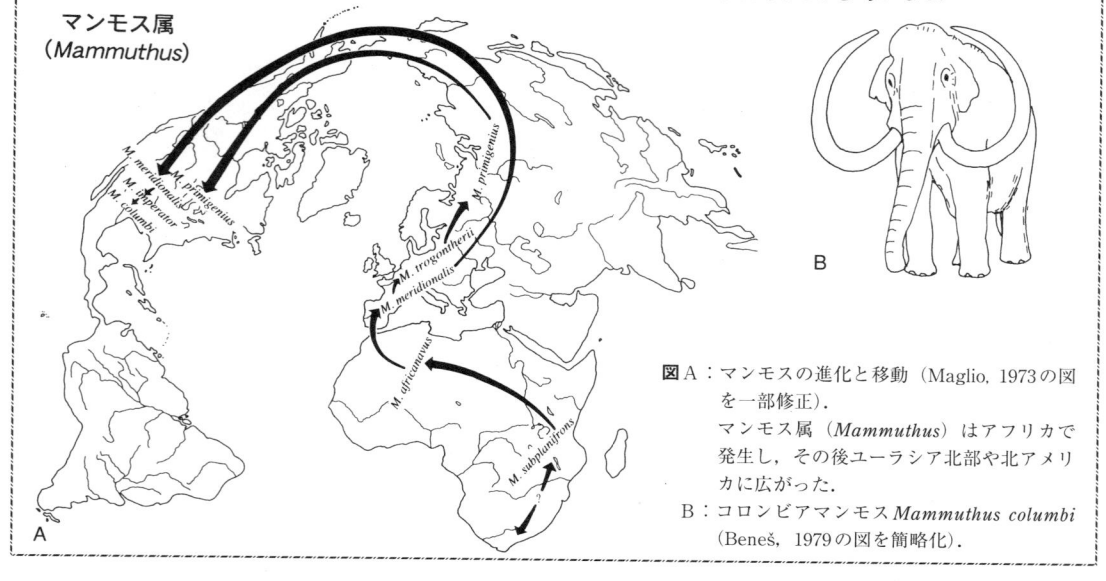

図A:マンモスの進化と移動(Maglio, 1973の図を一部修正).
マンモス属(*Mammuthus*)はアフリカで発生し,その後ユーラシア北部や北アメリカに広がった.

B:コロンビアマンモス*Mammuthus columbi*(Beneš, 1979の図を簡略化).

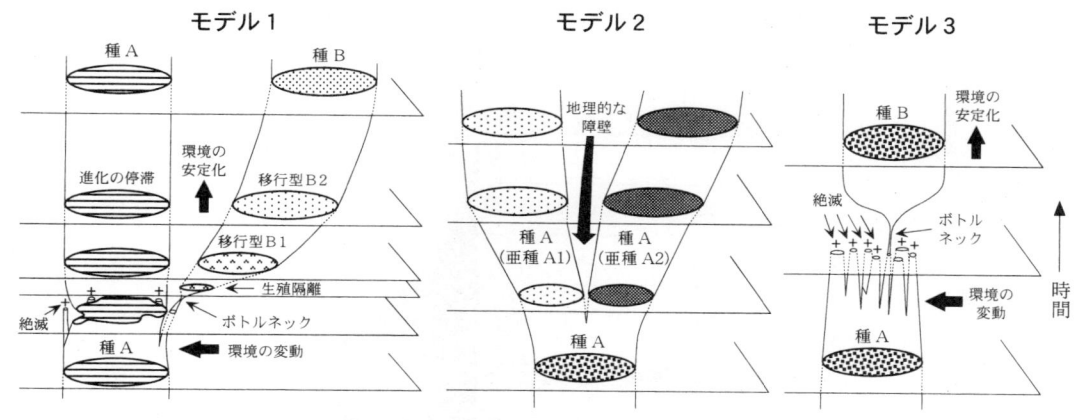

図6.3-18 種分化のモデル（Chaline, 1987）

モデル1：分布域の縁辺部の集団で起こる種分化のモデル．環境の変動により種Aの縁辺部の集団が絶滅寸前の状態になり，その状態（ボトルネック）を乗り越えて，種Bに分化する．

モデル2：地理的隔離による種分化のモデル．種Aの分布域に環境変化によって地理的な障壁ができ，2つの集団（亜種A1, A2）が隔離され，しだいに2つの種に分化していく．

モデル3：環境の変動により種Aの分布域が小さく分断され，その大部分の分布域では絶滅が起こるが，一部はボトルネックの状態を乗り切って環境が安定すると種Bになる．

に *Dolomys*，*Mimomys*，*Pliomys*，*Cosomys*，*Pliopotamys*，*Ogmodontomys* など多くの属が現れた（図6.3-17）．このような放散は，この時期のユーラシアや北アメリカでの草原の拡大によって起こったと考えられている．放散の結果，出現した属は多くが絶滅属で，それらの大臼歯は *Promimomys* 属のものよりは進歩した特徴をもっていたが，現生属と比べるとかなり原始的であった．これらの属のうち，**ミモミス属**（*Mimomys*）は多くの種を含む大きなグループであり，いくつかの現生属の祖先となった重要な属である（図6.3-16）．また，この属は進化が速く化石が多産するので，ヨーロッパなどでは，鮮新統や下部更新統の生層序の研究に利用されている．

前期更新世から中期更新世前半にかけて，ハタネズミ類は2回目の放散を起こした（図6.3-17）．この放散もこの時期の気候の寒冷化と草原の拡大によって引き起こされたと考えられているが，前述のマンモス属の進化でメリディオナーリスゾウからトロゴンテリゾウへの移行がこれとほぼ同時期に起こっているのは興味深い．この放散の結果，進歩した大臼歯をもった多くの現生属や現生種が出現した．中でも，**ハタネズミ属**（*Microtus*）は際だった存在で，この放散できわめて多くの種に分化して，旧北区と新北区の広大な草原地域に広がった．ハタネズミ属の直接の祖先は前期更新世に特徴的な *Allophaiomys* 属で（図6.3-16），この属はさらに鮮新世の *Mimomys* 属の種に由来する（図6.3-17）．*Mimomys* 属から *Allophaiomys* 属への移行の際には，大臼歯の歯冠が高くなり歯根が失われるなどの形態変化が起こり，さらに *Allophaiomys* 属からハタネズミ属への移行の際には，上顎第3大臼歯の後環と下顎第1大臼歯の前環の拡大や，それらの歯の三角紋の増加などの形態変化が起こった（図6.3-16）．その結果，ハタネズミ属は非常に進歩した大臼歯を獲得することになった．

ハタネズミ類はこのように，第三紀末から第四紀にかけて急激に進化し，大発展したグループである．そのために，現生種が多く化石の記録も豊富で，現生種のデータを化石の記録と結びつけることも可能であり，化石種や現生種の大臼歯の形態の研究から導き出された系統関係に，現生種の染色体のデータや生化学的なデータを加えて検討しようとする試みや，化石・現生の豊富なデータをもとに進化のメカニズムを探ろうとする試みが行われてきた（Chaline, 1987；Chaline & Graf, 1988など）．たとえばChaline（1987）は，ハタネズミ類の研究をもとに，環境変化と関係づけたいくつかの種分化のモデルを提案している（図6.3-18）．これらのモデルのうち図6.3-18のモデル1は，ある種の分布域の縁辺部の

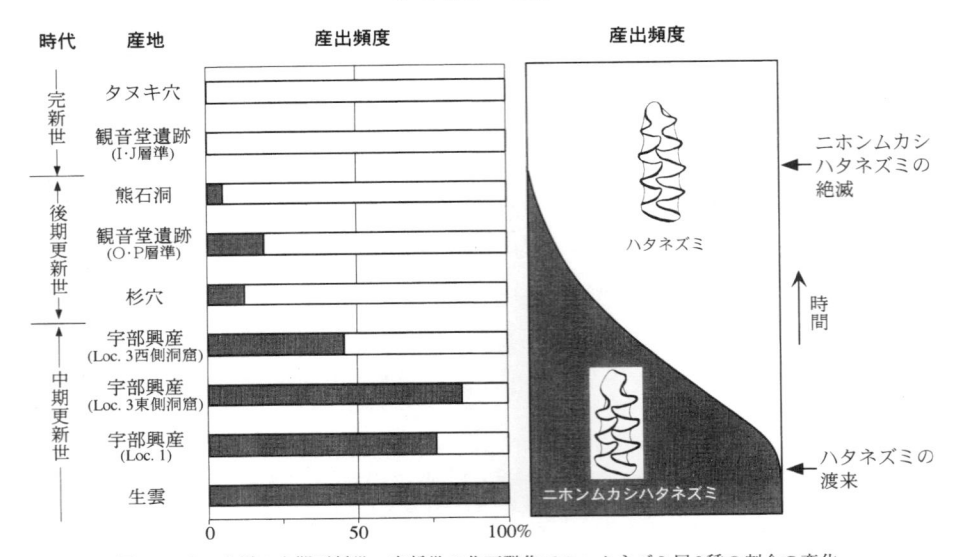

図6.3-19 本州の中期更新世〜完新世の化石群集でのハタネズミ属2種の割合の変化

絶滅種のニホンムカシハタネズミ（*Microtus epiratticepoides*）と現生種のハタネズミ（*Microtus montebelli*）の占める割合の変化（左図）とその変化の様子を模式的に表した図（右図）．右図の中の歯の咬合面の模様は左下顎第1大臼歯のもの．

表6.3-3 北アメリカで後期鮮新世〜後期更新世の各時期に絶滅した哺乳類の種の数（Kurtén & Anderson, 1980 の表を簡略化）

時代		絶滅した種の数
後期更新世〜中期更新世 ランチョラブレア期	後期	77
	中期	21
	前期	7
中期更新世〜前期更新世 アービントン期	後期	33
	中期	14
	前期	39
後期鮮新世 ブランコ期	後期	49
	中期	27
	前期	49
	最初期	12

集団が環境変化によって絶滅寸前の状態になり，その状態（ボトルネック，bottleneck）を乗り越えたものが，もとの種とは別の新しい種となるというモデルである．モデル2は環境変化によってその種の分布域に地理的な障壁ができ，集団が隔離されて次第に2つの種に分化していくというモデルである．モデル3は環境の悪化によって，その種の分布域が小さく分断され，その小さな分布域の大部分では絶滅が起こるが，一部のものはボトルネックの状態を乗り切って，新しい種に進化するというモデルである．

(2) 哺乳類の絶滅

絶滅は，1つの生物のグループが子孫を残さずに消え去る現象で，1つの系統の終焉を意味する．絶滅はいつの時代にも，どの生物のグループにも起こる現象で，第四紀にも多くの種類の哺乳類が絶滅した．1つの種類が絶滅に至るまでの過程をみると，やや長い時間をかけて次第に衰退し，ついには絶滅してしまう場合と，それまで栄えていたものが短期間のうちに急激に絶滅してしまう場合がある．中期更新世の本州で栄えていた土着のニホンムカシハタネズミ（*Microtus epiratticepoides*）が，後から入ってきた現生種のハタネズミ（*Microtus montebelli*）にしだいに置き換えられて衰退し，ついには16 ka頃絶滅するまでの過程は，前者の場合にあたり（図6.3-19；Kawamura, 1988参照），後期更新世末の11〜10 kaの北アメリカで多くの大型哺乳類の種に起こった絶滅は後者の場合にあたる．

また，絶滅はいつの時期にも同じように起こるわけではなく，目立って多くの種類が絶滅する時期とそうでない時期がある．Kurtén & Anderson (1980)は後期鮮新世〜第四紀の北アメリカの哺乳類を総括しているが，その中でこの時期の哺乳類の絶滅を種レベルで調査し，多くのデータを示している（たとえば表6.3-3）．表6.3-3のデータによれば，哺乳類の種の絶滅がとくに多い時期は，ブランコ期

6.3 動 物 群

表6.3-4 後期更新世に地球上の各地域で知られている陸棲大型哺乳類（体重44 kg以上）の属のうち，絶滅属と現生属の数，絶滅属の割合（絶滅率），および絶滅属の主な絶滅期（Roberts, 1989を一部修正）

	絶滅属	現生属*	合計	絶滅率	主な絶滅期 (ka)
オーストラリア	13	3	16	81	26〜15
南アメリカ	46	12	58	79	13〜 8
北アメリカ	33	12	45	73	14〜10
ヨーロッパ**	9	14	23	39	14〜 9
アフリカ	7	42	49	14	12〜 9

*　歴史時代に絶滅したものを含む．
**　地中海の島々を除く．

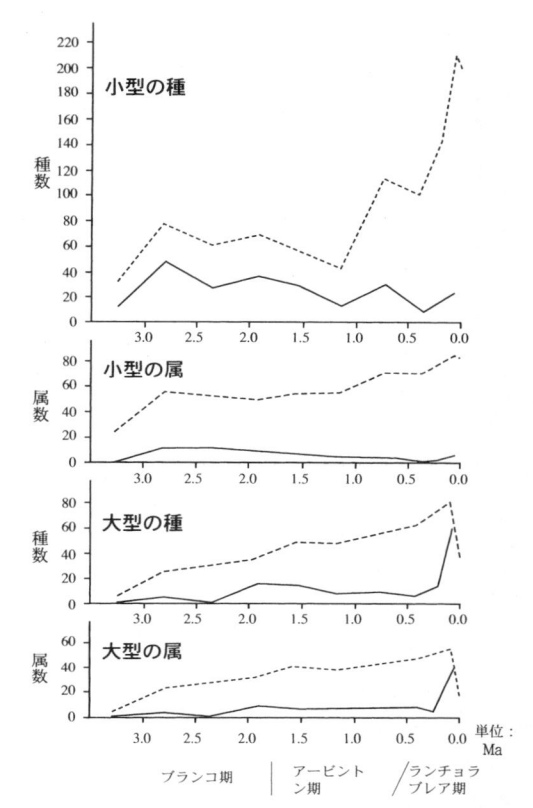

図6.3-20 北アメリカで，後期鮮新世〜現在の各時期に絶滅した種と属の数（実線），およびそれぞれの時期で知られている種や属の総数（破線）（Martin, 1986）
体重が44 kgを境に大型のものと小型のものに分けて表されている．

（後期鮮新世）の前期や後期とランチョラブレア期（中期更新世中期〜後期更新世）の後期である．とくに，ランチョラブレア期後期には77種もの哺乳類が絶滅している（北アメリカでの時代区分は6.3.5項と表6.3-5参照）．

Martin（1984a；1986）は，Kurtén & Anderson（1980）の示した多くのデータを用いて，この時期の北アメリカの哺乳類を体重44 kgを境に大型のものと小型のものに分けた上で，種と属のそれぞれのレベルで後期鮮新世以降の各時期に絶滅したものの数をグラフに表した（図6.3-20）．これらのグラフで各時期の絶滅が一定の頻度で起こるとすれば，各時期で知られている哺乳類の属や種の総数が増えると，絶滅したものの数も増えるはずである．図6.3-20で小型の種のグラフをみると，ブランコ期に絶滅したものの数がほかよりやや多いことがわかる

が，アービントン期からランチョラブレア期にかけては種の総数は増えているのに，絶滅したものの数はやや減少する傾向があり，同様の傾向は小型の属のグラフでもみられる．このことは，ブランコ期に小型の属や種が高い頻度で絶滅し，アービントン期からランチョラブレア期にかけてはそれらの絶滅率が下がったことを示している．しかし，そのような傾向は大型の属や種では明瞭でない．したがって，表6.3-3のデータが示すブランコ期の哺乳類の絶滅は小型のものを中心に起こったとみられる．

図6.3-20で小型のものと大型のものを比べると，小型のものでは絶滅した属や種の数は時代とともにやや減少しているのに対して，大型のものではそれまで比較的一定であった絶滅属や絶滅種の数がランチョラブレア期後期で急にはね上がっていることがわかる．上に述べたランチョラブレア期後期の絶滅は，大型の属や種が短い期間に大量に絶滅することによって起こったことを，このグラフはよく表している．

Kurtén & Anderson（1980）は，ブランコ期の絶滅の原因を，気候の乾燥化によって森林やサバンナが広大な草原に変わり，森林生活者や柔らかい葉を食べる種類が減り，硬い草を食べる種類に置き換わったと説明している（先に述べたハタネズミ類の1回目の放散は北アメリカではこのときに起こっている）．一方，ランチョラブレア期後期の絶滅の原因を説明する学説に，ブランコ期の場合と同様，気候などの環境変化によって起こったとする説（**環境変化説**；environmental change hypothesis）と人類の狩猟によって引き起こされたとする説（**過剰殺戮説**；overkill hypothesis）があることも紹介してい

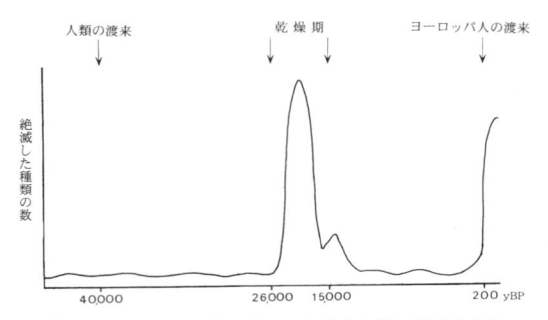

図6.3-21 オーストラリアにおける人類の渡来や気候変化と絶滅期の関係を示す模式図 (Horton, 1984)

図6.3-22 南北アメリカにおける人類の増加とマンモス属 (*Mammuthus*) の絶滅の関係を示す模式図 (Agenbroad, 1984)

る.

ランチョラブレア期後期すなわち後期更新世の絶滅は，北アメリカに限らず地球上の各地で起こっている．そのことはMartin & Wright (1967) やMartin & Klein (1984) に掲載されている多くの論文をみれば，よくわかる．この時期の絶滅にはほかの時期のものと異なった特徴があり，その特徴はMartin (1984b) に，次のようにまとめられている．

① 大型哺乳類が大量に絶滅した．
② 大陸では小型哺乳類の絶滅は少なかったが，島嶼では多くの小型哺乳類が絶滅した．
③ 大陸間で絶滅の様子が大きく異なり（表6.3-4），アフリカでは大型哺乳類の多くが生き残れた．
④ 絶滅が短期間のうちに突然起こっている．
⑤ 地域によって絶滅した時期が異なる（表6.3-4）．
⑥ ほかの時期では絶滅した種の占めていた生態的地位を，その種から進化した新しい種や他地域から移動してきた種が置き換えるというパターンが多かったが，この時期にはそのような「置き換え」がほとんどみられない．
⑦ 南北アメリカや大洋の島々ではそれらの地域への人類の渡来後に絶滅が起こっている．
⑧ ユーラシアやアフリカでは人類の遺跡から絶滅した大型哺乳類の骨がみつかることが多いが，南北アメリカではそのような遺跡は少ない．

後期更新世の絶滅の原因論では，このような特徴がうまく説明される必要がある．環境変化説では後期更新世末から完新世にかけての急激な気候・植生や古地理などの環境変化が，生息域の縮小や消滅，生態系の激変などを引き起こし，そのようなことや環境変化そのものによるストレスに対処できなくなった多くの哺乳類が絶滅に追い込まれたと説明するのが一般的である．この時期の急激な温暖化によって北アメリカやヨーロッパ北部などにあった巨大な氷床が消滅するとともに，ユーラシア北部や北アメリカ北部に広がっていたマンモス・ステップも消滅し，ほかの地域でも気候・植生が大きく変化したことが，このような説の主張される背景となっている．たとえば，Kowalski (1967) は，ヨーロッパでのこの時期の絶滅の主な原因をマンモス・ステップの消滅に求め，Sutcliffe (1985) もこの時期のシベリアのマンモスゾウの絶滅が，人類のほとんど分布しなかった地域でも起こっていることから，同様の原因を考えている．また，この時期とそれ以降に気候の季節変化が激化したことに原因を求める考えや，地域によってはこの時期の乾燥化に原因を求める考えもある（Martin & Neuner, 1978；Horton, 1984など；図6.3-21）．

環境変化説に対しては，後期更新世以前に何度もあったはずの寒冷期から温暖期への移行期に，なぜ同様の絶滅が起こっていないのかということが問題になる．それに対してMartin & Neuner (1978) やGraham (1986) などは，環境変化説を擁護する立場から，後期更新世末から完新世にかけての環境変化はほかの時期のものとは大きく異なっていたと述べている．また環境変化説に対しては，なぜ大型のものに絶滅が集中しているのか，なぜほかの地域より環境変化が少なかったはずの南アメリカで，北アメリカ以上の絶滅が起こったのか（表6.3-4），この時期の環境変化が互いに類似している北アメリカとヨーロッパでなぜ絶滅の様子が異なっているのか（表6.3-4），などの疑問が出てくる．

一方，過剰殺戮説では少なくとも南北アメリカのこの時期の絶滅が，かなりよく説明できる．この説

●電撃戦モデル　　　　　　　　　　　　　　　　　　　　　　　　　　　　　　　コラム6.3-5●

　本文で述べたように，ユーラシアやアフリカでは人類の遺跡から絶滅した大型哺乳類の骨がみつかることが多く，それらが狩猟対象となっていたことは明らかであるが，これらの地域では絶滅はさほど劇的なものではない（表6.3-4）．一方，絶滅した大型哺乳類が遺跡からみつかることがあまり多くない南北アメリカでは，どうして急激な絶滅が起こったのだろうか．この疑問に過剰殺戮説は，次のように答える．南北アメリカへの人類の出現と拡散があまりにも突然だったために，そこに棲んでいた多数の大型哺乳類は，自らを守る方法を学習する前に狩り尽くされて絶滅してしまった．このような狩猟と絶滅が地質学的にはきわめて短い時間に起こったので，絶滅した哺乳類が出土する遺跡がさほど多くないのである．

　過剰殺戮による短期間の大量絶滅が広大な南北アメリカで可能であることを説明するために考え出されたのが，電撃戦モデルである．このモデルは，ニュージーランドに持ち込まれた大型哺乳類が分布を広げる際にその分布域の縁辺部で個体の密度が高いという事実に基づいて，アメリカに現れた最初の人類が分布域を急激に拡大する際に，その分布域の前端に人口密度の高い前線（front）ができ（図A），そこで急激な過剰殺戮が行われ，その前線の後方では絶滅大型哺乳類はいなくなってしまって，人口密度も低くなると考える．つまり大陸全体で人口が増加することによって大型哺乳類が狩り尽くされてしまうのではなく，前線が南北アメリカを北から南へ短い期間に通過したことによって，大量絶滅が起こったと説明するのである（図B）．ユーラシアからベーリンジアを経て，アラスカに到達した人類は，最終氷期末の気温上昇に伴ってローレンタイド氷床とコルディレラ氷床の間にできた**無氷回廊**（ice-free corridor）を通って，11500 yBPにカナダのエドモントン付近に突如出現したと考える．このときの人口を約100人とし，彼らの眼前に広がる広大なアメリカに生息していた大型哺乳類の量をいろいろなデータから推定する．それらを獲り尽くして前進する前線の幅，前線での人口密度，前線通過後の人口密度，前線の南下速度，人口増加率を想定して，そこに種々の数値を入れて，コンピュータシミュレーションをすると，前線は10500 yBPには南アメリカの南端近くに到達することが可能であるという．つまりエドモントンを出発して，南北アメリカの大型哺乳類を狩り尽くした人類が南アメリカ南端に達するのに1000年しかかからなかったということになる．このようなことで，絶滅が短期間に急激に起こったことが説明されるのである．

　なお，このような電撃戦モデルや南北アメリカでの後期更新世の哺乳類の大量絶滅については，冨田（1990；1993）がわかりやすくまとめているので参考になる．

図A：電撃戦モデルにおける前線の概念を表す模式図（Mosimann & Martin, 1975）．
　エドモントンに到達した狩猟民が大型哺乳類を狩り尽くして前進する前線は，エドモントンから1954マイルでメキシコ湾に到達し，そのときには北アメリカの大型哺乳類のほとんどは絶滅する．Cl：これら狩猟民がもっていたクロヴィス型尖頭器の名前のもとになったクロヴィス遺跡の位置．
B：電撃戦モデルによる前線の急速な南下と各地域に前線が到達する年代（Martin, 1973）．
　無氷回廊を通ってエドモントンに出現した最初の狩猟民が，大型哺乳類を狩り尽くして南アメリカ南端近くに到達するのに1000年ほどしかかからない．

では人類による大型哺乳類の過度の狩猟がそれらの絶滅をもたらしたと考える（図6.3-22）．表6.3-4に示したように，北アメリカでは大型哺乳類の絶滅期は14 kaから10 kaの間である．さらに詳しく絶滅期を知るために，絶滅種とそれに関連する数多くの^{14}C年代測定値を整理し，それぞれの信頼度を評価して，その中の信頼度の高いデータからそれを求めようとする試みが行われている（Meltzer & Mead, 1985）．その結果，多くの大型哺乳類は^{14}C年代で10,800～10,000 y BPに絶滅したと推定されている．一方，北アメリカ北部にあった大氷床の南側に最初に現れた人類の確実な痕跡は**クロヴィス型尖頭器**（Clovis point）に代表される石器群で，その時代は11,500 y BPから10,500 y BP頃とされている．絶滅した大型哺乳類の骨がクロヴィス型尖頭器に伴って出土する遺跡はいくつかみつかっているが，その後に出現する**フォルサム型尖頭器**（Folsom point）に伴って出土する大型哺乳類にはもはや絶滅種はみられない．このように，クロヴィス型尖頭器をもった人々の出現にやや遅れて大型哺乳類が絶滅していること，フォルサム型尖頭器の時期になると絶滅種は完全にいなくなってしまったことを考えると，クロヴィス型尖頭器をもった人々が狩猟対象となる大型哺乳類を狩り尽くしてしまったことが，それらの絶滅を引き起こし，さらにクロヴィス型からフォルサム型への石器の変化で表される文化の変化を引き起こしたという仮説が考え出されたのである．さらにMartin (1973)やMosimann & Martin (1975)は，このような狩猟民が大型哺乳類を狩り尽くしながら南北アメリカを北から南へと短期間のうちに拡散したという有名な**電撃戦モデル**（Blitzkrieg model）を提唱した（コラム6.3-5参照）．Martin (1966；1967；1984b)などは，人類によるこのような過剰殺戮が南北アメリカだけでなく，地球上のほかの地域でも行われたことが，後期更新世の地球規模の大量絶滅の原因となったと考えている．このような考えに対して，現代の狩猟民は狩猟対象の大型哺乳類を狩り尽くすということはせずに，それと均衡を保って生活をしているので，過剰殺戮は起こりえないのではないかという批判がある．それに対して，絶滅が南北アメリカほど劇的でなかったユーラシアやアフリカでは，人々が古くから大型哺乳類と共存していたので，それらとの「つきあい方」を知っていたのに，南北アメリカという新天地に現れた人々は眼前に出現したおびただしい数の大型哺乳類との「つきあい方」を知らなかったために，大量絶滅が起こってしまったと考えることもできる（冨田, 1990）．

以上のような環境変化説や過剰殺戮説に対して，Stuart (1991)は，単一の要因でこの現象を説明するのではなく，両説で主張する要因を統合してこの現象を説明する新しい説を提唱している．この説では，環境変化によって重大なストレスを与えられた哺乳類の集団が分布域の縮小や個体数の減少を余儀なくされ，さらに人類の狩猟による圧力が加わると絶滅が起こると説明されている．この考えに基づくと，もし後期更新世に高い狩猟技術をもった人類がいなければ，大型哺乳類の多くは生き残って，将来訪れるであろう寒冷期にはもともとそれらが生息していた地域に広がって再び栄えるであろうし，後期更新世以前の寒冷期から温暖期への移行期にはそのような人類がいなかったので，哺乳類はストレスを受けたものの，大量絶滅は起こさずに多くは生き残れたと考えればよいことになる．また，古くから人類が分布していたユーラシアとは異なり，北アメリカでは高い狩猟技術をもった人類が突然に出現し，その出現と環境の激変が重なって短期間のうちに劇的な絶滅が起こったと説明できるであろう．しかし，このような説をとるにしても，まだ説明しきれない事実は少なくない．

地球規模での絶滅をうまく説明する理論を構築するには，絶滅に至るまでのプロセスや環境変化との対応関係，人類の遺跡・遺物との関係など，その基礎となる種々の事実が精度の高いデータに基づいて充分に解明されている必要がある．しかし，そのようなデータは全体としてみてもまだ充分ではなく，さらに地域によってデータの質・量に極端な疎密がある．とくに，東アジアや南アジアではデータが少なく，わが国でも近年になってようやくKawamura (1994)や河村・中越（1997）などが，これまでのデータをまとめて若干の考察を行っている程度である．このような現象の体系的な解明をめざしたMartin & Wright (1967)やMartin & Klein (1984)が出版されてからかなりの年月が経つが，次にこのような本が出版されるときには，東アジアからも精度の高いデータが数多く提供できるように

6.3.5 哺乳類化石層序

哺乳類化石が豊富に産出する新生代の陸成層では，その各層準から産出する哺乳類化石群集の特徴に基づいて地層を区分し，それに対応した時代の区分が考えられてきた．このような地層区分は**哺乳類化石による生層序区分（分帯）**（mammalian biozonation），それによって設定された時代は**哺乳類化石による時代**（mammal age）と呼ばれる．このような生層序区分や時代区分の基礎には，地層の上下関係と化石群集の類似性による地層対比という生層序学の基本的な考えがある．さらに近年は，化石産出層の層序に従って連続的な古地磁気測定を行い，その結果と古地磁気の標準的な年代尺度を比較することによって，化石産出層の各層準に正確な年代を入れる試みも各地で行われるようになってきた．また，化石産出層に多くのテフラ層が挟まれていれば，その対比によって離れた地域の地層を正確に対比することができ，それに古地磁気測定や放射年代測定などの結果を組み合わせることによって，各地の化石産出層のそれぞれに詳しい年代を入れることも可能になってきた．

哺乳類化石による生層序区分や時代区分は，地層の保存がよく，化石記録が豊富に残っている新第三紀や第四紀のもので，とくに詳細に行われている．ヨーロッパの新第三系で多くの哺乳類のグループを総合的に扱った詳しい生層序区分を初めて行ったのは，Mein (1975) で，この生層序区分はその後も改良され (Mein, 1981；1989など)，各地の地層の対比を行う基準として広く用いられている．この生層序区分では中新統最下部から鮮新統最上部（または下部更新統の下部）をMN1帯からMN17帯までの17の帯に分けているが（MNはMammals Neogeneの意味），第四系の多くは区分されていない．そこでGuerin (1989) はこの生層序区分を第四系にも適用できるようにMNQという頭文字のつけた帯に呼びかえて（MNQはMammals Neogene-Quaternary），MN17帯にあたるMNQ17帯のあとに上部更新統の上部にあたるMNQ26帯までの9帯を新たに設けている．このような細かい生層序区分のほかに，ヨーロッパでは古くから行われている生層序区分やそれに基づく時代区分がある．それは上

表6.3-5 ヨーロッパ，北アメリカの哺乳類化石による生層序区分と日本のものとの関係（亀井ほか，1988を修正）

時代区分		年代(Ma)	日本	西ヨーロッパ	ヨーロッパ北部・東部	北アメリカ
完新世		0.01	QM8			
更新世	後期	0.05	QM7	Steinheimian		Rancholabrean
		0.12	QM6			
	中期	0.3	QM5			
		0.5	QM4	0.4		
	前期	0.7	QM3	Galerian	Biharian	Irvingtonian
		1.0	QM2			
		1.7	QM1	Villafranchian上部	1.6	
鮮新世		3.5	PM2	Villafranchian中・下部	Villanyian	Blancan
		5.0	PM1			

部鮮新統～下部更新統の下部をビラフランカ階（Villafranchian）またはビラニー階（Villanyian），下部更新統の上部～中部更新統の下部をガレル階（Galerian）またはビハール階（Biharian），中部更新統の上部～上部更新統をシュタインハイム階（Steinheimian）とするものである（Kurtén, 1986；Repenning *et al.*, 1990など；表6.3-5参照）．北アメリカでも同様の生層序区分があり，鮮新統上部をブランコ階（Blancan），下部更新統～中部更新統の下部をアービントン階（Irvingtonian），中部更新統の上部～上部更新統をランチョラブレア階（Rancholabrean）とする（Lundelius *et al.*, 1987；Repenning *et al.*, 1990など；表6.3-5参照）．

わが国では，近畿地方の鮮新・更新統の長鼻目化石（ゾウ化石）による生層序区分が代表的なものである（Ikebe *et al.*, 1966; Kamei, 1981; 樽野・亀井, 1993など）．わが国の例をもとに，哺乳類化石による生層序区分の方法をみてみよう．

近畿地方の鮮新・更新統は，海成粘土層や火山灰層の詳細な追跡によって詳しい層序が明らかにされ，古地磁気測定や放射年代測定などによって各層準の年代がよくわかっており，その各層準からは各種の長鼻類化石が連続的に産出している（図6.3-23, 6.3-24）．それらの化石の産出層準を整理すると，シンシュウゾウ（*Stegodon shinshuensis*）は古琵琶湖層群の最下部や東海層群（奄芸層群）の下部から，アケボノゾウ（*Stegodon aurorae*）は古琵琶湖層群中・上部や東海層群上部と大阪層群最下部・下部から，シガゾウ（*Mammuthus shigensis*）は古

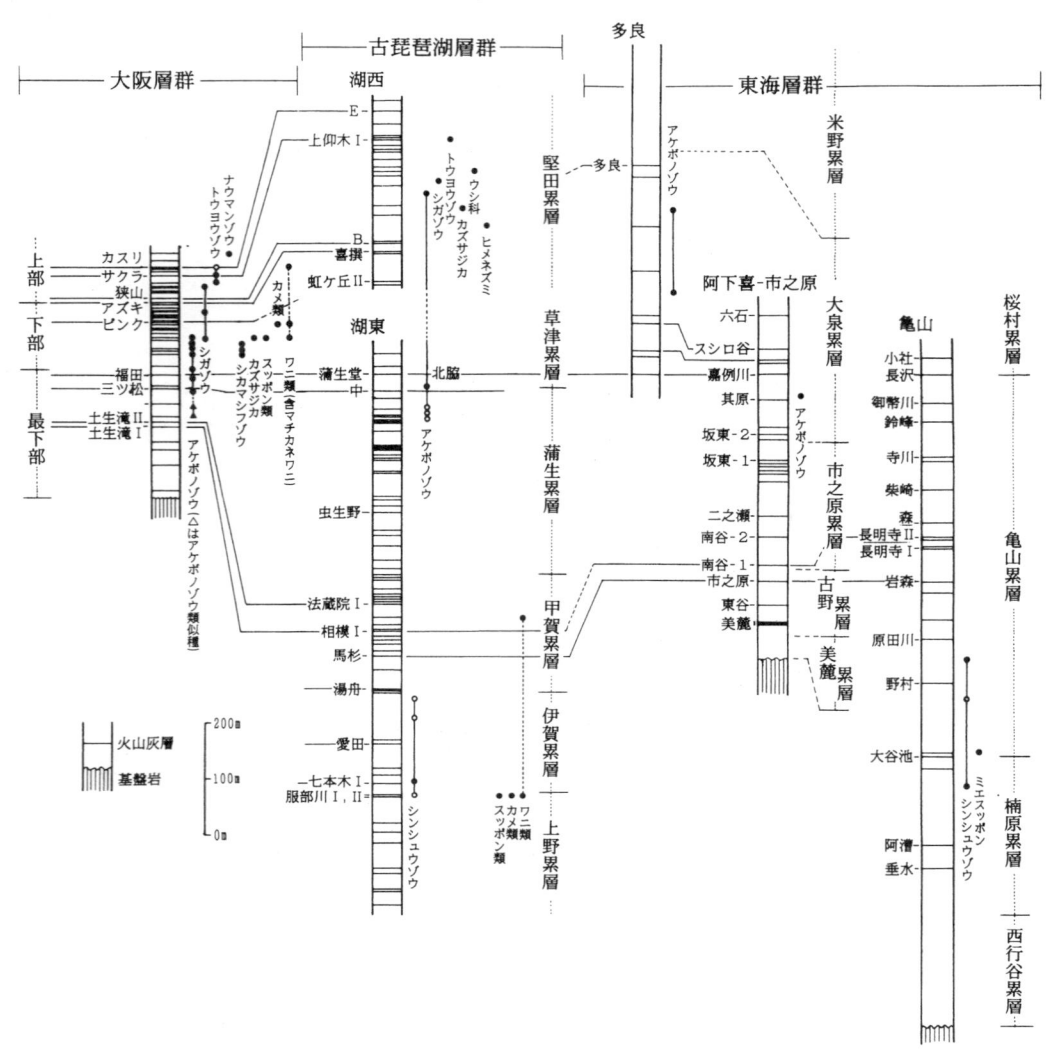

図6.3-23 近畿地方の鮮新・更新統における長鼻目化石や他の脊椎動物化石の産出層準（樽野・亀井，1993）

琵琶湖層群上部と大阪層群下部・上部から，トウヨウゾウは古琵琶湖層群上部や大阪層群上部から，ナウマンゾウは大阪層群最上部とその上位にある段丘堆積層（西八木層など）から産出することがわかる（図6.3-23，6.3-24）．各層群の対比と年代に基づくと，近畿地方の鮮新・更新統はシンシュウゾウ帯，アケボノゾウ帯，シガゾウ帯，トウヨウゾウ帯，ナウマンゾウ帯の5帯に区分され，それぞれの時代は$4.0〜2.5$ Ma，$2.5〜1.0$ Ma，$1.0〜0.5$ Ma，$0.5〜0.4$ Ma，$0.25〜0.02$ Maとなる（最近の研究によれば，後3帯はそれぞれの境界がやや古くなるようである）．このような生層序区分は，近畿地方だけでなく，日本各地の鮮新・更新統にも適用できると考えられている（亀井，1979；Kamei & Otsuka, 1981）．さらに，亀井ほか（1988）は長鼻目だけでなく，すべての種類の哺乳類を対象に，日本列島各地の鮮新統と第四系から産出した哺乳類化石の産出層準や年代を整理して，日本の鮮新統と第四系の哺乳類化石による生層序区分を行った（表6.3-5，図6.3-24）．それによれば鮮新統はPM1帯とPM2帯に区分され，第四系はQM1帯からQM8帯までに区分される．これらの帯のうち，PM1帯とPM2帯は前述のシンシュウゾウ帯に，QM1帯はアケボノゾウ帯に，QM2帯とQM3帯はシガゾウ帯に，QM4帯はトウヨウゾウ帯に，QM5帯〜QM7帯はナウマンゾウ帯にほぼ対応している．

6.3 動物群

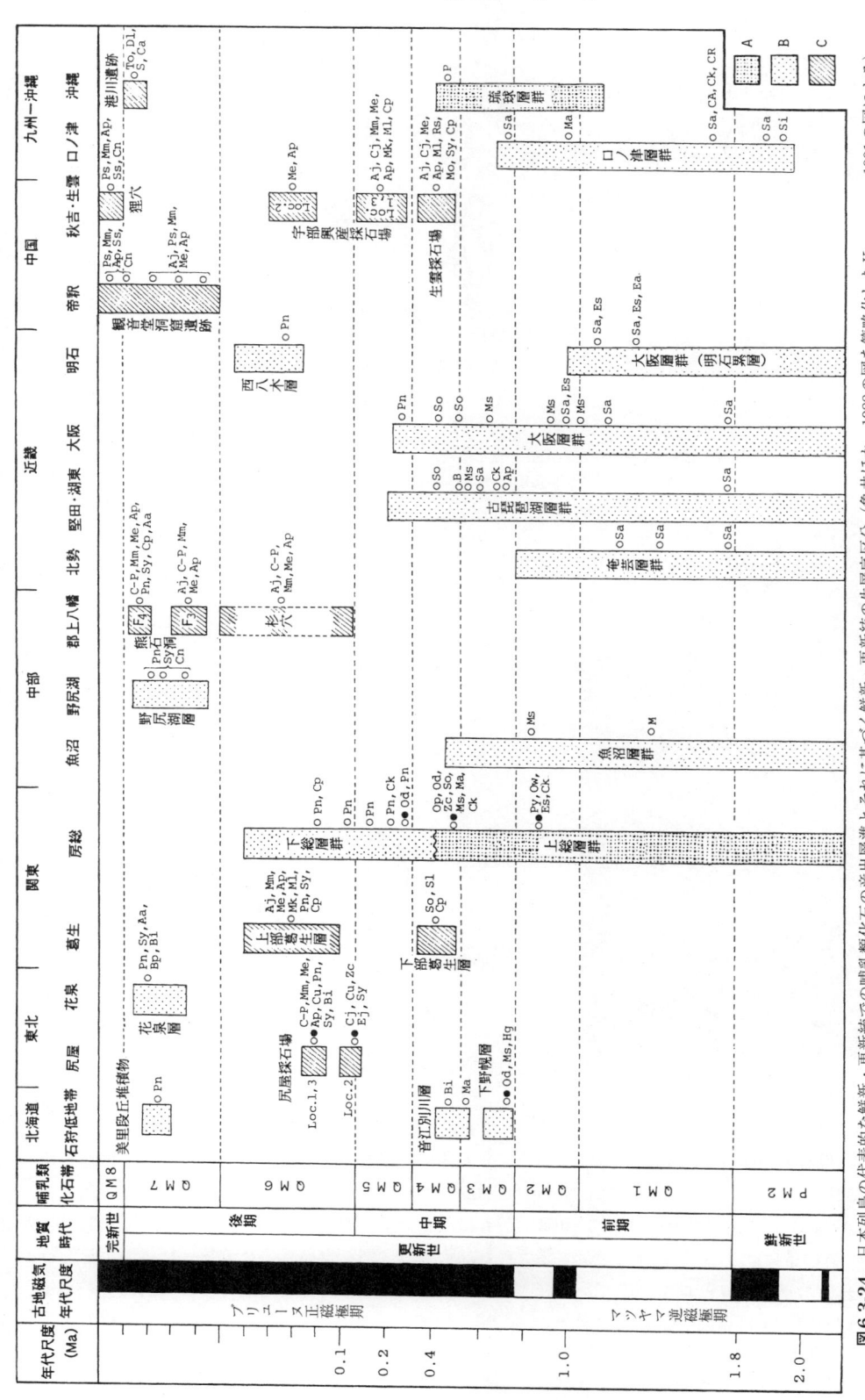

図6.3.24 日本列島の代表的な鮮新・更新統での哺乳類化石の産出層準とそれに基づく鮮新・更新統の生層序区分（亀井ほか，1988の図を簡略化したKawamura，1991の図による）．
A：典型的な海成堆積物，B：河成・湖成の堆積物（一部海成），C：洞窟・裂罅堆積物，○：陸棲哺乳類，●：海棲哺乳類．
以下は産出した哺乳類の種類．Aa：ヘラジカおよびヘラジカ属，Aj：ニホンモグラジネズミ，Ap：ヒメネズミ，B：アジアスイギュウ属，Bi：ステゴドンゾウおよびバイソン属，Bp：オーロックス，CA：ニッポンチネラー，Ca：キュウシュウルサジカ，Cj：ニホンムカシジカ，Ck：カズサジカ，Cn：ニホンジカ，Cp：ホンシュウジカ，C-P：ヤベオオツノジカとスネマミ属の移行型の種類，CR：キュウシュウツルカ，Cu：キタオットセイ，DI：ケナガネズミ，Ea：アカガシラゾウ，Ej：ト゛，Es：シカマシフゾウ，Hg：ステラーカイギュウ，M：マンモス属，Ma：アルメニアゾウ，Me：ニホンムカシハタネズミ，Mk：クスウイタチ，ML：クスウアナグマ，Mm：ハタネズミ，Mo：ジャモコウカおよびジャモコウジカ属，Ms：シガゾウ，Od：マンダイセイウチおよびセイウチ属，Op：シャナチ属の絶滅種（チバキチマタ），Ow：オリエンスアークトス属の絶滅種（ワタセト゛），P：パリレオロクストン属，Pn：ナウマンゾウ，Ps：スミスネズミに近似の種類，Py：トコヤマオキゴンドウ（ヨコヤマイルカ），Rs：シナサイ，S：イノシシ属，Sa：アケボノゾウ，Si：イノシシゾウ，Ss：ヤベオオツノジカ，Sy：ヤベイナカイノシシ属，To：アマミトゲネズミ，Zc：カリフォルニアアシカおよびミナミアシカ．

図6.3-25 人類の進化と拡散を表した模式図（Levin, 1993）
人類はいつの時代も哺乳類との関わりをもっていた．

図6.3-27 後期更新世末のマンモスゾウの線刻（Breuil, 1952）．

図6.3-28 フランスのFont de Gaume洞窟のケサイの壁画（Breuil, 1952）
後期更新世末のもの？

図6.3-26 周口店第1地点の洞窟堆積物（河村善也撮影）

このような生層序区分と前述のヨーロッパや北アメリカのものとの関係を，主に亀井ほか（1988）に基づいて表6.3-5に示した．この表によれば日本のPM2帯とQM1帯はヨーロッパのビラフランカ階に，そのうちのPM2帯は北アメリカのブランコ階に，QM2帯〜QM4帯下部はヨーロッパのガレル階に，またQM1〜QM4帯下部は北アメリカのアービントン階に，QM4帯上部〜QM7帯はヨーロッパのシュタインハイム階と北アメリカのランチョラブレア階に対応する．

6.3.6 哺乳類と人類の関わり

人類は，第四紀を通じていろいろな種類の哺乳類と深い関わりをもってきた．その関わりは時代とともに深くなり，関わり方も時代とともに変化してきた．人類は，旧石器時代には狩猟・採集の生活を行っていたが，その狩猟の対象となった動物の多くは哺乳類であった．したがって，哺乳動物相の変化が，人類の生活に大きな影響を与えたと考えられるが，旧石器時代末以降になると，逆に人類の活動が

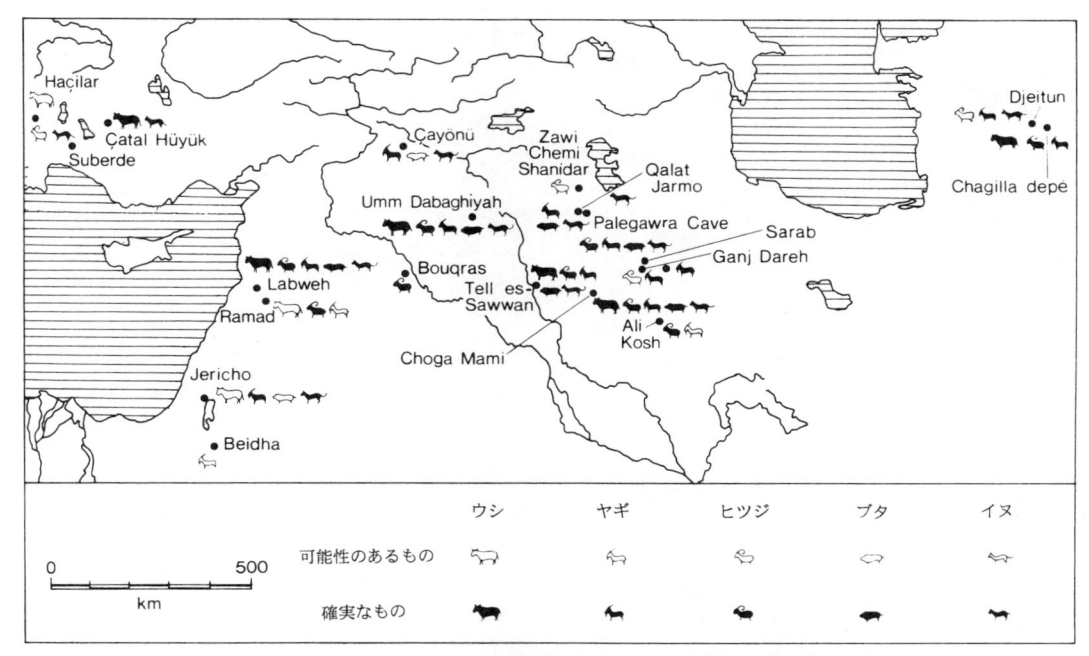

図6.3-29 南西アジアで最古の家畜の証拠が発見された遺跡（Bökönyi, 1976）

哺乳類に強い影響を与え，ついには彼らの運命を左右するまでになっている．今日では，人類の保護がなければ，その存続すら危ぶまれる種も野生の大型哺乳類には非常に多い．また一部の哺乳類は家畜として，人類の生活の中に取り込まれ，その生活に利用されている．また住家性のネズミ類のように，人類が望むと望まざるとに関わらず，人類の生活空間に入り込み，世界中に分布を広げて繁栄している種もある．

(1) 狩猟と哺乳類

人類の祖先が古型の類人猿から分かれて，現生人類の方向に進化をした過程で，人類は狩猟・採集という生活様式を獲得した（図6.3-25）．初期の人類化石に伴う遺物に，最初の肉食の痕跡がみられるのは鮮新世末から更新世初頭のことである．そのような初期の人類も，以前は狩猟・採集を行っていたと考えられていたが，最近はむしろハイエナのように，すでに死んでいる動物の肉を食べる腐肉食者であったとする説（scavenger hypothesis）もある（Pott, 1988；Levin, 1993など参照）．

前・中期更新世のホモ・エレクトゥス（*Homo erectus*）の段階になると，人類はアフリカを出てユーラシアに拡散する（図6.3-25）．この段階になると，ハンドアックスなどの石器が発達し，人類はそれを用いて種々の哺乳類の狩猟を行い，安定した食糧源を得ることができるようになったと考えられる．ケニアのOlorgesailie遺跡では中期更新世初頭の地層から多数のハンドアックスと大型哺乳類の化石がみつかっているが，これらの化石は人類の狩猟によってもたらされたものであり，中国の北京市西部にある周口店第1地点の中期更新世の洞窟堆積物から「北京原人」やそれのつくった石器に伴ってみつかる大量の哺乳類化石の多くも同様の性質のものであろう（図6.3-26）．

中期更新世末期以降のホモ・サピエンス（*Homo sapiens*）の段階になると，石器などの道具はさらに発展して多様化し，より高度な狩猟が行われるようになった．哺乳類が彼らの生活にとっていかに重要であったかは，ヨーロッパの後期更新世の洞窟遺跡などからみつかる壁画や線刻画が雄弁に物語っている．それらをみると，ヒトの姿は少なく，しかも単純化されて描かれていることが多いのに対して，大型哺乳類は数が多い上に写実的に描かれている（図6.3-27，6.3-28）．それらの大型哺乳類は更新世末で絶滅してしまったものが多いが，その姿は古生物学の手法によって化石から復元された姿とよく一致しているのは驚くべきことである．当時の人々は，彼らの生活に欠くことのできないこれらの哺乳類の

特徴を実によく観察していたのである.

この時期には部族・人種のちがいや時間の差によって，狩猟対象になる哺乳類の種類が異なっていたと考えられている．東ヨーロッパでは，遺跡からマンモスゾウの骨や歯が多量にみつかることがあり，中にはウクライナのMezhirich遺跡のように，それらで彼らの住居までがつくられていた例も知られている．このような遺跡は，主にマンモスゾウの狩りをするマンモスハンター（mammoth hunter）が残したものである（マンモスハンターについては加藤，1971など参照）．ドイツのフォーゲルヘルト（Vogelherd）洞窟では，石器などの遺物に伴って最終氷期前期の層から大型のウマが数多く出土し，中期の層では小型ウマとマンモスゾウが多く，最終氷期後期の層からは小型ウマとトナカイが数多くみつかっている（Lehmann, 1954；コラム5.8-1）．このようなことから，この洞窟に住んでいた人々の狩りの主な獲物が時代とともに変わっていったことがわかる．わが国では，人工の遺物に哺乳類の骨や歯が伴って出土する旧石器時代の遺跡は少ないが，長野県野尻湖の立が鼻遺跡では後期更新世の野尻湖層から石器・骨器などの遺物に伴って多量の哺乳類化石がみつかっている．それらの化石の大部分はナウマンゾウとヤベオオツノジカの2種で，当時その地域で生活していた「野尻湖人」がこれらの哺乳類を主な狩猟対象としていたと考えられている（野尻湖発掘調査団，1997など）．

後期更新世末から完新世にかけて，世界の多くの地域で動物相に大きな変化が起こると，人々の狩猟対象となる哺乳類の種類も大きく変化した（この時

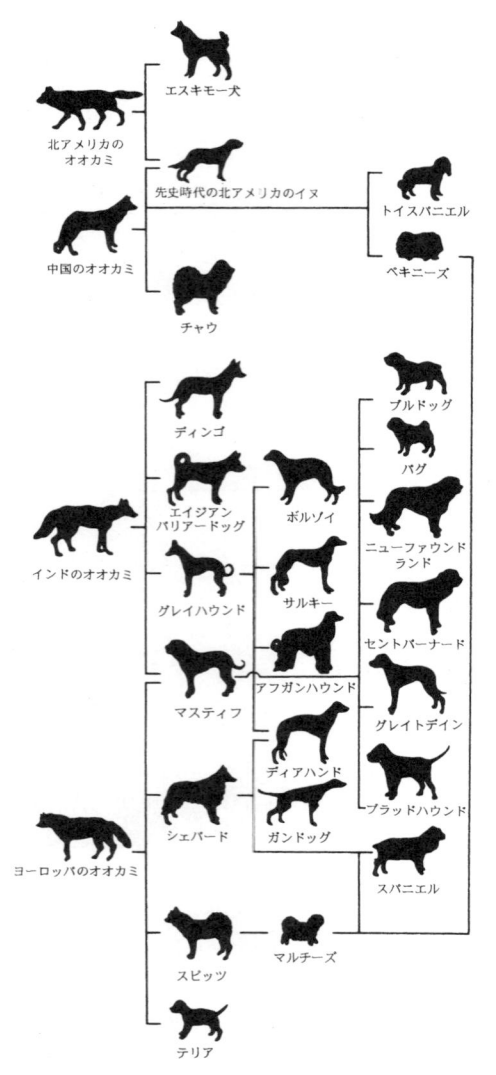

図6.3-30　イヌの品種とその系統（Clutton-Brock, 1984）

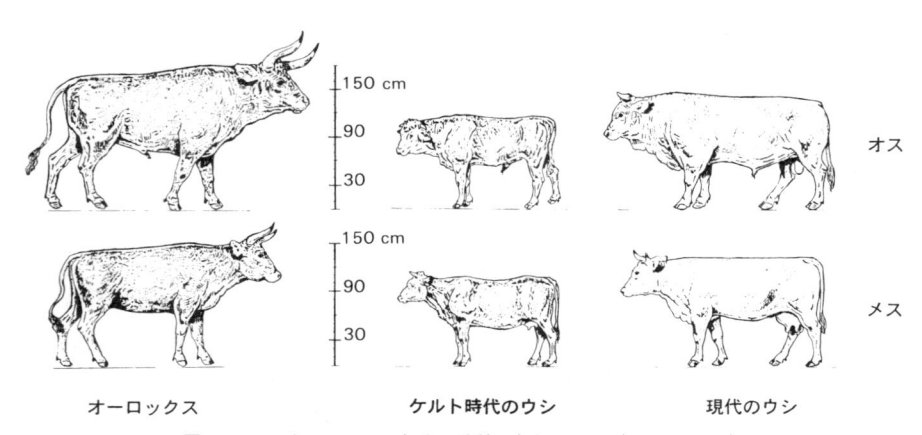

図6.3-31　オーロックスとその子孫にあたるウシ（Davis, 1987）

期の絶滅については6.3.4項参照）．わが国では，縄文時代とそれ以降の主な狩猟対象は，ナウマンゾウやヤベオオツノジカに代わって，イノシシとニホンジカ（*Cervus nippon*）になった（ただし，北海道ではニホンジカと海棲哺乳類）．このことは，各地の縄文時代やそれ以降の遺跡からこれらの哺乳類の骨や歯が高い頻度で出土することからわかる（金子，1976；1984など）．

完新世に世界各地で農耕が起こると，食糧を獲得する方法の中で狩猟の割合が次第に減少していった（歴史時代の狩猟については，デンベック，1961aや直良，1968など参照）．一方，野生動物を家畜化し，そこから食糧や衣服・道具の材料などを得る方法が普及し，人類はより安定して動物資源を利用できるようになった．

(2) 家畜

人類によって飼い馴らされた動物（domesticated animal）は非常に多い．イヌやネコ，ウマ，ブタ，ヒツジ，ヤギ，ウシなどの哺乳類のほか，ニワトリやハトなどの鳥類，キンギョなどの硬骨魚類などがあるが，このうちもっとも重要なのは哺乳類で，これが普通家畜と呼ばれる．最古の家畜はイヌ（*Canis familiaris*）で，そのもっとも古い記録はイラクの14000〜12000 y BPの遺跡のものとされている（Turnbull & Reed, 1974）．イヌのほか，ブタやウシ，ヒツジ，ヤギなどの家畜が飼い始められたのも，やはり南西アジアで14000 y BPから8000 y BPの間とされる（図6.3-29）．また，農耕が始まったのも，この地域で同じ期間内であった可能性がある（6.2.7項参照）．人々は，この時期に狩猟・採集からしだいに農耕へと生活の糧を求める方法を変えていったのであろう．そのような時期に始まった哺乳類の飼育は，当時の人々が狩猟でしとめた獲物の子を，自分たちの住居やキャンプに連れ帰って，飼い馴らしたことに始まるのかもしれない．

家畜の歴史に関する本は各国で数多く出版されている（デンベック，1961b；芝田，1970；Bökönyi, 1974；Mason, 1984；Clutton-Brock, 1987；Davis, 1987など）．ここでは代表的な家畜について，その歴史を簡単にみてみよう．

イヌは，上に述べたように最も古い家畜で，全北区，東洋区に広く分布するオオカミ（6.3.3項参照）に由来する．オオカミは，知能が高く集団でほかの動物の狩りを

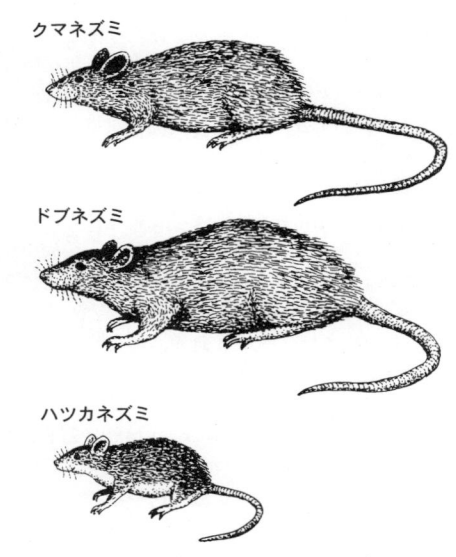

図6.3-32 住家性の哺乳類

する．オオカミのそのような性質を受け継いだイヌは人類の絶好の伴侶となり，その遺伝的可塑性と，人類の長年の飼育によって，図6.3-30のように実に多くの品種を生み出すことになった（コルバート・モラレス，1991）．イヌはもともと人類の狩猟の手助けをする動物であったが，近年は主にペットして飼われるようになっている．また，現在の中国などで行われているように，イヌが食肉用に飼われることがあり，歴史時代の日本でもイヌが食用にされていた可能性が指摘されている（松井，1993）．わが国では，イヌはすでに縄文時代から飼われていたとされている（直良，1956；1968；酒詰，1961；芝田，1970；金子，1984など）．

ネコ（*Felis catus*）は，行動面でも人類との関わり方でもイヌとは対照的である．ネコは集団で狩りをすることはなく，イヌよりずっと小型で人類の狩猟の手助けをすることもなかった．ネコの祖先はヨーロッパやアフリカに分布するヨーロッパヤマネコ（*Felis silvestris*）で，南西アジアで農耕が起こり人々が定住すると，住家性のネズミが住居に入り込み，それを駆除するためにヤマネコが飼い始められたのかもしれない．あるいは，もともと人類と，小型哺乳類や鳥類をめぐって競争関係にあったヤマネコが，集落や住居の周囲に入り込み，人々の食べ残しを食べたり，住家性のネズミを食べたりしていたのを人々が飼い馴らしたのかもしれない．今日では，ネズミを捕るというネコの役割は薄れ，ペットとして飼われることが多くなっている．わが国では，縄文・弥生・古墳時代のネコの報告はあるが，いずれもはっきりしたものではなく，確かなものは中世とそれ以降のものしかない（金子，1984）．

ウマ（*Equus caballus*）が，最初に家畜化された時期は比較的新しく，3500年BC頃とされるが（Bökönyi,

1984),それ以前は人類の重要な狩猟対象であった．ウマの祖先は，かつて旧北区に広く分布した小型野生馬のモウコノウマ（*Equus ferus* あるいは *Equus przewalskii*）とされ，それが東ヨーロッパで最初に家畜化されたようである．ウマは，イヌやネコと異なり，それに乗って移動する乗物として，また荷物を運んだり農耕の労役に役立つ動物として主に利用されてきた．そのため歴史時代以降，文明の発展に大きく寄与したほか，民族の移動や戦争などにも使われ，20世紀以前の人類の歴史に深く関わってきた（シンプソン，1951；デンベック，1961bなど参照）．わが国では，ネコと同様，縄文時代のウマの出土例がいくつか報告されているが（直良，1956；1968；酒詰，1961など参照），その多くには疑問があって（たとえば近藤，1993），確実なものは古墳時代とそれ以降のものである．

ブタ（*Sus domesticus*）は旧北区や東洋区に広く分布するイノシシが家畜化されたもので，その最古の記録は7000年BCの南西アジアでみつかる（図6.3-29）．ブタは主に食肉用として飼われてきたが，古来ブタを食べない人々もいて，そのような人々の住む地域ではブタは飼われていなかった．ブタは雑食性でいろいろな食物を食べ，ほかの偶蹄目の動物に比べて多産で，飼育もしやすいので，人々の食糧源としては非常に有用な動物である．わが国では，縄文・弥生時代の遺跡から多数のイノシシの骨や歯が出土するが，ブタの存在の有無についてはこれまではっきりしなかった．しかし，近年になって西本（1991）は，遺跡出土の骨や歯の形態分析に基づいて，弥生時代にわが国でブタが飼われていたという考えを発表している．一方，出土骨のDNA分析や形質のデータに基づいて，それを否定する見解もある（小澤，2000）．

ウシ（*Bos taurus*）の祖先はオーロックスで，この動物は後期更新世に旧北区に広く分布していたが，完新世には生息数が減少し，いまから300年ほど前に東ヨーロッパにわずかに生き残っていたものが絶滅すると，地上から完全に姿を消してしまった（図6.3-31）．ウシには背中にコブのないもの（humpless cattle）とコブのあるもの（humped cattle）があり，前者には長角型（longhorn cattle）と短角型（shorthorn cattle）がある（Epstein & Mason, 1984）．長角型はオーロックスに似ており，南西アジアで6000年BC頃から飼われていたようである（図6.3-29）．短角型は長角型に由来するようで3000年BC頃にメソポタミアに出現し，その後ヨーロッパに広がった．コブのあるウシは，熱帯・亜熱帯の環境に適応したグループで，やはり3000年BC頃南西アジアに現れ，その後，南アジアやアフリカ中央部に広がったようである．わが国では，ウシの骨や歯は弥生時代の遺跡から出土しており（金子，1984），その頃すでに飼育されていたようである．ウシは，反芻をする高等な偶蹄目の動物で，ヒトがおよそ利用することができない硬い草

図6.3-33 クアッガ

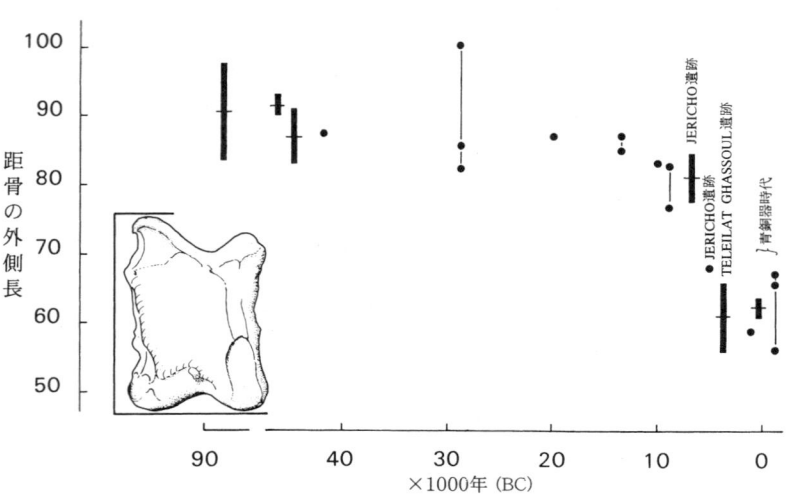

図6.3-34 後期更新世〜完新世のオーロックスからウシへの大きさの変化（Davis, 1981；1987）
イスラエルとその周辺地域産の距骨（足根骨の1つで図6.3-3参照）の計測値．黒丸は1個の計測値を，太いバーは±95％の信頼区間を表す．Jericho遺跡の位置は図6.3-29参照，Teleilat Ghassoul遺跡はそのすぐ南にある．Jericho遺跡の層準の違いによる大きさの違いやTeleilat Ghassoul遺跡のものとの大きさの違いは家畜化による小型化を表すと考えられる．

を食べて有用な食糧や資源，エネルギーをつくりだしてくれる．ウシは食肉となるばかりでなく，牛乳をとったり皮を利用したり，あるいは労役に利用することもできるきわめて有用な動物なのである．このようなことからウシは，ウマと同様，文明の発展に大きく寄与したといえる．

ヒツジ（*Ovis aries*）や次に述べる**ヤギ**（*Capra hircus*）もウシと同様，反芻をする高等な偶蹄目の動物で，人々はそれらの肉や毛皮，乳などを利用するために古くから飼育していた．ヒツジは，ウリアル（*Ovis vignei*）やアルガリ（*Ovis ammon*），ムフロン（*Ovis musimon*）といった野生のヒツジが家畜化されたもので，それらを祖先として9000年BCの南西アジアに最初に現れたとされる（図6.3-29）．ヒツジは5000年BCには東ヨーロッパからドイツやスペイン南部に広がり，4000年BCにはイギリスやフランスにも広がった（Ryder, 1984）．ヒツジは，そのような時期かそれ以降にユーラシア・アフリカの広い地域に広がり，そこでも飼育されるようになった．さらにヒツジは，17世紀には南北アメリカに，18世紀にはオーストラリアに移入され，現在では世界中で厖大な数が飼育されている．わが国に初めてヒツジが持ち込まれたのは，文献の記録によれば6世紀頃らしい（上坂, 1964）．

ヤギはノヤギ（*Capra aegagrus*）が飼い馴らされたもので，南西アジアで8000年BC頃にその飼育が始まったと考えられている（図6.3-29）．ヤギは5500年BC以降になると，ユーラシアやアフリカの広大な地域に広がり，さらに16世紀には，ヨーロッパ人によって南北アメリカに持ち込まれた．わが国に中国・朝鮮などからヤギが伝わったのは，1500年前頃とされる（上坂, 1964）．

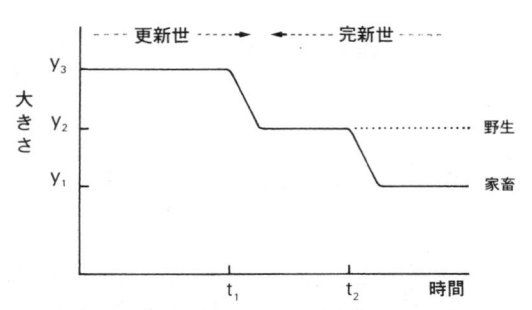

図6.3-35 後期更新世～完新世の哺乳類の大きさ変化を表すモデル（Davis, 1981）

いくつかの種では小型化の要因を気候変化（t_1での小型化）と家畜化（t_2での小型化）に分けることができる．

(3) 住家性の哺乳類

住家性の哺乳類の主なものには，**ハツカネズミ**（*Mus musculus*），**クマネズミ**（*Rattus rattus*），**ドブネズミ**（*Rattus norvegicus*）といった3種のネズミがある（図6.3-32）．現在，これらのネズミは極地方を除く全世界に分布し，ヒトの住んでいるところならどこにでも現れ，ヒトの食べるものなら何でも食べる．これらのネズミは，古来ヒトの食糧を食い荒らし伝染病を媒介するやっかいな動物として人々を悩まし続けてきた．しかし近年は実験動物として飼育され，科学の発展に寄与している面もある．

これら3種のネズミのうちハツカネズミは小型の種で，その最古の化石はヨーロッパや中国の中期更

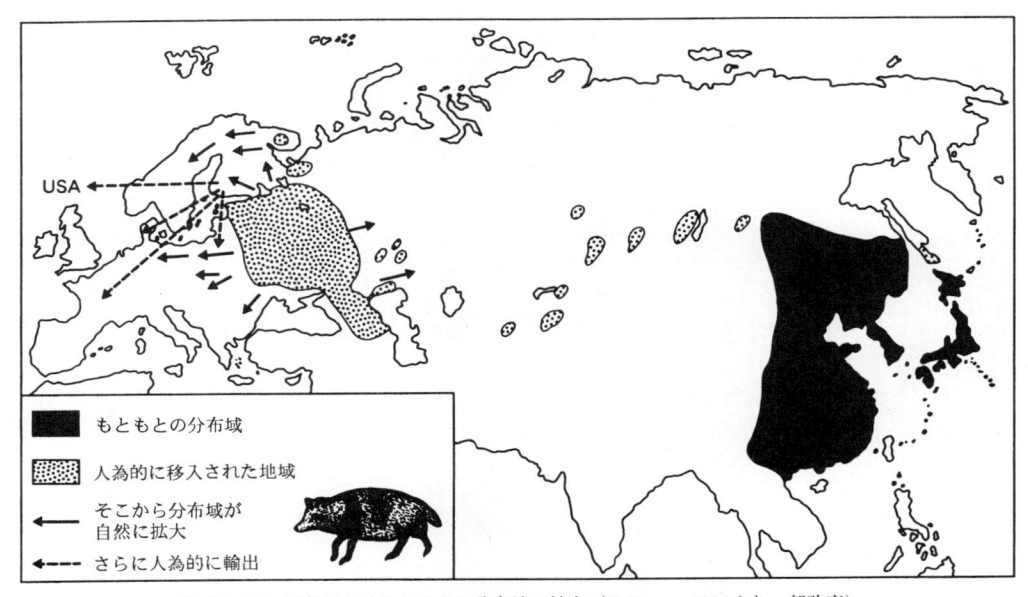

図6.3-36 近年におけるタヌキの分布域の拡大（Valtonen, 1984より一部改変）

●遺跡出土の哺乳類遺体の分析 　　　　　　　　　　　　　　　　　　　　　コラム6.3-6●

遺跡からは哺乳類の骨や歯が大量に出土することがある．それらは定義の上から哺乳類の化石（fossil；remain）と呼んでもよいのであるが，わが国では**哺乳類遺体**または**哺乳類遺存体**（mammalian remain）と呼ばれることが多い．それらは遺跡を残した人々の生活によって生じたもので，それらを分析することによって当時の人々の生活を復元するためのデータが得られる．それらが狩猟によってもたらされたものであれば人々の狩猟活動を復元することができるし，当時の野山に生息した哺乳類の動物相を復元する手掛かりが得られる．ただし，特定の種類が選択的に捕獲されている可能性があるので，遺跡の群集が当時の動物相をそのまま表しているとは限らないということに注意する必要がある（コラム5.8-1）．また，その群集から発見される種類は，当時その地域に生息していたということはいえるにしても，その群集から発見されないからといって，その地域にその種類が生息していなかったとは必ずしもいえないのである．

哺乳類遺体の分析法は，6.3.2項で述べた第四紀の哺乳類化石の研究法と同じであるが，遺跡産のものは出土量が非常に多い上に，その形成にヒトが関わっているので，一般により詳しい分析が行われる．まず遺体を部位ごとに分け，左右のある部位については左右を決め，同じ部位間で形態差から種類を決めるという方法は，先に述べたとおりである．種類・部位・左右が決まったらそれぞれの個数を数える．このようにして得られたデータが分析の基本となる．このデータから1つの種類に属する骨や歯の個数の合計，つまり種類ごとに**同定された標本数**（number of identified specimens；NISP）が求まり，これが遺体群集の中でのそれぞれ種類の量比を知る指標となる．また，1つの種類で各部位の個数（左右のあるものは左右別の個数）のうち，最大の個数をその種類の**最小個体数**（minimum number of individuals；MNI）と呼び，各種類の量比の指標としてこれが求められることもあ

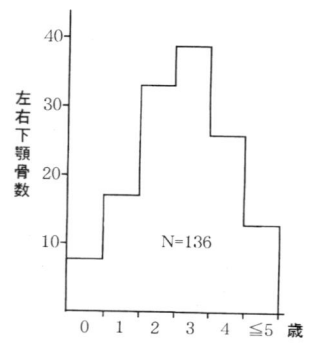

図左：帝釈観音堂洞窟遺跡の各層準におけるシカの年齢構成（河村，1984）．
図中のA〜Pは遺物包含層の層準．Nは標本数．
右：福井県鳥浜遺跡におけるシカの年齢構成（西田，1980の図を一部改変）．

る．たとえば，ある遺跡のある層準から，仮にイヌの右下顎骨が3個，左下顎骨が6個，右上腕骨が4個，左上腕骨が7個出土したとすると（図6.3-3参照），NISPは3＋6＋4＋7＝20で，MNIは左上腕骨の個数の7ということになる．NISPとMNIの間には一般に相関関係があるとされるが（Grayson, 1984），ある層準にある種類の1個体がまとまって埋もれていた場合は，その種類のMNIは1なのに，NISPが非常に大きくなってしまうことがある（1個体分にあたる200個以上の骨がみつかればNISPは200以上）．このようなことから，各種類の量比を示す場合，NISPやMNIだけでなく可能な限り，もとのデータも調べられるようにしておく方がよい．

哺乳類遺体の分析から，遺体群集の年齢構成や雌雄構成がわかることがあり，遺体の死亡季節から狩猟の季節性（seasonality）がわかることもある．大泰司（1980）は，ニホンジカで歯の交換・萌出と咬耗状態の組み合わせに基づく齢査定法を開発したが，河村（1984）はこの方法を用いて広島県帝釈観音堂洞窟遺跡から出土した多量のシカ遺体の年齢構成を調査した（図左）．その結果，この遺跡の縄文時代の層準では，現生ニホンジカの個体群に多い1歳以下の個体が少なく，当時はそれを獲らないという狩猟規制が働いていたのではないかと考えられている．同様の年齢構成の推定は福井県鳥浜遺跡の縄文時代前期のニホンジカの遺体群集でも行われているが（西田, 1980），そこでは2～4歳の個体が非常に多いのに，それより若齢の個体は少なく（図右），強い狩猟規制が働いていたとされている．図の左と右を比較すると，これらの2つの遺跡でニホンジカの遺体群集の年齢構成のパターンがかなり異なっており，このことから河村（1984）は観音堂洞窟遺跡のような山間部の遺跡と鳥浜遺跡のような海岸部の遺跡では，狩猟規制がかなり異なっていたと考えている．

以上のほか，哺乳類遺体に人類による破壊や加工の痕跡がある場合は，考古学的手法による分析が必要である．そのような分析によって得られた結果と，上に述べた古生物学的あるいは動物学的手法によって得られた結果を総合することによって，遺体群集の全体像を正しく捉えることができるのである．なお，哺乳類遺体の研究に関しては，Chaplin (1971), Schmid (1972), Cornwall (1974), Grayson (1984), Klein & Cruz-Uribe (1984), 金子 (1984), ラッカム (1994) などの文献が参考になる．

新世の堆積物から記録されており，ヨーロッパでは後期更新世や完新世の化石も知られているが（Kurtén, 1968），わが国では，ハツカネズミの確実な化石は，第四紀層からも遺跡からもいまのところはみつかっていない．クマネズミやドブネズミは大型の種類で，そのうちクマネズミは，アジア南部に分布していた野生のものがヒトの生活圏に入り込み住家性になったと考えられる．ヨーロッパへは歴史時代にアジアからの交易ルートに沿って分布を広げたようで，北アメリカへは16世紀に広がった（Robinson, 1984）．クマネズミは木登りが巧みで，船に入り込んで移動することもある．わが国では遺跡も含めてクマネズミの化石の確実な記録はなく，いつ頃わが国に渡来したかは明らかではない．ドブネズミはより寒冷な気候を好む種で，おそらく東アジアに起源があり，わが国でもそれに近い化石が中期更新世の堆積物から知られている（Kawamura, 1989）．しかし，ドブネズミがヨーロッパや北アメリカに現れるのは18世紀になってからのことである（Robinson, 1984）．

(4) 人類が哺乳類に与えた影響

人類が哺乳類に深刻な影響を与えるようになったのは，後期更新世以降のことである．後期更新世末に世界規模での哺乳類の絶滅が起こったことはよく知られているが，このときに絶滅した哺乳類には大型のものが多く，この絶滅に人類がかかわっていた可能性は高い（6.3.4項参照）．人類が哺乳類に与えた影響は，狩猟という形で哺乳類を直接捕殺することばかりでなく，哺乳類の生活の場を奪うという形でも現れた．また，生活の場を直接奪わなくても，人類の生活圏が広がると野生の哺乳類の生活圏が分断され，島状になってしまうことが哺乳類に大きな影響を与えることもあった．また，近年になると人類によって飼い馴らされた家畜が，その数の増大に伴って，野生の哺乳類の大きな脅威となった．さらに，もともとその地域にいなかった哺乳類を人類がほかの地域から移入したことによって，土着の哺乳類に深刻な影響を与えることもあった．

Balouet & Alibert (1990) は，完新世に世界中で絶滅した哺乳類のリストを挙げているが，種のレベルでみるとその数は実に75種にものぼり，そのうち19世紀以降に絶滅したものは，半数以上の39種にもなる．近年の人類による過剰な捕殺

(overkill) によって絶滅した哺乳類の例として，クアッガ (*Equus quagga*) が有名である（今泉，1986 や Balouet & Alibert，1990 など参照）．かつて南アフリカに多数生息していたクアッガは，体の前半部だけにシマのあるウマ属 (*Equus*) の動物で（図 6.3-33），その地域に入植した人々によって多量に捕殺され，1878 年に野生のものが絶滅し，アムステルダムの動物園で飼われていたものも 1883 年に死んで，ついに地球上から完全に消え去った．

後期更新世から完新世にかけての人類の影響は，哺乳類の体の大きさの変化にも現れることがある．前述のように，この時期の急激な環境変化が哺乳類の大きさに影響していることが考えられるが，それ以外に人類の狩猟・採集や農耕といった活動によって個体数が減少し，分布域が分断されることによって，哺乳類の小型化が起こることも充分に考えられる．たとえば，Kurtén（1965）によるパレスチナの洞窟産の食肉目の例（コラム 6.3-3 の図）をみると，10000 y BP 頃にオオカミやヨーロッパヤマネコ，ブチハイエナが急激に小型化していることがわかるが，この小型化にはこの時期の人類の活動も影響していると考えられている．一方，アカギツネは同じ時期にやや大きくなり，その後急激に小型化しているが，このことはキツネがこの時期に人類の食べ残しをあさる生活をするようになって食糧源が増えてやや大型化し，その後の人類文明の発展に伴ってキツネにもほかの食肉目の動物と同様，生活領域の縮小が起こって小型化したと解釈されている (Kurtén, 1965)．哺乳類が家畜化されると，小型化することもよく知られている（図 6.3-34）．上の食肉目の例と同じ中東地域で，哺乳類のいくつかの種に後期更新世から完新世にかけての小型化の後，完新世に 2 度目の小型化がみられるのは，家畜化によるものとされている（図 6.3-34, 6.3-35）．このことを逆に利用して，ある遺跡の哺乳類遺体群集の中で，ある哺乳類が家畜であるかどうかを判定する際，その動物に急激な小型化がみられるかどうかが，形態の違いなど以外の基準になることがある (Clutton-Brock, 1987；Davis, 1987；ラッカム，1994 など)．日本でも最近，後期更新世から完新世の哺乳類の大きさ変化を系統的に研究しようとする試みが行われているが，前記のパレスチナの例やヨーロッパの例とは異なった結果が得られている（コラム 6.3-3）．

人類が種々の哺乳類をもともと生息していた地域からほかの地域に連れて行くということは，これまでの人類の歴史の中でしばしば行われてきた．このような人為的な移動は，記録に残っていることもあればそうでないこともある．タヌキ (*Nyctereutes procyonoides*) はもともとは東アジアに生息していた動物であるが，1928 年以降，毛皮獣としてロシアなどに移入され，その後そこから分布域を拡大している（Valtonen, 1984；図 6.3-36）．このような移入と分布の拡大が，土着の哺乳類に大きな影響を与えていることは容易に想像できる．また，ハクビシン (*Pugma larvata*) はそれの属するハクビシン属 (*Pugma*) が東洋区に特徴的な動物で，それがわが国の各地に点々と分布するのは不自然である．このため，日本のハクビシンは東洋区から人為的に移入されたものと考えられている（阿部ほか，1994 など）．日本に人為的に移入され，野生化している哺乳類にはそのほかにマスクラット，ヌートリア，アライグマなどがある．これらのうちヌートリアは新熱帯区原産の哺乳類で，マスクラットとアライグマは新北区原産の哺乳類である．最近のペットブームによって世界各地から多種の哺乳類が多量に日本に持ち込まれているが，逃亡したり飼い主が飼育をやめて捨てたりすることによって，それらが野山に入り込み，わが国の土着の哺乳類に深刻な影響を与えることが心配される．

6.4 第四紀の生態系

生物群集は，個体間，種間といったおのおのの生物間，または，それらをとりまく無機的環境との間に，物質やエネルギーの受け渡し，情報の伝達といった相互関係をもちながら生活している．このような相互関係に着目して，ある範囲の空間に存在する生物群集と無機的環境を 1 つの系として構造的に把握したのが，**生態系**という概念である．

地球の生態系の中で植物は，地球外から供給される光エネルギーを使って大気中の二酸化炭素と水から有機物を生産する**一次生産者**である．一方，動物は植物のつくった有機物を分解してエネルギーを得る消費者として位置づけられる．有機物を構成する炭素は，植物から植物食の動物，肉食動物，それらの遺体や排泄物を分解するバクテリアや菌類へと受

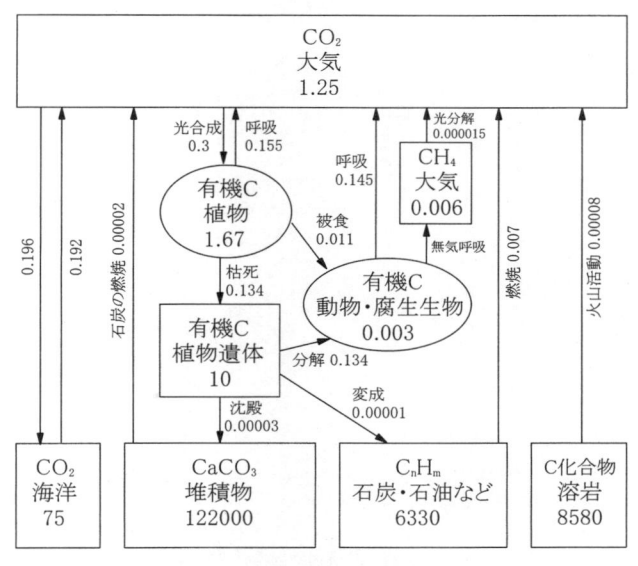

図 6.4-1 炭素の生物・地球化学的循環
囲いの中の数字は炭素の現存量で，地球表面 $1m^2$ あたりの kg で示してある．→の上の数字は，1年に $1m^2$ あたり移動する炭素を kg で表した移動速度である（Whittaker, 1975）．このモデルでは，大気中の CO_2 は年間約 $0.0031 kg/m^2$ 増加し続けている．

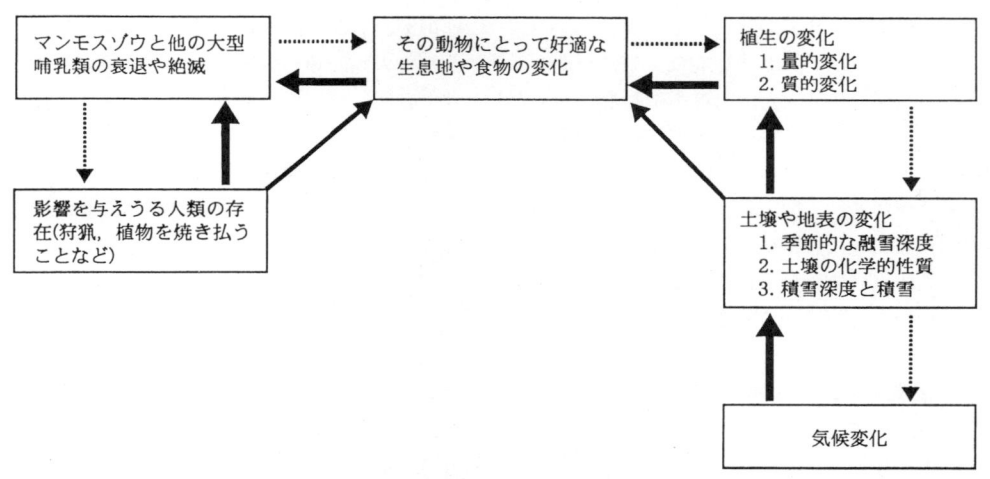

図 6.4-2 気候変化が植生や動物群に及ぼす影響（Oliver, 1982）

け渡されていくとともに，それぞれの生物の呼吸によって二酸化炭素となり大気中に放出され，再び光合成によって有機物に取り込まれるという，**物質循環**を構成している（図6.4-1）．

生物を構成していた有機物の一部は，堆積物に取り込まれたり泥炭になったりして分解されないまま生物圏の物質循環からはずれるものもある．産業革命以降，人類はこれらの有機物が変成してできた石油・石炭・天然ガスといった化石燃料を掘り出し，生産活動を行うようになった．化石燃料を燃焼させて得られるエネルギーは，その有機物を生産した植物が生きていた時代に地球に降り注いだ太陽の光エネルギーであり，発生する二酸化炭素はその当時の大気中から植物が取り込んだ炭素によって構成される．すなわち，われわれ現代人は，現在の物質循環の一部を担っているだけではなく，中生代や古生代など太古の地球の生態系で有機物に取り込まれたエネルギーに依存しているのである．エネルギーは熱

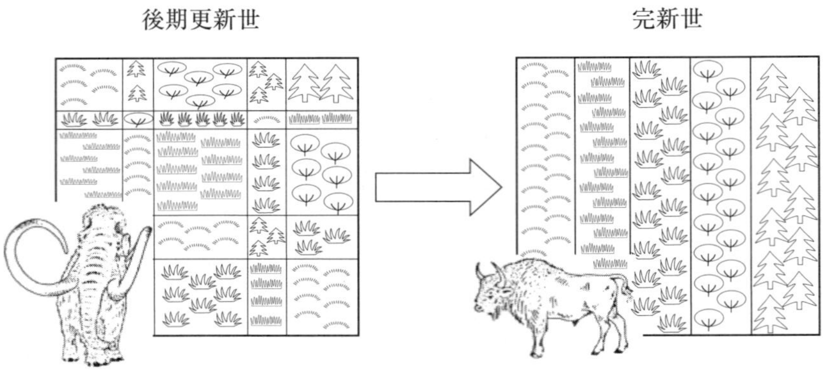

図6.4-3 アラスカの後期更新世に存在したステップ・ツンドラの植生分布と，完新世の植生分布
（Guthrie, 1984を一部改変）
後期更新世では食性，棲息場所を選ばないジェネラリストが多く，完新世になると食性，棲息場所を限定したスペシャリストが多くなり，動物相の種多様性が減少した．

後期更新世：植生：モザイク状に分布，多種多様／動物相：種多様性高い　ジェネラリスト優勢

完新世：植生：帯状に分布，単調／動物相：種多様性低い　スペシャリスト優勢

となって失われるが，二酸化炭素は現在の大気中に蓄積されていく．この結果，急激に増加した大気中の二酸化炭素が地球温暖化をもたらし，地球の生態系に大きな影響を与えている．

第四紀の生態系についての研究は，気候や地形といった無機的環境の変化が動物群や植物群に与えた影響を議論した研究が多い．一方で，過去の生物間の相互作用についても盛んに研究が行われてきた．そのうち，植物間，人間と植物あるいは人間と動物の間の関係については，6.2節と6.3節で述べた．本節では，人間以外の動物と植物，または，植物と菌類といった生物間の相互作用を取り上げる．

6.4.1 植生変化による動物群集の変化

動物群集は，植物に栄養を依存している以上，植生変化に大きな影響を受ける．たとえば，後氷期の周北極域での植生変化と動物群集の変化との関係では，図6.4-2のように気候が変化すると土壌や地表の条件が変化し，それに伴って植生が量的・質的に変化する．さらに，それがそれぞれの動物の生息地の条件や植物をとりまく環境を変化させ，動物相の変化をもたらし，場合によってはいくつかの種類を絶滅に追いやる（Oliver, 1982）．後期更新世末には，植生変化がもたらした動物相の変化に人類の影響が加わる（6.3.4項参照）．後期更新世末のユーラシア大陸や南北アメリカ大陸での哺乳類の大量絶滅については，電撃戦モデル（Martin, 1973）のように人類の影響によって説明する説があるが，一方で気候変化によってもたらされた植生変化を主な原因として説明する研究者も少なくない．そのうち，Guthrie（1982；1984）は更新世後期の北アメリカ北部での哺乳類の絶滅を，周北極域で起きた植生変化で説明した．すなわち，周北極域の最終氷期にはステップ・ツンドラが広がっていて，そこに棲む哺乳類の多様性は現在よりも非常に高かったのが，後氷期に現在のような北方針葉樹林に変化する過程で哺乳類の収容力が減少したとする説である．

現在の北方針葉樹林で優占する植物の大部分は，テルペンなど植物食の哺乳類が嫌う物質や毒性のある多様なアルカロイドを多く含み，しかも栄養価が低いので，北方針葉樹林での哺乳類の収容力は低く，哺乳動物相は貧弱である（Guthrie, 1990）．北方針葉樹林では，低温で落葉落枝の分解が遅いために腐植酸が形成され，降雨によって土壌表層から栄養塩類が溶脱して植物にとって貧栄養な環境となっており，植物の成長がきわめて遅い．植物の成長が遅いと動物の被食によるダメージが大きくなるので，テルペンやアルカロイドといった化学物質の生産に多くのコストを分配している植物が選択的に生き残る（Guthrie, 1990）．

一方，最終氷期には現在よりも乾燥した気候下で，現在北方針葉樹林が成立している場所にステップ・ツンドラが成立していたと考えられている（Guthrie, 1982）．最終氷期には，夏期の気温は現在

6.4 第四紀の生態系

A

植物食哺乳類（平均個体重,kg）

植物食哺乳類				
マンモスゾウ (2230)	40% (29%)	40% (21%)	20% (9%)	
ウマ (150)		20% (10%)	80% (35%)	
バイソン (450)		30% (16%)	50% (22%)	20% (50%)
トナカイ (100)	10% (7%)	40% (21%)	40% (17%)	10% (25%)
ジャコウウシ (180)	20% (14%)	30% (16%)	40% (17%)	10% (25%)
ヘラジカ (300)	70% (50%)	30% (16%)		

B

植物群落の種類

	低木林（ヤナギ属）	湿生草地（カヤツリグサ科）	乾生草地（イネ科,カヤツリグサ科,ヨモギ属）	クッション植物－地衣類群落
分布割合	5%	10%	65%	20%
地上部現存量（トン）	50000	20000	260000	20000
純生産量（トン/年）	20000	7500	65000	5000
被食量（トン/年）	3000	1130	3250-9750	250

植物から動物への
エネルギー移動量
（トン/年）

	マンモスゾウ	ウマ	バイソン	トナカイ	ジャコウウシ	ヘラジカ
体重あたりの年間消費量（%）	1460	1460	803	803	803	803
総消費量（トン/年）	1399-1984	1229-3439	1020-2450	1062-2167	1216-2321	1680
動物バイオマス（トン）	96-136	84-236	127-305	132-270	151-289	209
収容頭数（頭）	43-61	560-1573	282-678	1320-2700	840-1605	697

動物からヒトへのエネルギー移動量（トン/年）

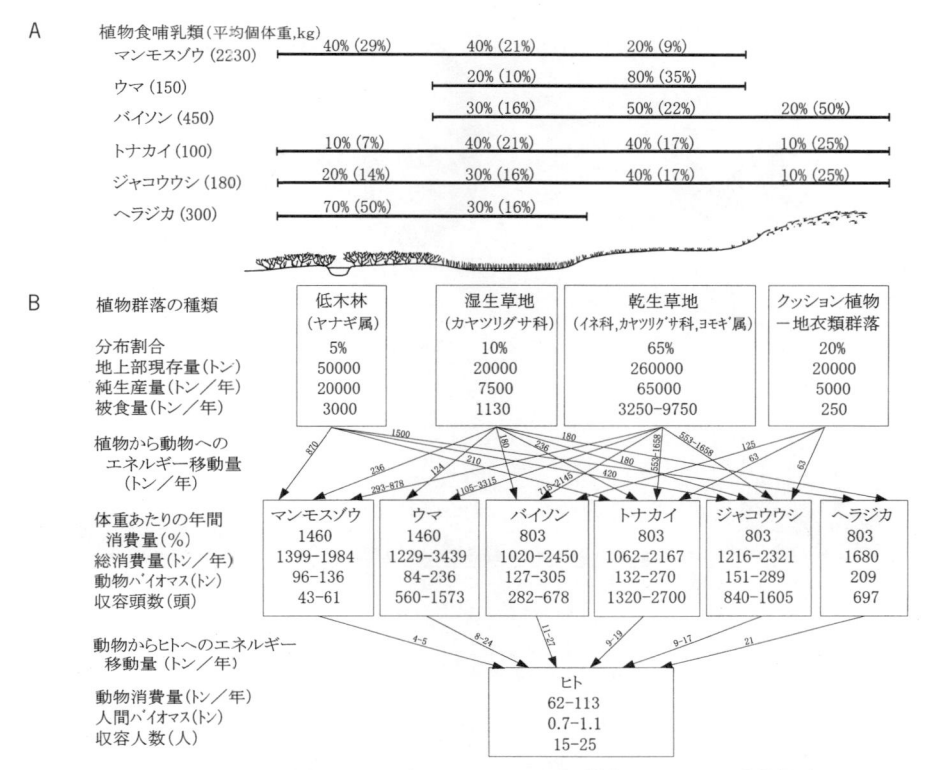

ヒト
動物消費量（トン/年）　62-113
人間バイオマス（トン）　0.7-1.1
収容人数（人）　15-25

図6.4-4 25 ka のベーリング地域のステップ・ツンドラにおける植生からヒトへの食物網（Bliss & Richards, 1982を一部改変）
Aは主要な6種類の植物食大型哺乳類が当時の4種類の植物群落をどのような割合で食料として利用したかを示す. 括弧は1つの植生型がそれぞれの動物に何%ずつ食べられたかを示す.
Bは当時の植生分布割合から復元された, 1000km²あたりの植物食哺乳類, ヒトのバイオマスと植生からヒトへのエネルギーの流れ.
A, Bともマンモスゾウについてはアフリカゾウの, そのほかの動物は現在の周北極域での植生の利用割合, 体重あたりの食料消費量に基づく. 植生の生産量や被食量, ヒトの動物利用状況は現在の周北極域での資料に基づく.

よりも高かったと考えられており，現在よりも地下深くまで凍土が融解した．また，地表からの水分の蒸散が活発で栄養塩類が地表に供給されるとともに，レスによる栄養塩類の供給も多く，夏期の温暖な環境下で植物は高い生産量をあげることができた．これらの植生には，毒性が少なく栄養価の高いC_4植物が多かったので，哺乳類の収容力も高かった．しかも，その場所での植物食の哺乳類の多様性が非常に高かったことから，Guthrie (1982) は，当時のステップの植生配列は現在よりも複雑で，多種多様な植物群落がモザイク状に入り組んだ状態だったと考えた（図6.4-3）．後氷期の温暖化に伴ってこのようなステップ・ツンドラが現在のようなツンドラと針葉樹林に変化することで，栄養価の低いC_3植物が増え，毒性のために利用できる草が限られてしまい，植物食の哺乳類が大きな影響を受け，そのような哺乳類を餌としている肉食の哺乳類も深刻な影響を受けることになったと考えられている（Kurtén & Anderson, 1980；Guthrie, 1982；Graham, 1986など）．

最終氷期の周北極域に存在したステップ・ツンドラは，イネ科やカヤツリグサ科，ヨモギ属が優占した草原で，現在の周北極域にはみられない植生タイプである．このようなステップ・ツンドラの存在を疑問視し，堆積物中の花粉量が少ないことからむしろ現在のツンドラのような植生だったとする説もある（Cwynar & Ritchie, 1980）．しかし，Guthrie (1982) は花粉の生産量が少ないのは，植物食の哺乳類による被食によって花をつける個体が少なかったためと主張している．

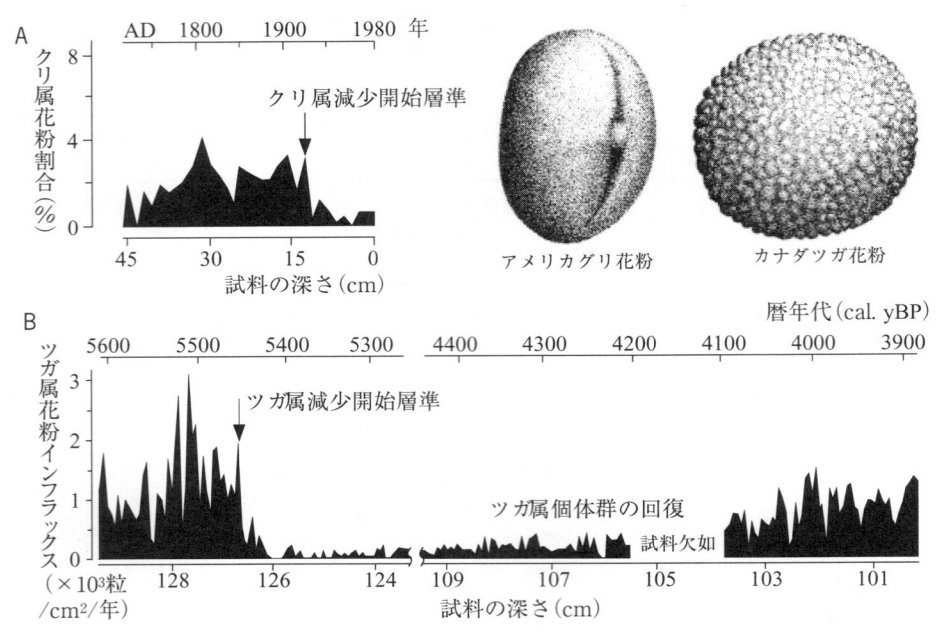

図6.4-5 A：北アメリカ東部のクリ葉枯病によるクリ花粉の減少，B：花粉化石から推定される完新世のツガ属の減少と回復（Allison *et al.*, 1986をもとに作成；花粉のイラストはWodehouse, 1935）

　Bliss & Richards（1982）は，花粉分析資料によって当時のステップ・ツンドラに存在した4種類の主要な植生群落の分布割合を求めた上で，6種類の主な植物食の哺乳類がどの植生を食料として利用していたかを，現在の食性のデータを使って復元した（図6.4-4A）．さらに，現在の極地での物質生産量から，1000km^{3}あたりの当時の植生の年間生産量を求め，当時の食物網におけるエネルギーの流れを計算した（図6.4-4B）．この結果，現在だけではなく当時も分布量が少なかったと考えられる低木林や湿生草地で，面積あたりの生産量が高く，多種多様な植生の存在が，植物食の哺乳類とヒトの環境収容力を高めていたことが明らかになった．

6.4.2　植生変化の要因としての動物相，菌類相の変化

　動物の増加は，ときには大規模な植生破壊を起こすことがある．近年，アフリカなどで放牧されたヤギやヒツジ，ウシなどの家畜が急増し，それらが植物を大量に食べてしまうことによって，沙漠化した地域が拡大することが心配されている．また，最終間氷期のイギリスでは，当時生息していたカバ（*Hippopotamus amphibius*）が木の葉を大量に食べることによって川沿いの森林が破壊されたと考えられる例が知られている．一度森林が破壊されると，そこに多くの植物食の哺乳類が入り込み，樹木が育つ前にその芽や若木を食べてしまい，森林が回復しないこともある（Birks & Birks, 1980）．

　昆虫の大増殖が，その食草に壊滅的な打撃を与えた例として，5453 y BPの北アメリカ中・東部でカナダツガ（*Tsuga canadensis*）が広域にわたって激減した現象がある（Davis, 1981）．5500 y BPまではツガ属が北アメリカ中北部の森林の優占種だったのが，7年から数十年の間に個体数の減少が起こったことが花粉ダイアグラムに記録されている．ニューハンプシャー州のPout Pondの年縞堆積物中では，約4867 y BP（暦編年では5453年前）以降の7〜8年以内の間で75％のツガ属花粉堆積量の減少が起こった（図6.4-5；Allison *et al.*, 1986）．花粉量の減少がみられる地層からは，シャクガの一種 *Lambdina fiscellaria* とハマキガの一種 *Choristoneura fumiferana* の幼虫の頭部の化石がみつかっており，シャクガの一種に特有の食痕を示す葉や幼虫の糞の化石も多量にみつかった（Bhiry & Filion, 1996）．このシャクガの一種はもともと北アメリカ西部に分布するアメリカツガ *Tsuga heterophylla* の害虫で，そこでは病気や天敵によって個体数が調節されていたが，シャクガが東へと分布域を拡大してカナダツ

ガの分布域に達すると病気や天敵がいなくなり，大増殖が引き起こされたと考えられている（Davis, 1981）．

Filion & Quinty (1993) と Bhiry & Filion (1996) は，ケベック州の堆積物中の木材の年輪年代を花粉分析の結果や昆虫化石と照らし合わすことで，虫害によるツガ属の減少の過程を詳細に復元した．虫害が始まるとともに，3〜6年間年輪幅が減少する期間が周期的に繰り返されるようになり，それとともに全体的に年輪幅が徐々に減少し，その結果，通常の個体よりも短い寿命（樹齢165年以内）で枯死に至っていた．これと同様の年輪変化のパターンは，ガが周期的に増殖することで食害を受ける現在のツガ属にもみられた．年輪幅の減少は，害虫の繁殖により葉が多量に食べられ，植物の物質生産量が落ちた結果だと考えられた．

ツガ属が枯死した後の森林の変化は地域によって異なっており，気候変化やほかの樹種との競争関係，ツガ属の虫害に対する耐性獲得（Davis, 1981），害虫個体群の消長（Bhiry & Filion, 1996）などが影響したと考えられている．ニューハンプシャー州ではカバノキ属，ブナ属，カエデ属，アサダ属ーシデ属の順で花粉量が増加し，ツガ属花粉量がもとの状態まで回復するのに2000年かかっている（Davis, 1981）．また，ミシガン州やバージニア州のように森林の種構成が変化してしまって，ツガ属がその地域で再び優占することがなかった地域もある．

菌類による植物病の蔓延も広域にわたる植物の減少を引き起こす．植物病は昆虫の媒介によって急速に伝染することも多い．1904年にヨーロッパから北アメリカのニューイングランド地方に上陸した菌類 *Endothia parasitica* によるクリ葉枯病（Chestnut blight）は，1950年までに北アメリカ東部の森林で優占していたアメリカグリ *Castanea dentata* 個体群の大部分を消滅させてしまった（Anderson, 1974）．ヨーロッパ大陸のクリ属は病気に対する耐性をもっていたが，北アメリカ大陸のクリ属には耐性がなかったことが，急激な病気の蔓延につながった．北アメリカ東部の湖沼での花粉ダイアグラムでも，クリ属花粉の減少とそれに伴うブタクサ属花粉の増加が記録されていた（図6.4-5A；Anderson, 1974）．クリ属の個体群が枯死した年は地域ごとに明らかになっているので，クリ属花粉の減少層準は表層近くの湖底堆積物の高精度編年にも利用されている（Anderson, 1974）．

菌類やバクテリアは，有機物の無機化，とくに動物にはできないセルロースの分解という生物圏の物質循環の中での大きな役割を担っているだけではなく，植物と共生し，植物の根の内部と周囲に菌糸を伸ばすことで土壌中からの養分の吸収を助けたり，空気中の窒素を固定する働きをもつ種類がある．その一方で，生きた植物を枯死させる種類もあって，それが植物の分布の制限要因になっていることもある．ラン科の種子のように菌類との共生がないと発芽，成長することができない植物がある一方で，針葉樹の種子は一般に菌類による攻撃に弱いために菌類の少ない場所でのみ発芽が可能である．トウヒ属やツガ属の種子は雪積地に広く分布する暗色雪腐病菌 *Lacodium therryanum* に弱く，土壌が厚い場所では菌害によって枯死し，倒木の上や岩の上など貧栄養な場所でのみ発芽する（佐藤ほか，1960）．日本のトウヒ属のように最終氷期の最盛期から現在への温暖化の過程で分布域を縮小した植物には，寒冷で積雪の少ない地域の湿原や岩礫地といった貧栄養な土壌環境に分布域が制限されている種類が多い．すなわち，気温の温暖化と多雪化による土壌条件の変化が菌類相の変化をもたらし，それが植物の分布制限要因の1つとして働いた可能性がある．

6.4.3 植物と動物の相互関係

植物と動物は食う食われるの関係を通して進化してきた．たとえば，植物は動物による被食にさらされてきた結果，アルカロイドのような毒性の強い化学物質や，棘のように被食から物理的に身を守る形質を発達させた．昆虫の毒になるある種の物質を生成する植物が進化すると，その物質に対して解毒作用をもつ昆虫が進化するというように植物と動物の共進化が始まり，昆虫と食草の関係が特殊化していった（Ehrlich & Raven, 1964）．

イネ科植物などの単子葉植物は，植物食の哺乳類による被食に適応して分布域を広げたといわれている．葉の細胞をつくる分裂組織が葉の縁辺や茎の先端にある双子葉植物は，葉や茎頂が一度食われると再生不可能であるが，分裂組織が葉の付け根にある単子葉植物は，葉の先が食われても次々に葉を伸ば

● ウッドラットの巣の化石を用いた乾燥地域の古環境復元　　　　　　　　　　　　　　　　　　コラム 6.4-1 ●

　現生のウッドラット属（*Neotoma*）は，北アメリカ南西部の乾燥地帯を中心に分布するクマネズミほどの大きさのネズミで，新北区固有の属である（6.3.1 項参照）．耳は大きく，体の上部は灰色で，体の下面は白く，その長い尾は一般に毛で被われている（下図）．臼歯にはハタネズミ類のような模様（6.3.4 項参照）がみられるが，その模様はより単純である．ウッドラットの骨や歯の化石は北アメリカの後期鮮新世とそれ以降の地層から知られているが（Kurtén & Anderson, 1980），その巣の化石は後期更新世とそれ以降の古環境復元に用いられることで有名である．ウッドラットは，ほかの多くのネズミ類が穴を掘って地下に巣をつくるのに対して，主に木の枝やほかの植物質のものを集めて地表に塚状の巣をつくる．その巣はウッドラットの塚（woodrat midden；packrat midden）と呼ばれる．巣をつくる場所は岩の隙間を始め，木やサボテンの根元などである．

　ウッドラットは巣の周囲 100 m 以内にある物を，ただ単に食料として貯蔵するためだけではなく，比較的ランダムに巣に持ち込む習性がある．葉や枝，樹皮，トゲ，種実類といったあらゆる植物の部位や昆虫，陸棲の貝，哺乳類の骨などを巣の壁に糞と一緒に塗り固め，岩のすきまが埋まるまで巣作りを続ける．尿素を含む糞に被われた植物や昆虫の遺体は，乾燥した気候下では分解されにくい．乾燥地には花粉や植物化石が保存される水成堆積物がないために古植生復元はそれまで困難と考えられてきたが，ウッドラットの巣の化石の ^{14}C 年代を測るとともに巣の中の植物遺体や動物遺体の種構成を調べることで，乾燥地の植生や生物相の復元が行われるようになった（Wells, 1976; Betancourt *et al.*, 1990）．

　現在の北アメリカ南西部の乾燥地帯では，低地にト

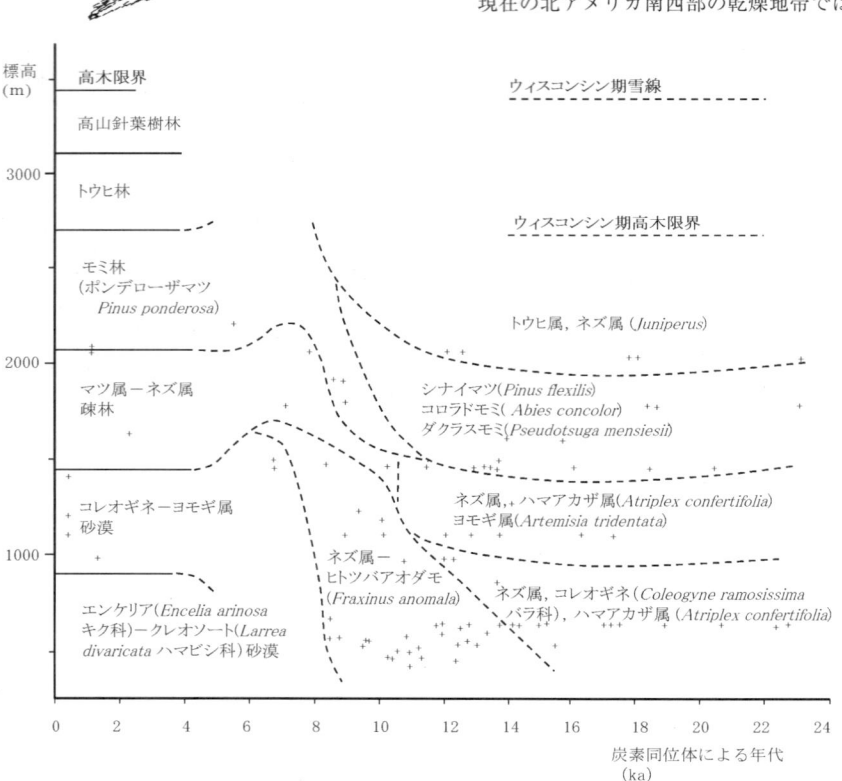

　図　ウッドラット（左上）と，ウッドラットの巣を構成する大型植物化石から復元された 24 ka 以降のアリゾナ州北部の植生帯の時間的変化分析（Cole, 1985）．
　　　＋は分析が行われたウッドラットの巣の時間的，空間的位置．

ゲをもつ灌木やサボテン科（Cactaceae）のような多肉植物からなる半沙漠植生が分布し，標高が高くなるにつれて常緑コナラ属やネズミサシ属，マツ属からなる低木林，マツ属の高木林を経て，トウヒ属の高木林へと変化し，さらに標高が高くなると針葉樹林が森林限界を構成する（図参照）．すなわち，ここでは標高が高い場所での低温による森林限界に加えて，標高の低い側にも乾燥による森林限界が存在する（Cole, 1985）．それは，低地が高温で乾燥しているのに対し，標高に従って温度が低くなるにつれて降水量に対して蒸発散量が減少し，植物に必要な土壌水分が増加するからである．

最終氷期の最盛期のようにこの地域で気温が低下した時期には，標高の高い地域で森林限界が低下しただけではなく，蒸発散量の低下によって標高の低い側の森林限界も低下したことが，グランドキャニオンのウッドラットの巣に塗り固められた植物化石の分析から明らかになった（図参照；Cole, 1985）．ただし，最終氷期の植生帯は現在とは種構成が異なっており，現在の森林帯がそのまま低下してそれぞれの分布標高域の幅が狭まったわけではない．すなわち，植物の種が最終氷期から現在への環境変化に応答してまとまって動いたのではなく，個々の種がそれぞれ独自に動いた結果が，現在に至るまでの植生帯の変化につながったといえる（Cole, 1985）．

このように，ウッドラットの巣に塗り固められた大型植物化石を使うことで，種レベルでしかも巣の周辺100mというごく限られた場所の植生復元が可能である．したがって，ウッドラットが巣をつくれる割れ目のある岩場が分布している場所ではどの標高域でも古植生復元が行えるので，植生帯の正確な位置や植生帯の境界付近での植生の存在様式も議論できる（Betancourt et al., 1990）．ウッドラットの巣内の植物化石を使った研究として，このような化石群の種構成に基づいた古植生・古気候復元や植物地理の研究以外に，葉の気孔指数を用いて最終氷期以降の大気中の二酸化炭素濃度の変化を復元した研究がある（6.4.2項参照）．

ウッドラットのように巣に植物を持ち込む習性のある齧歯類には，北アメリカに広く分布するカナダヤマアラシ属（Erethizon）や南アメリカ南部に分布するチンチラ科の動物（Chinchillidae），アフリカ西南部に分布するアフリカイワネズミ属（Petromus），オーストラリア中部に分布するコヤケネズミ属（Leporillus）があり，同様の習性のある岩狸目の動物（表6.3-1参照）にアフリカと中東のハイラックス属（Procavia）があって，世界各地で乾燥地域の古植生復元が盛んに行われつつある．

すことができる．このために，単子葉植物は，植物食の哺乳類の多い場所や人為的な刈り込みの激しい場所で優占できる．イネ科植物に多い植物珪酸体（6.2.2項参照）は，葉を地表に垂直に立てるときに葉の強度を増す働きをするとともに，植物食の動物の歯を摩滅しやすくしている．

植物は動物の食料として一方的に利用されているだけではなく，花粉の媒介や種子散布を行うのに，動物を利用していることがある．虫媒花は，虫によって少数の花粉を効率よく媒介させるために，一般に，①虫に付着しやすいように花粉の表面の装飾や粘着液を発達させたり，②目だちやすい花弁の発達や，③蜜や芳香物質の分泌といった特徴を発達させた．さらに，種類ごとに花の形態が異なったり，花の咲く時期や時間をずらすことで，同じ種の別の花へと確実に花粉が媒介できるようになった．ガの長い吸口に合わせて花筒が長くなっている花のように，植物と送粉昆虫との関係が特殊化している植物も多い．一部のラン科植物では，ある種の昆虫の雌に似せた花をつけたり，雌の性フェロモンに似た物質を分泌して，その昆虫の雄が雌と間違えて花と交尾行動するときに花粉を媒介させる．このような場合では，植物の種と送粉昆虫の種との1対1の関係が成立している．

植物にとって，種子の散布が最も重要な繁殖手段であり，分布を移動させる手段でもある．動物による種子散布は，①付着散布，②被食散布，③貯食散布，④アリ散布がある（表6.4-1）．動物散布によって，風や水流，重力，機械的散布といった方法よりも遠い場所へと分布を広げることができ，鳥散布では，海峡や川，山脈，沙漠地帯を越えた植物の移動も可能となる．熱帯域に多くみられる大型で重い種子をもつ液果は，大型の動物によって散布されない限り，親木の周りに重力散布されるだけで分布域を広げることはできず，親木の近くで発芽した個体の多くは昆虫などによって食べられて消滅してしまう．コスタリカでは，人為的に移入されたウマやバクが大型の液果の散布者として重要な役割を果たしていることが確認されている．約1万年前に新大陸から絶滅したゾウやウマなどの植物食の哺乳類が大型種子を散布することによって，氷期−間氷期の気候変化に応じた分布域の移動が可能となり，熱帯林や温帯林の種多様性が維持されてきたと考えられて

●C_3植物とC_4植物　　　　　　　　　　　　　　　　　　コラム6.4-2●

植物は，気孔を通して植物内と大気との酸素や二酸化炭素の交換を行っている．大気が乾燥していたり植物内の水分が不足すると気孔が閉じ，植物内からの水分の蒸発が抑えられるが，そうなるとCO_2が供給されなくなって光合成能力が落ちてしまう．そこで，イネ科，アカザ科といった乾燥地帯の草原を構成する植物に多いC_4植物は，独特の二酸化炭素固定回路をもつことで乾燥気候に適応した．

植物はC_3植物とC_4植物のどちらかに分類されるが，その名前は，大気中のCO_2が細胞内で最初に取り込まれて形成される有機酸の炭素の数に由来している．すなわち，大部分の植物（C_3植物）では，葉肉細胞の葉緑体に入ったCO_2が代謝経路に取り込まれる際に，炭素原子を3個もつ3-ホスホグリセリン酸が最初に形成され，その後，代謝回路（カルビン-ベンソン回路）を通じて炭水化物の合成（光合成）が行われる．一方，C_4植物では，葉肉細胞でオキザロ酢酸やリンゴ酸といった炭素原子を4個もつ有機酸が最初に形成され，それが維管束鞘細胞に運ばれて炭水化物の合成が行われる．すなわち，C_3植物では光合成が葉肉細胞ですべて行われるのに対し，C_4植物では維管束の周りに維管束鞘細胞が発達し，葉肉細胞で二酸化炭素の固定と濃縮，維管束鞘細胞で炭水化物の合成という2種類の細胞による分業が行われる（Larcher, 1994）．

CO_2を有機酸の形で固定・濃縮できるC_4植物では，気孔が閉じて葉内のCO_2濃度が減少しても光合成を行うことができるため，乾燥に非常に強い．また，C_3植物では，光合成が盛んになると酸素が吸収されて有機酸が分解されてしまう（光呼吸）ために，光が強くてもある程度以上は光合成速度が増加しない（光飽和）が，C_4植物では光呼吸がほとんど起こらない．したがって強い光のもとで最大限の炭素固定が可能で，競争上有利である（Larcher, 1994）．一方，C_4植物の多くは寒さに弱いので，C_4植物は暖かく乾燥した地域で多く，緯度や高度が高くなるにつれて減少する（図）．

C_3植物ではCO_2を最初に取り込む酵素（Rubisco）が炭素同位体（$^{12}C/^{13}C$）のうち^{12}Cを強く選択するため，C_3植物とC_4植物で植物体の炭素同位体比が異なる（$\delta^{13}C$：C_3植物で約 $-23 \sim -36$，C_4植物で約 $-10 \sim -18$）．植物が固定した炭素は，動物に摂取されて動物の骨に蓄えられたり，古土壌中の炭酸カルシウムに変化する．そこで，動物化石や古土壌の炭素同位体比を調べることで，動物の食草や植生中のC_4植物の分布量を復元することができる．

アフリカ中部では，鮮新世から更新世にかけての古土壌に含まれる炭酸カルシウム中の$\delta^{13}C$の増加から，森林植生の減少とC_4植物が生育する草原植生の増加が復元され（Cerling, 1992），人類の進化との関連が議論された（Wood, 1992）．西アジアでも，後期中新世以降の古土壌の炭素同位体比から，モンスーン気候の発達と草原植生の増加が議論された（Quade et al., 1989）．また，ムギ類やヒエ，アワといった乾燥地や亜熱帯起源の栽培植物にはC_4植物が多く含まれていることから，縄文人がこれらの植物を摂取していたかどうかを人骨の炭素同位体比から検討した研究がある（南川, 2001）．

C_3植物では温度やCO_2濃度によって炭素同位体の選択比が変化するが，C_4植物では酵素による炭素同位体選択が行われないので，C_4植物の化石の炭素同位体比は，当時の大気中の二酸化炭素の炭素同位体比を忠実に反映していると考えられている．気候が温暖になって地球上のバイオマス（生物量）が増加すると，^{12}Cが生物に蓄積されて大気中の^{13}Cが増加することを利用して，C_4植物の化石の炭素同位体比を用いた古気候の復元が行われた．乾燥地に分布するウッドラットの塚（コラム6.4-1参照）には，C_4植物の化石が豊富に含まれる．ウッドラットの塚から取り出されたアカザ科植物の*Atriplex confertifolia*の細胞壁の炭素同位体曲線は，最終氷期から現在に至る気候の温暖化の様子を詳細に記録していた（Marino et al., 1992）．

図 北アメリカのイネ科草本種に占めるC_4植物種の割合（%）の地理分布（Larcher, 1994）

表6.4-1 主な種子散布の種類と様式（中西，1994をもとに作成）

散布の種類	散布過程	散布体の形態と植物の種類
風散布	風に飛ばされることで散布	羽毛・冠毛をもつ（セイヨウタンポポ，ヤナギ属） 翼をもつ（マツ科，カエデ属，カバノキ属） 微小種子（ラン科，ツツジ科，アジサイ属）
水散布		
流水散布	水に浮いて河川の水流によって散布	気泡，空洞をもつ果皮や種皮（オニグルミ，スイレン）
海流散布	海水に浮いて海流によって散布	繊維質，コルク質の果皮（ココヤシ）
動物散布		
被食動物散布	哺乳類や鳥類によって果実が食べられ，種子が排泄されることによって散布	色づく液果，核果（ブドウ属，アオキ，マタタビ）
付着動物散布	動物の体表に付着	逆刺をもつ（オナモミ，ヌスビトハギ，センダングサ） 粘液を分泌（チジミザサ）
貯食散布	貯食性動物（リス，ネズミ，カケス）によって運ばれ，蓄えられた果実が食べ残されることによって散布	チョウセンゴヨウ，ブナ科，クルミ属，トチノキ
アリ散布	種子表面の付属体にアリを引きつける物質を持つ種子や，果肉をもつ種子がアリの巣に運ばれ，種子が食べ残される	種子付属体（エライオソーム）をもつ（スミレ属，ホトケノザ，ムラサキケマン） 果肉をもつ（イヌビワ）
自動散布	果実の裂開によって種子が放出される	スミレ属，ツリフネソウ，ムラサキケマン
重力散布	落下したり，地表を転がることで散布	クリ，ツバキ属，トチノキ

大部分の植物の種類は複数の散布様式で散布される．たとえば，オニグルミでは重力散布，貯食散布，水流散布のいずれでも散布され，スミレは果実の裂開（自動散布）の後で，アリによって散布される．

いる（Janzen & Martin, 1982）．

ネズミやリスといった齧歯類や，カケスなどの鳥類は，冬越しのための食糧として秋に種子を運んで貯蔵する貯食性動物として知られている．春までに食べられずに残った種子は発芽するので，植物の種子は確実に散布される．1914年に絶滅した北アメリカのリョコウバトは，後氷期以降の植物の分布拡大に関与していたと考えられている（Webb, 1986）．Webbは，後氷期の花粉等高線図に基づく植物の移動速度と，種子生産が開始される樹齢から，種子の散布速度を求めた．その結果，ブナ属，コナラ属，カリア属といった動物散布種子の年間散布距離は7～8kmで，現存する長距離散布者であるアオカケスで観察された散布距離（4km）よりも長いことが明らかになった．後氷期のリョコウバトの化石は北アメリカの広い地域で発見されており，このことから，かつて長距離を飛んでいたリョコウバトが種子の長距離散布者として最も重要な役割を担っていたと考えられた．日本の後氷期で本州から北海道への海峡を越えたブナの分布拡大にも，カケスやホシガラスなどの鳥類が寄与していると考えられている．

植物と送粉昆虫や植物と散布動物の関係が特殊化すると，一方の生物の絶滅は他方の生物の絶滅をもたらすことになる．モーリシャス島に自生するアカテツ科の*Sideroxylon sessiliflorum*という樹木は，樹齢300年以上の個体だけが存在し，種子による世代交代がまったく起こっていないことが知られている．この植物の果皮や種皮は非常に硬くて自力では発芽できないので，硬いくちばしをもち，砂嚢で果実をすりつぶすことのできる鳥類しか，種子を散布して発芽させることができない．このような性質をもつ鳥類は，現在モーリシャス諸島には分布せず，17世紀に絶滅したドードーが唯一の種子散布者であったと考えられた（Temple, 1977）．日本の沖積低地などの湿地帯にかつては多かったサクラソウは，生育地が宅地や水田によって分断・縮小した結果，個体数が急激に減少し，絶滅が危惧されている．サクラソウの多くはマルハナバチなどの送粉昆虫による他花受粉でないと種子ができない．生育地周辺の環境悪化は，送粉昆虫の減少をもたらし，サクラソウの減少傾向に拍車をかけている（鷲谷・矢原，1996）．

7. 人 類 史

7.1 人類紀としての第四紀

「歴史」といえば，たいていの場合，人間の歴史をさすと了解されてきたのではないだろうか．それは，ヨーロッパ近代の歴史学の伝統の中で確立されたものが，日本でも明治以来受容され，前提となって今日に至っているからである．そのため時代と地域を限定された，ほかのどこにもない一回限りの人間の営みの軌跡を個性として記述すること，これが歴史学の課題であるとする考えは，今日の日本の人文科学においてもなお根強い考えなのである．

自然科学は法則定立的であるが，人文科学では法則は成立せず，人間の文化の歴史的個性の記述に限定して歴史を考える傾向は，むしろ近年強まっているのかもしれない．しかし，こうした二元論的な科学論では，自然史の中に人類の歴史を位置づけようとする際，また動物としての人類の位置づけをしようとする際に，認識の方法が連続せず遮断されてしまう．つまり，人間が一人ではなく集団（個体群）として，自然史の中からどのようにして進化してきたのかという，系統発生的な観点が考えの圏外におかれてしまうことになる．人類の起源を扱う際には，こうした二元論は問題の解決能力をもっていない．

本章では，人類が長い地球の歴史のもっとも新しい段階に，高等霊長類の中から進化して地球上に出現したものであることを述べ，第四紀を特徴づける標準化石（index fossil）としての人類の意義を探る．また，道具を製作し使用する動物としての人類の特徴と，それを研究する際の基礎原理と方法についても考える．

7.1.1 時間示標としての道具

地球史の各時代を示す標準化石という考えを，地球の現代史である第四紀に適用した場合，この時代を代表する標準化石は何であろうか．人類の定義を，考古学的に最大公約数として，「道具を作る動物」（tool-making animal；man the tool-maker；Oakley, 1972）とした場合，その人類が製作した道具である石器を，標準化石として把握することができるだろうか．石器には，その場限りの「臨機的」な使い方をするもの（expedient-tool）と，丁寧に使う「管理的」なもの（curational-tool）とがある．一般に，管理的な石器は使用目的に合致した形態につくり出される（Binford, 1983a）．人類が，目的に沿って製作した道具を標準化石として把握するのは，厳密にいえば，適切でないという批判があるだろう．

しかし，考古学はこれを条件つきで認めてきた．旧石器時代の木器や骨器は型式学の体系が確立していないので，石器を例にとる．たとえば，ある遺跡のある層準から数千点の石器が発見されたとする．その中には，完成された石器，製作途中の石器，素材としての剥片，石核，製作時に飛び散った石屑，何も手が加わっていない原石などが含まれているであろう．その中から完成された石器だけを選び出してみよう．そこにはいろいろな種類の石器があるはずである．さらにその中で，量的にも多く安定した存在で，形状にも特徴があり，一定期間，当時の流行の型を支配するような石器がある．これは日本だけでなく世界の各地にみられる．こうした石器を，化石の例になぞらえて**標準石器**（**type tool**），あるは示準石器と呼ぶ．

人類が最初に石器を製作してから土器の出現までの約250万年にも及ぶ長い旧石器時代の研究では，石器が研究の手段としてその中心を占めてきた．この状況は今後も変わらないであろう．というのは，木器，骨器，皮製品，樹皮製品など有機質の資料

は，腐りやすく，どこにでも残っているわけではないからである．また人骨となると，いっそう発見の機会は稀であるからである．標準化石という古生物学の考えを，ヒトが特定の目的をもって製作した遺物にまでそのままあてはめるのは，厳密にいえば誤りである．にもかかわらず，石器は腐りにくく日常の道具として普遍的にあることから，標準化石に近似する標準石器（示準石器）として，考古学的な時代をおおづかみに表す指標として今日まで使われてきた．

ただし，石器は標準石器だけで成り立っているのではなく，さらに，使用によって石器の形態が変形し，分類上あたかも異なる種類の石器であるかにみえる資料もある．だから，標準石器だけで石器群を分析することはもちろんできない．

7.1.2 標準石器の方法と意義

第四紀を人類紀と一括して把握するだけでは，枠組み以上の意味はない．そこに展開した人類の歴史を具体的に問題にすることになると，当然のことながらその細分が課題となり，これなくしては詳しい研究は不可能である．人類の進化，道具の変化は何によって理解可能か．人類の進化の証拠は，地層中に保存された人骨の形態，道具（石器）の形態と型式，ならびにその組み合わせによって，変化の方向を探ることができる．その基礎をなすのが層位学である．

層位学は，地質学上の原理である，地層累重の法則と斉一性の原理によって支えられている．そしてこれらは，近代地質学を科学として成立させるのに大きな役割を果たした．しかし，第四紀には気候変動による氷期，間氷期の繰り返しや火山活動が盛んであるので，地球進化の歴史性を問題にすれば，むろん斉一性の原理がそのまますべてあてはまるわけではない．むしろ，ある時代と地域ごとに斉一性の原理が成立しているのである．

この地層累重の法則は，考古学の層位研究にも原理的な根拠を与えてきたし，今後も与え続けるであろう．それは，地層が撹乱されていない限り，下層から出土したものは上層から出土したものよりも古いということで表現される．このことから，考古学の層位研究は地層累重の法則の応用問題であると解説されることがよくある．地質学のこの法則は対象が自然堆積層を前提としている．ところが，考古学は**自然層**だけを扱うのではなく，**人為層**もしばしば取り扱う．人為層は，字義どおり，人間の行為によって形成された地層のことであり，それが無意識的に形成されたか，意識的に形作られたかは問わない．貝塚の貝層，古墳の盛り土，城壁，建物の壁などは，みな人為層である．だから水平層位だけでなく，壁のような垂直層位も扱わなければならない．

それでは実際の発掘調査に際して，自然層だけを相手にするか，それとも人為的に形成された層（文化層，cultural layer；cultural horizon）だけを相手にするか，どちらかで対応できるかといえば，それほど単純ではない．たとえば，南西フランスの旧石器時代の洞窟の堆積層序の模式図で考えてみよう（図7.1-1）．白抜きの層が文化層で，その中に×印で示したのが火を焚いた炉跡である．こうして下層から上層へ中期旧石器時代のムスティエ文化，後期旧石器時代のオーリニャック文化，ソリュートレ文化，マドレーヌ文化と連続する．各文化の間には遺物を含まない自然層が挟まれている．自然層中には石灰岩の崩落ブロックなどが入っている．つまりこの地層の断面をみると，人が居住した期間に残された文化層と，自然層の両方が，交互に堆積しており，発掘に際してはこの両方の異なる性質の層を扱うことになる．

この例は模式的に単純化されているが，実際はもっと複雑な，自然層と文化層序の混合体を相手にすることになる．当時洞窟に居住した人々は，当然ながら下層を撹乱しないように用心して生活しているのではなかった．生活の必要に応じて，穴を掘るとか，溝を掘るとかして，結果的に下層への撹乱を無意識的に行ったであろう．

この自然層と自然層に挟まれた文化層から発見される石器は，石器の種類と型式に特徴があり，最初に発見された地名をとって，上述のように文化名が与えられている．これは地球上のどこの遺跡でも原則的に発見地の地名をつけることで統一されている．異なる考古学上の文化として把握された遺物の総体（この中には特徴的な形状をもった石器，剥片，石器製作のときに飛び散る石屑，骨器，骨片，木質資料などを含む）は，一遺跡においては，時間空間を限定された「一まとまりの遺物群」と呼ばれる．

日本では旧石器時代の遺跡は，通常，火山灰土

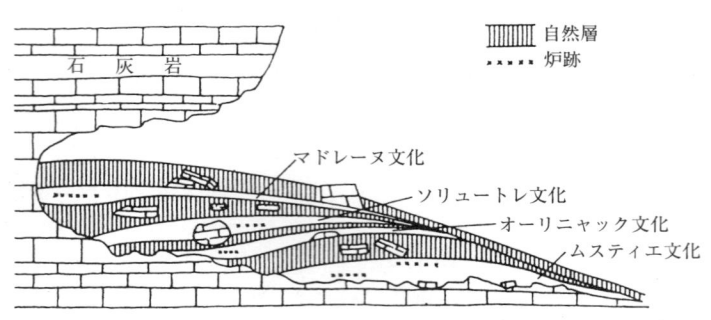

図 7.1-1　南西フランスの洞窟遺跡を想定した模式的な層序（Oakley, 1972）

（いわゆるローム層）中から発見することが多く，保存状態が悪いので，有機質の遺物は例外的にしか発見されない．このため，「遺物の総体」といっても実質的には石器，剥片，石屑しか発見されないことが多いので，「石器群」という用語をこれにあてている．英語圏ではこれを **assemblage, industry, complex** などの用語で表現している．しかし本来，assemblage, industry, complex というときは，石器だけをさしているわけではなく，すべての種類の遺物の組み合わせを表しているので，注意を要する．もし有機質の遺物を含む遺物の全体の中から，石器だけを抽出して議論するのであれば，lithic assemblage とか stone industry と限定した表現をするのが原則である．

日本においても，研究初期の1950年代の段階では，標準石器を時系列に沿って並べて編年を確立した．

その後，研究の進捗によって，単に標準石器を取り出しただけでは，複雑な石器群全体を把握することはできないということが理解され，さらに石器の母岩別の接合関係の分析を通して，石器群を立体的に把握する方向へと進んだ．

石器の型式は，石器の全体の形状，剥離の方向，二次加工の部位と程度などに着目して設定される．それを総合して石器のタイプリストを作成し，遺跡間の型式の量的差を文化の差・集団差と捉える F. Bordes の**石器型式学**（Bordes, 1961）は，長い間規範的な石器研究として広く受け入れられてきた．しかし，今日ではその基礎の部分で批判されてきている（山田，1996；竹岡，1997）．別の型式として分類されていた石器が，実は製作されてから使用されて廃棄に至るまでに石器が被る変形の範囲に収まってしまう場合が出てきたことも，従来の石器の型式分類に対する不信を助長している．こうした分野は石器の「**変形論**」として，最近は日本を含む世界各地で盛んに議論されている（Dibble, 1987；1995）．

今日では，石器群を石材の獲得から製作・使用・変形・廃棄に至る一連の流れの中で評価するようになってきただけでなく，石材の条件が石器の組成や二次加工のあり方にどのような影響を与えているかも各地で広く検討されている．全体として資料的にも細かな分析が可能な後期旧石器時代の石器については，ますます総合的な分析が不可欠となってきているのである．

それでは，特徴的な石器を標準石器として理解することがまったく無意味になったのであろうか．そうではない．ある石器群を文化名で呼ぶだけでなく，その内容を石器の特徴に即して一言で表現しようとするときは，標準石器でその特徴を表現することが多い．標準化石の方法に由来する標準石器の意義はなくなってはいない．その果たす役割が相対化し，限定されたということである．

一般に，旧石器時代の遺物包含層は，自然層であることが多い．しかし，ベースキャンプの生活面や，住居の床面などは，地層下に埋没しても，そこが人為性の高い面であることを発掘により明らかにすることは比較的容易である．すでに述べた洞窟の堆積層序などは，自然・人為の両方の形成層を含んでいる．

人為層は，自然の層序と違って，特殊な扱いを必要とすることが多い．時代が新しく，被覆されない平地の同一層準面に認められる遺構（住居跡，掘立柱建物跡，城壁など）を対象とするときは，地層累重の法則だけでは対応できない．

こうした考古学の現象に特有な，人為的に形成さ

れた層序のもつ特性に注目して，その相対的独立性を明確にすることが行われた．1979年に提唱された**ハリスマトリックス（Harris matrix）**がそれである．原理は，単純な3つの関係を識別することから始まる（図7.1-2）．Aは相互関係は不明であるが，それぞれの層が含まれる場所での層の上下関係がはっきりしている場合である．Bは上下の被覆関係にあるもの．Cはもともと1つの層であったものが溝などで切られて2つに分かれたようにみえるものである．それぞれを図7.1-2のように表現する．

実際にはこのような相互関係図（図7.1-3）が描かれたワークシートを使って遺構の重複などから，その時間的前後関係の連続性（sequence）を解きほぐしていく（Harris, 1979）．これをもとに，とくに同一層準，同一平面にあって層位的な上下関係で把握できない建物遺構跡の時間的前後関係の究明や，壁などの垂直層序を含む複雑な都市遺跡の発掘などに威力を発揮することが，多くの調査例で確かめられている．日本でも縄文時代の貝塚などでこの方法が試みられている．

これは，考古学だけでなく，現在の都市の表層部を調査する際に，現代の建物の基礎構造が地層の中でどのようになっているのかを知らなければならない応用地質学の分野にも充分適用できる方法と内容をもっている．

7.1.3 化石人類の分類

人類は氷期・間氷期の激しい気候変動の中で，採集・狩猟を通して環境への適応を行いながら，次第に地球の各地へ生活の場を拡大し，拡散してきた．アウストラロピテクス・アファーレンシス（*Australopithecus afarensis*）からアウストラロピテクス・アリカーヌス（*Australopithecus africanus*）が分岐したおよそ280万年前，ホモ・エレクトス（*Homo erectus*）が出現した約160万年前，パラントロプス・ロブストス（*Paranthropus robustus*）が絶滅したとされる100万年前後は，いずれもアフリカ大陸が乾燥化し，景観が森林から草原へと変化した時期にあたるとされている．これが，第四紀の地球環境の変動に影響を与えた，ミランコビッチサイクルの変動期に一致するため（deMenocal, 1995），第四紀の気候変動が人類の進化に大きな影響を与えたことが推定されている．しかし，これは2つの要素のマクロな対比であるので，相関は成立しているが，2つの指標の間に因果関係が成立していると単純化することはできないであろう．

「ヒト」とは，化石種を含めて，進化史上で類人猿から分岐した後の単系統群（ヒト科，Hominidae）に属する動物の生物学的総称である（松浦，1997）．図7.1-4のように**ヒト科**には，現在4属，すなわち，アルディピテクス属（*Ardipithecus*），アウストラロ

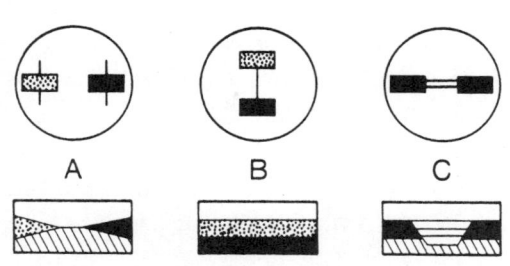

図7.1-2 ハリスマトリックスの原理（ハリス，1995）
ハリスマトリックスでは，層単位の関係として3種類だけが認められている．A：層と層の間に直接的な層位学的関係はない．B：層と層が累重関係をもつ．C：もともと一体であった地層あるいは遺構の部分どうしに対応関係がある．

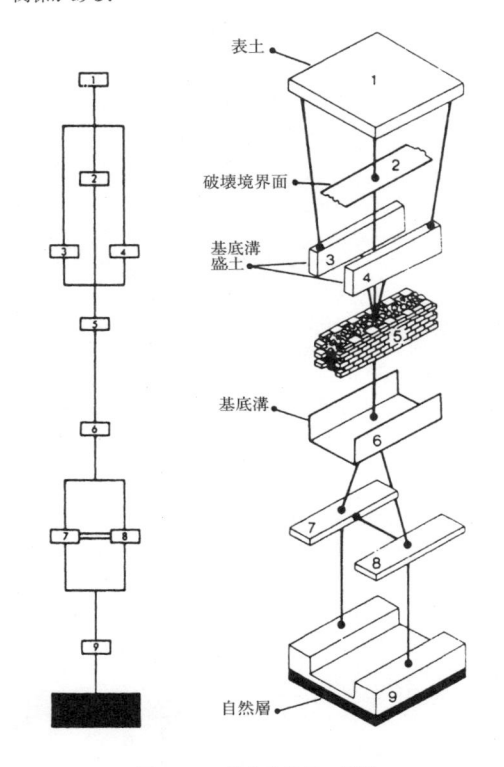

図7.1-3 層位的連続の解明
人為層の重なりを要素ごとに分離したもの．9→1は時間の順序を表す．

ピテクス属（*Australopithecus*），パラントロプス属（*Paranthropus*），ホモ属（*Homo*）が認められ，直立二足歩行，犬歯の切歯への機能転換，頭蓋底の構造，とくに大後頭孔の位置などの特徴によって類人猿と区分される（諏訪，1997）．現在地球上に広く分布する現生人類は，分類学上ヒト科・ヒト属・サピエンス種・サピエンス亜種に属する（図7.1-4）．

人類は鮮新世から更新世の間に，**猿人**（アルディピテクス，アウストラロピテクス）から，**原人**（ホモ・エレクトゥス），**旧人**（ホモ・サピエンス・ネアンデルターレンシス，*Homo sapiens neanderthalensis*），**新人**（ホモ・サピエンス・サピエンス，*Homo sapiens sapiens*）へと進化した．現在のところ，最古の人類の祖先はアルディピテクス・ラミダス（*Ardipithecus ramidus*）であり，その年代は約4.4 Maである（White *et al.*, 1995）．これはエチオピアのミドル・アワシュ地区のアラミスから1992年12月に発見され，1994年9月にアウストラロピテクス属の新種として発表された．しかし，翌年の1996年5月には訂正の上，新属名アルディピテクスが提唱された．語幹のアルディ（ardi）はアファール語で地面を意味し，ラミダスのラミドは根を意味する．したがってラミダス猿人の学名は「地上のサルのルーツ」の意である（諏訪，1997）．

化石人類に関しては，猿人・原人・旧人・新人という4段階分類が一般に認められている．相対年代は対象の新旧関係を明確にすることはできるが，時間を数値で表現する方法ではない．そのため，カリウムアルゴン（K–Ar）法，フィッショントラック（FT）法など，各種放射年代測定によって，化石人骨が発見された地層の年代が数値年代として与えられて初めて，経過時間の長さや進化の速度が問題になるのである．これはその当時の人々がつくった石器や，骨器や，木器などの道具についてもまったく同様である．

化石人骨自体の分類は，骨格の形態学的特徴に基づいている．とくに，頭蓋から推定される脳容量，頭蓋の形態，大後頭孔の位置，下顎の形態，頤の有無，眼窩上隆起の有無や発達の程度，歯列の形態，

```
ヒト上科 Hominoidea
    テナガザル科 Hylobatidae
        テナガザル属 Hylobates
    オランウータン科 Pongidae
        オランウータン属 Pongo
        ゴリラ属 Gorilla
        チンパンジー属 Pan
    ヒト科 Hominidae                          化石人類
        ヒト（ホモ）属 Homo
            Homo sapiens sapiens            （新人）
            Homo sapiens neanderthalensis   （旧人）
            Homo erectus                    （原人）
        パラントロプス属 Paranthropus
            Paranthropus robustus           （猿人）
        アウストラロピテクス属
            Australopithecus africanus      （猿人）
            Australopithecus afarensis      （猿人）
        アルディピテクス属 Ardipithecus
            Ardipithecus ramidus            （猿人）
```

図7.1-4 ヒト上科の分類およびヒトの現生種と化石人類の和名・学名

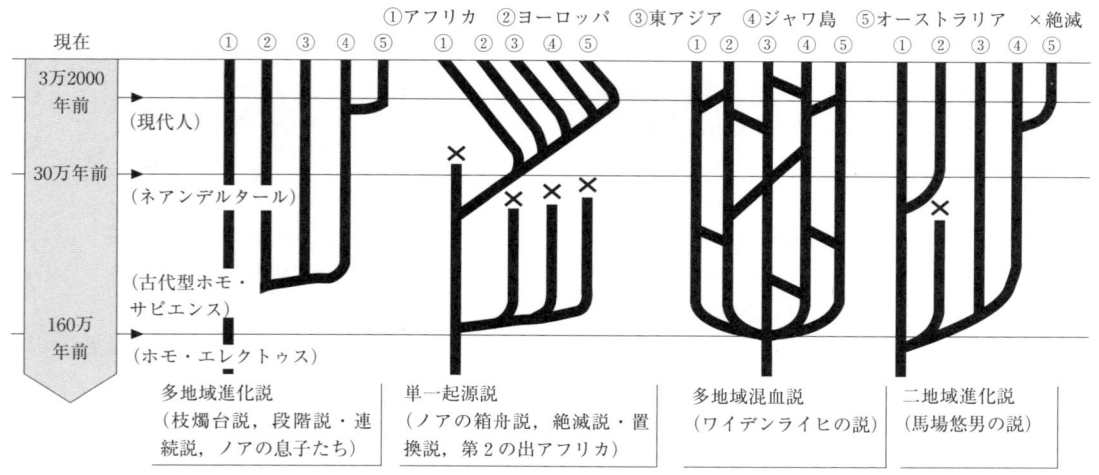

図7.1-5 原人・旧人・新人の系統についての諸説（高山，1997より一部改変）

①アフリカ ②ヨーロッパ ③東アジア ④ジャワ島 ⑤オーストラリア ×絶滅

多地域進化説（枝燭台説，段階説・連続説，ノアの息子たち）

単一起源説（ノアの箱舟説，絶滅説・置換説，第2の出アフリカ）

多地域混血説（ワイデンライヒの説）

二地域進化説（馬場悠男の説）

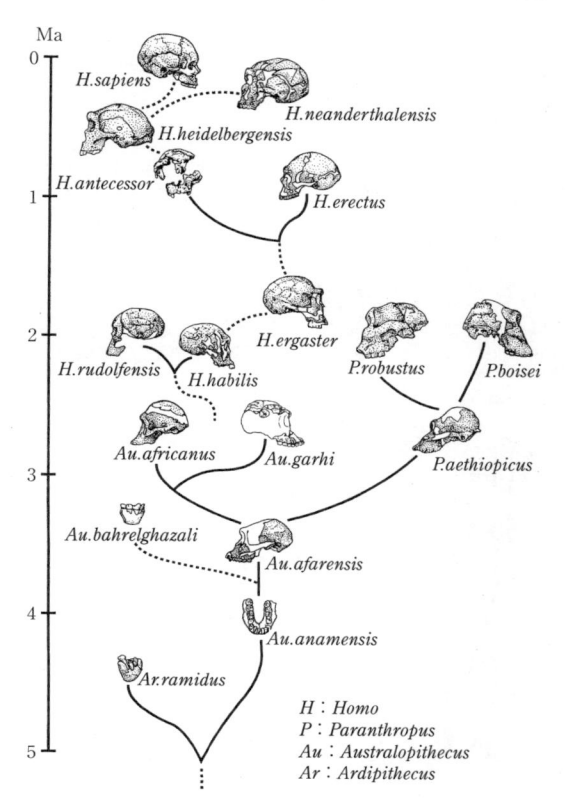

図7.1-6 人類の系統樹（Tattersall & Schwartz, 2001）

臼歯の大きさなどの形態学的特徴に着目して分類が行われてきた．

しかし，人類進化の過程を，各段階が順次経過して連続的に現生人類まで進化したと考えるか，それとも現生人類を一系統単一起源であるとするだけでなく，現生人類につながる系統だけを残してほかをすべて側枝として絶滅した人類と考えるのか，何十年も論争が続いており，多様な解釈とともに近年では，かつてよりもいっそう複雑な系統関係が示されるようになってきている（図7.1-5）．

また，1980年代の後半に遺伝学から出されたミトコンドリア・イヴ仮説（Cann et al., 1987）は，一時世界中の話題をさらった．世界各地の病院などに保管されていたアジア，アフリカ，ヨーロッパ，ニューギニア，太平洋の5つの地域集団の現代の女性147人の胎盤に含まれるミトコンドリアDNAの塩基配列から変異を調べて，系統樹をコンピュータでつくらせた．その結果，アフリカ系アメリカ人がもっとも古いと推定され，現在の地球上の人類のもっているミトコンドリアDNAは，約20万年前にアフリカにいた1人の女性に起源するものである，と結論したのである．ミトコンドリアDNAは母親の卵細胞からしか伝達しないとされているので，母系をたどっていくと理論上，アフリカにいた1人の女性に行き着くと想定されるので，その女性がミトコンドリア・イヴと通称されるようになった．**現生人類アフリカ単一起源説**である．

しかし，それならばアフリカ以外の地では20万年前までにいた人類はその後子孫を一切残さなかったのか大きな疑問が残る．アフリカで，古代型のホモ・サピエンスから現代のアフリカ人への移行型あるいは祖先型を発見しなければ正確な解答は困難であるといわれている（高山，1997）．また考古学的にも，中国，シベリアの中期旧石器時代から後期旧石器時代への石器製作技法の連続性（木村，1997）を考えると，イヴ仮説に基づく現生人類アフリカ単一起源説で一元的に説明することはできないであろう．

現状は，人類化石の新種の発表や既存の資料の再評価などをめぐる研究史上の大きな変動期で，人類の系統樹は変動と再編が著しい（Klein, 1999；Tattersall & Schwartz, 2001）（図7.1-6）．

7.1.4 遺物分類の基準とその研究史

現代の考古学は非常に多様化している．この傾向は今後ますます強まるであろう．人間の製作物である道具以外の対象にも研究が広がってすでに久しい．しかし，人間のつくった道具を対象としたとき，なぜ，そこに一定の変化の方向や，共通点や，分布上の特性が現れるのか．遺物は，単に個人の意のままに製作したものではない．それは帰属している集団が長い間に獲得した決まり，伝統，規範などを反映しているからである．しかし，旧石器時代の石器の分類と，青銅器や鉄器などの金属器では，分類の際の着目点も，時間幅の精度も大きく異なる．

旧石器の場合，遺物の編年は，基本的に層位学的手法に従い，できるだけ堆積速度の速いあるいは堆積層が厚く時期細分の分解能が高い遺跡を調査して，詳細な編年網を世界各地でつくり上げてきた．そのため旧石器時代の研究では，層位に基づいた背景がしっかりしていなければ資料的な価値は低い．ではそれとは別に石器固有の時代的な分類指標は何か．おおづかみにいえば，石器製作技法において石

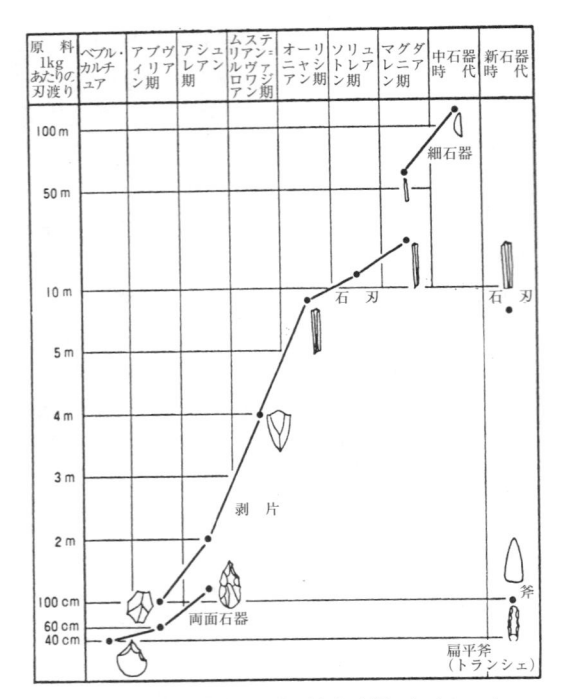

図7.1-7 旧石器時代のさまざまな時期におけるフリント1kgあたりから得られた有効刃部の長さ (Leroi-Gourhan, 1964)

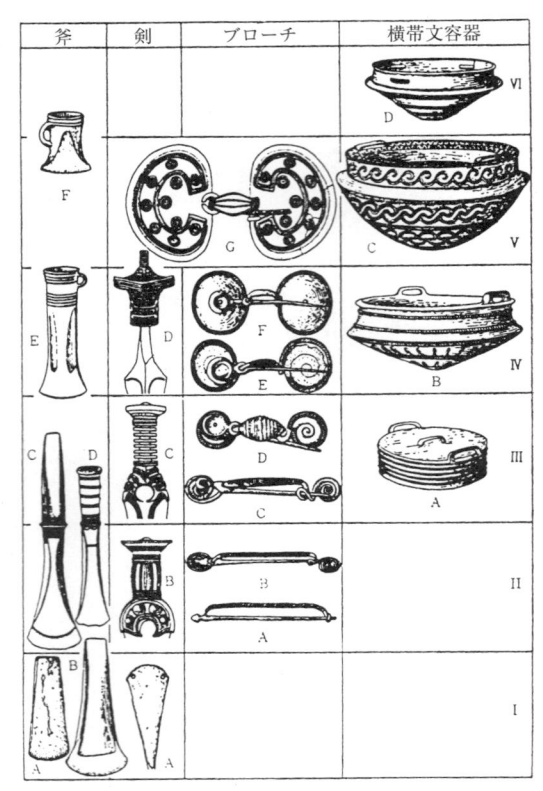

図7.1-8 Monteliusの型式分類と編年(Eggers, 1959)

器の形状が整い，種類が分化し，1つの石の塊から多数の石器を製作する技法の洗練化などとして一般化できる．人類の進化とともに，石器の刃部の長さも次第に長くなるという予測をたて，1kgの石の塊からどのくらいの刃の長さが獲得できるかで人類の石器製作技術の発展を客観的に測定できるとした研究などはその典型であり（図7.1-7），現在でも有効な1つの方法となっている(Leroi-Gourhan, 1964).

人為的な物質資料の編年，つまり人間のつくった道具などの資料を時間の系列に沿って順序正しく列べるという，考古学の代表的な方法の基礎が築かれたのは，19世紀のスカンジナビアの考古学においてである.

1830年代に，デンマークの考古学者C. J. Thomsenの提唱した**三時代法**（**Three age system**；石器時代・青銅器時代・鉄器時代）は，その内容の完成度がきわめて高かったこと，またスウェーデンのO. Montelius (1903) の型式編年学も，従来から強調されてきたようなダーウィニズムの影響は希薄で，徹底した発見物組み合わせ法，つまり遺物の組成の比較によって支えられていることが詳細に解明された（Gräslund, 1987).

Monteliusの型式分類と遺物の新旧を決める型式編年とはどのようなものか，Eggers (1959) によってその要点をみよう（図7.1-8).

一番左端の斧についてだけみる．北部ヨーロッパの最古の金属の斧は，扁平斧（A型式）である．この型式の斧がその後どのようにして変遷していったか．柄と斧の確かな固定のために突縁斧（B型式）ができあがる．次に斧を挟んだ柄が裂けるのを防ぐために，節をつくりだした有節斧（C型式）が鋳造された．B・C型式の斧には，A型式の斧の刃部の名残をとどめる．最後に，槍先にあったソケットを斧に応用したソケット斧（D型式）が成立した．最古のソケット斧には突縁斧や有節斧のなごりを細部に認めることができる．これを，型式学的痕跡器官という．ソケット斧の発明によって青銅製の斧は技術的に完成し，その後は技術上ではない様式上の変化に支配される．新しい型式はしだいにずんぐりしたもの（E型式）となり，最後は刃が横に広がり，扇形の太短い型式（F型式）になる.

この型式系列はいわば作業仮説であり，相対編年としての型式学は，時系列上に離れている遺物間をつなぐ場合，根本的には，類比と外挿法の論理によって支えられている（コラム7.1-1参照）．系列の正しさを証明するために，Monteliusは次の3つの方法を考え出した．①**型式学的痕跡器官**，②**一括遺物**（同時に埋められたとみられる状態で発見された一括の品物），③**層位**である．

①の方法は，実用機能がその機能を喪失してもなお，装飾となって残っている場合で，これを追いかけて序列化できる．②の方法は，Monteliusがとくに重視した方法で，追加混入の可能性の少ない閉鎖系の一括遺物により系列を比較検討する．一括遺物は，埋められた時期の同時性を示すが，製作時点の同時性を必ずしも示すとは限らない．新旧道具が一緒に埋められることはいくらでもあるからである．③の方法は，地質学の原理に由来する．型式の系列を層序で検討するのである．

このようにして，遺物の編年が組み立てられる．これが狭義の考古学的な方法の基礎をなしている．時系列に沿って道具および道具の組み合わせの変遷を追うことが，考古学にとって重要であるのは，「いつ」という問いに答える基礎であるからである．では，これと対になる，「だれが（どんな人びとが）」の問いに答えるにはどうしたらよいか．これには，空間的な広がりの区分に関する分布論的な方法が不可欠である．

考古資料の分布

「だれが」という問いは，集団の居住の問題を考えると，「どこに」という，考古資料の空間的分布に関わる問題になる．遺物・遺構・遺跡のいずれについてもその分布を問題にすることができる．たとえば遺物の場合，ある特定の道具の特徴型式だけを取り出して，その分布を問題にできる．遺構の場合，古墳のように特定の墓制や，窯業や製鉄や製塩など特定の手工業生産に関連するものの分布を追うこともできる．遺跡の場合は，特定時期の遺跡の分布や，地域を限定した上で通時的に遺跡分布の変遷を追ってみるというように，さまざまな問題のたて方が可能である．だから，交易やほかの原因による搬入など，移動しやすい遺物の分布型と，土地に固定して動かない遺跡や遺構の分布型とは一致するとは限らない．

ある特徴的型式の遺物の分布を地図上に落としていくと，たいてい一定の広がりをもって分布し，ある範囲内に集中する傾向を示す．この特徴型式の集中する範囲を，考古学は伝統的に考古文化の広がり，あるいは文化圏と呼んできた．これを是とするならば，その分布は，特定文化を担った集団の居住域を示すことになる．別の表現をすれば，特定の社会集団の居住地の空間的表現でもある．

しかし，分布図は各分布地点間，あるいは分布範囲全体の内的な構造を表現しない．遺跡の分布は，水系や微地形などの条件との相関を追求できても，一枚の分布図で社会集団の構造や広がりの意味を示すことは困難である（小野，1978）．**分布論**が正しく議論される前提として，編年序列によって同時性が保証されていなければならないことは，いうまでもない．そうでなければ，時期の違いによる差を地域の違いによる差とみなしてしまうという誤りを犯すことになるからである．

一般的にいって，分布に関する考古学の方法は，編年の方法に比べ未発達である．たしかに，近年ではコンピュータを使った多様な空間分析法が開拓されている．しかし，分布型で示される広がりを，人間集団として表現するときは，日常の記述言語で表現するのであるから，歴史的な評価を伴った「民族」として表現しうるものなのか，それとも単に「集団」と表現すべきなのか，それともまったく作業上の機能分布として，適宜記号で識別しておけばそれでよいのか，などが必ず問題になる．

特定の遺物の分布領域に特定の民族を対応させようとする方法は，1910年代に，ドイツのG. Kossinaによって，次のように定式化された．「厳密に境界を区切ることができる考古学上の文化領域は，いつの時代でも特定の民族または部族と一致する」（Kossina, 1911）．分布領域で示される実態が何であるのかを，分布図を使って表現した試みは優れたものであったし，問題意識としても早いものであった．同時に思いこみや独断が随所にあった．このテーゼはKossina没後，ナチス政権のときに悪用された．発掘によってそこにゲルマン人がいたこと，あるいは原ゲルマン人の居住域であったことを正当づける根拠とされたのである．敗戦後のドイツの考古学は，これをどのように克服するのかに大きなエネルギーを注ぐことになった．

●型式の系列と外挿法　　　　　　　　　　　　　　　　　　　　　　　　コラム7.1-1●

　過去の社会で機能していたある道具を考えてみよう．その形や細かな装飾要素から時間的な変化を追い求めようとするとき，道具に製作年が記されていなければどうなるか．その場合，時間的な変化は，どれが新しくてどれが古い，という関係で「相対編年」として示される．

　文字がない時代の資料を，どのように分類し，それをどのように時間の系列に配列するかという問題意識の中から，考古学の方法は生まれた．そのため，たとえば2つの道具の新旧関係を推定できたとしても，その間にどのくらいの年代が経過したのかは，不明のままである．非常に長い時間が経過したのか，短い時間かは，わからない場合が多いのである．しかし一般的な経験則として，時代を遡るほど道具の変化の速度は遅く，現代に近づくほど速い．

　型式学的痕跡器官に着目して，道具の長い1系列ができたとする．しかし，変化の速度が常に一定という保証はない．それを点検する1つの方法は，一括遺物の組み合わせを調べて，連続的に変化するのか，それともある時期には空白があるのかなどを調べてみることである．

　ある枠組みの中で，なぜこのような系列化，序列化，もっと具体的にいえば型式の系列化（typological seriation）が可能であるのか．それは，根本的には，類比（analogy）をもとにし，類似の変化率を勘案してつくりあげる外挿法（extrapolation）によっている．

　具体的に縄文時代の晩期の土器の紋様をみてみよう．土器の口縁部にある紋様帯ⅡCは，初め大洞B式，大洞BC式では紋様をなしている．この段階ではその後，横線化して，頸部，肩部の隆線となる（大洞C_2, A, A′式）．まったく同じでもなく，かといってまったく異なるものでもないものを，類比で把握し，既知の紋様の変化の度合いを，時間の幅におき換えていくのである．

　いまみたような，土器の紋様帯の変化を追跡する場合は，外挿法は有効に働く．問題は，縄文時代でも1万年を前後するような古い土器や，それ以前の旧石器時代の石器に，外挿法を用いることである．型式の系列自体に問題がない場合でも，経過年を想定するとき，相対編年からの外挿だけでは，年代幅を想定することは困難である．想定したとしても，その根拠は希薄である．前期旧石器時代のチョッパーなどは，数十万年変化がないことなど普通である．

　型式の系列は，そのどこかに暦年代か理化学年代（数値年代）が入らない限り，時間幅を議論することは本来できない．またどのような優れた方法にも，適用限界があることを理解することが必要である．方法論の意義は，可能性をバラ色に描くところにあるのではなく，限界を明瞭に示すところにある．

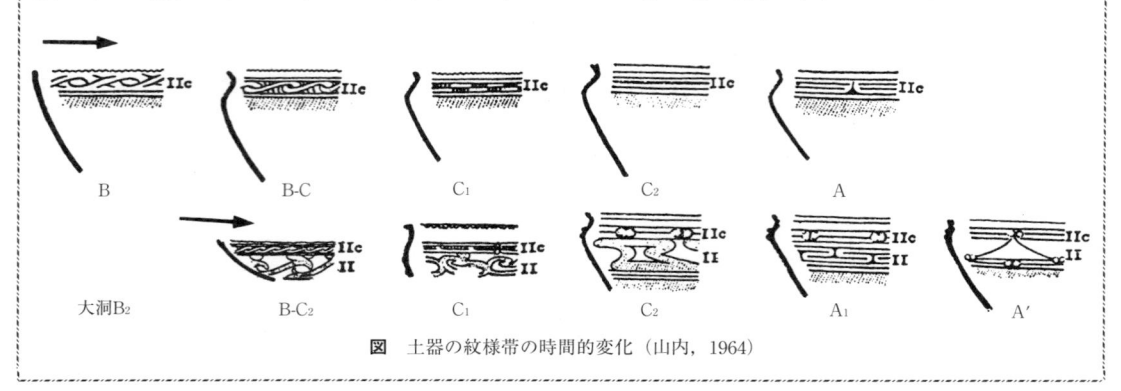

図　土器の紋様帯の時間的変化（山内，1964）

　特定の遺物の分布が常に特定の集団の分布域を示すとは限らない．たとえば，Kossinaは北ヨーロッパと北ドイツで発見される青銅器時代の黄金の容器の分布がゲルマン民族の分布を示すと断定した．しかしこれは，南のオーストリアでつくられ北ヨーロッパに運ばれたことが現在では判明している．北ヨーロッパではこの容器を埋納する風習があり，南では地金として回収されたため残っていなかったのである．黄金容器の分布範囲は民族の分布範囲ではなく，これを埋納する風習の分布範囲と一致していたのである（Eggers, 1959；佐原，1985）．

　過去の文化の広がりを問題にする際も，現在の国民国家の領域との関係で困難に直面する場合があるが，少なくとも，古代国家成立以前の社会において，人類の歴史は，人類の集団が多様に住み分けていた，さまざまな地域の歴史の展開として理解されるべきなのである．

7.1.5 形態・型式分類と機能分類の関係

現在われわれが日常的に使用している道具は，日常生活に密着していればいるほど，形態と機能が明瞭である．ところが，悠久の過去に使われた道具は，それが何に対してどのように使われたのか，何も語らない．そのため，民族誌や，民俗例からの類推，また道具の製作実験や使用痕実験研究による，一種の近似的な追証によって，機能分類が行われる．もし文献史料があり，文字の記録や絵図などによって類推できる場合は，史料批判を経てこれを使う．

理想的には，**形態・型式・機能**が統一的に説明できればよいが，時代が古くなればなるほど，この統一化は困難の度合いを増す．物体の形態と機能は完全に一致するものでもなく，また独立無関係でもないところが，やっかいなところである．人間が製作した過去の道具は，確実に特定の機能を担っていながら，われわれの目の前ではすでにその機能は不明の事態となっている．

石器を例にとり，結論からいうならば，石器の形態分類と，その細分である型式分類は，基本的に機能の究明とは独立した分類の体系になっている．分類において一義的に機能を追求することはないし，またできないのである．分類名は，あくまでも技法上の細かな差を問題として命名されている．日本の後期旧石器時代に特徴的なナイフ形石器を例にとると，「縦長のflakeの鋭利な刃部を一部分残して周辺の片面に粗いretouchを加え，先端を尖らせた形態」（芹沢・麻生，1953），「主に後期旧石器時代に盛行した利器または工具．ナイフの形によく似ている．剥片の一側に刃つぶしを施して背とし，ほかの側は第一次剥離の際に生じた鋭利な部分をそのまま残す．(後略)」（芹沢，1996）とされ，剥離技法と二次調整加工による細部形態で定義している．「ナイフ形石器」であって，「ナイフ」として機能したかどうかは問わない．旧石器時代の石器の名称に関する定義はおおむねこうした傾向をもつ．どう使われたかという機能面は，経験的に与えられているわけではないので，相対的に独立させて，混乱を回避するのである．

両者を結びつける1つの方法は，**使用痕研究**である．石器を繰り返し使用したことによって石器の表面にできる，線状の傷跡からアプローチするか，あ

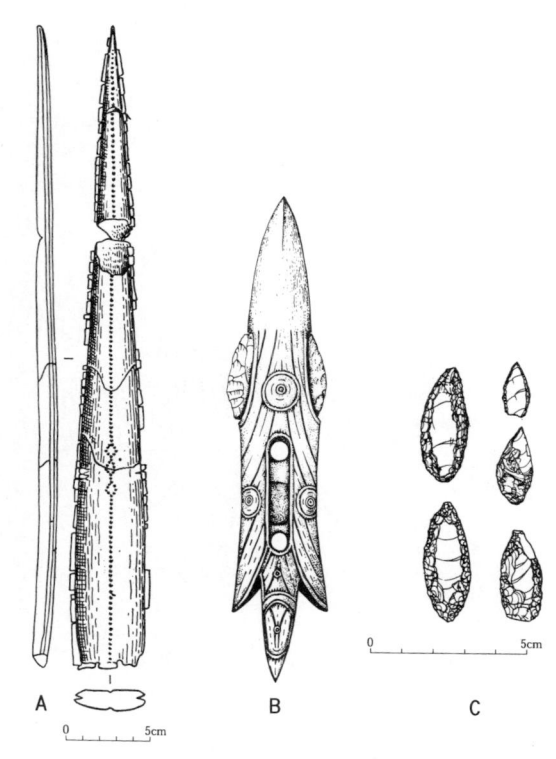

図7.1-9 石器の形態と機能
A：ロシア・チェルノアジョーリエⅡ遺跡．細石刃をはめ込んだ骨製の槍（約14.5 ka）．
B：セントローレンス島．捕鯨用銛頭にはめ込まれた側刃石器（BC 1〜AD 1世紀）．
C：新潟県真人原遺跡の尖頭器．後期旧石器時代（約15 ka）．このように単体で発見される遺物は，装着されていた状態がわからないので，道具としての機能を確定するのは困難である．

る対象に働きかけたときに石器表面にできる光沢痕からその対象物を同定しようとするアプローチの2つがある．

しかし，使用痕の観察によらなくとも，ある程度の機能が推定できる例がある．いずれも遺跡出土の資料であるが，石器単体でなく組み合わされた状態，つまり当時使われた形態に近い状態で発見された資料は，それが可能である（図7.1-9A,B）．反対に石器自体は似ていても，単体でバラバラに発見される場合は，それがどのように使われたかは想定することも容易でない．

7.1.6 遺物の出土状況

発見される遺物（道具あるいは道具の一部分）の観察と記述・分析には，その遺物がどの遺跡のどの

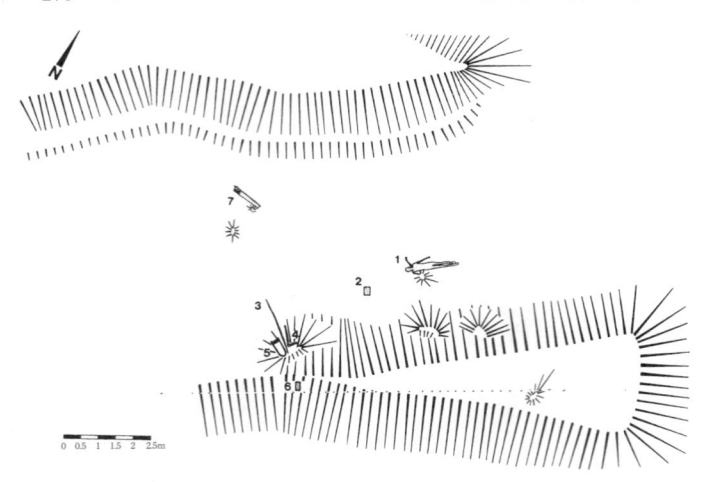

図 7.1-10 エッツタール・アルプスの山頂で発見された凍結ミイラの男性（約5300 yBP）とその所持品のセット（Egg & Spindler, 1993）
1：ミイラ，2：シラカバ製の第1の容器，3：弓幹（完成直前），4：銅斧，5：リュックサックの木枠，6：シラカバ製の第2の容器，7：矢筒．

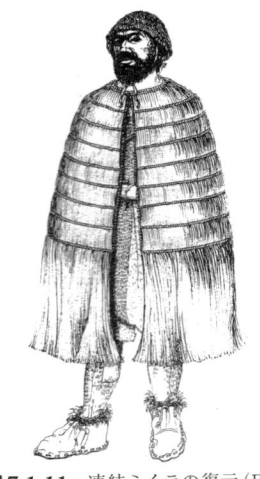

図 7.1-11 凍結ミイラの復元（Egg & Spindler, 1993）
毛皮の上着，毛皮のストッキング，毛皮の靴，草のマント，毛皮のヘルメットを着ていた．

層準から出土したものであるかが，はっきりしていることが前提である．これが不明であると，研究は著しく困難となり，制約を受ける．ではこのことがわかっていればそれでよいかとなると，もう1つ重要な点が残されている．

それは，発見の場の状況，つまり出土状態の解明である．考古遺物の場合は，単層単位で出土層準を把握するのが基本である．しかし人類の活動を居住した生活面の単位で解明しようとするならば，単層内の垂直位置と水平位置を特定することが必要である．実際の遺跡の発掘では，どんな遺物もその土地の地層・堆積物の中から発見される．そのため，発見された場所の堆積条件や，遺物相互の関係，遺物と遺構の位置関係など，出土状況の記録が遺物分析の重要な前提条件となる．こうした発見状況がまったくわからない遺物は，骨董品と同じで資料的価値は著しく低い．

出土状況の詳細な理解によって，伴出遺物の同時性，つまり共存関係の内容を最大限に復元することが可能となる．また遺物の保存条件がよく，骨のシャフトなどに石器がはめこまれたまま発見されれば，機能まで推定できる場合がある（図7.1-9A,B）．さらに，ごく稀な例として，後期旧石器時代の人々の狩猟対象動物であったヤギュウの肩胛骨に植刃器（投げ槍）が突き刺さった状態で発見されたことがある．ロシアのココレヴォⅡ遺跡では，ヤギュウの年齢査定，ハンターとヤギュウの間の距離，槍の投射方向と高さ，一回の投射ではヤギュウは死に至らず数日間追跡されてとどめを刺されたことなどが，解剖学的な推定とともに解明されている（Abramova, 1982）．もっとも，これは発見状態が特殊で，なおかつ資料の保存が良好であったために可能となったのであって，このようなことはどこにでも求められる条件ではない．

世界中にセンセーションをまきおこした，アルプスの男性の凍結ミイラの場合も，**遺物の出土状況**が良好で保存も良好であったために，さまざまなことが復元可能となった例である．オーストリアとイタリアの国境のアルプス山頂，ハウスラーブヨッホで行き倒れになった人が，われわれの前に突然姿を現し，放射性炭素による年代測定で約5300 yBPという値が得られた．海抜3200 mを越えるエッツタール・アルプスの稜線上に，新石器時代後期の男性の遺体が良好な保存状態で，しかも生前に所持していた個人装備の道具とともに発見されたのである（図7.1-10，7.1-11）．

限定された時間幅の，1人の人間のある行為が，本人の遺体も含めて凍結状態で発見されたのはまさに偶然である．男性の所持品は，完成直前の弓幹，矢柄，フリント製石鏃の装着された矢，矢筒，銅斧，リュックサックの木枠，シラカバ製の容器，フリント製の短剣と鞘，鹿角を埋め込んだ鉛筆状の石

器調製具，革製ウェストポシェット，その中に入っていたフリント製スクレイパー・錐・剥片・骨針・火口，大理石の小形円盤に革紐を束ねた道具，西洋スモモの実，草を編んだ網，束ねた紐，紐で束ねたシカの角の断片，束ねた動物の腱などである．身にまとっていたものは，紐つきの毛皮の帽子，草で編んだマント，シカの毛皮製のケープ状上着，ストッキング状のズボン，革のふんどし状の腰巻き，底が革製で甲は毛皮で包まれた靴などである．一人の男性の，日常の70種類以上に及ぶ装備一式がほぼそのまま保存されていたのである．

遺体の推定年齢は35～40歳，身長160 cm，体の9カ所に短い平行線と十字形の入れ墨の痕がある．この男性の帰属した社会集団と職能については諸説がある．北イタリアの新石器時代後期のレメデッロ文化の農耕社会に属し，アルプスの南のヴェノスタ地方からヒツジ・ヤギの放牧のために6月下旬にハウスラープヨッホを北に越えてエッツタールまで行って夏を過ごし，秋にまた南へ戻るというモデルを提起している見解がいまのところ妥当であろう（Egg & Spindler, 1993；Spindler, 1994）．発見されたカエデの葉と西洋スモモの実から，男性の死亡時期は，こうした家畜移動の途中の9月か10月ころと推定されている．

7.2 人類史復元へのアプローチ

7.2.1 人類の起源と道具

人類史の復元に関わる道具の起源問題と，民族誌（Ethnography）の事例のもつ解釈の可能性についてみておこう．

考古学では，ヒトである規準を，道具をつくる動物とする規準を重視してきた．この規準でいくと，現在最古の石器はエチオピアのハダール地方で2.5 Maに遡る（Harris, 1983）．先にみた，自然人類学の分類での最古の人類の起源が4.4 Maとすると，石器が出現するまでの約2 Maの間は，人類ではあるが道具としての石器がないことになる．これを，そのとおり単純に石器なしの人類とみるか，石器を使用していたのだが現在のわれわれがそれをうまく認識できないでいるという認定上の問題か，石器以外の有機質の道具の製作があったが保存条件の問題で現在は認識できないのか，という問題について

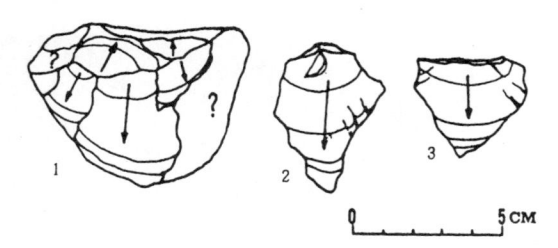

図7.2-1 ウェスト・ゴナ遺跡の石器（Harris, 1983）
石核（1）と剥片（2, 3）．Harris（1983）の写真から線画に起こした．石核にある？印は写真の影部で剥離の方向が判読できない部分．

表7.2-1 ウェスト・ゴナ遺跡の石器組成（Harris, 1983）

	表採		発掘
	Location 1	Location 2	Location 2
石核（チョッパー）	2	—	1
剥片（完形）	6	5	5
剥片（破片）	7	4	12
石核（破片）	1	5	1
計	16	14	19
骨の破片	7	3	5

は，いまのところ決着がついていない．

それに加えて，霊長類学のほうから，ボノボ（Pan paniscus）が製作した石器が学界に報告された．ボノボはピグミーチンパンジーとも呼ばれてきたが，体重は東アフリカのチンパンジーと同程度であるので，ピグミーチンパンジーと呼ぶのは正しくないという（西田，1997）．それでは，**人が作った石器**と**ボノボが作った石器**はどこが違うのか．

石の塊に石を打ちつけて剥片を剥がす場合，単に剥片が剥がれることに注目するだけでなく，どのような剥片が剥離されるかが重要である．目と手の運動，狙ったポイントに正確に打ち当てること，筋力の強さとそのコントロールなど，結果として生み出される剥片から，こうした点を想定するためには，塊状の石核の最大長と石核に残る剥片剥離痕の最大長の百分比が役に立つ（小野，1995）．

最古の石器を出土したエチオピアのハダール地方の，ウェスト・ゴナ遺跡の石器組成は単純である（表7.2-1）が，石核の場合（図7.2-1），石核の最大長7 cm，剥片の剥離痕の最大長5 cmで，石核最大長に占める剥離痕最大長の割合は71％である．つまり，石核には大きな剥離痕跡が残されているのである（Harris, 1983；Semaw et al., 1997）．

近年米国で行われた飼育条件下のボノボを使った

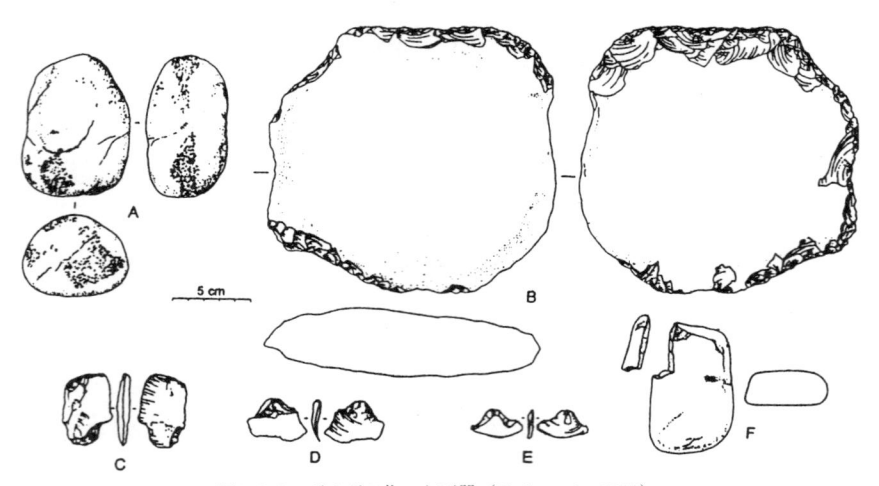

図7.2-2 ボノボの作った石器（Toth *et al.*, 1993）
A：ハンマーストーン（珪岩（quartzite））, B：石核（チャート）, C〜E：剥片（チャート）, F：石核と剥石（石英）.

実験例では，石核から剥片を剥離し，剥離した剥片を使って紐を切り，箱の中の物をとり出した例が報告されている（Toth *et al.*, 1993）．石材に関しても，珪岩・石英・溶岩・チャートなど異なる石材で剥離実験をさせていくと，割りやすく鋭い刃が得られるチャートが多用されるようになるという．これは，ボノボによって石材選択が行われていることを意味する．

ボノボがつくった石器（図7.2-2）をみると，ハンマーストーンや剥片の一部はヒトがつくった物と区別しがたい資料もある．しかし，先のウェスト・ゴナ遺跡の例と比較すると違いも指摘できる．剥片が横長寸づまりで小形である．これは石核周辺の剥離痕跡（同図B）と比較的よく対応している．ウェスト・ゴナ遺跡の石核と同じように，石核の最大長（21 cm）に占める剥離痕跡の最大長（2.5 cm）の割合をみると，11.9％である．

つまり，すべて剥離が石核の中まで入り込むことはなく，また若干の剥離が突出して中まで入り込むこともなく，平均して周辺的である．初期人類と実験飼育下の現生ボノボの製作した石器の間に横たわる溝は大きいのである．

7.2.2 考古資料と民族誌

資料自体に人為的な加工の痕跡がなくとも，人間によって運ばれたものであれば考古学的には遺物として扱う．現在ではこのように遺物を広く捉え，さらに，人によって運ばれたものでない堆積物にも分析の対象は広がっている．しかし，狭義の遺物＝人間によって製作された物（artifact）が，たとえば土壌，堆積物や動物化石などと異なる最大の特徴は，それが人類集団の一定の社会関係の中で個人あるいは複数の個人によって製作された点にある．製作物には製作した個人に固有の癖だけでなく，社会的な表象が反映されているので，個々の遺物は型式として分析ができるのである．また，それぞれの遺物は，まったく同じでもなく，まったく異なるものでもない．つまり，差異と類似が1つの遺物に表現されているので，型式としてまとめることができるのである．

遺物が発見されるまでの流れをたどると，当時の人々による，素材の獲得・製作・流通・使用による消費・廃棄・土中への埋没・劣化・発掘による発見と，一般的に整理できる．考古学の方法でもっとも分析しやすいのは，この流れの中でいえばむろん「製作」に関わる段階である．というのは，さまざまな生産関係や，流通・消費のプロセスは遺物自体に形態学的な痕跡を残さないからである．そのため，素材の獲得も，その集団が直接採取したのか，交易によって入手したのかが問題となるし，流通の過程も，その集団の自己消費分を上まわった部分をほかの集団に再分配する程度であったのか，それとも一集団内における使用だけでなく，交換を目的とした生産が行われていたのか，素材流通か，完成品

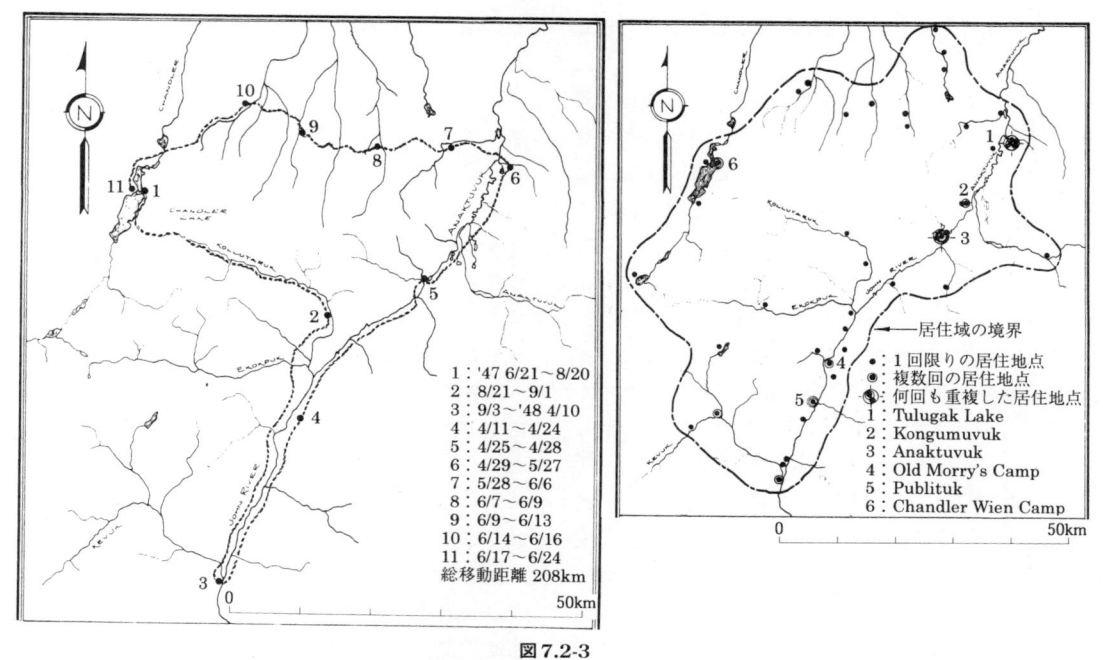

図 7.2-3
A：ヌナミウトの1家族の1年間の居住地の移動（1947年6月21日〜1948年6月24日の間）．
B：ヌナミウトの居住域の中心の範囲（1947〜1952年）（A, Bとも Binford, 1983）．

の製品流通か，など多様な局面が問題となる．

考古学の遺物の形態・型式学的分類だけでは，これに答えることはできない．19世紀の進化主義の人類学では，当時の民族誌例を，はるか過去の事象に直接結びつけて解釈した．たとえば，19世紀のあるときに観察されたアフリカの民族誌の事例をもって，旧石器時代の社会の実在の姿と想定して理解したのである．それは，自分たちが経てきた過去の発展段階が現在地球上に散在しており，地球上の特定のところにいけば直接人類の原始時代の過去をみることができるという，理論的信念である．時系列上のタテの発展段階がヨコ倒しになっていると考えたのである．20世紀に入ってからも，文化史学派，いわゆる民族学におけるウィーン学派は，いくつかの基準（たとえば形態基準，量的基準，文化圏など）を設けて，考古学にまったく頼らずに，現在の民族誌例から，悠久の過去を復元しうると主張してきた．しかし現実はそうはいかなかった．

一方，考古学も当時の社会の構造を復元的に解釈しようとするとき，考古資料だけからではこの課題に答えるのは困難であるので，条件の検討をあまりせずに民族例で説明してきたのである．

現在では，考古学者が考古学的な課題を解決するという問題意識で，自ら民族誌の調査を行うようになり，**民族誌考古学**（**Ethnoarchaeology**）の分野が確立したといってよい．それは，考古学の発掘現場に展開する遺物の分布などが，当時の人間集団の，どのような行為の結果としてそこに残されたのかを，どのような科学的な根拠に基づいて復元しうるかという問題意識に基づいている．

一般に，特定地域と時代の人間社会の関係を，社会学や経済学の抽象的でマクロな理論（Grand theory）から直接説明することは困難である場合がほとんどである．考古学的な発掘によって得られる具体的な物質資料から，当時の集団の行動や生業を復元しようとすると，個別と一般の間の乖離があまりにも大きい．個別と一般の間をつなぐ何らかのモデルが必要となる．いわゆる「**中位研究**」（**middle range research**）あるいは「中位理論」（middle range theory）と呼ばれる一種の理論的枠組が必要になる．

たとえば現在の狩猟民の生業とその物質文化の関係を，考古学的な問題意識に基づいてモデル化するのである．この場合は当事者に直接インタヴューすることによって，物質文化（hard evidence）と行動の様態（soft evidence）の対応関係を鮮明にする

ことが可能である．民族誌の事例をこうした問題意識で分析し，調査するのである（Binford, 1983a）．そこでは，調査対象としている社会の社会構造を過去の社会の構造へ直接フィードバックさせるというようなことが課題ではない．そうではなく，もっと基礎的な人間の行動学的な復元が課題となるのである．

たとえば，ある狩猟社会の集団が，1年間にキャンプを何回移動してキャンプ地をどのように使い，どのくらいの空間的な広がりを必要としたのか，5年間で累積的にどのくらいの領域を移動したのか（図7.2-3），何人の集団で何日間トナカイを狩猟してどのように解体すると，そこにどのくらいのトナカイの遺体が散乱するのか，などである（Binford, 1983b）．残されたトナカイの遺体の量，散乱の度合い，残存部位などを目にしたとき，民族誌事例の調査は，実際にその行為にあたった人への聞き込みを行うことによって，それが何人で，何日間，どのように解体作業をした結果であるのかをリアルに復元することが可能である．文化人類学では社会構造や親族構造などに注目した記述は多いが，狩猟対象動物の解体作業の実際とその分布的状況の詳細な記述は関心から外れる場合が多い．こうした観察は考古学独自の問題意識に基づいている．つまり，ある「行動」とその「結果」がはっきりと因果関係で明解に説明できるのである．だから，ある遺跡を発掘した際，類似の量，遺物の量，分布，残存部位など，そこに類似のパターンが観察されたとき，時代が異なっていても，そこで行われた人間の行為を推定することが可能，とするのである．つまり，これは斉一性の原理を前提としている．

おおむね1960年代までは，考古学も，現在の民族誌例の社会構造を，はるか過去の社会構造の実在のモデルであるかのように解釈してきた．上に述べたように，人間の集団の行動のパターンのレベルに限定した理解は，時代を隔てていても，斉一性が保証されやすいであろう．とはいえ民族誌例も個別の1事例であるので，すべてをこれで結論に導くのはやはり危険である．そうした点を前提にすれば，民族誌考古学的アプローチは，民族誌例から過去の社会構造を直接フィードバックするやり方よりは，学問的な検証に適合した方法を示しているといえるであろう．

8. 第四紀研究の問題と展望

　人類が地球システムの変動に関して何らかの記録を残すようになったのは，古い記録のあるところでも2000年前をあまり遡らない．機器観測を始めてからは100年有余に過ぎない．また人類自身，自然の申し子であるにも関わらず，16世紀以来自然を大規模に改変する存在となり，その改変が深刻な環境破壊を招き，人類自体の存立を危うくするのではないかと気づいたのは，精々数十年前に過ぎない．したがって最近100年ほどの期間で観察・測定し認知できる環境変動が長期にわたる変動にどう位置づけられるか，また未来がどうなるかは，過去の環境の「指標」となるものを見出し，その変遷過程，要因・条件を調べることを基礎にして，それから類推し，自然の変動と人為によるものとを区別し，さらにモデルをたててシミュレートするといった考察方法をとらざるをえない．

　第四紀研究がこうした「指標」から過去の環境変動を読み解く（変動過程と原因を解明する）科学であることは，1章など多くの部分で記述した．研究は急速に進歩しているものの，一歩進めば問題がさらに増えるというように，なすべきことは多く残されている．本章ではそれらのいくつかをまとめ，かつ近い過去（後期第四紀）の変動，とくに地球システムの種々の面に大きな影響を与える気候変化に主眼をおいて，第四紀研究を展望する．

8.1 地球環境の将来予測をめざす　氷期–間氷期サイクルの気候変化

　機器観測時代以前のグローバルな気候変化は，いくつかの第四紀の地層・地形に残されているが，連続的かつ分解能の高い指標は，海底堆積物，極地氷床，湖底堆積物などに残されている（4章）．この中で，海底堆積物は，長期間にわたる平均的な気候・氷床と氷河性海面の変化を示す指標を含んでいる．一方，極地氷床コアは高分解能の指標を提供し，そうした気候変化の機構を考察するのに重要な，過去の大気の組成変化を測定できるという利点がある．

　図8.1-1は，140 ka以後の種々の研究による気候変化記録をとりまとめたものである（PAGES資料）．これからわかった諸点を列挙すると，次のようになる．

① 海洋酸素同位体記録（図8.1-1(a)）からわかった9.6万年，4.2万年，2.1万年周期の氷期・間氷期の変動は，いわゆるミランコビッチ・フォーシング，すなわち地球軌道要素の変動に基づく日射量変化がペースメーカーとなったものと考えられる．

② 氷床コアの分析からは，周期は短いが顕著な変動（Dansgaard-OeschgerイベントやBondサイクルなど，図8.1-1(b)）があったことがわかる．これは，軌道要素の変動におそらく触発された大気・氷床・海洋・陸地間のフィードバック作用（4.2.4項参照）によるものである．この変動は，北大西洋における海洋深層循環の消長（北大西洋周辺の氷床の急速な融氷に伴う冷水の注入の結果，高塩分水の潜り込み（深層循環）の微弱化または停止，さらにその復活）と深く関係するものらしい．

③ 氷床コアから得られた大気組成の濃度変化は，温暖化ガスの二酸化炭素にせよメタンにせよ，気温変化と正のフィードバック関係にある（図8.1-1(d),(e),(f)）．このうちメタンの消長は気温変化と直接関係するが，二酸化炭素と気温との関係は，二酸化炭素が大気，海洋，生物圏にどのように配分されて蓄積し，さらに放出されてどのように循環するかによって異なるし，陸と海とでもその効果は異なり，相互作用があるので，より複雑である．

④ グリーンランドサミットコアと南極ボストー

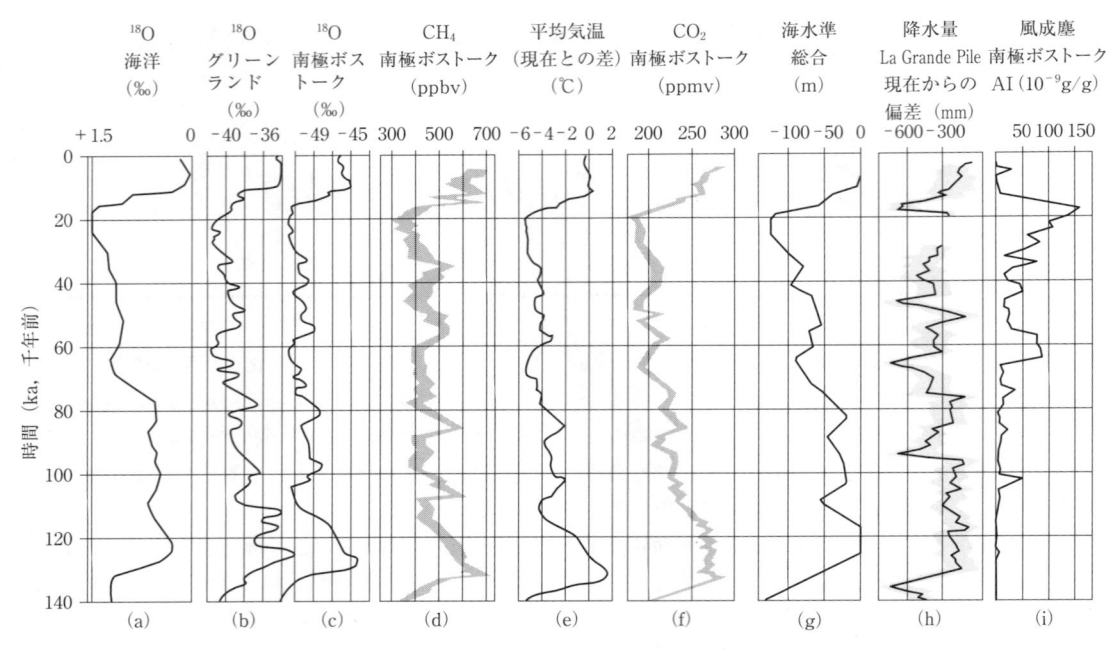

図 8.1-1 ステージ 6 以降（140ka 以後）の気候変化の諸記録と同時性
(a) Martinson *et al.* (1987), (b) Dansgaard *et al.* (1993), (c) Jouzel *et al.* (1987), (d) Jouzel *et al.* (1993),
(e) Jouzel *et al.* (1993), (f) Jouzel *et al.* (1993), (g) Chappell *et al.* (1996), (h) Guiot *et al.* (1989), (i)
Legrand *et al.* (1988).

クコアの指標値が同調して変動するのは，南北両半球の気候変化が同調して起こったことを示す．このうち北半球の変化は，主に周極地域の海氷被覆の変化がアルベドの変化を起こし，これが軌道要素変動による効果を高めていることによるらしい．また南半球の気候変化は，北半球の気候変化に伴う温暖化ガスの消長の影響を受けて同調したのではないかと考えられている．

⑤ ステージ 6 から 5e へ，およびステージ 2 から 1 へといった氷期から間氷期への移行期には，気温上昇は 6〜7℃（図 8.1-1 (e)），海面上昇は約 120 m（図 8.1-1 (g)），降水量は 2 倍以上（図 8.1-1 (h)），温暖化ガスのうちメタンは 2 倍，二酸化炭素は 40% も増大した（図 8.1-1 (d)，(f)）．メタンの増大は陸における湿地の増大とくに永久凍土の融解に，二酸化炭素の増大は海洋深層循環と海洋の生産力によるところが大きいという．また風成塵が減少するのは（図 8.1-1 (i)），植生に覆われた陸地が増したためと考えられる．

⑥ 高分解能の氷床コアや湖底堆積物の分析によると，氷期的環境から間氷期的環境への移行を引き起こした温暖化はきわめて急速で，数十年程度で数℃の大きな気温差をもたらしたと推察される．

⑦ いわゆる新ドリアス期を挟むステージ 2 から 1 への移行期の気候変化は，氷床コアで詳しく調べられ，きわめて顕著であったことが示された（図 8.1-2）．これについても酸素同位体，降雪量，カルシウム，メタン，アンモニア各フラックスの変化がいずれも同調して，急激に（10 年ほどの間に）起こったことは注目される．また，各成分の変化は，それぞれの給源地域の特性と運搬過程に変化があったことによると解釈されている．詳しくは図の説明を参照されたい．

⑧ 氷河性海面変化（図 8.1-1 (g)）が海洋酸素，同位体変動によく同調するのに対し，氷床コアから得られた小刻みの気候変動（Dansgaard-Oeschger イベント）には，一々同調するとはいえない結果が得られている．それは，上記サイクルの変動周期が小刻みであること，陸氷の変化量に比べて海水の体積が桁違いに大きいことなどから理解できることである．

ところで，最終氷期以降の融氷史については，北アメリカや北ヨーロッパを覆っていた氷床ではよくわかってきた（5 章参照）．これらを含めた陸氷の

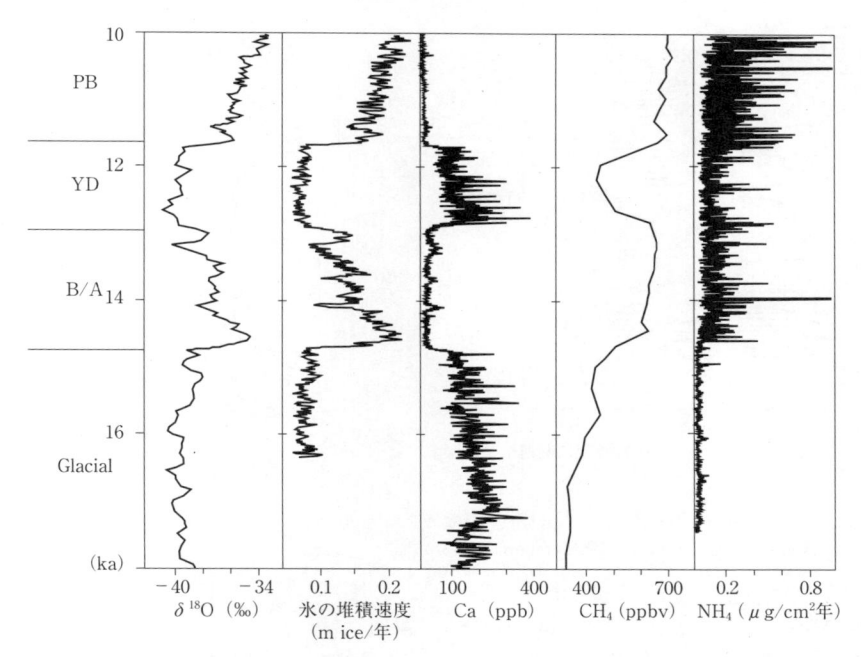

図8.1-2 グリーンランドの氷床コアに記録された最終氷期から後氷期への移行期（18〜10 ka）の気候変化諸指標の変動
Mayewski編集によるPAGESの資料．
PB：プレボレアル期（完新世初期の温暖期），YD：新ドリアス期，B/A：ベーリング/アレレード期（温暖期）．
δ¹⁸O：GISP2コア，YD（新ドリアス期）の継続期間1300±70年，PB（プレボレアル）との移行期（完新世の開始）の気温上昇は約7℃（Grootes et al., 1993）．
堆積速度（積雪量）：GISP2コア，YD終末（約11.64 ka）では積雪量は2倍になった（Alley et al., 1993）．
Ca：大きなCa量の変化は，気候変化に伴う陸域の植生被覆の変化によると考えられるが，そのほかほぼ400〜500年おきにあるピークは，周極風系の律動によるらしい（Mayewski et al., 1993；1994）．
CH_4（メタン）：GRIPコア，氷の中にトラップされたガスを分析，メタンの主な給源である低緯度地域の湿原の消長を示すと解釈された（Chappellaz et al., 1993）．
NH_4（アンモニア）：GISP2コア，大陸の生物給源域の変動（Mayewski et al., 1993），また北半球高緯度地域のバイオマスの消長（とくにその燃焼）に関係すると解釈された．

融解の前後関係については，北ヨーロッパやアジアの氷床および北アメリカとグリーンランド氷床の融氷が先立ち，南極の融氷が遅れたとされる（図5.1-5；Peltier, 1994）．融氷史は，陸地に氷床の後退時にできたモレーンなどの地形があるところでは，高精度で求められるが，氷床の縁が海底などで地形的証拠がない場合には解明しにくい．この点ではとくに南極氷床の融氷史がわかっていないといえる．また，どこでも氷床の厚さの推定値には誤差が大きい．このため図5.1-5の融氷量の変化は，海面変化曲線から逆算して求め，南極の融氷は北半球の氷床の融氷史と氷床の発達しなかった海域での海面変化との差から推定したものである．南極とグリーンランドの融氷史は，近未来の温暖化による融氷とその影響を予測する上できわめて重要である．

安定して長く続いた完新世の温暖な気候は，150 ka以後では例外的なものである．この点，同じような間氷期であったMIS 5eにどんな気候変化があったかは，今後の気候変化を類推する場合重要である．これまでわかってきたことを列挙すると，次のようである．

① MIS 5eでは，世界の平均気温は現在よりも約2℃高温で，海面も約5mもしくは少し高い位置にあった．

② グリーンランドGRIPコアでは，図8.1-3に示すように，MIS 5eの温暖な気候は安定的だったとはいいがたく，2つのピーク時に約750年，70年間の寒の戻り現象があったとされる（GRIP Members,

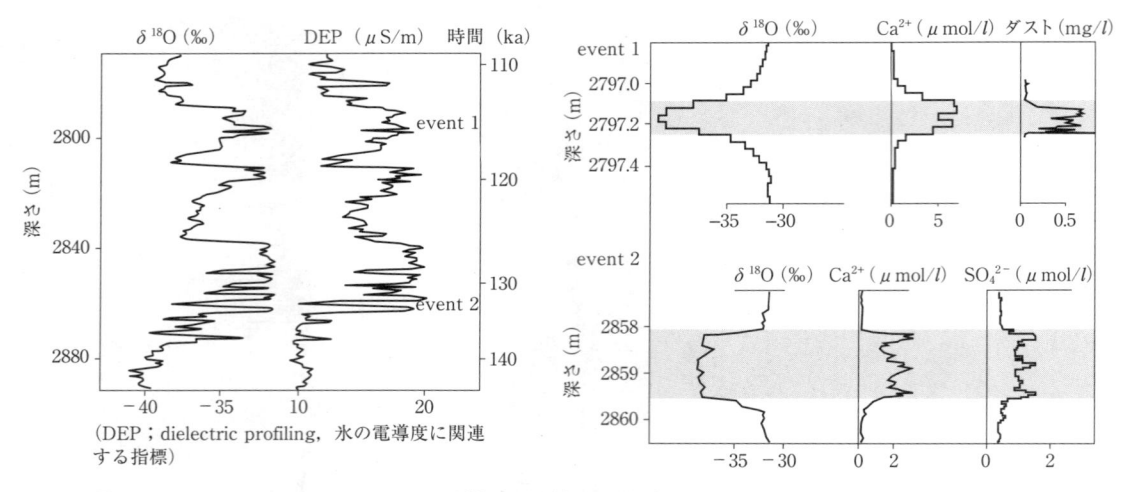

図8.1-3 グリーンランドGRIPコアから分析された最終間氷期（ステージ5eを中心とする140〜110 ka）の酸素同位体などの変化（GRIP Members, 1993）

1993）．しかしGISP2コアや南極のコアでは，GRIPと同調するデータは得られていないので，より詳しい研究が必要である．

このような資料によると，19世紀以降の人間活動による急激な温暖化は，近未来の気候の不安定化を引き起こす可能性があるといえよう．とくに，グリーンランドや南極における氷床の爆発的崩壊は，一気に融氷水を北大西洋や南極海に注入し，熱塩循環系に影響し，気候を大きく不安定化する可能性がある．

上記のグローバルな気候変化の研究について，当面要求される問題のいくつかを示そう．

・**編年の高分解能化**：前述のように，海底や氷床の堆積物などについては，詳しい編年研究が進んだが，それに伴い気候変化と関係する環境の諸変化との相互関係を議論するには，さらに高分解能の編年が要求される．図8.1-4には南極ボストークコアから得られた1つ前の氷期-間氷期移行期（ステージ6から5e）の気温，温暖化ガス，それに氷に閉じ込められた大気の酸素同位体比の変化が同一時間軸で示されている．これから，気温，温暖化ガスのピークは酸素同位体変化のピーク（大陸氷床量の減少）よりも数千年早かったことが指摘された（Sowers et al., 1991）．しかし最終氷期-完新世については，これと同じような時間差があったことは知られていない．信頼性の検討とともに気候変化機構の複雑さと対比・編年の高分解能化が必要であることを示す事例であろう．

同様に，気候変化と植生変化，風成塵・エアロゾル量の変化，土壌の変化，海面変化，河川作用の変化などとのタイミング，年代差，その地域差などもまだ曖昧である．氷床コアと海底コアの研究に比べると，ほかの地域の環境指標変動の編年研究ははるかに遅れている．陸における編年は分解能が低いので，ともすれば海や氷の編年結果と対比しがちであるが，独自の高分解能の編年法を磨いて，時間差，地域差などを議論する必要がある．

・**熱帯における氷期の気候**：グローバルな変化のうち，とくに問題があるのは熱帯である（茅根，1996）．熱帯における氷期/間氷期の気温差は，CLIMAP Project Members（1976）では1〜2℃と見積もられ，氷期の大気大循環モデルではこれを基準にシミュレートされている．もし氷期の熱帯で気温低下がこのように小さかったなら，はなはだしい対流不安定を常に引き起こし降水量が増大したはずであるが，そのような証拠はない．また，熱帯山岳での雪線の氷期/間氷期の高度差は1000 m以上はある．さらに熱帯アンデスの山岳氷河コアの同位体比（Thompson et al., 1995）や熱帯大西洋のサンゴのSr/Ca比などの分析結果（Guilderson et al., 1994）では，氷期の熱帯はやはり現在より5℃以上気温が低下していたと考えられている．このため氷期の大気大循環や将来予測については，熱帯での新しいデータに基づくモデル計算が要求されている．

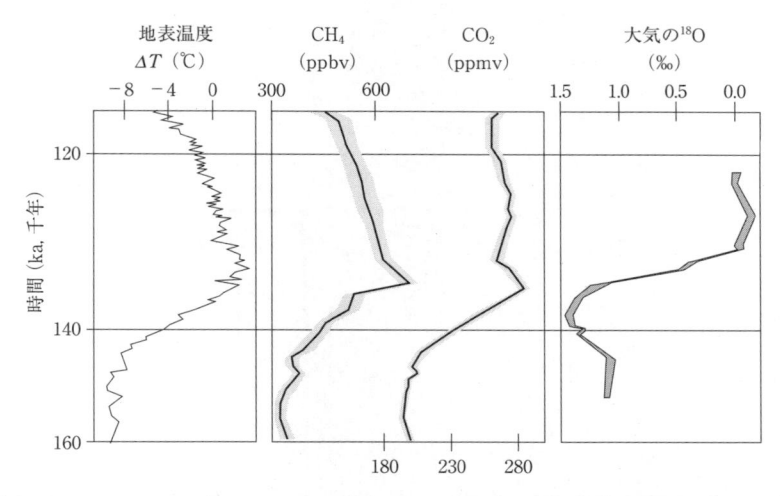

図 8.1-4 南極ボストークコアから得られたステージ 6 から 5e へ移行する時期の環境変化記録（Sowers *et al.*, 1991）

・**古環境データの蓄積**：古気候の指標データは前述のように海，氷，湖，陸上などあらゆる地域から得られて蓄積されつつある．これは米国・ボルダーの World Data Center などに蓄積され，利用がはかられている．

古環境データが大西洋とその沿岸に多いのは，そこがグローバルな変化に果たす役割が大きいところであることと，研究者が集中することに基づくが，大気大循環モデル設定や変化の原因，とくにフィードバック機構解明のためには，ほかにも古環境指標データを必要とする地域は多く残っている．

なお，グリーンランドの氷床コアや中国のレスなどに関する古環境データベースも，CD-ROM 化されている．

8.2 人為作用と気候変化

図 8.2-1 は，人類が数百万年前以降どのように世界各地に居住地（エクメネ）を拡大してきたかを，自然そのものの変化に加えて，巧みに時空図として描いたものである（貝塚，1997）．最終氷期のステージ 4 以降の氷期に，大陸棚がとくに広いスンダランドとベーリンジアは陸となり，人類の進出と移動を許した．しかし約 1.5 万年前以降の海面上昇はエクメネを狭め，一部の島嶼・島大陸では人類や生物の隔離・独自の進化を招いたが，気候の暖化は植生分布域を拡大して人類を含めたいくつかの生物を繁栄させるようになった．中緯度半乾燥地では氷期のレスと間氷期の古土壌が農牧業を支え，また温暖化に伴い多発するようになった河川の氾濫が低地の生産力を増すのに寄与したと考えられる．

人類は農牧業を通して，自然を改変する大きな存在になったが，約 500 年前まではその影響はまだ局地的であった．しかし産業革命が西欧に起こり，その文明が世界各地に怒涛のように拡大・浸透すると，人口の爆発とともに人類は自然を改変する第一級の動因となる．いまや科学技術文明が地球システムに与える影響は，気圏，水圏，生物圏から岩石圏に至るまできわめて大きい．この中で気圏に与える影響はグローバルな拡がりをもち，かつ他の地球システムに大きな影響を与えている．影響は一方向ではなく，相互に，かつ複雑に影響しあう（フィードバック連鎖とも呼ばれる）．

図 8.2-2 は，氷床コアの分析と，観測による過去 1000 年間の大気中のメタンと二酸化炭素の変化を示す．2 つのフラックスとも 19 世紀初めまでは変動が少なかったが，その後ともに加速度的に増大した．南極の氷から得られた 20 世紀末の両成分の濃度は，図 8.1-1 と比較すれば，MIS 5.5 や 1 という間氷期最盛期の値を大きく超えていて，未曾有の高い値を示す．明らかに人間活動によるインパクトである．われわれは過去数十万年間経験したことのない異常な時代に生きているのである．この変化から，地球の気温と海面の急速な上昇という近未来の予測を導くことは容易であるが，その速度，しくみについてはなお多くの研究が必要である．

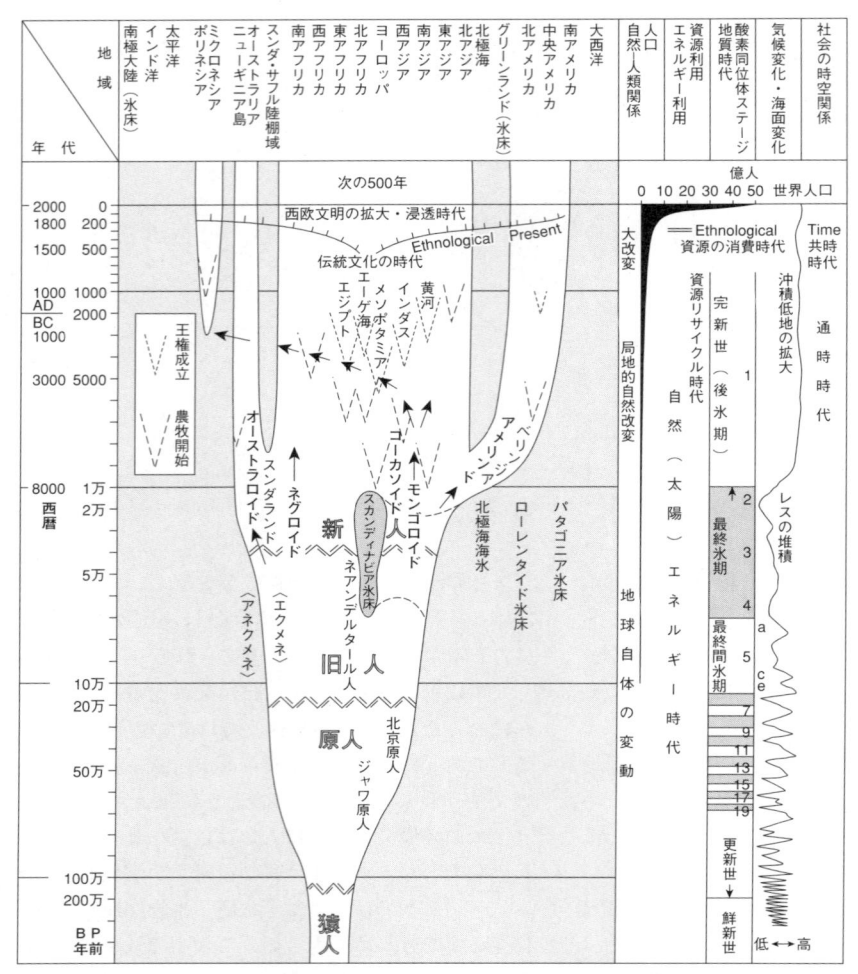

図8.2-1 人類史と自然史の時間–空間ダイアグラム（貝塚, 1997）

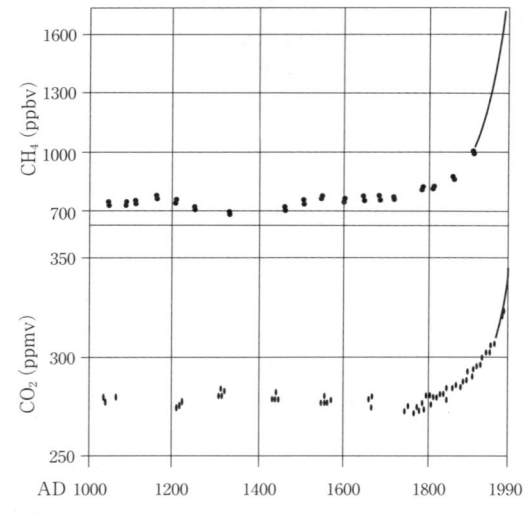

図8.2-2 氷床コア分析と機器観測データによる過去1000年間の温暖化ガスの変化（Siegenthaler & Sarmiento, 1993）

8.3 人為作用による自然生態系の改変

最近の気候温暖化に伴う植生変化や動物相の変化は，確実にかつ深刻に進行している．しかしそれにも増して，人類文明発祥以来，森林伐採や過度の収奪が進行し，土地の自然生産力の減少が著しくなった．

自然生態系では，再生産を可能にする養分，水などの循環にバランスが保たれているが，強力な人為的インパクトが働くとバランスが崩れ，復元が不可能な状態となる．復元力は気候地域によって異なる．とくに半乾燥気候下の農牧地では，排水網が不十分であると塩類の溶脱作用が充分に働かず，地下水や灌漑水の蒸発により土壌に塩類が集積して，生産力を著しく弱める（沙漠化）．半乾燥地のみでな

く，熱帯でも森林の過度な伐採は養分の流出や土壌侵蝕を招き，生産性が低められている．こうした土地の劣化現象は改めて通史編で述べることにする．

人間が利用しやすい，あるいは災害の起こりやすい海岸・河川などの平野は，土地利用の高度化を通して加速度的に地形が変化している．山岳地も例外でなくなってきた．こうした地形改変はあまりにも人間本位で，経済性や効率を優先するものであって，原自然や生態系を破壊する行為以外の何ものでもない．失われた地形，地層そして生態系は還ってこない．こうした人為による自然改変の功罪評価は，種々の立場から行われるであろうが，何よりも第四紀の研究を通して行われなければならない．

人為による自然改変が進んだ結果，手つかずの原自然は，現代文明から僻遠の地か，高山，極地などに限られ，稀な存在となった．それは国立公園や世界遺産として保全の対象となりつつあるが，どれも人間による自然破壊の免罪符のような存在である．しかしこれらの原自然は，人間活動が活発になる以前の自然の変遷を知る上で貴重な存在であるだけでなく，人間活動が自然に与えた影響を明らかにする上での基準として，守り継がれなければならない重要な存在である．

陸上の大部分の地域には，過去数千年間から1万年間にわたって，多かれ少なかれ人間活動の影響を受けて成立し，人間活動によって維持されてきた半自然生態系が分布する．たとえば，日本の人里周辺に分布する薪炭林と水田の生態系は，縄文時代以降の人間の生業活動を通して維持され続けてきた．そこには，定期的な伐採や刈り込み，落葉落枝の除去，耕耘といった人為的攪乱に更新を依存している植物群や，それらの植物群を食草としている動物群が数多く分布する．ところが，ここ数十年来の人間の生業活動の変化に伴い，薪炭林が利用されなくなって森林の遷移が進んだり，水田の利用形態が変わって環境が大きく変化することによって，個体数が減少し，絶滅の危機にみまわれている動植物群はきわめて多い．このような半自然生態系は，薪炭林や農耕地だけではなく，放牧や火入れによって維持されている半乾燥地帯の草原植生を含めると，地球の陸上生態系に占める割合は大きく，しかもそこには人間の生活域が含まれる．それだけに，これらの今後の保全のあり方やその意義を明確にする上で，地域の自然と人間の関わり合いの歴史を，第四紀学的な視点で明らかにすることはきわめて重要である．

近年の急激な環境改変によるデメリットが自覚されるに及び，自然と人間の持続的発展が提唱されている．しかし何が過度の改変なのか，どの程度の改変が自然と共存可能なのか，これは人類にとって大変な難問である．この問題を解決する上でも，人為による自然改変の歴史を詳細に検討することで得られるものは非常に大きい．しかしながら現在の環境破壊の深刻さは，いまわれわれが具体的な施策をとるべき待ったなしの段階にいることを示している．

8.4 地球温暖化と生物多様性の危機

地球温暖化に伴う生態系の変化を予測する上で，後氷期，とくにベーリング/アレレード期やプレボレアル期の温暖化に伴う生物群の変遷についての研究結果が果たす役割は大きい．この時期には急激な温暖化が生じており，さらに約7千年前のヒプシサーマル期の環境からは温暖化が進んだ状況が再現可能だからである．これまで，世界各地で温暖化に伴う生物群の分布域の移動や，地域の生物群集の組成変化の様相について，多くの研究が行われてきた．その結果，たとえば，北アメリカ大陸で植物の分布域の移動速度や，それに影響を及ぼす諸要因が明らかになってきた（Delcourt & Delcourt, 1987）．それらの詳細は通史編で述べることになるが，これらのデータと現在の生態系の状況をもとにして，今後の地球温暖化に対する生態系の変化予測が行われている（Huntley et al., 1995；堂本・岩槻，1997）．しかしながら，後氷期の温暖化と現在のそれとは，生態系の様相に，いくつかの質的に大きな違いがある．

まず第1に，後氷期の生態系では人間の影響がきわめて小さく，広大な土地に存在する多様な環境の中を，それぞれの生物種に応じた多様なプロセスで，生物群の移動が行われた．しかしながら，現在では生物群の分布域は人間の生活圏の中で孤島のように分断されており，しかもそれぞれの生息域で環境の多様性が小さくなっている．この結果，後氷期と同じ速度で生物群が移動することはきわめて困難で，移動できずに絶滅する生物が増加することが予

測されている．

第2に，これまでの自然破壊による生息域の縮小の結果，生物種の個体数が減少し，その結果として種の遺伝子多様度や，生物群集の種多様性といった，生物多様性が現在ではかなり減少していることである．遺伝子多様度の減少は，個体群の環境変化への適応力を低下させる．すなわち，多様な遺伝子組成をもつ個体群では，劣悪な環境下でもそれに耐性をもつ個体が生き残るが，遺伝子組成が単調であればあるほど小さな環境変化ですべての個体が消滅する可能性が高くなる（たとえば6.2.7項の栽培植物の例）．また，生物群集内では，食物網や天敵の存在によって，構成種の個体数がコントロールされている．しかし，生物群集の種多様性が減少することで，ある生物が爆発的に増加し，それが別の生物の生存に影響を及ぼすことがある（6.4.2項参照）．さらに，現在すでに絶滅した動物が環境変化に応じた植物の移動に大きな役割を果たしていたと考えられる例は多く（6.4.3項参照），生物間の関係が単純化した現在では，多くの植物で地球温暖化に伴う移動が十分に行われない可能性が高い．

第3に，現在の生態系では，異なった地域や大陸から人為的に移入された生物群が多数含まれている．これらの移入種の中には，もともと分布していた地域の生物群集内で個体数が抑えられていたのが，移入先で爆発的に増加してその地域の生態系に大きな影響を及ぼしている例は非常に多い．たとえ，現在の環境では人為管理下でしか生存できない生物でも，今後，気候変化や，天敵や競争相手の絶滅によって野生化し，その地域の生態系に影響を及ぼす可能性は充分にある．

このように，現在まで進行した生物多様性の減少が，今後の環境変化によってさらに加速することが予測されている．生態系は多様な生物間とそれらをとりまく無機的環境の相互作用によって成り立っている複雑系であるだけに，地球温暖化が世界各地の生態系に大きな影響をもたらすことは明白でも，具体的にどのようになるかを予測するのはきわめて困難である．それでも，第四紀の環境変化への生物群の応答に関する研究例が蓄積すればするほど，現在生じている現象の説明や未来予測が可能になり，今後の生態系の保全策の検討がしやすくなる．

8.5　地殻変動・火山活動と人間活動

上記した諸現象に比べて，固体地球で発生する地震や火山活動などの現象は，人為的インパクトとはほとんど関係なく発生する．第四紀におけるこれらの活動の歴史は，活断層やテフラ・火山噴出物の研究からかなり詳しくわかってきた（3章，5章）．一方，その環境への影響の大きさは，人間活動と深い関係をもつ．すなわち収奪的な土地利用が広域的に進むと，こうした自然の猛威に弱い地域が拡大し，大きな災害を招く危険性が増大しているのである．人類は技術力を駆使することによって，それまでは利用できなかった条件の悪い土地にも進出できるようになった．また大地震や火山活動は，数十年おきまたはもっと長い間隔をもつために，その安定期に猛威に弱い土地に進出した人は，「未曾有の」大災害に遭遇する危険に直面することになる．

過去に起こったイベントの確実な証拠はかなり解読されてきて，何がいつどこでどの程度起こったか，またその土地でのそうした現象の意義も，第四紀研究を通してかなり明らかになってきたといえる．そうした知識が地域の土地利用や防災計画策定に充分活かされるべきである．

地震・火山活動などについては，本書でも3章，5章などに紹介したが，山地崩壊，洪水を含めた自然の猛威については，町田・小島編（1996）や日本第四紀学会（1987）「百年，千年，万年後の日本の自然と人類」も手引きとなる．

8.6　環境の危機と第四紀研究

身の周りの環境から地球規模の環境に至るまで，環境問題が，地球科学，経済学，国際政治を問わず実にさまざまの分野で，いまほど深刻に受けとめられたときはない．

人類が，水圏を含めて生物圏自体へ，それまでとは質的に異なる影響を与え始めるのは，農耕社会の成立を契機としている．その前段階には，気候の激変によって，マンモスゾウなどの大型哺乳類の個体群の減少と，それに人類による狩猟圧が加わって絶滅を招いたことも忘れてはならない．いまわれわれが直面している地球環境の問題は，近代以来の累積した人類の生産・消費活動が，地球の生態系の再生

産の許容範囲を大きく越えて発動されていることに起因している．

現在，自然への人為的な影響によって，生物の絶滅は，バックグラウンドの絶滅率の100～1000倍の速度で進行している．適切な管理によって現状を維持しなければ，ほかの生物に波及するばかりか，ヒトの個体群自体の長期的な存続可能性も，危機的状況になるとさえいわれている．人類の課題は適応ではなく，ヒト・自然・文化のつくるシステムの持続可能性である．生物多様性の保全だけを取り上げるのではなく，今後の環境研究の展開のためには，同時に人類文化の多様性をも研究の対象にしなければならないことが強調されている．

現在の気候は，近現代の経済活動によって人為的につくり出された大きな気候変動の要素と，氷期–間氷期のサイクルから帰結された気候変動のパターンが，複合されて現れているのである．したがって，最終氷期から後氷期にかけての気候変動と，その中で人類がどのように生きたかを解明していくことは，現在の多くの人類の経済活動がいかに特異であるかを照らしだすことになるであろう．劣化しない無限の自然を仮説とするのではなく，劣化する有限の自然を前提に，持続のための経済学が提唱されるのもそのためであろう．

現在，全世界的な広がりで，地球環境研究計画が進行中である．しかし，その中で，たとえばIGBP（地球圏–生物圏国際協同研究）の活動に比べ，HDP（地球環境変化の人間次元研究計画）の取り組みは国際的に遅れているといわれてきた．これは自然諸科学と，人文社会系の諸科学の性格と機能の差をある程度反映しているとみてよいであろう．

環境の危機は，自然科学の研究対象としてだけ取り組んでも，また人文・社会現象に限定して取り組んでも解決しない．そこは複数の分野の科学によって成り立っている第四紀学の真価が問われる領域である．その意味で，新しい人類史と自然史が融合する研究の始まりの可能性を示しているであろう．しかし，それを推進するのは，現在を生きるわれわれである．現在の地球環境問題に，われわれはどのような問題解決能力をもてるであろうか．予想できない未解決の問題は山ほどあるが，累積した結果の責任は，現代の人類が引き受けなければならない，という点だけは確かである．

主要参考図書

本書に関わる第四紀研究の入門的参考書と，さらに深く学びたい人のために推奨できる参考書をあげる．それらの一部は本書の執筆にも大いに参考になった．リストは，なるべく本書の章に従うように配列した．なお，個々の章節で本文や図表に引用し，出典を記した文献は，引用文献を参照されたい．

1章　第四紀学の基礎的概念・全般に関わるもの

日本第四紀学会編（1977）日本の第四紀研究．東京大学出版会．
成瀬　洋（1982）第四紀．岩波書店．
日本第四紀学会編（1987）日本第四紀地図．東京大学出版会．
日本第四紀学会編（1987）百年，千年，万年後の日本の自然と人類．古今書院．
米倉伸之（2000）環太平洋の自然史．古今書院．
Kahlke, H. D.（1981）*Das Eiszeitalter*. Aulis Verlag.
Nilsson, T.（1983）*The Pleistocene*. D. Reidel.
Roberts, N.（1989）*The Holocene*. Blackwell.
Bell, M. and Walker, M. J. C.（1992）*Late Quaternary Environmental Change. Physical and Human Perspectives*. Longman.
Lowe, J. J. and Walker, M. J. C.（1997）*Reconstructing Quaternary Environments*（2nd ed.）. Longman.
Alverson, K. *et al.*（2002）*Paleoclimate, Global Change and the Future*. Springer.

2章　第四紀地史の枠組み

小島　稔・斎藤常正編（1978）地球年代学．岩波講座地球科学 6，岩波書店．
兼岡一郎（1998）年代測定概論．東京大学出版会．
長友恒八編（1999）考古学のための年代測定法入門．古今書院．

3章　地殻の変動

上田誠也（1971）新しい地球観．岩波新書，岩波書店．
貝塚爽平（1977）日本の地形．岩波新書，岩波書店．
中村一明（1978）火山の話．岩波新書，岩波書店．
杉村　新（1987）グローバルテクトニクス．東京大学出版会．
横山　泉・荒牧重雄・中村一明編（1993）火山．岩波講座地球科学選書 7，岩波書店．
池田安隆・島崎邦彦・山崎晴雄（1996）活断層とは何か．東京大学出版会．

4章　気候変化

名古屋大学大気水圏科学研究所編（1991）大気水圏の科学"黄砂"．古今書院．
日本海洋学会編（1991）海と地球環境．東京大学出版会．
安成哲三・柏谷健二編（1992）地球環境変動とミランコヴィッチ・サイクル．古今書院．
野崎義行（1994）地球温暖化と海．東京大学出版会．
小林和男（1995）生きている深海底―海底8万里　地球科学の旅．平凡社．
住　明正ほか（1996）地球環境論．岩波講座地球惑星科学 3，岩波書店．
住　明正ほか（1996）気候変動論．岩波講座地球惑星科学 11，岩波書店．
日本海洋学会編（2001）海と環境．講談社サイエンティフィック，講談社．
Imbrie, J. and Imbrie K. P. C.（1979）*Ice Ages*. Macmilian Press.

Bradley, R. S. (1999) *Paleoclimatology, Reconstructing Climates of the Quaternary* (2nd ed.). Academic Press.
Markgraf, V. (ed.) (2001) *Interhemispheric climate linkages*. Academic Press.

5章　地表諸環境の変遷
町田　洋 (1976) 火山灰は語る．蒼樹書房．
松井　健 (1979) ペドロジーへの道．蒼樹書房．
貝塚爽平ほか (1985) 写真と図でみる地形学．東京大学出版会．
貝塚爽平・成瀬　洋・太田陽子 (1985) 日本の平野と海岸．日本の自然 4, 岩波書店．
貝塚爽平編 (1997) 世界の地形．東京大学出版会．
貝塚爽平編 (1998) 発達史地形学．東京大学出版会．
町田　洋・新井房夫 (2003) 新編　火山灰アトラス．東京大学出版会．
Sheets, P. D. and Grayson, D. K. (1979) *Volcanic Activity and Human Ecology*. Academic Press.
Self, S. and Sparks, R. S. J. (eds.) (1981) *Tephra Studies*. D. Reidel.

6章　生物群の変遷
堀越増興ほか (1985) 日本の生物．日本の自然 6, 岩波書店．
Kurtén, B. (1968) *Pleistocene Mammals of Europe*. Weidenfeld and Nicolson.
Birks, H. J. B. and Birks H. H. (1980) *Quaternary Palaeoecology*. Edward Arnold.
Kurtén, B. and Anderson, E. (1980) *Pleistocene Mammals of North America*. Columbia Univ. Press.
Faegri, K. and Iversen, J. (1989) *Textbook of Pollen Analysis* (4th ed.). J. Wiley and Sons.
Delcourt, H. R. and Delcourt, P. A. (1991) *Quaternary Ecology*. Chapman and Hall.
Moore, P. D., Webb, J. A. and Collinson, M. E. (1991) *Pollen Analysis* (2nd ed.). Blackwell.
Pearsall, D. M. (2000) *Paleoethnobotany: A Handbook of Procedures* (2nd ed.). Academic Press.

7章　人類史
山内清男 (1964) 縄文式土器・総論・日本の原始美術 I. 講談社．
小野　昭 (1978) 分布論・日本考古学を学ぶ (1) 日本考古学の基礎．有斐閣選書，有斐閣．
Butzer, K. (1982) *Archaeology as Human Ecology*. Cambridge Univ. Press.
Gräslund, B. (1987) *The Birth of Prehistoric Chronology: Dating Methods and Dating Systems in Nineteenth-century Scandinavian Archaeology*. Cambridge Univ. Press.
Harris, E. C. (1989) *Principles of Archaeological Stratigraphy* (2nd ed.). Academic Press 〔E. ハリス著，小沢一雅訳 (1995) 考古学における層位学入門，雄山閣〕．
Klein, R. G. (1999) *The Human Career: Human Biological and Cultural Origins* (2nd ed.). Univ. Chicago Press.

8章　第四紀研究の問題と展望
町田　洋ほか (1986) 自然の猛威．日本の自然 8, 岩波書店．
石　弘之・沼田　眞 (1996) 環境危機と現代文明．講座文明と環境 11, 朝倉書店．
梅原　猛 (1996) 新たな文明の創造．講座文明と環境 15, 朝倉書店．
ダイヤモンド，J. 著，倉骨　彰訳 (2000) 銃・病原菌・鉄――一万三〇〇〇年にわたる人類史の謎―(上・中・下)．草思社．
Torrence, R. and Grattan, J. (2002) *Natural Disasters and Cultural Change*. Routledge (One World Archaeology).

引用文献

阿部彩子・増田耕一（1993）氷床と気候感度―モデルによる研究のレビュー．気象研究ノート，177, 183-222.

阿部　永（1991）日本の哺乳類とその変異．朝日　稔・川道武男編「現代の哺乳類学」：1-22，朝倉書店．

阿部　永・石井信夫・金子之史・前田喜四雄・三浦慎悟・米田政明（1994）日本の哺乳類．195p.，東海大学出版会．

Aber, J. S. (1991) The glaciation of northeastern Kansas. *Boreas*, 20, 297-314.

Abramova, Z. A. (1982) Zur Jagd im Jungpaläolithikum : Nach Beispielen des jungpaläolitischen Fundplatzes Kokorevo I in Sibirien. *Archäologishes Korrespondenzblatt*. 12, 1-9.

Adam, K. D. (1988) Über pleistozäne Elefanten-Funde im Umland von Erzurum in Ostanatolien. Ein Beitrag zur Namengebung von *Elephas armeniacus* und *Elephas trogontherii*. *Stuttgarter Beitr. Naturkd.*, Ser. B, Geol. Paläont., 146, 1-89.

Agassiz, L. (1847) Systeme glaciaire ou recherches sur les glaciers. Pt. I, *Nouvelles estudes et experiences sur les glaciers actuels.*, 1, 1-598.

Agenbroad, L. D. (1984) New World mammoth distribution. Martin, P. S. and Klein, R. G. (eds.) *Quaternary Extinctions: A Prehistoric Revolution*, 90-108, Univ. Arizona Press.

Aguirre, E. (1969) Evolutionary history of the elephant. *Science*, 164, 1366-1376.

Aguirre, E. and Pasini, G. (1985) The Pliocene-Pleistocene boundary. *Episodes*, 8, 116-120.

Aitken, M. J. (1994) Optical dating. A non-specialist review. *Quat. Sci. Rev.*, 13, 503-508.

アレクサンダー，R. M.（1989）恐竜の力学．217p.（坂本憲一訳，1991）地人書館．

Aldrich, L. T. and Nier, A. O. (1948) Argon 40 in potassium minerals. *Phys. Rev.*, 74, 876-877.

Allen, J. R. M., Watts, W. A., McGee, E. and Huntley, B. (2002) Holocene environmental variability-the record from Lago Grande di Monticchio, Italy. *Quat. Intern.*, 88, 69-80.

Alley, R. B., Meese, D. A., Shuman, C. A., Gow, A. J., Taylor, K. C., Grootes, P. M., White, J. W. C., Ram, M., Waddington, E. D., Mayewski, P. A. and Zielinski, G. A. (1993) Abrupt increase in Greenland snow accumulation at the end of the Younger Dryas event. *Nature*, 362, 527-529.

Allison, T. D., Moeller, R. E. and Davis, M. B. (1986) Pollen in laminated sediments provides evidence for a mid-Holocene forest pathogen outbreak. *Ecology*, 67, 1101-1105.

American Commissions on Stratigraphic Nomenclature (1970) Code of stratigraphic nomenclature (2nd. ed.). *Amer. Assoc. Petroleum Geol. Bull.*, 60, 1-45.

An, Z. S., Kukla, G., Porter, S. C. and Xiao, J. L. (1991) Late Quaternary dust flow on the Chinese Loess Plateau. *Catena*, 18, 125-132.

Andersen, S.T. (1970) The relative pollen productivity and representation of North European trees, and correction for tree pollen spectra. *Danm. Geol. Unders.*, Ser II, 96, 99p.

Anderson, T. W. (1974) The chestnut pollen decline as a time horizon in lake sediments in eastern North America. *Can. Jour. Bot.*, 64, 1977-1986.

Andrews, P. (1990) *Owls, Caves and Fossils: Predation, Preservation, and Accumulation of Small Mammal Bones in Caves, with an Analysis of the Pleistocene Cave Faunas from Westbury-sub-Mendip, Somerset, UK*. 231p., Univ. Chicago Press.

Anthony, R. S. (1977) Iron-rich rhythmically laminated sediments in Lake of the Clouds, Minnesota. *Limnology Oceanography*, 22, 45-54.

青木かおり・新井房夫（2000）三陸沖海底コア KH9413，LM18の後期更新世テフラ層序．第四紀研究，39, 107-120.

Archibold, O.W. (1995) *Ecology of World Vegetation*. 510p., Chapman and Hall.

在田一則・鴈澤好博（1977）ネパールヒマラヤのスラストテクトニクス―フィッション・トラック年代と山脈上昇過程．地学雑誌，106, 156-167.

朝倉　正・関口理郎・新田　尚編（1995）気象ハンドブック．773p, 朝倉書店．

阿哲団体研究グループ（1970）洞くつ地質学ノート 5．阿哲台の鍾乳洞と河岸段丘．地球科学，24, 225-227.

粟田泰夫（1988）東北日本弧中部内帯の短縮変動と太平洋プレートの運動．月刊地球，10, 586-591.

Balouet J.-C. and Alibert, E. (1990) *Extinct Species of the World*. 192p., Barron's Educational Series (English language edition).

Bard, E., Arnold, M., Fairbanks, R. G. and Hamelin, B. (1993) ^{230}U, ^{234}U and ^{14}C ages obtained by mass spectrometry on corals. *Radiocarbon*, 35, 191-199.

Bard, E., Hamelin, B., Arnold, M., Montaggioni, L., Cabioch, G., Faure, G. and Rougerie, F. (1996) Deglacial sea-level record from Tahiti corals and the timing of global meltwater discharge. *Nature*, 382, 241-244.

Bard, E., Hamelin, B., Fairbanks, R. G. and Zindler, A. (1990) Calibration of the ^{14}C timescale over the past 30,000 years using mass spectrometric U-Th ages from Barbados Corals. *Nature*, 345, 405-410.

Barnola, J. M., Raynaud, D., Korotkevich, Y. S. and Lorius, C. (1987) Vostok ice core provides 160,000-year record of atmospheric CO_2. *Nature*, 329, 408-414.

Basaltic Volcanism Study Project (1980) *Basaltic Volcanism on the Terrestrial Planets*. 1286p., Pergamon Press.

Beck, J. W., Edwards, R. L., Ito, E., Taylor, F. W., Recy, J., Rougerie, F., Joannot, P. and Henin, C. (1992) Sea-surface temperature from coral skeletal strontium/calcium ratios. *Science*, 257, 644-647.

Beck, J. W., Richards, D. A., Edwards, R. L., Silverman, B. W., Smart, P. L., Donahue, D. J., Hererra-Osterheld, S., Burr, G. S., Calsoyas, L., Jull, A. L. and Biddulph, D. (2001) Extremely large variations of atmospheric ^{14}C concentration during the last glacial period. *Science*, 292, 2453-2458.

Becker, B. and Kromer, B. (1993) The continental tree-ring record absolute chronology, ^{14}C calibration and climatic change at 11 ka BP. *Palaeogeogr. Palaeoclimatol. Palaeoecol.*, 103, 67-71.

Becquerel, H. C. R. (1896) *Acad. Sci. Paris*, 122, 1086.

Beer, J. and Strum, M. (1995) Dating of lake and loess sediments. *Radiocarbon*, 37, 81-86.

Beerling, D. J. and Chaloner, W. G. (1994) Atmospheric CO_2 changes since the last glacial maximum: evidence from the stomatal density record of fossil leaves. *Rev. Palaeobotany Palynology*, 81, 11-17.

Behl, R. J. (1995) Sedimentary facies and sedimentology of the Late Quaternary Santa Barbara Basin (Site 893). *Proc. Ocean Drill. Program Sci. Results.*, 146 (2), 295-308.

Behre, K. E. (1988) The role of man in European vegetation history. Huntley, B. and Webb, T. (eds.) *Vegetation History*, 633-672, Kluwer.

Behrensmeyer, A. K., and Hill, A. P. (eds.) (1980) *Fossils in the Making: Vertebrate Taphonomy and Paleoecology.* 338p., Univ. Chicago Press.

Bell, M. and Walker, M. J. C. (1992) *Late Quaternary Environmental Change. Physical and Human Perspectives.* 273p., Longman.

Bender, M., Sowers, T., Dickson, M. L., Orchardo, J., Grootes, P., Mayewski, P. A. and Meese, D. A. (1994) Climate correlations between Greenland and Antarctica during the past 100,000 years. *Nature*, 372, 663-666.

Beneš, J. (1979) *Prehistoric Animals and Plants.* 311p., Hamlyn.

Berger, A. (1978) Long-term variations of calorific insolation resulting from the earth's orbital elements. *Quat. Res.*, 9, 139-167.

Berger, G. W. and Huntley, D. J. (1994) Tests for optically stimulated luminescence from tephra glass. *Quat. Sci. Rev.*, 13, 509-511.

Berggren, W. A. *et al.* (1995) Late Neogene chronology: New perspectives in highresolution stratigraphy. *Geol. Soc. Amer. Bull.*, 107, 1272-1287.

Berner, R. A. (1994) GEOCARB II: A revised model of atmospheric CO_2 over Phanerozoic time. *Amer. Jour. Sci.*, 294, 56-91.

Berner, R. A., and Raiswell, R. (1983) Burial of organic carbon and pyrite sulfur in sediments over Phanerozoic time; A new theory. *Geochim. Cosmochim. Acta.*, 47, 855-862.

Betancourt, J. L., Van Devender, T. R. and Martin, P. S., (1990) *Packrat Middens. The Last 40,000 Years of Biotic Change.* 467p., Univ. Arizona Press.

Bhiry, N. and Filion, L. (1996) Mid-Holocene Hemlock decline in Eastern North America linked with phytophagous insect activity. *Quat. Res.*, 45, 312-320.

Billard, A. (1987) *Analyse Critique de Stratotypes Quaternaire.* 141p., Edition of the Centre National de la Recherche Scientifique.

Binford, L. R. (1981) *Bones: ancient men and modern myths.* 320p., Academic Press.

Binford, L. R. (1983a) *In Pursuit of the Past.* 256p., Thames and Hudson.

Binford, L. R. (1983b) *Working at Archaeology.* 463p., Academic Press.

Binford, L. R. (1987) Searching for camps and missing the evidence ?: Another look at the Lower Palaeolithic. Soffer, O. (ed.) *The Pleistocene Old World: Regional Perspectives*, 17-31, Plenum Press.

Binford, L. R. (1989) *Debating Archaeology.* 534p., Academic Press.

Bird, P. (1979) Continental delamination and Corolado Plateau. *Jour. Geophys. Res.*, 84, 7561-7571.

Birks, H. J. B. and Birks, H. H. (1980) *Quaternary Palaeoecology.* 289p., Edward Arnold.

Bjorck, S., Cato, I., Brunnberg, L. and Stromberg, B. (1992) The clay-varve based Swedinsh time scale and its relation to the late Weichselian radiocarbon chronology. Bard, E. and Brocker, W. S. (eds.) *The Last Deglaciation: Absolute and Radiocarbon Chronologies.* NATO ASI Series, Series 1, Global Environmental Change, 2, 25-44, Springer Verlag.

Bliss, L. C. and Richards, J. H. (1982) Present-day arctic vegetation and ecosystems as a predictive tool for the Arctic-Steppe Mammoth biome. Hopkins, D. M., Matthews, J. V. Jr., Schweger, C. E. and Young, S. B. (eds.) *Paleoecology of Beringia*, 241-257, Academic Press.

Bloom, A. L. (1967) Pleistocene shorelines: A new test of isostasy. *Geol. Soc. Amer. Bull.*, 78, 1477-1494.

Bloom, A. L., Broecker, W. S., Chappell, J. M. A., Matthews, R. K. and Messollela, K. J. (1974) New ^{230}Th/^{234}U dates from the Huon Peninsula, Papua New Guinea. *Quat. Res.*, 4, 185-205.

Blunier, T., Chappellaz, J., Schwander, J., Dallenbach, A., Stauffer, B., Stocker, T. F., Raynaud, D., Jouzel, J., Clausen, H. B., Hammer, C. U. and Johnsen, S. J. (1998) A synchrony of Antarctic and Greenland climate change during the last glacial period. *Nature*, 394, 739-743.

Bökönyi, S. (1974) *History of Domestic Mammals in Central and Eastern Europe.* 596p., Akadémiai Kiadó (translated by Halápy, L.).

Bökönyi, S. (1976) Development of early stock rearing in Near East. *Nature*, 264, 19-23.

Bökönyi, S. (1984) Horse. Mason, I. L. (ed.) *Evolution of Domesticated Animals*, 162-173, Longman.

Bond, G., Heinrich, H., Broecker, W., Labeyrie, L., MacManus, J., Andrews, J., Huon, S., Jantschik, R., Clasen, S., Simet, C., Tedesco, K., Klas, M., Bonani, G. and Ivy, S. (1992) Evidence for massive discharges of icebergs into the Atlantic during the last glacial period. *Nature*, 360, 245-249.

Bond, G. C. and Lotti, R. (1995) Iceberg discharges into the North Atlantic on millennial time scales during the Last Glaciation. *Science*, 267, 1005-1010.

Bordes, F. (1961) *Typologie du Paléolithique Ancien et Moyen.* Publications de l'Institut de Préhistoire l'Université de Bordeaux [éditions du C. N. R. S., 1988, 102p.＋Pl. 108].

Bordes, F. (1968) *The Old Stone Age.* World University Library. 255p., Weidenfeld and Nicolson〔ボルド, F. 著, 芹沢長介・林 謙作訳 (1971) 旧石器時代. 303p., 平凡社〕.

Bosinski, G. (1985) *Der Neandertaler und seine Zeit.* 74p., 18pls., Rheinland-Verlag GmbH.

Boto, K. G. and Isdale, P. (1985) Fluorescent bands in massive corals result from terrestrial fulvic acid inputs to nearshore zone. *Nature*, 315, 396-397.

Boygle, J. (1993) The swedish varve chronology-a review. *Prog. Phys. Geogr.*, 17, 1-19.

Boyle, E. A. (1988) Cadmium: chemical tracer of deepwater paleoceanography. *Paleoceanography*, 3, 471-489.

Boyle, E. A. (1992) Cadmium and ^{13}C paleochemical ocean distributions during the stage 2 glacial maximum. *Ann. Rev. Earth Planet. Sci.*, 20, 245-287.

Bralower, T. J. and Thierstein, H. R. (1984) Low productivity and slow deep-water circulation in mid-Cretaceous oceans.

Geology, 12, 614–618.
Brassell, S. C., Eglinton, G., Marlowe, I. T., Pflaumann, U. and Sarnthein, M. (1986) A new tool for climatic assessment. *Molecular Stratigraphy,* 320, 129–133.
Brauer, A., Endres, C., Gunter, C., Litt, T., Stebich, M. and Negendank, J. F. W. (1999) High resolution sediment and vegetation responses to Younger dryas climate change in varved lake sediments from Meerfelder Maar, Germany. *Quat. Sci. Rev.,* 18, 321–329.
Bray, J. R. (1977) Pleistocene volcanism and glacial initiation. *Science,* 197, 251–254.
Breuil, H. (1952) *Four Hundred Centuries of Cave Art.* 414p., Montignac.
Broecker, E. S. (1965) Isotope geochemistry and the Pleistocene climatic record. Wright, H. E. Jr. and Frey, D. G. (eds.) *The Quaternary of the United States,* 737–753, Princeton Univ. Press.
Broecker, W. S. (1991) The great ocean conveyor belt. *Oceanography,* 4, 79–89.
Broecker, W. S. and Denton, G. H. (1989) The role of ocean-atmosphere reorganizations in glacial cycles. *Geochim. Cosmochim. Acta.,* 53, 2465–2501.
Brunhes, B. (1906) Recherches sur la direction d'aimantion des roches volcaniques. *Jour. de physique Thérique et Appliqúee,* Ser.4, 5, 705–724.
Brunskill, G. J. (1969) Fayetteville Green Lake NY III: precipitation and sedimentation of calcite in a meromictic lake with laminated sediments. *Limnology Oceanography,* 14, 830–847.
Budd, W. F. and Smith, I.N. (1987) Conditions for growth and retreat of the Laurentide ice sheet. *Geographie Physique et Quaternaire,* 41, 279–290.
Bullard, E. C., Everett, J. E. and Smith, A. G. (1965) A Symposium on Continental Drift IV. The fit of the continents around the Atlantic. *Phil. Trans. Roy. Soc. London,* A, 258, 41–51.
Busacca, A. J. (1991) Loess deposits and soils of the Palouse and vicinity. *The Geology of North America,* K12, 216–228.
Butler, B. E. (1956) Parna1 an aeolian clay. *Australian Jour. Sci.* 18, 145–151.
Butzer, K. W. (1974) Geological and ecological perspectives on the middle Pleistocene. *Quat. Res.,* 4, 136–148.
Butzer, K. (1982) *Archaeology as Human Ecology.* Cambridge Univ. Press.
Cande, S. C. and Kent, D. V. (1955) Revised calibration of the geomagnetic polarity time scale for the Late Cretaceous and Cenozoic. *Jour. Geophys. Res.,* 100, 6093–6095.
Cann, R. L., Stoneking, M., and Willson, A. C. (1987) Mitochondrial DNA and human evolution. *Nature,* 325, 31–36.
Carey, S. N. and Sigurdsson, H. (1980) The Roseau ash: deep-sea tephra deposits from a major eruption on Dominica, Lesser Antilles Arc. *Jour. Volcanol. Geotherm. Res.,* 7, 67–86.
Cato, I. (1985) The definitive connection of the Swedish geochronological timescale with the present, and the new date for the zero year in Doviken northern Sweden. *Boreas,* 14, 117–122.
Cerling, T. E. (1992) Development of grasslands and savannas in East Africa during the Neogene. *Paleogeography Paleoclimatology Paleoecology,* 97, 241–247.
Chaline, J. (1974) Esquisse de l'évolution morphologique, biométrique et chromosomique du genre *Microtus* (Arvicolidae, Rodentia) dans le Pléistocène de l'hémisphère nord. *Bull. Soc. Géol. France,* sér. 7, 16, 440–450.

Chaline, J. (1975) Taxonomie des campagnols (Arvicolidae, Rodentia) sous-famille des Dolomyinae nov. das l'hémisphére Nord. *C. R. Acad. Sci.,* sér. D, 281, 115–118.
Chaline, J. (1987) Arvicolid data (Arvicolidae, Rodentia) and evolutionary concepts. *Evolutionary Biology,* 21, 237–310.
Chaline, J. and Graf, J.-D. (1988) Phylogeny of the Arvicolidae (Rodentia): Biochemical and paleontological evidence. *Jour. Mamm.,* 69, 22–33.
Chaline, J. and Mein, P. (1979) *Les Rongeurs et l'Évolution.* 235p. Doin Éditeurs.
Chamberlin, T. C. (1897) Supplementary hypothesis respecting the origin of the loess of the Mississipi Valley. *Jour. Geol.,* 5, 795–802.
Chaplin, R. E. (1971) *The Study of Animal Bones from Archaeological Sites.* 170p., Seminar Press.
Chappell, J. (1974) Geology of coral terraces, Huon Peninsula, New Guinea. A study of Quaternary tectonic movement and sea level changes. *Geol. Soc. Amer., Bull.,* 85, 553–570.
Chappell, J., 大村明雄, Esat, T., McCulloch, M., Pandolfi, J., 太田陽子, and Pillans, B. (1995) ヒュオン半島のサンゴ礁段丘から新たに得られた第四紀後期の海面高度と深海底コアの酸素同位体記録との調和. 地学雑誌, 104, 777–784.
Chappell, J., Omura, A., Esat, T., McCulloch, M., Pandolfi, J., Ota, Y. and Pillans, B. (1996) Reconciliation of late Quaternary sea levels derived from coral terraces at Huon Peninsula with deep sea oxygen isotope records. *Earth Planet. Sci. Lett.,* 141, 227–236.
Chappell, J. and Polach, H. A. (1991) Post-glacial seal-level rise from a coral record at Huon Peninsula, Papua New Guinea. *Nature,* 349, 147–149.
Chappell, J. and Shackleton, N. J. (1987) Oxygen isotopes and sea level. *Nature,* 324, 137–140.
Chappellaz, J., Blunier, T., Kints, S., Dallenbach, A., Barnola, J. M., Schwander, J., Raynaud, D. and Stauffer, B. (1997) Changes in the atmospheric CH_4 gradient between Greenland and Antarctica during the Holocene. *Jour. Geophys. Res.,* 102, D13, 15987–15997.
Chappellaz, J., Blunier, T., Raynaud, D., Barnola, J. M., Schwander, J. and Stauffer, B. (1993) Synchronous changes in atmospheric CH_4 and Greenland climate between 40 and 8 kyr BP. *Nature,* 366, 443–445.
Charlesworth, J. K. (1957) *The Quaternary Era with Special Reference to its Glaciation.* 2 vols., Edward Arnold.
Charlson, R. J., Lovlock, J. E., Andra, M. O. and Warren, S. G. (1987) Oceanic phytoplankton, atmospheric sulphur, cloud albedo and climate. *Nature,* 326, 655–661.
Childe, V. G. (1942) *What Happened in History.* Penguin Books, 300p., Harmondsworth.
Childe, V. G. (1944) *Progress and Archaeology.* 119p., Watts & Co.
Chinzei, K., Fujioka, K., Kitazato, H., Koizumi, l., Oba, T., Oda, M., Okada, H., Sakai, T. and Tanimura, Y. (1987) Postglacial environmental changes of the Pacific Ocean off the coasts of central Japan. *Marine Micropaleont.,* 11, 273–291.
千浦美智子 (1979) 糞石. 鳥浜貝塚研究グループ編「鳥浜貝塚―縄文前期を主とする低湿地遺跡の調査1―」: 170–175, 福井県教育委員会.
Clapperton, C. (1993) *Quaternary Geology and Geomorphology of South America.* Elsevier.
Clark, J. A., Farrell, W. E. and Peltier, W. R. (1978) Global changes in postglacial sea level: A numerical calculation. *Quat. Res.,* 9, 265–287.
CLIMAP Project Members (1976) The surface of the ice-age

earth. *Science*, 191, 1131-1137.

CLIMAP Project Members (1981) *Seasonal Reconstructions of the Earth's Surface at the Last Glacial Maximum*. Geological Society of America Map and Chart Series, MC136.

CLIMAP Project Members (1984) The last interglacial ocean. *Quat. Res.*, 21, 123-224.

Cloos, M. (1993) Lithospheric buoyancy and collisional orogenesis: Subduction of oceanic plateaus, continental margins, island arcs, spreadingroidges, and seamounts. *Geol. Soc. Amer. Bull.*, 105, 715-737.

Clutton-Brock, J. (1984) Dog. Mason, I. L. (ed.) *Evolution of Domesticated Animals*, 198-211, Longman.

Clutton-Brock, J. (1987) *A Natural History of Domesticated Mammals*. 208p., Cambridge Univ. Press.

COHMAP Members (1988) Climatic changes of the last 18,000 years: observations and model simulations. *Science*, 241, 1043-1052.

Cole, K. (1985) Past rates of change, species richness, and a model of vegetational inertia in the Grand Canyon, Arizona. *Amer. Nat.*, 125, 289-303.

Colman, S. M., Peck, J. A., Karabanov, E. B., Carter, S. J., Bradbury, J. P., King, J. W. and Wiliams, D. F. (1995) Continetal climate response to orbital forcing from biogenic silica records in Lake Baikal. *Nature*, 378, 769-771.

Colman, S, M., Pierce, K. L. and Birkeland, P. W. (1987) Suggested terminology for Quaternary dating methods. *Quat. Res.*, 28, 314-319.

Condie, K. C. (1997) *Plate Tectonics and Crustal Evolution* (4th ed.). Butterworth-Heineman.

Coope, G. R. (1959) A Late Pleistocene insect fauna from Chelford, Cheshire. *Proc. R. Soc. London*, B, 151, 70-86, pl. 2.

Coope, G. R. (1977a) Quaternary Coleloptera as aids in the interpretation of environmental history. Shotton F. W. (ed.) *British Quaternary Studies: Recent Advances*, 55-68, Clarendon Press.

Coope, G. R. (1977b) Fossil colelopteran assemblages as sensitive indicators of climatic changes during the Devensian (Last) cold stage. *Phil. Trans. R. Soc. London*, B, 280, 313-340.

Coope, G. R., Morgan, A. and Osborne, P. J. (1971) Fossil Coleloptera as indicators of climatic fluctuations during the last glaciation in Britain. *Palaeogeogr. Palaeoclimatol. Palaeoecol.*, 10, 87-101.

Coppens, Y. (1989) Hominid evolution and the evolution of the environment. *Ossa*, 14, 157-163.

Corbet, G. B. (1978) *The Mammals of the Palaearctic Region: A Taxonomic Review*. 314p., British Museum (Natural. History.) and Cornell Univ. Press.

Corner, E. J. H. (1976) *The Seeds of Dicotyledons*. Vol. 1, 311p., Vol.2, 552p., Cambridge Univ. Press.

Cornwall, I. W. (1974) *Bones for the Archaeologist*. 259p., J. M. Dent & Sons.

Cowan (1996) Evolutionary changes associated with the domestication of *Cucurbita pepo*, evidence from eastern Kentucky. Gremillion, K. J. (ed.) *People, Plants and Landscapes Studies in Paleoethnobotany*, 63-85, Univ. Alabama Press.

Cowie, J. D. (1964) Loess in the Manawatu district, New Zealand. *New Zealand Jour. Geol. Geophys.*, 7, 389-396.

Cox, A. (1969) Geomagnetic reversals. *Science*, 163, 237-245.

Cox, A., Doell, R. R. and Dalrymple, G. B. (1963) Geomagnetic polarity epochs and Pleistocene geochronometry. *Nature*, 198, 1049-1051.

Cox, A., Doell, R. R. and Dalrymple, G. B. (1964) Reversals of the earth's magnetic field. *Science*, 144, 1537-1543.

Croll, J. (1864) On the physical cause of the change of climate during geological epochs. *Phil. Mag.*, 28, 121-137.

Croll, J. (1867) On the excentricity of the earth's orbit, and its physical relations to the glacial epoch. *Phil. Mag.*, 33, 119-131.

Croll, J. (1875) *Climate and Time in their Geological Relations. A Theory of Secular Changes of the Earth's Climate*. 577p., Edward Stanford.

Crusius, J. Pedersen, T. F., Calvert, S. E., Cowie, G. L. and Oba, T. (1999) A 36 kyr geochemical record from the sea of Japan of organic matter flux variations and changes in intermediate water oxygen concentrations. *Paleoceanography*, 14, 248-259.

Curry, W. B. and Lohmann, G. P. (1982) Carbon isotopic changes in benthic foraminifera from the western South Atlantic: Reconstruction of glacial abyssal circulation patterns. *Quat. Res.*, 18, 218-235.

Cushing, E. J. (1967) Late-Wisconsin pollen stratigraphy and the glacial sequence in Minnesota. Cushing, E. J. and Wright, H. E. (eds.) *Quaternary Palaeoecology*, 59-88, Yale Univ. Press.

Cwynar, L. and Ritchie, J. C. (1980) Arctic steppe-tundra: a Yukon perspective. *Science*, 208, 1375-1377.

第四次土壌分類・命名委員会（2002）日本の統一的土壌分類体系．ペドロジスト，46, 36-45.

Dalrymple, G. B. and Doell, R. R. (1964) Potassium-Argon dates of three Pleistocene interglacial basalt flows from the Sierra Nevada, California. *Geol. Soc. Amer. Bull.*, 75, 753-757.

Daly, R. A. (1934) *The Changing World of the Ice Age*. 271p., Yale Univ. Press.

Daniels, F., Boyd, C. A. and Saunders, D. F. (1953) Thermoluminescence as a reserch tool. *Science*, 117, 343-349.

Dansgaard, W. (1964) Stable isotopes in precipitation. *Tellus*., 16, 436-468.

Dansgaard, W., Clausen, H. B., Gundestrup, N., Hammer, C. U., Johnsen, S. J., Kristinsdottir, P. M. and Reek, N. (1982) A new Greenland deep ice core. *Science*, 218, 1273-1277.

Dansgaard, W., Clausen, H. B., Gundestrup, N. S., Johnsen, S. J. and Rygner, C. (1985) Dating and climatic interpretation of two deep Greenland ice cores. Langway, C. C. Jr., Oeschger, H. and Dansgaard, W. (eds.) *Greenland Ice Core: Geophysics, Geochemistry, and the Environment*, AGU Monograph, 33, 71-76, American Geophysical Union.

Dansgaard, W., Johnson, S. J., Clausen, H. B., Dahl-Jensen, D., Gundestrup, N. S., Hanmmer, C. U., Hividberg, C. S., Steffensen, J. P., Sveinbjornsdottir, A. E., Jouzel, J. and Bond, G. (1993) Evidence for general instability of past climate from 250-yr ice core record. *Nature*, 364, 218-220.

Dansgaard, W., Johnsen, S. J., Möller, J. and Langway, C. C. Jr. (1969) One thousand centuries of climatic record from Camp Century on the Greenland ice sheet. *Science*, 166, 377-381.

Dansgaard, W. and Tauber, H. (1969) Glacier oxygen-18 content and Pleistocene ocean temperatures. *Science*, 166, 499-502.

Darwin, C. (1859) *On the Origin of Species by Means of Natural Selection, or the Preservation of Favoured Races in the Struggle for Life*. 502p.

Darwin, C. (1868) *The Variation of Animals and Plants under Domestication*. 2 vols (2nd ed.). John Murray.

Davis, M. B. (1963) On the theory of pollen analysis. *Amer.*

Jour. Sci., 261, 897-912.
Davis, M. B. (1981) Outbreaks of forest pathogens in Quaternary history. *Proc. IV Int. Palynol. Conf. Lucknow (1976-1977)*, 3, 216-217.
Davis, S. J. M. (1981) The effects of temperature change and domestication on the body size of Late Pleistocene to Holocene mammals of Israel. *Paleobiology*, 7, 101-114.
Davis, S. J. M. (1987) *The Archaeology of Animals*. 224p., B. T. Batsford.
Davis, W. M. (1930) Origin of limestone caverns. *Bull. Geol. Soc. Amer.*, 41, 475-628, pls. 7-8.
Dawson, A.G. (1992) *Ice Age Earth: Late Quaternary Geology and Climate*. Routledge.
Day, M. H. (1986) *Guide to Fossil Man* (4th ed.). 432p., Univ. Chicago Press.
De Candolle, A. (1883) *Origine des Plantes Cultivees*〔加茂儀一訳, 栽培植物の起源. 改造社〕.
De Geer, G. (1912) A geochronology of the last 12,000 years. *Inst. Geol. Congr., 11th, Stockholm 1910, Compte rendu*, 1, 241-258.
De Geer, G. (1940) *Geochronologia Suecica Principles. Kungl. sv. vetenskapsakademiens handlingar*, 3(18), 367p., Almqvist and Wiksells.
De Jong, J. (1988) Climatic variability during the past three million years, as indicated by vegetational evolution in northwest Europe and with emphasis on data from the Nederlands. *Phil. Trans. Roy. Soc. London*, B, 318, 603-617.
Deacon, M. (1973) The voyage of HMS Challenger. Pirie, R. G. (ed.) *Oceanography: Contemporary Readings in Ocean Sciences*, 24-44, Oxford Univ. Press.
Delany, A. C., Delany, Aud. Cl., Parkin, D. W., Griffin, J. J., Goldberg, E. D. and Riemann, B. E. F. (1967) Airborne dust collected at Barbados. *Geochim. Cosmochim. Acta.*, 31, 885-909.
Delcourt, P. A. and Delcourt, H. R. (1987) *Long-term Forest Dynamics of the Temperate Zone, Ecological Studies 63*, 439p., Springer-Verlag.
Delmas, R. J., Ascencio, J. M. and Legrand, M. (1980) Polar ice evidence that atmospheric CO_2 20,000yr BP was 50% of present. *Nature*, 284, 155-157.
デンベック, H. (1961a) 狩りと人間. 201p.(小西正泰・渡辺 清訳, 1979) 築地書館.
デンベック, H. (1961b) 家畜のきた道. 187p.(小西正泰・渡辺 清訳, 1979) 築地書館.
Denton, G. H. and Hughes, T. J. (eds.) (1981) *The Last Great Ice Sheets*. John Wiley.
Desnoyers, J. (1829) Observations sur un ensemble de dépôts marins plus récens que les terrains tertiaires du bassin de la Seine, et constituant une formation geologique distincte; precedees d'un apercu de la non-simultaneite des bassins tertiaires. *Ann. Sci. Nat.* (Paris), 16, 171-214, 402-491.
Dewey, J. F. and Spall, H. (1975) Pre-Mesozoic plate tectonics. *Geology*, 3, 422-424.
Dibble, H. L. (1987) The interpretation of Middle Palaeolilthic scraper morphology. *American Antiquity*, 52, 109-117.
Dibble, H. L. (1995) Middle Palaeolithic scraper reduction: Background, clarification, and review of the evidence to date. *Jour. Archaeological Method Theory*, 2, 299-368.
Dietz, R. S. (1961) Continent and ocean basin evolution by spreading of the sea floor. *Nature*, 190, 854-857.
Ding, Z. L., Rutter, N. and Liu, T. S. (1993) Pedostratigraphy of Chinese loess deposits and climatic cycles in the last 2.5 Myr. *Catena*, 20, 73-91.

Ding, Z., Yu, Z., Rutter, N. W. and Liu, T. (1994) Towards an orbital time scale for Chinese loess deposits. *Quat. Sci. Rev.*, 13, 39-70.
Dodge, R. E., Fairbanks, R, G., Benniger, L. K., and Maurrasse, F. (1983) Pleistocene sea levels from raised coral reafs of Haiti. *Science*, 219,1423-1425.
Dodonov, A. E. (1979) Stratigraphy of the Upper Pliocene-Quaternary deposits of Tajikistan. *Acta Geologica Academiae Scientiarum Hungariae*, 22, 63-73.
動物命名法国際審議会 (2000) 国際動物命名規約 第4版日本語版. 133p., 日本動物分類学関連学会連合.
洞くつ団研グループ (1971) 洞くつの地学. 134p., 地学団体研究会.
堂本暁子・岩槻邦男編 (1997) 温暖化に追われる生き物たち:生物多様性からの視点. 413p., 築地書館.
Driesch, A. von den (1976) A guide to the measurement of animal bones from archaeological sites. *Peabody Museum Bull.*, 1, 11-37.
Duncan, R. A. and Richards, M. A. (1991) Hotspots, mantle plumes, flood basalts and true polar wander. *Revs. Geophys. Space Phys.*, 29, 31-50.
Duplessy, J. C., Delibrias, G., Turon, J. L., Pujol, C. and Duprat, J. C. (1981) The North Atlantic Ocean during the last deglaciation. *Palaeogeogr. Palaeoclimat. Palaeoecol.*, 35, 121-144.
Duplessy, J. C., Shackleton, N. J., Fairbanks, R. G., Labeyrie, L., Oppo, D. W. and Kallel, N. (1988) Deep water source variations during the last climatic cycle and their impact on the global deep water circulation. *Paleoceanography*, 3, 343-360.
Dury, G. H. (1959) *The Face of the Earth*. Penguin Books, 220p., Harmondsworth.
Eberl, B. (1930) *Eiszeitfloge im nordlichen Alpenvorlande*. 437p., Dr. Benno Filser.
Eddy, J. A. (ed.) (1992) The PAGES project: proposed implementation plans for research activities. *Global IGBP Change Report* No. 19, 112p.
Edwards, R. L., Beck, J. W., Burr, G. S., Donahue, D. J., Chappell, J., Bloom, A. L., Druffel, E. R. M. and Taylor, F. W. (1993) A large drop in atmospheric $^{14}C/^{12}C$ and reduced melting in the Younger Dryas, documented with ^{230}Th ages of corals. *Science*, 260, 962-968.
Edwards, L. R., Chen, J. H., Ku, T. L. and Wasserburg, G. J. (1987) Precise timing of the last interglacial period from mass-spetrometric determination of thorium-230 in corals. *Science*, 236, 1547-1553.
Efremov, I. A. (1940) Taphonomy: a new branch of paleontology. *Pan-American Geologist*, 74, 81-93.
Egg, M. und Spindler, K. (1993) *Die Gletschermumie vom Ende der Steinzeit aus den Ötztaler Alpen*. 128p., Verlag des Römischh-Germanischen Zentralmuseums.
Eggers, H. J. (1959) *Einfürung in die Vorgeschichte*. 318p., R. Piper & Co. Verlag〔H. J. エガース著, 田中 琢・佐原 真訳 (1981) 考古学研究入門. 岩波書店〕.
Ehrenberg, C. G. (1838) *Beobachatungen über neue Lager fossiler Infusorien und des Vorkommen von Fichtenblütenstaub neben deutlichen Fichtenholz, Haifischzähnen, Echiniten und Infusorien in volhynischen Feuersteinen der Kreide*. Ver. Preuss. Akad. Wiss.
Ehrlich, P. R. and Raven, P. H. (1964) Butterflies and plants: a study in coevolution. *Evolution*, 18, 586-608.
Emiliani, C. (1955) Pleistocene temperatures. *Jour. Geol.*, 63, 538-575.

Emiliani, C. (1966) Paleotemperature analysis of Caribbean cores P6304-8 and P6304-9 and a generalized temperature curve for the past 425,000 years. *Jour. Geol.*, 74, 109-126.

Emiliani, C. (1978) The cause of the ice ages. *Earth Planet. Sci. Lett.*, 37, 349-359.

Epstein, H. and Mason, I. L. (1984) Cattle. Mason, I. L. (ed.) *Evolution of Domesticated Animals*, 6-27.

Erez, J. (1978) Vital effect on stable-isotope composition seen in foraminifera and coral skeletons. *Nature*, 273, 199-202.

Ericson, D. B. and Wollin, G. (1968) Pleistocene climates and chronology in deep-sea sediments. *Science*, 162, 1227-1234.

Evans, H. E. and Chistensen, G. C. (1979) *Miller's Anatomy of the Dog* (2nd ed.). 1181p., W. B. Saunders Co.

Fairbanks, R. G. (1989) A 17,000 year glacio-eustatic sea level record: influence of glacial melting rates on the Younger Dryas event and deep ocean circulation. *Nature*, 342, 637-642.

Fairbanks, R. G. and Dodge, R. E. (1979) Annual periodicity of the $^{18}O/^{16}O$ and $^{13}C/^{12}C$ ratios in the coral Montastrea annularis. *Geochim. Cosmochim. Acta.*, 43, 1009-1020.

Fairbridge, R. W. (1961) Eustatic changes in sea level. *Phys. Chem. Earth*, 4, 99-185.

Fairbridge, R. W. (1971) Quaternary shoreline problems at INQUA. *Quaternaire*, 15, 1-17.

Farrell, J. W., Pedersen, T. F., Calvert, S. E. and Nielsen, B. (1995) Glacial-interglacial changes in nutrient utilization in the equatorial Pacific Ocean. *Nature*, 377, 514-515.

Filion, L. and Quinty, F. (1993) Macrofossil and tree-ring evidence for a long-term forest succession and mid-Holocene hemlock decline. *Quat. Res.*, 40, 89-97.

Fink, J. and Kukla, G. J. (1977) Pleistocene climates in Central Europe: at least 17 interglacials after the Oluduvai Event. *Quat. Res.*, 7, 363-371.

Fleischer, R. L. and Price, P. B. (1964) Glass dating by fission fragment tracks. *Jour. Geophys. Res.*, 69, 331-339.

Flint, R. F. (1957, 1970) *Glacial and Pleistocene Geology*. John Wiley and sons.

Flint, R. F. (1971) *Glacial and Quaternary Geology*. 892p., John Wiley.

Floelich, P. N., Mortlock, R. A. and Shemesh, A. (1989) Inorganic germanium and silica in the Indian Ocean: Biological fractionation during (Ge / Si) opal formation. *Global Biogeochem. Cycles*, 3, 37-88.

Fox, P. J. and Gallo, D. G. (1984) A tectonic model for ridge-transform-ridge plate boundaries: Implications for the structure of oceanic lithosphere. *Tectonophysics*, 104, 205-242.

Francois, R., Bacon, M. P. and Suman, D. O. (1990) Thorium-230 profiling in deep-sea sediments: High1resolution records of flux and dissolution of carbonate in the equatorial Atlantic during the last 24,000 years. *Paleoceanography*, 5, 761-787.

Froelich, P. N., Klinkhammer, G. P., Bender, M. L., Luedtke, N. A., Heath, G. R., Cullen, D. C., Dauphin, P., Hammond, D., Hartman, B. and Maynard, V. (1979) Early diagenesis of organic matter in pelagic sediments of the eastern equatorial Atlantic; suboxic diagenesis. *Geochim. Cosmochim. Acta.*, 43, 1075-1090.

Froggatt, P.C. (1992) Standardization of the chemical analysis of tephra deposits: Report of the ICCT Working Group. *Quat. Inter.*, 13/14, 93-96.

Frölich, C. and Lean, J. (1998) The sun's total irradiance: Cycles, trends and related climate change uncertainties since 1976. *Geophys. Res. Lett.*, 25, 4377-4380.

藤江明雄・赤木三郎 (1995) 帝釈観音堂洞窟遺跡より産出した陸貝について. 広島大学文学部帝釈峡遺跡群発掘調査室年報X, 127-132, pls. 26-27.

藤井昭二・奈須紀幸 (1988) 海底林—黒部川扇状地入善沖海底林の発見を中心として. 163p., 東京大学出版会.

藤田正勝・河村善也 (1997a) 帝釈峡遺跡群における後期更新世—完新世の小型哺乳類の大きさの変化 (予報). 広島大学文学部帝釈峡遺跡群発掘調査室年報XII, 113-142.

藤田正勝・河村善也 (1997b) 帝釈峡遺跡群における後期更新世—完新世の中・大型哺乳類の大きさの変化 (予報). 広島大学文学部帝釈峡遺跡群発掘調査室年報XII, 143-154.

福岡孝昭 (1995) 第四紀試料放射年代測定の高精度化の現状と年代値の解釈. 第四紀研究, 34, 265-270.

福沢仁之 (1995) 天然の「時計」・「環境変動検出計」としての湖沼の年縞堆積物. 第四紀研究, 34, 135-149.

福沢仁之 (1998) 氷河期以降の気候の年々変動を読む. 科学, 68, 353-360.

福澤仁之 (1999) 日本の湖沼年縞編年学—高精度編年と環境変動の高分解能復元—. 月刊地球, 号外26, 181-191.

Fukusawa, H. (1999) Varved lacustrine sediments in Japan: recent progress. *Quat. Res.*, 38, 237-243.

Fukusawa, H., Kato, M. and Fujiwara, O. (2002) Changes of eco-systems in the last 500 years caused by human impacts in Lake Suigetsu, central Japan. *Geogr. Rep. Tokyo Metropolitan Univ.*, 37, 41-49.

福沢仁之・北川浩之 (1993) 水月湖の縞状堆積物に記録された完新世海水準・乾湿変動とその周期性. 日本第四紀学会講演要旨集, 31, 144-145.

Fukusawa, H., Yamada, K., Zoliltschka, B. and Yasuda, Y. (2001) Varved chronology of European maar and Japanese lake sediments since the Last Glacial: How many sets of light-dark lamina were formed annually? *Terra Nostra*, 01/3, 91-95.

Funnell, B. M. (1995) Global sea-level and the (pen-) insularity of late Cenozoic Britain. Preece, R. C. (ed.) *Island Britain: a Quaternary Perspective*, 3-14, Geological Society, Bath.

鴈澤好博・渡辺友東子・伴 かおり・橋本哲夫 (1995) 石英粒子の天然熱蛍光を利用したテフラ起源と風成塵起源堆積物の識別方法—上北平野, 天狗岱面上の中期更新世の段丘堆積物を例として—. 地質学雑誌, 101, 705-716.

Gagan, M. K., Chivas, A. R. and Isdale, P. J. (1994) High resolution isotopic records from corals using ocean temperature and mass-spawning chronometers. *Earth Planet Sci. Lett.*, 121, 549-558.

Gallup, C. D., Edwards, R. L. and Johnson, R. G. (1994) The timing of high sea levels over the past 200,000 years. *Science*, 263, 796-800.

Geikie, J. (1874) *The Great Ice Age and its Relation to the Antiquity of Man* (1st. ed.). 575p., W. Isbister.

Geikie, J. (1894) *The Great Ice Age and its Relation to the Antiquity of Man* (3rd. ed.). 850p., Stanford.

玄 相民 (1995) 西七島海域の古生物生産量と堆積物中のバリウムの挙動 (予報). 月刊海洋, 27, 487-491.

Gibbard, P. L., West, R.G., Zagwijin, W. H., Balson, P. S., Burger, A. W., Funnell, B. M., Jeffery, D. H., de Jong, J., van Kolfschoten, T., Lister, A. M., Meijer, T., Norton, P. E. P., Preece, R. C., Rose, J., Stuart, A.J., Whiteman, C. A. and Zalasiewicz, J. A. (1991) Early and Early Middle Pleistocene correlations in the Southern North Sea Basin. *Quat. Sci. Rev.*, 15, 23-52.

Gilbert, G. K. (1890) *Lake Bonneville*. Monographs of the United States Geological Survey. 1, 438p., U. S. Government Printing Office.

Gjærevoll, O. (1963) Survival of plants on nunataks in Norway during the Pleistocene glaciation., Löve, A. and Löve, D. (eds.) *North Atlantic Biota and their History*, 261-283, Pergamon Press.

Glenn, C. R. and Kelts, K. (1991) Sedimentary rhythms in lake deposits. Einsele, G., Ricken, W. and Seilacher, A. (eds.) *Cycles and Events in Stratigraphy*, 188-221, Springer Verlag.

Godwin, H. (1962) Half-life of radiocarbon. *Nature*, 195, 944.

Göppert, H. R. (1836) De floribus in statu fossili commentatio. *N. Acta Acad. Leop. Carol. Natur. Cur.*, 18, 547-572.

Gordon, A. D. and Birks, H. J. B. (1972) Numerical methods in Quaternary palaeoecology. I. Zonation of pollen diagrams. *New phytol.*, 71, 961-979.

Goslar, T., Kuc, T., Ralska-Jasiewiczowa, M., Rozanski, K., Arnold, M., Bard, E., van Geel, B., Pazdur, M. F., Szeroczynska, K., Wicik, B., Wieckowski, K. and Walanus, A. (1993) High-resolution lacustrine record of the late Glacial / Holocene transition in cetral Europe. *Quat. Sci. Rev.*, 12, 287-294.

Goudie, A. S., Cooke, R. U. and Doornkamp, J. C. (1979) The formation of silt from quartz dune sand by salt processes in deserts. *Jour. Environments*, 2, 105-112.

Graham, R. (1986) Taxonomy of North American mammoths. Frison, G. C. and Todd, L. C. (eds.) *The Colby Mammoth Site: Taphonomy and Archaeology of a Clovis Kill in Northern Wyoming*, 165-169, Univ. New Mexico Press.

Graham, R. W. (1986) Plant-animal interactions and Pleistocene extinctions. Elliott, D. K. (ed.) *Dynamics of Extinction*, 131-154, John Wiley & Sons.

Graham, R. W. (1986) Response of mammalian communities to environmental changes during the Late Quaternary. Diamond, J. and Case, T. J. (eds.) *Community Ecology*, 300-311, Harper and Row.

Grahmann, R. (1932) Der Lösz in Europa. *Mitteilungen der Gesellschaft für Erdkunde zu Leipzig*, 51, 5-24.

Grange, L. I. (1931) Volcanic ash showers. *New Zealand Jour. Sci. Technol.*, 12, 228-240.

Gräslund, B. (1987) *The Birth of Prehistoric Chronology: Dating Methods and Dating Systems in Nineteenth-century Scandinavian Archaeology*. 131p., Cambridge Univ. Press.

Gray, J. (ed.) (1988) Aspects of freshwater palaeoecology and biogeography. *Palaeogeogr. Palaeoclimatol. Palaeoecol.*, special issue, 62, 1-623.

Grayson, D. K. (1984) *Quantitative Zooarchaeology: Topics in the Analysis of Archaeological Faunas*. 202p., Academic Press.

Green, D. G. (1981) Times series and postglacial forest ecology. *Quat. Res.*, 15, 265-277.

Greenland Ice-core Project (GRIP) Members. (1993) Climate instability during the last interglacial period recorded in the GRIP ice core. *Nature*, 364, 203-207.

Greuter, W. (ed.) (1988) *International Code of Botanical Nomenclature*. Koeltz〔大橋広好訳 (1992) 国際植物命名規約. 241p., 津村研究所〕.

Grootes, P. M., Stuiver, M., White, C., Johnsen, S. J. and Jouzel, J. (1993) Comparison of oxygen isotope records from the GISP2 and GRIP Greenland ice cores. *Nature*, 366, 552-554.

Grossman, E. L. (1981) Stable isotope fractionation in live benthic foraminifera from the Southern California borderland. *Paleogeogr. Paleoclimatol. Paleoecol.*, 33, 301-327.

Grossman, E. L. (1984) Carbon isotopic fractionation in live benthic foraminifera comparison with inorganic precipitate studies. *Geochim. Cosmochim. Acta.*, 48, 1505-1512.

Guérin, C. (1989) Biozones or mammal units ? Methods and limits in biochronology. Lindsay, E. H., Fahlbusch, V. and Mein, P. (eds.) *European Neogene Mammal Chronology*, 119-130, Plenum Press.

Guilderson, T. P., Fairbanks, R. G. and Rubenstone, J. L. (1994) Tropical temperature variations since 20,000 years ago: modulating interhemispheric climatic change. *Science*, 263, 663-665.

Guiot, J., Pons, A., Beaulieu, J.-L. de and Reille, M. (1989) A 140,000-year continental climatic reconstruction from two European pollen records. *Nature*, 338, 309-313.

Gunderson, H. L. (1976) *Mammalogy*. 483p., McGraw-Hill.

Guthrie, R. D. (1982) Mammals of the mammoth steppe as paleoenvironmental indicators. Hopkins, D. M., Matthews, J. V. Jr., Schweger, C. E. and Young, S. B. (eds.) *Paleoecology of Beringia*, 307-326, Academic Press.

Guthrie, R. D. (1984) Mosaics, allelochemics and nutrients, an ecological theory of Late Pleistocene megafaunal extinctions. Martin, P. S. and Klein R. G. (eds.) *Quaternary Extinctions, a Prehistoric Revolution*, 259-298, Univ. Arizona Press.

Guthrie, R. D. (1990) *Frozen Fauna of the Mommoth Steppe. The Story of Blue Babe*. 323p., Univ. Chicago Press.

Guyodo, Y. and Valet, J.-P. (1999) Global changes in intensity of the Earth's magnetic field during the past 800 kyr. *Nature*, 399, 249-252.

Haast, J. von. (1878) On the geological structure of Banks Peninsula. *Trans. Proc. New Zealand Inst.*, 11, 495-512.

Hajdas, I. (1993) *Extension of the Radiocarbon Calibration Curve by AMS Dating of Laminated Sediments of Lake Soppensee and Lake Holzmaar*. Doctoral Dissertation of ETH, 10157, 147p.

Hajdas, I., Ivy, S. D., Beer, J., Bonani, G., Imboden, D., Lotter, A. F., Sturm, M. and Suter, M. (1993) AMS radiocarbon dating and varve chronology of Lake Soppensee: 6,000 to 12,000 ^{14}C years BP. *Climate Dynamics*, 9, 107-116.

Hamilton, W. L. and Seliga, T. A. (1972) Atmospheric turbidity and surface temperature on the polar ice sheets. *Nature*, 235, 320-322.

Hammer, C. U., Clausen, H. B. and Dansgaard, W. (1980) Greenland ice sheet, evidence of post-glacial volcanism and its climatic impact. *Nature*, 288, 230-235.

Hammer, C. U., Clausen, H. B., Dansgaard, W., Neftel, A., Kristinsdottir, P. and Johnson, E. (1985) Continous impurity analysis along the Dye 3 deep core. Langway, C. C. Jr., Oeschger, H. and Dansgaard, W. (eds.) *Greenland Ice Core: Geophysics, Geochemistry, and the Environment*. AGU Monograph, 33, 90-94, American Geophysical Union.

Harlan, J. (1971) Agriculture origins: centers and non-centers. *Science*, 174, 468-474.

Harland, W. B., Armstrong, R. L., Cox, A. V., Craig, L. E., Smith, A. G. and Smith, D. G. (1990) *A Geological Time Scale 1989*. Cambridge Univ. Press.

Harmon, R. S., Mitterer, R. M., Kriausakal, N., Land, L. S., Schwarcz, H. P., Garrett, P., Larson, G. J., Vacher, H. L. and Rowe, M. (1983) U-series and amino-acid racemisation geochronology of Bermuda: implications for eustatic sea-level fluctuations over the past 250,000 years. *Palaeogeogr. Palaeoclimatol. Palaeoecol.*, 44, 41-70.

Harris, E. C. (1989) *Principles of Archaeological Stratigraphy* (2nd ed.). 170p., Academic Press〔E. ハリス. 著, 小沢一雅訳 (1995) 考古学における層位学入門. 228p., 雄山閣〕.

Harris, J. W. (1983) Cultural beginnings: Plio-Pleistocene archaeological occurrences from the Afar, Ethiopia. *African Archaeological Rev.*, 1, 3-31.

Harrison, S. P. and Dobson, J. (1993) Climates of Australia and

New Guinea since 18,000 yr. BP. Wright, H. E. *et al.* (eds.) *Global Climates since the Last Glacial Maximum*, 265-292, Uni. Minnesota Press.

Hartmann, D. L. (1994) *Global Physical Climatology.* 411p., Academic Press.

Hartmann, M., Muller, P., Suess, E. and van der Weijden, C. H. (1976) Chemistry of Late Quaternary sediments and their interstitial waters from the NW African continental margin. *Meteor. Forschungs. Ergeb.* Reihe C, 24, 1-67.

服部 保 (1985) 日本本土のシイ-タブ型照葉樹林の群落生態学的研究. 神戸群落生態研究会報, 1, 1-99.

林 弥栄 (1951) 日本産主要樹種の天然分布. 針葉樹第1報. 林業試験場研究報告, 48, 1-240.

Haynes, G. (1991) *Mammoths, Mastodonts, and Elephants: Biology, Behavior, and the Fossil Record.* 413p., Cambridge Univ. Press.

Hays, J. D., Imbrie, J. and Shackleton, N. J. (1976) Variations in the earth's orbit: pacemaker of the Ice Ages. *Science*, 194, 1121-1132.

Hays, J. D., Saito, T., Opdyke, N. D. and Burckle, L. H. (1969) Pliocene-Pleistocene sediments of the equatorial Pacific: their paleomagnetic, biostratigraphic, and climatic record. *Geol. Soc. Amer. Bull.*, 80, 1481-1514.

Heinrich, H. (1988) Origin and consequences of cyclic ice rafting in the northeast Atlantic Ocean during the past 130,000 years. *Quat. Res.*, 29, 142-152.

Heinrich, W.-D. (1982) Zur Evolution und Biostratigraphie von *Arvicola* (Rodentia, Mammalia) im Pleistozän Europas. *Zeitschr. geol. Wiss.*, 10, 683-735.

Heirtzler, J. R., Dickson, G. O., Herron, E. M., Pitman, W. C. III, and Le Pichon, X. (1968) Marine magnetic anomalies, geomagnetic field reversals, and motions of the ocean floor and continents. *Jour. Geophys. Res.*, 73, 2119-2136.

Heller, F. and Liu, T. (1982) Magnetostratigraphic dating of loess deposits in China. *Nature*, 300, 431-433.

Hess, H. H. (1962) History of the ocean basins. *Petrologic Studies: A volume in Honour of A. F. Buddington*, 599-620, Geological Society of America.

Hilgen, F. J. (1991) Astronomical calibration of Gauss to Matuyama sapropels in the Mediterranean and implications for the Geomagnetic Polarity Time Scale. *Earth Planet. Sci. Lett.*, 104, 226-244.

槙根 勇 (1973) 水の循環. 280p., 共立出版.

槙根 勇 (1989) 水と気象. 180p., 朝倉書店.

平川一臣 (1985) 山麓氷河の消長―アルプス北麓. 貝塚爽平ほか編「写真と図でみる地形学」: 132-133, 東京大学出版会.

Hirooka, K. (1971) Archaeomagnetic study for the past 2000 years in southwest Japan. *Mem. Fac. Sci. Kyoto Univ.*, 38, 167-207.

Hirooka, K. (1983) Archaeomagnetism of baked clays: Results from Japan. In: Greer, K. M., Tucholka, P. and Barton, C. E. (eds.) *Geomagnetism of baked clays and recent sediments*, 150-157, Elsevier.

Hollin, J. T. (1962) On the glacial history of Antarctica. *Jour. Glaciol.*, 4, 173-195.

Holmes, A. (1928-29) Radioactivity and earth movement. *Trans. geol. Soc. Glasgow*, 18, 559-606.

Holmes, A. (1944) *Principles of Physical Geology.* Nelson.

Holmes, Ch. D. (1944) Origin of loess—a criticism. *Amer. Jour. Sci.*, 242, 442-446.

Holmes, P. L. (1994) The sorting of spores and pollen by water: experimental and field evidence. Traverse, A. (ed.) *Sedimentation of Organic Particles*, 9-32, Cambridge Univ. Press.

Hölzel, V. (ed.) (1998) *Resources and Environment World Atlas I.* 93p., IGRAS.

本多 了・酒井治孝 (1988) ヒマラヤ山脈の形成―大陸衝突型造山運動のメカニズム. 科学, 58, 570-579.

Hopkins, D. M. (ed.) (1967) *The Bering Land Bridge.* 495p., Stanford Univ. Press.

Hopkins, D. M., Matthews, J. V. Jr., Schweger, C. E. and Young, S. B. (eds.) (1982) *Paleoecology of Beringia.* Academic Press.

Horn, D. R., Delach, M. N. and Horn, B. M. (1969) Distribution of volcanic ash layers and turbidites in the North Pacific. *Geol. Soc. Amer. Bull.*, 80, 1715-1724.

Horton, D. R. (1984) Red kangaroos: Last of the Australian megafauna. Martin, P. S. and Klein, R. G. (eds.) *Quaternary Extinctions: A Prehistoric Revolution*, 639-680, Univ. Arizona Press.

堀田 満 (1994) 地球環境と植物の暮らし. 週刊朝日百科 植物の世界, 13, 2-6.

Housley, R. A., Gamble, C. S., Street, M. and Pettit, P. (1997) Radiocarbon evidence for the Lateglacial human recolonisation of Northern Europe. *Proc. Prehistoric Soc.*, 63, 25-54.

Hoyt, D. V. and Schatten K. H. (1977) *The Role of the Sun in Climate Change.* 279p., Oxford Univ. Press.

Hsu, J. (1976) On the palaeobotanical evidence for continental drift and Himarayan uplift. *Palaeobotanist*, 25, 131-145.

Hu, F. S., Wright, H. E. Jr., Ito, E. and Lease, K. (1997) Climatic effects of glacial Lake Agassiz in the midwestern United States during the last deglaciation. *Geology*, 25, 207-210.

Huntley, B., Cramer, W., Morgan, A. V., Prentice, H. C. and Allen, J. R. M. (eds.) (1995) *Past and Future Rapid Environmental Changes: the Spatial and Evolutionary Responses of Terrestrial Biota*, 523p., Springer.

Huttenen, P. and Tolonen, K. (1977) *Human Influence in the History of Lake Lovojarvi, southern Finland.* 65p., Finskt Museum.

Hutton, J. (1795) *Theory of the Earth.* V.2, 567p, William Creech [reprinted (1959) facsimile. Hafner Publishing Co.].

兵頭政幸・峯本須美代 (1996) 日本の湖沼堆積物から得られた地磁気永年変化とエクスカーションによる年代測定. 第四紀研究, 35, 125-133.

市原 実 (1960) 大阪, 明石地域の第四紀層に関する諸問題. 地球科学, 49, 15-25.

市原 実・亀井節夫 (1970) 大阪層群―平野と丘陵の地質. 科学, 40, 282-281.

五十嵐八枝子 (1987) 北海道中央部における空中花粉の落下と風による運搬 (II). 北海道大学農学部演習林研究報告, 24, 477-506.

井尻正二・湊 正雄 (1965) 地球の歴史 [改訂版]. 岩波新書, 211p., 岩波書店.

Ikebe, N., Chiji, M. and Ishida, S. (1966) Catalogue of the Late Cenozoic Proboscidea in the Kinki District, Japan. *Jour. Geosci. Osaka City Univ.*, 9, 47-87.

池田清彦 (1992) 分類という思想. 新潮選書, 228p., 新潮社.

池田まゆみ・福澤仁之・岡村 真・松岡裕美 (1998) 湖沼年縞堆積物によるグローバルな気候・海水準変動の検出―青森県小川原湖と十三湖における過去2300年間の環境変遷を例として―. 気象研究ノート, 191, 35-58.

池田安隆（1996）活断層研究と日本列島の現在のテクトニクス．活断層研究, 15, 93-99.

池田安隆・島崎邦彦・山崎晴雄（1996）活断層とは何か．240p., 東京大学出版会．

池谷仙之・和田秀樹・阿久津浩・高橋 実（1990）浜名湖の起源と地史的変遷．地質学論集, 36, 129-150.

今泉忠明（1986）地球絶滅動物記．253p., 竹書房．

今泉吉典（1970）日本哺乳動物図説 上巻．350p., 新思潮社．

Imbrie, J., Berger, A. Boyle, E., Clements, S., Duffy, A., Howard, W., Kukla, G., Kutzbach, J., Martinson, D., McIntyre, A., Mix, A., Molfino, B., Morley, J., Peterson, L., Pisias, N., Prell, W., Raymo, M., Shackleton, N. and Toggweiler, J. (1993) On the structure and origin of major glaciation cycles, 2: The 100,000 years cycle. *Paleoceanography*, 8, 699-735.

Imbrie, J., Boyle, E., Clements, S., Duffy, A., Howard, W., Kukla, G., Kutzbach, J., Martinson, D., McIntyre, A., Mix, A., Molfino, B., Morley, J., Peterson, L., Pisias, N., Prell, W., Raymo, M., Shackleton, N. and Toggweiler, J. (1992) On the structure and origin of major glaciation cycles, 1: Linear responses to Milankovitch forcing. *Paleoceanography*, 7, 701-738.

Imbrie, J., Hays, J. D., Martinson, D. G., McIntire, A., Mix, A. C., Morley, J. J., Pisias, N. G., Prell, W. L. and Shackleton, N. J. (1984) The orbital theory of Pleistocene climate: Support from a revised chronology of the marine $\delta^{18}O$ record. Berger, A. L. *et al.* (eds.) *Milankovitch and Climate, Part I*, 269-305, Reidel.

Imbrie, J. and Imbrie, K. P. (1979) *Ice Ages: Solving the Mystery*. 224p., MacMillan.

Imbrie, J. and Kipp, N. G. (1971) A new micropaleontological method for quantitative paleoclimatology: Application to a late Pliocene Caribbean core. Turekian, K. K. (ed.) *The Late Cenozoic glacial ages*, 71-181, Yale Univ. Press.

Imbrie, J., van Donk, J. and Kipp, N. G. (1973) Paleoclimatic investigation of a late Quarternary Caribbean deepp-sea core: comparison of isotopic and faunal methods. *Quart. Res.*, 3, 10-38.

Innes, J. L. (1985) Lichenometry. *Prog. Phys. Geography*, 9, 187-254.

井上克弘・成瀬敏郎（1990）日本海沿岸の土壌および古土壌中に堆積したアジア大陸起源の広域風成塵．第四紀研究, 29, 209-222.

International Commission on Zoological Nomenclature (1985) *International Code of Zoological Nomenclature adopted by the XX General Assembly on the International Union of Biological Sciences*. 338p., International Trust Zoological Nomenclature.

International Commission on Zoological Nomenclature (1999) *International Code of Zoological Nomenclature* (4th ed.). 306p., International Trust for Zoological Nomenclature.

International Subcommission on Stratigraphic Classification of IUGS Commission on Stratigraphy (1994) *International Stratigraphic Guide* (2nd ed.). 214p., Geological Society of America.

Irving, E. and Major, A. (1964) Post-depositional detrital remanent magnetization in a synthetic sediment. *Sedimentology*, 3, 135-143.

Isdale, P. J. and Kotwicki, V. (1987) Lake Eyre and the Great Barrier Reef: a palaeohydrological ENSO connection. *South Aust. Geogr. Jour.*, 87, 44-55.

石田志朗（1970）大阪層群—淡水・内海成互層の下部洪積統．第四紀研究, 9, 101-112.

石原与四郎・宮田雄一郎（1999）中期更新統蒜山原層（岡山県）の湖成縞状珪藻土層に見られる周期変動．地質学雑誌, 105, 461-472.

Ishiwatari, R., Hirakawa, T., Uzaki, M., Yamada, K. and Yada, T. (1994) Organic geochemistry of the Japan Sea sediments-1: Bulk organic matter and hydrocarbon analyses of core KH-79-3, C-3 from the Oki Ridge for paleoenvironmental assessments. *Jour. Oceanogr.*, 50, 179-195.

磯崎行雄（1997）分裂する超大陸と生物大量絶滅．科学, 67, 543-549.

板谷徹丸（1997）地質学に貢献する放射年代学1 日本の現状と展望．地質学論集, (49), 107-120.

板谷徹丸・岡田利典（1995）第四紀研究におけるK-Ar法の過去・現在・未来．第四紀研究, 34, 249-259.

Iversen, J. (1941) Landnam i Danmarks Stenalder. *Danm. Geol. Unders.*, R. 2, (66), 1168.

Iversen, J. (1944) *Viscum, Hedera*, and *Ilex* as climatic indicators. *Geol. Foren. Forhandl. Stock.*, 66, 463-483.

Iversen, J. (1956) Forest clearance in the Stone Age. *Scientific American*, 194, 36-41.

Iwauchi, A. (1994) Late Cenozoic vegetational and climatic changes in Kyushu, Japan. *Palaeogeogr. Palaeoclimatol. Palaeoecol.*, 108, 229-280.

Jackson, E. D., Shaw, H. R. and, Barger, K. E. (1975) Calculated geochronology and stress field orientations along the Hawaian chain. *Earth Planet. Sci. Lett.*, 26, 145-155.

Jackson, E. D., Silver, E. A. and Dalrymple, G. B. (1972) Hawaiian-Emperor chain and its relation to Cenozoic circumpacific tectonics. *Geol. Soc. Amer. Bull.*, 83, 601-617.

Jamieson, T. F. (1865) On the history of the last geological changes in Scotland. *Quat. Jour. Soc. London*, 21, 161-195.

Jánossy, D. (1986) *Pleistocene Vertebrate Faunas of Hungary*. 208p., Elsevier.

Janzen, D. H. and Martin, P.S. (1982) Neotropical anachronisms: the fruits the gomphotheres ate. *Science*, 215, 19-27.

Jarman, M. R. (1969) The prehistory of Upper Pleistocene and recent cattle. Part 1: East Mediterranean, with reference to North-West Europe. *Proc. Prehist. Soc.*, 35, 236-266.

Jasper, J. P. and Hayes, J. M. (1990) A carbon isotope record of CO_2 levels during the late Quaternary. *Nature.*, 347, 462-464.

Jasper, J. P., Hayes, J. M., Mix, A. C. and Prahl, F. G. (1994) Photosynthetic fractionation of ^{13}C and concentrations of dissolved CO_2 in the central equatorial Pacific during the last 255,000 years. *Paleoceanography*, 9, 781-798.

Jensen, H. A. (1998) *Bibliography on Seed Morphology*. 310p., Balkema.

Johnsen, S. J., Clausen, H. B., Dansgaard, W., Fuhrer, K., Gundestrup, N., Hammer, C. U., Iversen, P., Jouzel, J., Stauffer, B. and Steffensen, J. P. (1992) Irregular glacial interstadials recorded in a new Greenland ice core. *Nature*, 35, 311-313.

Johnson, N. M., Opdyke, N. D., Johnson, G. D., Lindsay, E. H. and Tahirkheli, R. A. K. (1982) Magnetic polarity stratigraphy and ages of Siwalik Group rocks of the Potwar, Pakistan. *Palaeogeogr. Palaeoclimatol. Palaeoecol.*, 37, 17-42.

Johnson, N. M., Stix, J., Tauxe, L., Cerveny, P. F. and Tahirkheli, R. A. K. (1985) Paleomagnetic chronology, fluvial processes and tectonic implications of the Siwalik deposits near Chinji village, Pakistan. *Jour. Geol.*, 93, 27-40.

Jouzel, J., Barkov, N. I., Barnola, J. M., Bender, M., Chappellaz, J., Genthon, C., Kotlyakov, V. M., Lipenkov, V., Lorius, C., Petit, J. R., Raynaud, D., Raisbeck, G., Ritz, C., Sowers, T., Stievenard, M., Yiou, F. and Yiou, P. (1993) Extending the Vostok ice-core record of palaeoclimate to the penultimate

glacial period. *Nature*, 364, 407-413.
Jouzel, J., Lorius, C., Petit, J. R., Genthon, C., Barkov, N. I., Kotlyakov, V. M. and Petrov, V. M. (1987) Vostok ice core: a continuous isotope temperature record over the last climatic cycle (160,000 years). *Nature*, 329, 403-408.
Jouzel, J., Merlivat, M. and Lorius, C. (1982) Deuterium excess in an East Antarctic ice core suggests higher relative humidity at the oceanic surface during the last glacial maximum. *Nature*, 299, 688-691.
Kahlke, H. D. (1981) *Das Eiszeitalter*. Aulis Verlag.
貝塚爽平 (1977) 日本の地形—特質と由来. 岩波新書, 234p., 岩波書店.
貝塚爽平 (1997) 人類史・自然史の時空ダイアグラム. 地理, 42, 14-15.
貝塚爽平 (1998) 発達史地形学. 286p., 東京大学出版会.
垣見俊弘 (1996) トランスフォーム断層. 新版地学辞典, 930p., 平凡社.
Kamei, T. (1981) Faunal succession of Pleistocene mammals in the Japanese Islands: An aspect. *Quartärpaläont.*, 4, 165-174.
Kamei, T. and Otsuka, H. (1981) The Plio-Pleistocene stratigraphy of Japan in relation to proboscidean evolution. *Proc. Neogene / Quaternary Boundary Field Conference, India, 1979*, 83-90.
亀井節夫 (1967) 日本に象がいたころ. 198p., 岩波書店.
亀井節夫 (1979) 日本列島の新生代哺乳動物について. 哺乳類科学, 38, 1-11.
亀井節夫編著 (1991) 日本の長鼻類化石. 273p., 築地書館.
亀井節夫・河村善也・樽野博幸 (1988) 日本の第四系の哺乳動物化石による分帯. 地質学論集, (30), 181-204.
神谷英利・河村善也 (1981) 帝釈観音堂洞窟遺跡産の"長鼻類"臼歯化石—化石の内部組織を同定に役立てた例—. 化石研究会会誌, 14, 17-21.
Kanamori, H. (1971) Faulting of the Great Kanto Earthquake of 1923 as revealed by seismological data. *Bull. Earthq. Res. Inst.*, 49, 13-18.
金森博雄・安藤雅孝 (1973) 関東地震の断層モデル. 関東大地震五十周年論文集, 89-101.
金子浩昌 (1976) 動物遺存体. 江上波夫監修「考古学ゼミナール」: 340-345, 山川出版社.
金子浩昌 (1984) 貝塚の獣骨の知識: 人と動物のかかわり. 173p., 東京美術.
兼岡一郎 (1999) 年代測定概論. 315p., 東京大学出版会.
Kashiwaya, K., Yamamoto, A. and Fukuyama, K. (1987) Time variations of erosional force and grain size in Pleistocene lake sediments. *Quat. Res.*, 28, 61-68.
加藤めぐみ・福沢仁之・安田喜憲・藤原 治 (1998) 鳥取県東郷池湖底堆積物の層序と年縞. 汽水域研究, 5, 27-37.
加藤晋平 (1971) マンモスハンター. 251p., 学生社.
加藤芳朗・近堂祐弘・永塚鎮男 (1977) 古土壌. 日本第四紀学会編「日本の第四紀研究—その発展と現状」: 189-206, 東京大学出版会.
活断層研究会 (1980) 日本の活断層—分布図と資料—. 東京大学出版会.
活断層研究会 (1991) 新編日本の活断層—分布図と資料—. 東京大学出版会.
Kawai, N., Yaskawa, K., Nakajima, T., Torii, M. and Natsuhara, N. (1975) Voice of geomagnetism from Lake Biwa. Horie, S. (ed.) *Paleolimnology of Lake Biwa and the Japanese Pleistocene*, 3, 143-161.
河村善也 (1981) 第四紀における哺乳動物の大きさの変化. 成長, 20, 191-194.
河村善也 (1982) 洞窟と古生物学. 自然科学と博物館, 49, 140-143.
河村善也 (1984) 帝釈観音堂洞窟遺跡出土のシカ遺体の年齢構成. 広島大学文学部帝釈峡遺跡群発掘調査室年報VII, 87-100.
Kawamura, Y. (1988) Quaternary rodent faunas in the Japanese Islands (Part 1). *Mem. Fac. Sci. Kyoto Univ.*, Ser. Geol. Min., 53, 31-348.
河村善也 (1989) マンモスと先史モンゴロイド. モンゴロイド, 2, 19-20.
Kawamura, Y. (1989) Quaternary rodent faunas in the Japanese Islands (Part 2). *Mem. Fac. Sci. Kyoto Univ.*, Ser. Geol. Min., 54, 11-35.
河村善也 (1990) ハタネズミ類の臼歯とその進化. 哺乳類科学, 30, 59-74.
Kawamura, Y. (1991) Quaternary mammalian faunas in the Japanese Islands. *Quat. Res.*, 30, 213-220.
河村善也 (1992) 小型哺乳類化石標本の採集と保管. 哺乳類科学, 31, 99-104.
Kawamura, Y. (1994) Late Pleistocene to Holocene mammalian faunal succession in the Japanese Islands, with comments on the Late Quaternary extinctions. *ArchaeoZoologia*, 6, 7-22.
河村善也 (1996) 帝釈観音堂洞窟遺跡の哺乳動物群から見た最終氷期の古環境. 広島大学文学部帝釈峡遺跡群発掘調査室年報XI, 115-122.
河村善也・藤田正勝・馬場 勉・有元洋司 (1996) 小型脊椎動物化石抽出のための堆積物処理.「古琵琶湖層群上野累層の足跡化石」: 79-85, 服部川足跡化石調査団.
河村善也・中越利夫 (1997) 本州中・西部における第四紀末の哺乳類の絶滅現象とそれに関連する諸問題. 広島大学文学部帝釈峡遺跡群発掘調査室年報XII, 155-168.
河村善也・樽野博幸 (1993) 両生類, 爬虫類, 鳥類, 哺乳類. 日本第四紀学会編「第四紀試料分析法, 1試料調査法」: 37-40, 東京大学出版会.
川崎一朗・島村英紀・浅田 敏 (1993) サイレント・アースクウェイク. 東京大学出版会.
茅根 創 (1996) 氷期と将来の地球環境変動. 住 明正ほか (編著)「地球環境論」: 77-100, 岩波書店.
Keigwin, L. D. (1978) Pliocene closing of the Isthums of Panama, based on biostratigraphic evidence from nearby Pacific Ocean and Caribbean Sea cores. *Geology*, 6, 630-634.
Keigwin, L. D. (1982) Isotopic paleoceanography of Caribbean and east Pacific: Role of Panama uplift in late Neogene time. *Science*, 217, 350-353.
Keller, E. A. and Pinter, N. (1996) *Active Tectonics*. 338p., Prentice Hall.
Kelt, K. and Hsu, K. J. (1978) Freshwater carbonate sedimentation. Lehman, A. (ed.) *Lakes: geology, chemistry, physics*, 295-323, Springer Verlag.
Kent, D. V. (1982) Apparent correlation of palaeomagnetic intensity and climatic records in deep-sea sediments. *Nature*, 299, 538-540.
Kihara, H. and Nishiyama, I. (1930) Genomanalyse bei Triticum und Aegilops. I. Genoma-affinitaten intri-, tetra-, und pentaploiden Weizenbastarden. *Cytologia*, 1, 263-284.
菊池多賀夫 (1985) 日本の生物 (堀越増興・青木淳一編) 35p., 岩波書店.
木村 学 (1997) テクトニクスと造山作用.「岩波講座地球惑星科学9 地殻の進化」: 187-276, 岩波書店.
木村英明 (1997) シベリアの旧石器文化. 426p., 北海道大学図書刊行会.
衣笠善博 (1976) 1974年伊豆半島沖地震と石廊崎地震断層. 地質学論集, (12), 139-149.
吉良竜夫 (1949) 日本の森林帯. 41p., 日本林業技術協会.

Kira, T. (1991) Forest ecosystems of east and southeast Asia in a global perspective. Ecol. Res., 6, 185-200.

北備後台地団体研究グループ (1969) 鍾乳洞の形成期について. 地質学雑誌, 75, 281-287.

Kitagawa, H., Fukusawa, H., Nakamura, T., Okamura, M., Takemura, K., Hayashida, A. and Yasuda, Y. (1995) AMS ^{14}C dating of the varved sediments from Lake Suigetsu, central Japan and atmospheric ^{14}C changes during the late Pleistocene. Radiocarbon, 37, 274-296.

Kitagawa, H. and van der Plicht, J. (1998a) A 40,000-year varve chronology from Lake Suigetsu, Japan: Extension of the ^{14}C Calibration Curve. Radiocarbon, 40, 495-504.

Kitagawa, H. and van der Plicht, J. (1998b) Atmospheric radiocarbon calibration to 45,000 yr B.P. : Late Glacial fluctuations and cosmogenic isotope production. Science, 279, 1187-1190.

紀藤典夫・瀧本文生 (1999) 完新世におけるブナの個体群増加と移動速度. 第四紀研究, 38, 297-311.

清永丈太 (1996) 東京都世田谷区, 宇佐神社スダジイ林におけるスダジイの花粉生産速度. 関東平野, 4, 77-84.

Klein, R. G. (1986) Carnivore size and Quaternary climatic change in southern Africa. Quat. Res., 26, 153-170.

Klein, R. G. (1999) The Human Career: Human Biological and Cultural Origins (2nd ed.). 810p., Univ. Chicago Press.

Klein, R. G. and Cruz-Uribe, K. (1984) The Analysis of Animal Bones from Archeological Sites. 266p., Univ. Chicago Press.

小林国雄・阪口 豊 (1982) 氷河時代. 209p., 岩波書店.

小林義雄 (1969) 極地. 207p., 誠文堂新光社.

Koenigswald, W. v. (1980) Schmelzstruktur und Morphologie in den Molaren der Arvicolidae (Rodentia). Abh. Senckenberg. Naturforsch. Ges., 539, 1-129.

小池一之・町田 洋編著 (2001) 日本の海成段丘アトラス. 105p., 東京大学出版会.

小池一之・坂上寛一・佐瀬 隆・高野武男・細野 衛 (1994) 新版地学教育講座9 地表環境の地学—地形と土壌. 198p., 東海大学出版会.

Koizumi, I. (1992) Diatom biostratigraphy of the Japan Sea: Leg 127. Pisciotto, K. A., Ingle, J. C. Jr., von Breymann, M. T., and Barron, J. et al., (eds.) Proceedings of the Ocean Drilling Programm, Scientific Results, 127/128, Pt. 1: 249-289, College Station, Texas (Ocean Drilling Programm).

古城 泰 (1995) 測定値の平均化とウィグル・マッチング—高精度年代測定のための二, 三のテクニックについて—. 第四紀研究, 34, 129-134.

Kolla, V., Biscaye, P. E. and Hanley, A. F. (1979) Distribution of quartz in late Quaternary Atlantic sediments in relation to climate. Quat. Res., 11, 261-277.

近藤 恵 (1993) 千葉市木戸作遺跡縄文後期貝層出土ウマ遺存体の年代の再評価—伴出哺乳動物骨のフッ素分析より—. 第四紀研究, 32, 171-174.

Konishi, K., Omura, A. and Nakamichi, O. (1974) Radiometric coral ages from the late Quaternary reef complexes of the Ryukyu Islands. Proceedings of the 2nd International Coral Reef Symposium. Australia, 2, 596-613.

Konishi, K., Schlanger, S. O. and Omura, A. (1970) Neotectonic rates in the central Ryukyu Islands derived from ^{230}Th coral ages. Marine Geology, 9, 225-240.

Köppen, W. (1918) Klassifikation der Klimate nach Tempertur, Niederschlag und Jahreslauf. Petermanns-Geogr. Mitt., 64, 193-203, 243-248.

Kormos, T. (1933) Neue Wühlmäuse aus dem Oberpliocän von Püspökfürdö: Neues Jahrb. Min., Beil.-Band, Abt. B, 69, 323-346.

コルバート, E. H.・モラレス, M. (1991) 脊椎動物の進化 (第4版). 554p., (田隅本生監訳, 1994) 築地書館.

Kossina, G. (1911) Die Herkunft der Germanen-Zur Methode der Siedlungsarchäologie—. Mannus-Bibliothek, 6 〔G. コッシナ著, 星野達雄訳, ゲルマン人の起源. 37p., レスキス〕.

河野通弘編 (1980) 秋吉台の鍾乳洞—石灰洞の科学—. 256p., 河野通弘教授退官記念事業会.

Kowalski, K. (1960) Cricetidae and Microtidae (Rodentia) from the Pliocene of Węże (Poland). Acta. Zool. Cracov., 5, 447-505.

Kowalski, K. (1967) The Pleistocene extinction of mammals in Europe. Martin, P. S. and Wright, H. E. Jr. (eds.) Pleistocene Extinctions: The Search for a Cause, 349-364, Yale Univ. Press.

Kowalski, K. (1995) Lemmings (Mammalia, Rodentia) as indicators of temperature and humidity in the European Quaternary. Acta. Zool. Cracov., 38, 85-94.

小沢幸重 (1978) 長鼻類の歯の比較組織学. 口腔病学会雑誌, 45, 585-606.

Kroopnick, P. M. (1985) The distribution of ^{13}C of Σ CO$_2$ in the world oceans. Deep Sea Res., 32, 57-84.

久保純子 (1997) 相模川下流平野の埋没段丘からみた酸素同位体ステージ5a 以降の海水準変化と地形発達. 第四紀研究, 36, 147-163.

Kühn, H. (1976) Geschichte der Vorgeschichtsforschung. 1048p., Walter de Gruyter.

Kukla, G. J. (1975) Loess stratigraphy of central Europe. Butzer, K. W, Isaac, G. and Liu, T. (eds.) After the Australopithecines, 99-188, Mouton.

Kullenberg, B. (1947) The piston core sampler. Svenska Hydro-Biol. Komm. Skrifter, S. 3, Bd. 1, Hf. 2, 1-46.

Kullenberg, B. (1955) Deep sea coring. Report of the Swedish Deep Sea Expeditions, 4, 35-96.

黒田長久 (1972) 動物地理学. 124p., 共立出版.

Kürschner, W. M., Van der Burgh, J., Visscher, H. and Dilcher, D. L. (1996) Oak leaves as biosensors of late Neogene and early Pleistocene paleoatmospheric CO$_2$ concentrations. Marine Micropaleont., 27, 299-312.

Kurtén, B. (1955) Sex dimorphism and size trends in the cave bear, Ursus spelaeus Rosenmüller and Heinroth. Acta. Zool. Fennica, 90, 1-48.

Kurtén, B. (1960) Chronology and faunal evolution of the earlier European glaciations. Comment. Biol. Soc. Sci. Fennica, 21, 1-62.

Kurtén, B. (1965) The Carnivora of the Palestine caves. Acta. Zool. Fennica, 107, 1-74.

Kurtén, B. (1968) Pleistocene Mammals of Europe. 317p., Weidenfeld and Nicolson.

Kurtén, B. (1976) The Cave Bear Story: Life and Death of a Vanished Animal. 163p., Columbia Univ. Press.

Kurtén, B. (1986) Pleistocene mammals in Europe. Striae, 24, 47-49.

Kurtén, B. and Anderson, E. (1980) Pleistocene Mammals of North America. 443p., Columbia Univ. Press.

Kutzbach, J. E., Gallimore, R., Harrison, S.P., Behling, P., Selin, R. and Laarif, F. (1998) Climate and biome simulations for the past 21,000 years. Quat. Sci. Rev., 17, 473-506.

Kutzbach, J. E., Guetter, P. J., Behling, P. J. and Selin, R. (1993) Simulated climatic changes: results of the COHMAP climate-model experiments. Wright, H. E. et al. (ed.) Global Climate Since the Last Glacial Maximum, 24-93, Univ. Minnesota Press.

Kutzbach, J. E. and Wright, Jr. H. E. (1985) Simulation of the climate of 18,000 years BP. Results for the Northern American / North Atlantic / European sector and comparison with the geologic record of North America. *Quat. Sci. Rev.*, 4, 147-187.

桑田　晃（1989）局地性湧昇域における珪藻の休眠胞子形成. 月刊海洋, 21, 588-592.

久馬一剛編（1997）最新土壌学. 216p., 朝倉書店.

Labeyrie, L., Cole, J., Alverson, K. and Stocker, T. (2002) The history of climate dynamics in the late Quaternary. Alverson, K. *et al.* (eds.) *Paleoclimate, Global Change and the Future*, 33-61, Springer.

Ladizinsky, G. (1998) *Plant Evolution under Domestication*〔藤巻　宏訳（2000）栽培植物の進化. 298p., 農文協〕.

Lagerbäck, R. (1994) Evidence of early Holocene earthquakes in northern Fennoscandia. *Proceedings of the workshop on paleoseismology. USGS Open-file Report*, 94-568, 105-107.

Lagerheim, G. (1902) Metoder för pollenundersökning. Bot. Notis., 75-78.

Lamb, H. H. (1970) Volcanic dust in the atmosphere. *Phil. Trans. Roy. Soc.*, A, 266, 425-533.

Lambeck, K. (1988) *Geophysical Geodesy*. Clarendon Press.

Larcher, W. (1994) *Ökophysiologie der Pflanen*. Eugen Ulmer GmbH & Co.〔佐伯敏郎監訳，植物生態生理学. 375p., シュプリンガーフェアラーク〕.

Le Pichon, X. (1968) Sea-Floor spreading and continental drift. *Jour. Geophys. Res.*, 73, 3661-3697.

Lea, D. W. and Boyle, E. A. (1989) Barium content of benthic foraminifera. *Nature*, 338, 751-753.

Lea, D. W. and Boyle, E. A. (1990) A 210,000-year record of barium variability in the deep northwest Atlantic Ocean. *Nature*, 347, 269-272.

Leakey, L. S. B. (1961) New finds at Olduvai Gorge. *Nature*, 189, 649-650.

Leakey, L. S. B., Evernden, J. F., and Curtis, G. H. (1961) Age of Bed I, Olduvai Gorge, Tanganyika. *Nature*, 191, 478-479.

Leakey, M. D. and Hay, R. L. (1979) Pliocene footprints in the Laetolil Beds at Laetoli, northern Tanzania. *Nature*, 278, 317-323.

Legrand, M., Feniet-Saigne, C., Saltzman, E. S., Germain, C., Barkov, N. I. and Petrov, V. N. (1991) Ice-core record of oceanic emissions of dimethylsulphide during the last climate cycle. *Nature*, 350, 144-146.

Legrand, M., Lorius, C., Barkov, N. I. and Petrov, V. N. (1988) Atmospheric chemistry changes over the last climatic cycle (160,000 years) from Antarctic ice. *Atmospheric Environment*, 22, 317-331.

Lehmann, U. (1954) Die Fauna des 'Vogelherds' bei Stetten ob Lontal (Württenberg). *Neues Jahrhuch Geol. Paläont. Abh*, 99, 33-146.

Leroi-Gourhan, A. (1964-1965) *Le Geste et la Parole*, 2 vol. Albin Michel〔A. ルロワ＝グーラン著，荒木　亭訳（1973）身ぶりと言葉. 413p., 新潮社〕.

Leuenberger, M., Siegenthaler, U. and Langway, C. C. (1992) Carbon isotope composition of atmospheric CO_2 during the last ice age from an Antarctic ice core. *Nature*, 357, 488-490.

Leverett, F. (1898) The weathered zone (Sangamon) between the Iowan loess and the Illinoian till sheet. *Jour. Geol.*, 6, 171-181.

Levin, R. (1993) *Human Evolution: An Illustrated Introduction* (3rd ed.). 208p., Blackwell Scientific Pub.

Libby, W. F. (1952) *Radiocarbon Dating*. 124p., Univ. Chicago Press.

Libby, W. F. (1955) *Radiocarbon Dating* (2nd ed.). Univ. Chicago Press, Chicago.

Libby, W. F. (1961) Radiocarbon dating. *Science*, 133, 621-627.

Liden, R. (1913) *Geokronologiska studier over det finiglaciala skedet i Angermanland*. Sveriges Geologiska Undersokning, Series Ca 9, 39p.

Lisowski, M., Savage, J. C. and Prescott, W. H. (1991) The velocity field along the San Andreas fault in central and southern California. *Jour. Geophy. Res.*, 96, 8369-8389.

Lister, A. (1994) Evolution and taxonomy of Eurasian mammoths. Shoshani, J. and Tassy, P. (eds.) *The Proboscidea: Evolution and Palaeoecology of Elephants and Their Relatives*, 203-213, Oxford Univ. Press.

Lister, A. and Bahn, P. (1994) *Mammoths*. 168p., Macmillan.

Lister, G. S., Etheridge, M. A. and Symonds, P. A. (1986) Detachment faulting and the evolution off passive continental margins. *Geology*, 14, 246-250.

Lithgoe-Bertelloin, C. and Richards, M. A. (1995) Cenozoic plate driving forces. *Geophy. Res. Lett.*, 22, 1317-1320.

Livingston, I. and Warren, A. (1996) *Aeolian Geomorphology*. 211p., Longman.

Lotter, A. F., Ammann, B., Beer, J., Hajdas, I. and Sturm, M. (1992) A step towards an absolute time-scale for the Late Glacial: annually laminated sediments from the Soppensee (Switzerland). Bard, E. and Brocker, W. S. (eds.) *The Last Deglaciation: Absolute and Radiocarbon Chronologies*. NATO ASI Series, Series 1, Global Environmental Change, 2, 45-68, Springer Verlag.

Lowe, D. (1990) Tephra studies in New Zealand: an historical review. *Jour. Royal Soc. New Zealand*, 20, 119-150.

Lowe, J. J. and Walker, M. J. C. (1997) *Reconstructing Quaternary Environments* (2nd ed.). 446p., Longman, Essex.

Ložek, V. (1965) Das Problem der Lößbildung und die Lößmollusken. *Eiszeitalter und Gegenwart*, 16, 61-75.

Lubbock, J (1865) *Prehistoric Times as Illustrated by Ancient Remains and the Manners and Customs of Modern Savages* (7th ed.). 623p., London.

Ludlem, S. (1979) Rhythmite deposition in lakes in the NE USA. Schlucher, C. (ed.) *Moraines and varves: origin, genesis, classification*. Proc. INQUA symp. genesis lithology Quaternary deposits, Zurich, 295-302, A. A. Balkema.

Lundelius, E. L. Jr., Downs, T., Lindsay, E. H., Semken, H. A., Zakrzewski R. J., Churcher, C. S., Harington, C. R., Schultz, G. E. and Webb, S. D. (1987) The North American Quaternary Sequence. Woodburne, M. O. (ed.) *Cenozoic Mammals of North America: Geochronology and Biostratigraphy*, 211-235, Univ. California Press.

Lundelius, E. L. Jr., Graham, R. W., Anderson, E., Guilday, J., Holman, J. A., Steadman, D. W. and Webb, S. D. (1983) Terrestrial vertebrate faunas. Porter, S. C. (ed.) *Late-Quaternary Environments of the United States, Vol. 1: The Late Pleistocene*, 311-353, Univ. Minnesota Press.

Lyell, Ch. (1834) Observation on the loamy deposit called 'loess' in the valley of the Rhine. *Geol. Soc. London Proc.*, 2, 83-85.

Lyman, R. L. (1994) *Vertebrate Taphonomy*. 550p., Cambridge Univ. Press.

Mabbutt, J. A. (1977) *Desert Landforms*. 340p., Australian National Univ. Press.

Macdonald, K. C. (1982) Mid-ocean ridges: Fine scale tectonic, volcanic and hydrothermal processes within the plate boundary zone. *Ann. Rev. Earth Planet. Sci.*, 10, 155-190.

Machida, H. (1975) Pleistocene sea-level of south Kanto,

Japan, analysed by tephrochronology. Suggate, R. P. and Cresswell, M. M. (eds.) *Quaternary Studies*, 215-222, The Royal Society of New Zealand.

町田 洋 (1976) アンデスで気候段丘を考える. 地理, 21, 56-65.

町田 洋 (1977) チリ湖沼地帯とニュージーランドの第四紀研究—とくに日本の研究と関連の深い諸問題について—. 第四紀研究, 15, 156-167.

町田 洋 (1980) 第四紀の火山活動の変動と気候. 気象研究ノート, 140, 51-70.

Machida, H. (1981) Tephrochronology and Quaternary Studies in Japan. Self, S. and Sparks, R. S. J. (eds.) *Tephra Studies*, 161-191, D. Reidel.

町田 洋 (1993) 火山噴火と渤海の衰亡. 中西 進・安田喜憲 (編)「謎の王国・渤海」: 104-129, 角川書店.

町田 洋 (1997) 世界の火山地形—特に大規模火山を対象に. 貝塚爽平編「世界の地形」: 59-75, 東京大学出版会.

Machida, H. (1999) Quaternary widespread tephra catalog in and around Japan: recent progress. *Quat. Res. Japan*, 38, 194-201.

Machida, H. (2002a) Quaternary Volcanoes and Widespread Tephras of the World. *Global Environmental Res.*, 6, 3-17.

Machida, H. (2002b) Volcanoes and Tephras in the Japan Area. *Global Environmental Res.*, 6, 19-28.

町田 洋, 新井房夫 (1976) 広域に分布する火山灰-姶良Tn火山灰の発見とその意義. 科学, 46, 339-347.

町田 洋・新井房夫 (1992) 火山灰アトラス. 276p., 東京大学出版会.

町田 洋・新井房夫・村田明美・袴田和夫 (1974) 南関東における第四紀中期のテフラの対比とそれに基づく編年. 地学雑誌, 83, 22-58.

町田 洋, 新井房夫, 杉原重夫 (1980) 南関東と近畿の中部更新統の対比と編年-テフラによる一つの試み—. 第四紀研究, 19, 233-261.

町田 洋・新井房夫・横山卓雄 (1991) 琵琶湖200mコアにおける指標テフラ層の再検討. 第四紀研究, 30, 439-442.

町田 洋・小島圭二編 (1996) 自然の猛威 (新版). 258p., 岩波書店.

Maclaren, C. (1841) *The Glacial Theory of Professor Agassiz of Neuchatel*. 62p., The Scotsman Office [reprinted (1942) *Amer. Jour. Sci.*, 42, 346-365].

前杢英明 (1988) 室戸半島の完新世地殻変動. 地理学評論, 61A, 747-769.

Maglio, V. J. (1973) Origin and evolution of the Elephantidae. *Trans. Amer. Phil. Soc.*, New Ser., 63, 11-149.

牧野富太郎 (1978) 学名解説. 前川文夫, 原 寛, 津山 尚 (改訂編集).「牧野新日本植物図鑑第34版」: 付録1-77, 北隆館.

真鍋淑郎 (1985) 二酸化炭素と気候変化. 科学, 55, 84-92 〔再録, 内嶋善兵衛編 (1990) 地球環境の危機. 65-73, 岩波書店〕.

Manabe, S. and Broccoli, A. J. (1985) The influence of continental ice sheets on the climate of an ice age. *Jour. Geophs. Res.*, 90, 2167-2190.

Mania, D. (1995) The influence of Quaternary climatic development on the Central European mollusc fauna. *Acta Zool. Cracov.*, 38, 17-34.

Mankinen, E. A. and Dalrymple, G. B. (1979) Revised geomagnetic polarity time scale for the interval 0～5M.y.B.P. *Jour. Geophys. Res.*, 84, 615-626.

Margulis, L. (1981) *Symbiosis in Cell Evolution*. 419p., Freeman.

Margulis, L. and Schwartz, K. V. (1982) Five kingdoms, an illustrated guide to the phyla of life on earth. W. H. Freeman and Co.〔川島誠一郎・根平邦人訳 (1987) 図説・生物界ガイド 五つの王国. 365p., 日経サイエンス〕.

Marino, B. D., McElroy, M. B., Salawitch, R. J., and Spaulding, W. G. (1992) Glacial-to-interglacial variations in the carbon isotopic composition of atmospheric CO_2. *Nature*, 357, 461-465.

Martin, L. D. and Neuner, A. M. (1978) The end of the Pleistocene in North America. *Trans. Nebraska Acad. Sci.*, 6, 117-126.

Martin, P. S. (1966) Africa and Pleistocene overkill. *Nature*, 212, 339-342.

Martin, P. S. (1967) Prehistoric overkill. Martin, P. S. and Wright, H. E. Jr. (eds.) *Pleistocene Extinctions: The Search for a Cause*, 75-120, Yale Univ. Press.

Martin, P. S. (1973) The discovery of America. *Science*, 179, 969-974.

Martin, P. S. (1984a) Catastrophic extinctions and Late Pleistocene blitzkrieg: Two radiocarbon tests. Nitecki, M. H. (ed.) *Extinctions*, 153-189, Univ. Chicago Press.

Martin, P. S. (1984b) Prehistoric overkill: The global model. Martin P. S. and Klein, R. G. (eds.) *Quaternary Extinctions: A Prehistoric Revolution*, 354-403, Univ. Arizona Press.

Martin, P. S. (1986) Refuting Late Pleistocene extinction models. Elliott, D. K. (ed.) *Dynamics of Extinction*, 107-130, John Wiley & Sons.

Martin, P. S. and Klein, R. G. (eds.) (1984) *Quaternary Extinctions: A Prehistoric Revolution*. 892p., Univ. Arizona Press.

Martin, P. S. and Wright, H. E. Jr. (eds.) (1976) *Pleistocene Extinctions: The Search for a Cause*. 453p., Yale Univ. Press.

Martinson, D. G., Pisias, N. G., Hays, J., D., Imbrie, J., Moore, T. C. and Shackleton, N. J. (1987) Age dating and the orbital theory of the ice ages: development of a high resolution 0-300,000 year chronostratigraphy. *Quat. Res.*, 27, 1-29.

Maruyama, S. (1994) Plume tectonics. *Jour. Geol. Soc. Japan*, 100, 24-49.

丸山茂徳 (1997) 全地球ダイナミクス. 科学, 67, 498-506.

丸山茂徳・磯崎行雄 (1998) 生命と地球の歴史. 岩波新書, 岩波書店.

Maruyama, T. (1963) On the force equivalences of dynamical elastic dislocations with reference to the earthquake mechanisms. *Bull. Earthq. Res. Inst.*, 41, 467-486.

Mason, I. L. (ed.) (1984) *Evolution of Domesticated Animals*. 452p., Longman.

増田富士雄 (1993) リズミカルな地球の変動. 137p., 岩波書店.

増田富士雄 (1996) 地質時代の気候変動. 岩波講座地球惑星科学11 気候変動論, 157-219, 岩波書店.

増田耕一 (1993) 氷期・間氷期サイクルと地球の軌道要素. 気象研究ノート, 177, 223-248.

増田耕一 (2000) 講座 地球科学 (VI) 大気圏 (2) —大気のエネルギー. 日本エネルギー学会誌, 79, 338-347.

増田耕一・阿部彩子 (1996) 第四紀の気候変動. 住 明正ほか著「岩波講座地球惑星科学11」: 103-156, 岩波書店.

増田耕一・田辺清人 (1994) 温暖化. 環境情報科学センター編「図説環境科学」: 96-101, 朝倉書店.

Masuzawa, T. (1987) Early diagenesis in deepsea sediments of the Japan Sea; Type, controlling factor, and diffusive flux. *Jour. Earth Sci., Nagoya Univ.*, 35, 249-267.

増澤敏行 (1997) 海洋堆積物系の化学. 海洋科学研究, 10, 104-152.

松田時彦 (1982) 安定大陸に生じた地震断層—西オーストラ

リアのメッケリング地震—. 科学, 52, 136-144.
松田時彦・岡田篤正 (1968) 活断層. 第四紀研究, 7, 188-199.
松田時彦・山崎晴雄・中田 高・今泉俊文 (1980) 1896年陸羽地震の地震断層. 地震研彙報, 55, 795-855.
松井 章 (1993) 日本の食犬文化—塗り替えられる歴史像. 週刊朝日百科, 12/12 動物達の地球 128, 244-245.
松井 健 (1988) 土壌地理学序説. 316p., 築地書館.
松井 健 (1989) 土壌地理学特論. 203p., 築地書館.
Matsumoto, A. and Kobayashi, T. (1995) K-Ar age determination of late Quaternary volcanic rocks using the mass fractionation correction procedure: application to the Younger Ontake Volcano, central Japan. *Chem. Geology*, 125, 123-135.
Matsumoto, I., Uto, K. and Shibata, K. (1989) K-Ar dating by peak comparison method—New technique applicable to rocks younger than 0.5Ma—. *Bull. Geol. Surv. Japan*, 40, 565-579.
松野太郎 (1982) 大気の大循環. 高橋浩一郎, 山下 洋, 土屋 清, 中村和郎編「衛星でみる日本の気象」: 120-132, 岩波書店.
Matsuoka, H. (1990) A new method to evaluate dissolution of $CaCO_3$ in the deep-sea sediments. *Trans. Proc. Palaeont. Soc. Japan*, N. S., 157, 430-434.
松島義章 (1984) 日本列島における後氷期の浅海性貝類群集—特に環境変遷に伴うその時間・空間的変遷—. 神奈川県立博物館研究報告（自然科学）, 15, 37-109.
松島義章 (1996) 完新世における日本列島沿岸域の海況変遷—温暖種の消長からみた約7500年前以降の黒潮の動き. 小池一之・太田陽子（編）「変化する日本の海岸—最終間氷期から現在まで」: 22-41, 古今書院.
松浦秀治 (1997) ヒト. 「人類学用語事典」: 226, 雄山閣.
Matthews, R. K. (1969) Tectonic implications of glacio-eustatic sea level fluctuations. *Earth Planet. Sci. Lett.*, 5, 459-462.
Matuyama, M. (1929) On the direction of magnetisation of basalt in Japan, Tyosen and Manchuria. *Imp. Acad. Japan Proc.*, 5, 203-205.
Mayewski, P. A., Meeker, L. D., Whitlow, S., Twickler, M. S., Morrison, M. C., Alley, R. B., Bloomfield, P. and Taylor, K. (1993) The atmosphere during the Younger Dryas. *Science*, 261, 195-197.
Mayewski, P. A., Meeker, L. D., Whitlow, S., Twickler, M. S., Morrison, M. C., Bloomfield, P., Bond, G. C., Alley, R. B., Gow, A. J., Grootes, P. M., Meese, D. A., Ram, M., Taylor, K. C. and Wumkes, W. (1994) Changes in atmospheric circulation and ocean ice cover over the North Atlantic during the last 41,000 years. *Science*, 263, 1747-1751.
McConnaughey, T. (1989) ^{13}C and ^{18}O isotopic disequilibrium in biological carbonates: II. In vito simulation of kinetic isotope effects. *Geochim. Cosmochim. Acta.*, 53, 163-171.
McCorkle, D. C., Martin, P. A., Lea, D. W. and Klinkhammer, G. P. (1995) Evidence of a dissolution effect on benthic foraminiferal shell chemistry: C, Cd/Ca, Ba/Ca, and Sr/Ca results from the Ontong Java Plateau. *Paleoceanography*, 10, 699-714.
McCulloch, M. T., Gagan, M. K., Mortimer, G. E., Chivas, A. R. and Isdale, P. J. (1994) A high-resolution Sr/Ca and $\delta^{18}O$ coral record from the Great Barrier Reef, Australia, and the 1982-1983 El Nino. *Geochim. Cosmochim. Acta.*, 58, 2747-2754.
McIntyre, A. and Riddiman, W. F. (1972) North-east Atlantic post-Eemian palaeoceanography, a predictive analog for the future. *Quat. Res.*, 2, 350-354.
McKenzie, D. P. and Parker, R. L. (1967) The North Pacific: an example of tectonics on a sphere. *Nature*, 216, 1276-1280.
McKenna, M, C. and Bell, S. K. (1997) *Classification of Mammals above the Species Level.* 631p., Columbia Univ. Press.
McManus, J., Berelson, W. M., Hammond, D. E. and Klinkhammer, G. P. (1999) Barium cycling in the North Pacific: Implications for the utility of Ba as a paleoproductivity and paleoalkalinity proxy. *Paleoceanography*, 14, 53161.
Mead, J. I., Agenbroad, L. D., Davis, O. K. and Martin, P. S. (1986) Dung of *Mammuthus* in the Arid Southwest, North America. *Quat. Res.*, 25, 121-127.
Mein, P. (1975) Résultats du groupe de travail des vertébrés. Senes, J. (ed.) *Report on Activity of the RCMNS Working Groups (1971-1975), IUGS, Regional Committee on Mediterranean Neogene Stratigraphy*, 78-81.
Mein, P. (1981) Mammal zonations: Introduction. *Ann. Géol. Pays Hellén*, H. S., 4, 83-88.
Mein, P. (1989) Updating of MN zones. Lindsay, E. H., Fahlbusch, V., and Mein, P. (eds.) *European Neogene Mammal Chronology*, 73-90, Plenum Press.
Meltzer, D. J. and Mead, J. I. (1985) Dating Late Pleistocene extinctions: Theoretical issues, analytical bias, and substantive results. Mead J. I. and Meltzer, D. J. (eds.) *Environments and Extinctions: Man in Late Glacial North America*, 145-173, Center for the Study of Early Man, Univ. Maine at Orono.
Mercer, J. H. (1976) Glacical history of southernmost South America. *Quat. Res.*, 6, 125-166.
Merrill, R. T. and McElhinny, H. W. (1983) *The Earth's Magnetic Field.* 401p., Academic Press.
Mesolella, K. G., Matthews, R. K., Broecker, W. S. and Thurber, D. L. (1969) The astronomical theory of climatic change: Barbados data. *Jour. Geol.*, 77, 250-274.
Mickelson, D. M., Clayton, L., Fullerton, D. S. and Borns, H. Jr. (1983) The Late Wisconsin glacial record of the Laurentide ice sheet in the United States. Porter, S. C. (ed.) *Late Quaternary Environments of the United States, Volume 1, The Late Pleistocene*, 3-32, Longman.
三上岳彦編 (1998) 過去2000年間の気候変動とその要因. 気象研究ノート, 191, 169p., 日本気象学会.
Miki, S. (1941) On the change of flora in Eastern Asia since Tertiary Period (1). The clay or lignite beds flora in Japan with special reference to the *Pinus trifolia* beds in Central Hondo. *Japan Jour. Bot.*, 11, 237-303.
三木 茂 (1948) 鮮新世以来の近畿並びに近接地帯の遺体フロラに就いて. 鉱物と地質, 2, 105-144.
Milankovitch, M. (1920) *Theorie Mathematique des Phenomenes Termiques Produits per la Radiation Solaire.* Gauthier-Villars.
Milankovitch, M. (1930) Mathematische Klimalehre und astronomische Theorie der Klimaschwankungen. Köppen, W. and Geiger, R. (eds.) *Handbuch der Klimatologie*. Band 1, Teil A., 176p, Gebruder Borntraeger.
Milankovitch, M. (1936) *Durch Ferne Welten und Zeiten.* Koehler und Amalang.
Milankovitch, M. (1938) Astronomische Mittel zur Erforschung der erdgeschichtlichen Klimate. *Handbuch der Geophysik*, 9, 593-698.
Milankovitch, M. (1941) Kanon der Erdbestrahlung und seine Andwendung auf das Eiszeitenproblem. *Royal Serb. Acad. Spec. Publ.*, 133, Belgrade, 1-633〔English translation (1969)〕.
Milankovitch, M. (1957) Astronomische Theorie der Klimaschwankungen ihr Werdegang und Widerhall. *Serb.*

Acad. Sci., Monogr., 280, 1158.
Miller, K. G., Fairbanks, R.G. and Mountain, G.S. (1987) Tertiary oxygen isotope synthesis, sealevel history, and continental margin erosion. Paleoceanography, 2, 1-19.
Miller, K. G., Wright, D. J. and Fairbanks, R. G. (1991) Unlocking the ice house: Oligocene-Miocene oxygen isotopes, eustasy and margin erosion. Jour. Geophys. Res., 96, 6829-6848.
Millero, F. J. (1996) Chemical Oceanography (2nd ed.). 469p., CRC Press.
南川雅男 (2001) 炭素・窒素同位体分析により復元した先史日本人の食生態. 国立歴史民俗博物館報, 86, 333-357.
Mitsuguchi, T., Matsumoto, E., Abe, O., Uchida, T. and Isdale, P. J. (1996) Mg/Ca thermometry in coral skeletons. Science, 274, 961-963.
宮地直道 (1987) 日本の埋没林研究に向けて. 植生史研究, 2, 3-12.
溝田智俊・松久幸敬 (1984) 風成塵——KH-79-3, C-3コアの解析を中心にして. 月刊地球, 6, 553-557.
Molnar, P. and England, P. (1990) Late Cenozoic uplift of mountain ranges and global climatic change: Chicken or egg? Nature, 346, 29-34.
Momohara, A. (1994) Floral and paleoenvironmental history from the late Pliocene to middle Pleistocene in and around central Japan. Palaeogeogr. Palaeoclimatol. Palaeoecol. 108, 281-293.
百原　新 (1994) メタセコイアの繁栄と衰退. 日経サイエンス 8月号, 32-38.
百原　新 (1995a) 第三紀以降の東アジアの植物地理：要旨. 植生史研究, 3, 89-90.
百原　新 (1995b) スギ科植物の変遷——絶滅と生き残りの歴史. 遺伝, 49, 61-66.
百原　新 (1996) 第四紀の日本列島地形形成と植物の絶滅・進化. 関東平野, 4, 29-36.
百原　新 (2002) 東アジアの第四紀植物地理変遷とカトマンズ盆地ボーリングコアの植物化石, 月刊地球, 24, 332-338.
百原　新・南木睦彦 (1988) 大型植物化石群集のタフォノミー. 植生史研究, 3, 13-23.
百原　新・吉川昌伸 (1977) 蛇行河川内での大型植物化石群の堆積過程. 植生史研究, 5, 15-27.
Montelius, O. (1903) Die Methode: Die älteren Kulturperioden im Orient und in Europa. Band I〔浜田耕作訳 (1932) 考古学研究法. 雄山閣出版, 復刊1999〕.
Mook, W. G. (1986) Recommendations / resolutions adopted by the Twelfth International Radiocarbon Conference. Radiocarbon, 28, 2A, 799.
Moores, E. D. and Twiss, R. J. (1995) Tectonics. 415p., Freeman.
Morgan, A. V., Morgan, A., Ashworth, A. C. and Matthews, J. V., Jr. (1983) Late Wisconsin fossil beetles in North America. Porter, S. C. (ed.) Late-Quaternary Environments of the United States Vol. 1. The Late Pleistocene, 354-363, Univ. Minnesota Press.
Morgan, W. J. (1968) Rises, trenches, great faults and crustal blocks. Jour. Geophys. Res., 73, 1959-1982.
森　勇一 (1994) 昆虫化石による先史〜歴史時代における古環境の変遷の復元. 第四紀研究, 33, 331-349.
Mörner, N. A. (1980) Eustasy and geoid changes as a function of core/mantle changes. Earth Rheology, Isostasy and Eustasy, 535-553, John Wiley.
Mörner, N.-S. (1976) Eustasy and geoid changes. Jour. Geol., 84, 123-151.
Mortillet, G. de, (1869) Essai d'une classification des cavernes et des station sus abri, fondée sur le produits de l'industrie humanine. C. R. Acad. Sci., 68, 553-555.
Mortlock, R. A., Charles, C. D., Froelich, P. N., Zibello, M. A., Saltzman, J., Hays, J. D. and Burckle, L. H. (1991) Evidence for lower productivity in the Antarctic Ocean during the last glaciation. Nature, 35l, 220-223.
Mosimann, J. E. and Martin, P. S. (1975) Simulating overkill by Paleoindians. Amer. Sci., 63, 304-313.
本山　功・丸山俊明 (1998) 中・高緯度北西太平洋地域における新第三紀珪藻・放散虫化石年代尺度：地磁気極性年代尺度CK92およびCK95への適合. 地質学雑誌, 104, 171-183.
Müller, P. J. and Suess, E. (1979) Productivity, sedimentation rate, and sedimentary organic matter in the oceans, 1. Organic carbon preservation. Deep Sea Res., Part A, 26, 1347-1362.
Müller-Beck (Hrsg.) (1983) Urgeschichte in Baden Württemberg. 564p., Konrad Theiss Verlag.
Munthe, H. (1910) Studies in the Late-Quaternary history of southern Sweden. Geol. fören. i Stockholm förhandlinger, 32, 1197-1293, pls. 46-49.
Murray, R. W., Leinen, M. and Isern, A. R. (1993) Biogenic flux of Al to sediment in the central equatorial Pacific ocean: Evidence for increased productivity during glacial episodes. Paleoceanography, 8, 651-670.
Murray-Wallace, C.V. and Belperio, A.P. (1991) The last interglacial shoreline in Australia: a review. Quat. Sci. Rev., 10, 441-462.
Nakada,M. and Yokose, H. (1992) Ice age as a trigger of active Quaternary volcanism and tectonism. Tectonophysics, 212, 321-329.
中村和郎・木村竜治・内嶋善兵衛 (1986) 日本の気候. 292p., 岩波書店.
中村俊夫 (1995) 加速器質量分析（AMS）法による ^{14}C 年代測定の高精度化および正確度向上の検討. 第四紀研究, 34, 171-183.
中西弘樹 (1994) 種子はひろがる. 種子散布の生態学. 255p., 平凡社.
中田　高・島崎邦彦・鈴木康弘・佃　栄吉 (1998) 活断層はどこから割れ始めるのか？——活断層の分岐形態と破壊伝播方向——. 地学雑誌, 107, 512-528.
中塚　武 (1997) 海洋堆積物の窒素同位体比に関する研究——窒素同位体比による海洋表層環境の復元——. 海の研究, 6, 383-397.
中嶋　健・石原丈実・山楠俊口・上嶋正人 (1993) 帯磁率自動測定システムの開発とCH92航海の帯磁率. 工業技術院地質調査所, 平成4年度研究概要報告書 日本海中部東縁部大陸棚周辺海域の海洋地質学的研究, 189-202.
中山至大・井之口希秀・南谷忠志 (2000) 日本植物種子図鑑. 642p., 東北大学出版会.
南木睦彦 (1989) 第四紀植物化石の進化研究上の重要性. 流通科学大学論集——人文・自然編, 2, 65-85.
南木睦彦 (1994) 縄文時代以降のクリ (Castanea crenata Sieb. et Zucc.) 果実の大型化. 植生史研究, 2, 3-10.
直良信夫 (1956) 日本古代農業発達史. 317p., さ・え・ら書房.
直良信夫 (1968) ものと人間文化史2・狩猟. 260p., 法政大学出版局.
奈良国立文化財研究所 (1990) 年輪に歴史を読む——日本における古年輪学の成立——. 195p., 同朋舎.
成瀬　洋 (1982) 第四紀. 岩波書店.
成瀬敏郎 (1995) 風成塵が記録する気候変動と文明. 安田喜憲・小泉　格編「講座文明と環境」第1巻：145-154, 朝倉書店.

成瀬敏郎 (1998) 日本における最終氷期の風成塵堆積とモンスーン変動. 第四紀研究, 37, 189-197.

成瀬敏郎・鹿島 薫 (1999) トゥズ湖南岸, アクサライ平野の地形発達. アナトリア考古学研究, 8, 251-262.

那須孝悌 (1970) 第四紀の日本列島生物相. 生物科学, 24, 1-10.

Netolitzky, F. (1926) *Anatomie der Angiospermen Samen. Hundbuch der Pflanzenanatomie*, vol. 10, 364p., Gebruder Borntraeger.

Newnham, P. M. and Lowe, D.J. (2000) Fine-resolution pollen record of late-glacial climate reversal from New Zealand. *Geology*, 28, 759-762.

Newnham, P. M., Lowe, D. J. and Williams, P. W. (1999) Quaternary environmental change in New Zealand: a review. *Prog. Phys. Geogr.*, 23, 567-610.

Nicholson, S. E. and Flohn, H. (1980) African environmental and climatic changes and the general atmospheric circulation in the late Pleistocene and Holocene. *Climatic Changes*, 2, 313-348.

日本第四紀学会編 (1977) 日本の第四紀研究. 東京大学出版会.

日本第四紀学会 (1987) 百年, 千年, 万年後の日本の自然と人類. 古今書院.

日本第四紀学会編 (1993) 第四紀試料分析法2 研究対象別分析法. 553p., 東京大学出版会.

日本第四紀学会編 (1995) 高精度年代測定と第四紀研究. 第四紀研究, 特集号, 34, 125-278.

新妻信明 (1991) 丹沢の衝突. 神奈川県立博物館編「南の海からきた丹沢―プレートテクトニクスの不思議」: 38-66, 有隣堂.

Ninkovich, D. and Shackleton, N. J. (1975) Distribution, stratigraphic position and age of ash layer "L", in the Panama Basin region. *Earth Planet. Sci. Lett.*, 27, 20-34.

Ninkovitch, D., Sparks, R. S. J. and Ledbetter, M. J. (1978) The exceptional magnitude and intensity of the Toba eruption, Sumatra: an example of the use of deep-sea tephra layers as a geological tool. *Bull. Volcanol.*, 41, 286-298.

Nirei, H. (1975) A classification of fossil walnuts from Japan. *Jour. Geosci. Osaka City Univ.*, 19, 31-63.

西田正規 (1980) 縄文時代の食糧資源と生業活動―鳥浜貝塚の自然遺物を中心として―. 季刊人類学, 11, 3-41.

西田利貞 (1997) ボノボ. 「人類学用語事典」: 253, 雄山閣.

西本豊弘 (1991) 弥生時代のブタについて. 国立歴史民俗博物館研究報告, 36, 175-194.

西村 昭・池原 研・井岡 昇・山埼俊嗣 (1993) 西カロリン海盆の堆積史と海洋大循環. 月刊海洋, 276, 350-355.

野手啓行・沖津 進・百原 新 (1998) 日本のトウヒ属バラモミ節樹木の現在の分布と最終氷期以降の分布変遷. 植生史研究, 6, 3-13.

Norman, D., Burton, R., Thompson, S. and Lowther, K. E. (1976) *Purnell's Find out about Prehistoric Animals*. 224p., Purnell & Sons Ltd.

North American Commission on Stratigraphic Nomenclature (1983) North American stratigraphic code. *Amer. Assoc. Petroleum Geol. Bull.*, 67, 841-875.

野尻湖昆虫グループ (1987) 第9次野尻湖発掘および第4回陸上発掘で産出した昆虫化石. 地団研専報, (32), 117-136.

野尻湖昆虫グループ編 (1988) 昆虫化石ハンドブック. 126p., ニュー・サイエンス社.

野尻湖発掘調査団 (1997) 最終氷期の自然と人類. 229p., 共立出版.

野尻湖発掘調査団足跡古環境班 (1992) 上部更新統の野尻湖層で発見されたナウマンゾウの足跡化石. 地球科学, 46, 385-404.

Nurnberg, D., Muller, A. and Schneider, R. R. (2000) Paleo-sea surface temperature calculations in the equatorial east Atlantic from Mg/Ca ratios in planktonic formainifera: A comparison to sea surface temperature estimations from Uk37', oxygen isotopes, and foraminiferal transfer function. *Paleoceanography*, 15, 124-134.

Oakley, K. P. (1972) *Man the Tool-maker*. 101p., British Museum (Natural Historoy).

大場忠道 (1983) 海底コアの研究における一定容量サンプリングの重要性. 化石, 34, 33-40.

Oba, T. (1990) *Paleoceanographic information obtained by the isotopic measurement of individual foraminiferal speciemens*. Proceeding of the Frist International Conference on Asian Marine Geology, Shanghai, September 7-10, 1988, 169-180, China Ocean Press.

大場忠道 (1991) 酸素同位体比層序からみた阿蘇4テフラおよび阿多テフラ. 月刊地球, 13, 224-227.

大場忠道・赤坂典子 (1990) 2本のピストン・コアの有接炭素量に基づく日本海の古環境変化. 第四紀研究, 29, 417-425.

Oba, T., Kato, M., Kitazato, H., Koizumi, I., Omura, A., Sakai, T. and Takayama, T. (1991) Paleoenvironmental changes in the Japan Sea during the last 85,000 years. *Paleoceanography*, 6, 499-518.

大場忠道・Ku, T. L. (1977) 深海底堆積物中の炭酸塩溶解量の測定. 化石, 27, 1-14.

Oba, T. and Pedersen, T. F. (1999) Paleoclimatic significance of eolian carbonates supplied to the Japan Sea during the last glacial maximum. *Paleoceanography*, 14, 34-41.

大場忠道・安田尚登 (1992) 黒潮域における最終氷期以降の環境変動. 第四紀研究, 31, 329-339.

小倉義光 (1999) 一般気象学 (第2版). 308p., 東京大学出版会.

Ohno, M., Hamano, Y., Maruyama, M., Matsumoto, E., Iwakura, H., Nakamura, T. and Taira, A. (1993) Paleomagnetic record over the past 35,000 years of a sediment core from off Shikoku, southwest Japan. *Geophys. Res. Lett.*, 20, 1395-1398.

Okada, M. and Niitsuma, N. (1989) Detailed paleomagnetic records during the Brunhes-Matuyama geomagnetic reversal, and a direct determination of depth lag for magnetization in marine sediments. *Phys. Earth Planet. Inter.*, 56, 133-150.

奥村晃史 (1995) ^{14}C年代の補正と高精度化のための手法. 第四紀研究, 34, 191-194.

Oliver, R. C. D. (1982) Ecology and behavior of living elephants: Bases for assumptions concerning the extinct woolly mammoths. Hopkins, D. M., Matthews, J. V. Jr., Schweger, C. E. and Young, S. B. (eds.) *Paleoecology of Beringia*, 291-305, Academic Press.

小野 昭 (1978) 分布論. 「日本考古学を学ぶ (1) 日本考古学の基礎」, 有斐閣選書: 36-47, 有斐閣.

小野 昭 (1995) Man the tool-maker と Pan the tool-maker の境界. 霊長類研究, 11, 239-246.

Ono, Y., Naruse, T., Ikeya, M., Kohno, H. and Toyoda, S. (1998) Origin and derived courses of eolian dust quartz deposited during marine isotope stage 2 in East Asia, suggested by ESR signal intensity. *Global Planetary Change*, 18, 129-135.

Ooi, N. (1993) A reconstruction of vegetation at Itai-Teragatani Site, Hyogo Prefecture, Japan, based on the spatial distribution of fossil pollen grains just below the Aira-Tn ash, about 24000 years ago. *Japan. Jour. Historical Botany*, 1, 49-57.

Ooi, N., Minaki, M., and Noshiro, S. (1990) Vegetation changes around the Last Glacial maximum and effects of the Aira-Tn ash, at the Itai-Teragatani site, central Japan. *Ecol. Res.*, 5, 81-91.

太田陽子 (1989) ニュージーランドの変動地形に関する最近の研究. 地理学評論, 62A, 636-666.

大泰司紀之 (1980) 遺跡出土ニホンジカの下顎骨による性別・年齢・死亡季節査定法. 考古学と自然科学, 13, 51-74.

Opdyke, N. D., Glass, B., Hays, J. D., and Foster, J. (1966) Paleomagnetic study of Antarctic deep-sea cores. *Science*, 154, 349-357.

Oppo, D. W. and Horowitz, M. (2000) Glacial deep water geometry: South Atlantic benthic foraminiferal Cd/Ca and-^{13}C evidence. *Paleoceanography*, 15, 147-160.

Orbigny, A. D. (1842) *Voyage dans l'Amerique Meridional.* 298p. Paris.

Osborn, H. F. (1915) *Men of the Old Stone Age.* 559p., Charles Scribner's Sons.

Osborn, H. F. (1942) *Proboscidea, Vol. II.* 872p., American Museum Press.

Ostlund, H. G. and Stuiver, M. (1980) GEOSECS Pacific Radiocarbon. *Radiocarbon*, 22, 25-53.

O'Sullivan, P. E. (1983) Annually laminated sediments and the study of Quaternary environmental changes-a review. *Quat. Sci. Rev.*, 1, 245-313.

Owen, R. (1870) On fossil remains of mammals found in China. *Quart. Jour. Geol. Soc. London*, 26, 417-434, pls.27-29.

尾崎 博 (1960) 黒岩山の龍骨. 自然科学と博物館, 27, 8-15.

小澤智生 (2000) 縄文・弥生時代に豚は飼われていたか？ 季刊考古学, 73, 17-22.

Pécsi, M. (1965) Genetic classification of the deposits constituting the loess profiles of Hungary. *Acta Geol. Sci. Hungary*, 9, 65-85.

Pécsi, M. (1995) The role of principles and methods in loess-paleosol investigation. *Geojournal*, 36, 117-131.

Pei, W. C. (1929) An account of the discovery of an adult Sinanthropus Skull in Chou Kou Tien deposit. *Bull. Geol. Soc. China*, VIII-3, pp. 203-209.

Pei, W. C. (1963) On the problem of the change of body size in Quaternary mammals. *Scientia Sinica*, 12, 231-235.

Peixoto, J. P. and Oort, A. H. (1992) *Physics of Climate.* 520p., American Inst. Physics.

Peltier, W. R. (1994) Ice age paleotopography. *Science*, 265, 195-201.

Penck, A. (1882) *Die Vergletscherung der Deutschen Alpen, ihre Ursachen, Periodische Wiederkehr und ihr Einfluss auf die Bodengestaltung.* 484p., Barth.

Penck, A. and Brückner, E. (1901/1909) *Die Apline im Eiszeitalter.* 3vols, 1199p., Leipzig Tauchnitz.

Petit, J. R., Jouzel, J., Raynaud, D., Barkov, N. I., Barnola, J. M., Basile, I., Bender, M., Chappellaz, J., Davis, M., Delaygue, G., Delmotte, M., Kotlyakov, V. M., Legrand, M., Lipenkov, V. Y., Lorius, C., Pepin, L., Ritz, C., Saltzman, E. and Stievenard, M. (1999) Climate and atmospheric history of the past 420,000 years from the Vostok ice core, Anterctica. *Nature*, 399, 429-436.

Pickard, G. L. and Emery, W. J. (1990) *Descriptive Physical Oceanography* (5th enlarged ed.). 320p., Butterworthh-Heinemann.

Pickering, K. T., Souter, C., Oba, T., Taira, A., Schaaf, M. and Platzman, E. (1999) Glacio-eustatic control on deep-marine clastic forearc sedimentation, Pliocene-mid-Pleistocene (c. 1180-600ka) Kazusa Group, SE Japan. *Jour. Geol. Soc. London*, 156, 125-136.

Pillans, B., Kohn, B. P., Berger, G., Froggatt, P., Duller, G., Alloway, B. and Hesse, P. (1996) Multi-method dating comparison for mid-Pleistocene Rangitawa tephra, New Zealand. *Quat. Sci. Rev.*, 15, 641-653.

Pillans, B. and Wright, I. (1990) 500,000-year paleomagnetic record from New Zealand loess. *Quat. Res.*, 33, 178-187.

Pirazzoli, P. A., Radtke, U., Hantoro, W. S., Jouannic, C., Hoang, C. T., Causse, C. and Borel-Best, M. (1991) Quaternary raised coral reef terraces on Sumba island, Indonesia. *Science*, 252, 1834-1836.

Porter, S. C. and An, Z. (1995) Correlation between climate events in the North Atlantic and China during the last glaciation. *Nature*, 375, 305-308.

Posamentier, H. W., Jervey, M. T. and Vail, P. R. (1988) Eustatic controls on clastic deposition I—conceptual framework. Wilgus, C. K., Hastings, B. S., Kendall, C. G. St. C., Posamentier, H. W., Ross, C. A. and Van Wagonar, J. C. (eds.) *Sea-level changes: an Integrated Approach.* Spec. Publ. Soc. Ecno. Paleont. Miner., 42, 109-124.

Post, L. von (1916) Om skogsträdspollen i Sydsvenska Torfmoss-lagerföljder. Geolgiska Föreningen i Stockholm. Förhandlinger 38, 384-390〔Davis, M. B. and Faegri, K. 英訳 (1967) Forest tree pollen in south Swedish peat bog deposit, *Pollen et Spores*, 9, 378-401〕.

Potts, R. (1988) *Early Hominid Activities at Olduvai.* 396p., Aldine de Gruyter.

Prahl, F. G., Muehlhausen, L. A. and Zahnle, D. L. (1988) Further evaluation of long-chain alkenones as indicators of paleoceanographic conditions. *Geochim. Cosmochim. Acta.*, 52, 2303-2310.

Prentice, I. C., Cramer, W., Harrison, S. P., Leemans, R., Monserud, R. A. and Solomon, A. M. (1992) *Jour. Biogeography*, 19, 117-134.

Purdue, J. R. (1989) Changes during the Holocene in the size of white-tailed deer (*Odocoileus virginianus*) from central Illinois. *Quat. Res.*, 32, 307-316.

Purser, K. H. (1976) United States patent, 4037100.

Quade, J., Cerling, T. E. and Bowman, J. R. (1989) Development of Asian monsoon revealed by marked ecological shift during the latest Miocene in northern Pakistan. *Nature*, 342, 163-166.

Rabassa, J. (1999) *Late Cainozoic Glaciations in Southern South America.* 145p., Book of Abstracts, XV INQUA Congress.

Radtke, U. and Grun, R. (1990) Revised reconstruction of middle and late Pleistocene sea-level changes based on new chronologic and morphologic investigations in Barbados, West Indies. *Jour. Coastal Res.*, 6, 699-708.

Raff, A. D. and Mason, R. G. (1961) Magnetic survey off the west coast of north America, 40°N latitude to 50°N latitude. *Geol. Soc. Amer. Bull.*, 72, 1267-1270.

Raisbeck, G. M., Yiou, F., Bourles, D., Lorius, C., Jouzel, J. and Barkov, N. I. (1987) Evidence for two intervals of enhanced ^{10}Be deposition in Antarctic ice during the last glacial period. *Nature*, 326, 273-276.

ラッカム, J. (1994) 動物の考古学. 133p.（本郷一美訳, 1997) 学芸書林.

Rampino, M. R. and Self, S. (1993) Climate-volcanism feedback and the Toba eruption of ~74,000 years ago. *Quat. Res.*, 40, 269-280.

Ramsey, C. B. (2000) *Oxcal Program V3.5 radiocarbon calibration program*. Univ. Oxford Radiocarbon Accelerator Unit.

Rau, G. H. (1994) Variations in sedimentary organic -^{13}C as a proxy for past changes in ocean and atmospheric CO_2 conceantrations. Zahn, R. (ed.), *Carbon Cycling in the Glacial Ocean*. NATO ASI Ser. I, 17, 307-321.

Rau, G. H., Groelich, P. N., Takahashi, T. and Des Mareis, D. J. (1991) Does sedimentary organic -^{13}C record variations in quaternary ocean [CO_2 (aq)]? *Paleoceanography*, 6, 335-347.

Raymo, M. E. (1997) The timing of major climate terminations. *Paleoceanography*, 12, 577-585.

Raymo, M. E. and Ruddiman, W. F. (1992) Tectonic forcing of late Cenozoic climate. *Nature*, 359, 117-122.

Reeburgh, W. S. (1982) A major sink and flux control for methane in marine sediments; anaerobic consumption. Fanning, K. A. and Manheim, F. T. (eds) *The Dynamic Environment of the Ocean Floor*, 203-217, Lexington Books.

Reid, C. (1899) *The Origin of the British Flora*. 191p., Dulau & Co.

Reid, C. (1915) *Submerged Forests*. 129p., Oxford Univ. Press.

Reid, C. and Reid E. M. (1915) The Pliocene floras of the Dutch-Prussian border. *Mededeel. Rijksopsporing Delfst.*, 6, 1-178, 20pls.

Reid, H. F. (1910) *The mechanics of the earthquake, the California Earthquake of April 18, 1906 : Report of the State Earthquake Investigation Commission*, Vol.2, 192p., Carnegie Institution of Washington.

Renberg, I. (1981) Improved methods for sampling, photography and varve counting of varved lake sediments. *Boreas*, 10, 255-258.

Renfrew, J. M. (1973) *Palaeoethnobotany. The Prehistoric Food Plants of the Near East and Europe*. 248p., 48pls. Methuen & Co.

Repenning, C. A. (1968) Mandibular musculature and the origin of the Subfamily Arvicolinae (Rodentia). *Acta. Zool. Cracov.*, 13, 29-72.

Repenning, C. A., Fejfar, O. and Heinrich, W.-D. (1990) Arvicolid rodent biochronology of the Northern Hemisphere. *International Symposium Evolution, Phylogeny and Biostratignaphy of Arvicolids (Rodentia, Mammalia)*. 385-417, Geological Survey, Prague.

Rex, R. W., Syers, J. K., Jackson, M. L. and Clayton, R. N. (1969) Eolian origin of quartz in soils of Hawaiian Islands and in Pacific pelagic sediments. *Science*, 163, 277-279.

Richards, D. A., Smart, P. L. and Edwards, R. L. (1994) Maximum sea levels for the last glacial period from U-series ages of submerged speleothemds. *Nature*, 367, 357-360.

Richmond, G. M. and Fullerton, D. S. (1986) Introduction to Quaternary glaciations in the United States of America. *Quat. Sci. Rev.*, 5, 3-10.

Richthofen, F. von (1877) *China*. Vol. 1, Reimer.

Roberts, N. (1989) *The Holocene: An Environmental History*. 227p., Blackwell.

Robinson, R. (1984) Norway rat. Mason, I. L. (ed.) *Evolution of Domesticated Animals*, 284-290, Longman.

Rodbell, D. T., Seltzer, G. O., Anderson, D. M., Abbott, M. B., Enfield, D. B. and Newman, J. H. (1999) An -15,000-year record of El Nino-driven alluviation in Southwestern Ecuador. *Science*, 283, 516-520.

Rohling, E. L., Fenton, M., Jorissen, F. J., Bertrand, P., Ganssen, G. and Caulet, J. P. *et al.* (1998) Magnitudes and sea-level lowstands of the past 500,000 years. *Nature*, 394, 162-165.

Rosendahl, B. D., Reynolds, J., Lorber, P. M., Burgess, C. F., McGill, J., Scott, D., Lambiase, J. J. and Derksen, S. J. (1986) Structure expressions of rifting: Lessons from Lake Tanganyika, Africa. Frostick, L. E. *et al.* (eds.) *Sedimentation in the African Rifts*. Geol. Soc. Amer. Spec. Pub. 25.

Roth, I. (1977) *Fruits of Angiosperms. Encyclopedia of Plant Anatomy, 10 (1)*, 675p., Gebrüder Borntraeger.

Rozanski, K., Araguas-Araguas, L. and Confiantini, R. (1993) Isotopic patterns in modern global precipitation. Swart, P. K., Lohmann, K. C., McKenzie, J., Savin, S. (eds.) *Climate Change in Continental Isotopic Records*, 1-36, Gephysical Monograph 78, American Geophysical Union.

Rozanski, K., Goslar, T., Dulinski, M., Kuc, T., Pazdur, M. F. and Walanus, A. (1992) The late Glacial-Holocene transition in central Europe derived from isotope studies of laminated sediments from Lake Gosciaz (Poland). Bard, E. and Brocker, W. S. (eds.) *The Last Deglaciation: Absolute and Radiocarbon Chronologies*. NATO ASI Series, Series 1, Global Environmental Change, 2, 69-80, Springer Verlag.

Ruddiman, W. (ed.)(1997) *Tectonic Uplift and Climate Change*. Plenum Pr.

Ruddiman, W. F., McIntyre, A. F. and Raymo, M. E. (1986) Matuyama 41,000-year cycle: North Atlantic Ocean and northern hemisphere ice sheets. *Earth Planet. Sci. Lett.*, 80, 117-129.

Ruddiman, W. F., Raymo, M. E., Martinson, D. G., Clement, B. M. and Backman, J. (1989) Pleistocene evokution; Northern Hemisphere ice sheets and North Atlantic Ocean. *Paleoceanography*, 4, 353-412.

Runcorn, S. K. (1962) Paleomagnetic evidence for continental drift and its geophysical cause. Runcorn, S. K. (ed.) *Continental Drift*, 1-39, Academic Press.

Rutter, N., Ding, Z., Evans, M. E. and Wang, Y. (1990) Magnetostratigraphy of the Baoji loess-paleosol section in the north-central China Loess Plateau. *Quat. Int.*, 718, 97-102.

Ryder, M. L. (1984) Sheep. Mason, I. L. (ed.) *Evolution of Domesticated Animals*, 63-85, Longman.

劉 東生 (1964) 黄河中游黄土. 190p., 科学出版社.

劉 東生 (1985) 黄土与環境. 481p., 科学出版社.

劉 東生・張 宗 (1962) 中国的黄土. 地質学報, 42, 1-14.

Saarnisto, M. (1986) Annually laminated sediments. Berglund, B. E. (ed.) *Handbook of Holocene Paleohydrology*, 343-370, John Wiley and Sons.

相模原市地形・地質調査会 (1986) 相模原の地形・地質調査報告書 (第3報). 96p.

佐原 真 (1985) 分布論. 「岩波講座日本考古学 (1) 研究の方法」: 115-160, 岩波書店.

西城 潔・長岡大輔・福田正己・Arkhangerov, A., Kunitsky, V. (1995) シベリア北極圏, ボリショイリャホフスキー島で発見されたマンモスの皮膚の^{14}C年代. 第四紀研究, 34, 315-317, pl. I.

斎藤秀樹・竹岡政治 (1987) 裏日本系スギ林の生殖器官生産量および花粉と種子生産の関係. 日本生態学会誌, 37, 183-195.

斎藤常正 (1999) 最近の古地磁気層序の改訂と日本の標準微化石層序. 石油技術協会誌, 64, 2-15.

阪口 豊 (1974) 泥炭地の地学―環境の変化を探る―. 329p., 東京大学出版会.

酒井治孝 (1997) モンスーン気候はいつ始まったのか?―その地質学的証拠―. 地学雑誌, 106, 131-144.

酒井治孝・本多 了 (1988) ヒマラヤ山脈の形成―大陸衝突

型造山帯のテクトニクス．科学, 58, 494-508.
酒詰仲男 (1961) 日本縄文石器時代食料総説．338p., 土曜会.
寒川 旭 (1986) 近畿中央部の新規地殻運動．月刊地球, 8, 752-755.
Sanyal, A., Hemming, N. G., Broecker, W. S. and Hanson, G. H. (1997) Changes in pH in the eastern equatorial Pacific across stages 5-6 boundary based on boron isotopes in foraminifera. *Global Biogeochem. Cycles*, 11, 125-133.
Sarnthein, M., Winn, K., Duplessy, J. C. and Fontugne, M. R. (1988) Global variations of surface ocean productivity in low and mid latitudes: influence on CO_2 reservoirs of the deep ocean and atmosphere during the last 21,000 years. *Paleoceanography*, 3, 361-399.
佐瀬 隆・井上克弘・張 一飛 (1995) 洞爺火山灰以降の岩手火山テフラ層の植物珪酸体群集と古環境．第四紀研究, 34, 91-100.
佐藤邦彦・庄司次男・太田 昇 (1960) 針葉樹苗の雪腐病に関する研究 - II. 暗色雪腐病. 林業試験所研究報告, 124, 21-100.
佐藤洋一郎 (1996) DNAが語る稲作文明：起源と展開．NHKブックス773. 227p., 日本放送協会.
佐藤洋一郎 (2000) 縄文農耕の世界，DNA分析で何がわかったか．218p., PHP研究所.
Sauramo, M. (1958) Die Geschichte der Ostsee. *Ann. Acad. Sci. Fennicae, Ser. A.* III, 51, 1-522.
Schaefer, I. (1953) Die donaueiszeitlichen Ablagerungen an Lech und Wertach. *Geologia Bavarica*, 19, 13-64.
Schaefer, I. (1968) The succession of fluvioglacial deposits in the northern Alpine foreland. Int. Congr. INQUA, USA 1965, Proc. 14, 9-14.
Scheidig, A. (1934) *Der Löss und sein geotechniscene Eigenschafter*. 233p., Steinkopf.
Schlüchter, C. (1999) *The Quaternary stratigraphy of the Alps.* Book of Abstracts, XV INQUA Congress, 159.
Schmid, E. (1972) *Atlas of Animal Bones for Prehistorians, Archaeologists and Quaternary Geologists*. 159p., Elsevier Pub. Co.
Schwartz, D. P. and Coppersmith, K. J. (1984) Fault behavior and characteristic earthquakes: examples from the Wasatch and san Andreas faults. *Jour. Geophys. Res.* 89, 5681-5698.
関口 一・野川 覚・齋藤秀樹・竹岡政治 (1986) 壮齢アカマツ林の花粉生産量．日本林学会誌, 68, 143-149.
Semaw, S., Renne, P., Harris, J. W. K., Feibel, C. S., Bernor, R. L., Fesseha, N., and Mowbray, K. (1997) 2. 5-million-year-old stone tools from Gona, Ethiopia. *Nature*, 385, 333-336.
芹沢長介 (1996) ナイフ形石器．地学団体研究会編「新版地学事典」: 942p., 平凡社.
芹沢長介・麻生 優 (1953) 北信・野尻湖底発見の無土器文化 (予報)．考古学雑誌, 39, 26-33.
Severinghaus, J. P., Sowers, T., Brook, E. J., Alley, R. B. and Bender, M. L. (1998) Timing of abrupt climate change at the end of the Younger Dryas interval from thermally fractionated gases in polar ice. *Nature*, 391, 717-718.
Shackleton, N. J. (1967) Oxygen isotope analyses and Pleistocene temperatures reassessed. *Nature*, 215, 15-17.
Shackleton, N. J. (1977) Carbon-13 in *Uvigerina*: tropical rainforest history and the equatorial Pacific carbonate dissolution cycles. Andersen, N. R. and Malahoff, A.(eds.) *The Fate of Fossil Fuel CO_2 in the Oceans*, 401-427, Plenum.
Shackleton, N. J. (1987) Oxygen isotopes, ice volume and seal level. *Quat. Sci. Rev.*, 6, 183-190.
Shackleton, N. (1995) New data on the evolution of Pliocene climatic variability. In: Vrbo, E. S., Denton, D. H., Partridge, T. C. and Burckle, L. H. (eds.) *Paleoclimate and evolution with emphasis on human origins*, Yale Univ. Press.
Shackleton, N. J., Berger, A. and Peltier, W. R. (1990) An alternative astronomical calibration of the lower Pleistocene timescale based on ODP Site 677. *Trans. Roy. Soc. Edinburgh, Earth Sciences*, 81, 251-261.
Shackleton, N. J., Duplessy, J. C., Arnod, M., Maurige, P., Hall, M. and Cartlige, J. (1988) Radiocarbon age of last glacial Pacific deep water. *Nature*, 335, 708-711.
Shackleton, N. J. and Opdyke, N. D. (1973) Oxygen isotope and palaeomagnetic stratigraphy of equatorial Pacific core V28-238: oxygen isotope temperatures and ice volume on a 10^5 and 10^6 year scale. *Quat. Res.*, 3, 39-55.
Shepard, F. P. and Suess, H. E. (1956) Rate of postglacial rise of sea level. *Science*, 123, 1082-1083.
芝田清吾 (1970) 日本古代家畜史の研究 (第3版). 338 + 14p., 学術書出版会.
鹿間時夫・長谷川善和 (1962) 群馬県富岡の巨角鹿について．地学雑誌, 731, 247-253.
島崎邦彦 (1980) 完新世海成段丘の隆起とプレート内およびプレート間地震．月刊地球, 2, 17-24.
島崎邦彦 (1991) 地震と地体構造．萩原尊禮編「日本列島の地震：地震工学と地震地体構造」: 11-56, 鹿島出版会.
シンプソン, G. G. (1951) 馬と進化．365p. (原田俊治訳, 1979) どうぶつ社.
Shumskiy, P. A., Krenke, A. N. and Zotikov, I. A. (1964) Ice and its change. Odishaw, H. (ed.) *Research in Geophysics*, Vol. 2, 425-460.
Sibrava V. (1986) Correlation of European glaciations and their relation to the deep-sea record. *Quat. Sci. Rev.*, 5, 433-441.
Siegenthaler and Sarmiento (1993) Atmospheric carbon dioxide and the ocean. *Nature*, 365, 119-125.
Sieh, K., Stuiver, M. and Brillinger, D. (1989) A more precise chronology of earthquakes produced by the San Andreas fault in southern California. *Jour. Geophys. Res.*, 94, B1, 603-623.
Sigurdsson, H. and Carey, S. N. (1980) Marine tephrochronology and Quaternary explosive volcanism in the Lesser Antilles arc. Self,S. and Sparks, R. S. J. (eds.) *Tephra Studies*, 255-280, D. Reidel.
Sigurgeirsson, T. (1962) Age dating of young basalts with the potassium-argon method (in Icelandic). *Phys. Labo. Rpt.*, Univ.Iceland, 9p.
Smalley, I. J. (1990) Possible formation mechanisms for the modal coarsee-silt quartz particles in loess deposits. *Quat. Int.*, 7/8, 23-27.
Smalley, I. J. and Vita-Finzi, C. (1968) The formation of fine particles in sandy deserts and the nature of desert loess. *Jour. Sedimentary Petrol.*, 38, 766-774.
Smart, P. L. and Richards, D. A. (1992) Age estimates for the Late Quaternary high sea-stands. *Quat. Sci. Rev.*, 11, 687-696.
Smith, G. I. and Street-Perrott, A. F. (1983) Pluvial lakes of the western United States. Porter,S. (ed.) *Late Quaternary Environments of the United States. 1. The Late Pleistocene*, 190-212, Longman.
Soergel, W. (1919) *Losse, Eiszeiten und Paläolithische Kulturen. Eine Gliederung und Altersbestimmung der Losse.* 177p., Jena.
Soh, W., Nakayama, K. and Kimura, T. (1998) Arc-arc collision in the Izu collision zone, central Japan, deduced from the Ashigara Basin and adjacent Tanzawa Mountains. *Island Arc*, 7, 330-341.
Sowers, T. and Bender, M. (1995) Climate records covering the last deglaciation. *Science*, 269, 210-214.

Sowers, T., Bender, M., Raynaud, D., Korotkevich, Y. S. and Orchado, J. (1991) The ^{18}O of atmospheric O_2 from air inclusions in the Vostok ice core: timing of CO_2 and ice volume changes during the penultimate deglaciation. *Paleoceanography*, 6, 679-696.

Sparks, B. W. (1961) The ecological interpretation of Quaternary non-marine mollusca. *Proc. Linnol. Soc. London*, 172, 71-80.

Sparks, R. S. J. and Walker, G. P. L. (1977) The significance of vitric-enriched airfall askes associated with crystal-enriched ignimbrites. *Jour. Volcanol. Geotherm. Res.*, 2, 329-341.

Spindler, K. (1994) Der Mann im Eis―Die Ötztaler Mumie verrät die Geheimnisse der Steinzeit―〔K. シュピンドラー著, 畔上 司訳 (1994) 5000年前の男―解明された凍結ミイラの謎―. 文芸春秋〕.

Stauffer, B., Blunier, T., Dalenbach, A., Indermuhle, A., Schwander, J., Stocker, T. F., Tschumi, J., Chappellaz, J., Raynaud, D., Hammer, C. U. and Clausen, H. B. (1998) Atmospheric CO_2 concentration and millennial-scale climate change during the last glacial period. *Nature*, 392, 59-62.

Stefanick, M. and Jurdy, D. M. (1984) The distribution of hotspots. *Jour. Geophys. Res.*, 89, 9919-9925.

Stille, H. (1924) *Grungfragen der Vergleichenden Tektonik*. Gebruder Borntrager.

Strahler, A. N. (1975) *Physical Geography*. 643p., John Wiley & Sons.

Street, F. A. and Grove, A. T. (1979) Global maps of lake level fluctuations in Africa. *Quat. Res.*, 12, 83-118.

Stromberg, B. (1989) *Late Weichselian deglaciation and clay varve chronology in East-Central Sweden*. Sveriges Geologiska Undersokning Ca 73, 70p.

Stromberg, B. (1994) Younger Dryas deglaciation at Mt. Billingen, and clay varve dating of the Younger Dryas/Preboreal transition. *Boreas*, 23, 177-193.

Strum, M. (1979) Origin and composition of clastic varves. Schlucher, C. (ed.) *Moraines and varves: origin, genesis, classification*. Proceedings of an INQUA symposium on genesis and lithology of Quaternary deposits, Zurich, 281-285, A.A.Balkema.

Stuart, A. J. (1982) *Pleistocene Vertebrates in the British Isles*. 212p., Longman Group Ltd.

Stuart, A. J. (1991) Mammalian extinctions in the Late Pleistocene of northern Eurasia and North America. *Biol. Rev.*, 66, 453-562.

Stuiver, M. and Becker, B. (1993) High-precision bidecadal calibration of the radiocarbon timescale, AD1950-6000BP. *Radiocarbon*, 35, 35-66.

Stuiver, M. and Braziunas, T. F. (1993) Modeling atmospheric ^{14}C influences and ^{14}C ages of marine samples to 10,000 BC. *Radiocarbon*, 35, 137-189.

Stuiver, M. and Grootes, P. M. (2000) GISP2 oxygen isotope ratios. *Quat. Res.*, 53, 277-284.

Stuiver, M., Grootes, P. M. and Braziunas, T. F. (1995) The GISP2 delta^{18}O climate record of the past 16, 500 years and the role of the sun, ocean and volcanoes. *Quat. Res.*, 44, 341-354.

Stuiver, M. and Reimer, P. J. (1993) Extended ^{14}C data base and revised Calib 3.0 ^{14}C age calibration program. *Radiocarbon*, 35, 215-230.

Stuiver, M., Reimer, P. J., Bard, E., Beck, J. W., Burr, G. S., Hughen, K. A., Kromer, B., McCormac, F. G., van der Plicht, J. and Spurk, M. (1998) INTCAL98 Radiocarbon Age Calibration, 24,000-0 cal. BP. *Radiocarbon*, 40, 1041-1084.

Suess, H. E. (1970) Bristle-pine calibration of the radiocarbon timescale 5,000BC to the present. Olsson, I. U. (ed.) *Radiocarbon Variations and Absolute Chronology*, 303-311, John Wiley.

Suggate, R. P. (1974) When did the last interglacial end ? *Quat. Res.*, 4, 246-252.

Sugimura, A. (1960) Zonal arrangement of some geophysical and petrological features in Japan and its environs. *Jour. Fac. Sci. Univ. Tokyo*, Sec. II, 12, 133-153.

杉村 新 (1978) 島弧の大地形・火山・地震. 岩波講座地球科学 10, 岩波書店.

杉村 新 (1987) グローバルテクトニクス―地球変動学. 250p., 東京大学出版会.

杉村 新・中村保夫・井田喜明 (1988) 図説地球科学. 266p., 岩波書店.

Sutcliffe, A. J. (1960) Joint Mitnor Cave, Buckfastleigh. *Trans. Proc. Torquay Nat. Hist. Soc.*, 13, 1-26.

Sutcliffe, A. J. (1985) *On the Track of Ice Age Mammals*. 224p., British Museum (Natural History).

諏訪 元 (1997) アルディピテクス. ヒト科. ラミダス猿人. 「人類学用語事典」: 12-13, 226-227, 278-279, 雄山閣.

Suzuki, A., Kawahata, H., Tanimoto, Y., Guputa, L. P. and Yukino, I. (2000) Skeletal isotopic record of a Porites coral during the 1998 mass bleaching event. *Geochem. Jour.*, 34, 321-329.

鈴木敬治 (1976) 古植生の復元と古気候の推定. 日本地質学会・日本古生物学会編「陸の古生態―古生態学論集―」: 81-105, 共立出版.

鈴木敬治・那須孝悌 (1988) 日本の鮮新―更新統の植物化石による分帯. 地質学論集, (30), 169-180.

Swain, A. M. (1978) Environmental changes during the past 2000 years in north-central Wisconsin: analysis of pollen, charcoal, and seeds from varved lake sediments. *Quat. Res.*, 10, 55-68.

Szafer, W. (1935) The significance of isopolle lines for the investigation of the geographical distribution of trees in the Postglacial period. *Bull. l'Academie polonaise sciences Lett.*, Ser. B. sciences naturelles. 1, 235-239.

Szafer, W. (1961) Miocene flora from Stare Gilwice in Upper Silesia. *Inst. Geol. Prace*, 23, 1-205.

Tackenberg, K. (Hrsg.) (1956) *Der Neandertaler und seine Umwelt: Gedenkshcrift zur Erinnerung an die Auffindung im Jahre 1856*. 131S, Ludolf-Habelt-Verlag.

多田文男 (1928) 活断層の二種類. 地理学評論.

多田隆治 (1992) 日本海第四紀堆積物に見られる堆積リズムとミランコヴィッチ・サイクル. 安成哲三・柏谷健二編「地球環境変動とミランコヴィッチサイクル」: 126-145, 古今書院.

多田隆治・入野智久 (1994) 第四紀後期における日本海の海洋環境変化. 月刊地球, 16, 667-677.

Tada, R., Irino, T. and Koizumi, I. (1999) Land-ocean linkages over orbital and millennial time scales recorded in late Quaternary sediments of the Japan Sea. *Paleoceanography*, 14, 236-247.

Tada, R., Koizumi, I., Cramp, A. and Rahman, A. (1992) Correlation of dark and light layers, and the origin of their cyclicity in the Quatenary sediments from the Japan Sea. *Proc. Ocean Drilling Program. Sci. Results*, 127/128, 577-601.

Tagawa, H. (1964) A study of the volcanic vegetation in Sakurajima, S. W. Japan, I. Dynamics of vegetation. *Mem. Fac. Sci., Kyushu Univ.* Ser. E. (Biol.), 3, 165-228.

Tai, A. (1973) A study on the pollen stratigraphy of the Osaka Group, Plio-Pleistocene deposits in the Osaka Basin. *Mem.*

Fac. Sci. Kyoto Univ. Geol. Min., 39, 123-165.

高橋正樹 (1997) プレート生産 (拡大) 境界：高速拡大部と低速拡大部．「岩波講座地球惑星科学8　地殻の形成」: 101-103, 岩波書店.

高島　勲 (1995) 熱ルミネッセンス年代測定―特に石英による火山岩類の測定精度について．第四紀研究, 34, 209-220.

高槻成紀 (1992) フン (糞)．大田昭夫編「富沢遺跡―第30次調査報告書第一分冊 旧石器時代編―」: 370-378, 仙台市教育委員会.

高安克己 (1978) 洞くつの世界．152p., 千代田書房.

竹岡俊樹 (1997) フランス先史学における型式学―ボルドの方法について―．考古学雑誌, 82, 1-15.

Takhtajan, A. (1986) *Floristic Regions of the World*. 522p., Univ. California Press.

棚井敏雄 (1991) 北半球における第三紀の気候変動と植生の変化．地学雑誌, 100, 951-966.

田中正武 (1975) 栽培植物の起源．NHKブックス, 245, 241p., 日本放送協会.

谷口康浩 (2001) 縄文時代遺跡の年代．季刊考古学, 77, 17-21.

丹那断層発掘調査研究グループ (1983) 丹那断層 (北伊豆・名賀地区) の発掘調査．地震研究所彙報, 58, 797-830.

樽野博幸 (1994) 足跡化石．富田林市石川化石発掘調査団編「富田林の足跡化石―100万年前の自然を復元する―」: 131-158, 富田林市石川化石発掘調査部.

樽野博幸・魏光飈 (2003) 中国北部の下部更新統から発見されたムカシマンモスの祖先．日本第四紀学会講演要旨集, 33, 192-193.

樽野博幸・亀井節夫 (1993) 近畿地方の鮮新・更新統の脊椎動物化石．市原　実編著「大阪層群」: 216-231, 創元社.

巽　好幸 (1995) 沈み込み帯のマグマ学―全マントルダイナミクスに向けて―．186p., 東京大学出版会.

Tattersall, I. and Schwartz, J. (2001) *Extinct Humans*. 256p., Westview Press.

Taylor, D. W. (1965) The study of Pleistocene nonmarine mollusks in North America. Wright, H. E. and Frey, D. G. (eds.) *The Quaternary of the United States*, 597-611, Princeton Univ. Press.

Temple, S. A. (1977) Plant-animal mutualism: coevolution with dodo leads to near extinction of plant. *Science*, 197, 885-886.

寺田和雄・太田貞明・鈴木三男・能城修一・辻誠一郎 (1994) 十和田火山東麓における八戸テフラ直下の埋没林への年輪年代学の適用．第四紀研究, 33, 153-164.

Thenius, E. (1962) Die Großsäugetiere des Pleistozäns von Mitteleuropa. *Zeitschr. Säugetierkunde*, 27, 65-83.

Thenius, E. (1980) *Grundzüge der Faunen- und Verbreitungsgeschichte der Säugetiere: Ein historische Tiergeographie*. 375p., VEB Gustav Fischer Verlag.

Thomas, D. S. G. (1997) *Arid Zone Geomorphology*. 713p., Wiley.

Thompson, L. G., Mosley-Thompson, E., Bolzag, J. F. and Koci, B. R. (1985) A 1500-year record of tropical precipitation in ice cores from the Quelccaya Ice Cap, Peru. *Science*, 229, 971-973.

Thompson L. G., Mosley-Thompson, E., Davis, M. E., Lin, P. N., Dai, J., Bolzan, J. F. and Yao, T. (1995) A 1000 year climate ice-core record from the Guliya ice cap, China: its relationship to global climate variability. *Annals Glaciology*, 21, 175-181.

Thomsen, C. J. (1836) *Ledetraad til Nordisk Oldkyndighed*. Copenhagen 〔English edition (1848) *A Guide to Northern Antiquities*〕.

Thorarinsson (1944) Tefrokronologiska studier pa Island. *Geogr. Ann. Arg.* 26.

Thornthwaite, C. W. (1948) An approach toward a rational classification of climate. *Geol. Rev.*, 33, 233-255.

Tiedermann, R., Sarnthein, M. and Shackleton, N. J. (1994) Astronomic timescale for the Pliocene Atalantic and dust flux records of ocean Drilling Program site 659. *Paleoceanography*, 9, 619-638.

徳田御稔 (1941) 日本生物地理．東亜鼠類の進化学的研究より見たる日本列島の地史及び生物相の発達史．201p., 古今書院.

徳田御稔 (1969) 生物地理学．199p., 築地書館.

冨田幸光 (1990) 新世界における更新世末大型哺乳類の絶滅―マーティンによる電撃戦モデルの紹介．モンゴロイド, 8, 13-16.

冨田幸光 (1993) 更新世末におこったアメリカ産大型哺乳類の大量絶滅．学術月報, 46, 359-365.

鳥居雅之・福間浩司 (1998) 黄土層の初磁化率：レヴュー．第四紀研究, 37, 33-45.

Toth, N., Schick, K. D., Savage-Rumbaugh, E. S., Sevcik, R. A., and Rumbaugh, D. M. (1993) Pan the tool-maker: Inverstigations into the stone tool-making and tool-using capabilities of a bonobo (*Pan paniscus*). *Jour. Archaeological Science*, 20, 81-91.

塚本すみ子 (1995) 電子スピン共鳴 (ESR) 年代測定法の現状と問題点．第四紀研究, 34, 239-248.

角皆静男・乗木新一郎 (1983) 海洋化学―化学で海を解く．286p., 産業図書.

辻誠一郎・南木陸彦・鈴木三男・能城修一・千野裕道 (1986) 多摩ニュータウンNo.796遺跡：縄文時代泥炭層の層序と植物遺体群集．「多摩ニュータウン遺跡－昭和59年度, 第3分冊」, 72-116, 東京都埋蔵文化財センター.

Turnbull, P. F. and Reed, C. A. (1974) The fauna from the terminal Pleistocene of Palegawra Cave, a Zarzian occupation site in north-eastern Iraq. *Fieldiana Anthropology*, 63, 81-146.

上田誠也 (1989) プレートテクトニクス．268p., 岩波書店.

上田誠也・金森博雄 (1978) 海洋プレートの沈み込みと縁海の形成．科学, 48, 91-102.

上坂章次 (1964) 原色家畜家禽図鑑．128p + 60pls., 保育社.

Untersteiner, N. (1984) The cryosphere. Houghton, J. T. (ed.) *The Global Climate*. Chap. 8, Cambridge Univ. Press.

浦上啓太郎・長沼裕次郎・富樫利八 (1933b) 北海道における火山灰に関する研究 (第2報)．火山, 第1集, 4, 81-94.

浦上啓太郎・山田　忍・長沼裕次郎 (1933a) 北海道における火山灰に関する研究 (第1報)．火山, 第1集, 3, 44-60.

Urey, H. C. (1947) The thermodynamic properties of isotopic substances. *Jour. Chem. Soc.*, II, 562-581.

Valtonen, M. H. (1984) Raccoon dog. Mason I. L. (ed.) *Evolution of Domesticated Animals*, 215-217, Longman.

Van de Water, P. K., Leavitt, S. W., and Betancourt, J. L. (1994) Trends in stomatal density and $^{13}C/^{12}C$ ratios of *Pinus flexilis* needles during last Glacial-Interglacial cycle. 239-243.

Van der Burgh, J., Visscher, H., Dilcher, D. L. and Kürschner, W. M. (1993) Paleoatmospheric signatures in Neogene fossil leaves. *Science*, 260, 1788-1790.

Vartanyan, S. L., Garutt, V. E. and Sher, A. V. (1993) Holocene dwarf mammoths from Wrangel Island in the Siberian Arctic. *Nature*, 362, 337-340.

Vaughan, T. A. (1978) *Mammalogy* (2nd ed.). 522p., W. B. Saunders Co.

Vavilov, N. I. (1926) *Studies on the Origin of Cultivated Plants*. Tr. Prikl. Bot. Selek., 16 〔中村英司訳 (1980) 栽培植物発祥地の研究．365p., 八坂書房〕.

Veeh, H. H. (1966) $^{230}Th/^{238}U$ and $^{234}U/^{238}U$ ages of Pleistocene high sea level stand. *Jour. Geophys. Res.*, 71, 14.

Veeh, H. H. and Chappell, J. (1970) Astronomical theory of climatic changes: Support from New Guinea. *Science.*, 167, 862-865.

ヴェレシチャーギン (1979) マンモスはなぜ絶滅したか. 232p., ナウカ出版所〔金子不二夫訳 (1981) 東海大学出版会〕.

Velichko, A. A. (ed.) (1984) *Late Quaternary Environments of the Soviet Union*. Univ. Minnesota press.

Vidal, L., Labeyrie, L., Cortijo, E., Arnold, M., Duplessy, J. C., Michel, E., Becque, S. and van Weering, T. C. E. (1997) Evidence for changes in the North Atlantic Deep Water linked to meltwater surges during the Heinrich events. *Earth Planet. Sci. Lett.*, 146, 13-27.

Vincent, J-S. and Prest, V. K. (1987) The Early Wisconsinan history of the Laurentide ice sheet. *Geographie physique et Quaternaire*, 41, 199-213.

Vine, F. and Matthews, D. H. (1963) Magnetic anomalies over oceanic ridges. *Nature*, 199, 947-949.

Waelbroeck,C., Labeyrie, L., Michel, E., Duplessy, J.-C., McManus, J. F., Lambeck, K., Balbon, E. and Labracherie, M. (2002) Sea-level and deep water temperature changes derived from benthic Foraminifera isotopic records. *Quat. Sci. Rev.*, 21, 295-306.

Walcott, R. I. (1972) Past sea levels, eustasy deformation of the earth. *Quat. Res.*, 2, 1-14.

Wald, D. J. and Somervuille, P. G. (1995) Variable-slip rupture model of the Great 1923 Kanto, Japan Earthquake: Geodetic and body-wave form analysis. *Bull. Seis. Soc. Amer.*, 85, 159-177.

Walker, G. P. L. (1973): Explosive volcanic eruptions—a new classification scheme. *Geologisch Rundschau*, 62, 431-446.

Walker, G. P. L. (1980): The Taupo pumice: product of the most powerful known (ultra-plinian) eruption. *Jour. Volcanol. Geotherm. Res.*, 8, 69-94.

Walker, G. P. L. (1981) New Zealand case histories of pyroclastic studies. Self, S. and Sparks, R. S. J. (eds.) *Tephra Studies*, 317-330, D. Reidel.

Wallece, R. E. (1970) Earthquake recurrence intervals on the San Andreas fault. *Geol. Soc. Amer. Bull.*, 81, 2875-2890.

Walter, H. (1968) *Die Vegetation der Erde in Öko-physiologischer Betrachtung, Bd2. Die Gemäßigten und Arktischen Zonen.* 1001p., Gustav Fischer.

Walter R. C., Manega, P. C., Hay, R. L., Drake, R. E. and Curtis, G. H. (1991) Laserr-fusion $^{40}Ar/^{39}Ar$ dating of Bed I, Olduvai Gorge, Tanzania. *Nature*, 354, 145-149.

Wang, L., Sarnthein, M., Erlenkeuser, H., Grimalt, J., Grootes, P., Heilig, S., Ivanova, E., Kienast, M., Pelejero, C. and Pflaumann, U. (1999) East Asian monsoon climate during the Late Pleistocene: high-resolution sediment records from the South China Sea. *Marine Geology*, 156, 245-284.

Washburn, A. L. (1979) Geocryology: A Survey of Periglacial Processes and Environments. 406p., Edward Arnold.

鷲谷いづみ・矢原徹一 (1996) 保全生態学入門, 遺伝子から景観まで. 270p., 文一総合出版.

渡邊興亜 (1994) 南極氷床に地球の気候変動を探る. 科学, 64, 52-60.

Watanabe, O., Jouzel, J., Johnsen, S., Parrenin, F., Shoji, H. and Yoshida, N. (2003) Homogeneous climate variability across East Antarctica over the past three glacial cycles. *Nature*, 422, 509-512.

Webb, L. J., (1986) Potential role of passenger pigeons and other vertebrates in the rapid Holocene migrations of nut trees. *Quat. Res.*, 26, 367-375.

Webster, P. (1987) The elementary monsoon. Fein, J. S. and Stephens, P. L. (eds.) *Monsoons*, Chap. 1, Wiley.

Wegener, A. (1912) *Die Entstehung der Kontinente*. Petermann's Mitteilungen.

Weigelt, J. (1927) *Recent Vertebrate Carcasses and Their Paleobiological Implications*. 188p., Verlag von Max Weg 〔translated from German, Schaefer, J. (1989) Univ. Chicago Press〕.

Weizsäker, C. F. von (1937) Üer die Mölichkeit eines dualen Betazerfalls von Kalium. *Phys. Z.*, 38, 623-624.

Wells, P. V. (1976) Macrofossil analysis of woodrat (*Neotoma*) middens as a key to the Quaternary vegetational history of arid America. *Quat. Res.*, 6, 223-248.

Westgate, J. A. (1989) Isothermal plateau fission-track ages of hydrated glass shards from silicic tephra beds. *Earth Planet. Sci. Lett.*, 95, 226-234.

White et al. (1994) *Australopithecus ramidus*, a new species of early hominid from Aramis, Ethiopia. *Nature*, 371, 306-312.

Whitmore, T.C. (1990) *An Introduction to Tropical Rainforests*. Oxford Univ. Press〔熊崎 実・小林繁男監訳 (1993)〈熱帯雨林〉総論. 224p., 築地書館〕.

Whittaker, A., Cope, J. C., W. Cowie, J. W., Gibbons, W., Haiwood, E. A., House, M. R., Jenkins, D. G., Rawson, P. F., Rushton, A. W. A., Smith, D. G., Thomas, A. T. and Wimbledon, W. A. (1991) A guide to stratigraphical procedure. *Jour. Geol. Soc. London*, 148, 813-824.

Whittaker, R. H. (1969) New concepts of kingdoms of organisms. *Science*, 163, 150-161.

Whittaker, R. H. (1970) *Communities and Ecosystems*. Macmillan Co.〔宝月欣二訳 (1979) ホイッタカー生態学概論. 生物群集と生態系 (第2版). 363p., 培風館〕.

Williams, M. A. J., Dunkerley, D. L., De Deckker, P., Kershaw, A. P. and Stokes, T. (1993) *Quaternary Environments*. Edward Arnold.

Wilson, J. T. (1963) Evidence from islands on the spreading of the ocean floor. *Nature*, 197, 536-538.

Wilson, J. T. (1965a) A new class of faults and their bearing on continental drift. *Nature*, 207, 343-347.

Wilson, J. T. (1965b) Transform faults, oceanic ridges, and magnetic anomalies Island. *Science*, 150, 482-485.

Wilson, J. T. (1968) Static or mobile earth: current scientific revolution. *Amer. Phil. Soc. Proc.*, 112, 309-320.

Wilson, R. C. L., Drury, S. A. and Chapman, J. L. (2000) *The Great Ice Age: Climate Change and Life*. 267p., Open Univ. and Routledge.

Windom, H. L. (1975) Eolian contribution to marine sediments. *Jour. Sedimentary Petrol.*, 45, 520-529.

Winograd, I. J., Colpen, T. B., Landwehr, J. M., Riggs, A. C., Ludwig, K. R., Szabo, B. J., Kolesar, P. T. and Revesz, K. M. (1992) Continuous 500,000-year climate record from vein calcite in Devil's hole, Nevada. *Science*, 258, 255-280.

Wodehouse, R. P. (1935) *Pollen Grains*. 574p., McGraw Hill.

Woldstedt, P. (1954-65) *Das Eiszeitalter* (2nd ed. v.1-3). Ferdinand Enke Verlag.

Wolfe, J. A. (1978) A paleobotanical interpretation of Tertiary climates in the Northern Hemisphere. *Amer. Sci.*, 66, 694-703.

Wolfe, J. A. (1993) A method of obtaining climatic parameters from leaf assemblages. *U. S. Geol. Surv. Bull.*, 2040, 71p.

Wood, B. (1992) Origin and evolution of the genus *Homo*. *Nature*, 355, 783-790.

Woodward, F. I. (1987) Stomatal numbers are sensitive to

increases in CO_2 from pre-industrial levels. *Nature*, 327, 617-618.
Wright, H. E. Jr. and Frey, D. G. (eds.) (1965) *The Quaternary of the United States*. Princeton Univ. Press.
Wright, H. E. Jr., Kutzbach, J. E., Webb, T. III, Ruddiman, W. F., Street-Perrott, F. A. and Barthlein, P. J. (eds.) (1993) *Global Climates since the Last Glacial Maximum*. Univ.Minnesota Press.
Xiao, J., Porter, S. C., An, Z., Kumai, H. and Yoshikawa, S. (1995) Grain size of quartz as an indicator of winter monsoon strength on the Loess Plateau of central China during the last 130,000 yr. *Quat. Res.*, 43, 22-29.
Yaalon, D. H. and Ginzbourg, D. (1966) Sedimentary characteristics and climatic anaysis of easterly dust storms in the Negev (Israel). *Sedimentology*, 6, 315-332.
山田和芳・斎藤耕志・福沢仁之 (1998) 汽水湖底堆積物の採取・分析方法とその最近の進歩. 汽水域研究, 5, 63-73.
山田昌功 (1996) ヨーロッパにおける旧石器研究の新しい波. 旧石器考古学, 53, 75-81.
山縣耕太郎・町田 洋・新井房夫 (1989) 銭亀―女那川テフラ―津軽海峡函館沖から噴出した後期更新世のテフラ. 地理学評論, 62, 195-207.
山根雅之・大場忠道 (1999) 三陸沖海底コア (KH94-3,LM-8) の解析に基づく過去9万年間の海洋環境変遷. 第四紀研究, 38, 1-16.
山末祐二 (1997) タイヌビエの種子休眠と発芽整理. 山口裕文編著「雑草の自然史、たくましさの生態学」: 91-102, 北海道大学図書刊行会.
山内清男 (1930) 所謂亀ヶ岡式土器の分布と縄紋式土器の終末. 考古学, 1, 139-157.
山内清男 (1964) 縄文式土器・総論. 「日本の原始美術Ⅰ」: 148-158, 講談社.
山崎晴雄 (1997) 活断層と地震防災. 地質学論集, (51), 135-143.
山崎純男 (1978) 福岡市板付遺跡の縄文時代水田址. 月刊文化財, 181, 9-15.
Yarnell, R. (1978) Domestication of sunflower and sumpweed in eastern North America. Rord, R. I. (ed.) *The Nature and Status of Ethonobotany*, 289-300. Anthropological Papers No. 67. Univ. Michigan Mus. Anthropology.
安田尚登・村山雅史・大場忠道・Schnitker, D. (1993) 北西太平洋における最終氷期以降の深層循環変動. 月刊海洋, 25, 344-349.
安田喜憲 (1999) 気候変動と文明の盛衰―地球温暖化の時代に何がおこったのか. 科学, 69, 572-577.
安成哲三 (1980) ヒマラヤの上昇とモンスーンの成立―第三紀から第四紀に至る気候体制の変化について―. 生物科学, 32, 36-44.
安成哲三 (1992) 氷期サイクルとアジアモンスーン. 安成哲三・柏谷健二編「地球環境変動とミランコヴィッチ・サイクル」: 68-79, 古今書院.
矢沢大二 (1989) 気候地域論考. 古今書院.
Yeats, R. S. (2001) *Living with Earthquakes in California: A Survivor's Guide*. 406p., Oregon State Univ. Press.
米林 仲 (1990) 花粉分析による植生の空間分布の復元. 植生史研究, 5, 19-26.
米倉伸之 (1989) 第四紀の海面変化とその将来予測. 日本第四紀学会編「百年・千年・万年後の日本の自然と人類」: 38-59, 古今書院.
吉田真吾・纐纈一起・柴崎文一郎・鷺谷 威・加藤照之・吉田康宏ほか (1995) 日本地震学会講演要旨集, 2, A76.
Yoshii, T. (1973) Upper mantle structure beneath the North Pacific and marginal seas. *Jour. Phys. Earth*, 21, 313-328.
吉川虎雄 (1968) 西南日本外帯の地形と地震性地殻変動. 第四紀研究, 7, 157-170.
吉川虎雄・太田陽子・貝塚爽平 (1964) 土佐湾北東岸の海岸段丘と地殻変動. 地理評, 37, 627-648.
吉川虎雄・杉村 新・貝塚爽平・太田陽子・坂口 豊 (1973) 新編 日本地形論. 415p., 東京大学出版会.
吉岡邦二 (1973) 生態学講座12 植物地理学. 73p., 共立出版.
Zagwijn, W. H. (1957) Vegetation, climate and time-correlation in the Early Pleistocene of Europe. *Geol. Mijnb*. N. S., 19, 233-244.
Zagwijin, W.H. (1992) The beginningof the ice age in Europe and its major subdivisions. *Quat. Sci. Rev.*, 11, 583-591.
Zahn, R., Winn, K. and Sarnthein, M. (1986) Benthic foraminifer $\delta^{13}C$ and accumulation rates of organic carbon: *Uvigerina pergrina* group and *Cibicidoides wuellerstorfi*. *Paleoceanography*, 1, 27-42.
Zeller, E. J., Levy, P. W. and Mattern, P. L. (1967) Geologic dating by electron spin resonance. Radioactive Dating Methods of Low-Level Counting. IAEA, 531-540.
Zielinski, G. A., Mayewski, P. A., Meeker, L. D., Whitlow, S., Twickler, M. S., Morrison, M., Meese, D. A., Gow, A. J. and Alley, R. B. (1994) Record of volcanism since 7000 B. C. from the GISP2 Greenland Ice Core and implications for the volcano-climate system. *Science*, 264, 948-943.
Zohary and Hopf (1993) *Domestication of Plants in the Old World* (2nd ed.). 278p., Clarendon Press.
Zolitschka, B. (1990) Jahreszeitlich geschichtete Seesedimente ausgewahlter Eifelmaare. *Doc. Nat.*, 60, 1-226.
Zolitschka, B. (1997) A 14,000 year sediment yield record from western Germany based on annually laminated lake sediments. *Geomophology*, 22, 1-17.
Zolitschka, B. (ed.) (1999) High-resolution records from European Lakes. *Quat. Sci. rev.*, 18(7), 101p.
Zolitschka, B., Brauer, A., Negendank, J. F. W., Stockhausen, H. and Lang, A. (2000) Annually dated late Weichselian continental paleoclimate record from the Eifel, Germany. *Geology*, 28, 783-786.
Zolitschka, B., Haverkamp, B. and Negendank, J. F. W. (1992) Younger Dryas oscillation-varve dated microstratigraphic palynological and paleomagnetic records from Lake Holzmaar, Germany. Bard, E. and Brocker, W. S. (eds.) *The Last Deglaciation: Absolute and Radiocarbon Chronologies*. NATO ASI Series, Series 1, Global Environmental Change, 2, 81-102, Springer Verlag.
「ゾウの足跡化石調査法」編集委員会 (1994) ゾウの足跡化石調査法. 128p, 地学団体研究会.

索　引

日本語索引

■あ

アイコーンコムギ　215
アイスランド　46
アイソスタシー　66, 68, 147, 149
　――の回復運動　68
アイソスタシー変形　68
アウストラロピテクス属　269
アウトウォッシュ　141, 146, 159
アウトウォッシュ段丘　68
アカエゾマツ　213
アカガシ　202
アカシア属　195
アカマツ　201
亜寒帯循環　80
亜寒帯針葉樹林　193
亜寒帯前線　80
亜間氷期　19, 93
アケボノゾウ　226, 245
亜酸化的環境　117, 122
アジアモンスーン　73
アスペリティ　60
アセノスフェア　43
アセビ　203
暖かさの指数　191
圧密沈降　59
アナトリアブロック　53
亜熱帯高圧帯　79, 193
亜熱帯循環　80
亜氷期　19
アービントン階　245
アービントン期　241
アファール地溝帯　47
アフトン間氷期　143
アムッド遺跡　182
アメリカグリ　261
アラゴ遺跡　182
アラビアプレート　53
アルカリ玄武岩質　55
アルカリ度　95
アルカロイド　258, 261
アルケノン　124
アルケノン古水温　123
アルケノン不飽和度　124
アルタミラ　182
アルディピテクス属　269

アルディピテクス・ラミダス　270
アルパイン断層　53
αスペクトル法　31
アルベド　73, 84, 86, 100
アワ　216
安山岩質マグマ　55
暗色雪腐病菌　261
アンダープレーティング　72
安定大陸域　41
安定同位体比　131

■い

イイギリ属　194
イエローストーン　58
伊豆大島近海地震　66
伊豆小笠原弧　51, 56
イスノキ　195
遺体群集　224
一次生産者　256
一次遷移　209
異地性　200
イチョウ属　194
一括遺物　273
遺伝的多様性の減少　217
イヌ　251
イヌカラマツ属　194
イネ　216
イネ科　201
遺物の出土状況　276
イベント層位学　28
イラクサ属　202
イラモミ　213
イラン–トゥラニア（西および中央アジア）植物区系　194
イリノイ氷期　143
石廊崎断層　66
色の明度　105
インド亜大陸　51
インドモンスーン　73
インド洋　71
インバージョン　60
インフラックスダイアグラム　199
インペリアルマンモス　238

■う

ヴァイクセル氷期　145

ウイグルマッチング法　35
ウィスコンシン氷期　143
ウィルソンサイクル　45
ウェスト・ゴナ遺跡　277
ウェッデル海　81
ウェーバー線　221
ウォーレス線　221
ウシ　252
ウッドラット　227, 262, 264
ウバーレ　180
ウマ　251
ヴュルム氷期　142
ウラジロモミ　195
ウラン系列法　29, 31, 147, 181
雨緑樹林　192, 194

■え

エアロゾル　56, 84, 87, 95
永久凍土地帯　142
液状化　58
エクロジャイト　44
エクロジャイト化　49
エゾマツ　195
エゾユズリハ　196
エチオピア区　219
エネルギーフラックス密度　77
エーム間氷期　145
エルスター氷期　145
エルニーニョ南方振動　138
縁海　49
猿人　182, 270
延性帯　59
円石藻　124
エンマーコムギ　215
塩類風化　160

■お

オイラー極　43
甌穴　225
黄土　164
黄土高原　165
黄土–古土壌層序　165
応力場　59
大型植物化石　197
オオカミ　227
オオシラビソ　195

オオバタグルミ 214
オオムギ 215
押し引き分布 60
オーストラリア・インドプレート 53
オーストラリア区 219
オーストラリア植物界 192, 195
オゾン層 77
オッペル帯 26
オートムギ 216
オニグルミ 202, 213
小原台段丘 151
オパール 113
オヒルギ属 196
親潮 80
オーリニャック文化 267
オルドバイイベント 4
オルドバイ峡谷 187
オーロックス 232
温室効果 45, 77, 84, 86
温帯低気圧 79
温暖化ガス 281
温度分布 76
温量指数 192

■か
貝化石 230
海岸微地形 57
海溝軸 51
外肛動物門 188
海上磁気測定 42
海食洞 178
海成段丘 57, 147, 149
海底コア 103
海底堆積物 12, 103
海綿動物門 188
海面変化 147, 149
海洋酸素同位体 150
海洋酸素同位体層序編年 23
海洋酸素同位体ステージ 19, 25, 101, 103
海洋性リソスフェア 49
海洋底拡大説 22, 42
海洋底拡大速度 46
海洋底掘削 13
海洋島玄武岩マグマ 57
海洋熱塩大循環 14
海洋の大循環 49, 80
海嶺軸 45, 51
ガウス/マツヤマ境界 4
カエデ属 195, 202
ガガイモ科 195
鍵層 16
夏季モンスーン 133
核（植物の） 200
核分裂飛跡 73
学名の表記法 190
火口列 59
火砕流 168
火山前線 55
火山灰（テフラ） 97

火山灰（テフラ）層序 98
火山フロント 55
果実 201, 217
過剰殺戮説 241
過剰 δD 95
ガス（氷床コア中） 98
火成活動 54
河成段丘 16, 152
化石群 198
化石人類 269
化石帯 213
河川縦断面形の変化 155
河川の下刻と埋積 153
加速器質量分析 31, 34
家畜 251
活断層 62
活断層の活動度 63
カツラ属 194
カーテン（鍾乳洞中） 181
カドゥー断層 66
カナダツガ 260
カバ 260
カバノキ科 190, 201
カバノキ属 193, 195, 203, 219
カフゼー遺跡 182
花粉 131, 133, 264
——の沈降速度 202
花粉インフラックス 198, 260
花粉ダイアグラム 187, 198
花粉等高線図 187
花粉分析 133, 204 219
花粉密度 199
渦鞭毛虫門 188
カムチャツカ半島 58
カラマツ 195
カラマツ属 193
カリウム-アルゴン法 29
カリブ海プレート 72, 75
夏緑樹林 192
カリンギリ断層 66
カルスト台地 179
カルスト地形 180
カルデラ火山 171
ガレル階 245
カレンフェルド 180
間隔帯（生層序の） 26
眼窩上隆起 270
環境適応 11
環境破壊 287
環境変化説 241
還元環境 116
還元指標元素 116
カンザス氷期 143
完新世 4, 96, 130, 133, 137
乾性遷移 209
岩相層位学 16
関東地震 58
間氷期 19
岩脈 59
緩和現象 67
緩和時間 67

■き
偽果 197
喜界島 151
起源中心（栽培植物の） 215
気候区分 79
偽高山帯 197
気候システム 87
気候層位学 17
気候層序 3
気候帯 78, 191
気候変化 1, 3, 76, 84, 87, 135, 140, 147, 281
——の影響 6
——の同時性 282
——の要因 7, 83
気孔密度 206
季節風 82
基礎生産量 121
北アナトリア断層 53
北アメリカ太平洋岸植物区系 195
北アメリカプレート 53
北大西洋深層水 75, 119
軌道要素 85, 98, 103
軌道離心率 85
機能（石器などの） 275
キビ 216
逆解析（地震観測データの） 60
逆帯磁 22
逆断層 59
逆戻り運動（断層の） 65
逆戻り率 64
逆戻り量 64
旧人 270
旧石器時代 10
旧汀線 57, 66, 68, 149, 155
旧熱帯植物界 193, 194
旧北区 219
休眠胞子 129, 132
ギュンツ氷期 141, 144
ギュンツ/ミンデル間氷期 141
強還元的環境 117. 122
頬歯 236
共存期間帯（生層序の） 26
極相（植生遷移の） 207
局地花粉群帯 199
棘皮動物門 188
巨大津波 65
キリ属 194
菌界 187
近日点 85

■く
クアッガ 256
クエーサー 59
クス科 193
クスノキ属 193
クチクラ層 197
掘削技術 13
グーテンベルクーリヒター式 63
クビワレミング属 228

索　引

クマネズミ　253
雲　87
クラトン　41
グラビィティ・コアラー　104
クラマゴケ科　197
クリ　202
クリ葉枯病　261
クリープ活動　53
クリープ性変動　66
クリープ断層　66
グリーンランド氷床コア　91, 102
クルミ属オニグルミ節　213
グレースケール　104, 106, 139
クロヴィス型尖頭器　244
黒潮　80
クロスチェック　32, 38
クロノゾーン　22
黒松内低地　196
クロン　22
クワ科　195
群系　191
群集帯（生層序の）　17
群列ボーリング調査　64

■け

蛍光バンド　139
珪酸　134
珪酸塩　113
型式（石器などの）　275
　　──の系列（石器などの）　274
型式学的痕跡器官　273
珪藻　109, 114, 129, 132
珪藻植物門　188
珪藻土　139
珪藻軟泥　117
珪藻弁殻　130
形態（石器などの）　275
系列帯（生層序の）　26
激変説　1
ケサイ　231
結晶分化作用　55
ケープ植物界　193, 195
原人　182, 270
現生人類アフリカ単一起源説　271
原生生物界　187
現世土壌　174
原地性　200
顕熱　82
玄武岩質マグマ　56

■こ

コアサンプラー　128
広域テフラ　108, 167
降下テフラ　168
後期更新世　5
硬骨魚綱　188
黄砂　107, 142
高ジオイドの地域　57
更新世　4, 139
　　──の海面変化　147
　　──の区分　5

洪水玄武岩　45, 57
降水中の水素・酸素同位体比　89
合成開口レーダー　59
高層湿原　208
構造土　142
国府津・松田断層　58
耕耘　218
後氷期　95, 99, 112, 118, 121, 128, 135
　　──の海面変化　147
鉱物組成（海底コアの）　107
コウヤマキ属　194
硬葉樹林　192
5界説　189
小型哺乳類　223
小型哺乳類スペクトル　229
小型哺乳類ダイアグラム　229
古環境解析（湖沼堆積物による）　134
古環境の復元
　　──（土壌による）　176
　　──（植物形態による）　205
黒体放射　77
黒点　84
黒点周期　84, 136
コケモモ　195
古砂丘　159
湖沼　155
湖沼コア　126
湖沼年縞　126, 131, 133, 135
　　──ラミナ　133
古植生の復元　200
古人類　10
古地磁気　6, 37, 112
古地磁気層序　22
固着強度（断層の）　66
古地理　147
コッコリス　109, 112, 125
固定砂丘　159
古土壌　17, 27, 146, 159, 173, 230
コナラ　202
コナラ属　193
コナラ属アカガシ亜属　193, 195
コメツガ　195
湖面変化　155
固有地震　62
コリオリの力　78, 80
ゴルダ海嶺　53
コルディレラ氷床　243
コールドプルーム　44
コロンビア川地域　57
コロンビアマンモス　227, 238
混合層　81
昆虫化石　233
コンベアーベルト　81

■さ

細互層　121
歳差　85, 98
最終間氷期　94, 97, 135, 147
最終間氷期MIS5e（5.5）　5, 151

最終氷期　95, 98, 99, 102, 112, 118, 121, 131, 135
最終氷期最盛期　94, 124, 135, 150, 158
最小個体数　254
砕屑性葉理　130
砕屑物　104
最大圧縮応力軸　59
栽培植物
　　──の起源地　215
　　──の伝播過程　216
細胞内共生説　189
サイレント・アースクウェイク　65
相模川　153
サガリバナ科　195
砂丘　159
サクラソウ　265
サザンアルプス　53
サツマイモ　217
沙漠　156, 158, 192
沙漠環境の変化　157
沙漠レス　160, 174
沙漠ワニス　159
サバナ　192
サハラ-アラビア植物区系　194
サハラ沙漠　161
サブクロン　22
サブミランコビッチフォーシング　281
サボテン科　195
寒さの指数　191
ザーレ氷期　145
サワグルミ属　194
サンアンドレアス断層　53, 58, 63, 66
酸化・還元環境　117
酸化・還元指標元素　116
酸化・還元状態　127, 133
酸化・還元容量　116
三角測量網　58
山岳氷河　86, 89
酸化層　118
酸化的環境　116, 122
酸化鉄　133
酸化分解過程　116
サンガモン間氷期　143
サンガモン古土壌　174
サンゴ　137
　　──の白色化　138
サンゴ骨格　137
サンゴ礁　6, 147, 149, 151
三時代法　272
サンショウモ　197
酸素同位体　14, 148
酸素同位体比　12, 88, 117, 125, 136, 138
酸素同位体変化の境界　19
酸素同位体編年　146
山地植生　193
サンフランシスコ地震　53, 58
残留隆起（累積隆起）　65

■し
シイ属　193
ジオイド　57
ジオイド性ユースタシー　150
ジオイド変化　149
ジオスライサー　64
潮岬　65
シガゾウ　238, 245
磁極期　22
刺魚綱　191
シークエンス層位学　16
シシャパンマ峰　73
示準層　26
示準面　16, 19, 26
地震性地殻変動　40, 58
地震断層　61, 66
地震波形　60
地震波速度構造　43
地震発生間隔　63
地震発生帯　59
地震波トモグラフィー　44
地すべり　58
沈み込み（プレートの）　48
自生泥炭　208
自然改変　6
自然の落とし穴　184
地蔵堂層　151
湿性遷移　209
湿地林　208
シナノキ　195
子嚢菌門　188
指標テフラ　19
シベリア高気圧　82
刺胞動物門　188
縞模様　104, 112, 128
ジャガイモ　217
ジャクソンエピソード　52, 54
シャニダール遺跡　182
収束境界　48
周南極植物界　193, 195
周氷河作用　140, 142
周氷河地域　142
周氷河地形　142
周北極植物区系　193
収斂境界　48
ジュクタイ遺跡　182
種子　200, 217
種子散布　265
種小名　190
種生存期間帯　26
シュタインハイム階　245
主断層　61
出現　26, 28, 214
種分化　239
循環水帯　180
照合土壌群　174
使用痕研究　275
硝酸還元　132
衝突（プレートの）　48
衝突帯　50

鍾乳石　148, 181
鍾乳洞　178
蒸発岩　159
蒸発散力　191
上部マントル低速度層　43
消滅　214
消滅種　211
照葉樹林　192
初期続成過程　117
初期続成作用　128
植生史　187
植生の遷移　207
植物界　187
植物化石　187
　　　――の大きさ　197
植物化石層序　210
植物群と植生　191
植物珪酸体　177, 187, 196, 263
植物相　191
植物地理区　193
植物地理区系　192
植物の絶滅　211
初磁化率　164
シラビソ　195
シワリク層　72
人為作用　285
人為層　268
真果　197
深海底掘削計画　104
深海平坦面　45
震源断層　59, 61
人工衛星　14
シンシュウゾウ　226, 245
新人　182, 270
新生産　121
新石器時代　10
深層循環　80, 86, 111, 118
深層水　157
伸張テクトニクス　47
新ドリアス期　95, 101, 129, 133, 135, 150
金牛山遺跡　182
新熱帯区　219
新熱帯植物界　193, 194
深発地震面　49
新北区　219
森林火災　218
人類（人間）　1, 214, 248, 266, 277, 285
　　　――の進化　10, 269, 271
秦嶺山脈　222

■す
吸込み穴（カルスト地形の）　180
水酸化鉄　131
水準路線　58
スイショウ属　194
スイスアルプス　42
スイセイジュ属　194
水素同位体比　89
水田雑草　218

数値年代　13
スカンジナビア半島　69
スギ　196, 202, 205
スギ科　201
スギ属　194
スタークフォンテイン遺跡　182
スダジイ　194, 201
スタロセリエ遺跡　182
ステップ　192
ステップ・ツンドラ　236, 258
ストロンボリ式噴火　56
スーパーコールドプルーム　44
スーパーホットプルーム　44
すべり速度　60
スポロポレニン　196
スラブの切断・落下　54
すれ違う境界　45, 51
スロー・アースクウェイク　65
スンバ　151

■せ
斉一性の原理　267
斉一説　1
生活面　276
生痕化石　223, 225
静水圧ピストン・コアラー　104
脆性帯　59
生層位学　17
成層圏　76
生層序　3, 26, 37, 146
生層序帯　17, 213
生存期間帯（生層序の）　26
生態系　256, 286
正帯磁　22
成帯性土壌　173
成帯内性土壌　173
正断層　59
西南日本弧　52, 56
正のフィードバック　83, 87, 98
生物源葉理　130
生物の大量絶滅　45
生物の分類　187
生命の系統　189
セイヨウキヅタ　204
セイヨウヒイラギ　204
世界土壌照合基準　176
世界土壌図　175
積雲対流　82
石筍　181
石刃技法　185
石柱　181
脊椎動物化石　178, 181
脊椎動物門　191
セコイア属　194, 212
ゼータ較正　32
石灰質ナンノプランクトン　188
石灰質葉理　130
石灰洞　179
石器　278
石器型式学　268
石器製作技法の連続性　271

節足動物門 191
絶対年代 90
雪氷圏 82
絶滅 26, 28, 240
節理 178
セディメント・トラップ 119, 133, 134
せばまる境界 45
セルロース 196
遷移 207
全縁葉率 206
前期更新世 5
前弧海盆 50
前弧リッジ 50
銭州リッジ 54
鮮新世 4
前線 79
前線帯 79
全地球史 1
全北植物界 193
全北区 221
全有機炭素量 120

■そ
層位 273
層位学 267
造山運動期 41
造山帯 40
層序 15
造礁サンゴ 137
相対編年 274
造陸運動期 41
続成過程 118
続成作用 124
続成変質 121, 125
足跡化石 225
側方流動 58, 61
属名 190
底付け 50
塑性変形 89
ソリダス 55
ソリュートレ文化 267
ソレアイト玄武岩 55

■た
ダイアピル 55
体化石 223
大気CO_2濃度 124
大気大循環 74, 78
大気大循環モデル 14
大気のエネルギー収支 76
大臼歯 237
大後頭孔 270
第三紀 1, 3, 4
帝釈観音堂洞窟遺跡 229, 255
帯磁率 107, 159, 162, 164
堆積残留磁気 21
タイヌビエ 218
対比 15, 19, 39
太平洋プレート 53
太陽光度 84

太陽磁気周期 140
太陽磁場 85
太陽定数 84
太陽放射 56, 77, 80, 83, 98
第四紀地殻変動 40
大陸移動説 42
大陸棚 6
大陸の集合・離散 45
大陸氷河 45
大陸氷床 86, 89, 140, 143
対流圏 76, 79, 87
大量絶滅 45
多雨湖 155
多雨林 192
多重震源モデル 60
ダスト 95, 100
楯状火山 46
谷氷河 89
タービダイト 127, 133
タヒチ 150
タブ 196
タフォノミー 200, 224
タブ属 193
タブーン遺跡 182
ターミネーション 19
暖温帯常緑広葉樹林 193
単孔類 221
丹沢山地 51
炭酸塩 112
炭酸塩鉄 133
炭酸塩補償深度 109
担子菌門 188
ダンスガード・オシュガーイベント 93, 165, 281
弾性反発説 64
断層運動 58
断層崖 61
断層活動史 64
断層地形 51, 62
炭素/窒素比 121
炭素同位体比 117, 123, 138
丹那断層 63

■ち
地域花粉群帯 199
地衣類編年法 36
地殻熱流量 42
地殻平均存在度 97
地殻変動 40, 147, 149
地下水面説（鍾乳洞の） 180
地球温暖化 147, 258
地球環境の将来予測 281
地球上の水の量 76
地球放射 77, 80, 84, 87
地球冷却 41
地形層位学 16
地形面 17
地向斜 41
地向斜造山論 41
地溝状の盆地 47
地磁気永年変化 23

地磁気エクスカーション 22
地磁気強度 22
地磁気極性境界 19
地磁気縞模様 52
地磁気層序 146
地磁気変化 19
地軸傾斜角 98
地軸の傾き 85
千島海溝 65
チシマザサ 196
地層累重の法則 267
地中海植物区系 194
窒素固定 124
窒素同位体比 123
チベット高原 51, 73
中位研究 279
中央アメリカ火山弧 72
中央海嶺 42, 45, 54, 56
中・大型哺乳類 223
中間圏 76
中期更新世 5
　——の高海面期 151
　——の低海面期 151
中国黄土（レス） 163, 164, 176
中軸谷 46, 57
抽水植物 208
潮間帯 57
鳥綱 188
周口店遺跡 182, 187
周口店第1地点 249
長鎖アルケノン 123
朝鮮海峡線 222
チョウセンゴヨウ 195
超大陸 45
超大陸パンゲア 42
超長基線電波干渉法 59
貯食散布 263
地理学協会遺跡 182
チリ型沈み込み 50
地塁山地 47
沈水植物 208

■つ
ツガ 195
ツガ属 261
津波災害 50
津波地震 65
ツンドラ 142, 192

■て
デイサイト質マグマ 55
底生有孔虫 24, 110, 111, 115, 117, 125
低層湿原 208
底層流 105
泥炭 208
低断層崖 61
デカン高原 57
デタッチメント断層 47, 51
テーチス海 51, 71, 74
テーチス植物亜界 194

鉄（Ⅲ）還元　117, 132
鉄質葉理（ラミナ）　130, 133
デニソワ遺跡　182
テフラ　98, 107, 127, 134, 166, 168
──の特性記載と同定　169
──の噴出年代　170
テフラ層序　26, 98, 108
テーブルクロスモデル　43
テープレコーダモデル　43
テフロクロノロジー　39, 146, 166
デラミネーション　50, 54
$\delta^{11}B$　121
$\delta^{13}C$　102, 119, 122, 125, 137
$\delta^{15}N$　123
$\delta^{18}O$　102, 118, 124, 137
電撃戦モデル　243, 244
電子スピン共鳴法　29, 33, 182
天然橋（カルスト地形の）　180
天皇海山列　52
天文学的気候変化説　7

■と
同位体分別　102
同位体分別係数　126
洞窟　178
洞窟遺跡　182
洞窟生成物　181
洞窟・裂罅堆積物　229
道具を作る動物　266
凍結ミイラ　276
トウダイグサ科　195
動的同位体効果　95
凍土地帯　143
トウヒ属　193, 261
トウヒ属バラモミ節　205, 213
動物界　187
動物群　219
動物散布　263
動物地理区　219
東北日本弧　52, 56
トウモロコシ　217
東洋区　219
トウヨウゾウ　186, 246
トガサワラ属　194
特定生物種の出現と絶滅層準　19
土壌　173
土壌学　173
土壌型　174
土壌層位学　17
土壌帯　173
土壌タクソノミー　174
土壌分類　174
トチノキ　203
ドードー　265
トドマツ　195
ドブネズミ　253
ドライティルト　58
トラバーチン　181
ドラムリン　140
トランスフォーム断層　43, 45, 48, 51
トリニール　187

ドリーネ　180
ドレーク海峡　74
トレンチ　64
トロゴンテリゾウ　234, 238
トンガ-ケルマディック海溝　53

■な
ナイフ形石器　275
ナウマンゾウ　226, 246
ナップ構造　42
斜め横ずれ　59
軟X線写真　105, 137
南極周極海流　74
南極底層水　81
南極氷床　83, 147
南極氷床コア　91, 102
南極ボストークコア　165
軟骨魚綱　188
軟弱地盤　59
軟体動物門　188

■に
西および中央アジア植物区系　195
二次遷移過程　207
二足歩行　270
日華植物区系　194
日射量　98
日射量変化　85
日本海溝　65
日本列島の植物相　195
二名法　190
ニレ属　219

■ぬ
ヌナタク　210
ヌナミウト　280
ヌマスギ属　194, 212

■ね
ネアンデルタール遺跡　183
ネアンデルタール人　182
ネオテクトニック・デフォーメーション　66
ネコ　251
ネズコ属　194
熱塩循環　80
熱拡散　101
熱圏　76
熱残留磁気　21
熱帯収束帯　79, 193
熱帯多雨林　192
熱帯モンスーン　82
熱の移送・再配分システム　74
熱容量　81
熱ルミネッセンス法　29, 32, 182
ネブラスカ氷期　143
年縞　127, 130, 135, 139
──の保存メカニズム　131
年縞堆積物　127, 132, 134
年縞編年法　35, 133
年層　90, 98

年層編年　29, 33
年代区分単位　18
年代決定　15
年代精度　21
年代層位学　18
年代層序　3, 16
年代層序区分　18
年代単位　18
年代表記　18
年輪解析　205
年輪編年法　33, 206

■の
農耕の起源　214
濃尾地震　58
脳容量　270
野尻湖層　226, 250

■は
バイオマーカー　122
バイオマス　192
背弧海盆　50
ハイチ　151
ハイドロアイソスタシー　69, 150
ハイマツ　195
パイロット・コアラー　104
破壊伝播速度　60
葉化石群　206
白斑（太陽表面の）　84
ハコヤナギ属　193, 202, 219
破砕帯　59
ハシバミ属　193
畑雑草　218
ハタネズミ属　239
ハタネズミ類　236
破断伝播速度　60
破断面　59
爬虫綱　188
ハツカネズミ　253
発震機構　43, 60
ハドレー循環　79, 82
パナマ地峡　72, 75, 221
バハダ　157
ハプト植物門　188
バミューダ　151
ハラミヨ　5
パラントロプス属　270
ハリスマトリックス　269
パルス期（プルームテクトニクスの）　44
ハルニレ　195
バルバドス　150, 151
ハワイ　58
パンコムギ　216
反射率（地表面の）　84, 86
半地溝　48
ハンドアックス　249
ハンノキ　190, 202, 208
ハンノキ属　203
板皮綱　188
晩氷期　128, 132, 134

索　引

ハンレイ岩　56

■ひ

火入れ（植生への）　218
東アフリカ地溝帯　47
東アフリカ低地　46
東太平洋海嶺　46, 53, 57
微化石　13, 26, 109, 112, 133
光励起発光年代測定法　33
微細石英　177
ヒサカキ　195
被子植物門　188
非地震性地殻変動　65
微小植物化石　200
被食散布　263
ピストン・コアラー　104
非成帯性土壌　174
非対称地溝　48
左横ずれ断層　59
ヒツジ　253
ヒト科　269
ヒノキ　202
ヒノキ属　194
ビハール階　245
ヒマラヤ山脈　72
ヒメバラモミ　195
ヒメヤシャブシ　202
ヒューオン半島　150
氷河湖の年縞　36
氷河サージ　89
氷河時代　1, 6
氷河性アイソスタシー　70
氷河性海面変化　6, 148
氷河堆積物　140
氷河地形　140
氷河氷　13, 90, 102
氷河レス　160, 174
氷期　18
　──の対比　146
氷期・間氷期サイクル　281
氷期・間氷期対比　144
氷期・間氷期の層序　6
氷期サイクル　87
氷縞　127, 130, 134
氷縞粘土　105, 128, 131
氷縞粘土編年法　13
標準海水　97
標準化石　266
標準年代尺度　37
標準平均海水　95
氷床コア　88, 90
　──の年代　89
氷床中央部（ドーム）　89
氷床流動のモデル　93, 98
氷雪地　193
表層環境指標元素　115
ビラニー階　245
ビラフランカ階　245
微粒炭　130
広がる境界（プレートの）　45
品種改良　217

■ふ

フィッション・トラック法　29, 32, 73
フィードバック　7, 10, 83, 86
風成循環　80
風成塵　127, 135, 159, 177
フウ属　194
風媒花粉　201
富栄養化　130, 140
フェノスカンジア氷床　67, 145
フォアバルジ　68
フォーゲルヘルト遺跡　182, 250
フォート・テホン地震　53
フォルサム型尖頭器　244
付加体　50, 66
福井地震　58
覆瓦スラスト　61, 65
複成火山　172
副断層　61
ブタ　252
フタバガキ科　195
物質循環　257
ブナ　195
ブナ科　193, 201
ブナ属　193, 202
ブナ目　190, 193
部分溶融　55
浮遊性有孔虫　24, 109, 112, 116, 119, 124
浮葉植物　208
浮揚性沈み込み（プレートの）　50
ブラキストン線　222
プラヤ　157
ブランコ階　245
ブランコ期　240
プリニー式噴火　56
ブリューヌ/マツヤマ境界　112
篩による水洗法　186, 223
ブルックナー周期　140
プルーム　44, 57
プルームテクトニクス　40, 44
プルームヘッド　58
プレート間の結合力　50
プレート境界　41, 45
　──のジャンプ　54
プレートテクトニクス　22, 40, 41, 43
プレートの拡大　51
プレボリアル期　132
フローストーン（洞窟生成物の）　181
噴煙柱　56
分解能（編年の）　21
噴火規模　169, 171
糞化石（糞石）　225
文化層　267
噴火と気候変化　172
噴火頻度　171
分級（砕屑物の）　105, 106
分布型（考古資料の）　273
分布論（考古資料の）　273

分類群（生物の）　187, 190
　──の階級　187, 190, 200

■へ

平均変位速度（活断層の）　63
閉鎖温度　74
閉鎖深度　74
和県　183
北京原人　182, 249
ベーズン・アンド・レーンジ地域　46
ペディメント　157
ペトラローナ遺跡　182
ペリドタイト　55
ベーリング-アレレード（温暖期）　150
ベーリンジア　221, 243
ベルグマンの法則　235
ヘール周期　137
変位の累積性　61
変換関数　111, 116, 125
変形論（石器の）　268
偏西風　79, 80, 82
ベンチ　57
変動帯　41
編年　15, 19, 37
編年基準　20
鞭毛藻　134

■ほ

貿易風　79, 82, 140
放散虫　109
放射（太陽，地球の）　77
放射収支　77, 83
放射性核種　90
放射性炭素年代法　11, 13, 29
放射年代　11, 14
放射年代測定法　29
北米太西洋岸植物区系　194
補償面　67
ホッキョクギツネ　228
ボックス・コアラー　104
ホットスポット　44, 54, 57, 66
ホットスポットトラック　57
ホットプルーム　44
北方植物亜界　194
ポトワール地方　72
哺乳綱　188
哺乳類　234
　──の大きさの変化　235
　──の分布　219
哺乳類遺存体　254
哺乳類遺体の分類　254
哺乳類化石　186
　──による生層序区分　245
ボノボ　277
ホモ・エレクトゥス　249
ホモ・サピエンス　249
ホモ・サピエンス・サピエンス　270
ホモ・サピエンス・ネアンデルター

レンシス　270
ホモ属　270
ホラアナグマ　183, 184, 227, 234
ポリエ　180
ボンドサイクル　165, 281

■ま
マイクロプレート化　54
埋没古土壌　174
埋没林　203, 209
マオウ属　194
マカロネシア植物区系　194
マグマ　57
マグマ溜まり　55
枕状溶岩　56
マツ科　201
マッカリー海溝　53
マツ属　193, 203
マテバシイ属　193
マドレ植物区系　194
マドレーヌ文化　267
馬場遺跡　183
マメ科　195
マリアナ型沈み込み　50
マルチプル・コアラー　104
マンガン(IV)還元　117, 132
マングローブ林　195
マントルオーバーターン　44
マントル対流　42
マントルプルーム　57
マンモス　238
マンモス・ステップ　236, 238
マンモスゾウ　182, 186, 223, 234, 238
マンモス属　232
マンモスハンター　250

■み
右横ずれ断層　59
三崎段丘　151
ミズゴケ属　208
ミズナラ　195, 202
ミズニラ科　197
水の量（地球上の）　76
溝切り技法　183
ミツガシワ　193
ミトコンドリア・イヴ仮説　271
南アメリカプレート　72, 75
ミナミブナ属　193, 194
ミモミス属　239
ミランコビッチ説　7
ミランコビッチ・フォーシング　85, 87, 281
民族誌考古学　277, 279
ミンデル氷期　142, 144
ミンデル/リス間氷期　141

■む
無顎綱　188
無顎門　191
無機元素（海底コアの）　112

ムスティエ文化　267
無氷回廊　243
室戸岬　65

■め
明暗縞（海底コアの）　105
明暗ラミナ（湖沼堆積物の）　130
明治三陸地震　65
メガリス　44
メキシコ湾流　75, 80
メタセコイア植物群　212, 213
メタセコイア属　194
メタンスルホン酸　101
メタン発酵　116
メッケリング断層　66
メヒルギ属　195
メリディオナーリスゾウ　233, 238

■も
木炭分析　219
模式地　15
モネラ界　187
モミ属　193, 195, 202
モミ・ツガ林　196
モラッセ相堆積物　72
モレーン　140, 143
モンスーン　73, 82, 99, 124, 137
モンスーン気候　73

■や
ヤギ　253
ヤツガタケトウヒ　213
ヤドリギ　204
ヤナギ科　193
ヤナギ属　193, 202, 219
ヤブツバキ　195
ヤブニッケイ　195
ヤーマス間氷期　143, 174
ヤマモガシ科　195

■ゆ
有機炭素量（海底コアの）　120, 123
有機物
　——（氷床コアの）　103
　——（海底コアの）$\delta^{13}C$　122, 125
　——（海底コアの）$\delta^{15}N$　123
有孔虫　12, 24, 109, 112, 117, 124, 148
有孔虫門　188
有軸仮足虫門　188
湧昇流　44
湧泉（石灰岩地域の）　180
有胎盤類　188
有袋類　219
融氷史　146, 283
融氷水　67
ユーカリ属　195
ユキツバキ　196
ユースタシー　149, 150
ユーラシア大陸　51
ユリノキ属　194

■よ
溶岩洞　178
葉理（ラミナ）　105, 127, 130, 134, 140
余効的変動（断層の）　66
横ずれ断層　59
ヨモギ属　202

■ら
ライデッカー線　221
ライムギ　216
ラエトリ　226
ラスコー遺跡　182
ラブラドル半島　68
ランチョラブレア階　245
ランチョラブレア期　241
乱泥流堆積物　105, 107

■り
陸羽地震　61
陸上植生の分布　192
陸上植物の器官　196
陸上植物の分布　191
リス／ヴュルム間氷期　141
リストリック断層　47
リス氷期　142, 144
リソスフェア　43
リフト帯　45, 54
リムストーン（鍾乳洞中の）　181
リムストーン・プール　181
リモートセンシング　13
硫化ジメチル（氷床コアの）　102
硫化鉄（湖沼堆積物の）　131
柳江遺跡　183
硫酸エアロゾル　90, 172
硫酸還元（海底コアの）　116
硫酸還元層　117
粒度（海底コアの）　107
流動モデル（氷床の）　90
流紋岩質マグマ　55
両生綱　188
菱鉄鋼ラミナ（湖沼堆積物の）　133
緑藻植物門　188
リョコウバト　265
リン酸塩鉄（湖沼堆積物の）　133
リンネ　190

■る
累積変位地形　62
累積隆起　65

■れ
冷温帯落葉広葉樹林　193
レイリーの分留式　88
歴史文書による年代　29
暦年換算（^{14}C年代から）　33
暦年代　98
レス　17, 142, 146, 159, 161, 177, 230
レス-古土壌　39, 162
レス-古土壌層序　19, 160

レーダー干渉法　59
裂罅（洞窟の）　178
レッドフィールド比　116
レフュージア　210
レユニオン火山　58
レリック土壌　174

■ろ
ロスビー循環　79, 82
ロッキー山脈　72
ロッキー山脈植物区系　194
ローレンタイド氷床　67, 140, 143, 243

■わ
ワジ　157
渡瀬線　222
和達-ベニオフゾーン　49
腕足動物門　188

欧文術語索引 (特に説明などのあるページ)

■A

A級断層　63
Acanthodii　188
ACC　73
accretionary prism　50
Actinopoda　188
active fault　62
AD（annual doze）　33
after slip movement　66
Afton　143
albedo　86
allochthonous　200
Altamira（site）　182
AMS　iii, 31
Amud（site）　182
Animalia　187
Arago（site）　182
Ardipithecus　269
Ardipithecus ramidus　270
Arthropoda　188
Arvicolidae　236
Ascomycota　188
asthenosphere　43
Australopithecus　270
Australopithecus africanus　182
autochthonous　200

■B

^{11}B（^{11}B/^{10}B）　121
B級断層　63
B/A　iii, 151
Ba濃度　115
Bacillariophyta　188
Basidiomycota　188
Basin and range　46
^{10}Be法　33
Bergmann's rule　235
Beringia　221
Biharian 階　245
biogenic laminations　130
biostratigraphic zonation　26
biostratigraphic zone　213
biostratigraphy　3, 17
biozone　17, 213
blade technique　185
Blakiston's line　222
Blancan 階　245

Blitzkrieg model　244
body fossil　223
Bos primigenius　232
Bos taurus　252
Brachiopoda　188
brittle zone　59
Brühnes（正磁極期）　5
buoyant subduction　50

■C

C級断層　63
^{14}C較正　84
^{14}C濃度（氷・海水の）　90, 120
^{14}C法　29, 31, 98
C$_3$植物　72, 121, 138, 259, 264
C$_4$植物　72, 121, 259, 264
^{41}Ca法　33
calcareous laminations　130
Capra aegagrus　253
catastrophism　1
CCD（calcium carbonate compensation depth）　109
characteristic earthquake　62
Chlorophyta　188
Chondrichthyes　188
Choukoutien（site）　182
chron　22
chronology　15
chronostratigraphy　3, 18
chronozone　22
CIP値　122
^{36}Cl法　33
clastic laminations　130
CLIMAP　iii, 14
climatostratigraphy　3, 17
climax　207
Clovis point　244
Cnidaria　188
CO$_2$濃度　100, 124
Coelodonta antiquitatis　231
COHMAP　iii, 14
co-ignimbrite ash　168
collision　48
compensation surface　67
concurrent-range-zone　26
continental rift zone　46
convergent margin　48
coprolite　225

correlation　15
crop mimicry　218
cultural horizon　267
cultural layer　267
curational-tool　266

■D

δ^{11}B　120
δ^{13}C　100, 118, 121, 124, 138
δ^{15}N　122
δ^{18}O　100, 117, 124, 138
Dansgaard-Oeschger（D-O）イベント　93, 96, 100, 102, 125
dating　15
datum level　26
datum plane　26
delamination　50
dendrochronology　33
Denisova（site）　182
diatom frustule　130
Dicrostonyx　228
Dinoflagellata　188
doline　180
domesticated animal　251
DRM　21
dry fallout　95
ductile zone　59
D'uktai（site）　182

■E

Early Pleistocene　5
earthquake fault　61
earthquake source fault　59
East African rift　47
Echinodermata　188
ecolian dust　159
Eem　94, 145
Elster（glacial）　145
ENSO　iii, 137, 140
environmental change hypothesis　241
Equus caballus　251
Equus quagga　256
ESR法　29, 33
Ethiopian Region　221
Ethnoarchaeology　279
Ethnography　277
expedient-tool　266

■F

FAO-UNESCO-ISRIC iii, iv, 174
fault activity 63
fault movement 58
fault scarp 61
faunal region 219
feedback 83
Felis catus 251
ferrogenic laminations 130
flora 191
flow stone 181
Folsom point 244
footprint fossil 225
Foraminifera 188
forearc basin 50
forearc ridge 50
forebuldge 68
Formation 191
FT法 29, 32
Fungi 187

■G

Galerian階 245
Gauss（正磁極期） 4
geochronological unit 18
Geographical Society (site) 182
geoidal eustasy 150
GISP2 iii, 94, 97, 100, 124, 135
glacial 19
glacial varve 127, 130
GPS観測（測量） 59, 66
GRIP 92, 94, 98, 100, 103, 134
groove and splinter technique 183
Gulf Stream 80
Güntz (glacial) 141

■H

Hadley循環 79
Haptophyta 188
Harris matrix 269
Heinrich events 28, 99
Hexian (site) 183
Holarctic Region 221
Holocene 4
Holzmaar湖 128
Homo 270
Homo erectus 182, 249
Homo sapiens 249
Homo sapiens neanderthalensis 270
Homo sapiens sapiens 182, 270
hotspot track 57
hydraulic piston corer 104
hydro-isostasy 70

■I

ice-free corridor 243
icerafting events 28
Illinoi (glacial) 143
index fossil 266
interglacial 19

interstadial (IS) iii, 19, 93
Irvingtonian階 245
isopollen map 187
isostasy 67
ITPFT法 32

■J

Jaramillo (event) 5
Jinniushan (site) 182

■K

ka iii, 18
Kansas (glacial) 143
$^{40}K/^{39}Ar$法 29, 30
Karrenfeld 180
karst topography 180
key bed 16

■L

landnam phase 219
Lascaux (site) 182
Late Pleistocene 5
lateral strike-slip fault 59
lava cave 178
LGM iii, 94, 124
lichenometry 36
limestone cave 178
lineage-zone 26
lithic assemblage 268
lithosphere 43
lithostratigraphy 16
Liujiang (site) 183
local assemblage zone 199
loess 142, 159
LVZ 43
Lydekker's line 221

■M

Ma iii, 18
Maba (site) 183
magnetic susceptibility 165
mammal age 245
mammalian biozonation 245
mammalian remain 254
mammoth hunter 250
mammoth steppe 236
Mammuthus 232
Mammuthus columbi 227
Mammuthus meridionalis 234
Mammuthus primigenius 186, 234
Mammuthus shigensis 245
Mammuthus trogontherii 234
Matuyama（逆磁極期） 4
Metasequoia glyptostroboides 212
micromammals 223
micromammal diagram 229
micromammal spectrum 229
Microtus 239
Middle Pleistocene 5
middle range research 279
mid-oceanic ridge 45

Milankovitch forcing 85
Mimomys 238
Mindel (glacial) 141
MIS iii, 24, 37, 103
MNI 254
mollusca 191
Monera 187
MORB 56
morphostratigraphy 16
MSA 101
Mus musculus 253

■N

NADW 75
natural bridge 180
natural trap 184
Neanderthal (site, 人) 182
Nebraska (glacial) 143
Neolithic 10
neotectonic deformation 66
Neotoma 262
nonglacial varve 130
non-seismic crustal movement 65
normal fault 59
normal polarity 22

■O

O_2 100
ocean floor spreading theory 42
ODP iv, 24, 104, 107, 122
OI iii, 24
OIB 57
Olduvai event 4
Oppel-zone 26
OSL法 32
overkill hypothesis 241
Ovis aries 253
oxic 116, 122

■P

PAGES iv, 3
Palaeolithic 10
Palaeoloxodon naumanni 226
Paranthropus 270
$^{234}Pa/^{230}Th$法 31
$^{231}Pa/^{235}U$法 29, 31
PB (pre boreal) 251, 287
PD (paleodose) 33
PDRM 21
pedology 174
Petralona (site) 182
Placodermi 188
plant macrofossil 197
plant microfossil 200
Plantae 187
Pleistocene 4
plume (tectonics) 44
P_{new} 121
polarity epoch 22
polarity excursion 22
polije 180

索　引

pollen influx　198
Porifera　188
pot hole　226
Protoctista　187

■Q

Quafzeh（site）　182

■R

Raidの弾性反発説　57
Rancholabrean階　245
rank　190
$^{226}Ra/^{230}Th$法　29
Rattus norvegicus　253
Rattus rattus　253
Rayleigh（波）　88
rebound（isostatic）　68
Redfield比　117
reference soil groups　174
refugia　210
regional pollen zone　199
relaxation time　67
reverse fault　59
reversed polarity　22
rifting　51
rimstone pool　181
Riss（glacial）　141
Rossby（循環）　79

■S

Saale（glacial）　145
Sangamon（interglacial）　143
SAR画像　59
scarplet　61
scientific name　190
screen washing　223
sea cave　178
sequence stratigraphy　16
Shanidar（site）　182
silent earthquake　65
sink hole　180
slow earthquake　65
small mammals　223
SMOW　iii, 95

soil stratigraphy　17
soil taxonomy　175
SPECMAP　iii, 14, 29, 38, 103
speleothem　181
stadial　19
stalactite　181
stalagmite　181
Starosel'e（site）　182
Stegodon aurorae　245
Stegodon orientalis　186
Stegodon shinshuensis　245
Steinheimian階　245
steppe tundra　236
Sterkfontein（site）　182
Stone industry　269
stratigraphy　15
stratotype　15
strike-slip fault　59
subduction　48
suboxic　117
succcession　207
Summit　94, 97
surface rupture　61
Sus domesticus　252
Swedish varve chronology　133

■T

Tabun（site）　182
taphonomy　200, 224
taxon　187
taxon-range-zone　26
tectonic creep movement　66
tephrostratigraphy　26
^{230}Th excess　119
Thermoluminescence　33
Thomsen, C. J.　272
Three age system　272
$^{230}Th/^{232}Th$法　31
$^{230}Th/^{234}U$法　29, 31
$^{230}Th/^{238}U$法　29
TIMS法　31
TL法　29, 32
TOC　120
tool-making animal　266

trace fossil　223
transform fault　51
travertine　181
TRM　21
type locality　15
type tool　266

■U

Uk$_{37}'$　116, 124
underplating　50
uniformitarianism　1
Ursus spelaeus　184
$^{238}U/^{232}Th$法　31
$^{231}U/^{238}U$法　31
uvale　180

■V

vadose zone　180
varve chronology　13, 36
varves　127
Vertebrata　188
Villafranchian階　245
Villanian　249
VLBI（測量）　59
Vogelherd（site）　182, 250

■W

Wallace's line　221
Watase's line　222
water table theory　180
Weber's line　221
Weichsel（glacial）　145
Wilson cycle　45
Wisconsin（glacial）　144
Würm（glacial）　141

■Y

Yarmouth（glacial）　143
YD　iii, 150

■Z

Zhoukoudian（site）　182
zoogeographic region　219

執筆者（五十音順）および分担

大場忠道（おおばただみち）	北海道大学大学院地球環境科学研究科 地圏環境科学専攻教授	2.2.2, 2.2.3(1), 2.2.4項, 4.3, 4.4, 4.6節 コラム 2.2-5, 4.4-1
小野　昭（おのあきら）	東京都立大学人文学部史学科教授	1.3.1(4)項, 7章, 8.6節 コラム 5.8-1, 7.1-1
河村善也（かわむらよしなり）	愛知教育大学教育学部教授	5.8節, 6.1, 6.3, 6.4節 コラム 5.8-1, 6.1-1, 6.3-1～6, 6.4-1
成瀬敏郎（なるせとしろう）	兵庫教育大学総合学習系教授	5.4, 5.5, 5.7節 コラム 5.5-1
福澤仁之（ふくさわひとし）	東京都立大学大学院理学研究科 地理科学専攻教授	4.5節
増田耕一（ますだこういち）	地球フロンティア研究システム	4.1, 4.2節
町田　洋（まちだひろし）	東京都立大学名誉教授	1章, 2章, 5.1～5.3, 5.6節, 8章 コラム 1.2-1, 2.2-1～4, 2.2-6～7, 5.1-1
百原　新（ももはらあらた）	千葉大学園芸学部 緑地・環境学科助教授	6.1, 6.2, 6.4節, 8.4節 コラム 6.1-1, 6.2-1～4, 6.4-1～2
山崎晴雄（やまざきはるお）	東京都立大学大学院理学研究科 地理科学専攻教授	3章 コラム 3.3-1～4

第 四 紀 学　　　　　　　　　　定価はカバーに表示

2003年7月10日　初版第1刷
2005年1月15日　　第3刷

編著者　町　田　　　　洋
　　　　大　場　忠　道
　　　　小　野　　　　昭
　　　　山　崎　晴　雄
　　　　河　村　善　也
　　　　百　原　　　　新
発行者　朝　倉　邦　造
発行所　株式会社　朝倉書店
　　　　東京都新宿区新小川町 6-29
　　　　郵便番号　　162-8707
　　　　電　話　03(3260)0141
　　　　FAX　03(3260)0180
　　　　http://www.asakura.co.jp

〈検印省略〉

© 2003〈無断複写・転載を禁ず〉　　シナノ・渡辺製本

ISBN 4-254-16036-4　C 3044　　Printed in Japan